高等教育应用型本科"十三五"规划教材

TUMU GONGCHENG SHIGONG

土木

土木工程施工

● 主编 钱大行

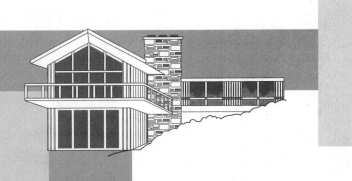

U0340608

郑州大学出版社

郑 州

图书在版编目(CIP)数据

土木工程施工/钱大行主编.—郑州:郑州大学出版社,2018.1
(2023.2 重印)
ISBN 978-7-5645-4119-4

Ⅰ.①土… Ⅱ.①钱… Ⅲ.①土木工程-工程施工-高等学校-
教材 Ⅳ.①TU7

中国版本图书馆 CIP 数据核字 (2017) 第 151371 号

郑州大学出版社出版发行

郑州市大学路 40 号   邮政编码:450052
出版人:孙保营   发行电话:0371-66966070
全国新华书店经销
河南承创印务有限公司印制
开本:787 mm×1 092 mm   1/16
印张:30.25
字数:720 千字
版次:2018 年 1 月第 1 版   印次:2023 年 2 月第 2 次印刷

书号:ISBN 978-7-5645-4119-4   定价:59.00 元
本书如有印装质量问题,请向本社调换

编写指导委员会

The compilation directive committee

本书作者
Authors

···

主　　编　钱大行

副主编　何朋立　孙　犁　李鸿芳

序

Preface

近年来,我国高等教育事业快速发展,取得了举世瞩目的成就。随着高等教育改革的不断深入,高等教育工作重心正在由规模发展向提高质量转移,教育部实施了高等学校教学质量与教学改革工程,进一步确立了人才培养是高等学校的根本任务,质量是高等学校的生命线,教学工作是高等学校各项工作的中心的指导思想,把深化教育教学改革,全面提高高等教育教学质量放在了更加突出的位置。

教材是体现教学内容和教学要求的知识载体,是进行教学的基本工具,是提高教学质量的重要保证。教材建设是教学质量与教学改革工程的重要组成部分。为加强教材建设,教育部提倡和鼓励学术水平高、教学经验丰富的教师,根据教学需要编写适应不同层次、不同类型院校,具有不同风格和特点的高质量教材。郑州大学出版社按照这样的要求和精神,组织土建学科专家,在全国范围内,对土木工程、建筑工程技术等专业的培养目标、规格标准、培养模式、课程体系、教学内容、教学大纲等,进行了广泛而深入的调研,在此基础上,分专业召开了教育教学研讨会、教材编写论证会、教学大纲审定会和主编人会议,确定了教材编写的指导思想、原则和要求。按照以培养目标和就业为导向,以素质教育和能力培养为根本的编写指导思想,科学性、先进性、系统性和适用性的编写原则,组织包括郑州大学在内的五十余所学校的学术水平高、教学经验丰富的一线教师,吸收了近年来土建教育教学经验和成果,编写了本、专科系列教材。

教育教学改革是一个不断深化的过程,教材建设是一个不断推陈出新、反复锤炼的过程,希望这些教材的出版对土建教育教学改革和提高教育教学质量起到积极的推动作用,也希望使用教材的师生多提意见和建议,以便及时修订、不断完善。

前　言
Preface

土木工程施工是土木工程专业重要的专业课，是研究建筑工程中主要工种工程的施工规律、施工工艺原理和施工方法的学科。在培养学生综合运用专业知识、提高处理工程实际问题的能力等方面起着重要作用。其宗旨在于培养学生能够根据工程具体条件，选择合理的施工方案，运用先进的生产技术，在保证工程质量的基础上，达到缩短工期、降低成本的目的。

近年来，我国建筑工程施工技术发生了深刻变革，取得了较大的技术突破和创新，并修订了多项施工规范或规程。因此，本教材在较完整、系统地介绍基本知识、基本理论的基础上，有选择地介绍了新材料、新技术、新工艺、新方法等方面的知识，根据新颁布的施工规范对内容进行充实，保证教材内容的科学性、完整性和先进性。本次编写通过内容调整和优化，内容更加贴近现阶段实际需要，并插入了实物照片，使内容更加直观，便于理解。

本书以培养高等土木工程技术人才为目标，可作为应用型本科土木工程类各专业的教材，也可作为土木工程施工技术与管理人员的培训教材和参考书。

本书具体编写分工如下：第1章、第2章由何朋立编写；绪论、第3章、第5章、第6章、第7章、第8章、第9章、第10章、第11章、第12章、第16章、第17章由钱大行编写；第4章由孙犁编写；第13章、第14章、第15章由李鸿芳编写。本书在编写过程中，得到了上海置通建筑工程有限公司刘芳甸、河南省第二建设集团有限公司李太杰、河南省第三建筑工程公司王志超、河南六建建筑集团有限公司郑功名、中铁十五局集团第七工程有限公司周鹏、洛阳市美伦房地产开发有限公司肖栋、河南瑞江置业有限公司李小磊、河南山城建设集团有限公司时昭冉、洛阳春华秋实置业有限公司皇甫长安、郑州华南建筑设计有限公司王玉峰等提供和整理部分资料、图片，并提出宝贵的修改建议，在此表示感谢！

由于编者水平所限，书中难免存在不足之处，敬请广大读者、专家批评指正。

编　者
2017 年 2 月

目录 CONTENTS

第 0 章 绪 论

0.1 课程的研究对象和任务

土木工程施工主要研究最有效地建造房屋和建筑物群的理论、方法和有关的施工规律,以求用最少的消耗取得最大的成果,全面而高效率地完成建筑安装工程,以较好的经济效益保证建设项目迅速使用或投产。

建筑业在国民经济发展中起着举足轻重的作用。从投资来看,建筑业是我国国民经济建设中的支柱产业之一,是相关行业赖以发展的基础性先导产业。国家每年用于建筑安装工程的投资额,一般占基本建设总投资额的 60% 左右。建筑业从业人数已突破 4 000 万人,形成一支较高水平的勘察、设计、施工、生产、监理和科研队伍。同时,建筑业消耗大量其他国民经济行业的产品。以自身的产品为全民生活和其他国民经济部门服务,为国民经济各部门的扩大再生产创造必要的条件。

课程研究任务:掌握建筑工程施工原理和施工方法,以及保证工程质量和施工安全的技术措施;分析和解决建筑施工中遇到的技术问题;以工种工程施工为研究对象,选择最合理的施工方案,采用先进的工艺、技术和方法,保证工程质量与安全,经济、合理地完成各工种工程的施工,并具有分析处理一般施工技术问题的基本知识;了解建筑施工领域的最新技术进展,以在建筑工程施工实践中灵活运用;掌握工种工程施工方案以及施工组织设计的编制,具有独立分析和解决建筑工程施工技术问题的初步能力,并为今后进一步学习有关的知识和成为一名优秀建造师打下基础。

0.2 基市建设的实现

基本建设(简称建设项目)是固定资产的建设,是以扩大生产能力、增加业务设施、扩大业务范围、取得社会效益或经济效益、提高人民生活水平等为目的,进行建筑、安装的固定资产投资活动和与此相关的其他经济活动。实现基本建设分六个阶段,即项目建议书阶段、可行性研究阶段、勘察设计工作阶段、建设准备阶段、建设实施阶段和竣工验收阶段。

0.2.1 基本建设项目及其组成

一个建设项目按其复杂程度,一般可由以下工程内容组成。

(1)单位工程 具备独立施工条件并能形成独立使用功能的建筑物或构筑物称为单

位工程。一个独立的、单一的建筑物均为一个单位工程,如一条道路、一幢教学楼等。

（2）分部工程　组成单位工程的若干分部称为分部工程。分部工程的划分应按专业性质、建筑部位确定。如房屋建筑按其结构或构造部位可划分为地基与基础、主体结构、建筑装饰装修、建筑屋面、建筑给水排水与采暖、建筑电气、通风与空调、电梯、智能建筑等。

（3）分项工程　组成分部工程的若干个施工过程称为分项工程。分项工程应按主要工种、材料、施工工艺、设备类别等进行划分。如现浇钢筋混凝土结构主体工程可以划分为模板安装、钢筋绑扎、混凝土浇筑和养护等分项工程。

0.2.2　建筑施工程序

每个建筑产品生产的全过程需要经过场地平整、基础工程、主体工程、装饰工程,最后交工验收形成建筑产品。

建筑施工过程必须坚持建筑施工程序,按照建筑产品生产的客观规律组织施工。只有这样,才能加快工程建设速度,保证工程质量和降低工程成本。所谓建筑施工程序是指建筑产品的生产过程或施工阶段必须遵守的顺序,主要包括接受施工任务并签订工程承包合同、做好施工准备、组织工程施工和竣工验收等四个阶段。

0.3　建筑施工标准、规范、规程和工法知识

0.3.1　标准的概念与分类

建筑工程在施工阶段为保证工程质量和施工安全所必须遵循的技术法规,称为施工(安全)技术标准,即包括施工技术标准、施工安全技术标准两个方面。

施工技术标准是为了实现工程建设的既定质量目标,施工活动必须遵循的技术规范、技术规程和技术标准。施工技术标准分为三大类:施工质量验收标准(即为合格标准),如《砌体结构工程施工质量验收规范》(GB 50203—2011)和《屋面工程质量验收规范》(GB 50207—2012)等;施工工艺标准(即为行为标准),如《砌体结构工程施工规范》(GB 50924—2014)和《钢－混凝土组合结构施工规范》(GB 50901—2013)等;优良工程评定标准(即为评优标准),如《中国建设工程鲁班奖(国家优质工程)评选办法(2013年修订)》和《上海市建设工程白玉兰奖(市优质工程)评选办法和标准》等。

施工安全技术标准主要是为了保证施工中人员、机具等的安全,以保证施工的顺利进行而制定的,如《建筑施工安全技术统一规范》(GB 50870—2013)。建筑施工标准按照级别分为国家标准和行业标准,如《建筑工程施工质量验收统一标准》(GB 50300—2013)和《建设工程施工现场环境与卫生标准》(JGJ 146—2013)等。

按照执行的力度,施工(安全)技术标准又分为强制性标准和推荐性标准。强制性标准是为保障人体健康、人身和财产安全的标准和法律以及行政法规规定强制执行的标准,其他标准是推荐性标准,如《钢结构施工规范》(GB 50755—2012)和《工程施工废弃物再生利用技术规范》(GB/T 50743—2012)等。

0.3.2 标准的区别

建筑标准、规范、规程是建筑行业常用标准的表达形式,是以建筑科学、技术和实践经验的综合成果为基础,经有关方面协商一致,由国务院有关部委批准、颁发,作为建筑行业共同遵守的准则和依据。

按国家级别标准可划分为国家标准、行业标准、地方标准和企业标准四级。国家标准是对需要在全国范围内统一的技术要求制定的标准。行业标准是对没有国家标准而又需要在全国某个行业范围内统一的技术要求所制定的标准。地方标准是对没有国家标准和行业标准而又需要在该地区范围内统一的技术要求,或根据地方实际情况所制定的标准;企业标准是对企业范围内需要协调、统一的技术要求、管理事项和工作事项所制定的标准。

另外,规程(规定)比规范低一个等级,一般为行业标准,由各部委或重要的科学研究单位编制,呈报规范管理单位批准或备案后发布试行。它主要是为了及时推广一些新结构、新材料、新工艺而制定的标准。如《混凝土泵送施工技术规程》(JGJ/T 10—2011)、《液压滑动模板施工安全技术规程》(JGJ 65—2013)等。规程试行一段时间后,在条件成熟时也可升级为国家规范。规程的内容不能与规范抵触,如有不同,应以规范为准。对于规范和规程中有关规定条目的解释,由其发布通知中指定的单位负责。随着设计、施工和管理水平的提高,规范和规程每隔一定时间都要进行修订。

0.3.3 工法

工法是以工程为对象,以工艺为核心,运用系统工程的原理,把先进技术与科学管理结合起来,经过工程实践总结形成的、较为成熟的综合配套技术的应用方法。它应具有新颖、适用和保证工程质量、提高施工效率、降低工程成本等特点。它是指导企业施工与管理的一种规范文件,并作为企业技术水平和施工能力的重要标志。工法分为一级(国家级)、二级(地区、部门)、三级(企业级)三个等级。工法的内容一般应包括工法的特点、适用范围、施工程序、操作要点、机具设备、质量标准、劳动组织及安全、技术经济指标和应用实例等。

0.4 建筑施工安全技术

建筑施工安全技术是消除或控制建筑施工过程中已知或潜在危险因素及其危害的工艺和方法。我国通过多年的工程实践,不断地总结和完善,于 2013 年颁布了《建筑施工安全技术》(GB 50870—2013),自 2014 年 3 月 1 日起实施。

建筑工程安全技术在制定时应按照"先进可靠、经济适用"的原则进行。建筑施工安全技术应包括安全技术规划、分析、控制、监测与预警、应急救援及其他安全技术等。根据发生生产安全事故可能产生的后果,应将建筑施工危险等级划分为Ⅰ、Ⅱ、Ⅲ级。

为了保证施工安全,消除或控制建筑施工过程中已知或潜在危险因素及其危害,企业必须建立安全技术管理组织机构及相应的管理制度,形成建筑施工安全技术保证体系。

为实现建筑施工安全总体目标制订的消除、控制或降低建筑施工过程中潜在危险因素和生产安全风险的专项技术计划,称为建筑施工安全技术规划。工程项目开工前应结合工程特点编制建筑施工安全技术规划,确定施工安全目标;规划内容应覆盖施工生产的全过程。

在建筑施工安全技术分析中,应对建筑施工危险源辨识、建筑施工安全风险评估和建筑施工安全技术方案分析,并符合危险源辨识应覆盖与建筑施工相关的所有场所、环境、材料、设备、设施、方法、施工过程中的危险源;建筑施工安全风险评估应确定危险源可能产生的生产安全事故的严重性及其影响,确定危险等级;建筑施工安全技术方案应根据危险等级分析安全技术的可靠性,给出安全技术方案实施过程中的控制指标和控制要求。

安全技术措施实施前应审核作业过程的指导文件(即建筑施工安全技术规划),实施过程中应进行检查、分析和评价,并应使人员、机械、材料、方法、环境等因素均处于受控状态。安全技术控制措施的实施应做到根据危险等级、安全规划制订安全技术控制措施,并符合安全技术分析的要求;按施工工艺、工序实施,提高其有效性,始终应处于控制之中;安全技术措施实施的过程控制应以数据分析、信息分析以及过程监测反馈为基础。

建筑施工安全技术监测与预警应根据危险等级分级进行。安全技术监测方案应依据工程设计要求、地质条件、周边环境、施工方案等因素编制,并应满足以下要求:①为建筑施工过程控制及时提供监测信息;②能检查安全技术措施的正确性和有效性,监测与控制安全技术措施的实施;③为保护周围环境提供依据;④为改进安全技术措施提供依据。

建筑施工生产安全事故应急预案应根据施工现场安全管理、工程特点、环境特征和危险等级制订。安全应急救援预案应对安全事故的风险特征进行安全技术分析,对可能引发次生灾害的风险,应有预防技术措施。建筑施工生产安全事故应急预案应包括以下内容:①建筑施工中潜在的风险及其类别、危险程度;②发生紧急情况时应急救援组织机构与人员职责分工、权限;③应急救援设备、器材、物资的配置、选择、使用方法和调用程序;④为保持其持续的适用性,对应急救援设备、器材、物资进行维护和定期检测的要求;⑤应急救援技术措施的选择和采用;⑥与企业内部相关职能部门以及外部(政府、消防、救险、医疗等)相关单位或部门的信息报告、联系方法;⑦组织抢险急救、现场保护、人员撤离或疏散等活动的具体安排等。根据建筑施工生产安全事故应急救援预案,应对全体从业人员进行针对性的培训和交底,并组织专项应急救援演练;根据演练的结果对建筑施工生产安全事故应急救援预案的适宜性和可操作性进行评价、修改和完善。

建筑施工安全技术在实施过程中,必须明确安全技术管理权限、程序和时限。建筑施工各有关单位应组织开展分级、分层次的安全技术交底和安全技术实施验收活动,并明确参与交底和验收的技术人员和管理人员。安全技术文件应按建设单位、施工单位、监理单位以及其他单位进行分类,并应满足相关规定。

0.5 建设工程施工现场环境与卫生标准

随着建筑业不断扩大和发展,已成为造成环境污染的主要来源之一,并对现场和周边人员的健康及环境造成不利影响。由此引起对建筑生产环境的高度重视,并随着建筑环境和卫生标准的提高,在深入调查研究,认真总结实践经验,参考有关国际先进标准,并在广泛征求意见的基础上,颁布了《建设工程施工现场环境与卫生标准》(JGJ 146—2013),自 2014 年 6 月 1 日起实施,原《建筑施工现场环境与卫生标准》(JGJ 146—2004)同时废止。制定本标准的目的:节约能源资源,保护环境,创建整洁文明的施工现场,保障施工人员的身体健康和生命安全,改善建设工程施工现场的工作环境与生活条件。基本要求如下:

(1)建设工程施工总承包单位应对施工现场的环境与卫生负总责,分包单位应服从总承包单位的管理。参建单位及现场人员应有维护施工现场环境与卫生的责任和义务。

(2)建设工程的环境与卫生管理应纳入施工组织设计或编制专项方案,应明确环境与卫生管理的目标和措施。

(3)施工现场应建立环境与卫生管理制度,落实管理责任,应定期检查并记录。

(4)建设工程的参建单位应根据法律法规的规定,针对可能发生的环境、卫生等突发事件建立应急管理体系,制订相应的应急预案并组织演练。

(5)当施工现场发生有关环境、卫生等突发事件时,应按相关规定及时向施工现场所在地建设行政主管部门和相关部门报告,并应配合调查处置。

(6)施工人员的教育培训、考核应包括环境与卫生等有关内容。

(7)施工现场临时设施、临时道路的设置应科学合理,并应符合安全、消防、节能、环保等有关规定。施工区、材料加工及存放区应与办公区、生活区划分清晰,并应采取相应的隔离措施。

(8)施工现场应实行封闭管理,并应采用硬质围挡。市区主要路段的施工现场围挡高度不应低于 2.5 m,一般路段围挡高度不应低于 1.8 m。围挡应牢固、稳定、整洁。距离交通路口 20 m 范围内占据道路施工设置的围挡,其 0.8 m 以上部分应采用通透性围挡,并应采取交通疏导和警示措施。

(9)施工现场出入口应标有企业名称或企业标识。主要出入口明显处应设置工程概况牌,施工现场大门内应有施工现场总平面图和安全管理、环境保护与绿色施工、消防保卫等制度牌和宣传栏。

(10)施工单位应采取有效的安全防护措施。参建单位必须为施工人员提供必备的劳动防护用品,施工人员应正确使用劳动防护用品。劳动防护用品应符合现行行业标准《建筑施工作业劳动防护用品配备及使用标准》(JGJ 184—2009)的规定。

(11)有毒有害作业场所应在醒目位置设置安全警示标识,并应符合现行国家标准《工作场所职业病危害警示标识》(GBZ 158—2003)的规定。施工单位应依据有关规定对从事有职业病危害作业的人员定期进行体检和培训。

(12)施工单位应根据季节气候特点,做好施工人员的饮食卫生和防暑降温、防寒保暖、防中毒、卫生防疫等工作。

在施工中对施工现场环境应做到节约能源资源、防止大气污染和水土污染、减少施工噪声及光污染。在环境卫生方面,对临时设施、卫生防疫等方面都做了具体要求。

0.6　建筑工程绿色施工规范

目前涉及土木工程的资源消耗在总消耗中占有相当大的比例。随着土木工程的快速发展,资源问题开始显现,所以要求在建设过程中应重视绿色施工。绿色施工是指在保证质量、安全等基本要求的前提下,通过科学管理和技术进步,最大限度地节约资源,减少对环境负面影响,实现节能、节材、节水、节地和环境保护("四节一环保")的建筑工程施工活动。经广泛调查研究,认真总结实践经验,参考有关国际标准和国外先进标准,并在广泛征求意见的基础上,颁布了《建筑工程绿色施工规范》(GB/T 50905—2014)国家标准,自 2014 年 10 月 1 日起实施。

建筑工程绿色施工规范要求参与建筑工程的建设单位、设计单位、监理单位和施工单位应按绿色施工要求进行设计、施工和管理,实现"四节一环保"的目标。实施过程中,在施工准备、施工场地,以及地基与基础工程、土石方工程、桩基工程、地基处理工程、地下水控制、主体结构工程、装饰装修工程、保温和防水工程、机电安装工程拆除工程等环节,均应按相应的规范要求进行计划、实施和管理,以降低资源消耗。

0.7　土木工程施工课程特点及学习方法

土木工程施工课程是一门综合性很强的应用学科,综合运用工程测量、建筑材料、建筑力学、房屋建筑学、工程管理、工程造价等学科的知识,以及应用有关施工规范与施工规程(规定)解决建筑工程施工中的问题。建筑施工与生产实践联系紧密,而生产的发展日新月异,给建筑施工提供了丰富的研究内容。因此,本课程也是一门实践性很强的课程。

正是由于本课程内容综合性、实践性都很强,而每章内容相互联系又不很紧密,系统性、逻辑性也较差,叙述性内容比较多,所以学习时看懂较容易,但真正理解、掌握与正确应用又比较困难。根据施工课程这一特点,要求学生在学习本课程之前,除具备上述所学课程理论知识外,还应对一般工业与民用建筑工程的施工具有一定的感性知识。做到平时注意观察,积累感性认识。另外,应结合当地具体情况,选择一些典型的、正在施工的建筑工地进行现场参观学习,了解其施工全过程,建立起一定的感性知识,为学好本课程打下良好基础。

学习本课程有关内容时,首先应该以建筑工程各分部施工技术和施工方法为基础,充分注意到各类不同工程施工技术和施工方法的共同特点,同时重视各类工程施工技术和施工方法的不同特点,应系统地掌握施工技术与方法,再根据不同的工程对象选择相适应的施工技术与方法,从而能够制订施工方案和施工计划。

0.8　建筑施工技术发展概况

战国时期,我国的砌筑技术已有很大发展,能用特制的楔形砖和企口砖砌筑拱券和穹隆。《考工记》记载了先秦时期的营造法则。秦以后,宫殿和陵墓建筑已具相当规模,木

塔建造更显示了木构架施工技术已相当成熟。至唐代，大规模城市建造表明房屋施工技术也达到了相当高的水平。北宋李诫编纂了《营造法则》，对砖、石、木作和装修、彩画的施工法则与工料估算方法均有较详细的规定。至元、明、清，已能用夯土墙内加竹筋建造三四层楼房，砖券结构得到普及，木构架的整体性得到加强。清朝的《工程做法则例》统一了建筑构件的模数和工料标准，制定了绘样和估算的准则。现存的故宫等建筑表明，当时我国的建筑技术已达很高的水平。

19 世纪中叶，水泥和建筑钢材的出现，产生了钢筋混凝土，使房屋施工进入新的阶段。我国自鸦片战争以后，在沿海城市也出现了一些用钢筋混凝土建造的多层和高层大楼，但多数由外国建筑公司承建。此时，由我国私人创办的营造厂虽然也承建了一些工程，但规模小，技术装备较差，施工技术相对落后。

新中国成立后，我国的建筑业有了根本性的变化。为适应国民经济恢复时期建设的需要，扩大建筑业建设队伍的规模，引入了苏联的建筑技术，在短短几年内，就完成了鞍山钢铁公司、长春汽车厂等 1 000 多个规模宏大的工程建设项目。1958～1959 年在北京建设了人民大会堂、北京火车站、中国历史博物馆等结构复杂、规模巨大、功能要求严格、装饰标准高的十大建筑，更标志着我国的建筑施工开始进入了一个新的发展时期。

我国建筑业的第二次大发展是在 20 世纪 70 年代后期，国家改革开放以后，一些重要工程相继恢复，工程建设再次呈现出一派繁忙景象。在 20 世纪 80 年代，以南京金陵饭店，广州白天鹅宾馆和花园酒店，上海新锦江宾馆、希尔顿宾馆和金茂大厦，北京的国际饭店和昆仑饭店等一批高度超过 100 m 的高层建筑施工为龙头，带动了我国建筑施工，特别是现浇混凝土施工技术迅速发展。进入 20 世纪 90 年代，随着房地产业的兴起，城市大规模的旧城改造，高层和超高层写字楼与商住楼的大量兴建，使建筑施工技术达到了较高的水平。21 世纪初期，具有代表性的"鸟巢""水立方"等一大批比赛场馆的建设，体现了现代建筑环保、节能的理念。

改革开放以来，我国建筑施工技术得到了长足进步，特别是在大型工业建筑和高层建筑施工中取得了辉煌成就。例如，地基处理方面推广了强夯法、振冲法、深层搅拌地基新技术；在基础工程施工中，推广和应用了钻冲孔灌注桩、旋喷桩、地下连续墙等深基础技术；主体结构施工中应用了大模板、爬模和滑升模板，钢筋气压焊；钢筋冷压连接、钢筋螺纹连接，泵送混凝土、高性能混凝土等新工艺和新技术在混凝土工程施工中得到了广泛的应用和推广；在预应力混凝土方面，采用了无黏结工艺和整体预应力结构，使预应力混凝土发展由构件生产进入了预应力结构生产阶段；在大跨度结构、高耸结构方面，采用了整体吊装的新技术。在装饰工程施工中应用了内外墙面喷涂、外墙面玻璃及铝合金幕墙、高级饰面砖的粘贴等新技术。这些使我国的施工技术水平与发达国家水平基本接近。

但是目前在砌体、防水、装饰工程施工中，居多沿用传统的施工工艺和施工方法，劳动强度大，工效低。随着科学技术进步和生产力发展，墙体改革，新型建筑材料、工艺理论及计算机技术的应用，必将有力地推动我国建筑施工技术的发展。

第 1 章 土方工程

1.1 土方工程概述

土方工程是建筑工程施工中主要工种之一。常见的土方工程包括场地平整、基坑（槽）开挖、岩土爆破和土方回填、夯实及运输等主要施工过程；另外还包括基坑（槽）降水、排水和土壁支护等准备与辅助工作。土方工程施工质量直接影响基础工程乃至主体结构工程施工的正常进行。

1.1.1 土方工程施工内容及特点

1.1.1.1 土方工程施工内容

土方工程施工包括以下内容：

（1）场地平整，依据工程条件，确定场地平土标高，计算场地平整土方量、基坑（槽）开挖的土方量；合理进行土方量调配，使土方总施工量最小。

（2）合理选择施工机械，保证使用效率。

（3）安排好运输道路、弃土场、取土区，做好降水、土壁支护等辅助工作。

（4）土方的回填与压实，包括回填土的选择、填土压实的方法。

（5）基坑（槽）开挖，并做好监测、支护等工作，防止流砂、管涌、塌方等事故发生。

1.1.1.2 土方工程施工特点

建筑施工一般从土方工程开始，这项工作的主要特点是工程量大，施工工期长，劳动强度大且多为露天作业。由于受到气候、水文、地质、邻近及地下建筑建（构）筑物等因素的影响多，在施工过程中常遇到难以确定因素的制约，施工条件复杂。因此，在土方工程施工前必须做好场地的地形地貌、工程地质、管线测量、水文、气象等资料的收集和详细分析研究工作，并进行现场勘察，在此基础上根据有关要求，选择好施工方法和机械设备，拟订经济可行的施工方案，做好施工组织设计，确保施工安全和工程质量。

1.1.2 土的工程分类与现场鉴别

土的种类繁多，分类方法也较多，如按土的年代、颗粒级配、密实度、液性指数等分类。在建筑施工中，根据土的开挖难易程度（即硬度系数的大小），可将土分为松软土、普通土、坚土、砂砾坚土、软石、次坚石、坚石、特坚石等八类。土的工程分类及现场鉴别方法见表 1-1，表中前四类属于一般土，后四类属于岩石。

土方施工与土的级别关系密切，如果现场开挖土质为较松软的黏土、人工填土、粉质黏土等,则要考虑土方边坡稳定;如果施工遇到岩石类土,则对土方施工方法、机械的选择、劳动量配置均有较大影响。因此,土的类别涉及施工方法和施工费用等问题。

表1-1 土的工程分类

土的分类	土的级别	土的名称	坚实系数 f	密度 /(10^3kg/m³)	开挖方法及工具
一类土（松软土）	Ⅰ	砂土、粉土、冲积砂土层、疏松的种植土、淤泥(泥潭)	0.5~0.6	0.6~1.5	用锹、锄头挖掘,少许用脚蹬
二类土（普通土）	Ⅱ	粉质黏土;潮湿的黄土;夹有碎石、卵石的砂;粉土混卵(碎)石;种植土,填土	0.6~0.8	1.1~1.6	用锹、锄头挖掘,少许用镐翻松
三类土（坚土）	Ⅲ	软及中等密实黏土;重粉质黏土;砾石土;干黄土、含有碎石卵石的黄土、粉质黏土;压实的填土	0.8~1.0	1.75~1.9	主要用镐,少许用锹、锄头挖掘,部分用撬棍
四类土（砂砾坚土）	Ⅳ	坚硬密实的黏性土或黄土;含碎石卵石的中等密实的黏性土或黄土;粗卵石;天然级配砂石;软泥灰岩	1.0~1.5	1.9	整个先用镐、撬棍,后用锹挖掘,部分用楔子及大锤
五类土（软石）	Ⅴ~Ⅵ	硬质黏土;中密的页岩、泥灰岩、白垩土;胶结不紧的砾岩;软石灰及贝壳石灰石	1.5~4.0	1.1~2.7	用镐或撬棍、大锤挖掘,部分使用爆破方法
六类土（次坚石）	Ⅶ~Ⅸ	泥岩、砂岩、砾岩;监视的页岩、泥灰岩、密实的石灰岩;风化花岗岩、片麻岩、石灰岩;微风化安山岩;玄武岩	4.0~10.0	2.2~2.9	用爆破方法开挖,部分用风镐
七类土（坚石）	Ⅹ~Ⅻ	大理石;辉绿岩;粗、中粒花岗岩;坚实白云岩、砂岩砾岩、片麻岩、石灰岩;微风化的安山岩、玄武岩	10.0~18.0	2.5~3.1	用爆破方法开挖
八类土（特坚石）	ⅩⅣ~ⅩⅥ	安山岩;玄武岩;花岗片麻岩;监视的细粒花岗岩、闪长岩、石英岩、辉长岩、辉绿岩、玢岩、角闪岩	18.0~25.0 以上	2.7~3.3	用爆破方法开挖

1.1.3 土的基本性质

1.1.3.1 土的含水量

土的含水量是指土中所含水的质量与土中固体颗粒质量之比,用百分率表示,即

$$\omega = \frac{m_{\mathrm{w}}}{m_{\mathrm{s}}} \times 100\% \qquad (1-1)$$

式中　ω——土的含水量,%;

　　　m_{w}——土中水的质量,kg;

　　　m_{s}——土中固体颗粒的质量,kg。

土的含水量大小对土方的开挖、土方边坡的稳定性都有一定的影响,对填土压实度的影响更大。所以填土压实施工时应使土的含水量处于最佳含水量范围之内,不同类别土的最佳含水量详见表1-2。

表1-2　土的最佳含水量和最大干密度参考值

土的种类	变动范围	
	最佳含水量/%(重量比)	最大干密度/(g/cm³)
砂土	8～12	1.80～1.88
粉土	16～22	1.61～1.80
亚砂土	9～15	1.85～2.08
亚黏土	12～15	1.85～1.95
重亚黏土	16～20	1.67～1.79
粉质亚黏土	18～21	1.65～1.74
黏土	19～23	1.58～1.70

1.1.3.2 土的自然密度和干密度

(1)土的自然密度　土在自然状态下单位体积的质量叫土的自然密度,即

$$\rho = \frac{m}{V} \qquad (1-2)$$

式中　ρ——土的自然密度,kg/m³;

　　　m——土在自然状态下的质量,kg;

　　　V——土在自然状态下的体积,m³。

(2)土的干密度　单位体积土中固体颗粒的质量叫土的干密度,即

$$\rho_{\mathrm{d}} = \frac{m_{\mathrm{s}}}{V} \qquad (1-3)$$

式中　ρ_{d}——土的干密度,kg/m³;

　　　m_{s}——土中固体颗粒的质量(经105℃烘干的土重),kg;

　　　V——土在自然状态下的体积,m³。

干密度反映了土的紧密程度,常用于填土夯实质量的控制指标。土的最大干密度值

可参考表 1 – 2。

1.1.3.3 土的可松性

自然状态下的土经开挖后,其体积因松散而增加,虽经回填压实,仍不能恢复到原来的体积,这种性质称为土的可松性。土的可松性用可松性系数表示,即

$$k_S = \frac{V_2}{V_1} \tag{1-4}$$

$$k_S' = \frac{V_3}{V_1} \tag{1-5}$$

式中 k_S——最初可松性系数;

k_S'——最终可松性系数;

V_1——土在自然状态的体积,m^3;

V_2——土挖出后松散状态下的体积,m^3;

V_3——挖出的土经回填压实后的体积,m^3。

土的可松性与土的类别和密实状态有关,k_S 用于确定土的运输、挖土机械的数量及留设堆土场地的大小;k_S' 用于计算回填土、弃(借)土及场地平整的确定。各类土的可松性系数见表 1 – 3。

表 1 – 3　各类土的可松性系数

土的类别	k_S	k_S'
一类土	1.08 ~ 1.17	1.01 ~ 1.03
二类土	1.14 ~ 1.28	1.02 ~ 1.05
三类土	1.24 ~ 1.30	1.04 ~ 1.07
四类土	1.26 ~ 1.32	1.06 ~ 1.09
五类土	1.30 ~ 1.45	1.10 ~ 1.20
六类土	1.30 ~ 1.45	1.10 ~ 1.20
七类土	1.30 ~ 1.45	1.10 ~ 1.20
八类土	1.45 ~ 1.50	1.20 ~ 1.30

1.1.3.4 土的渗透性

土的渗透性也称透水性,是指土体被水透过的性质。土体孔隙中的水在重力作用下会发生流动,流动速度与土的渗透性有关。渗透性的大小用渗透系数表示,即

$$K = \frac{L}{t} \tag{1-6}$$

法国学者达西根据砂土渗透实验(图 1 – 1),发现水在土中的渗流速度 v 与 A、B 两点水位差成正比,与渗流路程长度 L 成反比。

$$v = \frac{Kh}{L} = Ki \tag{1-7}$$

$$i = \frac{h}{L} \tag{1-8}$$

式中 K——土的渗透系数,m/d,m/h,m/s;

L ——渗流路程,m;

t ——渗流路程 L 所需的时间,d,h,s;

i ——水力坡度;

h ——A、B 两点水头差。

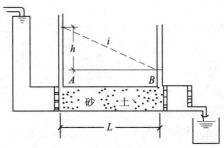

图 1-1 砂土渗透实验示意图

K 值的大小反映土体透水性的强弱,影响施工降水与排水的速度。土的渗透系数可以通过室内渗透实验或现场抽水实验测定,一般土的渗透系数参考值见表 1-4。

表 1-4 土的渗透系数参考值

土的类别	$K/(\mathrm{m \cdot d^{-1}})$	土的类别	$K/(\mathrm{m \cdot d^{-1}})$
黏土	<0.005	中砂	5~20
亚黏土	0.005~0.1	均质中砂	25~50
轻亚黏土	0.1~0.5	粗砂	20~50
黄土	0.25~0.5	砾石	50~100
粉土	0.5~1.0	卵石	100~500
细砂	1.0~1.5	漂石(无砂质充填)	500~1 000

土的渗透系数大小对施工排水、降水方法的选择,涌水量计算,以及边坡支护方案的确定等都有较大影响。

1.2 场地平整及土方调配量计算

1.2.1 场地平整

建筑场地往往处在凹凸不平的自然地貌上,特别对于山区和丘陵地带,若建较大规模的建筑群,必须削凸填凹,移挖方作填方,满足规划、生产工艺及运输、排水等要求,并力求土方量最小。场地平整就是将天然地面改造成工程上所要求的设计平面。它是施工方案中计算土方工程量、土方平衡调配、选择施工机械的重要依据。它包括确定场地设计标高、计算土方量、土方调配、选择土方施工机械、拟订施工方案。

1.2.1.1 场地设计标高确定的方法和步骤

场地设计标高确定是依据场地土方量填、挖平衡的原则计算,即场地土方的体积在平整前后是相等的。以下为采用方格网法确定场地平整标高及场地土方量计算的步骤。

（1）初步确定场地平整设计标高　在具有等高线的地形图上将施工区域划分为边长为 20 m×20 m 或 40 m×40 m 的若干方格（图 1-2），方格边线尽量与地形测量的纵横坐标网对应。

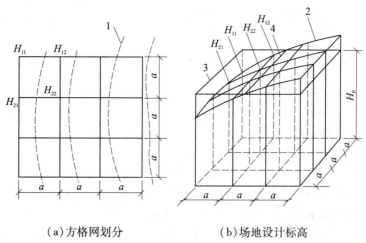

（a）方格网划分　　　　（b）场地设计标高

图 1-2　自然地面与设计地面

1）确定方格角点的编号、自然地面标高和施工高度　方格网角点方格编号一般由方格网左下角或左上角起始按顺序编排；自然地形标高地面地形起伏不大时，可根据地形图高程采用插入法求得，如图 1-3 所示。为了避免烦琐的计算，也可采用图解法（图 1-4）。用一张透明纸，上面画 6 根等距离的平行线。把该透明纸放到标有方格网的地形图上，将 6 根平行线的最外边两根分别对准 A 点和 B 点，这时 6 根等距的平行线将 A、B 之间的 0.5 m 高差分成 5 等分，于是便可直接读得角点 4 的地面标高为 44.4 m。其余各角点标高均可用图解法求出。若地面起伏较大或无地形图时，可以在地面上用方桩式钢钎打好方格网，然后用仪器直接测出方格网角点标高。

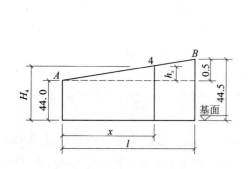
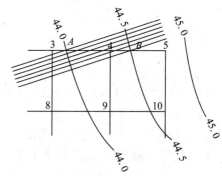

图 1-3　插入法计算标高示意图　　　　图 1-4　图解法计算标高示意图

施工高度计算按式（1-9）计算。所得结果为正值时，表示该点为挖方；为负值时，表示该点为填方。

$$H_n = H_s - H_j \tag{1-9}$$

式中　H_n——角点施工高度，即各角点的挖填高度。"+"为挖，"-"为填；

H_s——角点的设计标高(若无泄水坡度时,即为场地的设计标高);

H_j——各角点的自然地面标高。

2)计算场地平整设计标高　从图 1-2 可知,H_n 是方格角点的施工高度,设平整前的土方体积为

$$V = \frac{a^2}{4}\sum_{n=1}^{n}H_n = \sum\left(a^2\frac{H_{11}+H_{12}+H_{21}+H_{22}}{4}\right) = \frac{a^2}{4}\left(\sum H_{1j} + 2\sum H_{2j} + 3\sum H_{3j} + 4\sum H_{4j}\right)$$

$$= \frac{a^2}{4}\sum_{i=1}^{4}\left(P_i\sum H_{ij}\right)$$

式中　V——土体自水准面起至自然地面下土体的体积,m^3;

　　　　n——方格角点数;

　　　　a——方格边长,m;

　　　　H_{1j}——方格仅有一个角点的自然地面标高;

　　　　H_{2j}——两个方格共有的角点的自然地面标高;

　　　　H_{3j}——三个方格共有的角点的自然地面标高;

　　　　H_{4j}——四个方格共有的角点的自然地面标高;

　　　　P_i——方格网交点的权值,$i=1$ 表示方格角点,$i=2$ 表示方格边线点,$i=3$ 表示方格凹点,$i=4$ 表示方格中间点;

　　　　H_{ij}——已有目标权数角点的自然地面标高,m。

设方格网平整后设计标高为 H_0,则平整后土体体积为

$$V' = H_0 N a^2$$

式中　V'——土体自水准面起至平整面下土体的体积,m^3;

　　　　H_0——方格网设计平面标高,m;

　　　　N——方格数,个。

根据土方平衡时,平整前后这块土体的体积是相等的,即 $V = V'$

$$H_0 N a^2 = \frac{a^2}{4}\left(\sum H_{1j} + 2\sum H_{2j} + 3\sum H_{3j} + 4\sum H_{4j}\right)$$

$$H_0 = \frac{1}{4N}\left(\sum H_{1j} + 2\sum H_{2j} + 3\sum H_{3j} + 4\sum H_{4j}\right) \tag{1-10}$$

式中符号含义同上。

由上式求出的设计标高,能使填方量和挖方量基本平衡。

(2)场地平整设计标高的调整　场地设计标高 H_0 按式(1-10)确定之后,它还只是一理论值,实际工程当中还必须考虑以下因素进行调整。

1)土的可松性影响　由于土具有可松性,所以挖出一定体积的土不可能等体积回填,会出现多余。因此,应该考虑土的可松性而引起设计标高增加值 Δh。V_W、V_T 分别称为按理论设计计算的挖、填方体积,把 F_W、F_T 分别称为按理论设计计算的挖、填方区面积,把 V'_W、V'_T 分别称为调整以后挖、填方的体积,k'_S 是最终可松性系数。

如图 1-5 所示,设 Δh 为由于土的可松性引起的设计标高增加值,则设计标高调整以后总挖方体积 V'_W 应为

$$V'_W = V_W - F_W \Delta h \tag{1-11}$$

总填方体积为

$$V'_T = V_T + F_T \Delta h \tag{1-12}$$

而

$$V'_T = V'_W k'_S$$

所以

$$V_T + F_T \Delta h = (V_W - F_W \Delta h)k'_S \tag{1-13}$$

移项整理得

$$\Delta h = \frac{V_W k'_S - V_T}{F_T + F_W k'_S}$$

当 $V_W = V_T$ 时，上式化为

$$\Delta h = \frac{V_W(k'_S - 1)}{F_T + F_W k'_S}$$

故考虑土的可松性后，场地设计标高应调整为

$$H'_0 = H_0 + \Delta h \tag{1-14}$$

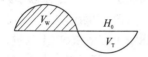 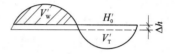

　　（a）理论设计标高　　　　　　（b）调整设计标高

图 1-5　可松性引起的设计标高增加值

2）场地泄水坡度影响　　若按同一设计标高平整时，整个场地均处于同一水平面，但是实际上需要有一定的泄水坡度，所以还必须根据场地泄水坡度要求，计算出场地内各方格角点实际施工设计标高。

①场地为单向泄水坡度　　场地具有单向泄水坡度时，设计标高确定方法是把已经调整后的设计标高 H'_0 作为场地中心的标高［图 1-6（a）］，场地内任意一点的设计标高则为

$$H_{ij} = H'_0 \pm li \tag{1-15}$$

式中　H_{ij}——场地内任意一点的设计标高；

　　　　l——场地内任意一点至场地中心线设计标高 H'_0 的距离；

　　　　i——场地泄水设计坡度（不少于 2‰）。

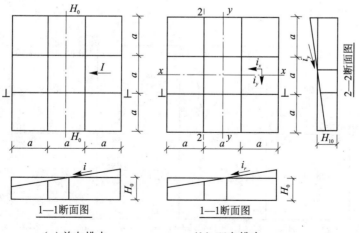

　　（a）单向排水　　　　　　　　（b）双向排水

图 1-6　场地排水坡度示意图

②场地具有双向泄水坡度　场地具有双向泄水坡度时,设计标高确定方法同样是把已调整后的设计标高 H_0' 作为场地纵向和横向中心点标高[图1-6(b)],场地内任意一点设计标高为

$$H_{ij} = H_0' \pm l_x i_x \pm l_y i_y \tag{1-16}$$

式中　l_x, l_y——分别为任意一点沿 $x-x, y-y$ 方向距场地中心的距离;

　　　　i_x, i_y——分别为任意一点沿 $x-x, y-y$ 方向的泄水坡度。

3)借土或弃土的影响　由于受场地中各种填方工程或挖方工程(如基坑回填或开挖)的影响,以及经过经济比较而将部分挖方就近弃土于场外(弃土),或部分填方就近从场外取土(借土),都会导致设计标高的降低或提高。因此必要时亦需重新调整设计标高。

1.2.1.2　场地平整土方工程量的计算

场地平整土方量计算方法通常有方格网法和断面法两种。当场地地形较为平坦时宜采用方格网法;当场地地形起伏较大、断面不规则时,宜采用断面法。

方格网法是根据各角点的施工高度分别计算出每个方格填、挖土方量,最后将方格区域的土方量汇总,即得到场地方格网区域总的土方量。但场地总的平土方量还应计算场地边坡的土方量。方格网法场地土方量计算步骤如下:

(1)求各方格角点的施工高度　即填、挖高度(等于设计地面标高-自然地面标高),"+"为填,"-"为挖。

(2)标注零点、确定零线位置　一个方格内相邻两交叉点,如果一点为填方而另一点为挖方,这两点间必有一不填不挖的点,此点处施工高度为零,故称零点(图1-7),零点位置可用图解法或计算法求出。图解法求零点:用直尺在填方交叉点标出一定比例的填方高度,然后在挖方交叉点标出同样比例的挖方高度,两高度点(即填方高度点与挖方高度点)连线与方格边相交点即为零点。将零点连接成线段,即为零线。零线是填、挖方区的分界线。计算法求零点如图1-8所示。

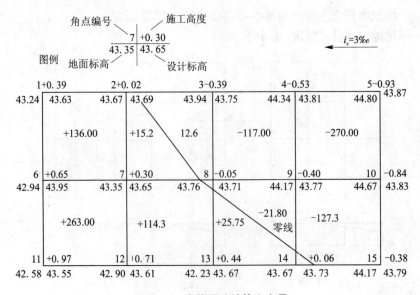

图1-7　方格网法计算土方量

$$x_1 = a\frac{h_1}{h_1 + h_2}, \ x_2 = a\frac{h_2}{h_1 + h_2} \qquad (1-17)$$

式中　x_1、x_2——角点至零点的距离,m;

　　　h_1、h_2——相邻两角点的施工高度(以绝对值代入),m;

　　　a——方格网的边长,m。

(3)计算土方量　方格中如果没有零线,土方量计算较为简单,否则,由于零线位置不同,其相应的土方量计算公式也不同,计算时要根据表 1-5 的公式求得。

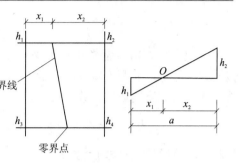

图 1-8　零线位置示意图

表 1-5　常用方格网土方计算公式

项目	图式	计算公式
一点填方或挖方(三角形)		$V = \frac{1}{2}bc\frac{\sum h}{3} = \frac{bch_3}{6}$ 当 $b=c=a$ 时,$V = \frac{a^2 h_3}{6}$
二点填方或挖方(梯形)		$V + = \frac{b+c}{2}a\frac{\sum h}{4} = \frac{a}{8}(b+c)(h_1+h_3)$ $V - = \frac{b+e}{2}a\frac{\sum h}{4} = \frac{a}{8}(d+e)(h_2+h_4)$
三点填方或挖方(五角)		$V = (a^2 - \frac{bc}{2})\frac{\sum h}{5} = (a^2 - \frac{bc}{2})\frac{h_1+h_2+h_4}{5}$
四点填方或挖方(正方形)		$V = \frac{a^2}{4}\sum h = \frac{a^2}{4}(h_1+h_2+h_3+h_4)$

注:①a—方格网的边长(m);b、c—零点到一角点的边长(m);h_1、h_2、h_3、h_4—方格网四角点的施工高程(m),用绝对值代入;$\sum h$—填方或挖方施工高程的总和(m),用绝对值代入;v—挖方或填方体积(m^3);

②本表公式是按各计算图形底面乘积以平均施工高程而得出的

(4)计算土方总量　将平整场地中所有方格的土方总量和边坡土方量汇总,即得场地平整挖(填)方的工程量。一般实际工程中平土高度大于 1 m 以上时才考虑计算边坡土方量。

1.2.2　基坑(槽)土方量计算

1.2.2.1　边坡坡度与边坡系数

土方的边坡系数 m 用坡底宽 b 与坡高 h(即基础开挖深度)之比表示,即

$$m = \frac{b}{h} \qquad (1-18)$$

工程中土方边坡常常用边坡坡度来表示,边坡坡度以土方挖方深度 h 与底宽 b 之比表示(图 $1-9$),有时可按不同土层或不同放坡系数放坡。即

$$\text{土方边坡的坡度} = 1:m = 1:\frac{b}{h} = \frac{h}{b} \qquad (1-19)$$

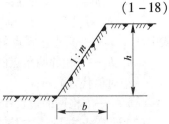

图 $1-9$　土方边坡

1.2.2.2　计算基坑(槽)土方量

基坑土方量可按立体几何中的拟柱体体积公式计算(图 $1-10$),即

$$V = \frac{H}{6}(A_1 + 4A_0 + A_2) \qquad (1-20)$$

式中　H——基坑深度,m;

　　　A_1、A_2——基坑上、下的底面积,m^2;

　　　A_0——基坑中截面的面积,m^2。

注意:A_0 一般情况下不等于 A_1、A_2 之和的一半,而应该按侧面几何图形的边长计算出中位线的长度,然后再计算中截面的面积 A_0。

基槽和路堤管沟的土方量计算:若沿长度方向其断面形状或断面面积显著不一致时,可以按断面形状相近或断面面积相差不大的原则,沿长度方向分段后,用同样方法计算各分段土方量(图 $1-11$)。最后将各段土方量相加即得总土方量 $V_{\text{总}}$。即

$$V_i = \frac{L_i}{6}(A_1 + 4A_0 + A_2) \qquad (1-21)$$

式中　V_i——第 i 段的土方量,m^3;

　　　L_i——第 i 段的长度,m。

$$V_{\text{总}} = \sum V_i \qquad (1-22)$$

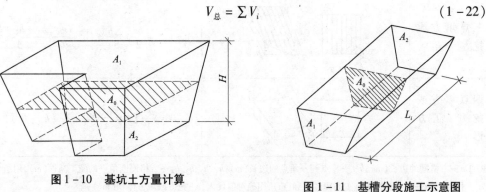

图 $1-10$　基坑土方量计算　　　　　　图 $1-11$　基槽分段施工示意图

1.2.3　土方调配

土方量计算完成后,即可以进行土方调配工作。土方调配的目的是使工程中土方总运输量最小或土方施工费用最小。这就必须对场地土方的利用、堆弃和填土之间的关系进行综合协调处理,制订优化方案,确定挖、填方区土方的调配方向、数量和运输距离,以利于缩短工期和节约工程成本。

1.2.3.1 土方调配原则

(1)应力求达到挖、填方平衡,就近调配,以使土方运输量或费用最小。但有时仅局限于一个场地范围内的挖、填平衡难以满足上述原则,即可根据场地和周围地形条件,考虑在填方区周围弃土或在挖方区周围借土。

(2)土方调配应考虑近期施工与后期利用相结合的原则。可以分期分批施工时,先期工程的土方余土应结合后期工程的需要,考虑可以利用的数量选择堆放位置,力求为后期工程创造良好的工作面和施工条件,避免重复挖、填。

(3)考虑分区与全场相结合的原则。分区土方调配必须配合全场性土方调配进行。

(4)合理布置挖、填方分区线,选择恰当调配方向、运输线路,使土方机械和运输车辆的性能得到充分发挥。

(5)土方调配"移挖作填"固然要考虑经济运距问题,但这不是唯一的指标,还要综合考虑弃方和借方的占地及对农业生产影响等。有的工程虽然运距较远,运输费提高,但如能少占耕地、减少对农业生产影响,这样未必是不经济的。

(6)土方调配还应尽可能与大型地下建筑物的施工相结合。如大型建筑物位于填土区时,为了避免重复挖运和现场混乱,应将部分填方区予以保留,待基础施工后再进行填土。

总之,进行土方调配必须根据现场具体情况、周围环境、相关技术资料、工期要求、施工机械与运输方案等方面综合考虑,反复比较,确定经济合理的调配方案,防止乱弃乱堆,或堵塞河流,损害农田。

1.2.3.2 土方调配区的划分

进行土方调配时首先要划分土方调配区,划分时注意以下几点。

(1)与场地平面图上计算土方量时的方格网相协调,方格网图中能够清楚看到挖填区的分界线(零线),再结合地形及运输条件,在挖方区和填方区适当划分若干调配区,可以较方便地计算出各调配区的土方量。

(2)调配区的划分应与房屋或构筑物的位置协调,满足工程分期分批的施工要求,尽量使近期施工与后期利用相结合。

(3)当土方运距较大可根据附近地形,考虑场地以外的借土或弃土时,每一个借土区或弃土区均可以作为一个独立的调配区。

(4)调配区大小应该满足土方施工主导机械的施工要求和发挥运输车辆的效能。

1.3 土方工程施工准备与辅助工作

1.3.1 施工准备

上方开挖前需完成场地清理、排水、测量放线及临时设施等工作。

(1)场地清理 场地清理包括清理地面、地下各种障碍物,如拆除房屋、古墓,拆迁或改建通信、电力设施、上下水管线等工作。此项工作由业主委托相关单位完成。

（2）排除地面水　场地内低洼地区积水和雨水必须排除。地面水的排除一般采用排水沟、截水沟、挡水土坝等措施。场地应尽量利用自然地形设置排水沟，使水直接排至场外或流向低洼处，再用水泵抽走。主排水沟最好设置在施工区域边缘或道路两旁，其横断面和纵向坡度应根据最大流量确定。一般排水沟横断面不小于 0.5 m×0.5 m，纵向坡度不小于 3‰。排水沟应注意清理，保持畅通。

（3）测量放线　施工放线是指根据已定位的外墙轴线交点桩（角桩），详细测设出建筑物各轴线的中心桩，然后根据中心桩用白灰撒出基槽开挖边界线。

（4）修筑临时设施　修筑好临时道路及供水、供电等临时设施，组织好材料、机具及土方机械的进场工作。

1.3.2　土方边坡与支护

在基坑（槽）开挖中，要求基坑土壁稳定，土壁稳定性主要靠土体颗粒间内摩擦阻力和内聚力保持平衡，一旦土体受到外力而失去平衡，坑壁就会坍塌。为防止基坑塌方，保证施工安全，在基础或管沟开挖深度超过一定深度时，边沿应放出足够边坡。当场地受限无法放坡时，则应设置基坑支护结构等有效的防护措施。

1.3.2.1　土方边坡

（1）边坡形式　为使土壁稳定，基坑及土方的挖、填方边沿应做成一定形状的边坡。边坡形式如图 1 - 12 所示。边坡的形式和大小根据不同土质、开挖深度、施工工期、地下水位深位、坡顶荷载等因素而定。

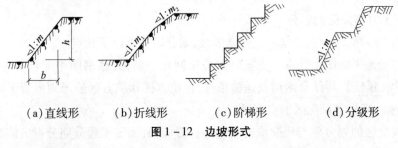

（a）直线形　　　（b）折线形　　　（c）阶梯形　　　（d）分级形

图 1 - 12　边坡形式

（2）影响边坡稳定的因素　边坡在一定条件下，局部或一定范围内沿某一滑动面向下或向外移动而丧失其稳定性，这就是边坡失稳现象。一般情况下，边坡失去稳定发生滑动可归结为土体内抗剪强度降低或剪应力增加两方面。

具体来说，影响边坡稳定的主要因素有以下几个：①气候影响使土质松软；②雨水或地下水浸入而产生润滑作用；③饱和水的细砂、粉砂因振动而液化；④边坡上面增加荷载（静、动），尤其是行车等动荷载较大；⑤土体中含水量增加；⑥土体竖向裂缝中的水（地下水）产生侧向静水压力。因此，在土方施工中要预估可能出现的情况，做好防护措施，特别是及时排除水和防止坡顶荷载的增加。

（3）边坡放坡要求　规范规定，当基础土质均匀且地下水位低于基坑或基槽底面标高时，可不放坡也不设支撑，但是挖方深度不宜超过表 1 - 6 的规定。

表1-6　不设边坡和支撑的挖方深度

项次	土质情况	挖土深度限值/m
1	密实、中密的砂土和碎石土类	1.00
2	硬塑、可塑的轻亚黏土及亚黏土	1.25
3	硬塑、可塑的黏土和碎石土类	1.50
4	坚硬的黏土	2.00

当地质条件良好、土质均匀、挖土深度在规范允许值内的临时性挖方边坡值应按表1-7的规定施工。另外,规范还对开挖深度在5 m内的基坑(槽)边坡坡度做了相应规定。在施工时,应根据实际情况对照相应规范设置边坡。

表1-7　临时性挖方边坡值

土的类别		边坡(高∶宽)
砂土(不包含细砂,粉土)		1∶1.25 ~ 1∶1.50
一般性黏土	硬	1∶0.75 ~ 1∶1.00
	硬、塑	1∶1.00 ~ 1∶1.25
	软	1∶0.50 或更缓
碎石类土	充填坚硬、硬塑黏性土	1∶0.50 ~ 1∶1.00
	充填砂土	1∶1.00 ~ 1∶1.50

注:①设计有要求时,应符合设计标准;
②如采用降水或其他加固措施,可不受本表限制,但应计算复核;
③开挖深度,对软土不应超过4 m,硬土不应超过8 m

(4)边坡防护　当基坑裸露时间较长时,为防止边坡土失水过多而松散或地面水冲刷而产生滑坡,应采取护面措施,常用的坡面保护有下列方法。

1)薄膜覆盖法　在已开挖的边坡上铺设塑料薄膜,在坡顶、坡脚处用编织袋装土(砂)压边,并在坡脚处设置排水沟。此方法可用于防止雨水对边坡冲刷引起的塌方。

2)堆砌土(砂)袋护坡　当各种土质有可能发生滑移失稳时,可采用装土(砂)的编织袋堆置于坡脚或坡面,加强边坡抗滑能力,增加边坡稳定。

3)浆砌片石(砖、石)护坡　基坑高度不大、坡度较大时,可用浆砌砖、石压坡护面。
另外还有挂网喷浆、钢丝网混凝土护面等防护方法。

1.3.2.2　建筑基坑支护要求

《建筑地基基础工程施工质量验收规范》(GB 50202—2016)中规定:土方开挖顺序、方法必须与设计工况一致,并遵循"开槽支撑,先撑后挖,分层开挖,严禁超挖"的原则,所以当深基坑开挖采用放坡,而无法保证施工安全或现场无放坡条件时,一般根据基坑侧壁安全等级采用支护结构临时支挡,以保证基坑土壁稳定。

建筑基坑支护就是为保证地下结构设施及周边环境的安全,对基坑侧壁采取支挡、加固与保护的措施。基坑支护结构设计应根据表1-8选用相应的侧壁安全等级及重要性

系数,也可根据基坑侧壁安全等级参照表1-9选择。

表1-8　基坑侧壁安全等级及重要性系数

安全等级	破坏后果	γ_0
一级	支护结构破坏、土体失稳或过大变形对坑周边环境及地下结构施工影响很严重	1.1
二级	支护结构破坏、土体失稳或过大变形对基坑周边环境及地下结构施工影响一般	1.0
三级	支护结构破坏、土体失稳或过大变形对基坑周边环境及地下结构施工影响不严重	0.9

注:γ_0为重要性系数。有特殊要求的建筑基坑侧壁安全等级可根据具体情况另行确定

表1-9　基坑支护结构选型参考表

支护结构形式	适用条件
排桩或地下连续墙	①适用于基坑侧壁安全等级为一、二、三级; ②悬臂式结构在软土场地中不宜大于5 m; ③当地下水位高于基坑底面时,宜采用降水、排桩加止水帷幕或地下连续墙
水泥土墙	①适用于基坑侧壁安全等级为二、三级; ②水泥土桩施工范围内地基土承载力不宜大于150 kPa; ③基坑深度不宜大于5 m
土钉墙	①适用于基坑侧壁安全等级为二、三级的非软土场; ②当地下水位高于基坑底面时,宜采取降水或止水措施; ③基坑深度不宜大于12 m
放坡	①适用于基坑侧壁安全等级宜为三级; ②施工场地应满足放坡条件; ③可独立或与上述其他结构形式结合作用; ④当地下水位高于坡脚时,宜采取降水措施

注:根据具体情况的条件,采用上述某一支护结构形式或其组合

　　基坑支护结构选择应根据上述基本要求,综合考虑基坑实际开挖深度、基坑平面形状尺寸、工程地质和水文条件、施工作业设备、邻近建筑物的重要程度、地下管线的限制要求、工程造价等因素,比较后优选确定。

1.3.2.3　浅基坑(槽)支护

　　基坑(槽)施工若土质与周边环境允许,放坡开挖较为经济,但在不允许放坡开挖或按规定放坡所增加的土方量过大时,都需要用设置土壁支护。对宽度不大,深5 m以内的浅沟、槽,一般宜设置简单的横撑式支撑,其型式需根据实际开挖深度、土质条件、地下水位、施工时间长短、施工季节和当地气象条件、施工方法与相邻建(构)筑物情况进行选择。

　　横撑式支撑根据挡土板放置不同,分为水平挡土板和垂直挡土板两类。水平挡土板布置分为间断式、断续式和连续式三种;垂直挡土板布置分为断续式和连续式两种,如表1-10所示。

表 1－10 基坑(槽)、管沟的支撑方法

支撑方式	简图	支撑方法及适用条件
间断式水平支撑		两侧挡土板水平放置,用工具式或木横撑借木楔顶紧,挖一层土,支顶一层; 适用于能保持立壁的干土或天然湿度的黏土类土,地下水很少,深度在 2 m 以内
断续式水平支撑		挡土板水平放置,中间留出间隔,并在两侧同时对称立竖方木,再用工具式或木横撑上、下顶紧; 适用于能保持立壁的干土或天然湿度的黏土类土,地下水很少,深度在 3 m 以内
连续式水平支撑		挡土板水平连续放置,不留间隔,两侧同时对称立竖方木,上、下各顶一根撑木,端头加木楔顶紧; 适用于能较松散的干土或天然湿度的黏土类土,地下水很少,深度在 3~5 m 以内
连续或断续式垂直支撑		挡土板垂直放置,可连续或留适当间隔,然后每侧上、下各水平顶一根方木,再用横撑顶紧; 适用于能较松散或天然湿度的很高的土,地下水较少,深度不限
水平垂直混合式支撑		沟槽上部连续水平支撑,下部设连续式垂直支撑; 适用于沟槽深度较大,下部有含水层的情况

对宽度较大、深度不大的浅基坑,其支撑(护)型式常用的有斜柱支撑、锚拉支撑、短桩横隔板支撑和临时挡土墙支撑等。各种支撑的支撑方法及适用条件如表1-11所示。

表1-11　一般浅基坑的支撑方法及适用条件

支撑方式	简图	支撑方法及适用条件
斜柱支撑		水平挡土板钉在桩内侧,柱桩外侧用斜撑支顶,斜撑底端支在木桩上,在挡土板内侧回填土。 适用于开挖较大型、深度不大的基坑或使用机械挖土时
拉锚支撑		水平挡土板支在桩内侧,柱桩一端打入土中,另一端用拉拉杆与锚桩拉紧,在挡土板内侧回填土。 适用于开挖较大型、深度不大的基坑或使用机械挖土,不能安设横撑时使用

1.3.2.4　深基坑支护

深基坑支护受到周边环境、土层结构、工程地质、水文情况、基坑形状、基坑安全等级、开挖深度、降水方法、施工设备条件和工期要求以及技术经济效果等因素影响,方案应综合全面考虑。深基坑支护虽为临时性辅助结构,但对保证工程顺利进行、临近地基和已有建(构)筑物安全影响极大。深基坑支护方法有水泥土搅拌桩、混凝土支护排桩、钢板桩、锚杆、土钉墙和地下连续墙等型式,这些支护方法也可根据现场实际情况组合采用。

(1)水泥土搅拌桩支护　水泥土搅拌桩支护是通过专用设备将喷入地下的水泥浆与软土强制拌合流砂,使软土硬结成整体并具有足够强度的水泥加固土。它是依靠自重和刚度支挡周围土体和保护坑壁稳定。按施工机具和方法不同,水泥土搅拌桩支护结构分为深层搅拌桩、旋喷桩和粉喷桩。

深层搅拌法的施工工艺:深层搅拌机就位→预搅下沉→喷浆搅拌提升→重复搅拌下沉→重复搅拌提升直至孔口。如图1-13所示。水泥土搅拌桩法挡土效果好,但是挡水较差。如果在水泥土搅拌桩完成后、凝固前及时插入钢筋或H型钢进行加固,变成劲性水泥土墙,或称加筋水泥土搅拌桩。可用于较深(8~10 m)的基坑支护。

旋喷法是利用专用钻机钻至处理深度,采用高压装置,通过安装在钻杆端部的特殊喷嘴,将高压水泥浆液向四周高速喷入土体,随钻头旋转和提升切削土层,使其拌合流砂均匀。

粉喷法是用压缩空气将水泥粉体输送到桩头,并以雾状喷入土中,通过钻头叶片旋转搅拌混合而成。一般用于含水量较高的软土支护。

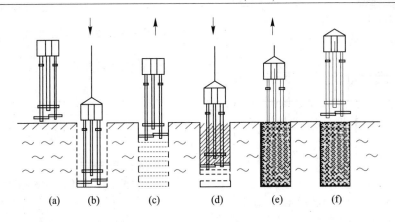

图1-13 深层搅拌法施工工艺

（2）灌注排桩支护　挡土灌注排桩支护是在基坑周围用钻机钻孔、吊钢筋笼、现场灌注混凝土成桩，形成排桩作挡土支护。桩的排列形式有间隔式、双排式和连接式等，平面布置形式如图1-14所示。一般桩体顶部设联系梁（又称冠梁）连成整体共同工作。

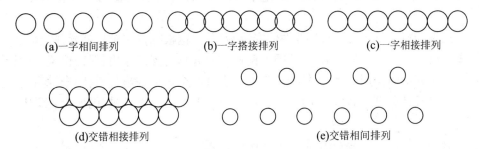

图1-14 钢筋混凝土灌注排桩布置形式

排桩挡土效果较好，但挡水效果较差，常用在地下水位较低的地方。适用于黏性土、开挖面积较大深度大于6 m的基坑，以及不允许邻近建筑物有较大下沉、位移条件下。

为减少排桩的无支撑长度，提高侧向刚度，减小变形，可采用支撑结构。支撑结构分为外支撑和内支撑。外支撑在顶部设拉杆，中部设锚杆，可用于3～4层地下室开挖的支护；排桩内支撑一般在基坑内设置支撑结构。如图1-15所示。

（3）钢板桩支护　钢板桩支护是用一种特制的带锁口或钳口的钢板（图1-16），相互连接打入土层，构成一道连续的钢板墙。作为基坑开挖的临时挡土、挡水的围护结构，其打设方便、承载力高，适用于软弱土和地下水位较高的深基坑工程，但支护需用大量特制钢材，一次性投资较高。

1）钢板桩支护形式　常用钢板桩的断面形式有平板形、Z形和波浪形。钢板桩支护由钢板挡墙系统和拉锚、锚杆、内支撑等支撑系统构成，其形式有悬臂式板桩和有锚板桩。悬臂式板桩易产生较大变形，一般用于深度较小的基坑，悬臂长度在软土层中不大于5 m；有锚板桩可提高板桩的支护和抗变形能力。

2）钢板桩打设　板桩施工时要正确选择打桩方法，以便使打设后的板桩墙有足够的刚度和良好的挡水作用。钢板桩的打设常采用下面方法。

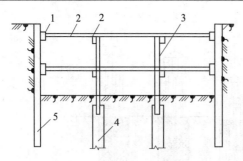

图 1 – 15 内支撑支护

1 – 围檩;2 – 纵、横向水平支撑;3 – 立柱;

4 – 工程桩或专设桩;5 – 支护排桩

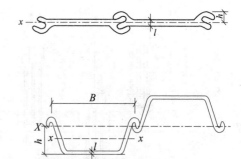

图 1 – 16 钢板桩结构形式

①单独打入法 从钢板桩墙一角开始逐块打入,直至打桩工程结束。其优点是桩打设时不需要辅助支架,施工简便,打设速度快。缺点是易使桩向一侧倾斜,且误差积累后不容易纠正,平整度难于控制。此法只适于对板桩墙质量要求一般,板桩长度不大于 10 m 的情况。

②围檩插桩法 先在各桩轴线两侧安装围檩,将钢板桩依次锁口咬合并全部插入两侧围檩间(图 1 – 17)。其作用:一是插入钢板桩时起垂直支撑作用,保证位置准确;二是施打过程中起导向作用,保证板桩的垂直度。先对四个角板桩施打,封闭合拢后,再逐块将板桩打到设计标高。其特点是板桩安装质量高,但施工速度较慢,围檩设置量大,费用较高。

③分段复打法 安装一侧围檩,先将两端钢板桩打入土中,在保证位置、方向和垂直度后,用电焊固定在围檩上,起样板和导向作用;然后将其他板桩按顺序以 1/2 或 1/3 板桩高度逐块打入。

3)钢板桩拔除 基坑回填后一般要拔出钢板桩,以重复使用。对拔桩后留下的桩孔,必须及时回填处理,通常是用砂子灌入板桩孔内使之密实。

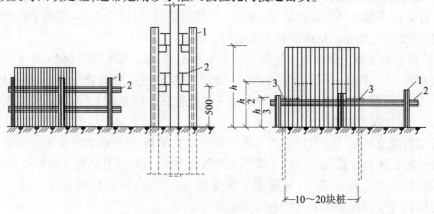

(a)双层围檩插桩法 (b)单层围檩插桩法

图 1 – 17 围檩插桩法

1 – 围檩桩;2 – 围檩;3 – 两端先打入的定位钢板桩

（4）土层锚杆　土层锚杆简称土锚杆，是在深基础土壁未开挖的土层内钻孔，达到一定深度（即稳定土层）后，在孔内放入钢筋、钢管、钢丝束、钢绞线等材料，灌入水泥浆或化学浆液，使其与土层结合成为抗拉（拔）力强的受拉杆体。锚杆一端伸入稳定土层中，另一端与支护结构相连接。锚杆端部的侧压力通过拉杆传给稳定土层，以达到控制基坑支护的变形、保持基坑土体和坑外建筑物稳定的目的。由于坑内不设支撑，所以施工条件较好。

1）土层锚杆的分类　锚杆主要分为预应力和非预应力两种锚杆。灌浆方法有一般灌浆锚杆、扩孔灌浆锚杆、压力灌浆锚杆等多种型式。

2）土层锚杆构造　土层锚杆由锚头（锚具、承压板、横梁和台座）、拉杆和锚固体组成。如图1－18所示，锚杆以主动滑动面为分界线，分为锚固段（有效锚固长度）和非锚固段（自由长度）。锚杆长度应符合以下规定：锚杆自由段长度不宜小于5 m并应超过潜在滑裂面1.5 m；锚固段长度不宜小于4 m；锚杆杆体下料长度应为锚杆自由段、锚固段及外露长度之和，外露长度须满足台座、腰梁尺寸及张拉作业要求。

3）锚杆布置规定　锚杆上下排垂直间距不宜小于2.0 m，水平间距不宜小于1.5 m；锚杆锚固体上覆土层厚度不宜小于4.0 m；锚杆倾角宜为15°～25°，且不应大于45°。

4）定位支架布置　沿锚杆轴线方向每隔1.5～2.0 m宜设置一个定位支架；锚杆锚固体宜采用水泥浆或水泥砂浆，其强度等级不宜低于M10。

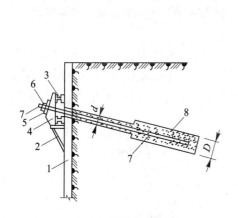

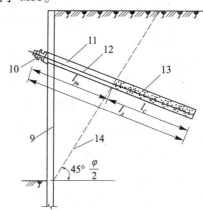

（a）土层锚杆构造　　　　　　　　（b）土层锚杆长度的划分

图1－18　土层锚杆

1—挡土灌注桩（支护）；2—支架；3—横梁；4—台座；5—承压垫板；6—紧固器；7—拉杆；8—锚固体；

9—挡土灌注桩（支护）；10—锚杆头部；11—锚孔；12—拉杆；13—锚固体；14—主动土压破裂面；

l_A—锚杆长；l_{fm}—非锚段；l_C—锚固段长度

5）土层锚杆施工　土层锚杆施工工艺：定位→钻孔→安放拉杆→注浆→（张拉）锚固。

锚杆钻孔施工时，水平和垂直方向孔距误差不宜大于100 mm，偏斜度不应大于3%。注浆分一次注浆法和二次注浆法。一次注浆法宜选用1:1～1:2水泥砂浆（水灰比0.38～0.45）或水泥浆（水灰比0.45～0.5）。二次注浆法宜选用水泥浆（水灰比0.45～0.55），用压力注浆机将灰浆注入孔中。预应力锚杆张拉应在锚固段强度大于15 MPa，并达到设计强度75%后进行。张拉控制应力不应大于拉杆强度标准值的75%。锚杆张拉顺序应考虑对邻近锚杆的影响。

1.3.3 排水与降水

雨期施工地面水会流入基坑(槽)内。在开挖时,土的含水层被切断,地下水也会渗入内。为防止边坡失稳、基坑流砂、坑底隆起或管涌、地基承载力下降等现象,必须结合周围环境对施工现场的排水系统做出周密方案,做到场地排水通畅,无积水现象。

在开挖基坑或沟槽时,地下水位高于开挖底面,地下水就会不断渗入基坑。另外,地面上的雨水等也会流入基坑。如果未及时排走流入坑内的水或未采取降水措施,不但会使施工条件恶化,还会引发边坡塌方和地基承载力下降。土方施工排水包括排除地面水和降低地下水位。降低地下水位按施工方法又分为明排水法(又称集水井降水法)和井点降水法。

1.3.3.1 排除地面水

地面水一般采取设置排水沟、防洪沟、截水沟、挡水堤等方法,并应尽量利用自然地形和原有的排水系统。

主排水沟最好设置在施工区域或道路两旁,横断面和纵向坡度根据最大流量确定。一般排水沟横断面不小于 $0.5\ m \times 0.5\ m$,纵向坡度根据地形确定,一般坡度不小于3‰。在山坡地区施工,应在较高一面的坡上,先做好截水沟,阻止山坡水流入施工现场。在低洼地区,除开挖排水沟外,必要时还需修筑土堤,以防止场外水流入施工场地。出水口应结合场地总体排水规划,尽可能设置在远离建筑物或构筑物的低洼地点,并保证排水通畅。

1.3.3.2 明排水法

明排水法是在基坑逐层开挖过程中,沿每层坑底四周或中央设置排水沟和集水井。基坑内的水经排水沟流向集水井,通过水泵将集水井内积水抽走,直到基坑回填,排水过程结束(图1-19)。明排水法施工简单、经济、对周围环境影响小,可用于降水深度较小,且上层为粗粒土层或渗水量小的黏土层降水。

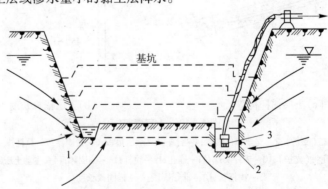

图1-19 集水井降水
1-排水沟;2-集水坑;3-水泵

(1)明排水法施工 明排水法施工包括基础开挖、设置排水沟和集水井、选用水泵和现场安装设备、抽水及设备拆除等施工过程。排水沟、集水井随基础开挖逐层设置,并设置在拟建建筑基础边线距净距 $0.4\ m$ 以外,井底需铺设 $0.3\ m$ 左右的碎石滤水层,以免抽水时将泥砂抽走,并可防止井底土被扰动。

排水沟边缘离开边坡坡脚不应小于0.3 m;在基坑四角或每隔30～40 m应设一个集水井;排水沟沟底面应比挖土面低0.3～0.4 m,集水井底面应比沟底面低0.5 m以上;排水沟纵向坡度宜控制在2‰～3‰;沟、井截面根据排水量确定。

明排水法一般用于面积及降水深度较小,且土层中无细砂、粉砂情况;若降水深度较大、土层为细砂、粉砂或在软土地区施工时,明排水法易引起流砂、塌方等现象,应尽量采用井点降水法。无论采用哪种方法,降水工作应持续到基础施工,且回填土完毕后结束。

(2)流砂现象的产生 明排水法设备简单,排水方便。当开挖深度大、地下水位较高、土质不好时,明排水法降水挖至地下水水位以下,有时坑底面的土颗粒会形成流动状态,随地下水一起涌入基坑,这种现象称为流砂现象。发生流砂时,土完全丧失承载能力,使施工条件恶化,难以达到开挖设计深度。严重时会造成边坡塌方及附近建筑物下沉、倾斜和倒塌。因此,流砂现象对土方施工和附近建筑物有很大危害。

1)流砂产生的原因 流砂现象的产生是水在土中渗流所产生的动水压力对土体作用的结果。动水压力是流动的地下水对土颗粒产生的压力,用 G_D 表示,它与单位土体阻力 T 是作用力与反作用力。动水压力 G_D 的大小与水力坡度成正比,即水位差 $h_1 - h_2$ 越大,G_D 越大;而渗流路线 l 越长,G_D 越小。动水压力的作用方向与水流方向(向右方向)相同。

当水流在水位差的作用下对土颗粒产生向上的动水压力时,动水压力可使土粒受到水的浮力。如果动水压力等于或大于土的浮重度,即 $G_D \geq \gamma'_w$ 时,土颗粒处于悬浮状态,土的抗剪强度等于零,土粒能随着渗流的水一起流动,也就出现了流砂现象。

2)防治流砂的方法 在基坑开挖时,防治流砂的原则:治流砂必先治水。治理流砂的主要途径有消除、减小和平衡动水压力,改变水的渗流路线。其具体措施有以下几个。

①抢挖法 即组织分段抢挖,使挖土速度超过冒砂速度,挖到标高后立即铺竹筏或芦席,并抛大石块以平衡动水压力,压住流砂,此法可解决轻微流砂现象。

②打板桩法 将板桩打入坑底下面一定深度,增加地下水从坑外流入坑内的渗流距离,以减小水力坡度,从而减小动水压力,防止流砂现象的产生。

③水下挖土法 不排水施工,使坑内水压力与地下水压力平衡,消除动水压力,从而防止流砂产生。此法在沉井挖土下沉过程中常用。

④地下连续墙法 在基坑周围先浇筑一道混凝土或钢筋混凝土的连续墙,以支承土墙、截水并防止流砂产生。

⑤枯水期施工法 选择枯水期间施工,因为此时地下水位低,坑内外水位差小,水压力减小,从而可预防和减轻流砂现象。

上述施工方法都有一定的局限,应用范围局限,而采用井点降水方法降低地下水可改变动水压力方向,增大土颗粒间压力,是一种有效防止流砂危害的方法,下面将着重介绍。

1.3.3.3 井点降水

井点降水也称人工降低地下水位,是在基坑开挖前,预先在基坑四周埋设一定数量的滤水管,利用抽水设备不间断抽水,使地下水位下降至基坑底以下,然后基坑开挖,进行基础施工和土方回填,待基础工程全部施工完毕后,拆除人工降水装置。这样可使动水压力方向向下,所挖的土始终保持干燥状态,从根本上防止流砂发生,并提高土的强度和密实度,改善施工条件。因此,人工降低地下水位不仅是一种降水措施,也是一种地基加固方

法。采用人工降低地下水位,可适当改陡边坡以减少挖土数量,但在降水过程中,基坑附近的地基土会有一定的沉降,施工时应加以注意。

井点降水方法:轻型井点、喷射井点、电渗井点、管井井点及深井泵等。降水方法应根据土的渗透系数、降水深度、工程特点、设备及经济技术等情况确定,也可参照表 1 - 12 选用。其中以一级轻型井点采用较广,下面将作重点介绍。

表 1 - 12　各类井点的适用范围及方法原理

使用条件 降水类型	渗透系数 /(cm/s)	可降低水位 深度/m	方法原理
轻型井点 多级轻型井点	$10^{-2} \sim 10^{-5}$ (砂土、黏性土)	3 ~ 6 6 ~ 12	在工程外围竖向埋设一系列井点管深入含水层内,井点管的上端通过连接弯管与集水总管连接,集水总管再与真空泵和离心泵相连,启动真空泵,使井点系统形成真空,井点周围形成一个真空区,真空区砂井向上向外扩展一定范围,地下水便在真空泵吸力作用下,使井点附近的地下水通过砂井、滤水管被强制吸入井点管和集水总管,排除空气后,由离心水泵的排水管排出,使井点附近的地下水位得以降低
喷射井点	$10^{-3} \sim 10^{-6}$ (粉砂、淤泥质土、粉质黏土)	8 ~ 20	在井点内部装设特制的喷射器,用高压水泵或空气压缩机通过井点管中的内管向喷射器输入高压水(喷水井点)或压缩空气(喷气井点),形成水气射流,将地下水经井点外管与内管之间的间隙抽出排走
电渗井点	$< 10^{-6}$	宜配合其他形式降水使用	利用黏性土中的电渗现象和电泳特性,使黏性土空隙中的水流动加快,起到一定疏干作用,从而使软土地基排水效率得到提高
深井井点	$\geq 10^{-5}$ (砂类土)	> 10	在深基坑的周围埋没深于基底的井管,使地下水通过设置在井管内的潜水泵将地下水抽出,使地下水位低于坑底

(1)轻型井点降水设计　轻型井点降水(图 1 - 20)是沿基坑(槽)四周(或一侧)以一定间距埋设一定数量的井点管,井点管上端有弯连管与集水总管相连,下端与滤水管连接,利用抽水设备不间断将渗流进井点管的水抽出,使地下水位降低至基坑底以下。

1)轻型井点设备　由管路系统和抽水设备组成。管路系统包括滤管、井点管、弯联管及总管等。井点管常用 $\phi38$ mm 或 $\phi51$ mm 的无缝钢管,长为 5 ~ 7 m,可整根或分节组成。井点管上端用弯联管与总管相连,下端与滤管用螺丝丝扣连接。滤管是重要的进水设备,采用长 1.0 ~ 1.5 m 无缝钢管,直径与井点管相同,管壁钻有 $\phi12 \sim 19$ mm 呈星棋状排列的滤孔,滤孔面积为滤管表面积的 20% ~ 25%。滤管外面用两种孔径不同的金属(或塑料)丝布滤网包裹。为使流水畅通在骨架管与滤网间用塑料管或梯形钢丝隔开,塑料管沿骨架管绕成螺旋形。滤网外面再绕一层 8 号粗金属保护网,滤管下端为锥形铸铁头,见图 1 - 21。总管用 $\phi100 \sim 127$ mm 的无缝钢管,每段长 4 m,其上装有与弯联管连接的接头,间距为 0.8 m、1.0 m 或 1.2 m。

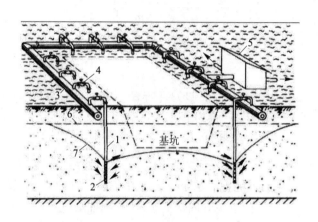

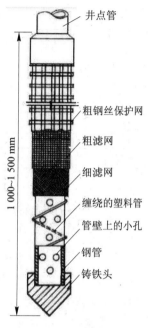

图 1 - 21　滤管构造

图 1 - 20　轻型井点降低地下水位图

1 - 井点管;2 - 滤管;3 - 总管;4 - 弯联管;5 - 水泵房;

6 - 原有地下水位线;7 - 降低后地下水位线

2)井点布置　轻型井点布置根据基坑平面形状及尺寸、基坑的深度、土质、地下水位高低及地下水流向、降水深度要求等因素确定。其布置内容包括平面布置和高程布置。

①平面布置　当基坑宽度小于 6 m,降水深度不超过 5 m 时,可采用单排线状井点,布置在地下水上游一侧,两端延伸长度不小于基坑宽度(图 1 - 22)。如基坑宽度大于 6 m 或土质不良时,宜采用双排线状井点。

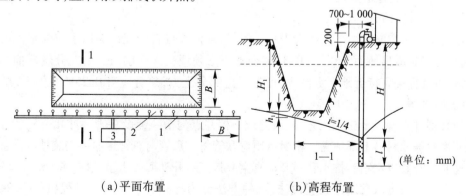

（a）平面布置　　　　　　（b）高程布置

图 1 - 22　单排线状井点布置图

1 - 总管;2 - 井点管;3 - 抽水设备

当基坑面积较大宜采用环形井点(图1-23)布置,井点管距离基坑0.7~1.0 m,以防井点系统漏气。井点间距在0.8~1.5 m,在地下水补给方向和环形井点四角应适当加密。

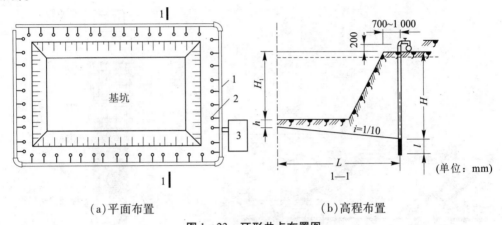

(a)平面布置　　　　　　　　　　　(b)高程布置

图1-23　环形井点布置图

1-总管;2-井点管;3-抽水设备

采用多套抽水设备时,井点系统应分段,各段长度应大致相等。分段地点宜选择在基坑转弯处,以减少总管弯头数量,提高水泵抽吸能力。水泵宜设置在各段总管中部,使泵两边水流平衡。分段处应设阀门或将总管断开,以免管内水流紊乱,影响抽水效果。

②高程布置　轻型井点的降水深度一般以不超过6 m为宜,井点管需要埋置深度H_A(不含滤管)可按下式计算[图1-23(b)]。

$$H_A \geqslant H_1 + h + iL \tag{1-23}$$

式中　H_A——井点管埋置深度,m;

H_1——总管底面至基坑底面的距离,m;

h——基坑底面至降低后的地下水位线的距离,一般取0.5~1.0 m;

i——水力坡度,单排线状井点为1/4,环形井点为1/10;

L——井点管距基坑中心的水平距离(单排井点为井点管至基坑另一边的水平距离),m。

根据式(1-23)算出的H_A值大于6 m时,可降低井点管的埋设面以适应降水深度要求,通常井点管露出地面为0.2~0.3 m,而滤管必须埋在含水层内。为充分发挥抽水能力,总管布置标高宜接近地下水位线,可先下挖部分土方,总管应有0.25%~0.5%的坡度,并坡向泵房。

3)轻型井点施工　施工工艺:放线定位→挖井点沟槽→铺设总管→冲孔→安装井点管→灌填砂砾滤料→上部填黏土密封→用弯联管将井点管与总管接通→安装抽水设备与总管连通→安装集水箱和排水管→开动真空泵排气→开动离心水泵试抽→抽水。

井点管埋设方法常用冲孔埋设法,这种方法分为冲孔和埋管两个过程(图1-24)。冲孔先用起重设备将冲管吊起并插在井点的位置处,然后开动高压水泵,将土冲松,冲管边冲边沉。冲管应始终保持垂直、上下孔径一致。冲孔直径一般为300 mm,以便管壁四周填灌砂滤层。冲孔深度应比滤管底深 $0.5 \sim 1$ m,以防滤管埋设时部分土回落填塞滤管。

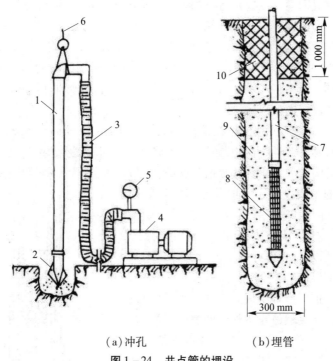

（a）冲孔　　　　（b）埋管

图1－24　井点管的埋设

1－冲管;2－冲嘴;3－胶皮管;4－高压水泵;5－压力表;

6－起重机吊钩;7－井点管;8－滤管;9－填砂;10－黏土封口

冲孔完成后拔出冲管,立即插入井点管,并在井点管与孔壁之间迅速填灌砂滤层,以防塌孔。砂滤层材料一般为洁净的中粗砂,充填高度至少应高于滤管顶 $1 \sim 1.5$ m以上,以保证水流畅通;灌好后1 m范围内应用黏土封口,以防止漏气。正常情况下,当灌填砂滤料时,井点管口应有泥浆水冒出;如果没有泥浆水冒出,应从井点管口向管内灌清水,测定管内水位下渗快慢情况,如下渗很快,表明滤管质量良好。

井点系统埋设完后应立即进行抽水试验,检查抽水设备是否正常,管路系统有无漏气。如发现漏气和漏水现象应及时处理,如发现"死井"(即井点管被泥沙堵塞),应用高压水反复冲洗或拔出重新沉设。

轻型井点使用时,应连续抽水。中途停抽,滤网易堵塞,会导致地下水回升,引起边坡坍塌等事故。

4)防止地面沉降措施　轻型井点降水的影响范围(即降水漏斗半径)可达百米甚至数百米,会导致周围土壤固结,引起地面沉陷。特别在弱透水层和压缩性大的黏土层时,由于地下水位下降、地基自重应力增加和土层压缩等原因,产生较大的地面沉降,使周围建筑物、地下管线下沉或房屋开裂。因此,在已有建筑物附近降水时,在做好监测工作的同时,还须阻止建筑物下地下水的流失。工程主要采取以下几个措施。

①在降水区域和已有建筑物、地下管线间的土层中设置一道固体抗渗屏幕(如水泥

搅拌桩、灌注桩加压密注浆桩、旋喷桩、地下连续墙），利用止水帷幕减少或切断坑外地下水的涌入，减小对周围环境的影响。

②场地外缘设置回灌系统也是有效的方法。回灌系统包括井点回灌和砂沟砂井回灌两种形式。井点回灌是在抽水井点外侧 4~5 m 处，以间距 3~5 m 插入注水管，将井点中抽取的水经过沉淀后用压力注入管内，形成一道水墙，以防止土体过量脱水，而基坑内仍可保持干燥；砂沟砂井回灌是在降水井点与已有建（构）筑物间设置砂井并作为回灌砂井，沿砂井布置一道砂沟，将降水井点抽出的水适时适量排入砂沟，再经砂井回灌到地下，实践证明也能收到良好的效果。

（2）喷射井点 当基坑开挖较深或降水深度超过 6 m，必须使用多级轻型井点，则会增大基坑的挖土量，延长工期并增加设备数量，不够经济。当降水深度超过 6 m，土层渗透系数为 0.1~2.0 m/d 的弱透水层时，采用喷射井点降水比较合适，其降水深度可达 20 m。

1）喷射井点的主要设备 喷射井点根据喷射介质不同，分为喷水井点和喷气井点两种。其主要设备由喷射井管、高压水泵（或空气压缩机）和管路系统组成，如图 1-25 所示。喷射井管由内管和外管两部分构成。内管下端装有喷射器并与滤管相接。喷射器由喷嘴、混合室、扩散室等组成。为防止因停电、机械故障或操作不当而突然停止工作时的倒流现象，在滤管的芯管下端设一逆止球阀。喷射井点正常工作时，喷射器产生真空，芯管内出现负压，钢球浮起，地下水从阀座中间的孔进入井管。当井管出现故障真空消失时，钢球下沉堵住阀座孔，阻止工作水进入土层。高压水泵用 6SH6 型或 50S78 型高压水泵（流量 140~150 m³/h，管扬程 78 m）或多级高压水泵（流量 50~80 m³/h，压力 0.7~0.8 MPa）1~2 台，每台可带动 25~30 根喷射井点管。

管路系统包括进水、排水总管（直径 150 mm，每套长 60 m）、接头、阀门、水表、溢流管、调压管等管件、零件及仪表。常用喷射井点管的直径为 38 mm、50 mm、63 mm、100 mm、150 mm。

2）喷射井点布置 喷射井点管的布置、埋设方法和要求与轻型井点基本相同。基坑面积较大时，采用环形布置；基坑宽度小于 10 m 时，用单排线形布置；大于 10 m 时，作双排布置。喷射井管间距一般为 2~3 m；采用环形布置，进出口（道路）处的井点间距为 5~7 m。冲孔直径为 400~600 mm，深度比滤管底深 1 m 以上。

（3）电渗井点 在饱和黏性土中，特别是在淤泥

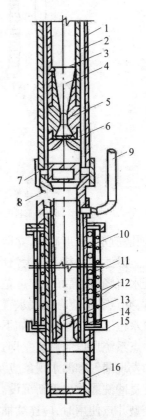

图 1-25 喷射井点管构造

1—外管；2—内管；3—喷射器；
4—扩散管；5—混合室；6—喷嘴；
7—缩节；8—连接座；9—真空测定管；
10—滤管芯管；11—滤管有孔套管；
12—滤管外缠滤网及保护网；
13—逆止球阀；14—逆止阀座；
15—护套；16—沉泥管

和淤泥质黏土中,土的渗透系数很小,此时宜采用电渗井点排水。它是利用黏性土中的电渗现象和电泳特性,使黏性土中的水流动加快,起到加强疏导作用,从而使排水效率得到提高。这种方法除有一般井点降水相同的优点外,电渗井点还可用于渗透系数 K 很小的黏土和淤泥中。通过同时与电渗一起产生的电泳作用,能使阳极周围土体加密,防止黏土颗粒淤塞井点管滤网,保证正常抽水。本法与轻型井点或喷射井点结合使用,效果较好。与轻型井点相比,所增加费用甚微。

(4)管井井点 管井井点由滤水井管、吸水管和抽水机械等组成。管井井点设备较为简单,排水量大,降水较深,较轻型井点具有更大的降水效果,可代替多组轻型井点作用。管井井点适于渗透系数较大、地下水丰富的土层、砂层或用集水井排水法易造成土粒大量流失,引起边坡塌方及轻型井点难以满足要求的情况下使用。但管井属于重力排水范畴,吸程高度受到一定限制,要求渗透系数 K 较大($20 \sim 200$ m/d),降水深度仅为 $3 \sim 5$ m。

1.4 土方工程的机械化施工

1.4.1 常用施工机械

在土方工程的开挖、运输、填筑、压实等施工过程中,应尽可能采用机械化和先进的作业方法,以减轻繁重的体力劳动,加快施工进度,提高生产率。

土方工程施工机械种类较多,常用的有推土机、铲运机、挖土机、装载机、自卸汽车和碾压夯实机械等。施工中应合理选择土方机械,充分发挥机械效能,并使各种机械在施工中配合协调,加快施工进度。

1.4.1.1 推土机

推土机由拖拉机和推土铲刀组成,如图1-26所示。按行走方式,推土机可分为履带式和轮胎式两种;按铲刀操作机构,推土机又可分为液压操纵和索式操纵两种。索式推土机的铲刀借其自重切土,在硬土中切入深度较小;液压推土机由液压操纵,能使铲刀强制切入土中,切入深度较大,且铲刀可以调整推土板的角度,工作时具有更大的灵活性。

图 1-26 推土机

推土机能够独立完成挖土、运土和卸土工作。具有操纵灵活、运转方便、工作面小、功率大、行驶快等特点。多用于场地清理、平整和基坑、沟槽的回填。推土机适合开挖深度和筑高在 1.5 m 内的基坑、路基、堤坝作业,以及配合铲运机、挖土机的工作。此外将其铲刀卸下后,还能牵引其他无动力施工机械。

推土机可推挖一至三类土,经济运距在 100 m 以内,效率最高运距为 $30 \sim 60$ m。推土机生产率主要取决于推土刀推移土的体积及切土、推土、回程等工作的循环时间。为了提高生产率,常采用下坡推土、并列推土、多刀送土和槽形推土等作业方法,以提高推土效率,缩短推土时间和减少土的失散。

（1）下坡推土法　推土机顺坡向下切土与推运,借助机械本身的重力作用,增大切土深度和运土数量,可提高台班产量,缩短推土时间,但坡度不宜超过15°,以免后退时爬坡困难[图1-27(a)]。下坡推土法适用于半挖半挖地区推土丘,回填沟、渠使用。

（2）并列推土法　平整场地面积较大时,用两台或三台推土机并列作业[图1-27(b)],铲刀相距15~30 cm,可减少土的散失,提高生产率。一般采用两机并列推土可增加堆土量15%~30%,采用三机并列可增大推土量30%~40%。平均运距不宜超过50~75 m,也不宜小于20 m。

（3）多刀送土　在硬质土中切土深度不大,可先将土集中堆积,然后一起推至卸土区。这样可有效提高推土效率,缩短运土时间,但堆积距离不宜大于30 m,推土高度以2 m内为宜。

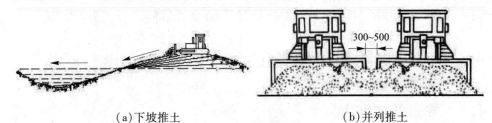

（a）下坡推土　　　　　　　　　（b）并列推土

图1-27　推土机推土方法

（4）槽形推土　推土机在一条作业线上重复切土和推土,使地面逐渐形成一条浅槽,在槽中推运土可减少土的散失,能增加10%~30%的推运量。槽的深度在1 m左右为宜,土埂宽约50 cm。当推出多条槽后,再将土梗推入槽中运出。当推土层较厚、运距远时,采用此法较为适宜,如图1-28所示。

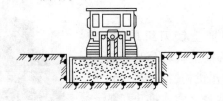

图1-28　槽形推土法

1.4.1.2　铲运机

（1）铲运机技术性能和特点　铲运机是一种能够单独完成铲土、装土、运土、卸土、压实的土方机械。按行走方式不同,铲运机可分为自行式铲运机(图1-29)和拖式铲运机(图1-30)两种;按铲斗操纵系统不同,可分为液压操纵和钢丝绳操纵两种。

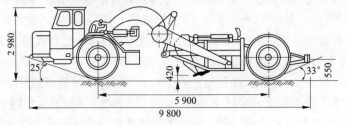

图1-29　自行式铲运机

铲运机操作简便灵活,行驶快,对行驶道路要求较低。主要工作装置是铲斗。铲斗前设有能开启的门和切土刀片。切土时,铲斗门打开,铲斗下降,刀片切入土中。铲运机前进时,被切下的土挤入铲斗中,铲斗装满土后,提起土斗,放下斗门,将土运至卸土地点。

铲运机适用于开挖一至三类土。拖式铲运机适宜运距800 m以内,运距200~350 m时效率最高,自行式铲运机适于长距离作业,经济运距800~1 500 m。铲运机常用于坡度20°以内的大面积土方平整,开挖大型基坑、管沟、河渠和路堑,填筑路基、堤坝等,不适于砾石层、冻土及沼泽地带使用。铲运机开挖坚硬土需推土机助铲。

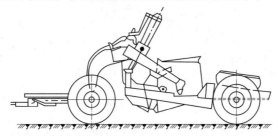

图1-30 拖式铲运机

(2)铲运机开行路线 在选定铲运机后,其生产率还取决于机械的开行路线。为提高铲运效率可根据现场情况,合理选择开行路线和施工方法。根据挖、填区的分布情况不同铲运机开行路线一般有以下几种。

1)环形路线 当施工地段较短,地形起伏不大时,采用小环形路线[图1-31(a)(b)],这种路线每一循环完成一次铲土卸土。当挖填交替,挖填间的距离较短时,可采用大环形路线[图1-31(c)],这种路线每一次循环能完成多次铲土和运土,从而减少铲运机的转弯次数,提高工作效率。另外,施工时应常调换方向,以避免机械行驶部分的单侧磨损。

2)8字形路线 当地势起伏较大,施工地段又较长时,可采用8字形路线[图1-31(d)],这种路线每一次循环完成两次铲土和卸土,减少了转弯次数和运距,因而节约了运行时间,提高了生产效率。这种运行方式在同一循环中两次转运方向不同,还可以避免机械行驶部分的单侧磨损。

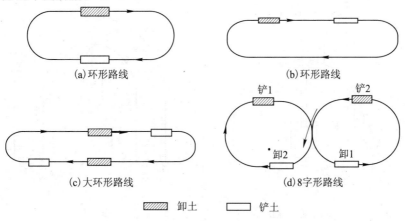

(a)环形路线　　　　　　　　　　　(b)环形路线

(c)大环形路线　　　　　　　　　　(d)8字形路线

▨ 卸土　▭ 铲土

图1-31 铲运机开行路线

1.4.1.3 挖土机

挖土机(又称挖掘机)是基坑(槽)开挖的常用机械,当施工高度较大,土方量较多时,可配自卸汽车进行土方运输。挖土机按其工作装置和工作方式可分为正铲、反铲、拉铲和抓铲四种(图1-32);按行走方式可分为履带式和轮胎式挖土机两种;按操纵机构可分为机械式和液压式挖土机两种。由于液压传动具有很大优越性,而普遍使用。

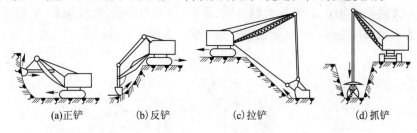

(a)正铲　　　　(b)反铲　　　　(c)拉铲　　　　(d)抓铲

图1-32　单斗挖土机

(1)正铲挖土机　一般仅用于开挖停机面以上的土,其挖掘力大,效率高,适用于含水量不大于27%的一至四类土。它可直接向自卸汽车上装土,进行土外运。其作业特点是"前进向上,强制切土"。由于挖掘面在停机面的前上方,所以正铲挖土机适用于开挖大型、低地下水位且排水通畅的基坑以及土丘等。

根据挖土机开挖路线与运输机械相对位置不同,正铲挖土机作业方式主要有侧向装土法和后方装土法。侧向装土法是挖土机沿前进方向挖土,运输工具停在侧面装土[图1-33(a)]。由于卸土动臂回转角度小,运输机械行驶方便,生产率高,应用较广。后方装土法是挖土机沿前进方向挖土,运输机械停在挖土机后面装土[图1-33(b)]。这时卸土动臂回转角度大,装车时间长,生产效率低,且运输车辆需要倒车。故只用于开挖工作面狭小且较深的基坑。

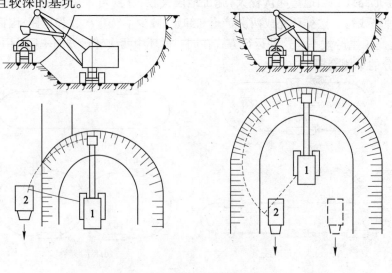

(a)侧向开挖　　　　　　　　(b)正向开挖

图1-33　正铲挖土机开挖方式

1-正铲挖土机;2-自卸汽车

（2）反铲挖土机 适用开挖停机面以下一至三类的砂土和黏性土，作业特点是"后退向下，强制切土"。主要用于开挖基坑、基槽或管沟；亦可用于地下水位较高处的土方开挖，经济合理挖土深度为 3～5 m。挖土时可与自卸汽车配合，也可以就近弃土。其作业方式有沟端开挖与沟侧开挖两种。

沟端开挖是挖土机停在沟端，向后倒退挖土，汽车停在两旁装土［图 1 - 34（a）］。沟侧开挖就是挖土机沿沟槽一侧直线移动，边走边挖，将土弃于距基槽较远处。一般是挖土宽度和深度较小、无法采用沟端开挖或挖土不需要运走时采用［图 1 - 34（b）］。

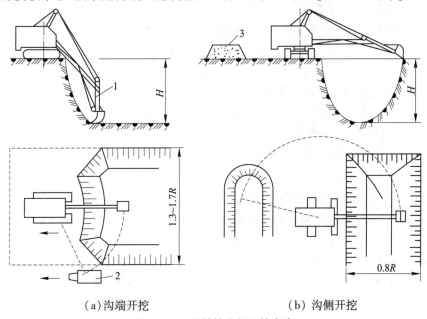

（a）沟端开挖   （b）沟侧开挖

图 1 - 34 反铲挖土机开挖方式

1 - 反铲挖土机；2 - 自卸汽车；3 - 弃土堆

（3）拉铲挖土机 拉铲挖土机施工时，依靠土斗自重及拉索拉力切土，适用于开挖停机面以下的一至三类土。作业特点是"后退向下，自重切土"。它的开挖深度和半径较大，常用于较大基坑（槽）、沟槽、大型场地平整和挖取水下泥土的施工。工作时一般直接弃土于附近。拉铲挖土机的作业方式与反铲挖土机相同，有沟端开挖和沟侧开挖两种。

（4）抓铲挖土机 是在挖土机臂端用钢丝绳吊装一个抓斗，如图 1 - 32（d）。其作业特点是"直上直下，自重切土"。抓铲挖土机挖掘力较小，能开挖停机面以下的一至二类土。适用于开挖较松软的土，特别是在窄而深的基坑、深槽、深井采用抓铲效果较好；抓铲挖土机还可用于疏通旧有渠道，以及挖取水中淤泥，或用于装卸碎石、矿渣等松散材料。

1.4.1.4 挖土机与汽车配套计算

土方工程中，挖土机挖出的土方要求运土车辆及时运走，所以为达到各种配套机械的配合协调，充分发挥其效能，在施工前应确定出各种机械的数量。现以挖土机配以自卸汽车为例说明机械配套的计算方法。

（1）挖土机数量的确定 挖土机数量根据土方量大小、工期长短、经济效果按下式计算

$$N = \frac{Q}{p} \times \frac{1}{T \cdot C \cdot K} \tag{1-24}$$

式中　N——挖土机数量,台;

　　　Q——挖土总量,m^3;

　　　p——挖土机生产效率,m^3/台班;

　　　T——工期,工日;

　　　C——每天工作班数;

　　　K——时间利用系数(0.8~0.9)。

上式中挖土机生产效率 p 可查定额确定,也可按下式计算

$$p = \frac{8 \times 3\,600}{t} \times q \times \frac{K_C}{K_S} \times K_B \tag{1-25}$$

式中　t——挖土机每次循环作业延续时间(s),即开挖一斗的时间;对 W_1-100 正铲挖

　　　　土机为 25~40 s,对 W_1-100 拉铲为 45~60 s;

　　　q ——挖土机斗容量,m^3;

　　　K_S——土的最初可松性系数;

　　　K_C——土斗的充盈系数,可取 0.8~1.1;

　　　K_B——工作时间利用系数,一般为 0.7~0.9。

在实际工作中,如挖土机的数量已确定时,也可按式(1-24)来计算工期(T)。

(2)自卸汽车配合数量计算　为了使挖土机械充分发挥生产能力,应使运土车辆的载重量与挖土机的每斗土重保持一定的倍数关系,并有足够数量车辆以保证挖土机械连续工作。从挖土机方面考虑,汽车的载重量越大越好,可减少等待车辆调头时间。从车辆方面考虑,载重量小的车辆台班费便宜,但使用数量多;载重量大,则台班费高,但数量可减少。最适合的车辆载重量应当是使土方施工单价为最低,可通过核算确定。一般情况下,汽车载重量以每斗土重的 3~5 倍为宜。运土车辆数量应保证挖土机能连续工作,可按下式计算

$$N' = \frac{T_S}{t_1} \tag{1-26}$$

式中　N'——自卸汽车的数量,台;

　　　T_S——自卸汽车每一工作循环的延续时间,min;

　　　t_1——自卸汽车每次装车时间,min。

$$t_1 = nt \tag{1-27}$$

式中　n——自卸汽车每车装土次数。

$$n = \frac{Q_1}{q \times \frac{K_C}{K_S} \times \gamma} \tag{1-28}$$

式中　t、q、K_C、K_S——与式(1-25)相同;

　　　γ——土的容重(一般取 1.7 t/m^3);

　　　Q_1——自卸汽车载重量,t。

1.4.2　基坑开挖方式

基坑开挖前应在平整好的拟建场地进行定位和标高引测,定出挖土边线和放坡线等工作。后根据基坑开挖深度、土质、支护结构设计、降排水要求及季节性变化等不同情况,确定开挖方案。土方开挖应遵循"开槽支撑,先撑后挖,分层开挖,严禁超挖"的原则。基坑(槽)优先考虑选用机械开挖,人工开挖配合修整。

对于浅基坑,土质均匀且含水量正常,施工工期又较短,则在一定深度内(见表 1 - 6),可垂直挖,无须支撑。基坑较深,则应根据设计规定,设置支撑或放坡,挖土一般分层分段平均往下开挖,并应连续施工,尽快完成。每挖一定深度和长度应检查、修整,做到随时控制纠正。基坑边堆置土方时,应距离基坑边 2 m 以外,堆土高度不超过 1.5 m。

1.5　土方填筑与压实

1.5.1　土料的选择和填筑要求

1.5.1.1　土料的选择

填方土料应符合设计要求,如无设计要求时应符合下列规定:

(1)碎石类土、爆破石渣(粒径不大于每层铺土厚度 2/3)、砂土可用作表层以下的填料。

(2)含水量符合压实要求的黏性土可用作各层填料。

(3)淤泥和淤泥质土一般不能用作填料,但在软土或沼泽地,经过处理含水量符合压实要求后,可用于填方中的次要部位。冻土、膨胀土也不应作为填方土料。

(4)对含有大量有机物、水溶性硫酸盐含量大于 5% 的土,仅可用于无压实要求的填土。因为地下水会逐渐溶解硫酸盐形成孔洞,影响土的密实度。

1.5.1.2　填筑要求

填土应分层进行,每层按规定厚度填筑、压实,经检验合格后,再填筑上层。土方填筑最好原土回填,不能将各种土混杂在一起填筑。如果采用不同类土,应把透水性较大的土层置于透水性较小的土层下面。若不得已在透水性较小的土层上填筑透水性较大的土壤,必须将两层结合面做成中央高、四周低的弧面排水坡度或设置盲沟,以免填土内形成水囊。

墙基础两侧及中心的回填土应在基础墙或混凝土有足够强度,并经验收合格后方可进行。回填应在基础两侧对称同时进行,两侧回填要控制高差,以免把墙挤歪。标高不同的基坑(槽),应先填夯深基础,再填夯浅基坑。

若遇管道等设施,为防止管道中心偏移及管道损坏,应先在管道周围人工填土夯实,且两侧同时进行,直到高出管顶 50 cm 后,方可采用机械夯实,但不宜采用振动辗压实。压实填土的施工缝应错开搭接,在施工缝搭接处应适当增加压实遍数。当填方位于倾斜地面时,应先将基底斜坡挖成阶梯状,阶宽不小于 1 m,然后分层回填,以防填土侧向移动。

回填土每层夯实后,应按规范规定进行环刀取样,检测土的干密度,达到要求后再填铺上层土。填土全部完成后,表面应拉线找平,凡高于设计高程应铲平,低于则应补填夯实。

基坑(槽)回填应连续进行尽快完成。施工中应防止雨水流入,若遇雨淋浸泡,应及时排除积水,凉晒干后再进行施工,尽量避免冬期施工。若在冬期施工,要严格控制土的含水量和虚铺厚度(一般减少 20% ~ 25%)。

1.5.2 填土压实方法

1.5.2.1 填土的方法

土方回填分为人工填土与机械填土两种方法。

(1)人工填土方法 用手推车送土,铁锹、耙、锄等工具进行回填土。填土应从场地最低部分开始,由一端向另一端自下而上分层铺填。每层虚铺厚度,用人工夯夯实时不大于 20 cm,用打夯机械夯实时不大于 25 cm。

(2)机械填土方法

1)推土机填土 填土应由下而上分层铺填,每层虚铺厚度不宜大于 30 cm。大坡度堆填土,不得居高临下,不分层次,一次堆填。推土机运土回填可采用分堆集中,一次运送方法,分段距离为 10 ~ 15 m。土方推至填方部位时,提起铲刀,向前行驶 0.5 ~ 1.0 m,利用推土机后退时将土刮平。用推土机来回行驶进行碾压,履带应重叠宽度的一半。

2)铲运机填土 铲运机铺填土区段长度不宜小于 20 m,宽度不宜小于 8 m。铺土应分层进行,每次铺土厚度不大于 30 ~ 50 cm(视压实机械而定),每层铺土后,利用空车返回时将地表面刮平。

3)汽车填土 自卸汽车卸土须配推土机推土、摊平。每层铺土厚度不大于 30 ~ 50 cm(视压实机械而定)。可利用汽车行驶作部分压实工作,行车路线须均匀分布于填土层上。

1.5.2.2 填土压实的影响因素

影响填土压实质量的主要因素有压实功(压实遍数)、土的含水量及每层铺土厚度。

(1)压实功的影响 压实机械在填土压实中所做的功简称压实功。填土压实后的密度与压实机械在其上所做的压实功有一定的关系(图 1 - 35)。

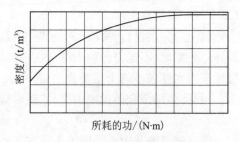

图 1 - 35 土的密度与压实功的关系

当土的含水量一定,在开始压实时,土密度急剧增加,待到接近土的最大密度时,压实功虽然增加许多,但土密度没有多大变化,所以施工时,应根据土的种类、压实密度要求和压实机械来决定填土的压实遍数。压实松土时,如用重碾直接滚压,起伏过于强烈,效率降低,所以先用轻碾(压实功小)压实,再用重碾碾压,则可取得较好的压实效果。

(2)含水量的影响 在同一压实功条件下,填土的含水量对压实质量有显著影响。较为干燥的土颗粒之间比较疏松,土中孔隙大都互相连通,水少而气多。在一定的压实功作用下,虽然土体孔隙中气体易被排出,但水膜润滑作用不明显,压实功不易克服土颗粒间引力,土粒不易相对移动,因而不易压实。当含水量超过一定限度时,孔隙中出现了自由水,且无法排出,压实功部分被自由水抵消,减小了有效作用,压实效果依然会降低。当土的含水量适当时,土颗粒间引力缩小,水又起了润滑作用,压实功比较容易使土颗粒移动,压实效果好。不同种类土都有最佳含水量。土在相同压实功作用条件下,可得到土密度最大时的含水量叫作最佳含水量。各种土的最佳含水量和最大干密度关系见图1-36,具体数值可参考表1-2。工地简单检测黏性土最佳含水量的方法是"以手握成团,落地开花"为适宜。

土的最佳含水量和最大干密度由击实试验取得。一般砂土最佳含水量为8%~12%,粉土16%~22%,粉质黏土18%~21%,黏土19%~23%。施工中,土料含水量与其最佳含水量之差可控制在4%~2%范围内(使用振动碾压时,控制在6%~2%范围内)。为了保证填土处于最佳含水量,当含水量过大时,应采取翻松、晾干、风干、换土回填、掺入干土或其他吸水材料等措施;如土料过干时,则应预先洒水润湿,补充水量。

(3)铺土厚度的影响　土在压实功作用下,其应力随土层深度增大而减小(图1-37)。其影响深度与压实机械、土的性质和含水量有关。在压实过程中,土密度表层大,随深度加大而逐渐减小,覆土厚度应小于压实机械的压土作用深度,所以不宜过厚;如果过薄,机械总压实遍数也会增加。因此,最佳铺土厚度可使土方压实而机械功耗最少。每层铺土厚度可参见表1-13。

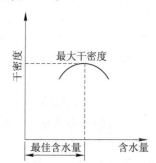

图1-36　土的最大干密度与最佳含水量的关系

图1-37　压实作用沿深度的变化

表1-13　填土施工时的分层厚度及压实遍数

压实机具	每层铺土高度/mm	每层压实遍数/遍
平碾	250~300	6~8
振动压实机	250~350	3~4
柴油打夯机	200~250	3~4
人工打夯	<200	3~4

为保证压实质量,提高压实机械效率,重要工程应根据土质和所用的压实机械,在现场进行压实试验,以确定达到规定密实度所需的压实遍数、每层铺土厚度和最优含水量。

1.5.2.3 填土压实的方法

填土压实施工有人工夯实和机械压实。人工夯填土是用 60～80 kg 的木（或铁、石）夯，施工时，一夯压半夯，按次序进行。每层铺土厚度在 200 mm 以下，每层夯实遍数为 3～4 次。适用于小面积砂土或黏性土的夯实，主要用于机械压实无法到达的坑边、坑角的夯实。

现代施工中主要采用机械压实。具体方法有碾压法、夯实法和振动压实法。平整场地等大面积填土采用碾压法，较小面积施工采用夯实法和振动压实法。

（1）辗压法 辗压法是利用压路机械滚轮的压力压实土壤，使之达到所需的密实度。常用辗压机械主要有平碾（压路机）、羊足碾和气胎碾。

1）平碾 平碾是最常见压路机，又称光碾压路机，是一种以内燃机为动力的自行式压路机，轮重 30～150 kN，按重量等级分为轻型（30～50 kN）、中型（60～90 kN）、重型（110～150 kN）。适用于砂性土、碎粒石料和黏性土。一般每层铺土厚度 250～300 mm，每层压实遍数 6～8 遍。

平碾碾压特点：单位压力小，表面土层易压成光滑硬壳，土层碾压上紧下松，底部不易压实，碾压质量不均匀，不利于上下土层之间的接合，易出现剪切裂缝，不利于防渗。

2）羊足碾 因其碾压滚筒外设交错排列的"羊足"形突起而得名（图 1-38），滚筒分为钢铁空心、装砂、注水三种，侧面设有加载孔，加载大小根据设计确定。羊足的长度随碾滚的重量增加而增加，一般为碾滚直径的 1/6～1/7。重型羊足碾可达 30 t。羊足碾的羊足插入土中，不仅使羊足底部的土料得到压实，并且使羊足侧向的土料受到挤压，同时有利于上下土层的结合，压实过程中羊足对表层土的翻松，省去了刨毛工序从而达到均匀压实的效果，增加了填方的整体性和抗渗性。这种碾压方法不适宜沙砾料的土层压实，因为沙砾料在压实过程中羊足从行进的后面由土中拔出时，会将压实的砂性土翻松，产生侧向滑移，达不到应有的压实效果。

3）气胎碾 气胎碾又称为轮胎压路机（图 1-39），分单轴（一排轮胎）和双轴（两排轮胎）两种。主要构造是由装载荷重的车厢和装在轴上的气胎轮组成的。既是行使轮，也是碾压轮。气胎碾因轮胎具有弹性，压实土料时，气胎与土体同时变形，随着土体压实密度增大，气胎变形相应也增大，气胎与土体接触面积也随之增大，并且始终能保持较为均匀的压实效果。与刚性碾相比，气胎碾不仅对土体的接触压力分布均匀，而且作用时间长，压实效果好，压实土层厚度大，生产效率高。所以适应要求不同单位压力的各类土壤的压实。为避免气胎损坏，停工时，要用千斤顶将车厢支托起来，并把气胎的气放掉。

图 1-38 羊足碾

图 1-39 气胎式压路机

碾压填方时,铺土应均匀一致,碾压遍数一样,碾压方向应从填土两侧逐步压向中心,每次碾压应有 150~200 mm 的重叠宽度,防止漏压。行驶速度不宜过快;一般平碾控制在 2 km/h,羊足碾控制在 3 km/h。否则会影响压实效果。

(2)机械夯实法 夯实法是利用冲击力来夯实土壤。夯锤是借助起重机悬挂重锤进行夯土的夯实机械,适用于夯实砂性土、湿陷性黄土、杂填土以及含有石块的填土。小型打夯机由于其体积小,重量轻,构造简单,机动灵活,实用,操纵方便,夯击能量大,夯实工效较高,在建筑工程中较为常用。打夯机有冲击式和振动式之分。常用的有蛙式打夯机[图 1-40(a)]、内燃打夯机、电动立夯机[图 1-40(b)]等。适用于黏性较低的土(砂土、粉土、粉质黏土),多用在基槽、管沟及各种零星分散、边角部位填方的夯实,以及机械压实无法碾压之处的夯实。

(a)蛙式打夯机 (b)电动立夯机

图 1-40 蛙式打夯机与电动立夯机

(3)振动压实法 振动压实法是采用振动压实机压实土层,使土颗粒发生相对位移而达到密实。施工时每层铺土厚度宜为 250~350 mm,每层压实遍数为 3~4 遍。适用于振实非黏性土。若使用振动碾压可使土受到振动和碾压两种作用,碾压效率高,适用于大面积填方工程。

无论何种压实方法都要求每一次碾压夯实幅宽要有至少 100 mm 搭接。若采用分层夯实且气候较干燥时,应在上一层虚土铺摊之前将下层填土表面适当喷水湿润,增加土层间的亲和程度。对密实要求不高的大面积填方,如在缺乏碾压机械时,可采用推土机、拖拉机或铲运机结合行驶、推(运)土来压实。对已回填松散的特厚土层,可根据回填厚度和设计对密实度的要求,采用重锤夯实或强夯等方法夯实。

复习思考题

1. 土方工程施工时的土按什么进行分类?分哪几类?各用什么方式开挖?
2. 土的可松性对土方施工有何影响?
3. 土的工程性质有哪些?它们对土方工程施工有何影响?
4. 什么是土的密实度?它与土的含水量有什么关系?
5. 简述场地平整设计标高的确定方法和步骤。

6. 对场地平整设计标高 H_0 进行调整,应考虑哪些因素?

7. 土方边坡坡度是什么? 简述土方边坡的形式、表示方法及影响边坡稳定的因素。

8. 土方调配应遵循哪些原则? 调配区是如何划分的?

9. 什么叫流砂现象? 分析流砂形成的原因。防治流砂的途径和方法有哪些?

10. 简述轻型井点系统的组成及设备。

11. 简述降水水井的类型及井点系统涌水量的计算方法。

12. 如何进行轻型井点系统的平面布置与高程布置。

13. 试述井点降水法的种类及适用范围。

14. 常用的深基坑支护有哪些?

15. 简述土层锚杆支护结构的施工工艺。

16. 单斗挖土机有几种类型? 正铲挖土机开挖方式有哪几种?

17. 影响填土压实的主要因素有哪些? 如何检查填土压实的质量?

18. 试解释土的最佳含水量和最大干密度,它们与填土压实的质量有何关系?

19. 简述土的最佳含水量的含义。土的含水量和控制干密度对填土质量有何影响?

20. 简述推土机、铲运机的工作特点、适用范围及提高生产率的措施。

21. 某建筑物基坑土方体积为 2 687 m^3。在附近有个容积为 1 776 m^3 弃土坑,用基坑挖出的土将大坑填满夯实后,还能剩下多少土? ($K=1.26, k'_s=1.05$)

22. 某基坑挖深为 5.5 m,基坑体积为 6.6×10 m^2,土的重度为 15 kN/m^3,最初可松性系数为 1.27。企业有 W1-100 型履带式单斗反铲挖掘机,斗容量为 1 m^3,挖一斗土时间为 60 s。根据施工进度计划安排,计划 5 天完成,每天 2 班。如用载重量为 10 t 的自卸汽车向外运土,弃土位置距现场 8 km,汽车平均速度为 25 km/h。问选用履带式单斗反铲挖掘机 W1-100 型几台? 自卸汽车多少辆?

第 2 章　地基处理与桩基础

2.1　地基处理及加固

任何建筑物都必须有可靠的地基和基础。建筑物全部重量(包括各种荷载)最终通过基础传给地基,所以对某些地基的处理及加固就成为基础工程施工中一项重要内容。如发现地基土质过软或过硬,不符合设计要求时,应本着使建筑物各部位沉降量趋于一致,以减小地基不均匀沉降的原则对地基进行处理。

建筑物对地基的基本要求:不论是天然地基,还是人工地基均应保证其有足够的强度和稳定性,在荷载作用下地基土不发生剪切破坏或丧失稳定;不产生过大的沉降或不均匀的沉降变形,以确保建筑物的正常使用。

地基处理是为提高地基承载力,改善其变形性质或渗透性质,采取人工处理地基的方法。地基处理除应满足设计要求外,还应做到因地制宜、就地取材、保护环境和节约资源等。

地基处理时涉及面广、影响因素多、技术复杂。涉及地基土强度与稳定性、地基的压缩与变形、水文地质条件、软弱下卧层、动力荷载作用下的液化、失稳和震陷等问题。必须根据不同情况采取不同处理方法。常用人工地基处理方法有换填、强夯、重锤夯实、振冲、砂桩挤密、深层搅拌、堆载预压、注浆地基(化学加固)等。

2.1.1　换填法

当建筑物基础的持力层较软弱,不能满足上部荷载对地基的要求时,常采用换填法来处理软弱地基。先将基础下一定范围内承载力低的软土层挖去,然后回填强度较大的砂、碎石或灰土等,并夯至密实。换填法可有效处理荷载不大的建筑物地基问题,如三层至四层房屋、路堤、油罐和水闸等。换填法按换填材料可分为砂地基、碎(砂)石地基、灰土地基等。

2.1.1.1　砂地基和碎(砂)石地基

砂地基和碎(砂)石地基是将基础下一定范围内的土层挖去,然后用强度较大的砂或碎石等回填,经分层夯实至密实,以起到提高地基承载力、减少沉降、加速软弱土层的排水固结、防止冻胀和消除膨胀土的胀缩等作用。该地基具有施工简单、工期短、造价低等优点。适用于处理透水性强的软弱黏性土地基,但不宜用于湿陷性黄土地基和不透水的黏性土地基,以免聚水而引起地基下沉和降低承载力。

(1)材料要求　砂地基和碎(砂)石地基所用材料宜采用颗粒级配良好,质地坚硬的中砂、粗砂、砾砂、碎(卵)石、石屑或其他工业废粒料。在缺少中、粗砂和砾砂的地区可采用细砂,但宜同时掺入一定数量的碎(卵)石,但应满足含石量不大于50%。砂石料不

得含有草根、垃圾等有机杂物,含泥量不应超过5%,兼作排水地基时,含泥量不宜超过3%,碎(卵)石最大粒径不宜大于50 mm。

(2)构造要求　砂地基和碎(砂)石地基厚度一般根据地基底面处土的自重应力与附加应力之和不大于同一标高处软弱土层的容许承载力确定。地基厚度一般不宜大于3 m,也不宜小于0.5 m。地基宽度除要满足应力扩散要求外,还要根据地基侧面土容许承载力确定,以防止地基土向两边挤出。关于宽度计算目前还缺乏可靠的理论方法,在实践中常按照经验(考虑地基两侧土的性质)或按经验方法确定。一般情况下,地基宽度应沿基础两边各放出200～300 mm,如果侧面地基土质较差,还要适当增加。

(3)施工要点

1)铺筑地基前应验槽,先将基底表面浮土、淤泥等杂物清除干净,边坡必须稳定,防止塌方。基坑(槽)两侧附近如有孔洞、沟、井和墓穴等,应在换土地基前加以处理。

2)砂和碎(砂)石地基底面宜铺设在同一标高上。深度不同时应按先深后浅的次序进行。分层铺筑时,接头应做成斜坡或阶梯形搭接,每层错开0.5～1.0 m,搭接处应夯压密实。

3)人工级配的砂、石材料应按级配拌合流砂均匀,再进行铺填捣实。

4)换土地基应分层铺筑,分层夯(压)实,每层铺筑厚度不宜超过表2-1规定数值。施工时应对下层的密实度检验合格后,方可进行上层施工。

表 2-1　砂和砂石地基每层铺筑厚度及最佳含水量

压实方法	每层铺筑厚度/mm	施工时最优含水量/%	施工说明	备注
平振法	200～300	15～20	用平板式振捣器往复振捣	不宜使用干细砂或含泥量较大的砂铺筑的砂地基
插振法	振捣器插入深度	饱和	①用插入式振捣器; ②插入点间距离可根据机械振幅大小决定; ③不应插至下卧黏性土层; ④插入振捣完毕后所留的空洞,应用砂填实	不宜使用细砂或含泥量较大的砂铺筑的砂地基
水撼法	250	饱和	①注水高度应超过每次铺筑面层; ②用钢叉摇撼振实,插入点间距离100 mm; ③钢叉分四齿,齿的间距为80 mm,长300 mm	—
夯实法	50～200	8～12	①用木夯或机械夯; ②木夯重40 kg,落距400～500 mm; ③一夯压半夯,全面夯实	—
碾压法	50～350	8～12	2～6 t压路机往复碾压	适用于大面积施工的砂和砂石地基

注:在地下水位以下的地基,其最下层的铺筑厚度可比上表增加500 mm

5)在地下水位高于基坑(槽)底面施工时,应采取排水或降低地下水位,使基坑(槽)保持无积水状态。

6)冬期施工时,不得采用夹有冰块的砂石,并应采取措施防止砂石内水分冻结。

(4)质量检查

1)环刀取样法　用容积不小于 200 cm³ 的环刀压入垫层的每层 2/3 深处取样,测定其干密度,以不小于通过试验所确定的该砂料在中密状态时的干密度值为合格。如是砂石地基,可在地基中设置纯砂检验点,在相同的试验条件下,用环刀测其干密度。

2)贯入测定法　检验前先将垫层表面的砂刮去 30 mm 左右,再用贯入仪、进行贯入度法检验砂垫层的质量。

2.1.1.2　灰土地基

灰土地基是将基础底面下一定范围内的软弱土层挖去,用按一定体积比配合的石灰和黏性土拌合流砂均匀,在最优含水量情况下分层回填夯实或压实而成。该地基具有一定的强度、水稳定性和抗渗性,施工工艺简单,取材容易,费用较低。适用于处理 1～4 m 厚的软弱土层。

(1)材料要求　灰土土料宜采用就地挖出的黏性土及塑性指数大于 4 的粉土,但不得含有有机杂质或使用耕植土。使用前土料应过筛,其粒径不得大于 15 mm。

用作灰土的熟石灰应过筛,粒径不得大于 5 mm,并不得夹有未熟化的生石灰块,也不得含有过多的水分。灰土配合比(石灰:土)一般为 2:8 或 3:7。

(2)构造要求　灰土地基厚度确定原则同砂地基。地基宽度一般为灰土顶面基础砌体宽度加 2.5 倍灰土厚度之和。

(3)施工要点

1)施工前先验槽,清除松土,发现局部有软弱土层或孔洞应及时挖除,用灰土分层回填夯实。

2)施工时,应将灰土拌合流砂均匀,颜色一致,并适当控制其含水量。如土料水分过多或不足时,应晾干或洒水润湿。灰土拌好后及时铺填夯实,不得隔日夯打。

3)铺灰应分段分层夯筑,每层虚铺厚度应按夯实机具,参照表 2－2 选用。每层灰土夯打遍数,应根据设计要求的干密度在现场试验确定。

表 2－2　灰土最大虚铺厚度

夯实机具种类	重量/t	厚度/mm	备注
石夯、木夯	0.04～0.08	200～250	人力送夯,落距 400～500 mm,每夯搭接半夯
轻型夯实机械	0.12～0.4	200～250	蛙式打夯机或柴油打夯机
压路机	6～10	200～300	双轮

4)灰土分段施工时,不得在墙角、柱基及承重窗间墙下接缝。上下两层灰土的接缝距离不得小于 500 mm,接缝处灰土应注意夯实。

5)在地下水位以下的基坑(槽)施工应采取排水措施。夯实后的灰土,在三天内不得受水浸泡。灰土地基打完后及时进行基础施工和回填土,否则要做临时遮盖,防止日晒雨淋。刚打完毕或尚未夯实的灰土,如遭受雨淋浸泡,则应将积水及松软灰土除去并补填夯实,受浸湿的灰土,应在晾干后再夯打密实。

6)冬期施工时,不得采用冻土或夹有冻土的土料,并应采取有效的防冻措施。

(4)质量检查　灰土地基的质量检查,宜用环刀取样,测定其干密度。质量标准可按压实系数 λ_c 鉴定,一般为 $0.93 \sim 0.97$。压实系数 λ_c 为土在施工时实际达到的干密度 ρ_d 与室内采用击实试验得到的最大干密度 ρ_{dmax} 之比。

如无设计规定时,也可按表 2-3 要求执行。如用贯入仪检查灰土质量时,应先进行现场试验以确定贯入度的具体要求。

表 2-3　灰土质量标准

土料种类	黏土	粉质黏土	粉土
灰土最小干密度/(t/m^3)	1.45	1.50	1.55

2.1.2　强夯地基

强夯地基是用起重机械将重锤($8 \sim 30$ t)吊起,从高处($6 \sim 30$ m)自由落下,给地基以冲击力和振动,从而提高地基土强度并降低压缩性的一种地基加固方法。该法具有效果好、速度快、节省材料、施工简便等特点,但施工噪声和振动大。适用于碎石土、砂土、黏性土、湿陷性黄土及填土地基等的加固处理。

2.1.2.1　机具设备

(1)起重机械　起重机宜选用起重能力为 150 kN 以上的履带式起重机。当直接用钢丝绳悬吊夯锤时,起重能力应大于夯锤的 $3 \sim 4$ 倍;当采用自动脱钩装置,起重能力大于 1.5 倍锤重。

(2)夯锤　夯锤可用钢材制作,或钢板为外壳,内部焊接钢筋骨架后浇筑 C30 混凝土制成。夯锤底面有圆形和方形两种,但圆形不易旋转,定位方便,稳定性和重合性好,应用较广。锤底面积取决于表层土质,砂土一般为 $3 \sim 4$ m^2,黏性土或淤泥质土不宜小于 6 m^2。夯锤中宜设置若干个上下贯通的气孔,以减少夯击时空气阻力。

(3)脱钩装置　脱钩装置应具有足够强度且施工灵活。工地常用自制的自动脱钩器由吊环、耳板、销环、吊钩等组成,由钢板焊接制成。

2.1.2.2　施工要点

(1)施工前,应进行地基勘察和试夯。通过试夯结果,确定正式施工的技术参数。

(2)强夯前应平整场地,周围做好排水沟,按夯点测量放线,确定夯位。地下水位较高时,应在表面铺 $0.5 \sim 2.0$ m 中(粗)砂或砂石,以确保机械通行和施工,又可便于强夯产生的孔隙水压力消散。

(3)强夯施工须按试验确定的技术参数进行。一般按各个夯击点的夯击数或沉降量控制。夯击时,落锤应保持平稳,夯位准确,如错位或坑底倾斜过大,宜用砂土将坑底填平,方可下一次夯击。

(4)每夯击一遍完后,应测量场地平均下沉量,然后用土填平夯坑,再下一遍夯击。

最后一遍场地平均下沉量必须符合要求。

(5)强夯施工最好安排在干旱季节,如遇雨天,场地积水必须及时排除。冬期施工时,应将冻土击碎。

(6)对每一夯实点的夯击能量、夯击次数和每次夯沉量等参数做好详细的现场记录。

2.1.2.3　质量检查

强夯地基应检查施工记录及各项技术参数,并应在夯击过的场地选点做检验。一般可采用标准贯入、静力触探或轻便触探等方法,符合试验确定的指标时,即为合格。检查点数,每个建筑物的地基不少于3处,检测深度和位置按设计要求确定。

2.1.3　重锤夯实地基

重锤夯实是用起重机械将夯锤提升到一定高度后,利用自由下落产生的冲击能夯实地基土表面,使其形成一层较为均匀的硬壳层,从而使地基得到加固。但与强夯相比,所用重锤的重量小,提升高度低,加固机制有所区别。该法具有施工简便,费用较低;但布点较密,夯击遍数多,施工期相对较长;同时夯击能量小,孔隙水难以消散,加固深度有限;当土含水量稍高易夯成橡皮土,处理困难。适用于处理地下水位以上稍湿的黏性土、砂土、湿陷性黄土、杂填土和分层填土地基。当夯击振动对邻近建筑物、设备以及施工中的砌筑工程或浇筑混凝土等产生有害影响时,或地下水位高于有效夯实深度,以及在有效深度内存在软黏土层时,不宜采用。

2.1.3.1　机具设备

(1)起重机械　起重机械可采用履带式起重机、打桩机、龙门式起重机等。当采用自动脱钩时,其起重能力应大于夯锤重量的1.5倍;当直接用钢丝绳悬吊夯锤时,应大于夯锤重量的3倍。

(2)夯锤　夯锤形状宜采用截头圆锥体,可用C20钢筋混凝土制作,其底部可填充废铁并设置钢底板以降低重心。锤重宜为1.5~3.0 t,底直径1.0~1.5 m,落距一般为2.5~4.5 m,锤底面单位静压力宜为15~20 kPa。吊钩宜采用半自动脱钩器,以减少吊索磨损和机械振动。

2.1.3.2　施工要点

(1)施工前应在现场进行试夯,选定夯锤重量、底面直径和落距,以便确定最后下沉量及相应的夯击遍数和总下沉量。最后下沉量是指最后二击平均每击土面的夯沉量。对黏性土和湿陷性黄土取10~20 mm;对砂土取5~10 mm。通过试夯可确定夯实遍数,一般试夯6~10遍,施工时可适当增加1~2遍。

(2)采用重锤夯实分层填土地基时,每层虚铺厚度以相当于锤底直径为宜,夯击遍数由试夯确定,试夯层数不宜少于两层。

(3)基坑(槽)夯实范围应大于基础底面,每边应比设计宽度加宽0.3 m以上,以便底面边角夯打密实。基坑(槽)边坡应适当放缓。夯实前坑(槽)底面应高出设计标高,预留土层厚度可为试夯时的总下沉量再加50~100 mm。

(4)夯实时土的含水量应控制在最优含水量范围内。如土表层含水量过大,可采用铺撒吸水材料(如干土、碎砖、生石灰等)或换土等措施;如土含水量过低应适当洒水,洒水后待全部渗入土中,一昼夜后方可夯打。

(5)在大面积基坑或条形基槽内夯击时,应按一夯挨一夯顺序进行[图 2-1(a)]。在每次循环中同一夯位应连夯两遍,下次循环夯位应与前一循环错开 1/2 锤底直径,落锤应平稳,夯位准确。在独立柱基基坑内夯击时,采用先周边后中间[图 2-1(b)]或先外后里的跳打法[图 2-1(c)]进行。基坑(槽)底面标高不同时,按先深后浅顺序逐层夯实。

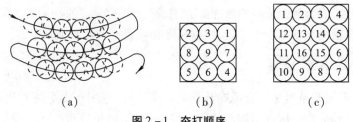

(a)　　　　　(b)　　　　　(c)

图 2-1　夯打顺序

(6)夯实完后将基坑(槽)表面修整至设计标高。冬期施工必须采取防冻措施,确保在不冻结状态下进行,否则应将冻土层挖去或将土层融化。

2.1.3.3　质量检查

重锤夯实应做好施工记录,除符合试夯最后下沉量的规定外,还应检查基坑(槽)表面总下沉量,以不小于试夯总下沉量的 90% 为合格;也可采用在地基上选点夯击检查最后下沉量。夯击检查点数:独立基础每个不少于 1 处,基槽每 20 m 不少于 1 处,整片地基每 50 m² 不少于 1 处。检查后如质量不合格,应进行补夯,直至合格为止。

2.1.4　振冲地基

振冲地基又称振冲桩复合地基,是以起重机吊起振冲器,启动潜水电机带动偏心块,使振冲器产生高频振动,同时开动水泵,通过喷射高压水流成孔;然后用砂石骨料分层填充形成桩体,桩体与原地基构成复合地基,可提高地基承载力,减少地基沉降量和沉降差的加固方法。该法具有技术可靠,设备简单,操作易于掌握,施工简便,省材,加固速度快,地基承载力高等特点。

振冲地基按加固机制和效果不同可分为振冲置换法和振冲密实法两类。前者侧向挤密小,适用于不排水、抗剪强度小于 20 kPa 的黏性土、粉土、饱和黄土及人工填土等地基。后者侧向挤密大,适用于砂土和粉土等地基。

2.1.4.1　机具设备

(1)振冲器宜采用带有潜水电机的振冲器,其功率、振动力、振动频率等参数按加固的孔径、达到的土体密实度选用。

(2)起重机械的起重能力和高度均应符合施工和安全要求,起重能力一般为 80~150 kN。

(3)水泵及供水管道的供水压力宜大于 0.5 MPa,供水量宜大于 20 m³/h。

(4)加料设备可采用翻斗车或手推车等,运输能力须满足施工要求。

(5)控制设备的电流控制操作台,附有 150 A 容量以上的电流表(或自动记录电流计)、500 V 电压表等。

2.1.4.2　施工要点

（1）施工前先在现场进行振冲试验,确定成孔适合的水压、水量、成孔速度、填料方法、达到土体密实时的密实电流值、填料量和留振时间。

（2）振冲前应按设计图定出冲孔中心位置并编号。

（3）启动水泵和振冲器,水压可用 400～600 kPa,水量 200～400 L/min,使振冲器以 1～2 m/min 的速度徐徐沉入土中。每沉入 0.5～1.0 m,宜留振 5～10 s 进行扩孔,待孔内泥浆溢出时再继续沉入。当下沉达到设计深度时,振冲器应在孔底适当停留并减小射水压力,以便排除泥浆进行清孔。成孔也可采用将振冲器以 1～2 m/min 的速度连续沉至设计深度以下 0.3～0.5 m,将振冲器往上提到孔口,再同法沉至孔底。如此往复 1～2 次,使孔内泥浆变稀,排泥清孔 1～2 min 后,将振冲器提出孔口。

（4）填料和振密是将振冲器提出孔口,从孔口往下填料,然后再下降振冲器至填料中进行振密(图2-2),待密实电流达到规定的数值,将振冲器提出孔口。如此自下而上反复进行直至孔口,完成成桩操作。

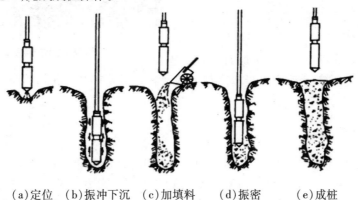

（a）定位　（b）振冲下沉　（c）加填料　（d）振密　（e）成桩

图2-2　振冲法制桩施工工艺

（5）振冲桩桩顶约 1 m 范围内的桩体密实度因难以保证,一般应予挖除另做地基或用振动碾压使之压实。

（6）冬期施工应将表层冻土破碎后成孔。施工完毕后应将供水管和振冲器水管内积水排净,以免冻结影响施工。

2.1.4.3　质量检查

（1）成孔中心与设计位置偏差不得大于 100 mm,且偏差不得大于 0.2 倍桩孔直径。

（2）振冲效果应在砂土地基完成 0.5 个月(黏性土地基完成 1 个月)后方可检验。可采用载荷试验、标准贯入、静力触探等方法检验桩的承载力。如在地震区的抗液化加固地基,尚应进行现场孔隙水压力试验。

2.1.5　砂桩地基

砂桩地基采用类似沉管灌注桩的机械和方法,通过冲击和振动,将砂挤入土中而成。这种方法经济、简单、有效。对于砂土地基可通过振动或冲击的挤密作用,使地基达到密实,从而增加地基承载力,降低孔隙比,减少物沉降,提高抵抗震动液化的能力。对于黏性土地基可起到置换和排水砂井的作用,加速土的固结,形成置换桩与固结后软黏土的复合地基,可显著提高地基抗剪强度。这种桩适用于挤密松散砂土、素填土和杂填土等地基。对于饱和软黏土地基,由于其渗透性较小,抗剪强度较低,要使砂桩本身挤密,并使地基土密实往往较困难,相反会破坏土的天然结构,使抗剪强度降低,因而对这类地质条件应慎重。

2.1.6 水泥土搅拌桩地基

水泥土搅拌桩地基是利用水泥、石灰等材料作为固化剂,通过深层搅拌机械,在地基深处就地将软土和固化剂(浆液或粉体)强制搅拌,利用固化剂和软土之间所产生的一系列物理、化学反应,使软土硬结成具有一定强度的优质地基。具体施工方法与第1章水泥土搅拌桩支护施工类似。加固效果见图2-3。此法具有无振动、无噪声、无污染、无侧向挤压,对邻近建筑物影响很小,且施工期较短,造价低廉,效益显著等特点。适用于加固较深较厚

图2-3 水泥土搅拌桩地基现场

的淤泥、淤泥质土、粉土和含水量较高且地基承载力不大于 120 kPa 的黏性土地基,对超软土效果更为显著。

2.1.7 预压地基

预压地基是在拟建场地上施加或分级施加与其相当的荷载,使土体中孔隙水排出,孔隙体积变小,土体密实,以提高地基承载力和稳定性。堆载预压法处理深度一般可达 10 m 左右,真空预压法可达 15 m 左右,如图2-4所示。此法具有材料、机具和方法简单,操作方便,但预压需要一定时间,对深厚的饱和软土,排水固结时间很长,同时需要大量堆载材料等特点。适用于各类软弱地基,包括天然沉积土层或人工冲填土层沉降要求较低的地基。

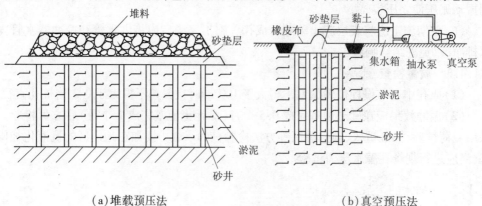

(a)堆载预压法 (b)真空预压法

图2-4 预压法处理地基

2.1.8 注浆地基

注浆地基又称高压喷射注浆地基,是利用钻机用带有喷嘴的注浆管钻进至土层预定深度,将水泥浆(或硅酸钠)通过压浆泵、灌浆管均匀地注入土体中,以填充、渗透和挤密等方式,驱走岩石裂隙中或土颗粒间的水分和气体,并填充其位置,硬化后将岩土胶结成一个整体,形成一个强度大、压缩性低、抗渗性高和稳定性良好的新岩土体。此种方法可防止或减少渗透和不均匀的沉降。按注浆使用的材料主要分为水泥注浆和硅化注浆。硅化注浆的主要材料由硅酸盐(水玻璃)和其他高分子材料组成。此法具有设备工艺简单、加固效果好、可提高地基强度、消除土的湿陷性、降低压缩性等特点。适用于局部加固新建或已建的建筑物基础、稳定边坡以及防渗帷幕等,也适用于湿陷性黄土地基;对于黏性土、素填土、地下水位以下的黄土地基也可应用,但长期受酸性污水侵蚀的地基不宜采用。

2.1.9 水泥粉煤灰碎石桩地基

水泥粉煤灰碎石桩(Cement Fly‒ash Gravel Pile,简称 CFG 桩),是在碎石桩的基础上掺入适量石屑、粉煤灰和少量水泥,加水拌合流砂制成的一种桩体,作为地基中增强体。在碎石骨料中掺入石屑改善颗粒级配,掺入粉煤灰改善混合料的和易性,并利用其活性减少水泥用量;掺入水泥使其具有一定的黏结强度,形成低强度的混凝土桩体。CFG 桩加固软弱地基主要有桩体作用和挤密作用。

CFG 桩的成孔、灌注一般采用振动式沉管打桩机,其施工顺序为桩机就位→沉管至设计深度→停振下料→振动捣实后拔管→留振→振动、拔管、复打。具体施工方法和要求详见本章"振动沉管灌注桩"内容。

2.2 桩基工程

天然地基上的浅基础沉降量过大或基础稳定性不能满足建筑物要求时,常采用桩基础,它由桩和桩顶的承台组成,属于深基础的形式之一。

(1)按桩的受力情况可分为摩擦型桩和端承型桩。摩擦桩是指桩顶荷载全部由桩侧摩擦力或主要由桩侧摩擦力和桩端的阻力共同承担;端承桩是由桩的下端阻力承担全部或主要荷载,桩尖进入岩层或硬土层。

(2)按桩的施工方法可分为预制桩和灌注桩。预制桩是在构件预制厂或施工现场制作,施工时用沉桩设备将其沉入土中;灌注桩是在施工现场的桩位上用机械或人工成孔,然后在孔内灌注混凝土、钢筋混凝土而成。

(3)按成桩方式,即对土体侧向挤压状况可分为挤土桩、非挤土桩和部分挤土桩。

2.2.1 预制桩施工

2.2.1.1 概述

预制桩是预制成型后,通过锤击、振动打入、静压或旋入等方式而成的桩基础。

预制桩的截面形状有实心方形(图 2‒5)、空心方形[图 2‒6(b)]、圆形管桩[图 2‒6(c)]等多种。空心方形桩和圆形管桩均为预应力桩,预应力空心方桩的截面边长应

≥350 mm；预应力圆形管桩的外径应≥300 mm。普通实心方形桩截面边长应≥200 mm，一般为 250~550 mm；工厂预制时每节桩长≤12 m；现场预制时桩长可达到 25~30 m。若设计桩长超过每节桩长，则需接桩。

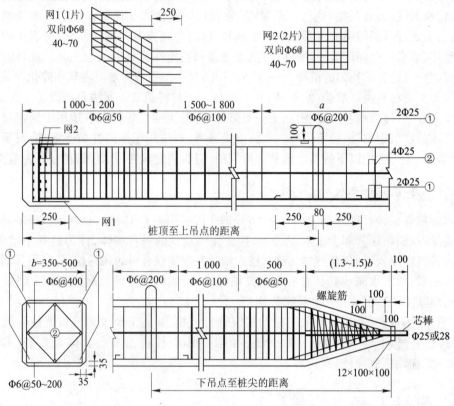

图 2-5　预制钢筋混凝土方桩详图

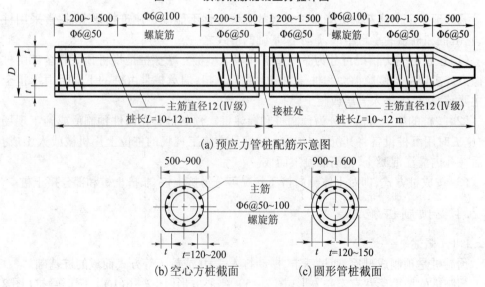

(a) 预应力管桩配筋示意图

(b) 空心方桩截面　　(c) 圆形管桩截面

图 2-6　预应力管桩示意图

预制桩制作方便,桩身质量易于得到保证,截面形状、尺寸和桩长可根据需要在一定范围内选择,桩尖可进入坚硬土层或强风化岩层,预制桩的耐久性好,耐腐蚀性强,承载力高。但预制桩自重大,用钢量多,需大功率打桩机械,桩体不易穿透坚硬地层。

2.2.1.2　钢筋混凝土预制桩的制作

(1)制作程序　预制桩可以在工厂或施工现场预制。一般桩长≤12 m时多在预制厂生产,采用蒸汽养护;桩长在30 m以下时则在现场预制,采用自然养护。制作工艺流程:场地地坪准备→支模→绑扎钢筋、安装吊环→浇筑混凝土→养护至设计强度30%→拆模→支上层模板、涂刷隔离剂→重叠制作第二层桩→养护至设计强度70%起吊→达到100%设计强度后运输→堆放→沉桩。

(2)制作方法　预制桩制作方法多采用重叠法,重叠层数应根据地面承载力和吊装要求确定,一般不宜超过四层。

预制时,模板应支设在坚实、平整的场地上,模板必须保证桩身及桩尖形状、尺寸和相互位置正确。

桩主筋应通至桩顶钢筋网之下,并与钢筋网焊接,以承受和传递打桩时的冲击力;为保证顺利沉桩,桩尖处主筋应与一根 $\phi22$ 或 $\phi25$ 的粗钢筋焊接,并箍筋加密;桩尖处可将主筋合拢焊在桩尖辅助钢筋上,在密实砂和碎石类土中,可在桩尖处包以钢板桩靴,加强桩尖。打入桩桩顶 $2d \sim 3d$(d 为主筋直径)长度范围内箍筋应加密,并设置钢筋网片。如图 2 - 6 所示。主筋的接长宜用闪光对焊或气压焊,在桩的同一截面内,焊接接头截面积不得超过主筋截面积的 50% ,相邻两根主筋接头截面距离应 ≥35d ,并不小于 500 mm。主筋根据桩断面大小及吊装验算确定,一般为 4 ~ 8 根,直径 12 ~ 25 mm,不宜小于 $\phi14$,箍筋直径为 6 ~ 8 mm,间距不大于 200 mm;预制桩纵向钢筋混凝土保护层厚度不宜小于 30 mm。

钢筋混凝土实心桩所用混凝土强度不宜低于C30。采用静压法沉桩时,可适当降低,但不宜低于C20,预应力混凝土桩的混凝土的强度不宜低于C40。浇筑时应由桩顶向桩尖连续进行,严禁中断。以确保桩顶混凝土密实。浇筑完毕后,覆盖洒水养护不应少于7天,且应自然养护1个月。

(3)质量要求　预制桩的制作质量应符合下列规定:桩表面应平整,颜色均匀,掉角深度 <10 mm,蜂窝面积小于总面积的 0.5% ;混凝土收缩裂缝深度 <20 mm,宽度 <0.25 mm,横向裂缝不超过边的一半;桩几何尺寸允许偏差为:横截面边长 ±5 mm;桩顶对角线差 <10 mm;桩尖中心线偏差 <10 mm;桩身弯曲矢高 <1% 桩长;桩顶平整度 <2 mm。

2.2.1.3　钢筋混凝土预制桩的起吊、运输和堆放

(1)起吊　预制桩混凝土强度达到设计值的 70% 方可起吊。起吊时,吊点位置应符合设计规定。一般吊点≤3 个时,其位置根据桩身正负弯矩相等的原则确定;吊点 >3 个时,其位置按反力相等的原则确定。常见吊点位置设置情况如图 2 - 7 所示。

若桩吊点处未设吊环,则可采用绑扎起吊,吊索与桩身接触处应加衬垫。起吊时应平稳提升,避免桩身摇晃、受撞击和振动。

(2)运输　预制桩混凝土强度达到设计值100%后方可运输。一般情况下,宜根据沉

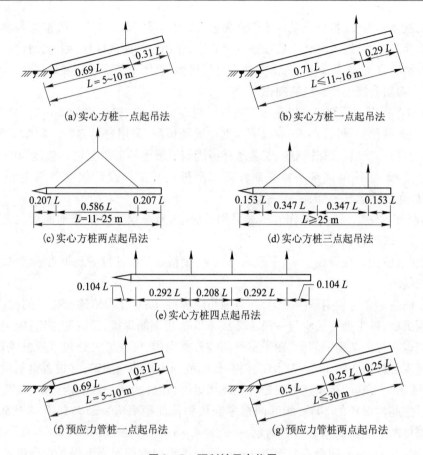

(a) 实心方桩一点起吊法

(b) 实心方桩一点起吊法

(c) 实心方桩两点起吊法

(d) 实心方桩三点起吊法

(e) 实心方桩四点起吊法

(f) 预应力管桩一点起吊法

(g) 预应力管桩两点起吊法

图 2-7　预制桩吊点位置

桩进度随打随运,以减少桩的二次搬运。桩运距不大时,可在桩下垫以滚筒,用卷扬机拖动运输;运距较大时,可用平板拖车;严禁在场地上以直接拖拉桩体代替运输。

(3)堆放　桩堆放时,地面必须平整、坚实,垫木位置应与吊点保持在同一横断面上,各层垫木应上下对齐,堆放层数不宜超过四层。

2.2.1.4　钢筋混凝土预制桩的沉桩

钢筋混凝土预制桩沉桩方法主要有"打、压、振、冲、旋"等五种,分别是锤击沉桩法、静力压桩法、振动沉桩法、水冲沉桩法和旋入沉桩法。

(1)锤击沉桩法　锤击沉桩法亦称打入桩法,是利用桩锤下落产生冲击能量,克服土对桩的阻力,将桩沉入土中。锤击沉桩法是预制桩最常用的沉桩方法。该法施工速度快,机械化程度高,适用范围广,但施工时有挤土、噪声和振动现象,使得在市区和夜间施工受到限制。

1)打桩设备　打桩设备主要包括桩锤、桩架和动力设备三部分。

①桩锤　常见的桩锤有落锤、单动汽锤、双动汽锤、柴油锤等。

落锤:落锤由生铁铸成,工作时利用卷扬机拉起桩锤,然后使其自由下落,利用锤自重产生的冲击力夯击桩顶,逐渐将桩打入土中。适用于在一般土层和含有砾石的土层中打细长的预制桩。落锤构造简单,使用方便,可调节落距。但打桩速度慢(6~20 次/min),

生产效率低。

单动汽锤:单动汽锤的冲击体是汽缸,动力是蒸汽或压缩空气。工作原理:利用蒸汽或压缩空气推动汽缸升起,到达顶端位置,排出气体,汽缸即自由下落打击桩顶,如图2 - 8所示。单动汽锤冲击力大,打桩速度快(60 ~ 80 次/min),适用于在各种土层中打各种桩。

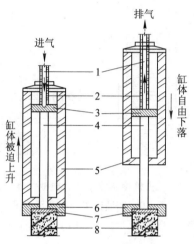

(a)进气,缸体上升　　(b)排气,缸体自由下落

图2 - 8　单动汽锤构造示意图

1 - 上导杆进排气管;2 - 活塞上导杆;3 - 活塞;4 - 活塞下导杆;5 - 缸体;6 - 桩帽;7 - 桩垫;8 - 桩体

双动汽锤:双动汽锤的冲击体是活塞杆,动力仍是蒸汽或压缩空气,活塞杆上下均可进气和排气。工作时双动汽锤需固定在桩顶上,蒸汽或压缩空气进入活塞杆下部,推动活塞杆上升到顶端位置后,活塞杆上部进气,下部排气,依靠活塞杆自重和上部气压的推力,共同打击桩顶,如图2 - 9。双动汽锤的冲击力更大,打桩速度更快(100 ~ 120 次/min),适用于在各种土层中打各种桩,亦可用于打设斜桩和钢板桩。

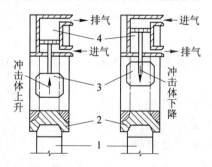

(a)汽缸下部进气,活塞杆上升　(b)汽缸上部进气,活塞杆下降

图2 - 9　双动汽锤构造示意图

1 - 桩体;2 - 垫座;3 - 冲击部分;4 - 蒸汽缸

柴油锤:分导杆式、活塞式和管式三类。柴油锤的冲击体是上下运动的汽缸,当汽缸下降打桩时,汽缸中空气受压,温度升高,在此同时将轻质柴油喷入汽缸燃烧,所形成的压

力将使汽缸上抛,然后汽缸再自由下落打击桩顶,如此反复,如图2-10所示。柴油锤重一般为2~150 kN,体积小,冲击能量大,打桩速度适中(40~80次/min),机动性强。适用于一般土层中打设各类桩。但打桩时振动大,噪声大,且不适宜在软土中打设。

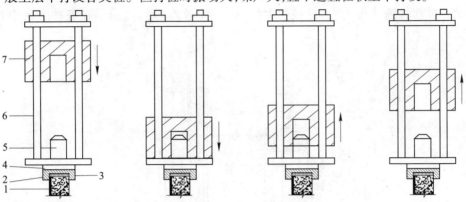

（a）汽缸自由下落　　（b）汽缸打击桩顶,喷油　　（c）柴油燃烧,汽缸上升　　（d）汽缸上抛

图2-10　柴油锤工作原理示意图

1-桩体;2-桩垫;3-桩帽;4-锤底;5-活塞(带喷油嘴);6-导杆;7-缸体

以上四种桩锤中,落锤打桩速度慢,生产效率低。单动汽锤和双动汽锤均属蒸汽锤,需配备空压机或锅炉,且需安装管道,生产准备时间较长,设备机动性差。而柴油锤一般自带机架,设备简单,机动性强,打桩速度较快。故柴油锤应用最普遍。

②桩架　桩架是打桩时用于起重和导向的设备,其作用是吊桩就位、起吊桩锤和支承桩身,在打桩过程中引导锤和桩的方向,移动桩位。桩架高度应为桩长、桩锤高度、桩帽厚度、滑轮组高度的总和,再加1~2 m作为吊桩锤时的伸缩余量。常见的桩架有滚筒式、多功能和履带式桩架三种。

滚筒式桩架:滚筒式桩架行走依靠两根钢滚筒在枕木上滚动,如图2-11所示。优点是结构简单、制作方便,但转动不灵活,操作人员多。

多功能桩架:多功能桩架机动性大,适应性强,在水平方向可作360°旋转,导杆能水平微调和前后倾斜打斜桩,底座下装有铁轮,可在轨道上行走,如图2-12所示。

履带式桩架:履带式桩架以普通履带式起重机为主机,增加导杆和斜撑组成,导杆由起重机吊起,两者应连接牢固,如图2-13所示。与多功能桩架相比,履带式桩架移位更灵活,目前应用最广泛。

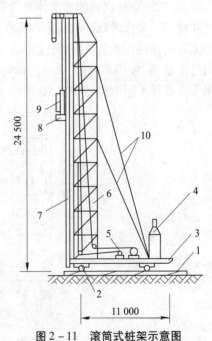

图2-11　滚筒式桩架示意图

1-枕木;2-滚筒;3-底座;4-锅炉;5-卷扬机;
6-桩架;7-龙门架;8-蒸汽锤;9-桩帽;10-牵绳

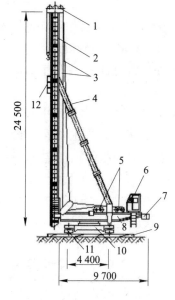

图 2 - 12　多功能桩架示意及实物图

1 - 顶部滑轮组;2 - 导杆;3 - 锤和桩起吊用钢丝绳;4 - 斜撑;5 - 锤和桩起吊用卷扬机;6 - 司机室;
7 - 配重;8 - 回转平台;9 - 枕木;10 - 底盘;11 - 钢轨道;12 - 桩锤和桩帽

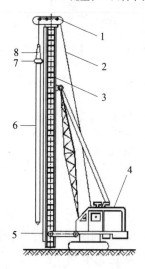

图 2 - 13　履带式桩架示意及实物图

1 - 顶部滑轮组;2 - 锤和桩起吊用钢丝绳;3 - 导杆;4 - 履带式起重机;5 - 龙门架;6 - 桩体;7 - 桩帽;8 - 桩锤

2)打桩前的准备工作

①场地准备　打桩前应查明场地工程地质和水文地质条件,清除现场妨碍施工的高空和地下障碍物,并平整场地。场地地基承载力必须满足桩机作业要求。若土质较软可在地表铺设碎石垫层,以提高地表强度。场地排水保持通畅。

②定位放线　根据桩基平面设计图,将桩基轴线和桩位准确测设在地面上。为控制桩的标高应在施工现场附近不受沉桩影响的地方设置水准点,作为水准测量之用。水准

点一般不超过2个。

③确定打桩顺序 打入法预制桩属挤土桩,桩对土体有横向挤密作用。先打入的桩可能因此产生偏移桩位,或被垂直挤出等现象;后打入的桩又难以达到设计标高。所以施打群桩前,应根据桩径、桩距等因素正确选择打桩顺序。常见的打桩顺序如图2-14所示。

当桩布置较密,即桩距$S \leqslant 4$倍的方桩边长或桩径d时,可采用自场地中间向两个方向或向四周对称施打的方法,如图2-14(a)和图2-14(b)所示。当桩布置较稀,即$S > 4d$时,打桩顺序对桩的打设影响不大,一般可采用从两侧同时向中间施打,或从一侧开始沿单一方向逐排施打,或分段施打等方法进行,如图2-14(c)(d)(e)所示。

若建筑场地一侧毗邻已有建筑物,应自毗邻建筑物一侧向另一方向施打。若桩的规格、承台埋深和桩长不同,则宜按先大后小、先深后浅、先长后短的顺序施打。

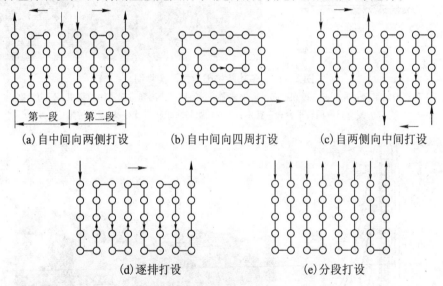

图2-14 打桩顺序示意图

3)沉桩工艺 沉桩工艺包括吊桩就位、打桩和接桩。

①吊桩就位 将打桩机移至设计桩位处,桩体运至桩架下,利用桩架上的起吊装置把桩吊成垂直状态,并送入桩架上的龙门导管内,扶正桩身,使桩尖准确对准桩位。桩就位后,在桩顶放上草垫、麻袋等,以形成弹性衬垫,然后在桩顶套上钢制桩帽。桩帽上放垫木,降下桩锤压住桩帽。在锤和桩的重力作用下,桩会沉入土中一定深度,待下沉稳定,再进行检验,以保证桩锤底面、桩帽和桩顶水平,桩锤、桩帽和桩身在同一直线上。

②打桩 打桩时应遵循"重锤低击"原则。打桩开始时,桩锤落距宜小,一般小于1 m,以便使桩能正常沉入土中,待桩入土一定深度,桩体不易发生偏移时,可适当增加桩锤落距,并逐渐提高到设计值,再连续锤击。

打入桩停止锤击的控制原则(或称沉桩深度的控制原则):摩擦桩以桩端设计标高为控制,贯入度(指平均每击桩的下沉量)为参考;端承桩以贯入度为控制,桩端标高为参考。当贯入度达到而标高未达到设计值时,应继续锤击 3 阵,按每阵 10 击的贯入度不大于设计规定值为准。施工控制贯入度应通过试验与有关单位会商确定。

需注意的是,建筑工程中的桩基多为低承台形式,承台需埋入地面一定深度,所以桩体一般均需打入地面以下。此时可采用送桩进行,送桩可用钢筋混凝土或钢材制作,长度应视桩顶标高而定。

③接桩　当设计桩长过长时,由于受桩架和运输机械限制,通常将桩分节预制,再逐节沉桩,再将各桩节间需连接起来。桩的连接方法有焊接、法兰连接和硫磺胶泥锚接三种,前两种适用于各类土层;而硫磺胶泥锚接则适用于软土层,且接头承载力较低。

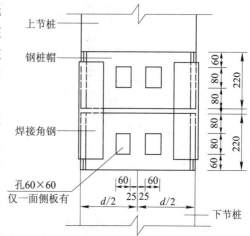

图 2 - 15　角钢绑焊接头构造示意图

焊接法接桩的节点构造如图 2 - 15 所示。当下节桩打至桩顶离地面 1 m 左右时,吊起上节桩开始接桩施工,上桩垂直对准下桩后,下落上节桩,经检查位置正确后,再在两对角处同时对称施焊,且应保证焊缝连续饱满。

法兰接桩法节点构造如图 2 - 16 所示。上下桩间通过法兰盘用螺栓连接起来,接桩速度快,一般由于预应力钢筋混凝土管桩。

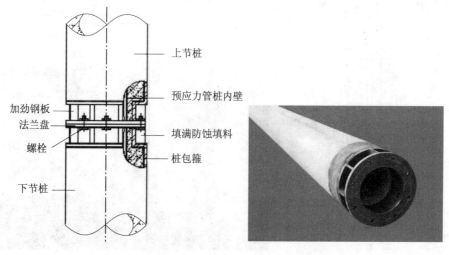

图 2 - 16　预应力管桩法兰接头构造示意及实物图

硫磺胶泥锚接法接桩节点构造如图 2 - 17 所示。上节桩下端伸出四根锚筋;下节桩顶上预留有四个锚筋孔,孔壁呈螺纹形,孔径为锚筋直径的 2.5 倍。而硫磺胶泥是一种热塑冷硬性胶结材料,由硫磺、水泥或石墨粉填充材料、砂和聚硫橡胶按一定比例配置而成。接桩时,先将上节桩对准下节桩,下落上节桩,使锚筋插入锚筋孔内,并结合紧密。再上提上节桩 200 mm,然后将熔化的硫磺胶泥注满锚筋孔内和接头平面上,上下节桩对接,待硫磺胶泥冷却后,停歇 17 min 以上,即可沉桩施工。

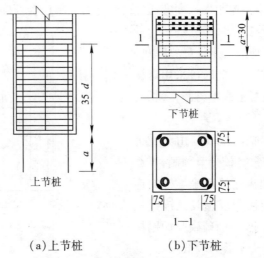

（a）上节桩　　　　　（b）下节桩

图 2 - 17　浆锚法接桩节点构造示意图

（2）静力压桩法　静力压桩是在软土地基上,利用机械（或液压）静力压桩机的自重及配重,产生无振动的静压力,将预制桩沉入土中的沉桩工艺。其优点是施工无噪声、无振动、无空气污染,且对桩身产生的应力小,可减少桩体钢筋用量,降低工程成本。缺点是只适用于软土地基,若软土中存在厚度大于 2 m 的中密以上砂层时,也不宜采用静力压桩法。

机械静力压桩机是通过安放在压桩机底盘上的卷扬机、钢丝绳和压梁,将整个桩机的重量反作用于桩顶,使桩克服入土阻力而下沉,见图 2 - 18。

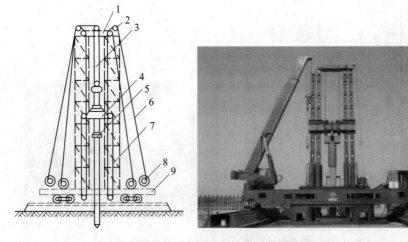

图 2 - 18　机械静力压桩机示意及实物图

1-桩架顶梁;2-导向滑轮;3-提升滑轮组;4-压梁;5-桩帽;6-钢丝绳;7-压桩滑轮组;8-卷扬机;9-底盘

液压静力压桩机由液压起重机、液压夹持和压桩机构、短船行走及回转机构、液压系统、电控系统及压重等部分组成。压桩时,先通过液压起重机将预制桩吊入液压夹持机构内调整桩垂直并夹紧,然后借助液压系统将夹持机构连同预制桩一起压入土中。静力压桩工艺流程:场地清理→测量定位→桩机就位→吊桩插桩→桩尖对中、调直→压桩→接桩

→再压桩→停止压桩→送桩或截桩。

（3）振动沉桩法　振动沉桩法是借助固定于桩头上的振动沉桩机产生高频振动，使桩周土体产生液化，从而减少桩侧与土体间摩阻力，再靠振动桩锤和桩体自重将桩沉入土中。

振动沉桩机由电动机、弹簧支承、偏心振动块和桩帽组成，如图 2-19 所示。振动桩锤内的偏心振动块分左右对称两组，其旋转速度相同，方向相反。工作时，偏心块旋转产生离心力的水平分力相互抵消，而垂直分力相互叠加，形成垂直方向上下振动力。由于桩头与振动桩锤通过桩帽刚性连接在一起，桩体亦沿垂直方向产生上下振动而沉桩。

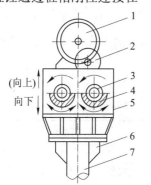

图 2-19　振动沉桩机

1-电动机；2-减速箱；3-转动轴；4-偏心块；5-箱体；6-桩帽；7-桩体

振动沉桩法适用于松砂、粉质黏土、黄土和软土，不宜用于岩石、砾石和密实的黏性土层，亦不适于打设斜桩。

（4）水冲沉桩法　水冲沉桩法，又称射水沉桩。通常与锤击（或振动）沉桩法联合使用。它借助安装于桩身底部的射水管，通过高压水泵产生高压水流冲刷桩尖下土壤，从而减少桩身与土间摩阻力，使桩体在自重或锤击作用下，沉入土中。见图 2-20。施工时，当桩体下沉到最后 1~2 m，应停止射水，并改用锤击打至设计标高。水冲沉桩法适用于砂土和碎石土层，不能用于粗卵石和极坚硬的黏性土层。

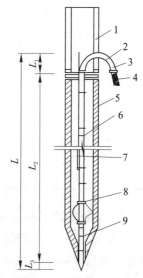

图 2-20　水冲沉桩示意图

1-送桩管；2-加强的圆钢；3-弯管；4-胶管；5-桩体；6-射水管；7-保险钢丝绳；8-导向环；9-挡砂板

2.2.1.5　钢管桩施工

钢桩材料强度高、承载力大，运输、截桩和接桩均很方便。虽耗钢量和成本高，仍被广泛使用。常见的钢桩有钢管桩、H 型钢桩和钢轨桩等，其中钢管桩使用普遍。

钢管桩一般由无缝钢管制成。为运输方便，分节长度通常≤15 m，若设计桩长过长需接桩时，宜用焊接的方法，焊接应对称进行，且应采用多层焊，各层焊缝接头应错开。钢管桩运输应防止桩体受撞击而损坏，钢管两端

应设保护圈。钢管桩堆放层数要求:$\phi900$放置三层;$\phi600$放置四层;$\phi400$放置五层。

钢管桩沉桩可采用锤击、振动、静力压桩和水冲等法。其施工工艺流程:钢桩制作→场地清理→测设桩位→桩机就位→吊桩插桩→桩尖对中、调直→压桩→接桩→再压桩→停止压桩→送桩或截桩→质量检验。

2.2.2　灌注桩施工

2.2.2.1　概述

混凝土灌注桩是直接在施工现场采用机械或人工等方法成孔,孔内放置钢筋笼(亦可不放置),再灌注混凝土所形成的桩基。根据成孔方法不同,一般分为钻孔灌注桩、沉管灌注桩和人工挖孔灌注桩三类。其中钻孔灌注桩又分为干作业成孔灌注桩和泥浆护壁成孔灌注桩。常见灌注桩成孔方法和适用范围见表2-4。

表2-4　常见灌注桩成孔方法和适用范围

类型		成孔方法	适用范围
钻孔灌注桩	干作业成孔	螺旋钻	地下水位以上的黏性土、粉土、填土、中等密实以上的砂土风化岩层
		钻孔扩底	
		机动洛阳铲(人工)	
	泥浆护壁成孔	冲抓	地下水位以下的碎石土、砂土、黏性土、粉土、强风化岩、软质与硬质岩
		冲击	地下水位以下的各类土层及风化岩、软质岩
		回转钻(正反循环)	地下水位以下的碎石类土、砂土、黏性土、粉土、强风化岩、软质与硬质岩
		潜水钻	地下水位以下的黏性土、粉土、淤泥、淤泥质土、砂土、强风化岩、软质岩
沉管灌注桩		锤击	黏性土、粉土、淤泥质土、砂土及填土
		振动	
人工挖孔灌注桩		人工成孔	同干作业成孔灌注桩

2.2.2.2　灌注桩施工准备与一般规定

(1)场地准备　灌注桩施工前应清除场地内地下构筑物,迁移高架电线和地下管线;桩基施工用的临时设施,如供水、供电、道路、排水、临时房屋等,必须在施工前准备就绪;施工场地应平整处理;基桩轴线的控制点和水准基点应设置在不受施工影响的地方。

(2)一般施工规定

1)成孔　成孔设备就位必须平正、稳固,确保在施工中不发生倾斜、移动。为准确控制成孔深度,在桩架或桩管上设置控制深度的标尺,以便施工中观测记录。

灌注桩成孔深度的控制标准与桩型有关。对于摩擦桩以设计桩长控制成孔深度;端承摩擦桩必须保证设计桩长及桩端进入持力层深度;锤击沉管法成孔时,桩管入土控制深度以桩端标高为主,以贯入度控制为辅。端承桩中,采用钻(冲)、挖掘成孔时,必须保证桩孔进入设计持力层;采用锤击沉管法成孔时,控制深度以贯入度为主,以设计标高为辅。

为核对地质条件,检验设备、工艺及技术要求的合理性,正式施工前宜进行试成孔。灌注桩成孔的允许偏差应满足有关要求。

2) 钢筋笼制作与安放　钢筋笼制作应符合下列要求:

钢筋经除锈、调直和下料后,先在加劲筋上布置好主筋间距,将主筋与加劲筋焊接,再焊接箍筋,形成笼体。为便于加工、吊桩和运输,钢筋笼制作长度不宜超过 8 m,否则应分段制作。两端钢筋笼连接宜采用焊接。

主筋净距必须大于混凝土石子粒径 3 倍以上。主筋不宜设弯钩;如需设置弯钩,则弯钩不得朝向圆心,以免妨碍导管施工。钢筋笼内径应比导管接头处外径大 100 mm 以上。

为防止钢筋笼在搬运、吊桩和安放时变形,可每隔 2.0 ~ 2.5 m 设置加劲筋一道,加劲筋宜设置在主筋外侧。

混凝土灌注桩钢筋笼质量检验标准应符合有关规定。

钢筋笼制作后,在运输、吊桩过程中,可沿轴线方向在钢筋笼外侧或内侧安设支柱,以防止钢筋扭曲变形。笼体吊放入孔时,应对准孔位垂直缓慢地放入,避免碰撞孔壁,钢筋笼就位后,应立即采取措施固定位置。钢筋笼主筋保护层厚度在允许偏差范围内。

3) 混凝土灌注　灌注桩混凝土强度等级不应低于设计要求。所用粗骨料最大粒径不宜大于 50 mm,并不得大于钢筋间距最小净距的 1/3;对于素混凝土桩,不得大于桩径的 1/4,并不宜大于 70 mm。细骨料应选用洁净的中、粗砂。混凝土坍落度,水下灌注时宜为 160 ~ 220 mm;干作业时宜为 70 ~ 100 mm。

混凝土灌注方法:水下灌注时宜采用导管法;孔内无水或渗水量很小时宜用串管法;孔内无水或孔内虽有水,但能疏干时宜用短护筒直接投料法;大直径桩宜用混凝土泵送。

为控制灌注质量桩身混凝土必须留有试块,直径大于 1 m 的桩,每根桩应有 1 组试块,且每个浇注台班不得少于 1 组,每组 3 件。混凝土灌注充盈系数(桩身实际灌注混凝土体积与按设计桩身计算体积之比)必须大于 1。灌注后桩顶标高应适当超过桩顶设计标高。

2.2.2.3　干作业成孔灌注桩

干作业成孔灌注桩是在地下水位以上干土层中钻孔后形成的灌注桩。成孔用机械主要有螺旋钻孔机和机动洛阳铲挖孔机,在此主要介绍螺旋钻孔机。

(1) 螺旋钻孔机　螺旋钻孔机由动力箱(内设电动机)、滑轮组、螺旋钻杆、龙门导架及钻头等组成,如图 2-21 所示。常用钻头类型有平底钻头、耙式钻头、筒式钻头和锥底钻头四种,如图 2-22 所示。钻头适用条件见表 2-5。

钻机工作原理是动力箱带动螺旋钻杆旋转,钻头向下切削土层,切下的土块自动沿钻杆上的螺旋叶片上升,土块涌出孔外后成孔。

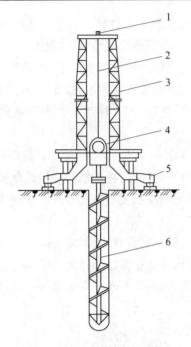

图 2-21　螺旋钻孔机示意图

1-导向滑轮；2-钢丝绳；3-龙门导架；4-动力箱；

5-千斤顶支腿；6-螺旋钻杆

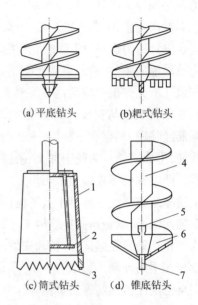

(a)平底钻头　　(b)耙式钻头

(c)筒式钻头　　(d)锥底钻头

图 2-22　钻头类型示意图

1-筒体；2-推土盘；3-八角硬质合金钻头；

4-螺旋钻杆；5-钻头接头；6-切削刀；7-导向尖

表 2-5　钻头适用条件

钻头类型	平底钻头	耙式钻头	筒式钻头	锥底钻头
适用条件	松散土层	杂填土	黏性土	钻混凝土、石块等硬物

（2）干作业成孔灌注桩施工

1）施工程序　场地清理→测设桩位→钻机就位→取土成孔→成孔质量检校→清除孔底沉渣→安放钢筋笼→安置孔口护孔漏斗→浇筑混凝土→拔出漏斗成桩。

2）施工质量控制　钻杆应保持垂直稳固，位置正确，防止因钻杆晃动引起扩大孔径；钻进速度应根据电流值变化，及时调整；钻进过程中，应随时注意清理孔口积土，遇到地下水、塌孔、缩孔等异常情况时，应及时处理；成孔达到设计深度后，孔口应予以保护，并按相关规定验收；浇筑混凝土前，应先放置孔口护孔漏斗，随后放置钢筋笼并测量孔内虚土厚度。浇筑混凝土时，应随浇随振动，每次浇筑高度应≤1.5 m。

2.2.2.4　泥浆护壁成孔灌注桩

（1）施工程序　泥浆护壁成孔灌注桩是钻孔过程中，为防止孔壁坍塌，在孔内注入泥浆进行护壁；孔内土屑与护壁泥浆混合后，通过泥浆循环流动被携带出孔外；钻孔达到设计深度后，清除孔底泥渣，然后安放钢筋笼，在泥浆下灌注混凝土而成桩。

其施工程序：场地清理→测设桩位→埋设护筒→桩机就位→设置泥浆池制备泥浆→钻机成孔→泥浆循环流动清渣→清孔→安放钢筋笼→灌注水下混凝土→拔出护筒。

（2）埋设护筒　护筒是埋置在钻孔口处的圆筒，一般用 4～8 mm 厚钢板制作，其内径应大于钻头直径。回转钻机成孔时，宜大于 100 mm；冲击钻机成孔时，宜大于 200 mm，以便钻头升降。护筒的作用是保证钻机沿桩位垂直方向工作；提高孔内泥浆水位高度，以防塌孔，保护孔口。

护筒埋设位置应准确、稳定，护筒中心与桩位中心偏差不得大于 50 mm；护筒顶部宜开设 1～2 个溢浆孔，以便多余泥浆溢出流回泥浆池；护筒埋置深度在黏性土中不宜小于 1.0 m，砂土中不宜小于 1.5 m，为保证筒内泥浆面水头，护筒顶应露出地面 0.4～0.6 m；为平衡地下水对孔壁产生的侧压力，护筒内泥浆面应高出地下水位面 1.0 m 以上，在受水位涨落影响时，泥浆面应高出地下水位面 1.5 m 以上。泥浆比重应控制在 1.1～1.15。如图 2-23 所示。

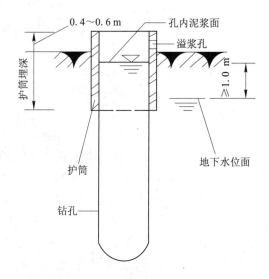

图 2-23　护筒埋设示意图

（3）泥浆制备　制备泥浆可采用两种方法：黏性土中成孔时，可于孔中直接注入清水，钻机钻削下来的土屑与清水混合后，即可自行造浆；其他土层中成孔时，应以高塑性黏土或膨胀土为原料，在桩孔外泥浆池中制备泥浆。

泥浆的作用是将孔内不同深度土层中的孔隙渗填密实，使孔内漏水减少到最低程度，保持孔内维持较稳定的液体压力，以防塌孔。泥浆循环排土时，还起着携渣、冷却和润滑钻头、减少钻进阻力的作用。

（4）成孔及成孔质量控制　泥浆护壁成孔灌注桩有潜水钻机成孔、回转钻机成孔、冲击钻机成孔和冲抓钻机成孔等多种方式，在此主要介绍潜水钻机成孔和冲击钻机成孔。

1）潜水钻机成孔　潜水钻机由潜水电钻、钻头、钻杆、桩架、卷扬机等组成，如图 2-24 所示。潜水钻机是将防水电机和齿轮减速器安装在具有绝缘及密封装置的钢制外壳内与钻头连接，可同时潜入水下作业。常用钻头形式为笼式钻头（图 2-25），当遇孤石或旧基础钻进时，可用筒式钻头［如图 2-22（c）］。

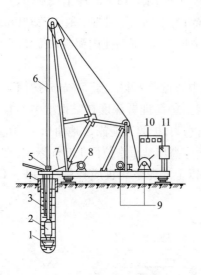

图2-24 潜水钻机示意图

1-钻头;2-潜水电钻;3-水管;4-护筒;5-支点;

6-钻杆;7-电缆线;8-电缆盘;9-卷扬机;

10-电流电压表;11-启动开关

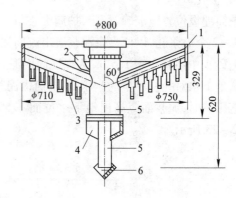

图2-25 笼式钻头(φ800,潜水钻用)

1-护圈;2-钩爪;3-腋爪;4-小爪;5-岩芯管;6-钻尖

潜水钻机成孔是利用潜水钻机潜进注有护壁泥浆的孔内,钻削下的土屑通过泥浆循环流动,被带出孔外而成孔。钻进时,将钻具通过钻杆连接,借助卷扬机吊起钻具对准护筒中心,钻具下放至土面后,先开始空转,待注入护壁泥浆后,再向下钻进成孔。钻削下的土屑混合入护壁泥浆后,通过泥浆循环流动被带出孔外。泥浆循环流动方式有正循环和反循环。

①正循环排泥法 如图2-26(a)所示,当设在泥浆池中的泥浆泵将泥浆和清水从位于钻机中心的送水管射向钻头后,下放钻杆至土面钻进,钻削下的土屑被钻头切碎,与泥浆混合在一起,待钻至设计深度后,潜水电钻停转,但泥浆泵仍继续工作。泥浆携带土屑不断溢出孔外,流入沉淀池,土屑沉淀后,多余泥浆再溢向泥浆池,形成排泥正循环过程。孔内泥浆比重达到1.1~1.15后,方可停泵提升钻机,然后钻机迅速移位,再进行下道工序。

②反循环排泥法 如图2-26(b)所示,排泥浆用砂石泵与潜水电钻连接。钻进时先向孔中注入泥浆并钻孔;当钻杆下降至砂石泵以下时,启动砂石泵,将钻削下的土屑通过排渣管排至沉淀池;土屑沉淀后,多余泥浆溢入泥浆池,形成排渣反循环。

钻机钻孔至设计深度后,即可关闭潜水电钻,但砂石泵仍需继续排渣,直至孔内泥浆比重达到1.1~1.15为止。与正循环排渣法相比,反循环排渣法无须借助钻头将土屑切碎搅拌成泥浆,而直接通过砂石泵排出,所以钻孔效率更高。对孔深大于30 m的端承型桩,宜采用反循环排渣法。

2)冲击钻机成孔 冲击钻机成孔是将带刃口的重型钻头提升到一定高度,然后使其自由下落,通过下落的冲击力来破碎岩层或冲挤土层,再排出泥渣成孔,如图2-27所示。

冲击钻机成孔时,应低锤密击。如表土为淤泥、细砂等软弱土层,可铺加黏土块夹小片石反复冲击造壁;孔内泥浆面应保持稳定,且每钻进4~5 m深度应验孔一次。 进入基

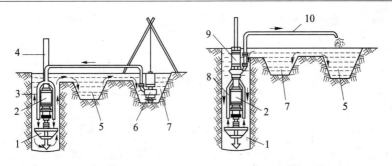

（a）正循环排渣　　　　　（b）反循环排渣

图 2 - 26　循环排渣方式

1 - 钻头；2 - 潜水电钻；3 - 送水管；4 - 钻杆；5 - 沉淀池；6 - 潜水泥浆泵；

7 - 泥浆池；8 - 抽渣管；9 - 砂石泵；10 - 排渣胶管

岩后，应低锤冲击或间断冲击，如发现偏孔应回填片石至偏孔上方 300～500 mm 处，然后重新冲孔，每钻进 100～500 mm 应清孔取样一次。

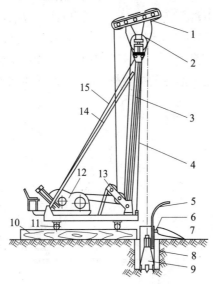

图 2 - 27　冲击钻机示意图

1 - 副滑轮；2 - 主滑轮；3 - 主杆；4 - 前拉索；5 - 供浆管；6 - 溢流口；7 - 泥浆渡槽；8 - 护筒回填土；

9 - 钻头；10 - 垫木；11 - 钢管；12 - 卷扬机；13 - 导向轮；14 - 斜撑；15 - 后拉索

　　冲击成孔钻机在不同土层、岩层中钻进时，冲击能量（冲程）和泥浆的选用应符合表 2 - 6 的规定。

　　（5）清孔　当钻孔达到设计深度后，应及时进行孔底清理。清孔目的是清除孔底沉渣和淤泥，控制循环泥浆比重，为水下混凝土灌注创造条件。

　　清孔时，对利用黏性土自行造浆的钻孔，当钻孔达到设计深度后，可使钻机空转不钻进，同时射水，待孔底沉渣磨成泥浆后，再通过泥浆循环流动排出孔外；对在孔外泥浆池中制备泥浆的钻孔，宜采用泥浆循环清孔。清孔后，孔底 500 mm 以内泥浆比重应 <1.25，含砂率≤8%。孔底残留沉渣厚度应符合下列规定：端承桩≤50 mm；摩擦端承桩、端承摩

擦桩≤100 mm;摩擦桩≤300 mm。清孔符合要求后,应立即吊放钢筋笼,随即灌注混凝土。

表2-6 冲击成孔冲程和泥浆选用表

适用土层	冲程和泥浆的选用
在护筒刃脚以下2 m以内	小冲程1 m左右,泥浆比重1.2~1.5,软弱层投入黏性土块夹小片石
黏性土层	中、小冲程1~2 m,泵入清水或稀泥浆,经常清理钻头上的泥块
粉砂或中粗砂层	中冲程2~3 m,泥浆比重为1.2~1.5,投入黏性块,勤冲勤出渣
砂卵石层	中、高冲程2~4 m,泥浆比重1.3左右,勤出渣
软弱土层或塌孔回填重钻	小冲程反复冲击,加黏土块夹小片石,泥浆比重1.3作用,勤出渣

(6)灌注水下混凝土 泥浆护壁成孔灌注桩混凝土灌注是在泥浆中进行的,故亦称水下混凝土灌注。

1)混凝土配合比 水下混凝土必须具备良好和易性,配合比宜通过试验确定,坍落度应控制在180~220 mm。其中,水泥用量应≥360 kg/m^3,粗骨料最大粒径应<40 mm,细骨料宜采用中粗砂。为改善和易性,延长凝固时间,可掺入减水剂和缓凝剂等外加剂。

2)主要机具 水下混凝土灌注的主要机具有导管、漏斗和隔水栓,如图2-28所示。

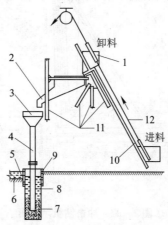

图2-28 水下混凝土灌注示意图
1-进料斗;2-贮料斗;3-漏斗;4-导管;5-护筒溢浆孔;6-泥浆池;7-混凝土;
8-泥浆;9-护筒;10-滑道;11-桩架;12-进料斗上行轨迹

灌注混凝土用导管一般由无缝钢管制成,壁厚≥3 mm,直径宜为200~250 mm。导管的分节长度视工艺要求确定,底管长度不宜小于4 m,导管接头宜采用双螺纹方扣快速接头,要求连接紧密,不得漏浆、漏水。导管上方一般设有漏斗,漏斗可用钢板制成。隔水栓为设在导管内阻隔泥浆和混凝土直接接触的构件。隔水栓常用混凝土制作,呈圆柱形,直径比导管内径小20 mm,高度比直径大50 mm,顶部采用橡胶垫圈密封,如图2-29所示。

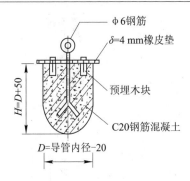

图2-29 混凝土隔水栓示意图

3）混凝土灌注 混凝土灌注前，将导管吊入桩孔内，导管顶部应高出泥浆面，且在顶部连接漏斗；导管底部距孔底 0.3～0.5 m，管内安设隔水栓，通过细钢丝悬吊在导管下口。灌注混凝土时，在漏斗中应贮有足够数量的混凝土，剪断隔水栓提吊钢丝，混凝土在自重作用下同隔水栓一起冲出导管下口，并将导管底部埋入混凝土内，埋入深度应控制在 0.8 m 以上。然后连续灌注混凝土，并不断提升导管和拆除导管，提升速度不宜过快，应保证导管底部位在混凝土面以下 2～6 m，以免断桩。当灌注接近桩顶部位时，应控制最后一次灌注量，使得桩顶灌注标高高出设计标高 0.5～0.8 m，以满足凿除桩顶部泛浆层后，桩顶标高仍能达到设计要求。

2.2.2.5 沉管灌注桩

沉管灌注桩按施工方法分为锤击沉管灌注桩和振动沉管灌注桩两种。沉管灌注桩是利用锤击打桩法或振动打桩法，将带有活瓣桩尖或预制混凝土桩尖的钢管沉入土中，管内放入钢筋笼（亦可不放），然后边灌注混凝土边锤击或振动拔管而成。施工程序：桩机就位→沉入钢管→放钢筋笼→灌注混凝土→拔出钢管成桩。

（1）锤击沉管灌注桩

1）施工机械设备 锤击沉管灌注桩成孔是利用落锤、蒸汽锤或柴油锤将钢管打入土中成孔。其施工机械设备由桩架、由无缝钢管制成的桩管、桩锤、活瓣桩尖或预制钢筋混凝土桩尖组成。如图2-30所示。

2）施工工艺 先将桩机就位，利用卷扬机吊起桩管；垂直套入预先埋设在桩位上的预制桩尖（采用活瓣桩尖时，需将活瓣合拢），预制桩尖与桩管接口处应垫以稻草绳或麻绳垫圈，以防地下水渗入桩管；借助桩管自重将桩尖垂直压入土中一定深度；检查桩管、桩锤和桩架是否处于同一垂线上，在桩管垂直度偏差≤5%后，即可在桩管顶部安设桩帽，起锤沉管。锤击时，先宜低锤轻击，观察桩管无偏差后，方可正式施打，直至将桩管沉至设计标高或要求的贯入度。桩管沉至设计标高后，应先检查桩管内有无泥浆和水进入，并确保桩尖未被桩管卡住，然后立即灌注混凝土。锤击沉管灌注桩施工方法一般有单打法和复打法。

①单打法 桩身配置钢筋时，第一次灌注混凝土应浇至钢筋笼底标高处，随后放置钢筋笼灌注混凝土。当混凝土灌满桩管后，即可上拔桩管，一边拔管，一边锤击混凝土。拔管速度应均匀，对一般土层以 1 m/min 为宜；在软弱土层和软硬土层交界处宜控制在 0.3～0.8 m/min。桩锤击打频率，对单动汽锤应≥50 次/min，落锤应≥40 次/min。拔管

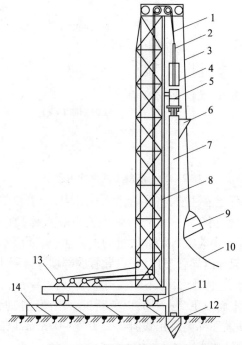

图 2-30 锤击沉管灌注桩机

1-桩锤钢丝绳;2-滑轮组;3-吊斗钢丝绳;4-桩锤;5-桩帽;6-混凝土漏斗;7-桩管;
8-桩架;9-混凝土吊斗;10-回绳;11-行驶钢管;12-桩尖;13-卷扬机;14-枕木

过程中,应继续向桩管内灌注混凝土,保持管内混凝土量略高于地面,直至桩管全部拔出地面为止。

②复打法 单打法沉管灌注桩有时易出现颈缩和断桩现象。颈缩是指桩身受土侧向挤压,致使桩身截面缩小;断桩常见于地面下 1~3 m 内软硬土层交界处,系由打邻桩使土侧向外挤造成。为保证成桩质量,常采用复打法扩大桩径,提高桩的承载力。

复打法是在单打法施工完毕拔出桩管后,清除桩管外壁上和桩孔周围的泥土,立即在原桩位上再次埋设桩尖,进行第二次沉管,使第一次灌注的混凝土向四周挤压扩大桩径,然后灌注混凝土,拔管成桩。施工中应注意前后两次沉管轴线应重合,复打施工必须在第一次灌注的混凝土初凝之前完成。

3)质量控制 桩中心距小于 4 倍桩径的群桩,应提出保证相邻桩质量的技术措施。预制桩尖加工质量和埋设位置应相符设计要求,桩管和桩尖间有良好的密封性。混凝土灌注充盈系数应≥1.0;对充盈系数小于 1.0 的桩,宜全长复打,对可能的断桩和颈缩桩采用局部复打。成桩后桩身混凝土顶面标高应≥500 mm。全长复打桩的入土深度宜接近原桩长,局部复打深度应超过断桩或颈缩区 1 m 以上。桩身配有钢筋时,混凝土坍落度宜为 80~100 mm,素混凝土坍落度宜为 60~80 mm。

(2)振动沉管灌注桩

1)施工机械设备 振动沉管灌注桩是采用激振器或振动冲击锤将桩管沉入土中成孔而成的灌注桩。其施工机械设备如图 2-31 所示。

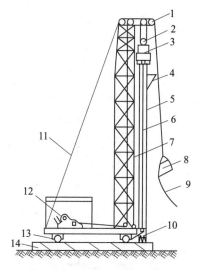

图 2 - 31　振动沉管灌注桩机

1 - 导向滑轮;2 - 滑轮组;3 - 激振器;4 - 混凝土漏斗;5 - 桩管;6 - 加压钢丝绳;7 - 桩架;
8 - 混凝土料斗;9 - 回绳;10 - 桩尖;11 - 缆风绳;12 - 卷扬机;13 - 钢管;14 - 枕木

2)施工方法　振动沉管灌注桩施工方法有单振法、反插法和复振法三种。

①单振法　单振法施工宜采用预制桩尖,施工方法与锤击沉管灌注桩单打法基本相同。施工时,先将振动桩机就位,埋设好桩尖,起吊桩管并缓慢下沉,利用桩管自重将桩尖压入土中,当桩管垂直度偏差经检验≤5%后,即可启动激振器沉管。桩管沉至设计深度后,便停止振动,立即灌注混凝土,混凝土灌注需连续进行。当混凝土灌满桩管时,先启动激振器 5 ~ 10 s,然后开始拔管,应边振动边拔管。拔管速度一般土层中宜为 1.2 ~ 1.5 m/min,软弱土层中宜控制在 0.6 ~ 0.8 m/min。拔管过程中,每拔起 0.5 ~ 1.0 m,应停 5 ~ 10 s,但保持振动,如此反复进行,直至桩管全部拔出地面为止。

②反插法　反插法施工的沉管方法与单振法相同,在桩管灌满混凝土后,亦应先振动后拔管,但拔管速度应小于 0.5 m/min,且每拔起 0.5 ~ 1.0 m,需向下反插 0.3 ~ 0.5 m,拔管过程中,应分段添加混凝土,保持管内混凝土面始终不低于地面或高于地下水位 1.0 ~ 1.5 m 以上,如此反复进行,直至桩管全部拔出地面成桩。

③复振法　复振法与锤击沉管灌注桩的复打法相同。

振动沉管灌注桩的质量控制方法亦与锤击沉管灌注桩相同。

2.2.2.6　人工挖孔桩施工

人工挖孔灌注桩是在设计桩位处采用人工挖掘方法进行成孔,然后安放钢筋笼、灌注混凝土所形成的桩。其施工特点:设备简单;成孔作业时无噪声和振动,无挤土现象;施工速度快,可同时开挖若干个桩孔;挖孔时,可直接观察土层变化情况,孔底沉渣清除彻底,施工质量可靠。但施工时人工消耗量大,安全操作条件差。

人工挖孔灌注桩构造如图 2 - 32 所示。通常桩内径 $d \geqslant 800$ mm,以便人工挖土。桩底扩大端尺寸应满足 $D \leqslant 3d, \dfrac{D-d}{2}:h = 0.33 \sim 0.5, h_1 \geqslant (D-d)/4, h_2 = (0.10 \sim 0.15)D$ 的要求。

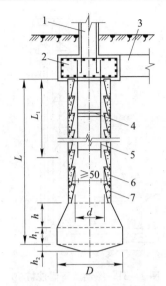

图 2-32　人工挖孔桩构造图

1-柱;2-承台;3-地梁;4-箍筋;5-主筋;6-护壁;7-护壁插筋;L_1-钢筋笼长度;L-桩长

（1）施工机具　人工挖孔灌注桩施工机具比较简单,主要有以下工具。

1）挖土工具　铁锹、镐、钢钎和铁锤;当挖掘岩石时,还应配备风镐、风钻和爆破材料。

2）出土工具　电动葫芦或手摇辘轳、提土桶及三脚支架。

3）降水工具　潜水泵,用于抽出桩孔内积水。

4）通风工具　鼓风机及输风管,用于向桩孔中输送新鲜空气。

此外还应配有照明灯、对讲机、电铃及护壁模板等。

（2）施工工艺　人工挖孔灌注桩施工时,为确保挖孔安全,必须采取支护措施防止土壁坍塌。支护方法有现浇混凝土护壁、喷射混凝土护壁、砖护壁和钢套管护壁等多种。下面以应用较广的现浇混凝土护壁为例,介绍人工挖孔灌注桩的施工工艺。

1）按设计图纸测设桩位、放线。

2）开挖桩孔土方。采取人工分段开挖的形式,每段高度取决于土壁保持直立状态而不坍塌的能力,一般取 0.5～1 m 为一施工段,开挖直径为设计桩芯直径 d 加 2 倍护壁厚度。现浇混凝土护壁厚度一般应 $\geq (\dfrac{d}{10}+5)$ cm,且有 1:0.1 的坡度。

3）支设护壁模板。模板高度取决于开挖桩孔土方施工段高度,一般为 1 m,由 4～8 块活动模板组合而成。

4）在模板顶部安设操作平台。平台可用角钢和钢板制成的两个半圆形合在一起形成,其置于护壁模板顶部,用以临时放置料具和浇注护壁混凝土。

5）浇筑护壁混凝土。护壁混凝土起着防止孔壁坍塌和防水的双重作用,所以混凝土应捣实。通常第一节护壁顶面应比场地高出 150～200 mm,壁厚上端比下端宽 100～150 mm。上下节护壁的搭接长度应 ≥ 50 mm。

6）拆除模板,下段施工。护壁混凝土在常温下经 24 h 养护（强度达到 1.0 MPa）后,

可拆除模板,开挖下一段桩孔土方。开挖过程中,应保证桩孔中心线平面位置偏差≤20 mm,偏差由吊放锤球等方法检验;合格后再支设模板,浇筑混凝土,如此反复进行。桩孔挖至设计深度后,还应检查孔底土质是否符合设计要求,然后将孔底挖成扩大头,清除孔底沉渣。

7)吊放钢筋笼、浇筑桩身混凝土。桩孔内渗水量不大时,应用潜水泵抽取孔内积水,然后浇筑混凝土,混凝土宜通过溜槽下落,在高度超过 3 m 时,应用串筒,串筒末端离孔底高度不宜大于 2 m。若桩孔内渗水量过大,积水不易排干,则应用导管法浇筑水下混凝土。当混凝土灌至钢筋笼底部设计标高后,开始吊放钢筋笼,再继续浇筑桩身混凝土而成桩。

2.2.3　灌注桩检测与验收

2.2.3.1　成孔垂直度检测

成孔垂直度检测一般采用钻杆测斜法、测锤(球)法及测斜仪等方法。

钻杆测斜法是将带有钻头的钻杆放入孔内到底,在孔口处的钻杆上装一个与孔径或护筒内径一致的导向环,使钻杆保持在桩孔中心线位置上;然后将带有扶正圈的钻孔测斜仪下入钻杆内,分点测斜,检查桩孔偏斜情况。

测锤法是在孔口沿钻孔直径方向设标尺,标尺中点与桩孔中心吻合,将锤球系于测绳上,量出滑轮到标尺中心距离。将球慢慢送入孔底,待测绳静止不动后,读出测绳在标尺上的偏距,由此求出孔斜值。该法精度较低。

2.2.3.2　孔径检测

孔径检测一般采用声波孔壁测定仪及伞形、球形孔径仪和摄影(像)法等测定。

(1)声波孔壁测定仪　声波孔壁测定仪可以用来检测成孔形状和垂直度。测定仪由声波发生器、发射和接收探头、放大器、记录仪和提升机构组成。

声波发生器主要部件是振荡器,振荡器产生一定频率的电脉冲经放大后由发射探头转换为声波,多数仪器振荡频率是可调的,取得各种频率的声波以满足不同检测要求。

图 2-33 是声波孔壁测定仪检测装置,把探头固定在方形钢制底盘的四个角上,通过两个定滑轮、钢丝绳和提升机构连接,设置两个定滑轮是为了测定仪在下降或提升过程中不会扭转,稳定探头方位。

测定仪的 8 个探头安装在底盘 4 个角(发射探头和接收探头各一个),可以同时测定正交两个方向形状。

放大器把接收探头传来的电信号进行放大、整形和显示,也可以与计算机连接把信号输入计算机进行分析或计算处理,或者波形通过记录仪绘图,测得不同深度时孔径值和垂直度。

探头由无级变速电动卷扬机提升或下降,它和热敏刻痕记录仪的走纸速度是同步的,或成比例调节,所以探头每提升或下降一次,可自动在记录纸上连续绘出孔壁形状和垂直度(图 2-34),当探头上升到孔口或下降到孔底都设有自动停机装置,防止电缆和钢丝绳被拉断。

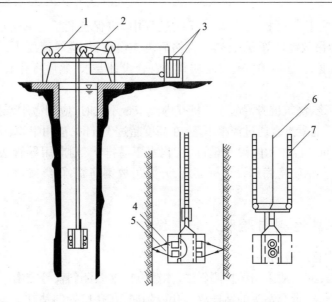

图 2 - 33 声波孔壁测定仪
1-电机;2-走纸速度控制器;3-记录仪;4-发射探头;5-接收探头;6-电缆;7-钢丝绳

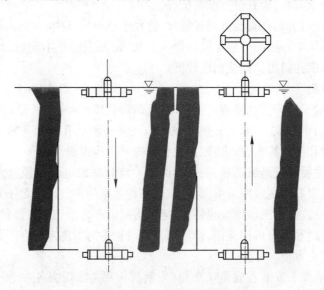

图 2 - 34 孔壁形状和偏斜

（2）井径仪　井径仪由测头、放大器和记录仪三部分组成[图 2 - 33(b)]，它可以检测深数百米的孔径，当把测量腿加大后，最大可检测直径 1.2 m。

测头是机械式[图 2 - 35(a)]，当测头放入测孔之前，四条测腿合拢并用弹簧锁住，测头放入孔内，靠测头本身自重往孔底一墩，四条腿像自动伞一样立刻张开，测头往上提升时，由于弹簧力作用，腿端部紧贴孔壁，随着孔壁凹凸不平状态相应张开或收拢，带动密封筒内的活塞杆上下移动，从而使四组串联滑动电阻滑动，把电阻变化变为电压变化，信号经放大后，用数字显示或记录仪记录，显示电压值和孔径的变化。当用静电影响记录仪记录时,可自动绘出孔壁形状。

　　井径仪四条腿靠弹簧弹力张开,如孔壁是软弱土层,应注意腿端易嵌入土壁而引起误差。

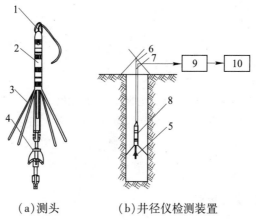

（a）测头　　　　　（b）井径仪检测装置

图 2 – 35　井径仪

1 – 电缆;2 – 密封筒;3 – 测腿;4 – 锁腿装置;5 – 测头;

6 – 三脚架;7 – 钢丝绳;8 – 电缆;9 – 放大器;10 – 记录仪

2.2.3.3　孔底沉渣厚度检测

　　对于泥浆护壁成孔灌注桩,假如灌注混凝土之前,孔底沉渣太厚,不仅会影响桩端承载力的正常发挥,而且也会影响桩侧阻力的正常发挥,从而大大降低桩的承载能力。因此,《建筑桩基技术规范》(JCJ 94—2008)规定,泥浆护壁成孔灌注桩在浇注混凝土前,孔底沉渣厚度应满足:端承型桩≤50 mm;摩擦型桩≤100 mm;抗拔、抗水平力桩≤300 mm。

　　目前孔底沉渣厚度测定方法还不够成熟,以下介绍几种工程中使用的方法。

　　(1)垂球法　垂球法为工程中最常用的简单测定孔底沉渣厚度的方法。一般采用质量为 1 ~ 3 kg 的垂球系上测绳,把球慢慢沉入孔内,凭手感判断沉渣顶面位置,其施工孔深和量测孔深之差即为沉渣厚度。测量要求每次测定后须立即复核测绳长度,以消除垂球或浸水引起的测绳伸缩产生的测量误差。

　　(2)电容法　电容法沉渣测定原理是当金属两极板间距和尺寸固定不变时,其电容量与介质的电解率呈正比关系,水、泥浆和沉渣等介质的电解率有较明显差异,从而由电解率的变化量测定沉渣厚度。

　　仪器由测头、放大器、蜂鸣器和电机驱动源等组成(图 2 – 36)。测头装有电容极板和小型电机,电机带动偏心轮可产生水平振动。一旦测头极板接触到沉渣表面,蜂鸣器发出响声,同时面板上的红灯亮。当依靠测头自重不能继续下沉时,可开启电机使水平激振器产生振动,使测头沉入更深部位。沉渣厚度为施工孔深和电容突然减小时的孔深之差。

　　(3)声呐法　声呐法测定沉渣厚度的原理是以声波在传播中遇到不同界面产生反射而制成的测定仪。同一个测头具有发射和接收声波的功能,声波遇到沉渣表面时,部分声波被反射回来由接收探头接收,发射到接收的时间差为 t_1,部分声波穿过沉渣厚度直达孔底原状土后产生第二次反射,得到第二个反射时间差 t_2,则沉渣厚度为

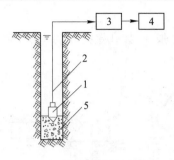

图 2-36 电容法沉渣测定仪
1-测头;2-电缆;3-驱动电源;4-指示器;5-沉渣

$$H = \frac{t_2 - t_1}{2}C \tag{2-1}$$

式中　H——沉渣厚度,m;

　　　　C——沉渣声波波速,m/s;

　　　　t_1、t_2——时间,s。

2.2.3.4 桩基础检验

桩基础施工结束后,必须进行承载力和质量检测。通常情况下进行单桩承载力和桩身完整性抽样检测。

(1)单桩承载力检测　单桩承载力检测按桩的受力可分为单桩竖向抗压静载试验和单桩竖向抗拔静载试验。按检测方法可分为静载法和高应变法。

静载法是在桩顶部逐级施加竖向压力、上拔力或水平推力,观测桩随时间产生的沉降、上拔位移或水平位移,以确定单桩竖向抗压承载力、单桩竖向抗拔承载力或单桩水平承载力的试验方法。一般工程中仅进行抗压静载试验。测试方法见图 2-37。

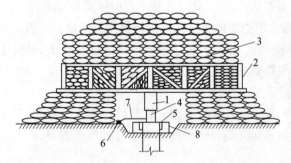

图 2-37 单桩竖向承载力静载试验
1-主梁;2-堆架;3-砂包堆重;4-千斤顶;5,6,7,8-荷载与位移测试系统

高应变法是用瞬态激振,使桩土发生相对迁移,利用波动理论揭示桩土体系在接近极限阶段时的工作性能,评价桩身质量,分析桩的极限承载力。测试方法见图 2-38。

(2)桩身完整性检测　桩身完整性检测通常采用低应变法。低应变法是利用低能量的瞬态或稳态激振,使桩在弹性范围内做低幅振动,利用振动和波动理论判断桩身缺陷。测试方法见图 2-39。

高应变法与低应变法的根本区别在于高应变法考虑了桩周围土的弹塑性响应,而低

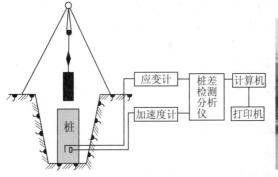

图 2 – 38　桩基高应变法试验

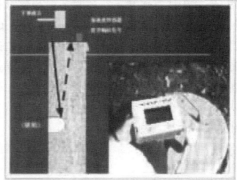

图 2 – 39　桩基低应变法试验

应变法仅使桩周围土完全处于弹性范围内。直接测定桩的极限承载力,一般必须具备桩与周围土之间产生足够的相对位移这一条件,从而可以获知桩在工程中所具备的安全度。据此观点高应变法可以直接测定桩的极限承载力,而低应变法是测不到桩的极限承载力。

桩基检查数量可根据《建筑基桩检测技术规范》(JGJ 106—2014)进行检测。

复习思考题

1.地基处理的目的是什么?

2.地基处理方法一般有哪几种? 各有什么特点?

3.简述地基局部处理与加固的原则和方法。

4.简述换填法的材料要求及施工要点。

5.简述灰土垫层的适用情况与施工要点。

6.简述砂石垫层的适用情况与施工要点。

7.简述强夯的地基加固机制与施工要点。

8.简述挤密桩的构造要求及施工要点。

9. 钢筋混凝土预制桩在制作、起吊、运输和堆放过程中各有什么要求?

10. 摩擦型桩和端承型桩受力上有何区别? 施工中应如何控制施工标高?

11. 应用最广泛的桩锤是哪种? 打桩的桩锤选用条件是什么?

12. 打桩顺序有哪些? 如何确定打桩顺序?

13. 接桩方法有哪些? 各适用于什么情况?

14. 简述灌注桩的施工方法。

15. 简述正循环、反循环钻孔灌注桩的应用条件?

16. 套管成孔灌注桩的成孔方法有哪些?

17. 打桩对周围环境有什么影响? 如何防止?

18. 预制桩和灌注桩各有什么优缺点?

19. 静力压桩有何特点? 适用范围如何? 施工时应注意哪些问题?

20. 泥浆护壁灌注桩中,泥浆的作用是什么?

21. 灌注桩施工时护筒的作用是什么? 埋设时有哪些要求?

22. 人工挖孔桩有什么特点? 施工中应注意哪些问题?

23. 灌注桩基础检测包括哪方面内容? 如何进行检测?

第 3 章　砌筑工程

3.1　砌筑工程基本知识

砌筑工程已有悠久的应用历史,随着建筑材料和结构的变化,通过施工创新仍在普遍应用。砌筑工程是由砂浆制备、搭设脚手架、材料运输及砌筑等施工过程组成。

3.1.1　砌筑砂浆

砌筑砂浆包括水泥砂浆、混合砂浆和石灰砂浆等。水泥砂浆和混合砂浆宜用于砌筑潮湿环境及强度要求较高的砌体,对于湿土中砌筑一般采用水泥砂浆。因为水泥是水硬性胶凝材料,能在潮湿的环境中结硬,增长强度。石灰砂浆宜在干燥环境和强度要求不高的砌体中使用。因为石灰是气硬性胶凝材料,在干燥的环境中能吸收空气中的二氧化碳结硬。相反,在潮湿环境中,石灰膏不但难以结硬,还会出现溶解流散的现象。

在一般情况下,基础砌筑采用 M5 水泥砂浆;基础以上的墙采用 M2.5 或 M5 混合砂浆;砖拱、砖柱及钢筋砖过梁等采用 M5、M10 水泥砂浆;楼层较低或临时性建筑一般采用石灰砂浆。具体要求仍由设计决定。

砂浆拌制除砂浆用量很少外可人工拌制,一般采用出料容积为 200 L 或 350 L 砂浆搅拌机进行拌制,砂浆搅拌机可选用活门卸料式、倾翻卸料式、立式等,要求搅拌均匀。搅拌时间从投料全部完成算起,应符合下列规定:①水泥砂浆和水泥混合砂浆不应少于 120 s;②水泥粉煤灰砂浆和掺用外加剂的砂浆不应少于 180 s;③掺液体增塑剂的砂浆,应先将水泥、砂干拌混合均匀后,将混有增塑剂的拌合水倒入干混砂浆中继续搅拌;掺固体增塑剂的砂浆,应先将水泥、砂和增塑剂干拌混合均匀后,将拌合水倒入其中继续搅拌,从加水开始,搅拌时间不应少于 210 s;④预拌砂浆和加气混凝土砌块专用砂浆搅拌时间应符合有关技术标准或产品说明。

现场搅拌的砂浆应随拌随用,拌制的砂浆应在 3 h 内使用完毕;当施工期间最高气温超过 30 ℃时,应在 2 h 内使用完毕。对掺加缓凝剂的砂浆,其使用时间可根据其缓凝时间的试验结果确定。

砂浆拌成使用时,应盛入贮灰槽中。若砂浆出现泌水现象应在砌筑前再次拌合,恢复流动性后方可使用。砂浆稠度(流动性)根据墙体材料的不同和气候条件而定,见表 3 - 1。

表 3 – 1　砌筑砂浆的稠度

砌体种类	砂浆稠度/mm
烧结普通砖砌体	70 ~ 90
混凝土实心砖、混凝土多孔砖砌体 普通混凝土小型空心砌块砌体 蒸压灰砂砖砌体 蒸压粉煤灰砖砌体	50 ~ 70
烧结多孔砖、空心砖砌体 轻骨料小型空心砌块砌体 蒸压加气混凝土砌块砌体	60 ~ 80
石砌体	30 ~ 50

3.1.2　砖

砌筑用砖主要有普通黏土砖、煤渣砖、烧结多孔砖、烧结空心砖、蒸压灰砂空心砖。

(1)常见的普通黏土砖尺寸为 240 mm × 115 mm × 53 mm;配砖规格为 175 mm × 115 mm × 53 mm。抗压强度分为 MU30、MU25、MU20、MU15、MU10 五个强度等级。

(2)煤渣砖尺寸为 240 mm × 115 mm × 53 mm。抗压强度分为 MU20、MU10 和 MU7.5 三个强度等级。

(3)烧结多孔砖尺寸有 290 mm × 240(190) mm × 180 mm 和 175 mm × 140(115) mm × 90 mm 两种。抗压强度分为 MU30、MU25、MU20、MU15、MU10 五个强度等级。

(4)烧结空心砖在与砂浆的接合面上设有增加结合力的深度 1 mm 以上的凹线槽。其尺寸有 290 mm × 190(140) mm × 90 mm 和 240 mm × 180(175) mm × 115 mm 两种。烧结空心砖根据密度分为 800 kg/m³、900 kg/m³、1 100 kg/m³ 三个级别。

(5)蒸压灰砂空心砖是以石灰、砂为主要原料,经坯料制备、压制成型、蒸压养护而制成的孔洞率大于15%的空心砖。蒸压灰砂空心砖的孔洞采用圆形或其他孔形。根据抗压强度分为 MU25、MU20、MU15、MU10、MU7.5 五个强度等级。

3.1.3　砌筑用脚手架

砌筑脚手架是为砌筑现场安全防护、工人操作、材料堆置而搭设的支架。在砌筑时,适宜的砌筑高度为 0.6 m,这时劳动生产率最高,砌筑到一定高度考虑工作效率及施工组织等因素,每次搭设脚手架高度确定为 1.2 m 左右,称"一步架"高度,又称砖墙的可砌高度。

对砌筑用脚手架的基本要求如下:

(1)具有适当的宽度(或面积)、步架高度、离墙距离,能满足工人操作、材料堆放和运输需要;脚手架宽度一般为 2 m 左右,最小不得小于 1.5 m。

(2)具有足够强度、刚度和稳定性,在施工荷载和自重作用下,不变形、不倾斜、不摇晃,确保施工人员人身安全。

(3)应与垂直运输设施、楼层高度、步架高度相适应,保证垂直运输转入水平运输需要。

(4)要求构造简单,装拆方便,能多次周转使用。

(5)要因地制宜,就地取材,尽量节约脚手架用料。

脚手架搭设必须保证安全,满足高空作业的要求。对脚手架的搭设、护身栏杆、挡脚板、安全网等应按有关规定执行。具体种类和搭设方法可见第 5 章相关内容。

3.1.4 材料运输

砌筑工程所用材料量很大,不但要把所用材料运输至砌筑部位,而且还要运输施工工具、脚手架和预制构件。运输设备主要包括垂直运输设备、水平运输设备。

3.1.4.1 垂直运输工具

目前垂直运输工具主要有井字架、龙门架、独杆提升机、施工电梯及采用葫芦式起重机或其他小型起重机具的物料提升设施等。

(1)井字架 井字架最常使用,也是最为简便的垂直运输设施,如图 3 - 1 所示。它稳定性能好,运输量大,安全可靠。除用型钢或钢管制成定型井架之外,还可采用脚手架搭设,多为单孔井架,井架内设吊盘,起重量在 3 t 以内,起升高度达 60 m 以上。为保持井架稳定应设缆风绳,缆风绳一般采用钢丝绳,数量为 6 ~ 12 根,不少于 4 根,与地面夹角一般为 30° ~ 45°,角度过大,则会对井架产生较大的轴向压力。井字架可视需要设置悬臂杆,其起重量一般为 0.5 ~ 1.5 t,工作幅度可达 10 m。

(2)龙门架 龙门架是由两根立杆及天轮梁(横梁)构成的门式架,如图 3 - 2 所示。其构造是在龙门架上装有定滑轮及导向滑轮、吊盘(上料平台)、安全装置以及起重索、缆风绳、卷扬机等,组成一个完整的垂直运输体系。龙门架的立杆是由三根钢管或一根钢管与两根角钢或三根圆钢经焊接组合成断面为等边三角形的格构架,刚度好,不易变形,但稳定性较差。由于龙门架构造简单、制作容易、用料少、装拆方便,一般适合于 10 层以下的房屋建筑,超过 10 层的高层建筑施工时,必须采取附墙方式固定,成为无缆风绳高层物料提升架,并可在顶部设液压顶升装置,实现井架或塔架标准节的自升接高。

(3)施工电梯(施工升降机) 施工电梯是高层建筑施工中主要的垂直运输设备。它附着在建筑结构部位上或外墙上,随着建筑物的升高而升高,架设高度可达 200 m 以上(国外施工电梯的最高起升高度已达 645 m)。

多数施工电梯为人货两用,少数为货用。施工电梯按其传动方式分为齿轮齿条式、钢丝绳式和混合式三种,齿轮齿条电梯又有单箱(笼)式和双箱(笼)式,并装有安全限速装置,适于 20 层以上建筑工程使用;钢丝绳式电梯为单箱(笼),无限速装置,轻巧便宜,适于 20 层以下建筑工程使用。

常用垂直运输设备的技术参数见表 3 - 2。

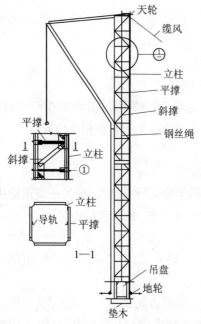

图 3 - 1　井字架　　　　　　　　　图 3 - 2　龙门架

表 3 - 2　常用垂直运输设备技术参数

序号	设备(施)名称	形式	安装方式	工作方式	设备能力	
					起重能力	提升高度
1	塔式起重机	整装式	行走固定	在不同的工作幅度内形成作业覆盖区	60 ~ 10 000 kN·m	80 m 内
		自升式	附着			250 m 内
		附着式	装于天井道内、附着爬升		3 500 kN·m	一般在 300 m 内
2	施工电梯	单箱、双箱、笼带斗	附着	吊笼升降	2 t 以内	一般在 100 m 内
3	井字架	定型钢管搭设	缆风固定	吊盘升降	3 t 以内	60 m 以内
		定型	附着			可达 200 m 以上
		钢管搭设				100 m 以内
4	龙门架	—	缆风固定	吊盘升降	2 t 以内	50 m 以内
			附着固定			100 m 以内
5	独杆提升机	定型产品	缆风固定	吊盘升降	1 t 以内	一般在 25 m 内
6	墙头吊	定型产品	固定在结构上	吊盘升降	0.5 t 以内	高度视配绳和吊物稳定而定

3.1.4.2 水平运输工具

砌筑工程水平运输使用最多的是手推车和灰浆车,对于水平运输距离比较远的可采用机动翻斗车,以保证砌筑工程对材料的需求。

3.1.5 砌筑工程施工相关知识

(1)有关砖的术语:对于普通砖来说,最大的面叫大面,最狭长的面叫条面,最短的面叫丁面。砌砖时,条面朝向操作者的为顺砖,丁面朝向操作者的叫丁砖。大面朝下的砖称为卧砖或眠砖,条面朝下的砖称为侧砖或斗砖,丁面朝下的砖称为立砖。

在砌筑时有时需要砍砖,3/4 砖长的非整砖称为"七分头",1/2 砖长的非整砖称为"半砖",1/4 砖长的非整砖称为"二寸头"。

(2)"皮"的概念:砌筑工程中,一层砖称为一"皮"。

(3)清水墙是指墙表面不加覆盖装饰面层,仅作勾缝处理,保持砖本身质地的一种做法。

(4)混水墙是指墙体墙面需进行装饰处理(如粉刷)的一种做法。混水墙和清水墙的砌筑工艺相差不多,但清水墙的技术和质量要求比较高。

(5)通缝是砌体中上下皮块材搭接长度小于规定数值的竖向灰缝。如砖砌体上下层砖的搭砌长度小于 60 mm 时,混凝土小型空心砌块砌体搭砌长度小于 90 mm 时,称之为通缝。规范规定,通缝长度不得超过一定数值。

(6)透明缝是砌体中相邻块体间的竖缝砌筑砂浆不饱满,且彼此未紧密接触而造成沿墙体厚度通透的竖向缝。

(7)瞎缝是砌体中相邻块体间无砌筑砂浆,并彼此接触的水平缝或竖向缝。

(8)假缝是为掩盖砌体灰缝内在质量缺陷,砌筑砌体时仅在靠近砌体表面处抹有砂浆,而内部无砂浆的竖向灰缝。

(9)配筋砌体工程是由配置钢筋的砌体作为建筑物主要受力构件的结构工程。配筋砌体工程包括配筋砖砌体、砖砌体和钢筋混凝土面层或钢筋砂浆面层的组合砌体、砖砌体和钢筋混凝土构造柱组合墙、配筋砌块砌体工程等。

(10)芯柱是在砌块内部空腔中插入竖向钢筋并浇灌混凝土后形成砌体内部的钢筋混凝土小柱。

(11)皮数杆是用于控制每皮块体砌筑时的竖向尺寸以及各构件标高的标志杆。

必须指出的是,施工时应该全面控制各种影响砌筑质量的因素。砌体强度不仅与砌块强度、砂浆强度有关,而且是砌块强度、砂浆强度、水平灰缝砂浆饱满度、砌体平整度和垂直度、水平灰缝厚度等多种因素共同作用的结果。因此,施工时应按照《砌体结构工程施工规范》(GB 50924—2014)施工,按照《砌体工程施工质量验收规范》(GB 50203—2011)规定验收。

3.2 基础施工

3.2.1 垫层施工

为使基础与地基有较好的接触面,把基础承受的结构荷载均匀地传递给地基,常在基础底部用不同材料做垫层。常用垫层材料有灰土、碎砖(或碎石、卵石)三合土、水泥砂浆、混凝土等。

垫层施工前,施工单位会同设计、建设、监理、质监等部门一起对基槽进行验槽,检查基槽的位置、尺寸、标高是否符合要求,边坡是否稳定。基底标高允许偏差为 −50 mm;长度、宽度(由设计轴线向两边测量)允许偏差为 +200 mm、−50 mm。如发现基槽被雨雪或地下水浸软,必须将软土层挖去,或夯填厚 100 mm 左右的碎石或卵石,使基底坚实。

3.2.1.1 灰土垫层施工

灰土是用熟石灰粉和黏土按照 3∶7 或 2∶8 的比例配制而成。灰土作为基础垫层有着悠久的历史,夯实后坚固耐用,成本低廉。灰土垫层施工的步骤如下:

(1)基底夯 1 ~ 2 遍,保证基底坚实。

(2)将熟石灰粉和黏土分别过筛后按比例拌合。要求比例准确,拌合均匀,水分适中。拌合工作最好能提前进行,以便熟石灰能有时间充分反应。

(3)灰土应分层进行夯实,每层厚度为 150 mm,其虚铺厚度大多为 200 ~ 300 mm,夯实数遍,达到设计要求为止。灰土垫层若分段施工时,接缝应避开墙角、柱墩及承重的窗间墙下等受力较大部位;层与层之间接缝应相互错开,间距不得小于 500 mm。

(4)灰土垫层施工完成后,应立即进行墙基施工并迅速回填,以防止灰土早期浸水。

3.2.1.2 碎砖三合土垫层施工

碎砖三合土垫层是用熟石灰、粗砂和碎砖按 1∶2∶4 或是 1∶3∶6 比例配制拌合而成。碎砖应干净均匀,粒径以 30 ~ 50 mm 为宜。将 3 种材料加水拌合均匀后铲入基槽中,铺平、分层夯实。虚铺厚度每层为 220 mm,至少打夯 3 遍,厚度至 150 mm,夯实平整后,在上面铺一层粗砂,以利于基础的弹线工作。

3.2.1.3 水泥砂浆及混凝土垫层施工

水泥砂浆及混凝土垫层一般采用 M5 水泥砂浆或 C10 混凝土,摊铺厚度 100 mm,即可作为垫层,又可作为墙下防潮层使用。

3.2.2 砖基础砌筑

砖基础一般砌成阶梯形称为"大放脚",有等高式和间隔式两种。等高式砖基础是每二皮一收,每边各收 1/4 砖长,每一阶都是 120 mm 高,即基础的高度与基础挑出的宽度之比不小于 1.5 ~ 2.0。间隔式是砖基础的第一阶是二皮一收,第二阶是一皮一收,即第一阶是 120 mm,第二阶是 60 mm,这样间隔进行,每边也是各收 1/4 砖长,基础的高度与基础挑出的宽度之比等于 1.5。如图 3-3 所示。

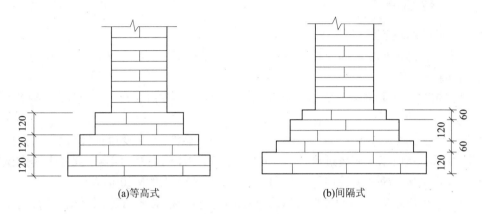

(a)等高式　　　　　　　　　　(b)间隔式

图 3-3　砖基础

3.3　砖砌体施工

3.3.1　准备工作

3.3.1.1　砖的准备

砖要按规定及时进场,砖的品种、规格、强度等级、外观必须符合设计要求,并按设计要求验收。无出厂证明或合格证的要送材料实验室检测。

砌筑烧结普通砖、烧结多孔砖、蒸压灰砂砖、蒸压粉煤灰砖砌体时,砖应提前 1~2 天适度湿润,严禁采用干砖或吸水饱和状态的砖砌筑。因为干砖吸收砂浆中的水分,使砂浆的流动性降低,并影响砌体的砂浆饱满度;过湿的砖不能吸收砂浆中多余的水分,而影响砂浆的密实性、强度和黏结力,从而产生落地灰和砖块滑动现象。砌筑普通混凝土小型空心砌块砌体不需浇水湿润,如遇天气干燥炎热,宜在砌筑前对其喷水湿润;对轻骨料混凝土小砌块,应提前浇水湿润。

3.3.1.2　砂浆的准备

砂浆需按设计要求先向材料试验部门提出试验砂浆配合比申请单,通过试配确定砂浆配合比,以便施工时使用,试配时应采用工程中实际使用的材料,当砌筑砂浆的组分材料有变更时,其配合比应重新确定。水泥砂浆拌合物密度不宜小于 1 900 kg/m³;水泥混合砂浆拌合物密度不宜小于 1 800 kg/m³。水泥砂浆中水泥用量不应小于 200 kg/m³;水泥混合砂浆中水泥和掺加料总量宜为 300~350 kg/m³。

3.3.1.3　机具的准备

砌筑前必须按施工组织设计所确定的垂直运输机械和其他施工机具组织进场,作好机械设备的安装,搭设搅拌棚,设置搅拌机,同时准备脚手架和砌筑工具(如贮灰槽、铲刀、砍斧、皮数杆、托线板)等。

3.3.2 砖墙施工

3.3.2.1 砖砌体组砌原则

为了使砖砌体形成牢固的整体,保证结构的稳定性、安全性、耐久性,要求在砌筑时上下错缝,内外搭砌。

(1)砖砌体组砌必须错缝搭砌,要求上下皮砖的搭接长度不小于1/4砖长(约60 mm)。

(2)严格控制灰缝厚度,水平灰缝过厚,使砌体产生浮滑,出现掉灰(落地灰),造成浪费,并对结构不利;水平灰缝过薄,不能使砂浆饱满,砌体间黏结力不够,同样影响砌体整体性。故将水平和垂直灰缝控制在8~12 mm,一般灰缝厚度取10 mm。

(3)纵横墙交接处应同时砌筑,以保证墙体的整体性,若不可能同时砌筑时,应按规定在先砌的砌体上留出接槎(俗称留槎),后砌的砌体要镶入接槎内(俗称咬槎)。

3.3.2.2 砖砌体组砌形式

目前我国墙体厚度大约有120 mm砖墙(半砖墙)、180 mm砖墙(3/4砖墙)、240 mm砖墙(一砖墙)、370 mm砖墙(一砖半墙)、490 mm砖墙(两砖墙)等。砖墙厚度也决定着砖的组砌形式。依其墙的组砌形式不同,普通砖有以下几种砌筑方法,见图3-4。

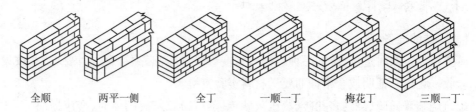

全顺　　两平一侧　　全丁　　一顺一丁　　梅花丁　　三顺一丁

图3-4　砖墙砌筑形式

(1)全顺　全顺砌筑是每皮砖全部用顺砖砌筑,两皮砖间竖缝搭接1/2砖长,这种组砌方法,仅用于120 mm砖墙(半砖墙)非承重的隔墙。

(2)两平一侧　两平一侧砌筑是在两皮砌筑的顺砖旁砌一块侧砖,将平砌砖和侧砌砖内外互换,即可组成两平一侧的砌体,这种组砌方法比较费工,但省料,墙体的抗震性能较差,这种砌筑方法也是仅用于180 mm砖墙(3/4砖墙),作为分隔房间的间壁内墙或者是加保温层的外墙。

(3)全丁　全丁砌筑是全部用丁砖砌筑,上、下皮竖缝相互错开1/4砖长。这种砌法仅用于圆形砌体(圆形的建筑物、构筑物),适合砌一砖厚(240 mm)的墙,如水池、烟囱、水塔等墙身。一般采用外圆放宽竖缝,内圆缩小竖缝的方法来形成圆弧。

(4)一顺一丁(满丁满条)　一顺一丁砌筑是一皮顺砖与一皮丁砖间隔砌成,上、下皮竖缝都错开1/4砖长,这种组砌方法各皮间上、下错缝,内处搭砌,搭接牢靠,砖墙整体性好;易于操作,变化小;砌砖时容易控制墙面横平竖直。由于下、下皮都要错开1/4砖长,在墙的转角、丁字接头、门窗洞口等处都要砍砖;竖缝不易对齐,出现游丁走缝等问题。这种砌筑方法主要适用于370 mm墙(一砖半墙)、490 mm(两砖墙)。

(5)梅花丁(俗称沙包丁、十字式)　梅花丁砌筑是在同一皮砖层内一块顺砖一块丁砖间隔砌筑(转角处不受此限),上、下两皮砖间竖缝错开 1/4 砖长,丁砖在四块顺砖中间形成梅花形。主要适合砌 240 mm 砖墙(一砖墙)。这种组砌方法内外竖缝每皮都能错开,故受压时整体性能好,竖缝都相互错开 1/4 砖长,外形整齐美观,对清水墙尤为重要,特别是当砖的规格出现差异时,竖缝易控制。在施工中由于丁、顺砖交替砌筑,操作时容易搞混;砌筑费工,效率低。

(6)三顺一丁　三顺一丁砌筑由三皮顺砖与一皮丁砖相互交替组砌而成。上、下皮顺砖搭接长度为 1/2 砖长,顺砖与丁砖的搭接长度为 1/4 砖长。同时要求檐墙与山墙的丁砖层不要同一皮,以利于搭接,一般情况下,在砌第一皮砖时为丁砖,主要用于 240 mm 砖墙(一砖墙),承重的内横墙。这种组砌方法省工,同时在墙内的转角、丁字与十字接头、门窗洞口砍砖较少,工作效率高。但对操作技术要求高,由于在墙面上露出条面较多,丁面少,顺砖层不易砌平,而且容易向外挤出,影响反面墙面(是指操作人员的外侧面)的平整度。

3.3.2.3　砖墙施工工艺

首先确定砖墙的组砌形式,然后进行砌筑。砖砌体施工工艺流程:抄平放线→摆砖样撂底(试摆)→立皮数杆→盘角(把大角)→挂线砌筑→楼层的标高控制及各楼层轴线引测→勾缝、清理。

(1)抄平放线　砌筑前应在墙基础上对建筑物标高进行抄平,保证建筑物各层标高的正确。根据龙门板(或龙门桩)上的轴线弹出墙身及门窗洞口的位置线。一般要求先放出墙的轴线,再根据轴线放出砌墙的轮廓线,以作为砌筑时的控制依据。

(2)摆砖样撂底(试摆)　按照基底尺寸线和已确定的组砌方式,不用砂浆,按门、窗洞口分段,在此长度内把砖干摆一层。摆砖时应使每层砖的排列和垂直灰缝宽度均匀;通过调整垂直灰缝宽度的方法,避免砍砖,提高砌体的整体性和生产率。摆砖后,用砂浆把干摆的砖组砌起来,称为撂底。

(3)立皮数杆　皮数杆上划有每皮砖和灰缝厚度,以及门窗洞口、过梁、楼板、楼层高度等位置,用来控制墙体各部构件的标高,并保证水平灰缝均匀、平整。皮数杆的划法是从进场的各批次砖中随机抽取 10 块样砖,测量总厚度,取其平均值,作为砖层厚度的依据,再加上灰缝厚度,就可划出砖灰层的皮数。皮数杆常用木方做成。

皮数杆一般立在墙的转角处、内纵横墙交接处、楼梯间及洞口多的地方,并每隔 10 ～ 15 m 立一根,防止拉线过长产生挠度。立皮数杆时,要用水准仪定出室内地坪标高 ±0.000 的位置,使每层皮数杆上的 ±0.000 与房屋室内地坪的 ±0.000 位置相吻合。

(4)盘角(把大角)　墙角是墙两面横平竖直的关键部位,从开始砌筑时就必须认真对待,要求有一定砌筑经验的工人操作。其做法如下:在摆砖后,一般是先盘砌 5 皮大角,要求找平、吊直、对齐皮数杆灰缝。砌角要用平直、方整的块砖,用七分头搭接错缝进行砌筑,使墙角处竖缝错开。为使墙角砌得垂直,开始砌筑的几皮砖,一定要用线锤与托线板校直,作为以后砌筑时向上引直的依据。标高与皮数控制要与皮数杆相符。

(5)挂线砌筑　在砖墙的砌筑中,为了保证墙面的水平灰缝平直,必须要挂线砌筑。盘角 5 皮砖完成后(每次砌筑高度不超过 5 皮砖),就要进行挂线,以便砌筑中间部分墙体。在皮数杆之间拉线,对于 240 mm(一砖墙)的砖墙外手单面挂线;对于 370 mm(一砖半墙)以上的砖墙,应双面挂线,挂线时,两端必须将线拉紧。线挂好后,在墙角处用小木棍别住,防止线陷入灰缝。在砌筑过程中,经常检查砖与拉线之间的相对位置,防止顶线和塌腰。

(6)楼层的标高控制及各楼层轴线引测　各层墙体的轴线应重合,轴线位移必须在允许范围内。为满足这一要求,在底层施工时,根据龙门板上标注的轴线将墙体轴线引测到房屋的外墙基上。二层以上的轴线应用经纬仪向上引测。

各楼层的标高控制,除用皮数杆控制外,还可以用在室内弹出水平线方法控制。在底层砌到一定高度后,在各墙的墙角引测出标高的控制点,相邻两墙角的控制点间用墨线弹出水平线,控制点高度一般为 500 mm 高(称 50 线),弹线要避开水平灰缝,用来控制底层过梁、圈梁及楼板的标高。

(7)勾缝、清理　勾缝是清水墙施工的最后一道工序,勾缝要求深浅一致、颜色均匀、黏结牢固、压实抹光、清晰美观。勾缝所用材料有原浆勾缝和加浆勾缝两种,原浆勾缝直接用砌筑砂浆勾缝;加浆勾缝用1:1 ~ 1:1.5 水泥砂浆勾缝,砂为细砂,采用32.5 水泥,稠度为 40 ~ 50 mm,因砂浆用量不多,一般采用人工拌制。

勾缝形式有平缝、斜缝、凹缝、凸缝等,如图 3 - 5 所示。常用是凹缝和平缝,深度一般凹进墙面 4 ~ 5 mm,勾缝的顺序是从上而下,先勾横缝,后勾竖缝,在勾缝前一天将墙面浇水洇透,以利于砂浆黏结,一段墙勾完以后要用笤帚把墙面清扫干净。

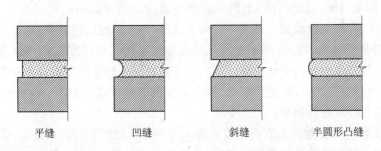

平缝　　　　　凹缝　　　　　斜缝　　　　半圆形凸缝

图 3 - 5　勾缝形式

3.3.2.4　砖墙砌体的质量要求与保证措施

(1)砖和砂浆对砌体质量影响　砖的等级越高,砌体的抗压强度也较高。同样,砂浆等级越高,砖和砂浆横向变形差异减少,因而砌体强度也会提高。需要说明的是,过高提高砂浆强度等级来提高砌体强度的方法在经济上是划不来的。实践表明,当砂浆等级提高时,砖砌体强度虽然也随着砂浆强度有所提高,但提高比例很小。所以砂浆等级一般不宜超过砖的等级,提高砌体强度和耐久性的关键主要在于砖的尺寸准确、表面平整、砂浆和易性,更主要的是砌筑质量。

(2)施工操作对砖砌体的质量影响　施工操作对砌体工程质量影响较大,也体现了施工管理水平和技术水平。砖砌体工程总的质量要求:横平竖直、砂浆饱满、组砌得当、接槎可靠。

1)横平竖直　灰缝平直且对齐,厚度均匀,控制在 10 mm 左右,每两层砖的结合面必须水平,砌筑时严格按照皮数杆拉线,随时检查,做到"三线一吊,五线一靠"。

2)砂浆饱满　水平灰缝的砂浆必须饱满,以保证传力均匀和使砖块黏结紧密;竖向灰缝必须垂直对齐。对不齐而错位，称为游丁走缝，影响外观质量。竖缝的砂浆饱满能避免透风、漏水且保温性能好。

砌体砂浆饱满度采用百格网法检查，百格网与一块砖尺寸相同，要求砂浆饱满度≥80%。砂浆是否饱满与砌筑的铺灰方法、砂浆的和易性以及砖的湿润程度有关，所以在施工中，砂浆采用和易性、保水性好的砂浆，因水泥砂浆保水性及和易性较差，砌筑时不易铺开摊平，宜采用混合砂浆；砌砖操作方法采用"三一砌筑法"，即一铲灰、一块砖、一挤揉，操作时把灰浆铺在墙上，略微推开摊平(铺灰长度为一块砖)，然后将砖按砌在砂浆面上，并稍用力挤一点砂浆在顶头立缝(称碰头灰)，再揉一揉，随手刮去挤出的砂浆。

3)组砌得当　砖砌体由砖块组砌而成，为了保证砌体的强度和稳定性，各种砌体必须按照一定的组合形式砌筑。基本原则是砖块间错缝搭砌，不能有过长的通天缝(指砌体内外)，尽量减少砍砖，利于提高生产率，门窗位置要准确。根据经验，最常用的组砌形式有"一顺一丁""三顺一丁"等。

4)接槎可靠　接槎就是先砌和后砌的砌体之间的接合，接槎合理与否对建筑物的质量有很大的影响，直接影响到建筑物的整体性，特别是在地震区更显得尤为重要。

外墙的转角处及内纵横墙之间的墙体连接，在砌筑时是非常关键部位，应同时砌筑，严禁无可靠措施的内外墙分砌施工。对不能同时砌筑或因施工组织等原因需留置的临时间断处，应按照规定在先砌的砌体上留出接槎(俗称留槎)，后砌的砌体要镶入接槎内(俗称咬槎)。

留槎方式有斜槎和直槎两种，如图3-6所示。

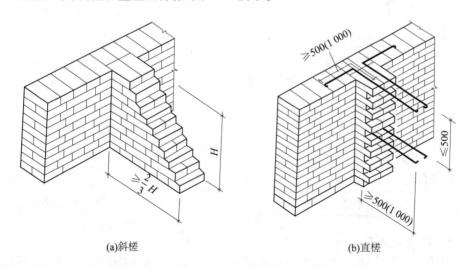

(a)斜槎　　　　　　　　(b)直槎

图3-6　两种留槎方式

斜槎又称踏步槎，对不能同时砌筑而又必须留置的临时间断处应砌成斜槎，因先砌和后砌的砌体接合面砂浆饱满，砌筑后不影响建筑物的整体性，所以尽量留斜槎。斜槎的水平投影长度不应小于高度的2/3，如图3-6(a)所示。

直槎必须留置成阳槎。非抗震设防及抗震设防烈度为6度、7度地区的临时间断处，

当不能留斜槎时,除转角处外,可留直槎。因先砌和后砌的砌体接合面砂浆不饱满,影响建筑物的整体性,所以在留槎处应加设拉结钢筋。沿墙高每隔 500 mm(约 8 皮砖)设一道,埋入墙内长度从留槎处算起,每边不小于 500 mm。对抗震设防烈度 6 度、7 度的地区不应小于 1 000 mm。钢筋端部加 90°或 180°弯钩,其数量每 120 mm 厚墙(半砖墙)为基础,放置 1φ6 拉结钢筋,对 120 mm 厚墙必须放置 2φ6 拉结钢筋;240 mm 厚墙(一砖墙)放置 2φ6 拉结钢筋;370 mm 墙(一砖半墙)放置 3φ6 拉结钢筋,如图 3-6(b)所示。

(3)烧结普通砖砌体的允许偏差   普通砖砌体的位置及垂直度允许偏差应符合表 3-3。

表 3-3   烧结普通砖砌体的位置及垂直度允许偏差

项次	项目		允许偏差/mm	检查方法
1	轴线位置偏移		10	用经纬仪和尺检查或用其他测量仪器检查
2	垂直度	每层	5	用 2 m 托线板检查
		全高 ≤10 m	10	用经纬仪、吊线和尺检查或用其他测量仪器检查
		>10 m	20	

普通砖砌体的一般尺寸允许偏差应符合表 3-4。

表 3-4   烧结普通砖砌体的一般尺寸允许偏差

项次	项目		允许偏差/mm	检查方法
1	基础顶面和楼面标高		±15	用水准仪和尺检查
2	表面平整度	清水墙、柱	5	用 2 m 靠尺和楔形塞尺检查
		浑水墙壁	8	
3	门窗洞口高、宽(后塞口)		±10	用尺检查
4	外墙上下窗口偏移		20	以底层窗口为准,用经纬仪或吊线检查
5	水平灰缝平直度	清水墙	7	拉 10 m 线和尺检查
		混水墙	10	
6	清水墙游丁走缝		20	吊线和尺检查,以每层第一批砖为准

3.3.2.5   构造柱施工

设有混凝土构造柱的墙体,构造柱截面不应小于 240 mm×180 mm,竖向受力钢筋一般采用 4φ12,箍筋 φ6,其间距不宜大于 250 mm。砖墙与构造柱应沿墙高每隔 500 mm 设置 2 根 φ6 的水平拉结筋,拉结筋两边伸入墙内不应少于 1 m。拉结钢筋穿过构造柱部位与受力钢筋绑牢。当墙上门窗洞边到构造柱边的长度小于 1 m 时,拉结钢筋伸到洞口边为止。图 3-7 是一砖墙转角及 T 字交接处构造柱水平拉结筋的布置。在外墙转角处,如纵横墙均为一砖半墙,则水平拉结钢筋应用 3 根。

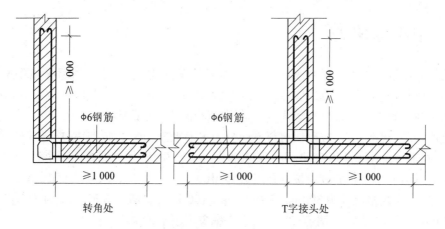

图3-7 砖墙转角处及交接处构造柱水平拉结钢筋布置

当设计烈度为7度时,砖墙与构造柱相接处,砖墙可砌成直边。当设计烈度为8度、9度时,砖墙与构造柱相接处,砖墙应砌成马牙槎,每个马牙槎沿高度方向的尺寸不宜超过300 mm(或五皮砖高);每个马牙槎退进应大于60 mm。每个楼层面开始,马牙槎应先退槎后进槎(图3-8)。在构造柱和圈梁相交的节点处应适当加密构造的箍筋,加密范围从圈梁上、下边算起均不应小于层高的1/6或450 mm,箍筋间距不宜大于100 mm。

构造柱的施工顺序:绑扎钢筋→砌砖墙→支模板→浇捣混凝土。

构造柱混凝土应在砌筑砂浆达到一定强度后分段浇筑,每段高度不宜大于1.8 m,或每个楼层分两次浇筑。在施工条件较好,并能确保浇捣密实时,亦可每一楼层一次浇筑。宜采用插入式振动器分层捣实。必须在该层构造柱混凝土浇捣完毕后,才能进行上一层的施工。在浇筑构造柱混凝土前,清理模板内的砂浆、砖渣等杂物,须浇水润湿砖墙和模板,混凝土坍落度一般以50~70 mm为宜。

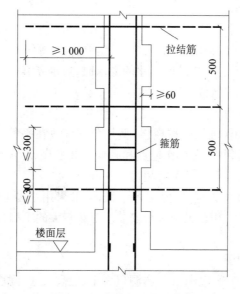

图3-8 砖墙与构造柱连接

3.4　中小砌块施工

近年我国进行了墙体材料改革,利用工业废渣等制作成各种中小型砌块,替代传统黏土砖用于砌筑工程。它具有适应性强,能满足使用功能的要求,劳动生产率高,成本低,并可利用工业废料处理城市废料等优点。适用于框架结构的填充墙。

砌块种类、规格较多,按砌块材料不同分为普通混凝土空心砖砌块、粉煤灰硅酸盐砌块、轻骨料混凝土小型空心砌块、页岩陶粒混凝土空心砌块、加气混凝土砌块等。

普通混凝土小型空心砌块按其强度分为 MU3.5、MU5、MU7.5、MU10、MU15、MU20 六个强度等级,主规格尺寸为 390 mm×190 mm×190 mm,有两个方形孔,最小外壁厚应不小于 30 mm,最小肋厚应不小于 25 mm,空心率应不小于 25%。

轻骨料混凝土小型空心砌块以水泥、轻骨料、砂等预制而成。按其强度分为 MU1.5、MU2.5、MU3.5、MU5、MU7.5、MU10 六个强度等级,主规格尺寸为 390 mm × 190 mm × 190 mm,按其孔的排数有单排孔、双排孔、三排孔和四排孔等四类。

粉煤灰砌块以粉煤灰、石灰、石膏和轻骨料为原料,加水搅拌、振动成型、蒸汽养护而成的密实砌块。主规格砌块外形尺寸为 880 mm×380 mm×240 mm,880 mm×430 mm×240 mm,砌块端面留有灌浆槽,坐浆面宜设抗剪槽。按其强度分为 MU10、MU13 两个强度等级。

中型砌块是指块在 380~940 mm,重量在 0.5 t 以内,能用小型、轻便的吊装工具运输。而块高在 190~380 mm 称为小型砌块。在工程中,小型砌块用得比较多。

3.4.1　砌块安装前的准备工作

砌块在砌筑安装前,包括材料、砌块堆放与运输和编制砌块排列图等准备工作,最后确定砌块安装方案等工作。

3.4.1.1　材料准备

根据设计要求了解所用砌块的规格、型号、模数、强度等级和单块重量,以确定砌块的运输方式。当砌块模数不能符合设计尺寸的要求时,应准备普通砖来调整。水泥、砂子、掺合料、拉结钢筋等按要求准备。

3.4.1.2　砌块堆放与运输

(1)砌块的堆放　砌块堆放应按规格、型号分别堆放在平整、坚实的地基上,利于排水,便于砌块装卸和搬运,并考虑操作地点和砌块安装顺序,尽可能减少二次搬运。小型砌块应上下皮交错叠放,堆放高度不宜超过 1.6 m。

(2)砌块的运输　砌块数量多,但重量不大,一般采用小型起重机械吊装,砌块运输多采用井架进行垂直运输,用台灵架进行安装。对于较大的工程,采用轻型塔吊进行垂直和水平运输。

3.4.1.3　编制砌块排列图

砌块排列图根据建筑施工图上门、窗洞口大小、层高尺寸、砌块错缝、搭接的构造要求和灰缝大小确定。砌块规格、型号应符合一定的模数,合理地确定砌块规格,其规格越少越好,其大小还要考虑施工时便于搬运和吊装等。在排列时,以主规格砌块为主,不足一块时可以用副规格砌块替代,尽量做到不镶砖。排列图按上述要求把各种规格的砌块排列出来,同规格砌块为同一编码,有镶砖的地方在排列图上画出来,主要以立面图表示,每种面墙绘制一张排列图。如图 3-9 所示。

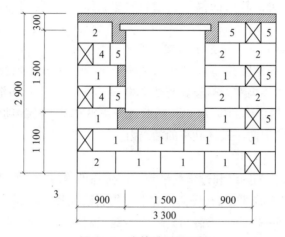

图 3-9　砌块排列图示例

1-主规格砌块;2,3,4,5-副规格砌块

在墙体上大量使用的主要规格砌块称主规格砌块,与它搭配使用的砌块称副规格砌块,为了使砌块合理排列,加快施工进度,在施工前应编制砌块排列图,施工时按砌块排图施工。设计若无规定时,砌块排列图应按下列要求编制:

(1)尽量采用主规格砌块,使主规格砌块量多,副规格砌块量少。

(2)砌块必须错缝搭砌,搭砌长度应为砌块长度的 1/2 或不得小于块高的 1/3。

(3)错缝与搭接小于 150 mm 时,应在每皮砌块水平缝处采用 2φ6 钢筋或 φ4 的钢筋网片连接加固,加强筋长度不应小于 500 mm。

(4)对于局部镶砖,应做到尽量少镶砖,且采取分散、对称布置。

3.4.2　砌块砌体施工工艺

砌块安装的主要工序:铺灰→吊砌块就位→校正→灌缝→镶砖等。

3.4.2.1　铺灰

砌块墙体砂浆应具有较好的和易性,以保证铺灰均匀,砂浆饱满,砂浆层厚度控制在 15 mm,砂浆稠度控制在 70~80 mm,宜采用混合砂浆强度等级不低于 M2.5。水平灰缝铺设平整,铺设长度较砌块稍长些,但要≤5 m,宽度宜缩进墙面约 5 mm。竖缝灌浆应在砌块校正后及时进行。

3.4.2.2　吊砌块就位

吊装砌块顺序一般先外墙后内墙,先远后近,从下到上,按流水分段进行安砌,安砌时,先安装转角砌块(俗称定位砌块),再安装中间砌块,砌块应逐皮均匀地安装,不应集中安装一处。吊装时应直起直落,下落速度要慢,在离安装位置 300 mm 左右时,对准位

置徐徐下落,使其稳妥地引放在铺好的砂浆层上。

3.4.2.3　校正

校正时一般将墙两端的定位砌块用垂球和托线板校正垂直度,用拉准线或水平尺的方法校正水平度。校正时可用人力轻微推动砌块或用撬杠拨正,重量在 150 kg 以下的砌块可用木槌敲击偏高处。较大的偏差应抬起后重新安放,同时将原铺砂浆铲除后重新铺设。

3.4.2.4　灌缝

在砌完两块以上的砌块,校正平直后进行灌竖缝。用内外临时夹板夹住竖缝;灌注砂浆;竖缝可用竹片或铁棒捣实。当竖缝宽度 > 20 mm 时,应采用细石混凝土灌缝,其强度不小于 C20。完成一段墙体的砌筑以后,随即进行水平和垂直缝的勒缝(原浆勾缝)。此后砌块一般不准撬动,以防止破坏砂浆的黏结力。

3.4.2.5　镶砖

镶砖主要用于较大的竖缝和过梁找平等。镶砖强度等级应不低于砌块的强度等级,一般不宜低于 MU10,砖应平砌,在任何情况下不得斜砌或竖砌。镶砖所用砂浆与砌块相同,灰缝厚度控制在 6 ~ 15 mm,镶砖与砌块间竖缝控制在 15 mm。两砌块中间竖缝不足145 mm 时不应镶砖,应用细石混凝土灌筑。

3.5　填充墙砌体施工

填充墙是框架、框剪结构或钢结构中用于围护或隔断的墙体。目前高层建筑中,填充墙施工非常普遍。填充墙施工顺序一般是先结构,后填充,最好从顶层向下层砌筑,防止结构因墙体重力作用产生的变形量向下传递而造成下层先砌筑的墙体产生裂缝。如果工期太紧,填充墙施工必须由底层逐步向顶层进行时,则墙顶的连接处理需待全部砌体完成后,从上层向下层施工。

3.5.1　填充墙砌筑用块材

3.5.1.1　烧结空心砖

烧结空心砖是以黏土、页岩、煤矸石、粉煤灰为主要原料经焙烧而成的孔洞率≥35%,孔的尺寸大而数量少的砖。其孔洞垂直于顶面,砌筑时要求孔洞方向与承压面平行。因为它的孔洞大,强度低,主要用于砌筑非承重墙体或框架结构的填充墙。

烧结空心砖的尺寸有 290 mm × 190 mm × 90 mm 和 240 mm × 180 mm × 115 mm 两种。根据抗压强度分为 MU10.0、MU7.5、MU5.0、MU3.5、MU2.5 五个强度等级。

3.5.1.2　蒸压加气混凝土砌块

蒸压加气混凝土砌块是以钙质材料(水泥、石灰等)、硅质材料(砂、矿渣、粉煤灰等)以及加气剂等,经配料、搅拌、浇注、发气、切割和蒸压养护而成的多孔硅酸盐砌块。蒸压加气混凝土砌块按尺寸偏差、外观质量、体积密度和抗压强度分为优等品、一等品和合格品三个质量等级。加气混凝土砌块的规格较多。

蒸压加气混凝土砌块质量轻,表观密度约为黏土砖的 1/3,具有保温、隔热、隔音性能好、抗震性强、耐火性好、易于加工、施工方便等特点,是应用较多的轻质墙体材料之一。适用于低层建筑的承重墙、多层建筑的间隔墙和高层框架结构的填充墙,也可用于一般工业建筑的围护墙。在无可靠的防护措施时,该类砌块不得用于水中、高湿度和有侵蚀介质的环境中,也不得用于建筑物的基础和温度长期高于 80 ℃的建筑部位。

3.5.2　组砌方式和构造要求

3.5.2.1　组砌方式

填充墙砌体组砌方式只有全顺一种,即各皮砌块均为顺砌,上下皮竖缝相互错开 1/2 砌块长。

3.5.2.2　填充墙底部与结构的连接

用轻骨料混凝土小型空心砌块或蒸压加气混凝土砌块砌筑墙体时,墙底部应砌烧结普通砖、多孔砖、普通混凝土小型空心砌块,或现浇混凝土坎台等,其高度不宜小于 150 mm。

3.5.2.3　填充墙顶部与结构的连接

填充墙砌至接近梁、板底时,应留一定空隙,待填充墙砌筑完并应至少间隔 14 天后,再将空隙补砌挤紧。具体做法见表 3-5 和图 3-10。

表 3-5　填充墙顶部与结构连接的构造做法

填充墙的具体条件		构造做法
非抗震设防地区		墙顶应斜砌烧结实心砖并逐块敲紧,缝隙用砂浆填实
6 度、7 度设防地区	填充墙长度≤5 m	
	填充墙长度>5 m	墙顶应与梁或板拉结
8 度、9 度设防地区		

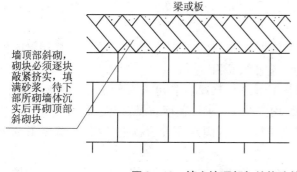

梁或板

墙顶部斜砌,砌块必须逐块敲紧挤实,填满砂浆,待下部所砌墙体沉实后再砌顶部斜砌块

斜砌样板

图 3-10　填充墙顶部与结构连接示意与实物图

3.5.2.4　填充墙两端与结构的连接

填充墙应与框架柱或剪力墙进行锚固,锚固拉结筋的规格、数量、间距、长度应符合设计要求。一般可采用在构件上预埋铁件加焊拉结钢筋或植筋的方法。植筋是在混凝土结

构上按需要钻一定深度和直径的孔,然后用专用结构胶将拉结钢筋粘于孔洞中的方法。前者在混凝土浇筑施工时预埋铁件移位或遗漏会给填充墙施工带来麻烦,目前常采用植筋的方式,效果较好。

此外,当墙长度或相邻横墙之间的距离大于2倍墙高时,应在墙中设置构造柱,构造柱间距不大于2倍墙高;当墙长度大于墙高且端部无柱时,应在墙端设置构造柱;当墙高大于4 m时,应在墙中部设置现浇梁带(圈梁),现浇梁带间距不大于4 m。

3.5.2.5　填充墙与门窗洞口的连接

由于空心砌块与门窗框直接连接不易牢固,特别是门窗较大时,通常采用在洞口两侧做混凝土构造柱、预理混凝土预制块或镶砖的方法。空心砌块在窗台顶面应做成混凝土压顶,以保证门窗框与砌体的可靠连接。

3.5.2.6　砌体填充墙构造要求

(1)砌体填充平面位置,不得随意更改。应根据施工图按要求预留墙体插筋。

(2)砌体填充墙应沿框架柱(包括构造柱)或钢筋混凝土墙全高每隔500 mm设置2ϕ6拉筋,拉筋伸入填充墙内的长度不小于填充墙长的1/5,且不小于700 mm。

(3)当填充墙转角部位底部无梁而未设置构造柱时,应沿墙高每隔500设置转角拉筋。

(4)填充墙内的构造柱如未在楼层结构平面图中标出,应按以下原则设置:①填充墙长度大于层高的2倍时,宜设置钢筋混凝土构造柱;②外墙及楼梯墙转角处,一般填充墙转角无混凝土墙柱处,设置构造柱;③填充墙端部无翼墙或混凝土柱(墙)时在端部增设构造柱,构造柱尺寸为墙宽×240,纵筋4ϕ12,箍筋ϕ6@200,但两端加密;④填充墙与柱的连接构造如图3-11。

(5)填充墙长度 >5 m时,墙体填充顶部与梁板应有可靠连接。

(6)砌体填充墙高高度大于4 m时,墙体半高处或门洞上皮设与柱连接且沿全墙贯通的钢筋混凝土水平圈梁,圈梁高200 mm,宽同墙宽,配筋为4ϕ12,ϕ6@200。若水平圈梁遇过梁,则兼作过梁并按过梁增配钢筋,柱(墙)施工时,应在相应位置预留4ϕ12与圈梁纵筋相连。

(7)填充墙不砌至梁、板底时,墙顶必须增设一道通长圈梁。圈梁高200 mm,宽同墙宽,配筋为4ϕ12,ϕ6@200。

(8)填充墙内的构造柱应先砌墙后浇混凝土,主体结构施工时,应在上下楼层梁的相应位置预留相同直径和数量的插筋与构造柱纵筋相连。

(9)框架柱(或构造柱)边砖墙垛长度不得大于120时,可采用素混凝土整浇。

(10)砌体内门窗洞口顶部无梁时,均按设计要求设置钢筋混凝土过梁。

(11)在填充墙与混凝土结构周边接缝处,应固定设置镀锌钢丝网,其宽度不少于200 mm。

(12)墙体开设管线槽时应使用开槽机,严禁敲击成槽。管线埋设后,小孔和小槽用水泥砂浆填补,大孔和大槽用细石混凝土填满。

(13)在底层和顶层的外墙窗台处,应设置通长的水平现浇混凝土窗台梁;同时应在混凝土墙与柱相应位置预留钢筋,以便钢筋搭接或焊接。

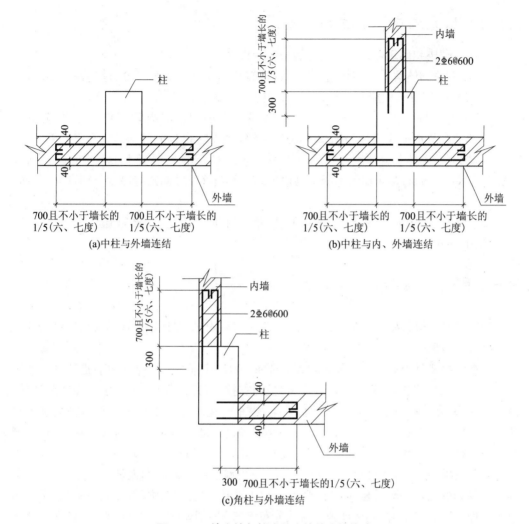

图 3-11　填充墙与柱或剪力墙的连接构造

3.5.3　填充墙砌体施工要点

（1）为有效控制砌体收缩裂缝和保证砌体强度，蒸压加气混凝土砌块、轻骨料混凝土小型空心砌块砌筑时，其产品龄期应超过 28 天。

（2）空心砖、蒸压加气混凝土砌块和轻骨料混凝土小型空心砌块等的运输、装卸过程中，严禁抛掷和倾倒。进场后应按品种、规格分别堆放整齐，堆置高度不宜超过 2 m。加气混凝土砌块应防止雨淋。

（3）填充墙砌筑前，块材应提前 2 天浇水湿润，合适的含水率：空心砖宜为 10% ~ 15%，轻骨料混凝土小砌块宜为 5% ~ 8%。蒸压加气混凝土砌块砌筑时，应向砌筑面适量浇水，含水率宜控制在小于 15%（粉煤灰加气混凝土砌块宜小于 20%）。

（4）蒸压加气混凝土砌块砌体和轻骨料混凝土小型空心砌块砌体不应与其他块材混砌。但对于因构造需要的墙底部、墙顶部、局部门、窗洞口处，可酌情采用其他块材补砌。

3.5.4　填充墙砌体施工质量要求

（1）砖、砌块和砌筑砂浆的强度等级应符合设计要求。

（2）填充墙砌体留置拉结钢筋或网片的位置应与块体皮数相符合。拉结钢筋或网片应置于灰缝中，埋置长度应符合设计要求，竖向位置偏差不应超过一皮高度。

（3）填充墙砌筑时应错缝搭砌，轻骨料混凝土小型空心砌块搭砌长度不应小于90 mm；蒸压加气混凝土砌块搭砌长度不应小于砌块长度的1/3；竖向通缝不应大于2皮。

（4）填充墙砌体灰缝厚度和宽度应正确。空心砖、轻骨料混凝土小型空心砌块砌体灰缝应为8～12 mm，蒸压加气混凝土砌块砌体水平灰缝及竖向灰缝厚度分别宜为15 mm和20 mm。

（5）填充墙砌体尺寸允许偏差应满足《砌筑工程施工质量施工验收规范》（GB 50203—2011）要求。

3.6　砌筑工程安全技术

砌筑前必须检查操作环境、安全设施和防护用品状况，保证道路畅通，机具完好牢固，符合要求后方可施工。

检查脚手架是否满足安全操作规程的要求，在大风、雨雪后，应对脚手架及时详细检查，如发现有立杆沉陷或悬空、弯曲、歪斜，横向支撑、剪刀撑变形，扣件松动等情况，应及时纠正处理，高于建筑物四周的钢管脚手架，钢垂直运输架在雷雨季节必须安装避雷装置。采用里脚手架砌筑，高度超过4 m时，必须搭设宽度不小于3 m的安全网，采用外脚手架应设护身栏杆和挡脚板方可砌筑。在脚手架上堆放的砖，必须堆得平直整齐，高度不得超过3皮侧砖，堆料不得超过规定荷载，同一块脚手板上的操作人员不应超过2人，不准用不稳固的工具在脚手板面上垫高操作，更不准在未经过加固情况下，在一层脚手架随意再叠加一层。施工时，应保证施工荷载分布均匀，以防脚手架发生倾倒。严禁在砖墙上走动，以免影响质量和发生危险。

砍砖时，应面向内砍砖，以免落下伤人，断头砖应集中放置，不得随意丢弃。

用于垂直运输的吊笼、滑轮、绳索、刹车等，必须满足负荷要求，牢固无损；吊运时不得超载，并经常检查，发现问题及时修理。运砖用的手推车、吊笼、砂浆料斗不能装得过满，在起重机工作幅度内，禁止有人停留，吊件下落时，砌筑人员应停止砌筑，闪开一边。水平运输车辆，两车前后距离平道上不小于2 m，坡道上不小于10 m。

在同一垂直面上下交叉作业时，必须设置安全隔板。人工垂直往上或往下转递砖时，要搭递砖梯子，脚手架的站人板宽度应不小于600 mm。

复习思考题

1.砌筑砂浆的种类分哪几种？分别用于什么部位？

2.砌筑砂浆的搅拌时间如何确定？采用何种搅拌方法？

3.砖基础施工中"大放脚"有几种形式？有何要求？

4.常见的砖砌体的组砌形式有哪几种？分别用于何种墙体？

5.砖砌体的组砌原则包括哪些内容？施工中应注意些什么问题？

6.砖墙砌体的施工工艺是什么？各有什么要求？

7.何为皮数杆？在施工中的作用是什么？

8.砖墙砌体的质量要求是什么？保证砂浆饱满度的措施有哪些？

9.砖墙砌体若不可能同时砌筑时,应按规定在先砌的砌体上留出接槎,留槎形式有几种？有什么要求？

10.在不可能留斜槎时,方能留直槎,留直槎时需采取哪些措施来保证砌体的整体性？

11.填充墙的施工应该注意什么？

12.简述砌体填充墙构造要求。

13.简述中小砌块的特点、种类及适用范围。

14.编制砌块排列图需满足哪些要求？

15.砌块砌体的施工工艺是什么？应满足哪些要求？

16.填充墙砌体的组砌方式和构造有哪些要求？

第 4 章 钢筋混凝土工程

4.1 概 述

　　钢筋混凝土工程施工由模板工程、钢筋工程和混凝土工程三部分组成。其中模板工程应包括模板设计、选配、安装、拆除等工序;钢筋工程包括钢筋加工、安装等;混凝土工程包括混凝土配合比设计、搅拌、运输、浇筑、养护和缺陷处理等。

　　近年钢筋混凝土施工技术发展迅速,采用了新工艺和新技术,如模板工程中的组合模具、滑升模板、台模、爬模等新型模具获得广泛使用。钢筋工程机械化,自动化施工水平逐步提高,如数字程控调直剪切机、光电控制电焊机、钢筋配料专用软件优化等新技术业已广泛应用。混凝土工程已普遍实现机械化,混凝土生产已实现配料、称量、搅拌、运输自动化。混凝土泵送、水下浇筑、高频振动、免振混凝土、太阳能养护等新技术日益成熟。

4.2 模板工程

4.2.1 模板工程、模板与支撑

　　模板工程包括模板和支撑系统两部分,是混凝土结构工程的重要组成部分。

　　模板是与混凝土直接接触,是混凝土构件按设计的几何尺寸浇筑成型的模型板。支撑系统是支撑和承受模板、钢筋、混凝土自重及施工过程中各种荷载作用,使模板保持空间位置的临时结构。对于模板工程需满足下列要求:①保证结构和构件的形状、位置、尺寸准确;②具有足够的强度、刚度和稳定性;③构造简单、装拆方便,便于钢筋绑扎与安装,有利于混凝土浇筑与养护;④接缝严密,不得漏浆;⑤用料经济,能多次周转使用,降低成本。

　　随着混凝土新工艺的出现,现浇混凝土结构所用模板技术已经快速向工具化、定型化、多样化、体系化方向发展。除传统的木模板外,已形成组合式、工具式、永久式三大系列工业化模板体系。新型模板有利于多次周转使用,简化安装、拆除过程,提高工程质量,降低成本,加快施工进度。

　　模板依据不同的标准可进行如下分类。

　　(1)按所使用材料不同,可分为木模板、钢模板和其他材料模板(胶合板模板、塑料模板、玻璃钢模板、压型钢模板、钢木组合模板和钢竹组合模板等)。

（2）按施工方法不同,可分为拆移式模板和活动式模板。拆移式模板由预制构件组成,现场组装,拆模后稍加整理和维护再周转使用。包括木模板、组合钢模板、大型的工具式模板(大模板、台模、隧道模等)。活动式模板是指按结构的形状制作成工具式模板,组装后隧工程的进展而进行垂直或水平移动,直至工程结束后拆除,如滑升模板、爬升模板等。

（3）按结构类型不同,可分为基础模板、柱模板、梁模板、楼板模板、墙模板、楼梯模板、壳模板、烟囱模板、桥梁墩台模板等。

4.2.2 组合模板与工具式支模

组合模板也称为定型组合钢模板,这种模板重复使用率高,周转使用次数可达100次以上,但一次投资费用大。组合模板由平面模板、阴角模板、阳角模板、连接角模及连接配件组成(图4-1)。它可以拼成不同尺寸、不同形状的模板,以适应基础、柱、梁、板、墙施工的需要。组合钢模尺寸适中,轻便灵活,装拆方便,既适用于人工装拆,也可预拼成大模板、台模等,然后用起重机吊运安装。

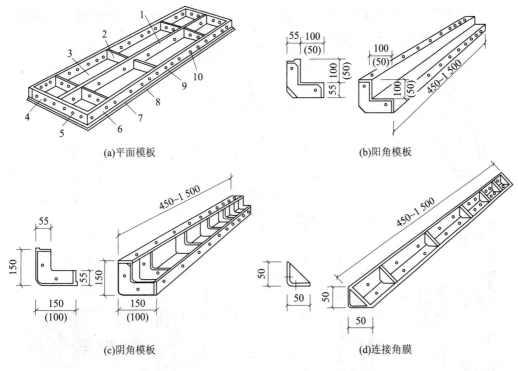

(a)平面模板　　(b)阳角模板

(c)阴角模板　　(d)连接角膜

图4-1　钢模板类型

1-中纵肋;2-中横肋;3-面板;4-横肋;5-插销孔;

6-纵肋;7-凸棱;8-凸壳;9-U形卡孔;10-钉子孔

4.2.2.1 定型模板

常用的定型模板有钢定型模板和钢木定型模板等。本节主要介绍钢定型模板。

（1）钢定型模板组成　　钢定型模板由边框、面板和纵横肋组成。面板由2.5～

3.0 mm 厚薄钢板压轧成型。面板宽度以 100 mm 为基础,按 50 mm 进级;长度以 450 mm 为基础,按 150 mm 进级,边框及肋为 55 mm × 2.8 mm 的扁钢,边框开有圆孔。常用组合钢模板的尺寸见表 4 – 1。

用表 4 – 1 中的板块可以组合拼成长度和宽度方向上以 50 mm 进级的各种尺寸。遇到不合 50 mm 进级的模数尺寸,空隙部分可用木模填补。

表 4 – 1　常用组合钢模板规格

名称	宽度/mm	长度/mm	肋高/mm
平板模板(P)	600、550、500、450、400、350、300、250、150、100	1 800、1 500、1 200、900、750、600、450	55
阴角模板(E)	150 × 150、100 × 150		
阳角模板(Y)	100 × 100、50 × 50		
连接角板(J)	50 × 50		

(2)组合钢模板连接配件　组合钢模板连接配件包括 U 形卡、L 形插销、钩头螺栓、对拉螺栓、紧固螺栓、扣件等,如图 4 – 2 所示。

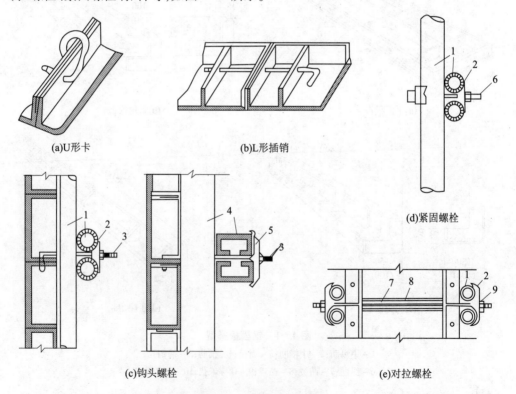

(a)U形卡　　　　　(b)L形插销

(d)紧固螺栓

(c)钩头螺栓　　　　　(e)对拉螺栓

图 4 – 2　钢模板连接件

1 – 圆钢管钢楞;2 – "3"形扣件;3 – 钩头螺栓;4 – 内卷边槽钢钢楞;5 – 蝶形扣件;6 – 紧固螺栓;
7 – 对拉螺栓;8 – 塑料套管;9 – 螺母

U形卡用于钢模板拼接,安装间距一般不大于300 mm,即每隔一孔卡插一个,安装方向一顺一倒相互错开,如图4-2(a)所示。

L形插销用于两个钢模板端肋与端肋连接。将L形插销插入钢模板端部横肋的插销孔内[图4-2(b)]。当需将钢模板拼接成大块模板时,除了用U形卡及L形插销外,在钢模板外侧要用钢楞(圆形钢管、矩形钢管、内卷边槽钢等)加固,钢楞与钢模板间用钩头螺栓及"3"形扣件、蝶形扣件连接。浇筑钢筋混凝土墙体时,墙体两侧模板间用对拉螺栓连接,对拉螺栓截面应保证安全承受混凝土的侧压力。见图4-2(c)(d)(e)。

4.2.2.2 工具式支承件

组合钢模板的支承件包括柱箍、钢楞、支柱、卡具、斜撑、钢桁架等。

(1)钢管卡具及柱箍 图4-3所示钢管卡具适用于矩形梁,用于固定侧模板。卡具安装在梁下部可把侧模固定在底模板上;卡具安装在梁上方可将梁侧模上口卡固定位。

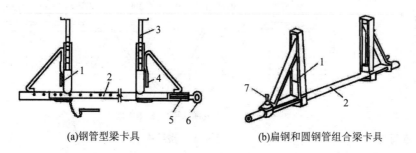

(a)钢管型梁卡具 (b)扁钢和圆钢管组合梁卡具

图4-3 梁钢管卡具

1-三脚架;2-底座;3-调节杆;4-插销;5-调节螺栓;6-钢筋环;7-固定螺栓

柱模板四周设角钢柱箍。角钢柱箍由两根互相焊成直角的角钢组成,用螺母拉紧。也可用扁钢或槽钢制成。如图4-4所示。

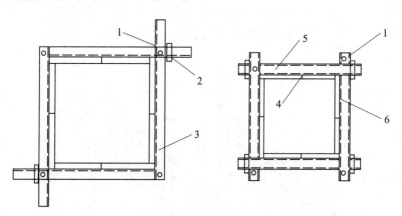

图4-4 柱箍

1-插销;2-限位器;3-夹板;4-模板;5-角钢;6-槽钢

(2)钢管支柱 钢管支柱由内外两节钢管组成,可以伸缩以调节支柱高度。在内外钢管上每隔100 mm钻一个Φ14销孔,调整高度后用Φ12销子固定。支座底部垫木板,100 mm以内的高度调整可在垫板处加木楔调整,见图4-5。也可调节钢管支柱下端的

调节螺杆,用于调节 100 mm 以内高度。

(3)钢桁架 钢桁架可取代梁模板下的立柱。根据跨度、荷载不同用角钢或钢管制成,也可制成两个半榀,再拼装成整体,每根梁下边设一组(两榀)桁架(图 4-6)。跨度较大时中间加支柱。

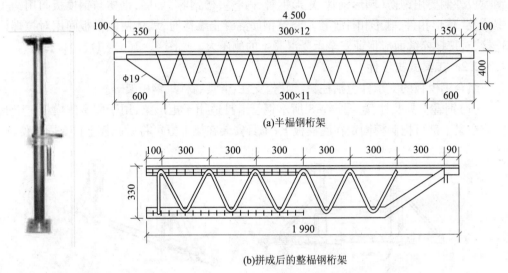

(a)半榀钢桁架

(b)拼成后的整榀钢桁架

图 4-5 钢管支柱   图 4-6 拼装式钢桁架

4.2.3 木模板

木模板一般是预先加工成基本组件(拼板),然后在现场进行拼装(图 4-7)。板条厚度一般为 25~50 mm。宽度不宜超过 200 mm(工具式模板不超过 150 mm),以保证在干缩时缝隙均匀,浇水后易于密缝,受潮后不易翘曲,梁底的拼板要加厚至 40~50 mm。拼条间距取决于所浇筑混凝土的侧压力和板条厚度,一般为 400~500 mm。

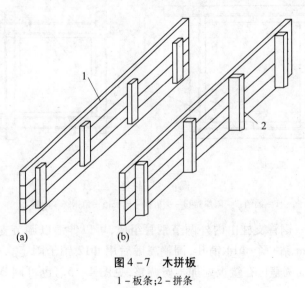

(a)   (b)

图 4-7 木拼板

1-板条;2-拼条

4.2.3.1　基础模板

如图 4-8 所示为木基础模板形式,主要有阶梯形、锥形和条形。

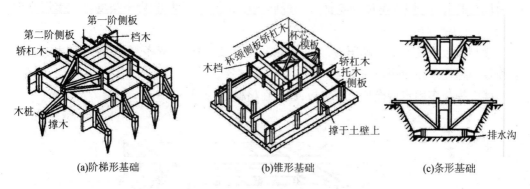

(a)阶梯形基础　　　　　　(b)锥形基础　　　　　　(c)条形基础

图 4-8　基础模板

4.2.3.2　柱模板

柱模板由内、外拼板组成(图 4-9),内拼板夹在两片外拼板之内。为承受混凝土侧压力,拼板外要设柱箍,其间距与混凝土侧压力、拼板厚度有关,通常上稀下密,间距为 500～700 mm。柱模板底部设有用以固定柱模板位置的固定木框。

柱模板上部根据需要可开设与梁模板连接的缺口,底部开设清理孔,沿高度每隔约 2 m 开设浇筑孔。对于独立柱模,四周应加设支撑,以免混凝土浇筑时产生倾斜。

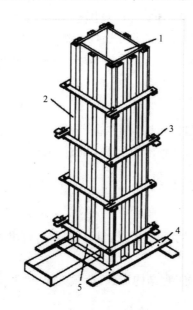

图 4-9　柱子模板

1-内拼板;2-外拼版;3-柱箍;4-底部木框;5-清理孔

4.2.3.3　梁、楼板模板

梁模板由底模板和侧模板组成。底模板承受垂直荷载,一般下面有支柱(顶撑)或桁架承托。支柱多为伸缩式,可调节高度,底部应支承在地面或楼面上,下垫木楔。如地

面松软,底部应垫木板,加大支撑面。在多层建筑中,应使上、下层的支柱在同一条竖向直线上;否则要采取措施保证上层支柱的荷载能传到下层支柱上。支柱间应用水平和斜向拉杆拉牢,增强整体稳定性。当层间高度大于 5 m 时,宜用桁架支撑或多层支架支撑。

梁侧模板承受混凝土侧压力,为防止侧向变形,底部用夹紧条夹住,顶部可由支承楼板模板的格栅顶住或用斜撑支牢。

楼板模板多用定型模板或胶合板,放置在格栅上,见图 4 – 10。

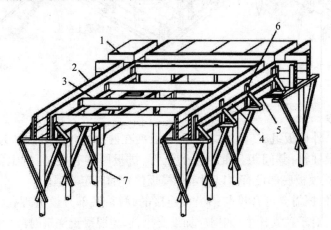

图 4 – 10　梁及楼板模板

1 – 楼板模板;2 – 梁侧模板;3 – 格栅;4 – 横楞;5 – 夹条;6 – 次肋;7 – 支撑

现浇钢筋混凝土梁、板,当跨度≥4 m 时,模板应起拱,当设计无具体要求时,起拱高度宜为全跨的 0.1% ~0.3%。

4.2.3.4　楼梯模板

楼梯模板构造与楼板相似,不同点是楼梯模板要倾斜支设,且要形成踏步;踏步模板分为底板及梯步两部分;平台、平台梁的模板同前,如图 4 – 11 所示。

4.2.4　模板工程质量规定

4.2.4.1　一般规定

依据国家标准《混凝土结构工程施工质量验收规范》(GB 50204—2011),模板工程一般规定包括以下几点。

(1)模板及其支撑应根据工程结构形式、荷载大小、地基类别、施工设备和材料供应等条件进行设计。

(2)模板及其支架应具有足够的承载力、刚度和稳定性,能可靠地承受浇筑混凝土的重量、侧压力以及施工荷载。

(3)在浇筑混凝土之前,应对模板进行验收。

(4)模板安装和浇筑混凝土时,应对模板及其支架进行观察和维护。发现异常情况时,应按照施工技术方案及时进行处理。

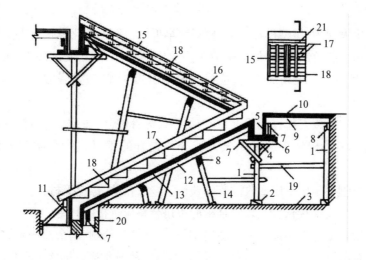

图4-11　楼梯模板

1—支柱;2—木楔;3—垫板;4—平台梁底板;5—侧板;6—夹板;7—托板;8—牵杠;

9—木楞;10—平台底板;11—梯基侧板;12—斜木楞;13—楼梯底板;14—斜向支柱;

15—外帮板;16—横挡木;17—反三角;18—踏步侧;19—拉杆;20—木桩;21—平台梁模

（5）模板及其支架拆除的顺序及安全措施应按照施工技术方案进行。

4.2.4.2　模板安装的质量要求

依据国家标准《混凝土结构工程施工质量验收规范》（GB 50204—2011），模板安装应符合下列要求。

（1）安装现浇结构的上层模板及其支架时，下层楼板应具有承受上层荷载的承载能力，或加设支架；上、下层支架的立柱应对准，并铺设垫板。

（2）在涂刷模板隔离剂时，不得沾污钢筋或混凝土接槎处。

（3）模板安装应满足下列要求：①模板接缝不得漏浆；在浇筑混凝土前，木模板应浇水湿润，但模板内不应有积水；②模板与混凝土接触面应清理干净并涂刷隔离剂，但不得采用影响结构性能或妨碍装饰工程施工的隔离剂；③浇筑混凝土前，模板内杂物应清理干净；④对于清水混凝土工程及装饰混凝土工程，应使用能达到设计效果的模板。

（4）用作模板的地坪、胎膜等应平整光洁，不得产生影响构件质量的下沉、裂缝、起砂或起鼓。

（5）对跨度不小于4 m的现浇钢筋混凝土梁、板，其模板应按设计要求起拱；当设计无具体要求时，起拱高度宜为跨度的1/1 000~3/1 000。

4.2.4.3　模板工程的绿色施工规定

依据国家标准《建筑工程绿色施工规范》（GB/T 50905—2014），模板安装应符合下列要求。

（1）应选用周转率高的模板和支撑体系。模板宜选用可回收利用高的塑料、铝合金

等材料。

（2）宜使用大模板、定型模板、爬升模板和早拆模板等工业化模板及支撑体系。

（3）当采用木或竹制模板时，宜采取工厂化定型加工、现场安装的方式，不得在工作面上直接加工拼装。在现场加工时，应设封闭场所集中加工，并采取隔声和防粉尘污染措施。

（4）脚手架和模板支撑宜选用碗扣式、盘扣式等管件合一的脚手架材料搭设。

（5）高层建筑结构施工应采用整体或分片提升的工具式脚手架和分段悬挑式脚手架。

（6）模板及脚手架施工应回收散落的铁钉、铁丝、扣件、螺栓等材料。

（7）短木方应叉接接长，木、竹胶合板的边角余料应拼接并利用。

（8）模板脱模剂应选用环保型产品，并派专人保管和涂刷，剩余部分应加以利用。

（9）模板拆除宜按支设的逆向顺序进行，不得硬撬或重砸。拆除平台楼层的底模，应采取临时支撑、支垫等防止模板坠落和损坏的措施。并应建立维护维修制度。

4.2.5　模板拆除

模板拆除日期取决于结构性质、模板用途和混凝土硬化速度。及时拆模可提高模板的周转，为后续工作创造条件，但过早拆模而承受荷载会产生变形，甚至会造成质量事故。

4.2.5.1　模板拆除规定

（1）非承重模板（如侧板）应保证表面及棱角不因拆除模板而受损坏时，方可拆除。

（2）承重模板应在与结构同条件养护的试块达到表4－2规定强度时，方可拆除。

表4－2　整体式结构拆模时所需的混凝土强度

项次	结构类型	结构跨度/m	按混凝土强度的标准百分率计/%
1	板	≤2	50
		>2；≤8	75
		>8	100
2	梁、拱、壳	≤8	75
		>8	100
3	悬臂梁构件	≤2	75
		>2	100

（3）拆除模板过程中，发现混凝土有结构安全的质量问题时，应暂停拆除。经过处理后，方可继续拆除。

（4）已拆除模板和支撑系统的结构，应在混凝土强度达到设计强度后才允许承受全部计算荷载。当承受施工荷载大于计算荷载时，必须经过核算，加设临时支撑。

4.2.5.2　模板拆除施工要点

（1）拆模时不要用力过猛,拆下的模板要及时清运、整理、堆放。

（2）拆除顺序及安全措施应按施工方案执行。拆模程序一般应是后支的先拆,先拆除非承重部分,后拆除承重部分。最好谁安谁拆。重大复杂模板应制订拆模方案。

（3）拆除框架结构模板顺序,首先是柱模板,然后是楼板底板,梁侧模板,最后是梁底模板。拆除跨度较大的梁下支柱时,应先从跨中开始,分别拆向两端。

（4）楼层板支柱的拆除应按下列要求进行:上层楼板正在浇筑混凝土时,下一层楼板的模板支柱不得拆除,再下一层楼板模板的支柱,仅可拆除一部分;跨度 4 m 及 4 m 以上的梁下均应保留支柱,其间距不大于 3 m。

（5）拆模时,应尽量避免混凝土表面或模板受到损坏,注意模板落下伤人。

4.3　钢筋工程

钢筋工程施工质量对结构质量具有关键的作用,而且钢筋工程属于隐蔽工程,当混凝土浇筑后,无法检查钢筋的质量,所以钢筋从原材料进场检验,到钢筋加工和连接以及最后的绑扎就位,都必须进行严格的质量控制,确保整个结构的质量。

4.3.1　钢筋的种类和性能

4.3.1.1　钢筋的种类

（1）按外形分类

1）光圆钢筋　光圆钢筋即光面圆钢筋,由于表面光滑,故又称光面钢筋。

2）带肋钢筋　带肋钢筋也称为变形钢筋。为了使钢筋的强度能够充分利用,强度越高的钢筋要求与混凝土黏结的强度越高。提高黏结强度的办法是将钢筋表面轧成有规律的凸出花纹,即为带肋钢筋。带肋钢筋的肋纹形式有"月牙形""螺纹形""人字形"。钢筋表面带有两条纵肋和沿长度方向均匀分布的横肋。横肋的纵截面呈月牙形,且与纵肋不相交的钢筋称为月牙形钢筋。横肋的纵截面高度相等,且与纵肋相交的钢筋,称为等高肋钢筋,有螺旋纹和人字纹两种。

Ⅰ级钢筋（HPB300）表面都是光圆的;Ⅱ级（HRB335）、Ⅲ级（HRB400）钢筋表面都是变形的（轧制成人字形）;Ⅳ级（HRB500）级钢筋表面有一部分做成光圆的,一部分做成变形的（轧制成螺旋形及月牙形）。

（2）按钢筋直径分类

1）钢丝　$d = 3 \sim 5$ mm。

2）细钢筋　$d = 6 \sim 12$ mm。对于直径小于 12 mm 的钢丝或细钢筋,出厂时,一般做成盘圆状,使用时需调直。

3）粗钢筋　$d > 12$ mm。对于直径大于 12 mm 的粗钢筋,为了便于运输,出厂时一般做成直条状,每根长度 $6 \sim 12$ m,如需特长钢筋,供需双方协商。

（3）按化学成分分类

1）碳素钢钢筋　由碳素结构钢轧制而成。碳素钢除含有铁元素以外还有少量的碳、硅、锰、硫、磷等元素。碳素钢可以分为低碳钢（含碳量小于 0.05%）、中碳钢（含碳量 0.25% ~ 0.6%）和高碳钢（含碳量 0.25% ~ 1.4%）。含碳量越高强度越大，但塑性和可焊性降低。根据国家标准《碳素结构钢》（GB/T 700—2006）的规定，按质量等级将碳素结构钢分为 A、B、C、D 四级。在保证钢材力学性能符合标准规定的情况下，各牌号 A 级钢的碳、锰、硅含量可以不作为交货条件，但其含量应在质量证明书中说明。B、C、D 级钢均应保证屈服强度、抗拉强度、伸长率及冲击韧性等力学性能。

碳素结构钢牌号由代表屈服强度的汉语拼音字母 Q、屈服强度数值（N/mm^2）、质量等级符号（A、B、C、D）、脱氧方法符号［F（沸腾钢）、Z（镇静钢）、TZ（特殊镇静钢）］四个部分按顺序组成。例如，Q235AF、Q235B 等。另外，镇静钢和特殊镇静钢的代号可以省略。

2）普通低合金钢钢筋　普通低合金钢钢筋是由低合金高强度结构钢轧制而成的。普通低合金钢钢筋是除碳素钢中已有的成分外，再加入不大于 5% 的合金元素，如硅、锰、钛、钒、铬等。可以有效地提高钢筋的强度和改善钢筋的其他性能。目前我国普通低合金钢按其加入元素的种类有以下几种体系：锰系（20Mnsi、25Mnsi）、硅钒系（40Si$_2$MnV、45Si$_2$MnV）、硅钛系（45Si$_2$MnTi）、硅锰系（40Si$_2$Mn、48Si$_2$Mn）和硅铬系（45Si$_2$Cr）。国家标准《低合金高强度结构钢》（GB/T 1591—2008）规定，低合金高强度结构钢均为镇静钢，因此在其牌号中不需要标注脱氧方法，如 Q345B、Q420C 等。

（4）按生产工艺分类

1）热轧钢筋　是由低碳钢、普通低合金钢在高温状态下轧制而成的，分为直条和盘条形式。用于钢筋混凝土结构中的热轧钢筋可分为热轧光圆钢筋 HPB300（Hot Rolled Plain Bars，也称为 Ⅰ 级钢筋，用符号 Φ 表示）；热轧带肋钢筋 HRB335、HRB400、HRB500（Hot Rolled Ribbed Bars，也称为 Ⅱ 级钢筋、Ⅲ 级钢筋和 Ⅳ 级钢筋，分别用符号 Φ、Φ 和 Φ 表示）。热轧钢筋的基本参数如表 4-3 所示。

表 4-3　常用热轧钢筋基本参数

外形	强度等级代号	符号	屈服强度标准值/(N/mm^2)	公称直径/mm
光圆	HPB300	Φ/Ⅰ	300	6 ~ 22
带肋	HRB335 HRBF335	Φ Φ^F/Ⅱ	335	6 ~ 50
	HRB400 HRBF400 RRB400	Φ Φ^F Φ^R/Ⅲ	400	6 ~ 50
	HRB500 HRBF500	Φ Φ^F/Ⅳ	500	6 ~ 50

2）热处理钢筋　又称余热处理钢筋或称为调质钢筋。即采用热轧螺纹钢筋经淬火及回火的调质热处理而制成的。按其外形，又可分为有肋和无肋两种。余热处理钢筋强度等级有 RRB400（Remained Heat Treatment Ribbed Bars，也称Ⅲ级钢筋，用符号 Φ^R 表示）以及细晶粒热轧钢筋 HRBF335、HRBF400 和 HRBF500（Hot Rolled Ribbed Bars of Fine Grains，也称为Ⅱ级钢筋、Ⅲ级钢筋和Ⅳ级钢筋，分别用符号 Φ^F、Φ^F 和 Φ^F 表示）。热处理钢筋的基本参数如表 4 - 3 所示。

3）冷拉钢筋　将热轧钢筋是在常温下采用某种工艺进行加工得到的钢筋。其目的是了提高钢筋的强度，以节约钢材。但是经冷拉后，钢筋的伸长率降低。

4）钢丝

①碳素钢丝是采用优质高碳光圆盘条钢筋经冷拔和矫直、回火制成。这种钢丝的强度高，塑性性能也相对较好，有 Φ4、Φ5 两种，主要是以钢丝束的形式用来作预应力筋。

②刻痕钢丝是把上述碳素钢丝的表面经过机械刻痕而制成。只有 Φ5 一种，由于刻痕的影响，其强度比碳素钢丝略低。通过刻痕可以使它与混凝土或水泥浆之间的黏结性能得到一定改善，在工程中只用作预应力筋。

③冷拔低碳钢丝一般是用小直径的低碳光圆钢筋，在施工现场或预制厂用拔丝机经过几次冷拔而成。它分为甲级和乙级，甲级钢丝的质量要求较严，即要求对钢丝逐盘取样进行检验，它又分为Ⅰ、Ⅱ两组，见表 4 - 4。

甲级冷拔低碳钢丝主要用作一般民用建筑中小型预应力混凝土构件中作预应力筋。

表 4 - 4　甲级冷拔低碳钢丝力学性能

级别	组别	直径	强度标准值/（N/mm^2）
甲级	Ⅰ组	Φ4	700
		Φ5	650
	Ⅱ组	Φ4	650
		Φ5	600

乙级冷拔低碳钢丝质量要求不如甲级严，它只要求分批进行抽样试验，有直径 Φ3 ~ Φ5 强度标准值 550 N/mm^2，乙级冷拔低碳钢丝只能用作中小型钢筋混凝土或预应力混凝土构件中的箍筋和构造钢筋以及焊接网和焊接骨架的钢筋。

④钢绞线是由 7 根圆形截面钢丝经绞捻、热处理而成的。由于强度高又与混凝土的黏结性能好，大多用于大跨度、重荷载的预应力钢筋混凝土结构中。

5）冷轧扭钢筋　用低碳盘圆钢筋经专用钢筋冷轧扭机调直、冷轧并冷扭一次成型，呈连续螺旋状，具有规定截面形状和节距。冷轧扭钢筋按其截面形状不同分为两种类型：Ⅰ - 矩形截面；Ⅱ - 菱形截面冷轧扭钢筋的直径以"标志直径"表示，指原材料（母材）轧制前的公称直径。标志直径有 6.5 mm、8 mm、10 mm、12 mm 和 14 mm 等五种。

这种钢筋具有较高的强度,而且有足够的塑性,与混凝土黏结性能优异,代替Ⅰ级钢筋可节约钢材30%左右。一般用于预制钢筋混凝土圆孔板、叠合板中的预制薄板,以及现浇钢筋混凝土楼板等。

4.3.1.2　钢筋型号的标示方法

目前在表示钢筋型号过程中,一般按照加工工艺、外观形状、粗细(钢筋还是钢丝)、微观性状(常规者可不标示)、屈服强度、特殊性能(常规者可不标示)的顺序进行标示。相关英语词组如下。

(1)加工工艺:hot rolled(热轧);cold rolled(冷轧);cold drawn(冷拔),remained heat treatment(余热处理)。

(2)外观形状:plain(光圆的);ribbed(带肋的);twist(扭、卷)。

(3)粗细(钢筋还是钢丝):bars(条状物、钢筋);wire(线、丝)。

(4)微观性状:fine(细的、细晶粒)。

(5)屈服强度:如335 N/mm²、400 N/mm²。

(6)特殊性能:earthquake resistant behaviour(抗震性能)。

例如:

HPB335——热轧光圆钢筋,屈服强度为335 N/mm²;

HRB400——热轧带肋钢筋,屈服强度为400 N/mm²;

CRB550——冷轧带肋钢筋,屈服强度为550 N/mm²;

RRB400——余热处理带肋钢筋,屈服强度为400 N/mm²;

CTB550——冷轧扭钢筋,屈服强度为550 N/mm²;

CPW650——冷拔光面钢丝,屈服强度为650 N/mm²;

HRBF400E——热轧带肋细晶粒抗震钢筋,屈服强度为400 N/mm²。

4.3.2　钢筋的冷加工

钢筋的冷加工工艺有冷拉、冷拔、冷轧和冷轧扭四种。在常温下,对钢筋进行冷加工可提高钢筋的屈服点,从而钢筋的强度提高,但塑性降低。在四种工艺中,除冷拉钢筋仍具有明显的屈服点外,其余冷加工钢筋均无明显屈服点和屈服台阶。

4.3.2.1　钢筋冷拉

钢筋冷拉就是在常温下拉伸钢筋,使钢筋应力超过屈服点,使钢筋产生塑性变形,强度提高。

(1)冷拉目的　对于普通钢筋混凝土结构的钢筋,冷拉可以起到调直、除锈的目的(拉伸过程中钢筋表面锈皮会脱落)。当采用冷拉方法调直钢筋时,冷拉率对于HPB300级钢筋不宜大于4%,对于HRB335、HRB400级钢筋不宜大于1%。更重要的是冷拉可以提高钢筋强度。此时钢筋的冷拉率应控制在4%～10%。经过冷拉钢筋强度可提高30%左右,主要用于预应力钢筋。

(2)钢筋冷拉工艺要求　钢筋的冷拉控制应力和最大冷拉率是钢筋冷拉的两个主要参数。钢筋的冷拉率是指钢筋冷拉时由于弹性和塑性变形的总伸长值(称为冷拉的拉长

值)与钢筋原长之比,以百分数表示。在一定的限度内,冷拉控制应力或冷拉率越大,钢筋强度提高越多,但塑性降低也越多。钢筋冷拉后仍应有一定的塑性,同时屈服点与抗拉强度之间也应保持一定的比例(称屈强比),使钢筋有一定的强度储备。表4-5为规范对冷拉应力和冷拉率所做的限制。钢筋的冷拉方法可采用控制冷拉率和控制应力两种方法。

表4-5 冷拉控制应力及最大冷拉率

项次	钢筋级别		冷拉控制应力/MPa	最大冷拉率/%
1	HPB300 级 $d \leqslant 12$		310	10
2	HRB335 级	$d \leqslant 25$	450	5.5
		$d = 28 \sim 40$	430	5.5
3	HRB400 级 $d = 8 \sim 40$		500	5
4	RRB400 级 $d = 10 \sim 28$		700	4

1)控制冷拉率法 以冷拉率控制钢筋冷拉的方法。冷拉率必须由试验确定。测定当应力达到表4-6中规定的应力值时的冷拉率。取4个试件冷拉率平均值作为该批钢筋实际采用的冷拉率,并应符合表4-5的规定。也就是说,实测4个试件冷拉率的平均值必须低于表4-5规定的最大冷拉率。控制冷拉率法施工操作简单,但当钢筋材质不匀时,用试验确定冷拉率进行冷拉,钢筋实际达到的冷拉应力并不能完全符合表4-6要求,分散性很大,不能保证冷拉的质量。这种方法的优点是冷拉后钢筋长度整齐划一,便于下料。

表4-6 测定冷拉率时钢筋的冷拉应力

项次	钢筋级别		冷拉应力/MPa
1	HPB300 级 $d \leqslant 12$		310
2	HRB335	$d \leqslant 25$	480
		$d = 28 \sim 40$	460
3	HRB400 级 $d = 8 \sim 40$		530
4	RRB400 级 $d = 10 \sim 28$		730

2)控制应力法 以控制钢筋冷拉应力为主,冷拉应力按表4-6中相应级别钢筋的控制应力选用。冷拉时应检查钢筋的冷拉率,不得超过表4-5中的最大冷拉率。钢筋冷拉时,如果钢筋已达到规定的控制应力,而冷拉率未超过表4-5最大冷拉率,则认为合格。

(3)冷拉钢筋的质量检验

1)分批组织验收,每批由不大于20 t的同级别、同直径冷拉钢筋组成。

2）钢筋表面不得有裂纹和局部缩颈。当用作预应力筋时，应逐根检查。

3）从每批冷拉钢筋中抽取2根钢筋，每根取2个试样分别进行拉力和冷弯试验，如有一项试验结果不符合表4-7的规定时，应另取两倍数量的试样，重做各项试验，如仍有一个试样不合格，则该批冷拉钢筋为不合格。

4）计算冷拉钢筋的屈服点和抗拉强度应采用冷拉前的截面积。

5）拉力试验包括屈服点、抗拉强度和伸长率三个指标。

表4-7　冷拉钢筋机械性能

钢筋级别	直径/mm	屈服点/MPa	抗拉强度/MPa	伸长率/%	冷弯	
		不小于			弯心直径	弯曲角度
冷拉 HPB300 级	≤12	310	370	11	3d	180°
冷拉 HRB335 级	≤25	450	510	10	3d	90°
	28～40	430	490		4d	90°
冷拉 HRB400 级	8～40	500	570	8	5d	90°
冷拉 RRB400 级	10～28	700	835	6	5d	90°

4.3.2.2　钢筋冷拔

（1）冷拔原理　钢筋冷拔是将 Φ6～Φ8 的 HPB300 级光面钢筋在常温下强力拉拔使其通过特制的钨合金拔丝模孔，钢筋轴向被拉伸、径向被压缩，钢筋产生较大的塑性变形，抗拉强度提高50%～90%，塑性降低，硬度提高。经过多次强力拉拔的钢筋，称为冷拔低碳钢丝。甲级冷拔钢丝主要用于中、小型预应力构件中的预应力筋，乙级冷拔钢丝可用于焊接网、焊接骨架或用作构造钢筋等。

（2）冷拔工艺　钢筋的冷拔工艺过程:轧头→剥壳→拔丝。轧头是在钢筋轧头机上进行，将钢筋端头压细，以便通过拔丝模孔。剥壳是通过具有两至三个槽轮的剥壳装置，除去钢筋表面坚硬的氧化铁锈。拔丝是用强力使钢筋通过润滑剂进入拔丝模孔，通过强力拉拔使大直径的钢筋变为小直径的钢丝，以提高钢筋的强度。拔丝模孔有各种规格，根据钢丝每次拔丝后压缩的直径选用。

4.3.3　钢筋的配料与代换

4.3.3.1　钢筋配料

钢筋下料长度计算是钢筋配料的关键。设计图中注明的钢筋尺寸是钢筋的外轮廓尺寸（从钢筋外皮到外皮量得的尺寸），称为钢筋的外包尺寸。在钢筋加工时，也按外包尺寸进行验收。钢筋弯曲后的特点:在弯曲处内皮收缩、外皮延伸、轴线长度不变，直线钢筋的外包尺寸等于轴线长度;而钢筋弯曲段的外包尺寸大于轴线长度，二者之间存在一个差值，称量度差值。如果下料长度按外包尺寸的总和来计算，则加工后钢筋尺寸大于设计要

求的尺寸,影响施工,也造成材料的浪费;只有按轴线长度下料加工,才能使钢筋形状尺寸符合设计要求。因此,钢筋下料时,其下料长度应为各段外包尺寸之和,减去量度差值,再加上两端弯钩增加长度。即

钢筋下料长度:外包尺寸+端部弯钩增加量-量度差值

箍筋下料长度:箍筋周长+箍筋调整值

(1)钢筋中间部位弯曲量度差 为计算简便,取量度差近似值如下:当弯30°时,取$0.3d$;当弯45°时,取$0.5d$;当弯60°时,取$0.85d$;当弯90°时,取$2d$;当弯135°时,取$3d$。

(2)钢筋末端弯钩增加值 钢筋末端弯钩(曲)有180°、135°及90°三种,可按下列三式分别计算:

当弯180°时,增长值 $=0.5\pi(D+d)-(0.5D+d)+$平直长度

当弯135°时,增长值 $=0.37\pi(D+d)-(0.5D+d)+$平直长度

当弯90°时,增长值 $=0.25\pi(D+d)-(0.5D+d)+$平直长度

1)HPB300级钢筋末端应作180°弯钩,在普通混凝土中取其弯弧内直径 $D=2.5d$,平直段长度为$3d$,故每弯钩增长值为$6.25d$。

2)当设计要求钢筋末端需作135°弯钩时,HRB335级、HRB400级钢筋的弯弧内直径不应小于钢筋直径的4倍,弯钩的弯后平直部分长度应符合设计要求;钢筋作不大于90°的弯折时,弯折处的弯弧内直径不应小于钢筋直径的5倍。其末端弯钩增长值,当弯90°时,为$2d+$平直段长;当弯135°时,为$3d+$平直段长。

3)除焊接封闭环式箍筋外,箍筋的末端应作弯钩。弯钩形式应符合设计要求。当设计无具体要求时,箍筋弯钩的弯弧内直径除应满足前条的规定外,尚应不小于受力钢筋直径;箍筋弯钩的弯折角度:对一般结构,不应小于90°;对有抗震等要求的结构,应为135°。箍筋弯后平直部分长度:对一般结构,不宜小于箍筋直径的5倍;对有抗震等要求的结构,不应小于箍筋直径的10倍。其末端弯曲增长仍可按前式计算。

(3)箍筋下料长度计算 目前混凝土结构设计大都有抗震要求。箍筋下料长度计算可用外包尺寸或内包两种计算方法。为简化计算,一般先按外包或内包尺寸计算出周长,查表4-8后,再加上相应的调整值即可。

表4-8 箍筋下料长度调整值

箍筋度量方法	箍筋直径/mm			
	4~5	6	8	10~12
量外包尺寸/mm	40	50	60	70
量内包尺寸/mm	80	100	120	150~170

【例4-1】 某建筑物第一层共有根L_1梁,梁的配筋如图4-12所示,试作钢筋配料单(保护层厚度取25 mm,弯起筋弯起角度为45°,梁截面尺寸450 mm×200 mm)。

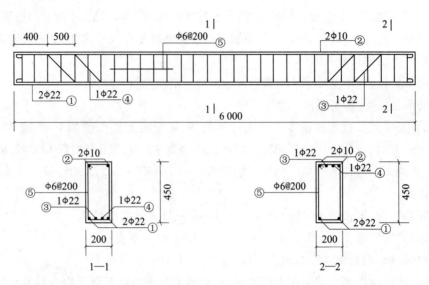

图 4-12 L_1 梁钢筋详图

解 L_1 梁各钢筋下料长度计算如下:

①号钢筋为 HPB300 级钢筋,两端需作 180°弯钩,则下料长度为:$6\ 000 - 2 \times 25 + 2 \times 6.25 \times 22 = 6\ 225$ mm

②号钢筋下料长度为:$6\ 000 - 2 \times 25 + 2 \times 6.25 \times 10 = 6\ 075$ mm

③号钢筋为弯起钢筋,应分段计算其长度。

端部平直段长为:$400 - 25 = 375$ mm

斜段长为:(梁高 -2 倍保护层厚度 -2 倍箍筋直径)$\times 1.414 = (450 - 2 \times 25 - 2 \times 6) \times 1.414 = 549$ mm

中间平直段长为:$6\ 000 - 2 \times 400 - 2 \times (450 - 2 \times 25 - 2 \times 6) = 4\ 424$ mm

则③号钢筋下料长度为:$375 \times 2 + 549 \times 2 + 4\ 424 - 4 \times 0.5 \times 22 + 2 \times 6.25 \times 22 = 6\ 503$ mm

④号钢筋为弯起钢筋,应分段计算其长度。

端部平直段长为:$400 + 500 - 25 = 875$ mm

斜段长为:$(450 - 2 \times 25 - 2 \times 6) \times 1.414 = 549$ mm

中间平直段长为:$6\ 000 - 2 \times (400 + 500) - 2 \times (450 - 2 \times 25 - 2 \times 6) = 3\ 424$ mm

则④号钢筋下料长度为:$875 \times 2 + 549 \times 2 + 3\ 424 - 4 \times 0.5 \times 22 + 2 \times 6.25 \times 22 = 6\ 503$ mm(与③相同,为什么?)

⑤号钢筋为箍筋,可用三种方法计算,三者之间存在一定的误差,但均可满足工程要求。

方法 1:量外包尺寸箍筋调整值为 50 mm,箍筋外包尺寸为

宽度 $= 200 - 2 \times 25 = 150$ mm

高度 $= 450 - 2 \times 25 = 400$ mm

则⑤号箍筋的下料长度为: $(150+400) \times 2+50=1\,150$ mm

方法 2: 量内皮尺寸箍筋调整值为 100 mm, 箍筋内皮尺寸为

宽度 $=200-2 \times 25-2 \times 6=138$ mm

高度 $=450-2 \times 25-2 \times 6=388$ mm

则⑤号箍筋的下料长度为: $(138+388) \times 2+100=1\,152$ mm

方法 3: 按照普通钢筋计算, 箍筋外包尺寸为

$(宽度+高度) \times 2=[(200-2 \times 25)+(450-2 \times 25)] \times 2=1\,100$ mm

则⑤号箍筋的下料长度为: $1\,100-3 \times 2 \times 6-2 \times 3 \times 6+2 \times 10 \times 6=1\,148$ mm

(注: 用不同方法计算箍筋下料长度, 结果长度误差仅 2 mm, 所以都满足工程精度要求)

箍筋根数为: (构件长 -2 倍保护层厚度)/箍筋间距 $+1=(6\,000-2 \times 25)/200+1=30.75(根)$。实际下料时取 31 根。

加工根据钢筋配料单, 每一编号钢筋都应做钢筋加工牌, 钢筋加工后及时将加工牌绑在钢筋上以便识别。钢筋加工牌上应注明工程名称、构件编号、钢筋规格、总加工根数、下料长度及钢筋简图、外包尺寸等。

随着施工技术工业化程度的提升以及计算机辅助施工的广泛应用, 国家标准《建筑工程绿色施工规范》(GB/T 50905—2014) 推荐钢筋宜采用专用软件优化放样下料。钢筋工程宜采用专业化生产的成型钢筋。钢筋现场加工时, 宜采取集中加工方式。

4.3.3.2　钢筋代换

当施工中遇有钢筋品种或规格与设计要求不符时, 可参照以下原则进行钢筋代换。

等强度代换: 当构件受强度控制时, 钢筋可按强度相等原则进行代换。

等面积代换: 当构件按最小配筋率配筋时, 钢筋可按面积相等原则进行代换。

当构件受裂缝宽度或挠度控制时, 代换后应进行裂缝宽度或挠度验算。

(1) 等强度代换　假如施工图设计用钢筋强度为 f_{y1}, 钢筋总面积为 A_{y1}, 代换后钢筋强度为 f_{y2}, 钢筋总面积为 A_{y2}, 则应满足: $f_{y2}A_{y2} \geq f_{y1}A_{y1}$, 即

$$A_{y2} \geq \frac{f_{y1}A_{y1}}{f_{y2}}$$

如果将钢筋总面积变换成钢筋公称直径, 则上式变为

$$n_2 \geq \frac{n_1 d_1^2 f_{y1}}{d_2^2 f_{y2}}$$

式中　d_1、d_2——代换前、后钢筋公称直径;

n_1、n_2——代换前、后钢筋根数。

前述公式应用时有如下两种情形:

第一种情形, 当代换钢筋强度相同、直径不同时, 钢筋代换公式为

$$n_2 \geq n_1 \frac{d_1^2}{d_2^2}$$

第二种情形, 当代换钢筋直径相同、强度设计值不同时, 钢筋代换公式为

$$n_2 \geq n_1 \frac{f_{y1}}{f_{y2}}$$

（2）等面积代换　当构件按最小配筋率控制时,可按照钢筋面积相等的原则代换,即满足 $A_{y2} \geqslant A_{y1}$。

（3）代换注意事项　钢筋代换必须充分了解设计意图和代换材料性能,并严格遵守现行混凝土结构设计规范的各项规定;当钢筋品种、级别或规格需作变更时,应办理设计变更文件,在征得设计部门同意后,按代换原则进行,并满足以下要求。

1）对重要构件（如吊车梁、薄腹梁、桁架下弦等）不宜用光圆钢筋代替变形钢筋。

2）钢筋代换后应满足配筋构造规定,如钢筋最小直径、间距、根数、锚固长度等。

3）同一截面内可同时配有不同种类和直径的代换钢筋,但每根钢筋的拉力差不应过大（如同品种钢筋的直径差值一般不大于 5 mm）,以免构件受力不匀。

4）梁的纵向受力钢筋与弯起钢筋应分别代换,以保证正截面与斜截面强度。

5）偏心受压构件（如框架柱、有吊车厂房柱、桁架上弦等）或偏心受拉构件作钢筋代换时,不取整个截面配筋量计算,应按受力面（受压或受拉）分别代换。

6）钢筋代换后,有时受力钢筋直径加大或根数增多而需要增加排数,则构件截面的有效高度 h_0 减小,截面强度降低。通常可凭经验适当增加钢筋面积,然后再按弯矩相等原则作截面强度复核。

7）当构件受裂缝宽度控制时,如以小直径钢筋代换大直径钢筋,强度等级低的钢筋代替强度等级高的钢筋,则可不作裂缝宽度验算。

4.3.4　钢筋的连接

钢筋连接方式有绑扎连接、焊接连接和机械连接。绑扎连接由于需要较长的搭接长度,浪费钢筋,且连接不可靠,故宜限制使用。焊接连接的方法较多,成本较低,质量可靠,宜优先选用。机械连接属无明火作业,设备简单,节约能源,可全天候施工,连接可靠,技术易于掌握。

4.3.4.1　钢筋绑扎连接

绑扎连接的基本要求:同一构件中相邻纵向受力钢筋的绑扎搭接接头宜相互错开。绑扎搭接接头中钢筋的横向净距不应小于钢筋直径,且不应小于 25 mm。

钢筋绑扎搭接接头连接区段的长度为 $1.3l_1$（l_1 为搭接长度）,凡搭接接头中点位于该连接区段长度内的搭接接头均属于同一连接区段（图 4 - 13）。同一连接区段内,纵向钢筋搭接接头面积百分率为该区段内有搭接接头的纵向受力钢筋截面面积与全部纵向受力钢筋截面面积的比值。同一连接区段内,纵向受拉钢筋搭接接头面积百分率应符合设计要求。

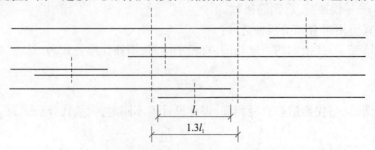

图 4 - 13　钢筋绑扎搭接接头连接区段及接头面积百分率

纵向受力钢筋绑扎搭接接头的最小搭接长度应符合表 4 - 9 的规定。受压钢筋绑扎接头的搭接长度,应取受拉钢筋绑扎接头搭接长度的 0.7 倍。

在梁、柱类构件的纵向受力钢筋搭接长度范围内,应按设计或构造要求配置箍筋。

表 4 - 9　纵向受拉钢筋的最小搭接长度

钢筋类型		混凝土强度等级			
		C15	C20 ~ C25	C40 ~ C45	≥C40
光圆钢筋	HPB300 级	45d	35d	40d	25d
带肋钢筋	HRB335 级	55d	45d	35d	40d
	HRB400 级、RRB400 级	—	55d	40d	45d

注:两根直径不同钢筋的搭接长度,以较细钢筋的直径计算

4.3.4.2　钢筋焊接连接

钢筋焊接质量与钢材的可焊性、焊接工艺有关。钢材可焊性与钢材所含化学元素种类及含量影响很大。含碳、锰数量增加,则可焊性差;而含适量的钛可改善可焊性。焊接工艺(焊接工艺与操作水平)也影响焊接质量,即使可焊性差的钢材,若焊接工艺合宜,亦可获得良好的焊接质量。常用的焊接方法有闪光对焊、电阻点焊、电弧焊、电渣压力焊、埋弧压力焊、气压焊等。

(1)闪光对焊　闪光对焊广泛用于焊接直径为 10 ~ 40 mm 的 HPB300、HRB335、HRB400 热轧钢筋和直径为 10 ~ 25 mm 的 RRB400 余热处理钢筋及预应力筋与螺丝端杆的焊接。

1)焊接原理　利用低电压、强电流在钢筋接头处,产生高温,钢筋熔化,施加压力顶锻,使两根钢筋焊接在一起,形成对焊接头。对焊机一般由机架、导向机构、动夹具、固定夹具、送进机构、夹紧机构、支座(顶座)、变压器、控制系统等几部分组成,见图 4 - 14。

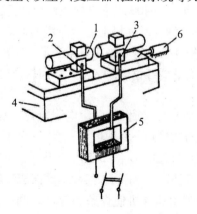

图 4 - 14　对焊机示意图

1 - 焊接的钢筋;2 - 固定电极;3 - 可动电极;4 - 机架;5 - 变压器;6 - 送进机构

2)焊接工艺 根据钢筋的品种、直径和选用的对焊机功率,闪光对焊分为连续闪光焊、预热闪光焊和闪光 – 预热 – 闪光焊三种工艺。对可焊性差的钢筋,对焊后采取通电热处理的方法,以改善对焊接头的塑性。

①连续闪光焊的工艺过程:先将钢筋夹入对焊机的两极中,闭合电源,然后使两根钢筋端面轻微接触。此时钢筋端部表面不平,接触面很小,电流通过时电流密度和电阻很大,接触点很快熔化,产生金属蒸汽飞溅,形成闪光现象。形成闪光后,徐徐移动钢筋,形成连续闪光。当钢筋烧化规定长度后,接头烧平,闪去杂质和氧化膜,白热熔化时,以一定的压力迅速进行顶锻,使两根钢筋焊牢,形成对焊接头。适用于直径 25 mm 以下的钢筋。

②预热闪光焊是在连续闪光焊前增加一次预热过程,以使钢筋均匀加热。其工艺过程:预热→闪光→顶锻。即先闭合电源,使两根钢筋端面交替轻微接触和分开,发出断续闪光使钢筋预热,当钢筋烧化到规定的预热留量后,连续闪光,最后进行顶锻。适用于直径 25 mm 以上端部平整的钢筋。

③闪光 – 预热 – 闪光焊是在预热闪光焊前加一次闪光过程,使钢筋端面烧化平整,预热均匀。适用于直径 25 mm 以上端部不平整的钢筋。

图 4 – 15 是以上三种对焊方法的工艺过程图。

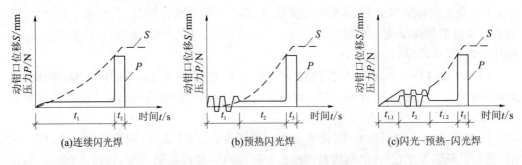

图 4 – 15　钢筋闪光对焊工艺过程

④焊后通电热处理是对于 RRB400 级余热处理钢筋,为改善焊接接头塑性,在焊后进行通电热处理。焊后通电热处理在对焊机上进行。钢筋对焊完毕,当焊接接头温度降低至呈暗黑色(300 ℃以下),松开夹具将电极钳口调至最大距离,重新夹紧。然后进行脉冲式通电加热,钢筋加热至表面呈橘红色(750 ~ 850 ℃)时,通电结束。松开夹具,待钢筋稍冷后取下,在空气中自然冷却。

(2)电阻点焊 当钢筋交叉焊接时,宜采用电阻点焊。焊接时将钢筋的交叉点放入点焊机两极之间,通电使钢筋加热到一定温度后,加压使焊点处钢筋互相压入一定的深度(压入深度为两钢筋中较细者直径的 1/4 ~ 2/5),将焊点焊牢。见图 4 – 16。采用点焊代替绑扎,可以提高工效,便于运输。在钢筋骨架和钢筋网成型时优先采用电阻点焊。

(3)电弧焊 电弧焊是利用弧焊机使焊条和焊件之间产生高温电弧,熔化焊条和焊件金属,熔化的金属凝固后形成焊接接头。电弧焊广泛用于钢筋接长、钢筋骨架焊接、装配式结构钢筋接头焊接及钢筋与钢板、钢板与钢板的焊接等。

电弧焊主要设备是弧焊机,分为交流和直流两类。工地常用交流弧焊机。

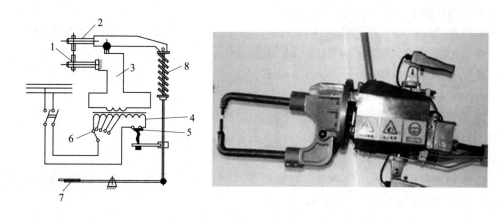

图 4 – 16　电阻点焊示意图及焊接机具

1 – 电极；2 – 电极臂；3 – 变压器的次级线圈；4 – 变压器的初级线圈；

5 – 断路器；6 – 变压器的调节开关；7 – 踏板；8 – 压紧机构

钢筋电弧焊接头主要有帮条焊、搭接焊和坡口焊三种形式。见图 4 – 17。

1）帮条焊　将两根待焊的钢筋对正，使两端头离开 2～5 mm，然后用短帮条，帮在外侧，在与钢筋接触部分，焊接一面或两面，称为帮条焊。它分为单面焊缝和双面焊缝图 4 – 17(a)。若采用双面焊，接头中应力传递对称、平衡，受力性能好；若采用单面焊，则受力情况差。因此，应尽量可能采用双面焊，只有在施工条件限制不能双面焊时，才采用单面焊。

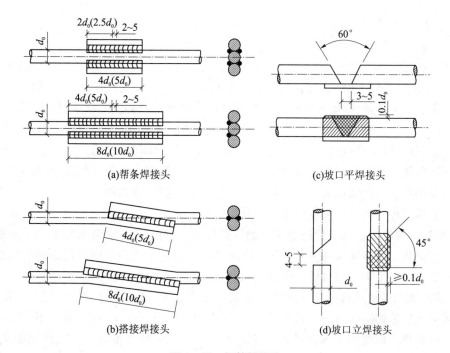

(a)帮条焊接头

(c)坡口平焊接头

(b)搭接焊接头

(d)坡口立焊接头

图 4 – 17　钢筋焊接头

帮条焊适用于直径 10～40 mm 的 HPB300 级、HRB400 级钢筋和 10～25 mm 的余热

处理 HRB400 级钢筋。

帮条焊宜采用与主筋同级别、同直径钢筋制作,其焊缝长度:光面钢筋单面焊 $L \geq 8d_0$,双面焊 $L \geq 4d_0$;变形钢筋单面焊 $L \geq 10d_0$;双面焊 $L \geq 5d_0$。帮条焊接头与焊缝厚度,不应小于主筋直径的 0.3 倍,且不小于 4 mm;焊缝宽度不小于主筋直径的 0.8 倍,且不小于 10 mm。两主筋端面的间隙为 2~5 mm。

2)搭接焊 把钢筋端部弯曲一定角度(使轴线重合)叠合,在钢筋接触面上焊接形成焊缝,分为双面焊缝和单面焊缝,如图 4-17(b)所示。适用于焊接直径 10~40 mm 的 HPB300、HPB335 级钢筋。

搭接焊宜采用双面焊缝,不能进行双面焊时,也可采用单面焊。搭接焊的搭接长度 l 及焊缝高度 s、焊缝宽度 b 同帮条焊。

3)坡口焊 又叫剖口焊。其焊接头分为坡口平焊接头和坡口立焊接头两种,如图 4-17(c)。适用于直径 16~40 mm 的钢筋;主要用于装配式结构节点的焊接。

钢筋坡口平焊采用 V 形坡口,坡口夹角为 55°~65°,两根钢筋根部空隙为 3~5 mm,下垫钢板长度 40~60 mm,厚度 4~6 mm,钢垫板宽度为钢筋直径加 10 mm。钢筋坡口立焊采用 40°~55°坡口。

(4)电渣压力焊

1)焊接原理及适用范围 电渣压力焊利用电流通过渣池所产生的热量来熔化母材,待到一定程度后施加压力,完成钢筋连接。这种焊接方法比电弧焊焊接效率高 5~6 倍,且成本较低,质量易保证。适用于直径为 14~40 mm 的 HPB300、HRB335 级竖向或斜向钢筋的连接。

电渣压力焊可用手动电渣压力焊机或自动压力焊机。

施焊前先将钢筋端部 120 mm 范围内的铁锈、杂质刷净,把钢筋安装于夹具钳口内夹紧,在两根钢筋接头处放一铁丝小球(适于钢筋端面较平整而焊机功率又较小时)或导电剂(适于钢筋直径较大时);然后在焊剂盒内装满焊剂。焊剂的作用是使熔渣形成渣池,保护熔化的高温金属,避免发生氧化、氮化作用,以形成良好的钢筋接头;施焊时,接通电源使小球(或导电剂)、钢筋端部及焊剂相继熔化,形成渣池;维持数秒后,用操纵压杆使钢筋缓缓下降,熔化量达到规定数值(用标尺控制)后,切断电路,用力迅速顶压,挤出金属熔渣和熔化金属,形成坚实的焊接接头。待冷却 1~3 min 后,打开焊剂盒,卸下夹具。

2)焊接工艺 电渣压力焊的工艺过程包括引弧、电弧、电渣和顶压。

①引弧过程 其分为直接引弧法或铁丝球引弧法。

◆直接引弧法是在通电后迅速将上钢筋提起,使两端头之间的距离为 2~4 mm 引弧。这种过程很短。当钢筋端头夹杂不导电物质或端头过于平滑造成引弧困难时,可以多次把上钢筋下移与下钢筋短接后再提起,达到引弧目的。

◆铁丝球引弧法是将铁丝球放在上下钢筋端头之间,电流通过铁丝球与上下钢筋端面的接触点形成短路引弧。铁丝球采用 0.5~1.0 mm 退火铁丝,球径不小于 10 mm,球的每一层缠绕方向应相互垂直交叉。当焊接电流较小,钢筋端面较平整或引弧距离不易控制时,宜采用此法。

②电弧过程 亦称造渣过程。靠电弧的高温作用,将钢筋端头的凸出部分不断烧化;

同时将接口周围的焊剂充分熔化,形成一定深度的渣池。

③电渣过程　渣池形成一定深度后,将上钢筋缓缓插入渣池中,此时电弧熄灭,进入电渣过程。由于电流直接通过渣池,产生大量的电阻热,使渣池温度升到近 2 000 ℃,将钢筋端头迅速而均匀地熔化。其中,上钢筋端头熔化量比下钢筋大 1 倍。经熔化后的上钢筋端面呈微凸形,并在钢筋的端面上形成一个由液态向固态转化的过渡薄层。

④挤压过程　其接头是利用过渡层使钢筋端部产生较大的结合力完成的。所以在停止供电的瞬间,对钢筋施加挤压力,把焊口部分熔化的金属、熔渣及氧化物等杂质全部挤出结合面。由于挤压时焊口处于熔融状态,所需挤压力很小。

经四个焊接过程后,适当冷却方可回收焊剂和卸下焊接夹具,并敲去渣壳;四周焊包应均匀,凸出钢筋表面的高度应不小于 4 mm。

(5)气压焊　钢筋气压焊是采用氧 – 乙炔火焰对钢筋端部加热达到高温状态,并施加足够的轴向压力而形成牢固的对焊接头。工艺过程包括预压、加热与压接过程。钢筋卡好后施加初压力使钢筋端面密贴(间隙不超过 3 mm);再将钢筋端面加热到所需温度;然后对钢筋轴向加压,使接缝处膨鼓的直径达到母材钢筋直径的 1.4 倍,变形长度为钢筋直径的 1.3 ~ 1.5 倍;最后停止加热和加压,待焊接点的红色消失后取下夹具。

此方法具有设备简单、焊接质量好、效率高且不需要电源等优点。可用于直径40 mm以下的 HPB300、HRB335 级钢筋的纵向连接。当两钢筋直径不同时,其直径之差不得大于 7 mm,钢筋气压焊设备主要有氧 – 乙炔供气设备、加热器、加压器及钢筋卡具等,如图 4 –18所示。

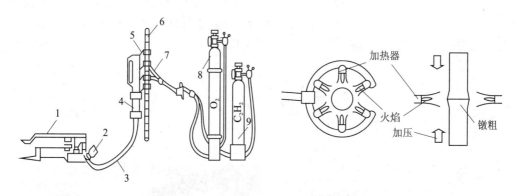

图 4 – 18　气压焊设备及焊枪示意图
1 – 手动液压泵;2 – 压力表;3 – 液压胶管4 – 活动油缸;5 – 钢筋卡具;
6 – 钢筋;7 – 焊枪;8 – 氧气瓶;9 – 乙炔瓶

4.3.4.3　钢筋机械连接

钢筋机械连接是指通过连接件的机械咬合作用或钢筋端面的承压作用,将一根钢筋中的力传递至另一根钢筋的连接方法。它具有以下优点:接头质量稳定可靠,不受钢筋化学成分的影响,人为因素的影响也小;操作简便,施工速度快,且不受气候条件影响;无污染、无火灾隐患,施工安全等。因此,国家标准《建筑工程绿色施工规范》(GB/T 50905—2014)推荐这种钢筋机械连接方式,而且在粗直径钢筋连接中,机械连接方式更具有优势。

钢筋机械连接常有挤压连接、锥螺纹套管连接和镦粗直螺纹套筒连接等方式。

（1）钢筋挤压连接 亦称钢筋套筒冷压连接。它是将需连接的变形钢筋插入特制钢套筒内，利用液压驱动的挤压机进行径向或轴向挤压，使钢套筒产生塑性变形，使它紧紧咬住变形钢筋实现连接（图4-19）。钢筋挤压连接的工艺参数主要是压接顺序、压接力和压接道数。压接顺序从中间隧道向两端压接。压接力要能保证套筒与钢筋紧密咬合，压接力和压接道数取决于钢筋直径、套筒型号和挤压机型号。适用于竖向、横向及其他方向的较大直径变形钢筋的连接。与焊接连接相比，它具有节省电能、不受钢筋可焊性能的影响、不受气候影响、无明火、施工简便和接头可靠度高等特点。

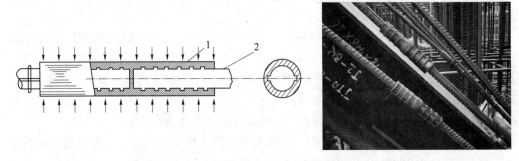

图4-19 钢筋径向挤压连接原理图

1-钢套筒;2-被连接钢筋

（2）钢筋螺纹套管连接 用专用套丝机将钢筋端头加工形成与专用套管螺纹匹配的螺纹。连接方法分为锥套管和直套管螺纹两种型式。连接时对螺纹检查，要求无油污和损伤后，用扭矩扳手紧固至规定的扭矩即完成连接（图4-20）。它施工速度快，不受气候影响，质量稳定，对中性好。

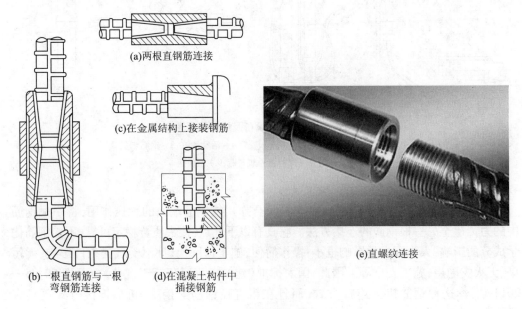

(a)两根直钢筋连接

(c)在金属结构上接装钢筋

(b)一根直钢筋与一根弯钢筋连接

(d)在混凝土构件中插接钢筋

(e)直螺纹连接

图4-20 钢筋套管螺纹连接

（3）钢筋镦粗直螺纹套筒连接　工程中又称为等强度连接,是先将钢筋端头镦粗,再切削成直螺纹,然后用螺纹套筒将钢筋两端拧紧的钢筋连接方法(图 4 – 21)。钢筋镦粗的方法分为冷镦和热镦。其接头特点是钢筋端部经镦粗后不仅直径增大,使丝扣连接部位截面不小于钢筋原截面面积,而且冷镦后钢材强度提高,使接头部位强度提高,断裂不致出现在接头处。因此,这种接头质量稳定性好,操作简便,连接速度快,成本适中。

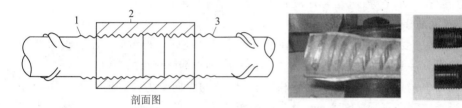

剖面图

图 4 – 21　钢筋镦粗直螺纹套筒连接

1 – 已连接的钢筋;2 – 直螺纹套筒;3 – 正在拧入的钢筋

（4）钢筋套筒灌浆连接　套筒灌浆连接是近年出现的新的连接方式,是将钢筋插入内表面有凹凸的套筒,然后向套筒内灌入无收缩的灌浆材料,待灌浆材料硬化后,便可以将钢筋连接在一起。按连接方式又可分为全灌浆连接和半灌浆连接,见图 4 – 22。这种连接方法不需要对套筒和钢筋施加外力和热量,钢筋不会产生变形和应力,使用范围广泛,可以用于不同种类、不同直径和不同外形的钢筋连接。不受环境条件影响,安全可靠,对操作人员无特殊要求。

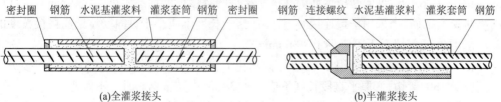

密封圈　钢筋　水泥基灌浆料　灌浆套筒　钢筋　密封圈　　　钢筋　连接螺纹　水泥基灌浆料　灌浆套筒　钢筋

(a)全灌浆接头　　　　　　　　　　　　　(b)半灌浆接头

图 4 – 22　钢筋套筒灌浆连接

4.3.5　钢筋的绑扎与安装

单根钢筋经过调直、配料、切断、弯曲等加工后,即可成型为钢筋骨架或钢筋网。钢筋成型应优先采用机械和焊接,最好采用整体绑扎现场安装的方法,只有当条件不具备时,采用现场绑扎成型。

钢筋在绑扎和安装前,应首先熟悉钢筋图,核对钢筋配料单和料牌,根据工程特点、工作量、施工进度、技术水平等,研究与有关工种的配合,确定施工方法。

4.3.5.1　单根钢筋接头要求

(1)绑扎搭接　受力钢筋接头宜设置在受力较小处。在同一根钢筋上不宜设置两个或两个以上接头。接头末端至钢筋弯起点的距离不应小于钢筋直径的 10 倍。

轴心受拉及小偏心受拉杆件(如桁架和拱的拉杆)的纵向受力拉钢筋不得采用绑扎搭接接头。当受拉钢筋直径 $d > 28$ mm 及受压钢筋直径 $d > 32$ mm 时,不宜采用绑扎搭接接头。

同一构件中相邻纵向受力钢筋的绑扎搭接接头宜相互错开。钢筋绑扎搭接接头连接区段的长度为 1.3 倍搭接长度,凡搭接接头中点位于该连接区段长度内的搭接接头均属于同一连接区段。同一连接区段内纵向钢筋搭接接头面积百分率为该区段内有搭接接头的纵向受力钢筋截面面积与全部纵向受力钢筋截面面积的比值。无设计具体要求时,应符合下列规定:①对梁类、板类及墙类构件,不宜大于 25%;②对柱类构件,不宜大于 50%;③当工程中确有必要增大接头面积百分率时,对梁类构件,不应大于 50%;对其他构件可根据实际情况放宽。

纵向受拉钢筋绑扎搭接接头的搭接长度应根据位于同一连接区段内的钢筋搭接接头面积百分率按下列公式计算

$$l_1 = \zeta \times l_n$$

式中　l_1——纵向受拉钢筋的搭接长度;

l_n——纵向受拉钢筋的锚固长度;

ζ—纵向受拉钢筋搭接长度修正系数,按表 4 – 10 取用。

表 4 – 10　纵向受拉钢筋搭接长度修正系数

纵向钢筋搭接接头面积百分率/%	≤25	50	100
修正系数 ζ	1.2	1.4	1.6

在任何情况下,纵向受拉钢筋绑扎搭接接头的搭接长度均不应小于 300 mm。构件中的纵向受压钢筋,当采用搭接连接时,其受压搭接长度不应小于纵向受拉钢筋搭接长度的 0.7 倍,且在任何情况下不应小于 200 mm。

在绑扎接头搭接处,要用 20 ~ 22 号铁丝扎牢它的中心和两端。光面钢筋绑扎接头的末端应做 180°弯钩,弯厚平直段长度不应小于 3d,但作受压钢筋时可不做弯钩。

在纵向受力钢筋搭接长度范围内应配置箍筋,其直径不应小于搭接钢筋较大直径的 0.25 倍。当钢筋受拉时,箍筋间距不应大于搭接钢筋较小直径的 5 倍,且不应大于

100 mm;当钢筋受压时,箍筋间距不应大于搭接钢筋较小直径的 10 倍,且不应大于 200 mm。当受压钢筋直径 $d > 25$ mm 时,尚应在搭接接头两个端面外 100 mm 范围内各设置两个箍筋。

(2)焊接连接　纵向受力钢筋的焊接接头应相互错开。钢筋焊接接头连接区段的长度为 $35d$(d 为纵向受力钢筋的较大直径)且不小于 500 mm,凡接头中点位于该连接区段长度内的焊接接头均属于同一连接区段。

位于同一连接区段内纵向受力钢筋的焊接接头面积百分率,对纵向受拉钢筋接头,不应大于 50%。纵向受压钢筋的接头面积百分率可不受限制。

(3)机械连接　纵向受力钢筋机械连接接头宜相互错开。钢筋机械连接接头连接区段的长度为 $35d$(d 为纵向受力钢筋的较大直径),凡接头中点位于该连接区段长度内的机械连接接头均属于同一连接区段。

在受力较大处设置机械连接接头时,位于同一连接区段内的纵向受拉钢筋接头面积百分率不宜大于 50%。纵向受压钢筋的接头面积百分率可不受限制。直接承受动力荷载的结构机械连接接头,除应满足设计要求的抗疲劳性能外,位于同一连接区段内的纵向受力钢筋接头面积百分率不应大于 50%。

机械连接接头连接件的混凝土保护层厚度宜满足最小保护层厚度要求。连接件间的横向净间距不宜小于 25 mm。

4.3.5.2　钢筋绑扎基本要求

钢筋绑扎应符合钢筋绑扎与安装应符合国家标准《混凝土结构工程施工质量验收规范》(GB 50204—2015)的规定。各类钢筋形式的绑扎应符合下列要求。

(1)钢筋网片　钢筋交叉点应采用 20 ~ 22 号铁丝绑扎,不仅要牢固可靠,而且扎丝长度要适宜。对于单向板靠近外围两行钢筋的交叉点应全部扎牢外,中间部分交叉点可间隔交替扎牢;对于双向受力的钢筋和剪力墙钢筋网所有交叉点应全部绑扎。以上各点绑扎方向应交错地变化,成"八"字形,以免产生位置偏移。

(2)梁、柱箍筋　梁、柱箍筋除设计有特殊要求(如桁架端部采用斜向箍筋)之外,箍筋应与受力钢筋垂直;箍筋弯钩叠合处应沿受力钢筋方向错开放置。其中梁的箍筋弯钩应放在受压区,即不放在受力钢筋这一面。在连续梁支座处,可将箍筋弯钩放在受拉区(即截面上部),但应绑牢,必要时采用电弧焊点焊加固。

(3)柱纵筋弯钩朝向　绑扎矩形柱时,角部钢筋弯钩平面应与模板面成 45°(多边形柱角部钢筋的弯钩平面应位于模板内角的平分线上;圆形柱钢筋的弯钩平面应与模板切平面垂直,即弯钩应朝向圆心);矩形柱和多边形柱的中间钢筋(即不在角部的钢筋)弯钩平面应与模板面垂直;当柱浇筑截面较小时,弯钩平面与模板面夹角不得小于 15°。

(4)梁、柱节点处钢筋　在柱与梁、梁与梁以及框架和桁架节点处杆件交汇点,钢筋纵横交错,大部分在同一位置上发生碰撞。这时必须在施工前予以解决。处理原则是受力较大的主要钢筋保持原位,受力较小者避让。各钢筋从外到内的排列顺序是柱钢筋、主梁钢筋、次梁钢筋。

1)主梁与次梁交叉　对于肋形楼板结构,在板、次梁与主梁交叉处,纵横钢筋密集,

在这种情况下,钢筋的安装顺序自下至上应该为主梁钢筋、次梁钢筋、板的钢筋。

2)杆件交叉　框架、桁架的杆件节点是钢筋交叠密集的部位,如果杆件截面高度(或宽度)相同,而按照相同混凝土保护层厚度取用,两杆件的主筋就会碰触到一起,这时应先对节点处配筋情况详加审核,按上述原则预先提出绑扎方案。

(5)钢筋位置的固定　为使安装钢筋处于准确位置,不因施工产生移位,应设置相应的支架、垫块加以固定。

1)保护层厚度　构件中受力钢筋的混凝土保护层最小厚度(从钢筋外皮算起)应不应小于受力钢筋的公称直径。

此外,当设计使用年限为50年的混凝土结构,最外层钢筋的保护层厚度应符合表4-11的规定;设计使用年限为100年的混凝土结构,最外层钢筋的保护层厚度不应小于表4-11中数值的1.4倍。

表4-11　混凝土保护层的最小厚度

环境类别	板、墙、壳/mm	梁、柱、杆/mm
一	15	20
二 a	20	25
二 b	25	35
三 a	30	40
三 b	40	50

注:①混凝土强度等级不大于C25时,表中保护层厚度数值应增加5 mm;
　　②钢筋混凝土基础宜设置混凝土垫层,基础中钢筋的混凝土保护层厚度应层垫层顶面算起,且不应小于40 mm,当无垫层时不应小于70 mm;
　　③环境类别:一类为室内干燥环境、无侵蚀性静水浸没环境;二类a为室内潮湿环境、非严寒和非寒冷地区的露天环境、严寒和寒冷地区的冰冻线以下与无侵蚀的水或土壤直接接触的环境;二类b为干湿交替环境、严寒和寒冷地区的露天环境、严寒和寒冷地区的冰冻线以下与无侵蚀的水或土壤直接接触的环境;三类a为严寒和寒冷地区冬季水位变动的环境、受除冰盐影响环境、海风环境;三类b为盐渍土环境、受除冰盐作用环境、海岸环境

当有充分依据并采取下列措施时,可适当减小混凝土保护层的厚度:一是构件有可靠的防护层;二是采用工厂化生产的预埋件;三是在混凝土中掺加阻锈剂或采用阴极保护处理等防锈措施;四是当对地下室墙体采取可靠的建筑防水做法或防护措施时,与土层接触一侧钢筋的保护层厚度可适当减少,但不应小于25 mm。

当梁、柱、墙中纵向受力钢筋保护层厚度大于50 mm时,宜对保护层采取有效的构造措施。当在保护层内配置防裂缝、防剥落的钢筋网片时,钢筋网片保护层厚度不应小于25 mm。

2)保证保护层要求的措施　传统做法是在现场用水泥砂浆制作一定厚度的垫块,有时在垫块中穿入铁丝可将垫块固定在竖向钢筋上,但逐渐被淘汰。目前垫块是由专业厂家生产不同规格的成品混凝土垫块或塑料卡环式垫块,直接在现场使用。

4.4 混凝土工程

混凝土工程包括混凝土的制备、运输、浇筑捣实、养护和缺陷处理等施工过程。各个施工过程既相互联系又相互影响,在混凝土施工过程中除控制混凝土原材料质量外,任一施工过程处理不当都会影响混凝土的最终质量。因此,在施工过程中应控制每一个施工环节。

4.4.1 混凝土制备

混凝土制备应采用符合质量要求的原材料按规定的配合比配料,混合料应拌合均匀,以保证结构设计所规定的混凝土强度等级,满足设计提出的特殊要求(如抗冻、抗渗等)和施工和易性要求,并应符合节约水泥、减轻劳动强度等原则。另外,依据国家标准《建筑工程绿色施工规范》(GB/T 50905—2014)规定,在混凝土配合比设计时,应减少水泥用量,增加工业废料、矿山废渣的掺量;当混凝土中添加粉煤灰时,宜利用其后期强度。

4.4.1.1 混凝土施工配合比及施工配料

混凝土的配合比是在实验室根据混凝土的配制强度经过试配和调整而确定的,称为实验室配合比。实验室配合比所用砂、石都是不含水分的。而施工现场砂、石都有一定的含水率,且含水率大小随气温等条件不断变化。为保证混凝土施工配比正确,施工中应按砂、石实际含水率对原配合比进行修正。根据现场砂、石含水率调整后的配合比称为施工配合比。施工配料是确定每拌一次需各种原材料的用量,它根据施工配合比和搅拌机的出料容量计算。

4.4.1.2 混凝土搅拌机选择

(1)搅拌机的选择 混凝土搅拌要求:将各种材料拌制成质地均匀、颜色一致、具备一定流动性的混凝土拌合物。搅拌是混凝土施工工艺中很重要的一道工序。搅拌方法分为人工搅拌合机械搅拌。只有在用量较小时允许采用人工搅拌,一般均要求机械搅拌。混凝土搅拌机按其搅拌原理分为自落式和强制式两类(表4-12)。

表4-12 混凝土搅拌机类型

双锥自落式		强制式			
		立轴式			卧轴式 (单轴、双轴)
		涡桨式	行星式		
反转出料	倾翻出料		定盘式	盘转式	

自落式搅拌机的搅拌筒内壁焊有弧形叶片,当搅拌筒绕水平轴旋转时,叶片不断将物料提升到一定高度,利用重力作用,自由落下。由于各物料颗粒下落时间、速度、落点和滚

动距离不同,从而使物料达到混合的目的。自落式搅拌机宜于搅拌塑性混凝土和低流动性混凝土。

强制式搅拌机利用运动叶片强迫物料朝环向、径向和竖向各个方面产生运动,使各物料均匀混合。强制式搅拌机搅拌比自落式强烈,更适于搅拌干硬性或轻骨料混凝土。

强制式搅拌机分立轴式和卧轴式,立轴式又分涡桨式和行星式。

我国混凝土搅拌机是以出料容量(m^3)×1 000 标定规格,现行混凝土搅拌机系列为150、250、350、500、750、1 000、1 500 和 3 000。要根据工程量、混凝土坍落度、骨料尺寸等因素选择搅拌机。既要满足技术要求,又要考虑经济效果和节约能源。

(2)搅拌制度的确定　搅拌制度包括混凝土的搅拌时间、投料顺序和进料容量。

1)搅拌时间　混凝土搅拌时间过短,拌合不均匀,会降低混凝土强度及和易性;时间过长,不仅会影响搅拌机生产率,而且会使混凝土和易性降低或产生分层离析现象。搅拌时间与搅拌机的类型、鼓筒尺寸、骨料的品种和粒径以及混凝土的坍落度等有关,混凝土搅拌的最短时间(即自全部材料装入搅拌筒中起到卸料止),可参照表4-13。

表4-13　混凝土搅拌的最短时间

混凝土坍落度	搅拌机	搅拌机出料容量		
		< 250 L	250 ~ 500 L	> 500 L
≤30 mm	自落式	90 s	120 s	150 s
	强制式	60 s	90 s	120 s
> 30 mm	自落式	90 s	90 s	120 s
	强制式	60 s	60 s	90 s

注:掺有外加剂时,搅拌时间应适当延长

2)投料顺序　投料顺序应从提高搅拌质量、减少叶片、衬板磨损、减少拌合物在搅拌筒上的黏结、减少水泥飞扬、改善工作条件等方面综合考虑确定。常用方法有以下几种。

①一次投料法　即在上料斗中先装石子,再加水泥和砂一次投入搅拌机。这种投料顺序使水泥夹在石子和砂中间,不致水泥飞扬,又不致粘在斗上,且水泥砂浆可缩短包裹石子的时间。

②二次投料法　又分为预拌水泥砂浆法和预拌水泥净浆法。预拌水泥砂浆法是先将水泥、砂和水加入搅拌筒内进行充分搅拌,成为均匀的水泥砂浆,再投入石子搅拌成均匀的混凝土。预拌水泥净浆法是将水泥和水充分搅拌成均匀的水泥净浆后,再加入砂和石子搅拌成混凝土。二次投料法搅拌的混凝土与一次投料法相比较,混凝土强度提高约15%,在强度相同的情况下,可节约水泥15% ~20%。

③水泥裹砂法　又称为 SEC 法。采用此法拌制的混凝土称为 SEC 混凝土,也称作造壳混凝土。搅拌程序是先加一定量的水将砂表面的含水量调节到某一规定的数值(一般为15% ~25%)后,再将石子加入与湿砂拌匀,然后将全部水泥投入,使水泥在砂、石表面形成一层低水灰比的水泥浆壳(此过程称为"成壳"),最后将剩余的水和外加剂加入,搅

拌成混凝土。采用 SEC 法制备的混凝土与一次投料法比较,强度可提高 20% ~30% ,混凝土不易产生离析现象,泌水少,工作性能好。

3)进料容量(干料容量)　进料容量(干料容量)是搅拌前各种材料体积的累积。搅拌时如任意超载(进料容量超过 10%),就会使材料在搅拌筒内无充分的空间进行拌合,影响拌合物的均匀性;如装料过少,则不能充分发挥搅拌机的效率。

4.4.1.3　混凝土搅拌站

为了适应我国建筑市场需要,已普遍建立了混凝土集中搅拌站,推广预拌混凝土(又称商品混凝土)。供应半径 15 ~20 km。混凝土在搅拌站集中拌制,可做到自动上料,自动称量,自动出料和集中操作控制,机械化、自动化程度高,劳动强度低,使混凝土质量和经济效果得到提高。

4.4.2　混凝土运输

4.4.2.1　混凝土运输要求

混凝土运输应保持混凝土拌合物的均匀性,避免产生分层离析现象。应以最少的中转次数和时间运至浇筑地点,保证混凝土浇筑时,坍落度满足要求,从搅拌机卸出后到与浇筑完毕的延续时间不超过表 4-14 的规定;运输速度应保证浇筑工作连续进行;运送混凝土的容器应严密,内壁应平整光洁,不吸水,不漏浆,黏附的混凝土残渣应经常清除。

表 4-14　混凝土从搅拌机中卸出后到浇筑完毕的延续时间

混凝土强度等级	浇筑温度	
	不高于 25 ℃	高于 25 ℃
C30 及 C30 以下	120 min	90 min
C30 以上	90 min	60 min

注:①掺外加剂或采用快硬水泥拌制混凝土时,应按试验确定;
　　②轻骨料混凝土的运输、浇筑时间应适当缩短

4.4.2.2　混凝土运输方式

(1)常用运输方法　混凝土运输方式分为地面运输、垂直运输和楼面运输三种情况。地面运输如运距较远时,采用专用混凝土搅拌运输车或自卸汽车;工地范围内的运输多用载重 1 t 的小型机动翻斗车,近距离亦可采用双轮手推车。

混凝土垂直运输目前多采用混凝土泵;少量时也可用塔式起重机、井架。其中,混凝土泵和塔式起重机运输可一次完成地面运输、垂直运输和楼面运输,但塔式起重机的运输速度不及混凝土泵。

(2)混凝土搅拌运输车　混凝土搅拌运输车所搅拌合运输的混凝土匀质性好、进出料速度高、出料残余率低、液压传动系统可靠、操作轻便、外形美观。它还具有回转稳定、性能可靠、操作简便、工作寿命长等优点,无论是混凝土搅拌还是输送,均能确保混凝土的质量。其广泛用于城建、公路、铁道、水电等部门,是一种理想的、机械化程度高的混凝土搅拌输送设备。

（3）混凝土泵　混凝土泵是一种有效的混凝土运输工具，是以泵为动力，混凝土沿管道输送，同时完成水平和垂直运输，将混凝土直接运送至浇筑地点。已在我国普遍使用。不同型号的混凝土泵，其排量不同，水平运距和垂直运距也不同。常见的多为混凝土排量 $30 \sim 90 \ m^3/h$，水平运距 $200 \sim 500 \ m$，垂直运距 $50 \sim 100 \ m$。因此混凝土泵应与混凝土搅拌站和混凝土搅拌运输车配套使用，且应使混凝土搅拌站的供应能力和混凝土搅拌车的运输能力大于混凝土泵的输送能力，以保证混凝土泵能连续工作。另外，依据国家标准《建筑工程绿色施工规范》（GB/T 50905—2014）规定，清洗泵送设备和管道的污水应经沉淀后回收利用，浆料分离后可用作室外道路、地面等垫层的回填材料。

1）混凝土泵的工作原理　泵根据驱动方式分为柱塞式混凝土泵和挤压式混凝土泵。

柱塞式混凝土泵根据传动机构不同，又分为机械传动和液压传动两种，图 4 – 23 为液压柱塞式混凝土泵的工作原理图。它主要由料斗、液压缸和柱塞、混凝土缸、分配阀、Y 形输送管、冲洗设备、液压系统和动力系统等组成。柱塞泵工作时，由混凝土搅拌运输车卸出的混凝土倒入料斗，吸入端水平分配阀打开，排出端垂直分配阀关闭，柱塞在液压作用下，带动柱塞左移，混凝土在自重及真空力作用下，进入混凝土缸内。然后吸入端水平分配阀关闭，排出端垂直分配阀打开，柱塞在液压作用下，带动柱塞右移动，混凝土则被压入管道，将混凝土输送到浇筑地点。单缸混凝土泵的出料是脉冲式的，所以一般混凝土泵有两个混凝土缸并列交替进料和出料，通过 Y 形输料管，送入同一管道使出料较为稳定。

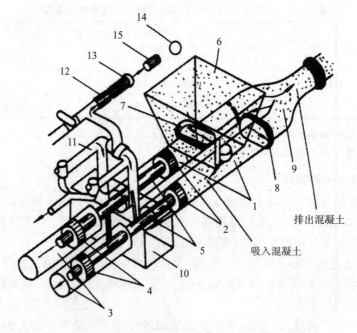

图 4 – 23　液压柱塞式混凝土泵工作原理

1 – 混凝土缸;2 – 混凝土活塞;3 – 液压缸;4 – 液压活塞;5 – 活塞杆;
6 – 料斗;7 – 吸入端水平片阀;8 – 排出端竖直片阀;9 – Y 形输送管;10 – 水箱;
11 – 水洗装置换向阀;12 – 水洗用高压软管;13 – 水洗法兰;14 – 海绵球;15 – 清洗活塞

挤压式混凝土泵的工件原理如同挤牙膏一样。在泵体内壁上粘贴一层橡胶垫,借助行星运动的滚轮,挤压装有混凝土的胶管,将挤压胶管中混凝土挤入输送管道中。由于泵体内是密封的,使被滚轮挤压后的挤压软管内部保持真空状态,能恢复原状,随后又将混凝土从料斗中吸入压送软管中。如此反复进行,便可连续压送混凝土。挤压泵构造简单,使用寿命长,能逆运转,易于排除故障,管道内混凝土压力较小,其输送距离较柱塞泵小。

2)混凝土泵的种类 混凝土泵按照移动方式分为固定泵和汽车泵。

固定泵没有自行行走装置,运输时需要汽车拖动,并且在施工过程中由电力驱动。输送混凝土的泵管需要现场安装。一般适用于位置相对固定、经常浇筑和泵送高度较高的工程。

汽车泵又称为混凝土泵车。它是将混凝土泵和泵管(又称"布料杆")装在车上,泵管可以伸缩或曲折,末端是一段软管,可将混凝土直接送到浇筑地点。这种泵车布料范围广、机动性好、移动方便。驱动方式是利用汽车本身自带的动力,不需电力。适用于浇筑次数不多、高度不大的工程。

4.4.3 混凝土浇筑

混凝土浇筑要求既保证混凝土均匀和密实,又保证结构的整体性、尺寸准确和钢筋、预埋件位置正确,拆模后混凝土表面平整、光洁。混凝土工程属于隐蔽工程,浇筑前应对模板、支架、钢筋、预埋件、预埋管线、预留孔洞等进行检查验收,并填写施工记录。

4.4.3.1 浇筑要求

(1)防止离析 浇筑混凝土时,如自由倾落高度过大,粗骨料在重力作用下,克服黏着力的下落动能大,下落速度较砂浆快,则可能出现混凝土离析。所以混凝土自由倾落高度不应超过 2 m,在竖向结构钢筋较密时,自由倾落高度不宜超过 3 m,否则应沿串筒、斜槽、溜管等下料。

(2)合理留置施工缝 混凝土结构原则要求整体浇筑,但因技术或组织原因不可能都采用连续浇筑。由于混凝土抗拉强度约为其抗压强度的 1/10,因而施工缝是结构中的薄弱环节,所以应在适当位置留置施工缝。施工缝宜留在结构剪力较小的部位,同时应方便施工。柱子宜留在基础顶面、梁或吊车梁牛腿的下面、吊车梁的上面、无梁楼盖柱帽的下面,如图 4-24 所示。与板连成整体的大截面梁应留在板底面以下 20~30 mm 处,当板下有梁托时,留置在梁托下部。单向板应留在平行于板短边的任何位置。有主次梁的楼盖宜顺着次梁方向浇筑,施工缝应留在次梁跨度的中间 1/3 长度范围内(图 4-25)。墙可留在门洞口过梁跨中 1/3 范围内,也可留在纵横墙的交接处。双向受力的楼板、大体积混凝土结构、拱、薄壳、多层框架等及其他复杂的结构,应按设计要求留置施工缝。

在施工缝处继续浇筑混凝土时,应除掉水泥浮浆和松动石子,并用水冲洗干净,待已

浇筑的混凝土的强度不低于 1.2 MPa 时才允许继续浇筑,在结合面应先铺抹一层水泥浆或与混凝土砂浆成分相同的砂浆。

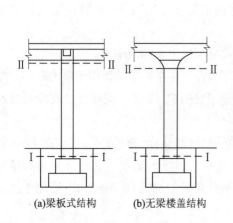

(a)梁板式结构　　(b)无梁楼盖结构

图 4-24　柱子的施工缝位置

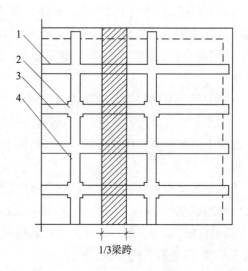

1/3梁跨

图 4-25　有主次梁楼盖的施工缝位置

1—楼板;2—柱;3—次梁;4—主梁

4.4.3.2　浇筑方法

(1)现浇多层钢筋混凝土框架结构的浇筑　混凝土浇筑前应做好必要的准备工作,如模板、钢筋和预埋管线等检查和清理,以及隐蔽工程验收;浇筑用脚手架、走道搭设和安全检查;检查材料和确定混凝土配合比,做好施工机具准备。

浇筑柱子时,施工段内的每排柱子应由外向内对称地顺序浇筑,不可由一端向另一端推进,防止柱模板因湿胀造成受推倾斜而误差积累难以纠正。截面在 400 mm×400 mm 以内、有交叉箍筋的柱应在柱模板侧面开孔用斜溜槽分段浇筑,每段高度不超过 2 m。截面在 400 mm×400 mm 以上、无交叉箍筋的柱如柱高不超过 4.0 m,可从柱顶浇筑;如轻骨料混凝土从柱顶浇筑,则柱高不得超过 3.5 m。柱子开始浇筑时,底部应先浇筑一层厚 50~100 mm 与所浇筑混凝土成分相同的水泥砂浆。浇筑完毕,如柱顶处有较大厚度的砂浆层,则应剔除。浇筑后应间隔 1.0~1.5 h,待所浇混凝土拌合物初步沉实,再筑浇上面的梁板结构。

梁和板一般应同时浇筑,从一端开始向前推进。只有当梁高大于 1 m 时,才允许将梁单独浇筑。此时施工缝留在楼板板面下 20~30 mm 处。梁底与梁侧面注意振实,振动器不要直接触及钢筋和预埋件。楼板混凝土浇筑时,虚铺厚度应略大于板厚,用表面振动器或内部振动器振实,用铁插尺检查混凝土厚度,振捣完后用抹子抹平。

浇筑叠合式受弯构件时,应按设计要求确定支撑,且叠合面应根据设计要求预留凸凹槽(当无要求时,槽高为 6 mm),形成自然粗糙面。

为保证捣实质量混凝土应分层浇筑,每层厚度见表 4-15。

表4-15　混凝土浇筑层的厚度

项次	捣实混凝土的方法	浇筑层厚度
1	插入式振动	振动器作用部分长度的1.25倍
2	表面振动	200 mm
3	人工捣固	①在基础或无筋混凝土和配筋稀疏的结构中； ②在梁、墙、板、柱结构中； ③在配筋密集的结构中
4	轻骨料混凝土	插入式振动； 表面振动(振动时需要加荷)

（2）大体积混凝土浇筑

1）大体积混凝土的概念　结构尺寸和截面较大的混凝土工程,例如混凝土大坝、高层建筑的深基础底板,大跨度桥梁的柱塔基础和其他重型底座结构物等。这类混凝土由于体积大,外荷载引起裂缝的可能性较小,但是由于散热面积小,水化热积聚作用十分强烈,内部混凝土温度很高,有时甚至达到80～90 ℃及以上。内外温度差引起的温度应力可以超过混凝土的抗拉强度,从而引起混凝土开裂。这种开裂极有可能由开始的表面开裂发展成为深层开裂,进而产生整个截面上的贯穿裂缝。贯穿裂缝切断了结构断面,破坏结构的整体性和稳定性,其危害最严重。

我国《大体积混凝土施工规范》（GB 50496—2009）规定："混凝土结构物实体最小几何尺寸不小于1 m的大体量混凝土,或预计会因混凝土中胶凝材料水化引起的温度变化和收缩而导致有害裂缝产生的混凝土,称之为大体积混凝土"。现代钢筋混凝土结构中时常涉及大体积混凝土施工。它主要的特点是表面系数比较小,水泥水化热释放比较集中,内部升温比较快。混凝土内外温差较大时,会使混凝土产生温度裂缝,影响结构安全和正常使用。所以必须从根本采取有效措施,保证施工质量。

另外,美国混凝土学会对大体积混凝土的规定："任何就地浇筑的大体积混凝土,其尺寸之大,必须要求解决水化热及随之引起的体积变形问题,以最大限度减少开裂。"日本建筑学会标准对大体积混凝土的规定："结构断面最小尺寸在80 cm以上,同时水化热引起的内外温度差预计超过25 ℃,这样的混凝土应称之为大体积混凝土。"总而言之,对大体积混凝土需要解决因水化热引起的混凝土构件内外温度差较大的问题,防止混凝土开裂。

2）大体积混凝土浇筑方案　由于大体积混凝土结构在工业建筑中多为设备基础,在高层建筑中多为厚大的桩基承台或基础底板等,整体性要求较高,往往不允许留施工缝,要求一次连续浇筑完毕。因此合理正确的选择大体积混凝土结构浇筑方案,确保结构的整体性,实现混凝土连续浇筑,就显得十分重要。

根据结构特点不同,保证每一处混凝土在初凝前就被后续浇筑的混凝土覆盖,并振捣捣密实形成整体,大体积混凝土(结构)的浇筑可选择全面分层、分段分层、斜面分层等浇筑方案(图4-26)。

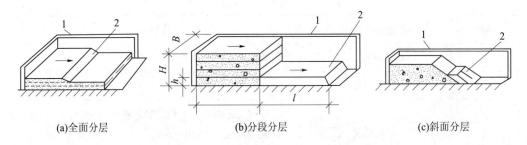

(a)全面分层　　　　　　　(b)分段分层　　　　　　　(c)斜面分层

图4-26　大体积混凝土浇筑方案

1-模板;2-新浇筑的混凝土

①全面分层　当结构平面面积不大时,可将整个结构分为若干层进行浇筑,即第一层全部浇筑完毕后,再浇筑第二层,如此逐层连续浇筑,直到结束。为保证结构的整体性,要求次层混凝土在前层混凝土初凝前浇筑完毕。若结构平面面积为$A(m^2)$,浇筑分层厚为$h(m)$,每小时浇筑量为$Q(m^2/h)$,混凝土从开始浇筑至初凝的延续时间为$T(h)$(一般等于混凝土初凝时间减去混凝土运输时间)。为保证结构的整体性采用全面分层时,结构平面面积应满足下式条件:$Ah \leqslant QT$;故$A \leqslant QT/h$。

②分段分层　当结构平面面积较大时,全面分层已不适应,这时可采用分段分层浇筑方案。即将结构分为若干段,每段又分为若干层,先浇筑第一段各层,然后浇筑第二段各层,如此逐段逐层连续浇筑,直至结束。为保证结构的整体性,要求次段混凝土应在前段混凝土初凝前浇筑并与之捣实成整体。若结构的厚度为$H(m)$,宽度为$B(m)$,分段长度为$l(m)$,为保证结构的整体性,则应满足下式的条件:$l \leqslant QT/B(H-h)$。

③斜面分层　当结构的长度超过厚度的3倍时,可采用斜面分层的浇筑方案。这时振捣工作应从浇筑层斜面下端开始,逐渐上移,且振动器应与斜面垂直,以保证混凝土施工质量。斜面坡度为1:3。

3)泌水处理　由于大体积混凝土上下浇筑层施工间隔时间较长,各分层之间易产生泌水层,将使混凝土强度降低,产生酥软、脱皮起砂等不良后果。一般采用自流方式和抽吸方法排除泌水,但避免排水时会带走水泥浆,影响混凝土质量;另外,泌水处理措施可采用同一结构中使用两种不同坍落度的混凝土,或在混凝土拌合物中掺减水剂减少泌水现象。

4)预防大体积混凝土出现裂缝的措施　为预防大体积混凝土因温差过大而出现裂缝,除选择浇合理的浇筑方案外,还需要采取一些适当的措施:①优先采用水化热较低的水泥,如矿渣硅酸盐水泥、火山灰或粉煤灰水泥;②尽量减少水泥用量和用水量;③掺缓凝剂或缓凝型减水剂,也可掺入适量粉煤灰等外掺合料;④掺入适量的粉煤灰或在浇筑时投入适量的毛石;⑤采用中粗砂和大粒径、级配良好的石子;⑥放慢浇筑速度和减少浇筑厚度,必要时采用人工降温措施(拌制时,用低温水,降低混凝土入模温度,养护时用循环水冷却)浇筑后应及时覆盖,以控制内外温差,减缓降温速度,尤应注意寒潮的不利影响;⑦加强混凝土的保温、保湿、养护,严格控制大体积混凝土的内外温差,当无具体设计要求时,温差不宜超过25 ℃,所以可采用草包、炉渣、砂、锯末、油布等不透风的保温材料或蓄

水养护,以减少混凝土表面的热扩散和延缓混凝土内部水化热的降温速度;⑧在浇筑完毕后,及时排除泌水,必要时进行二次振捣。

另外,还可以在征得设计部门同意的前提下,可分块浇筑,块与块之间留 1 m 宽后浇带,待各分块混凝土干缩后,再浇筑后浇带。分块长度可根据有关资料进行计算,当结构厚度在 1 m 以内时,分块长度一般为 20 ~ 30 m。

4.4.3.3　混凝土密实成型

混凝土强度、抗冻性、抗渗性等技术指标都与其密实程度有关。目前主要用人工或机械捣实使混凝土密实。人工捣实是用人力的冲击来使混凝土密实成型,只有在缺乏机械、工程量不大或机械不便工作的部位采用。一般要求机械捣实,其方法有多种,在这里着重介绍振动捣实方法。

(1)混凝土振动密实原理　振动机械的振动一般是由电动机等动力设备带动偏心块转动产生简谐振动,并将振动传递给混凝土拌合物,使其受到强迫振动。在振动力作用下,混凝土克服内部的黏着力和内摩擦力,使骨料在自重作用下向新的位置沉落,紧密排列,水泥砂浆均匀填充空隙,气泡被排出,游离水被挤压上升,从而填满模板各部位形成密实体积。

机械振实可减轻劳动强度,提高混凝土的强度和密实性,节约水泥 10% ~ 15%。影响振动质量和生产效率因素很多,一般混凝土配比、骨料粒径和钢筋疏密程度等因素确定后,主要取决于"振动制度",即振动的频率、振幅和振动时间等。

(2)振动机械的选择与使用　振动机械可分为内部振动器、表面振动器、外部振动器和振动台(图 4 - 27)。

1)内部振动器又称插入式振动器或振动棒,是建筑工程应用最多的一种振动器,用于振实梁、柱,墙、厚板和基础等。其工作部分是振动棒,其内部装有偏心振子。在电动机带动下高速转动而产生高频微幅的振动。根据振动棒激振的原理,内部振动器有偏心轴式和行星滚锥式(简称行星式)两种,其激振结构的工作原理如图 4 - 28 所示。

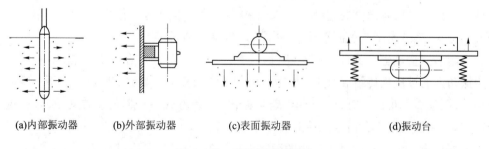

(a)内部振动器　　(b)外部振动器　　　(c)表面振动器　　　　(d)振动台

图 4 - 27　振动机械示意图

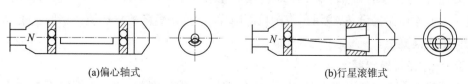

(a)偏心轴式　　　　　　　　　　(b)行星滚锥式

图 4 - 28　振动棒的激振原理

偏心轴式内部振动器是利用振动棒中心具有偏心质量的转轴产生高频振动。行星滚锥式内部振动器是利用振动棒中一端空悬的转轴旋转时,其下垂端圆锥部分沿棒壳内圆锥面滚动,形成滚动体的行星运动而驱动棒体产生圆振动,其振捣效果好,且构造简单,使用寿命长,是当前常见的内部振动器。

使用插入式振动器振动混凝土时,应垂直插入,并插入下层混凝土 50 mm,以促使上下层混凝土结合成整体。每一振点的振捣时间应使混凝土捣实(即表面呈现浮浆和不再沉落为限)。采用插入式振动器捣实普通混凝土的移动间距,不宜大于作用半径的 1.5 倍。捣实轻骨料混凝土的间距,不宜大于作用半径的 1 倍;振动器与模板的距离不应大于振动器作用半径的 1/2,并应尽量避免碰撞钢筋、模板、预埋件等。插点的分布有行列式和交错式两种。如图 4-29 所示。

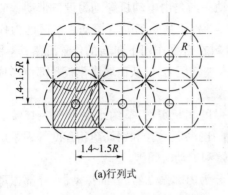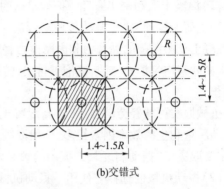

(a)行列式　　　　　　　　　　　　(b)交错式

图 4-29　插点的分布

2)表面振动器又称平板振动器,是将电动机上装有左右两个偏心块,并固定在一块平板上而成,其振动作用可直接传递到混凝土面层上。这种振动器适用于捣实楼板、地面、板形构件和薄壳等薄壁结构在无筋或单层钢筋结构中,每次振实的厚度不大于250 mm;在双层钢筋的结构中,每次振实厚度不大于 120 mm。表面振动器的移动间距应保证平板覆盖已振实部分的边缘,使混凝土振实出浆为准。也可采用两遍振实,第一遍使混凝土密实,第二遍则使表面平整,且两遍的方向要互相垂直。

3)附着式振动器又称外部振动器,通过螺栓或夹钳等固定在模板外侧,偏心块转动产生振动力通过模板传给混凝土,使之振实,但要求模板应有足够的刚度。对于小截面直立构件,振动棒很难插入时,可采用附着式振动器。附着式振动器的设置间距,应通过试验确定,在一般情况下,可每隔 1~1.5 m 设置一个。

4)振动台是混凝土制品工厂中的固定生产设备,用于振实预制混凝土构件。

另外,依据国家标准《建筑工程绿色施工规范》(GB/T 50905—2014)规定,混凝土振捣应采用低噪声振捣设备,也可采取围挡等降噪措施;在噪声敏感环境或钢筋密集时,宜采用自密实混凝土。

4.4.3.4　水下浇筑混凝土

水下或泥浆中浇筑混凝土时,应保证水或泥浆不混入混凝土内,水泥浆不被水带走,混凝土能借压力挤压密实。水下浇筑混凝土常采用导管法,如图 4 - 30 所示。导管直径 200 ~ 300 mm,且不小于骨料粒径的 8 倍,每节管长 1.5 ~ 3 m,顶部有漏斗。导管用提升机吊住,并可升降。灌筑前,用铁丝吊住球塞堵住导管下口,然后将管内灌满混凝土,并使导管下口距地基约 300 mm。距离太小容易堵管;距离太大则冲出的混凝土不能及时封埋管口而导致水或泥浆掺入混凝土内。漏斗和导管内应有足够的混凝土,以保证混凝土下落后能将导管口埋入混凝土内 0.5 ~ 0.6 m。剪断铁丝后,混凝土在自重作用下冲出管口,并迅速将管口埋住。此后,一面不断灌筑混凝土,一面缓缓提起导管,且始终保持导管在混凝土内有一定的埋深,埋深越大则挤压作用越大,混凝土越密实,但也越不易浇筑,一般埋深 h_2 为 0.5 ~ 0.8 m。这样最先浇筑的混凝土始终处于最外层,与水接触,且随混凝土的不断挤入不断上升,故水或泥浆不会混入混凝土内,水泥浆不会被带走,而混凝土又能在压力作用下自行挤密。每一灌筑点应在混凝土初凝前浇至设计标高。混凝土应连续浇筑,导管内应始终注满混凝土,以防空气混入,并应防止堵管。一般情况下,第一导管灌筑范围以 4 m 为限,面积更大时,可用几根导管同时浇筑,或待一浇筑点浇筑完毕后再将导管换插到另一浇筑点进行浇筑。浇筑完毕后,应清除与水接触的表层厚约 0.2 m 的松软混凝土。

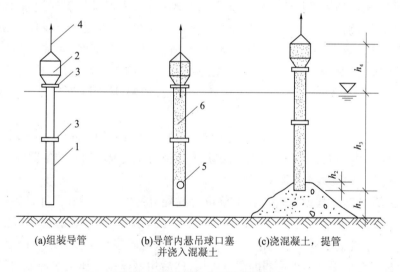

图 4 - 30　导管法水下浇筑混凝土

(a)组装导管　　(b)导管内悬吊球口塞　　(c)浇混凝土,提管
　　　　　　　　　并浇入混凝土

1 - 钢导管;2 - 漏斗;3 - 密封接头;4 - 吊索;5 - 球塞;6 - 钢丝或绳子

　　水下浇筑的混凝土必须具有抵抗泌水和离析能力,所以混凝土中水泥量宜适当增加,砂率应不少于 40%,泌水率控制在 1% ~ 2% 以内,粗骨料粒径不得大于导管内径的 1/5 或钢筋间距的 1/4,并不宜超过 60 mm;混凝土水灰比为 0.55 ~ 0.65;坍落度为 150 ~ 180 mm;开始时采用低坍落度,正常施工后则用较大坍落度,时间不得少于 1 h,以便混凝土靠自身的流动实现其密实成型。另外,采用导管法浇筑水下混凝土应注意:一是保证导管内混凝土必须保持一定的高度和埋入混凝土内必需的埋置深度要求;二是严格控制导管提升高度,且只能上下升降,不能左右移动,以防止或避免导管内进水。

4.4.4　混凝土养护与拆模后的缺陷处理

4.4.4.1　混凝土养护

混凝土硬化过程如遇气候炎热或空气干燥或不及时养护,混凝土则会出现脱水现象,使已形成凝胶体的水泥颗粒不能充分水化,不能转化为稳定的结晶,黏结力下降,从而混凝土表面出现片状或粉状剥落,同时过低的温度会影响混凝土的硬化速度,甚至造成冻害,影响混凝土的强度。此外,还会使混凝土产生变形和裂缝,影响混凝土的整体性和耐久性。因此,混凝土的凝固硬化过程必须在适当的温度和湿度条件下才能完成。为使其强度不断增长必须采用适当的方法对混凝土进行养护。

当最高气温低于 25 ℃时,混凝土浇筑完后应在 12 h 以内加以覆盖和浇水;最高气温高于 25 ℃时,应在 6 h 以内开始养护。浇水养护时间的长短视水泥品种而定。硅酸盐水泥、普通硅酸盐水泥和矿渣硅酸盐水泥拌制的混凝土,不得少于 7 昼夜;火山灰质硅酸盐水泥和粉煤灰硅酸盐水泥拌制的混凝土或有抗渗性要求的混凝土,不得少于 14 昼夜。日浇水次数应使混凝土保持具有足够的湿润状态。

混凝土养护方法分为自然养护和人工养护。

自然养护是指利用平均气温高于 5 ℃的自然条件,用保水材料对混凝土加以覆盖并适当浇水,使混凝土在湿润状态下自然硬化。养护初期,水泥水化反应较快,需水较多,所以特别应注意前期的养护工作。此外,在气温高,湿度低时,也应增加洒水次数。混凝土必须养护至其强度达到 1.2 MPa 以后方可上人施工。对于墙、柱等不易洒水养护的混凝土结构,也可在构件表面包裹塑料薄膜,或喷洒塑料薄膜养护液来养护混凝土。

人工养护是采用人工方法控制混凝土的养护温度和湿度,使混凝土强度增长,如蒸汽养护、热水养护、太阳能养护等。主要用在养护预制构件或现浇构件的冬期施工。

4.4.4.2　拆模后的混凝土缺陷处理

拆模后应由监理(建设)单位、施工单位对混凝土的外观质量和尺寸偏差进行检查,并做好记录。如发现缺陷应进行修补。对面积小、数量不多的蜂窝或露石的混凝土,先用钢丝刷或压力水洗刷基层,然后用 1:2 ~ 1:2.5 的水泥砂浆抹平;对较大面积的蜂窝、露石、露筋应按其全部深度凿去薄弱的混凝土层,然后用钢丝刷或压力水冲刷,再用比原混凝土强度高一等级的细骨料混凝土填塞,并仔细捣实。对影响结构性能的缺陷,应与设计等相关单位共同研究处理。

复习思考题

1. 试述模板的作用和种类。
2. 对模板及其支架的基本要求有哪些?
3. 跨度多大的梁模板需要起拱? 起拱多少?
4. 定型组合钢模板由哪几部分组成? 试述定型组合钢模板的配板原则。

5. 模板拆除有哪些要求?

6. 钢筋连接方式有哪几种? 钢筋机械连接有哪几种方法?

7. 试述钢筋冷拉控制方法。

8. 钢筋中的化学元素对钢筋性质有哪些影响?

9. 试述钢筋闪光对焊的常用工艺及其适用范围。

10. 试述钢筋套筒挤压连接的原理和施工要点。

11. 进行钢筋代换的原则是什么? 有几种代换方法? 代换时应注意哪些事项?

12. 混凝土的配制强度如何确定? 施工配合比如何计算?

13. 混凝土搅拌机械有哪几种? 各有什么特点?

14. 搅拌混凝土时的投料顺序有哪几种? 它们对混凝土质量有何影响?

15. 试述施工缝留设原则、留设位置和处理方法。

16. 试述大体积混凝土的概念和预防大体积混凝土裂缝的措施有哪些?

17. 在水下或泥浆中如何浇筑混凝土?

18. 混凝土的振动机械有哪几种? 各适用于何种情况?

19. 冷拉一根 20 m 长的 φ10 钢筋(以冷拉应力控制)。其冷拉力是多少 kN? 其最大的伸长值是多少?

20. 计算如图 1 所示钢筋的下料长度。

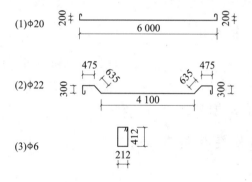

图 1　第 20 题图

21. 某梁设计纵向受力钢筋为 4 根 HRB300 级 φ20,拟用 HRB300 级 φ16 钢筋代换。当按照等面积代换时需配置几根纵向受力钢筋?

22. 某梁设计主梁主筋为 3 根 HRB400 级 φ20 钢筋($f_{y_1} = 360$ N/mm^2),今现场无该级钢筋,拟用 HPB335 级 φ22 钢筋($f_{y_2} = 300$ N/mm^2)代换,当按照等强度代换时,试计算需几根钢筋? 若用 φ20 钢筋代换,当梁宽为 250 mm 时,钢筋按一排布置能否排下?

第5章 脚手架工程

5.1 概 述

5.1.1 脚手架的特点

脚手架搭设质量对人员安全、工程进度、工程质量有着直接关系,并且结构施工、室内外砌筑、装饰和设备安装施工都需要搭设,所以脚手架在施工中具有应用的广泛性。

脚手架作为操作平台需承受各类施工荷载,主要有材料的堆放荷载,人员、施工和机械工作的振动荷载,以及一些水平荷载;作为防护棚时还要承受坠落物的冲击荷载,所以脚手架在承受荷载方面具有受力的复杂性。

大多脚手架处于露天环境,自然环境对脚手架影响因素较多,如雨、雪、雷、电、风和冰冻等,所以脚手架应具有良好的适应性。

5.1.2 脚手架的作用

脚手架是确保施工安全、工程质量和施工进度不可缺少的临时设施。其主要作用有以下几个:满足作业人员在不同部位进行操作;能够堆放及运输一定数量的材料和机械设备;确保操作人员高空和临边作业等方面的安全。

5.1.3 脚手架的分类与基本要求

5.1.3.1 脚手架分类

(1)按所用材料分类　可分为木脚手架、竹脚手架和金属脚手架。

(2)按与建筑物位置关系分类

1)里脚手架　搭设于建筑物内部的脚手架。一般用于内外墙砌筑和室内装饰施工。里脚手架要求用料少,轻便灵活,装拆方便。

2)外脚手架　沿建筑物外围搭设的脚手架。一般用于外墙砌筑、外装饰、安装施工和防护。主要形式有多立杆式、框式、桥式等。多立杆式应用最广,框式次之,桥式的应用最少。

(3)按结构形式分类　可分为多立杆式脚手架、碗扣式脚手架、盘扣式脚手架、门型式脚手架等。

(4)按使用用途分类

1)模板支架　采用脚手架材料搭设,用于模板工程的支撑系统。

2)装修脚手架　用于装修工程施工作业。

3)结构脚手架　用于砌筑和结构工程施工作业。

4)防护脚手架　用于施工场所安全作业。如防止坠落或阻挡。

(5)按结构特点分类

1)单排脚手架　只有一排立杆,横向水平杆的一端搁置在墙体上的脚手架。

2)双排脚手架　由内外两排立杆和水平杆等搭设的脚手架。

(6)按遮挡范围分类

1)敞开式脚手架　外侧未作封闭处理,仅在操作层设有脚手板、防护栏杆和挡脚板的脚手架。

2)全封闭式脚手架　沿脚手架外侧全长和全高封闭的脚手架。

3)半封闭式脚手架　遮挡面积占 30% ~70% 的脚手架。

4)局部封闭式脚手架　遮挡面积小于 30% 的脚手架。

(7)按照支承部位和支承方式

1)落地式脚手架　搭设(支座)在地面、楼面、屋面或其他平台结构之上的脚手架。

2)悬挑式脚手架　从某一高度采用悬挑方式搭设的脚手架。

3)附墙悬挂脚手架　在上部或中部挂设于墙体外挑挂件上的定型脚手架。

4)悬吊脚手架　悬吊在悬挑梁或工程结构之下的脚手架。

5)附着升降脚手架(简称"爬架")　附着在工程结构依靠自身提升设备实现升降的脚手架。

6)移动脚手架　带有行走装置的脚手架或操作平台架。

5.1.3.2　脚手架搭设基本要求

脚手架搭设基本要求如下:

(1)有适当的宽度、高度、离墙距离,能满足工人操作、材料堆放及运输的需要。

(2)构造简单、便于搭拆、搬运,能多次周转使用,因地制宜、就地取材。

(3)应有足够的强度、刚度及稳定性,保证在施工期间在可能的使用荷载(规定限值)的作用下不变形、不倾斜、不摇晃。

5.1.4　脚手架使用注意事项

为确保脚手架使用安全,在设置与使用时,应注意以下几点:

(1)普通脚手架构造应符合有关规定,特殊工程脚手架、重荷载脚手架、施工荷载明显偏于一侧的脚手架、高度超过 30 m 的脚手架等必须进行设计和计算。

(2)确保脚手架地基有足够的承载力,避免脚手架发生整体或局部沉降。高层或重荷载脚手架应进行脚手架基础设计。

(3)脚手架应设置足够数量和牢固的连墙点,靠建筑结构整体刚度确保脚手架稳定。

(4)有可靠安全防护措施,如安全网、防电避雷措施等。

(5)确保脚手架搭设质量,搭设完毕应进行检查和验收,合格后方可使用。

（6）严格控制使用荷载，确保有较大的安全储备。普通脚手架荷载应不超过 2.7 kN/m²，堆砖时只能单行侧摆三层。

（7）使用过程中应经常进行安全检查，及时检修、加固。

5.2　里脚手架

里脚手架是搭设在建筑物内部，一般高度不大于 4 m。里脚手架用作砌筑时，铺板 3~4 块，宽度应不小于 0.9 m；用作装饰时，铺板宽度不少于 2 块或不少于 0.6 m。里脚手架结构形式有折叠式、支柱式和门架式等多种形式。

5.2.1　折叠式里脚手架

折叠式里脚手架可采用角钢、钢管和钢筋制作。

角钢折叠式里脚手架搭设间距，砌筑时不超过 2 m，抹灰或粉刷墙时不超过 2.5 m。可搭设两步架，第一步架为 1 m，第二步架为 1.65 m，如图 5-1 所示。

钢管折叠式和钢筋折叠式里脚手架搭设间距，砌筑时不超过 1.8 m，抹灰或粉刷墙时不超过 2.2 m。

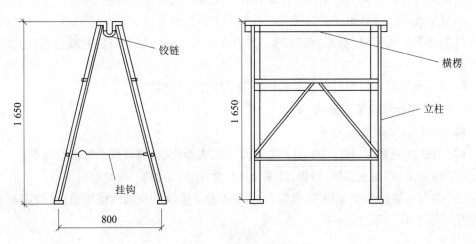

图 5-1　折叠式里脚手架

5.2.2　支柱式里脚手架

支柱式里脚手架由多个支柱和横杆组成，上铺脚手板。主要用于内墙砌筑和抹灰及粉刷。支柱间距，砌墙时不超过 2.0 m，抹灰或粉刷墙时不超过 2.2 m。

支柱式里脚手架支柱有套管式支柱和承插式支柱两种。

（1）套管式支柱　如图 5-2 所示，套管式支柱由立管、插管组成，插管插入立管中，以销孔间距调节脚手架的高度，是一种可伸缩式里脚手架，在插管顶端的凹形托架内搁置方木横杆，在横杆上铺设脚手板，其架设高度为 1.5~2.1 m。

(2)承插式支柱　如图5-3所示,在支柱立管上焊承插管,横杆销头插入承插管中,横杆上铺脚手板,其架设高度为1.5~2.1 m。

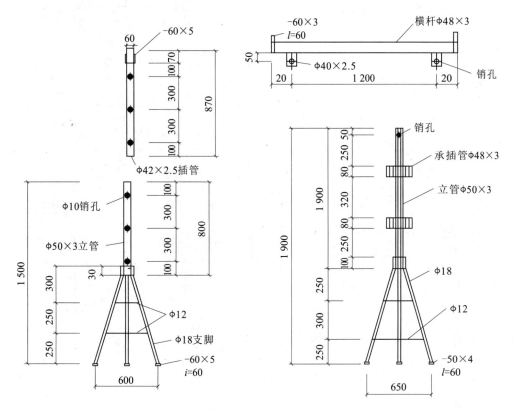

図5-2　套管式支柱里脚手架　　　　図5-3　承插式支柱里脚手架

5.2.3　门架式里脚手架

门架式里脚手架由两片A型支架与门架组成,如图5-4所示。A型支架由立管和套管组成,立管常用 φ50 mm×3 mm,长度为500 mm,支脚大多用钢管、钢筋焊成,高度为900 mm,两支脚间距为700 mm;门架用钢管或角钢与钢管焊成,承插在套管中,承插式门架在架设第二步架时,销孔要插上销钉,以防止A型支脚在受到外力作用时发生转动。

5.2.4　移动式脚手架

移动式脚手架是解决不拆装,可整体移动而搭设的支架。移动式脚手架主要由门架、交叉拉杆(又称斜拉杆)、脚手板、脚轮(又称地轮)等组成。可作为砌筑装修、粉刷油漆、机电安装、设备维修、广告制作等活动的工作平台。脚轮带有刹车装置,具有使用方便、移动灵活、安全可靠等特点。见图5-5。

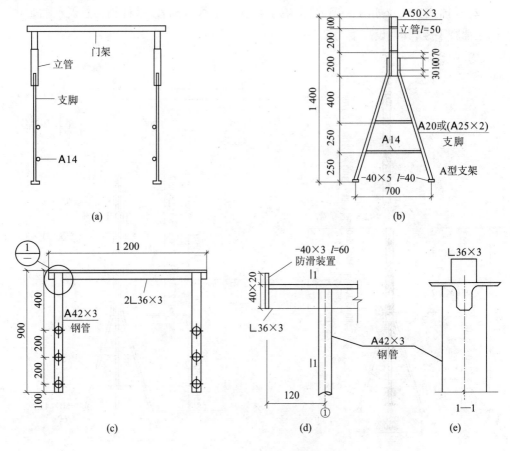

图 5-4 门架式里脚手架

图 5-5 移动式脚手架

5.3 落地扣件式钢管外脚手架

5.3.1 落地扣件式钢管外脚手架特点及基本构造

5.3.1.1 特点

落地扣件式钢管外脚手架由扣件将钢管连接而成,属于多立杆式脚手架,是目前广泛使用的脚手架。其特点:承载力大;装拆方便,搭设灵活;使用周期长;相对经济。

5.3.1.2 构造组成

(1)杆件 落地扣件式钢管脚手架主要杆件有立杆、纵向水平杆(又称大横杆)、横向水平杆(又称小横杆)、扫地杆、剪刀撑、横向斜撑、抛撑等,如图5−6所示。杆件均采用外径为48 mm,壁厚为3.5 mm或外径为51 mm而壁厚为3.0 mm的3号焊接钢管制成,长度有所不同。

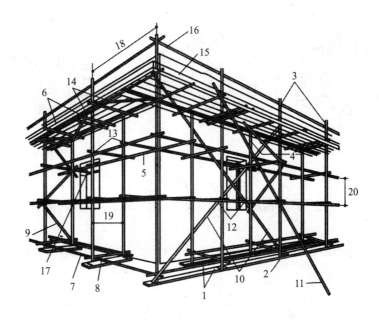

图5−6 落地扣件式钢管外脚手架构造

1−垫板;2−底座;3−外立杆;4−内立杆;5−大横杆;6−小横杆;7−纵向扫地杆;8−横向扫地杆;
9−横向斜撑;10−剪刀撑;11−抛撑;12−旋转扣件;13−直角扣件;14−水平斜撑;
15−挡脚板;16−防护栏杆;17−连墙固定杆;18−柱距;19−排距;20−步距

1)立杆 垂直于地面的竖向杆件,是承受自重和施工荷载的主要杆件。根据离墙距离分为外立杆和内立杆。

2)纵向水平杆(又称大横杆) 沿脚手架纵向(顺着墙面方向)连接各立杆的水平杆件,其作用是承受并传递施工荷载给立杆。

3)横向水平杆(又称小横杆) 沿脚手架横向(垂直墙面方向)连接内、外排立杆的水平杆件,其作用是承受并传递施工荷载给立杆。

4)扫地杆　连接立杆下端、贴近地面的水平杆,其作用是约束立杆下端部的移动。从方向上分为纵向扫地杆和横向扫地杆。

5)剪刀撑　在脚手架外侧面设置的呈交叉的斜杆,主要增强脚手架的稳定性和整体刚度。

6)横向斜撑　在脚手架内、外立杆之间设置并与横向水平杆相交成"之"字形的斜杆,可增强脚手架的稳定性和刚度。

7)抛撑　在整个排架与地面之间引设的斜撑,与地面倾斜角为 45°~60°,可增加脚手架的整体稳定性。

(2)扣件　落地扣件式钢管脚手架扣件有旋转扣件(又称回转扣件)、直角扣件、对接扣件,如图 5-7 所示。旋转扣件可用来连接两根呈任意角度相交的杆件(如立杆与剪刀撑);直角扣件可用来连接两根垂直相交的杆件(如立杆与纵向水平杆);对接扣件用于两根杆件的对接,如立杆、纵向水平杆的接长。

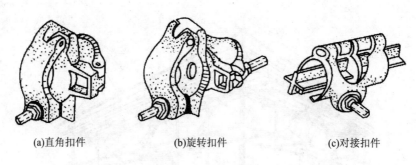

(a)直角扣件　　　　(b)旋转扣件　　　　(c)对接扣件

图 5-7　扣件形式

(3)配件　落地扣件式钢管脚手架的主要构配件有底座、垫板、脚手板、安全网、连墙件等。

1)底座　可采用铸铁制造底座或采用 Q235A 钢焊接而成的底座,如图 5-8 所示。

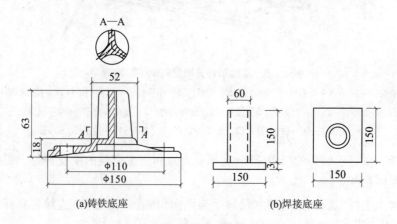

(a)铸铁底座　　　　　　　　(b)焊接底座

图 5-8　底座形式

2）垫板　可采用木质或钢质垫板。

3）脚手板　铺设在脚手架上,以便施工人员工作及堆放材料。脚手板按其所用材料不同,分为木脚手板、竹脚手板、钢脚手板、钢木脚手板等,施工时可根据各地区的材源就地取材选用。如图 5-9 所示。

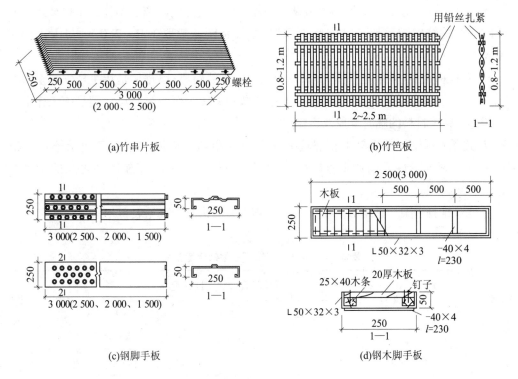

(a)竹串片板　　　　　　　　　　　(b)竹笆板

(c)钢脚手板　　　　　　　　　　　(d)钢木脚手板

图 5-9　各类脚手板示意图

4）安全网　安全网是用麻绳、棕绳或尼龙绳编制成的防护网,一般规格:宽 3 m,长 6 m,网眼 5 cm 左右,每块安全网应能承受不小于 1 600 kN 的冲击荷载。按搭设位置不同,可分为平网和立网。

5）连墙件　连墙件用钢管、钢筋或木枋等将脚手架与建筑连接起来,是保证脚手架稳定、防止脚手架倾斜的杆件。连墙构造有刚性和柔性两种。

5.3.1.3　构造参数

根据搭架方式及使用性质,扣件式钢管脚手架各构造参数不尽相同,本节仅介绍单排和双排扣件式钢管外脚手架主要构造参数。

（1）主要技术参数

1）脚手架高度:立杆底座下皮至架顶栏杆上皮之间的垂直距离。落地扣件式钢管单排脚手架搭设高度一般不超过 24 m,双排脚手架搭设高度一般不超过 50 m。

2）脚手架长度:脚手架纵向两端立杆外皮间的水平距离。

3）脚手架的宽度:双排架是指横向内、外两立杆外皮之间的水平距离;单排架是指立杆外皮至墙面的距离。

4）立杆步距：上、下两相邻水平杆轴线间的距离。考虑到地面施工人员在穿越脚手架时能安全顺利通过，脚手架底层步距应大些，一般为离地面 1.6～1.8 m，最大不超过 2.0 m；脚手架其他层步距一般为 1.2～1.6 m；结构脚手架最大步距不超过 1.6 m；装修脚手架最大步距不超过 1.8 m。

5）立杆纵距（跨距）：脚手架中两纵向相邻立杆轴线间的距离。不论是单排架还是双排脚手架，是结构脚手架还是装修脚手架，立杆跨距一般取 1.0～2.0 m，最大不超过 2.0 m。

6）立杆横距：双排架是指横向内、外两主杆的轴线距离；单排架是指主杆轴线至墙面的距离。在选定脚手架的立杆横距时，应考虑脚手架作业面的横向尺寸满足施工作业人员的操作、施工材料的临时堆放及运输等要求。

7）连墙件间距：脚手架中相邻连墙件之间的距离。连墙件间距又包括连墙件竖距（上下相邻连墙件之间的垂直距离）和连墙件横距（左右相邻连墙件之间的水平距离）。

（2）双排脚手架构造参数　敞开式双排脚手架的构造参数见表 5-1。

表 5-1　敞开式双排脚手架的构造参数

连墙件设置	立杆横距/m	步距/m	下列荷载时的立杆纵距/m				脚手架允许搭设高度/m
			$2+4\times0.35$ /(kN/m²)	$2+2+4\times0.35$ /(kN/m²)	$3+4\times0.35$ /(kN/m²)	$3+2+4\times0.35$ /(kN/m²)	
二步三跨	1.05	1.20～1.35	2.0	1.8	1.5	1.5	50
		1.80	2.0	1.8	1.5	1.5	50
	1.30	1.20～1.35	1.8	1.5	1.5	1.5	50
		1.80	1.8	1.5	1.5	1.2	50
	1.55	1.20～1.35	1.8	1.5	1.5	1.5	50
		1.80	1.8	1.5	1.5	1.2	37
三步三跨	1.05	1.20～1.35	2.0	1.8	1.5	1.5	50
		1.80	2.0	1.5	1.5	1.5	34
	1.30	1.20～1.35	1.8	1.5	1.5	1.5	50
		1.80	1.8	1.5	1.5	1.2	50

注：表内荷载 $2+4\times0.35$ 公式中，"2"指脚手架允许使用荷载 2 kN/m²，"4×0.35"指整座脚手架共铺设有四层脚手架，每层脚手架按 0.35 kN/m² 计算；$3+2+4\times0.35$ 公式中，"3"指脚手架允许使用荷载 3 kN/m²，"2"指脚手架允许使用荷载 2 kN/m²，该式表示整座脚手架有两个操作层，一层的允许荷载为 3 kN/m²（即砌筑工程允许使用荷载），另一层荷载为 2 kN/m²（即装修工程允许使用荷载）

（3）单排脚手架的构造参数　敞开式单排脚手架的构造参数见表5－2。

表5－2　敞开式单排脚手架的构造参数

连墙件设置	立杆横距/m	步距/m	下列荷载时的立杆间距/m		脚手架允许搭设高度/m
			$2+2\times0.35$ /（kN/m²）	$3+2\times0.35$ /（kN/m²）	
二步三跨 三步三跨	1.20	1.20~1.35	2.0	1.8	24
		1.80	2.0	1.8	24
	1.40	1.2~1.80	1.8	1.5	24
		1.80	1.8	1.5	24

注：同表5－1

5.3.1.4　构造做法

（1）立杆的构造做法

1）每根立杆底部均应设底座或垫板。

2）立杆接长采用对接扣件对接,相邻两根立杆接头不应设在同一步内,同步内间隔一根立杆的两相隔接头也要错开,错开高度不宜小于500 mm;脚手架顶层立杆可采用搭接法,搭接长度超过1 m,用两个以上回转扣件搭接。

3）无论单、双排脚手架,其立杆高度都应高出屋顶女儿墙1 m以上,无女儿墙时要高出檐口顶面1.5 m以上。

（2）水平杆的构造做法　水平杆即横杆,又分为大横杆(纵向水平杆)和小横杆(横向水平杆),主要构造做法有以下几种。

1）大横杆宜设在立杆内侧,其长度不宜小于3跨。

2）大横杆接长以对接为宜,也可采用搭接。对接时,两根相邻大横杆的接头不宜设在同一步或同一跨内,且不同步不同跨的两相邻接头应错开500 mm以上,如图5－10所示,对接扣件的开口方向朝内(螺栓朝上);采用搭接法时,其搭接长度不应小于1 m,用3个回转扣件等间距固定,且外侧扣件距边大于100 mm。

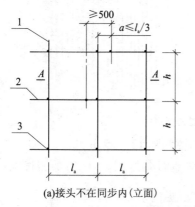
(a)接头不在同步内(立面)

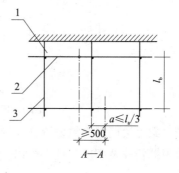
(b)接头不在同步内(平面)

图5－10　纵向水平杆接头布置

1－立杆;2－纵向水平杆;3－横向水平杆

3)小横杆应置于大横杆上,并紧靠立杆,用直角扣件固定在立杆上。在铺脚手板时,应在每跨内加一根小横杆作为脚手板的支撑杆;当采用竹笆脚手板时,则将大横杆置于小横杆之上,并在内外立杆间加设大横杆。其间距不大于400 mm,如图5-11所示。

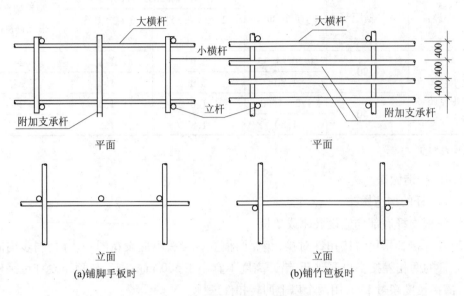

图5-11 铺设脚手板时横杆构造

(3)剪刀撑的构造做法 剪刀撑为两根交叉的斜杆布置在脚手架外侧,起着稳定脚手架、增强纵向刚度的作用,其布置形式如图5-12所示。主要构造做法有以下几种。

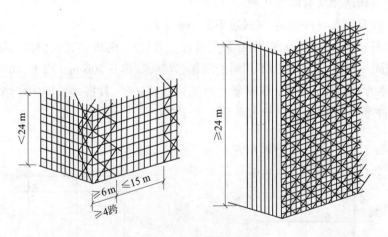

图5-12 剪刀撑布置形式

1)脚手架每边两端必须设置,中间各道剪刀撑间隔12~15 m。

2)剪刀撑斜杆宽度应跨越4根以上立杆,与地面夹角45°~60°;剪刀撑高度应沿架高连续设置。

3)剪刀撑两端用回转扣件与小横杆伸出端或立杆连接,回转扣件中心与主节点(主节点即为立杆与两大小横杆连接的交叉点)距离不超过 150 mm,在中部另增加 2 ~ 4 个扣接点,与相交杆或纵向水平杆扣紧。

4)钢管需接长时,可用搭接方法,长度大于 600 mm,用 2 个或 2 个以上回转扣件连接。

5)为避免剪刀撑在相交处被别弯,剪刀撑一根斜杆与脚手架立杆相连,另一根斜杆则可以与脚手架伸出的小横杆连接。

(4)连墙件的构造做法　连墙件是保证脚手架稳定,用钢管、钢筋或木枋等将脚手架与建筑连接,使脚手架不向外或向内倾覆。如图 5 - 13 所示为常见连墙件做法。其主要构造做法如下:

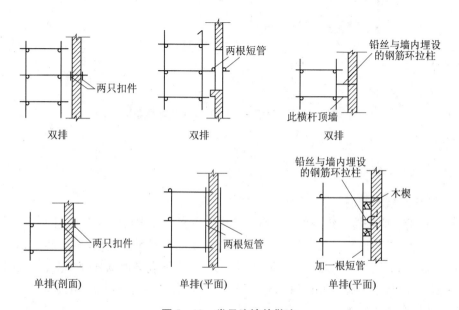

图 5 - 13　常见连墙件做法

1)连墙点最大间距为三步三跨,每一连墙件覆盖墙体面积不应超过 40 m^2,各连墙点按竖向、横向间隔布置为菱形、矩形。

2)连墙点尽量靠近主节点,距主节点偏离不超过 300 mm。

3)从底层第一步大横杆即开始设置连墙件,若因建筑结构或施工布置等原因不能时,要加设抛撑或其他措施代替连墙件。

4)对一字形、开口形脚手架两端必须设置连墙件,且连墙件竖向间距不得超过层高,也不得超过 4 m。

5)不论何种连墙件,均不得使用仅有拉筋的柔性连墙方式。

(5)抛撑的构造做法　抛撑也是稳定脚手架的一种措施。当建筑底层层高较大或其他原因下部不能设置连墙件时,可采用抛撑的方法支撑、稳定脚手架。抛撑用通长钢管(一般不接长)斜撑住脚手架外侧,与地面倾斜角为 45° ~ 60°,其间距不多于六根立杆,抛撑根部应埋入土中或与地面其他固定物可靠抵承。地面无抵承物时,应打木桩或钢管桩

作为抛撑的抵承物。设置有抛撑的脚手架上部仍要设置连墙件。

（6）扫地杆的构造做法　扫地杆是贴近地面连接脚手架立杆根部的杆件,起着立杆根部稳定作用,分为纵向和横向扫地杆。双排脚手架内、外立杆根部均要设扫地杆,当脚手架底部标高有变化时,应将高处的扫地杆向低处延长两跨与立杆固定,如图 5 – 14 所示。

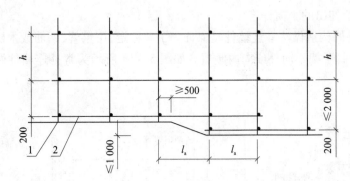

图 5 – 14　脚手架底部标高变化扫地杆做法
1 – 横向扫地杆;2 – 纵向扫地杆

5.3.2　施工准备工作

5.3.2.1　施工技术交底

技术负责人应按施工组织设计和脚手架施工方案要求进行技术交底,主要内容如下:①工程概况,如工程面积、层数、建筑物总高度、建筑结构类型等;②脚手架类型、形式,脚手架搭投高度、宽度、步距、跨距及连墙杆布置等;③施工现场地基处理情况;④根据工程进度计划,了解脚手架施工方法和安排、工序搭接、工种配合等情况;⑤明确脚手架质量标准、要求及安全技术措施。

5.3.2.2　脚手架地基处理

脚手架地基要求应平整夯实;排水措施可靠,防止积水浸泡地基,发生过量沉降,特别是不均匀沉降,而引起倒塌。

5.3.2.3　脚手架放线定位、垫块放置

根据脚手架立杆位置进行放线。脚手架立柱不能直接立在地面上,立柱下应加设底座或垫块,具体做法如下。

（1）普通脚手架　垫块宜采用长 2.0 ~ 2.5 m,宽不小于 200 mm,厚 50 ~ 60 mm 木板,垂直或平行于墙放置,在外侧挖一浅排水沟,如图 5 – 15 所示。

（2）高层建筑脚手架　在地基上加铺道砟、混凝土预制块,其上沿纵向铺放槽钢,将脚手架立杆底座置于槽钢上,采用道木来支承立杆底座,如图 5 – 16 所示。

5.3.2.4　材料准备

扣件式钢管脚手架的钢管、配件在使用前应按要求对其进行进场验收。

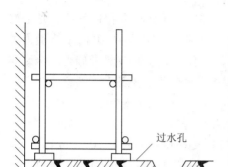

图 5 - 15　普通脚手架基底

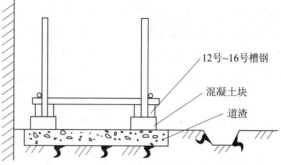

图 5 - 16　高层脚手架基底

5.3.3　落地扣件式钢管脚手架搭设

搭设前应熟悉搭设方案,明确搭设要求。安全防护(安全帽、安全带、工作服、防滑鞋等)及工具应准备到位,采用普通固定扳手作为紧固工具时,宜事先用测力计测定操作人员的"手劲",以便操作时掌握力度。

脚手架必须按照《建筑施工扣件式钢管脚手架安全技术规范》(JGJ 130—2011),并配合施工进度进行搭设。脚手架每一次搭设高度应进行限制,以保证脚手架的稳定性。脚手架一次搭设高度不应超过相邻连墙件两步以上。脚手架按形成基本构架要求逐排、逐跨、逐步地进行搭设。应从角部开始搭设,并按规定设置剪刀撑、抛撑和横向斜撑,然后向两边延伸,直至四周封闭后,再分步满周边向上搭设。

5.3.3.1　搭设步骤

脚手架各杆搭设顺序:摆放纵向扫地杆→逐根树立杆(随即与纵向扫地杆扣紧)→安放横向扫地杆(与立杆或纵向扫地杆扣紧)→安装第一步纵向水平杆和横向水平杆→安装第二步纵向水平杆和横向水平杆→加设临时抛撑(上端与第二步纵向水平杆扣紧,在设置二道连墙杆后可拆除)→安装第三、四步纵向和横向水平杆;设置连墙杆→安装横向斜撑→接立杆→加设剪刀撑;铺脚手板→安装护身栏杆和扫脚板→立挂安全网。

5.3.3.2　搭设要求

(1)立杆与架杆　立杆与架杆是搭架的基本工作,每组 3 ~ 4 人配合架设。双排架先立内立杆(内立杆距墙 500 mm),后立外立杆,内、外立杆横距按搭架方案确定。使用钢套管底座时,要将钢管插到底座套管底部。立杆宜先立两头及中间的一根,待"三点拉成一线"后再立中间其余立杆。立杆要求垂直,允许偏差应小于高度的 1/200。双排架的内外排立杆连线应与墙面垂直。架立杆同时,即安装大横杆,大横杆安装好一部分后,紧接着安装小横杆。小横杆要与大横杆相垂直,两端要伸出大横杆外 100 mm,防止小横杆受力后从扣件中滑脱。大横杆要保持水平(一根杆的两端高低差最多不超过 20 mm、同跨内两根杆的高低差不大于 10 mm)。

（2）紧固扣件　搭设前可在立杆上预定位置留置扣件，横杆根据扣件就位。先上好螺栓，再调平、校正，然后紧固。调整扣件位置时，要松开扣件螺栓移动扣件，不能猛力敲打。扣件螺栓紧固必须松紧适度，因为拧紧程度对架子承载能力、稳定性及施工安全影响极大，尤其是立杆与大横杆连接部位的扣件，应确保大横杆受力后不致向下滑移。扣件在杆上朝向应要有利于扣件受力，又要避免雨水进入钢管。所以用于连接大横杆对接扣件，扣件开口不得朝下，以开口朝内螺栓朝上为宜，直角扣件开口亦不得朝下，以确保安全。

（3）接杆　立杆和大横杆用对接扣件接长，相邻杆接头位置要错开 500 mm 以上，所以搭设时应选用不同长度钢管，立杆接长应先接外排立杆，后接内排杆。大横杆也可用旋转扣件搭接接长，搭接长度为 1 000 mm，要求不少于 3 个扣件连接。

（4）连墙件　连墙件作用主要是防止架子向外或向内倾斜，同时增加脚手架的纵向刚度和整体性。当架高为两步以上时即开始设连墙件。

（5）剪刀撑　用两根钢管交叉分别跨过 4 根以上 7 根以下立杆，设于外立杆外侧。剪刀撑主要是增强脚手架纵向稳定和整体刚度。一般从房屋两端开始设置，中间间距不超过 12 ~ 15 m。

（6）安全栏杆和挡脚板　在作业层的脚手架外侧（临空侧）应设安全栏杆和挡脚板。安全栏杆为上下两道，上道栏杆上口高度 1 200 mm，下道栏杆居中（500 ~ 600 mm），用通长钢管平行于大横杆设在外立杆内侧。挡脚板高度不应小于 180 mm，也设在外立杆内侧，用铁丝绑扎在立杆和纵向水平杆上。

（7）脚手板　作业层下部均要满铺脚手板。脚手板支承杆可随铺板层的移动而拆卸移动。铺板时应注意以下几点：

1）脚手板必须满铺不得有空隙。

2）脚手板可采取对接平铺与搭接平铺两种方式。对接平铺时，接头必须设两根横向水平杆，脚手板外伸长度为 130 ~ 150 mm；脚手板搭接铺设时，接头必须支在横向水平杆上，搭接长度应大于 200 mm，其伸出横向水平杆长度不应小于 100 mm，如图 5 - 17 所示。

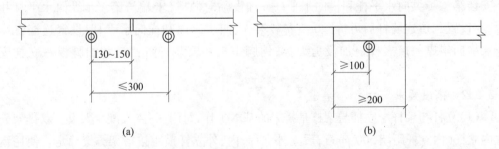

$$130 \sim 150$$
$$\leq 300$$
（a）

$$\geq 100$$
$$\geq 200$$
（b）

图 5 - 17　脚手板的对接、搭接

3）在脚手架转角处，脚手板应交叉（重叠）搭设，作业层端部脚手板伸出横向水平杆长度不应大于 150 mm，并应与支承杆绑扎连接。

4）脚手板应铺平、铺稳。当支承杆高度有变化时，在支承杆上加绑木枋、钢管等使其高度一致，不能用砖块、木块垫塞。

5）脚手板与墙体应留出一定空隙，以便外墙施工，一般留出 120 ~ 150 mm，该空隙也

不能留置过大,以免发生坠落事故,应控制在 200 mm 以内。

(8)安全网　安全网按其搭设方向可分为立网和平网。沿脚手架外侧面应全部设置立网,立网应与脚手架立杆、横杆绑扎牢固。

脚手架在距离地面 3~5 m 处设置首层安全平网(简称首层网),上面每隔 3~4 层设置一道层间网。当作业层在首层以上超过 3 m 时,随作业层设置的安全网称为随层网,构造如图 5 – 18 所示。平网伸出作业层外边缘宽度,首层网为 3~4 m(脚手架高度 $H \leqslant 24$ m 时)或 5~6 m(脚手架高度 $H > 24$ m 时),随层网、层间网为 2.5~3 m。

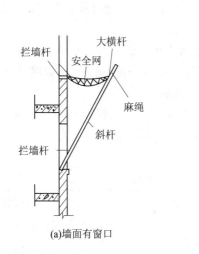
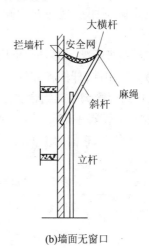

(a)墙面有窗口　　　　　　　(b)墙面无窗口

图 5 – 18　平网设置

5.3.4　扣件式钢管脚手架拆除

拆除前要由工程负责人确认不再使用,并下达拆除通知后,方可开始拆除。对复杂脚手架需制订拆除方案,由专人指挥,各工种配合。

脚手架拆除要按照"先搭的后拆、后搭的先拆、先拆上部、后拆下部、先拆外面、后拆里面、次要杆件先拆、主要杆件后拆"的原则,按层次自上而下拆除。具体拆除顺序:首先清除堆放的物料,然后拆除脚手板,再依次拆除各杆件。各杆件拆除顺序:安全栏杆→剪刀撑→小横杆→大横杆→立杆,自上而下逐步拆除。

5.4　碗扣式钢管脚手架

5.4.1　碗扣式钢管脚手架概述

5.4.1.1　扣件式钢管脚手架缺点

(1)脚手架节点强度受扣件抗滑能力的制约,限制了扣件式钢管脚手架的承载能力。

(2)立杆节点处偏心距大,降低了立杆的稳定性和轴向抗压能力。

(3)扣件螺栓全部由人工操作,其拧紧力矩不易掌握,连接强度不易保证。

（4）扣件管理困难，现场丢失严重，增加工程成本。

5.4.1.2　碗扣式钢管脚手架特点

碗扣式钢管脚手架是一种承插型管件合一的新型脚手架。所谓承插型是指立杆连接采用端部不同直径钢管设计，连接时直接插入，故也称为直插型。管件合一是指扣件始终附着在管件上，故不易丢失，便于安装。可用于各类支撑架、各类操作平台等。碗扣式钢管脚手架基本上解决了扣件式钢管脚手架的技术缺陷，其特点有以下几个。

（1）碗扣式接头结构合理，解决了偏心问题，力学性能明显优于扣件式。

（2）构造简单，荷载传递路线明确，装拆方便，工作安全可靠，零部件损耗率低，劳动效率高，功能多。

（3）适应异型脚手架，如弧形、扇形、圆形脚手架。

（4）不易丢失扣件，杆件各方位距离易于控制，搭设规格统一，搭设质量易于控制等。

5.4.1.3　碗扣式钢管脚手架组合类型与适用范围

双排碗扣式钢管脚手架按施工作业要求与施工荷载的不同，可组合成轻型架、普通型架和重型架三种形式，它们的组框构造尺寸及适用范围列于表5－3中。

表5－3　双排碗扣式钢管脚手架组合形式

脚手架形式	廊道宽(m)×框宽(m)×框高(m)	适用范围
轻型架	1.2×2.4×2.4	装修、维护等
普通型架	1.2×1.8×1.8	结构施工等
重型架	1.2×1.2×1.8 或 1.2×0.9×1.8	重载作用、高层脚手架

5.4.2　碗扣式钢管脚手架主要杆件及配件

5.4.2.1　立杆

碗扣式钢管脚手架采用 ϕ48 mm×3.5 mm，Q235A 焊接钢管制作，长度有 1.0 m、2.0 m、3.0 m 等多种。立杆上端有接杆插座，下端有加长（150 mm）插杆，从上端向下端每隔 500 mm 设置优质钢压制的环杯（下碗扣），并附有可上下滑动的锻造扣环（上碗扣）。另外，下碗扣上部 100 mm 处焊有限位销，其构造如图 5－19(a) 所示。

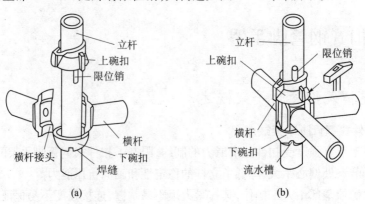

(a)　　　　　　　　　　　　　(b)

图5－19　碗扣接头构造

5.4.2.2 横杆

横杆是在钢管两端各焊接一个横杆接头叶片而成的。钢管规格与立杆相同,长度有1.2 m、1.8 m、2.4 m等多种,连接时只需将横杆接头插入立杆上的下碗扣内,再将上碗扣沿限位销扣下,并顺时针旋转,靠上碗扣螺旋面使之与限位销顶紧,从而将横杆与立杆牢固地连在一起,如图5-19(b)所示形成框架结构。每个下碗扣内可同时连接四根横杆,并且横杆可互相垂直,也可形成一定角度。

5.4.2.3 斜杆

在钢管两端铆接斜杆接头叶片而成,该叶片可旋转,用于与立杆碗扣相连,形成斜杆节点,如图5-20所示。

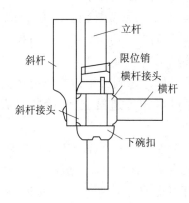

图5-20 斜杆节点

5.4.2.4 配件

碗扣式钢管脚手架其他配件基本与扣件式脚手架配件通用。

5.4.3 碗扣式钢管脚手架搭设

碗扣式钢管脚手架应从中间向两边或沿同一方向搭设,不得采用两边向中间合拢的方法搭设,否则中间杆件难以安装。

脚手架搭设顺序:安放立杆底座或立杆可调底座→竖立杆、安放扫地杆→安装底层(第一步)横杆→安装斜杆→接头销紧→铺放脚手板→安装上层立杆→紧立杆连接销→安装横杆→设置连墙件→设置人行梯→设置剪刀撑→挂设安全网。

5.4.4 脚手架的检查、验收和使用安全管理

落地碗扣式钢管脚手架搭设质量检查、验收和使用安全管理,按照《建筑施工碗扣式钢管脚手架安全技术规范》(JGJ 166—2008)的相关规定。

5.5 承插型盘扣式钢管脚手架

5.5.1 承插型盘扣式脚手架概述

承插型盘扣式钢管脚手架中,采用承插方式解决立杆接长,采用盘扣方式解决横杆与

立杆连接;盘扣式是指横杆、剪刀撑等与立杆连接采用了盘扣设计,又称为轮扣式。它是具有自锁功能的承插式管件合一新型钢管脚手架,参照《建筑施工承插型盘扣式钢管支架安全技术规程》(JGJ 231—2010)标准生产,主要构件为立杆和横杆。

5.5.2　承插型盘扣式脚手架特点

(1)多功能性　根据不同施工要求,组成各种尺寸、形状和承载能力的脚手架、支撑架、支撑柱等形式。

(2)高功效性　构造简单,拆装简便,快速,避免了配件丢损,并且接头拼装拆速度比常规快 5 倍以上,拼拆快速省力,操作工具简单(一把铁锤)。

(3)承载力大　盘扣节点结构合理,立杆轴向传力,使脚手架整体在三维空间结构强度高、整体稳定性好,并具有可靠的自锁功能。接头具有抗弯、抗剪、抗扭力学性能,结构稳定,承载力大,更好地满足施工安全需要。

(4)安全可靠性　接头设计时考虑到自重力的作用,使接头具有可靠的双向自锁能力,作用于横杆上的荷载通过盘扣传递给立杆,盘扣具有很强的抗剪能力(最大为199 kN)。

(5)标准化程度高　产品标准化包装,运输方便,维修少,装卸快,易管理。

(6)使用寿命长　盘扣式脚手架使用寿命一般可以达 10 年以上。

(7)具有早拆功能　横杆可提前拆下周转,节省材料、木枋和人工。做到节能环保,经济,实用。

5.5.3　承插型盘扣式脚手架应用范围

承插型盘扣式脚手架应用范围如下:模板工程和其他结构的支撑系统,特别是高支模;建筑的外墙脚手架工程;施工临时工棚;装修工程和机电安装的作业工作平台;仓库货架(立体货架),以及演唱会、运动会、临时看台、观礼台及舞台棚架等。

5.5.4　承插型盘扣式脚手架构造和主要杆件

承插型盘扣式脚手架由立杆、水平杆和斜杆组成。杆件所用材料与碗扣式脚手架基本一致。

5.5.4.1　立杆

立杆接长方式采用承插型(即立杆一端焊有长 150 mm 的接杆插座)插杆。将盘扣按一定间距焊于脚手架钢管上形成立杆,盘扣节点间距宜按 0.5 m 模数设置。盘扣详见图 5 - 21,立杆详见图 5 - 22。

5.5.4.2　水平杆(横杆)与斜杆

将不同的插头焊于一定长度的脚手架钢管端部形成横杆或剪刀撑。水平杆长度宜按 0.3 m 模数设置。盘扣连接节点如图 5 - 23 所示。整体搭设的实物图见图 5 - 24。

(a)用于节点仅有水平杆连接　　　　　(b)用于节点有水平杆和斜杆连接

图 5 - 21　盘扣(轮扣)实物图

图 5 - 22　承插型盘扣式脚手架立杆实物图

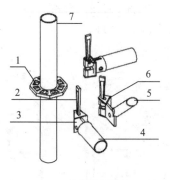 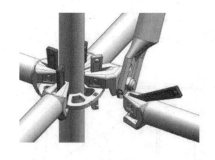

(a)节点示意图　　　　　　　　　(b)节点实物图

图 5 - 23　盘扣节点

1 - 连接盘;2 - 插销;3 - 水平杆杆端扣接头;4 - 水平杆;5 - 斜杆;6 - 斜杆杆端扣接头;7 - 立杆

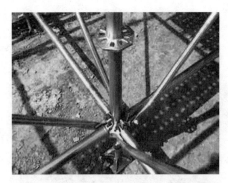
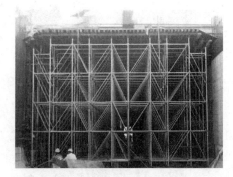

图 5-24　承插型盘扣式脚手架搭设实物图

5.5.5　施工要点

（1）施工前应按《建筑施工承插型盘扣式钢管支架安全技术规程》（JGJ 231—2010）进行施工方案设计，以保证后期剪刀撑和整体连杆的设置，确保其整体稳定性和抗倾覆性。

（2）脚手架安装基础必须要夯实、平整。

（3）对于高度和跨度较大的单一构件支承架使用前，应对横杆进行拉力和立杆轴向压力（临界力）验算，确保架体稳定性和安全性。

（4）架体搭设完成后要加设足够的剪刀撑，在顶托与架体横杆 300～500 mm 的距离增设足够的水平拉杆，使其整体稳定性得到可靠保证。

5.6　门式钢管外脚手架

5.6.1　门式脚手架的构造

门式脚手架是由钢管制成的定型脚手架，由门架、配件、加固件等部件组成。门式脚手架可用于建筑内外搭设操作平台、模板支撑等，最高可搭设 60 m。

门式钢管脚手架主要构件由门架、剪刀撑、水平架梁、螺旋基脚和连接器组成，如图 5-25。

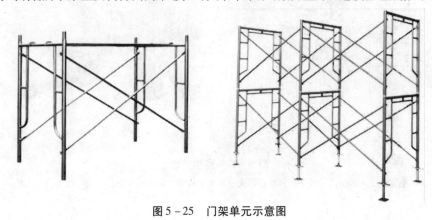

图 5-25　门架单元示意图

5.6.2　门式脚手架的搭设及拆除

5.6.2.1　准备工作

应按《建筑施工门式钢管脚手架安全技术规范》(JGJ 128—2010)进行搭设。门式脚手架地基必须牢固平整,回填土要分层回填、逐层夯实并做好排水处理。场地清理平整后,按搭设方案在地面上弹出门架立杆位置线。

5.6.2.2　搭设步骤及基本要求

搭设基本程序:摆底座→插门架→交叉支撑→水平架、水平加固杆、扫地杆、封口杆→连墙杆→剪刀撑→连墙件→脚手架→安全网、安全栏杆。

门架安装应自一端向另一端延伸,同层不得相对进行和逐层改变搭设方向。搭完一步架后,检查其垂直度与水平度,合格后,再搭下一步架。

门架应与墙面垂直,内侧立杆距墙面不大于 150 mm,大于 150 mm 时要使用内挑板或采取其他安全防范措施。

转角处门架应在每步架内、外侧增设水平连接杆将两侧的门架进行连接,如图 5－26 所示。水平连接杆用扣件与门架立杆扣接。

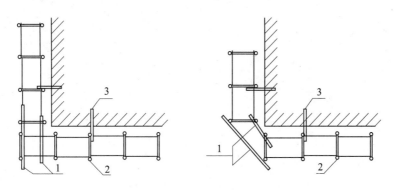

图 5－26　门架转角处连接示意图
1－水平连接杆;2－门架;3－连墙件

5.6.2.3　拆除

拆除门式脚手架除按普通脚手架要求外,还要遵守以下规定:①从一端拆向另一端,不得从两端拆向中间,也不得从中间开始拆向两端;②同一层构、配件和加固件应按先上后下、先外后里顺序进行,最后拆连墙件;③在拆除过程中,脚手架临时自由悬臂高度不得超过两步,当超过两步时,应采取加固措施;④连墙件、水平杆、剪刀撑等,应待脚手架拆至相关门架处,才能拆除;⑤拆卸连接部件时,应先将锁座上的锁板与卡钩上的锁片旋转至开启位置,然后开始拆除,不得硬拉、敲击;⑥拆除工作中,严禁使用硬物击打、撬拆。

 复习思考题

1. 建筑脚手架的作用是什么?

2. 建筑脚手架如何分类?

3.建筑脚手架的基本要求是什么?

4.落地扣件式钢管脚手架有哪些优点?

5.落地扣件式钢管脚手架主要杆件有哪些?

6.落地扣件式钢管脚手架扣件有哪些?

7.剪刀撑有什么作用? 应怎样设置剪刀撑?

8.落地扣件式钢管脚手架对地基的要求是什么?

9.落地扣件式钢管脚手架的搭设顺序是什么?

10.落地扣件式钢管脚手架的连墙件如何设置?

11.落地扣件式钢管脚手架的拆除顺序是什么?

12.碗扣式钢管脚手架的主要杆件有哪些?

13.碗扣式钢管脚手架的配件可以分哪几类?

14.碗扣式钢管脚手架构造特点是什么?

15.落地碗扣式钢管脚手架搭设顺序是什么?

16.承插型盘扣式脚手架构造和主要杆件有哪些?

17.门式脚手架的构造组成和构造特点是什么?

第6章 季节性施工

季节性施工是指在雨季和冬季施工中,为保证施工质量和安全应采取的一些特殊施工措施。我国地域辽阔,气候状况复杂。南方和沿海城市每年雨期时间较长,并伴有台风、暴雨和潮汐;而华北、东北、西北等地则低温季节较长。为保证建筑工程在全年不间断施工,在雨季和冬季应从实际出发,合理选择施工方案和技术措施,保证工程质量和安全,降低工程费用。

6.1 雨季施工

6.1.1 雨期施工特点及要求

6.1.1.1 雨季施工特点

(1)开始具有突然性。由于暴雨、山洪等恶劣气象往往不期而至,要求及早进行雨期施工准备和防范。

(2)具有突击性。雨水对建筑结构和地基基础的冲刷或浸泡具有严重的破坏性,必须及时迅速地防护,才能避免工程损失。

(3)雨期往往持续时间很长,阻碍工程(主要包括土方工程、屋面工程、防水工程和室外粉刷工程等)顺利进行,拖延工期。

6.1.1.2 雨期施工要求

(1)编制施工组织计划时,根据雨期施工特点,将不宜在雨期施工的分项工程提前或拖后安排。对必须在雨期施工的工程应制定有效的措施,坚持以预防为主的原则,采取必要防雨措施,确保雨期施工正常进行。

(2)合理进行施工安排。做到晴天抓紧室外工作,雨天安排室内工作,尽量减少雨天室外作业时间和工作面。

(3)密切注意气象预报,做好防风和防汛等准备工作,必要时及时加固在建工程。

(4)做好建筑材料防雨、防潮和施工现场的排水工作,以及防雨、防汛材料的准备。

6.1.1.3 雨期施工准备

(1)施工现场排水。现场道路、设施必须排水畅通,尽量做到雨停水干。现场必须做好有组织排水。临时排水设施尽量与永久性排水设施结合。应防止地面水渗入地下室、基础、地沟内。做好危石和土坡处理,防止滑坡和塌方。

(2)做好原材料、成品、半成品的防雨防潮工作。水泥库必须保证不漏水,地面必须防潮,并按"先收先用""后收后用"的原则,避免久存受潮而影响水泥质量。木门窗等易受潮变形的半成品应在室内堆放,其他材料也应注意防雨、防潮及材料堆场地四周的排水。

(3)雨期前应做好现场房屋、设备的排水防雨工作。备足排水所需的水泵和有关器材,以及塑料布、油毡等防雨材料。

6.1.2　雨期施工主要技术措施

雨季施工时,施工现场重点应解决截水和排水问题。截水是在施工现场上游设截水沟,阻止场外水流入。排水是在施工现场内合理规划排水系统,修建排水沟,使雨水按要求排至场外。雨水排除的原则:上游截水,下游散水;坑底抽水,地面排水。总体排水规划设计应根据当地历年最大降雨量和降雨期,结合地形和施工要求统筹考虑。

6.1.2.1　现场临时排(截)水沟设计

临时排水沟和截水沟设计一般应符合下列规定:

(1)纵向边坡坡度应根据地形确定,一般应小于3%,平坦地区不应小于2%,沼泽地区可减至1%。

(2)排(截)水沟边坡坡度应根据土质和沟深确定,黏性土一般为1:0.7~1:1.5。

(3)排(截)水沟断面尺寸应根据施工期内可能遇到的最大流量确定,最大流量则应根据当地气象资料,查出历年在这段时期内的最大降雨量,再按汇水面积计算。

6.1.2.2　土方和基础工程

(1)大量土方开挖和回填土工程应在雨期来临前完成。若必须在雨期施工的,其工作面不宜过大,应逐段、逐片分期完成。开挖场地应设一定的排水坡度,以免场地内积水。

(2)基槽(坑)或管沟开挖时,应注意边坡稳定。必要时可适当放缓边坡坡度或设置支撑。施工时要加强对边坡和支撑的检查。

(3)可能被雨水冲塌的边坡可在边坡上覆盖草袋、塑料雨布等材料保护;如工期长、雨量大时,可在边坡加钉钢丝网片,再喷射50 mm厚的细石混凝土保护层。

(4)为防止雨水对基坑浸泡,开挖时要在坑内做好排水沟和集水井;当挖到基础标高后,应及时组织验收,并浇筑混凝土垫层。如不能及时下道工序时,应在基底标高以上留150~300 mm厚的土层不挖,作为保护层,待雨后积水排除后施工。

(5)土方回填时,取土、运土、铺填、压实等各道工序应连续进行,雨前应及时压实已填土层,将表面压光并做成一定的排水坡度。

(6)位于地下的水池或地下室工程,施工时要抓紧基坑四周土方回填和上部结构施工,停止人工降水时,应验算结构抗浮稳定性,防止水对建筑的浮力大于建筑物自重造成地下室或水池上浮。

6.1.2.3　砌体工程

(1)砖在雨期必须集中堆放,不宜浇水。砌墙时要干湿砖块合理搭配。砖湿度较大时不可上墙。日砌高度不宜超过1.2 m。

(2)雨期施工应加强对砂的含水率测定,及时调整砂浆用水量。

(3)如遇大雨必须停工。砌体停工时应在砖墙顶盖一层干砖,避免大雨冲刷灰浆。大雨过后,受雨冲刷的新砌墙体应翻砌最上面两皮砖。

（4）稳定性较差的窗间墙、独立砖柱，应加设临时支撑，或及时浇筑圈梁，以增加墙体的稳定性。

（5）内外墙要尽量同时砌筑，转角及丁字墙间的连接应同时进行。遇大风时，应在风向背面加临时支撑，以保护墙体稳定。

（6）雨后继续施工前须复核已完砌体的垂直度和标高。

（7）雨水浸泡会引起室外脚手架底座下陷而倾斜，所以雨后要及时检查，发现问题及时处理、加固。

6.1.2.4 混凝土工程

（1）雨期施工应加强对水泥等材料的防雨、防潮检查，加强对砂石含水率测定，并及时调整混凝土施工配合比。

（2）模板支撑体系下部回填土要密实，并加固垫板。模板隔离层在涂刷前要及时掌握天气预报，以防隔离层被雨水冲掉。雨后应及时检查、处理。

（3）大面积混凝土浇筑前，要了解2~3天的天气预报，尽量避开大雨。浇筑现场要预备防雨材料，以备浇筑时遇雨进行覆盖。小雨时，应随浇筑、随振捣、随覆盖防水材料。遇到大雨应停止浇筑混凝土，已浇部位应加以覆盖。浇筑混凝土前应根据结构情况和可能，多考虑几道施工缝留设位置。

6.1.2.5 吊装工程

构件堆放地点要坚实，并做好排水，严禁构件堆放区积水、浸泡，防止泥浆粘到预埋件上。塔式起重机路基必须高出地面150 mm，严禁雨水浸泡路基。雨后吊装前，要先做试吊，即将构件吊至1 m左右，往返上下数次，稳定后再进行吊装工作。

6.1.2.6 屋面工程

屋面工程应尽量在雨期前施工，并同时安装屋面雨水管，做好有组织排水。雨天应严禁屋面施工。卷材、保温材料不能淋雨。

6.1.2.7 抹灰工程

雨天严禁室外抹灰。施工前至少应预计1~2天的天气变化情况。对已施工墙面应注意防止雨水污染。室内抹灰尽量在做完屋面后，或至少做完屋面找平层，并铺一层防水层后进行。雨天不宜做罩面涂料施工。

6.1.2.8 机械防雨

所有机械棚要搭设牢固，防止倾倒或漏雨。电机设备应采取防雨、防淹措施，安装接地安全装置。移动电闸箱漏电保护装置要设置可靠。

6.2 冬期施工

6.2.1 冬期施工基本概念

冬期施工是指室外日平均气温连续5天稳定低于5 ℃，或最低气温降低到-3 ℃以下时，必须采取特殊的技术措施进行施工的方法。在我国冬期施工的地区主要在华北、东北和西北，每年有3~6个月的时间是处于冬期施工。要求按照《建筑工程冬期施工规

程》(JGJ/T 104—2011)施工。

6.2.1.1 冬期施工特点

冬期施工是在条件不利和环境复杂情况下进行的施工,是工程质量事故多发季节,且工程质量事故发生具有隐蔽性和出现的滞后性。一些工程质量事故在施工期间难以察觉,等到解冻后才开始暴露出来,而这时再要处理就有很大难度。同时,冬期施工的计划性和准备工作的时间性较强,若仓促施工,容易引起质量问题。

6.2.1.2 冬期施工原则

冬期施工增加了施工难度,对工程的经济效益和安全生产影响很大,而且影响工程的使用寿命。为了保证冬期施工质量,提高经济效益,冬期施工必须遵守以下原则:确保工程质量;措施经济合理,尽量减少因采取技术措施而增加费用;资源可靠,对所需热源和材料等有可靠保证;工期能满足要求;做好安全生产,减少质量事故。

一般情况下,土方工程、防水工程、装饰工程不宜采用冬期施工方法。这些工种工程如采用冬期施工方法,较难保证工程质量或经济合理。砌筑工程、混凝土及钢筋混凝土工程,目前在我国已经完全能够进行全年施工,但成本有所提高。

6.2.1.3 冬期施工准备工作

为了保证冬期施工顺利进行,必须做好准备工作。收集掌握当地气象资料,根据当地气温情况安排冬期施工项目;确定合理的管理体系;编制冬期施工技术措施和施工方案。冬期施工所需原料、设备、能源和保温材料等应提前准备。对施工人员组织冬期施工培训,学习冬期施工有关规范、规定、理论和操作技术,并进行冬期施工安全教育。

6.2.2 土方工程冬期施工

土体在冬期由于受冻而变得坚硬,强度提高,挖掘困难,使冬期施工造价增高,工效降低,寒冷地区土方工程一般宜在入冬前完成。若必须在冬期施工时,其施工方法应根据本地区气候、土质和冻结情况并结合施工条件采取有效的防冻措施,以利土方工程顺利进行。施工前应周密计划,做好准备,做到连续施工。

6.2.2.1 土的冻结及防冻

当温度低于0 ℃,含有水分而冻结的各类土称为冻土。冬季土层冻结的厚度叫冻结深度。土的冻结有其自然规律,在整个冬期土的冻结深度可见《建筑施工手册》。土在冻结后,体积比冻前增大的现象称为冻胀,通常用冻胀量和冻胀率来表示冻胀的大小。土的冻胀量反映了土冻结后平均体积的增量。

在土方冬期开挖中,最经济的方法是采取地基土保温防冻法。土的保温防冻是在冬季来临时土层未冻结前,采取一定的措施使基础土层免遭冻结或减少冻结的方法。土的防冻方法常有地面耕耘耙平防冻法、覆雪防冻法、隔热材料防冻法等。

(1)地面耕耘耙平防冻法 入冬前将施工地段的地面耕起250～300 mm并耙平。在耕松的土中有许多孔隙,利用其孔隙降低土壤的导热性,达到防冻目的。

(2)覆雪防冻法 在积雪量大的地方,利用雪的覆盖作保温层来防止土的冻结。覆雪防冻法通常有以下几种:①利用灌木和小树林等植物挡风起涡旋存雪,待挖土之前再铲除这些植物;②设篱笆或造雪堤为积雪提供条件;③挖沟填雪防冻。

（3）隔热材料防冻法　面积较小的基槽（坑）防冻可直接用保温材料覆盖。常用的保温材料有炉渣、锯末、膨胀珍珠岩、草袋、树叶等，上面加盖一层塑料布。

6.2.2.2　冻土的破碎与挖掘

在没有保温防冻条件，或土已冻结时，可采用冻土破碎法，先将冻土破碎，然后再进行挖掘。冻土的破碎方法主要有爆破法、机械法和人工法。

（1）爆破法　爆破法是以炸药放入直立爆破孔或水平爆破孔中进行爆破，冻土破碎后再用机械挖掘。爆破法适用于冻土层较厚、面积较大的土方工程。冻土爆破必须在专业人员指导下进行，严格遵守爆炸物管理规定和爆破操作规程，应特别重视施工安全。

（2）机械法　当冻土层厚度为 0.25 m 以内时，可用推土机或普通挖掘机施工开挖；当冻土层厚度不超过 0.4 m 时，可用大功率的挖掘机挖掘；当冻土层厚度在 0.6~1 m 时，常用吊锤打桩及往地面打楔或用楔形锤打桩机进行机械松碎，再进行挖掘。

（3）人工法　人工法适用于开挖面积较小和场地狭窄，不具备用其他方法进行土方破碎、开挖的情况。开挖时一般用镐、铁楔子等工具挖掘冻土。

6.2.2.3　冻土回填

由于土冻结后即成为坚硬的土块，在回填过程中不能夯实或压实，土解冻后会造成下沉。为了确保冬季冻土回填质量，必须按施工及验收规范要求组织施工。

室外基槽（坑）或管沟可用含有冻土块的土回填，但冻土块体积不得超过填土总体积的 15%，而且冻土块粒径应小于 150 mm；管沟至管顶 0.5 m 范围内不得用含有冻土块的土回填；室内地面垫层下的回填中不得含有冻土块；回填工作应连续进行，防止基土或已填土层受冻。当采用人工夯实时，每层铺土厚度不得超过 200 mm，夯实厚度宜为 100~150 mm。

冬期回填土应尽量选用未受冻或不冻胀的土进行回填施工。填土时，应清除基础上冰雪和保温材料；填方边坡表层 1 m 以内，不得用冻土填筑。回填用土可预先保温，或将挖出的不冻土采取防冻措施，留作回填用土，对重大项目可用砂土或工业废料回填等。

6.2.3　砌筑工程的冬期施工

砌筑工程的冬期施工是指当预计连续 5 天内平均气温稳定低于 5 ℃时，必须采取冬期施工的技术措施进行的施工。冬期施工期限以外，当日最低气温低于 -3 ℃时，也应按冬期施工有关规定进行。当日最低气温低于 -20 ℃时，砌筑工程不宜施工。

砌体冻结后，砂浆水化停止，体积增大约 8%，从而使砂浆失去黏结能力，砌体受冻胀而破坏。解冻后，砂浆强度虽仍可继续增长，但其最终强度将有较大降低，而且由于砂浆压缩变形，砌体出现沉降，稳定性较差。实践证明，砂浆用水量越大、受冻结越早、受冻时间越长、灰缝厚度越厚，其冻结危害程度越大；反之，越小。而当砂浆具有 20% 以上设计强度后再遭冻结，解冻后砂浆的最终强度降低很少。因此，砌体在冬期施工时，应采取相应措施，尽可能减小冻结危害。

砌体工程冬期施工方法有砂浆掺外加剂法和暖棚法。需要说明的是，过去砌体冬期

施工有掺盐砂浆法。由于盐类会使配筋砌体中的钢筋产生锈蚀，并且砌体泛碱，所以新规范中采用砂浆掺外加剂法，取消了冻结法，保留了暖棚法。由于掺外加剂砂浆在负温下强度可以持续增长，砌体不会发生沉降变形，施工工艺简单，故砌体工程冬期施工以采用掺盐砂浆法为主，对保温绝缘、装饰等方面有特殊要求的工程可采用暖棚法。

6.2.3.1　砂浆掺外加剂法

掺入外加剂的水泥砂浆、水泥混合砂浆或微沫砂浆称为掺外加剂砂浆。采用这种砂浆砌筑的方法称为砂浆掺外加剂法。

（1）砂浆掺外加剂法的原理　砂浆掺外加剂法是在砌筑砂浆内掺入一定量的抗冻剂来降低水的冰点，以保证砂浆中有液态水存在，使水化反应在一定负温下不间断进行，强度继续缓慢增长。同时，降低了砂浆中水的冰点，砌体表面不会立即结冰而形成冰膜，故砂浆和砖石砌体能较好地黏结。

（2）对材料的要求　砌体工程冬期施工所用材料应符合下列要求：砌体在砌筑前，应清除冰霜；拌制砂浆用砂不得含有冰块和直径大于 10 mm 的冻结块；石灰膏、电石膏和黏土膏等应防止受冻，如遭冻结，应融化后使用；水泥应选用普通硅酸盐水泥；拌制热砂浆时，可将水、砂加热，但水的温度不得超过 80 ℃，砂的温度不得超过 40 ℃，当水温超过规定时，应将水、砂先搅拌，再加水泥，以防水泥出现假凝现象。

（3）对砂浆的要求　掺外加剂砂浆使用温度不应低于 5 ℃。当日最低气温低于 −15 ℃时，砌筑承重结构的砂浆强度等级应按常温施工时提高一级，以弥补砂浆冻结后其后期强度降低的影响。拌合砂浆前要对原材料进行加热，且应优先加热水；当加热水不满足温度时，再加热砂。当拌合水的温度超过 60 ℃时，应先投入水和砂进行搅拌，然后再投放水泥。砂浆应采用机械进行拌合，搅拌时间应比常温季节增加一倍。拌合后的砂浆应注意保温。

（4）砌筑施工工艺　普通砖和空心砖在负温度条件下砌筑时，应尽量浇热水润湿。当气温过低，浇水有困难时，则必须适当增大砂浆稠度，以确保砂浆与砖的黏结力。为使砂浆具有良好的和易性，拌合均匀，提高砂浆的抗冻效果，冬期施工时可在砂浆中按一定比例掺入微沫剂。微沫剂能产生无数微小均匀、各自分散、互不串通的小气泡，附着在水泥和砂颗粒表面，起润滑作用。掺量一般为水泥用量的 0.005% ~ 0.01%，盐溶液和微沫剂在砂浆拌合过程中先后加入。抗震设防烈度为九度的建筑物，普通砖和空心砖无法浇水湿润时，无特殊措施不得砌筑。

砂浆掺外加剂法砌筑时，不得大面积铺灰，以免砂浆温度失散；砌体转角处和交接处应同时砌筑，对不能同时砌筑而又必须留置的临时间断处，应砌成斜槎，其斜槎长度不应小于高度的 2/3。每日砌筑后应在砌体表面用保温材料加以覆盖，砌体表面不得残留砂浆。在继续施工前，应先用扫帚扫净砌体表面，然后再施工。

6.2.3.2　暖棚法

暖棚法是利用简易结构和保温材料，将需要砌筑的工作面临时封闭起来，搭成暖棚，棚内设置热源，以维持棚内的正温环境，使砌体在正温条件下砌筑和养护。

采用暖棚法施工，块材在砌筑时的温度不应低于 5 ℃，距离所砌的结构底面 0.5 m 处的棚内温度也不应低于 5 ℃。

　　由于搭暖棚需要大量的材料、人工,加温时要消耗能源,所以暖棚法成本高、效率低,一般主要适用于地下室墙、挡土墙、局部性工程的砌筑。

6.2.4　钢筋混凝土结构工程的冬期施工

6.2.4.1　混凝土冬期施工的起止日期

　　当室外日平均气温连续5天稳定低于5 ℃时,或者最低气温降到 -3 ℃以下时,混凝土工程必须采用特殊的技术措施进行施工。因此,当自然平均气温连续5天稳定低于5 ℃,并连续5天尚未高出5 ℃的第一天为冬期施工的初始日。同样,当气温回升时,取第一个连续5天平均气温稳定高于5 ℃的末日作为冬期施工的终止日期。初日和末日之间的日期即为冬期施工期。混凝土工程冬期施工的起止日期可根据当地多年资料定出。

6.2.4.2　混凝土冬期施工的基本原理

　　(1)温度与混凝土硬化的关系　混凝土凝结、硬化并获得强度是水泥水化作用的结果。在合适湿度条件下,水化速度主要取决于温度,温度越高,水泥水化越迅速、完全,混凝土硬化速度越快,强度越高。当然温度过高,会使水泥颗粒表面迅速水化,结成外壳,阻止内部继续水化,形成“假凝”现象。冬期施工气温低,水泥水化减弱,新浇混凝土强度增长明显延缓,当温度降至0 ℃以下时,水泥水化作用基本停止,混凝土强度也停止增长。特别是当温度降至 -2 ~ -4 ℃以下时,混凝土中的游离水开始结冰,结冰后水体积膨胀约9%,则混凝土内部产生冻胀应力。当冻胀应力大于混凝土的抗拉强度,混凝土就会产生破坏,导致冻害。

　　(2)混凝土早期冻害对其质量的影响　若混凝土初凝前或刚初凝即遭受冻结,此时水泥水化刚开始,混凝土尚无强度;恢复正温养护后,强度继续增长,后期强度基本没有损失,但受到工程工期等因素限制难以实现。

　　若混凝土在初凝后受冻,因本身强度小,此时水泥水化作用产生的黏结力小于水结冰所产生的冻胀应力,使混凝土结构内部产生微裂缝,随着冻结向混凝土深层发展,又产生新的微裂纹,微裂纹相互连接出现贯通微裂缝,导致混凝土强度降低,同时降低了与钢筋的黏结力。加之冰块融化后会形成孔隙,严重降低混凝土的密实度和耐久性。受冻的混凝土在解冻后,其强度虽能继续增长,但已不能达到原设计的强度等级。这就是混凝土的早期冻害。

　　试验证明,混凝土遭受冻结产生的危害与遭冻的时间早晚、水灰比、水泥标号、养护温度等有关。冻结时温度越低,强度损失越大;水灰比越大,强度损失越大;受冻时强度越低,强度损失越大;反之,则损失越小。特别是混凝土在浇筑后立即受冻,抗压强度损失可达50%以上,抗拉强度损失可达40%。

　　(3)混凝土允许受冻临界强度　新浇筑混凝土在受冻前达到某一强度值后再遭受冻结,当恢复正温养护后,混凝土后期的强度可继续增长,经28天标准养护可达到设计强度的95%以上,这一受冻前的强度称为混凝土允许受冻临界强度。

　　通过试验得知,该临界强度与水泥品种、水灰比、混凝土强度等级有关。规范规定的临界强度值是在混凝土水灰比不大于0.6的前提下试验后确定的。采用硅酸盐水泥或普通硅酸盐水泥配制的混凝土,其受冻临界强度为设计强度标准值的30%;矿渣硅酸盐水

泥配制的混凝土为设计强度标准值的 40% ;C10 及 C10 以下的混凝土不得低于5 N/mm²。

6.2.4.3　混凝土冬期施工的工艺要求

（1）对材料要求

1）水泥　冬期施工应尽量使用快硬、早期强度增长快、早期水化热较高的水泥。如硅酸盐水泥或普通硅酸盐水泥。标号不应低于 425 号,最小水泥用量不宜少于 300 kg/m³,水灰比不应大于 0.6。使用矿渣硅酸盐水泥时,宜采用蒸汽养护;使用其他品种水泥,应注意其中掺合材料对混凝土抗冻、抗渗等性能的影响。掺防冻剂的混凝土严禁使用高铝水泥,否则产生重结晶导致强度下降。

2）骨料　冬期施工混凝土所用骨料必须清洁,不得含有冰雪等冰结物及易冻裂的矿物质。掺用含有钾、钠离子的防冻剂时,不得采用活性骨料或混有此类物质的材料。冬期骨料所用贮备场应选择地势较高不积水的地方。

3）外加剂　冬期浇筑混凝土宜使用无氯盐类防冻剂;对抗冻性要求较高的混凝土,宜使用引气剂或减水剂。在掺用防冻剂、引气剂或减水剂的混凝土应符合现行国家标准《混凝土外加剂应用技术规范》的规定。在钢筋混凝土中掺用氯盐类防冻剂时,其掺量应严格控制,按无水状态计算氯盐剂量不得超过水泥重量的 1%。对冷拉钢筋、冷拔低碳钢丝等应限制使用氯盐类防冻剂,并优先考虑与阻锈剂复合使用。同时氯盐在高湿度环境、预应力混凝土结构等情况下禁止使用。

4）掺合料　混凝土中掺入一定量的粉煤灰,能改善混凝土性能,节约水泥,从而提高工程质量,降低成本;掺入一定量的氟石粉能有效地改善混凝土的和易性,提高混凝土的抗渗性,调节水泥水化,提高混凝土初始温度。氟石粉的适宜掺量一般为水泥用量的 10% ~15%,应通过试验确定。

（2）混凝土拌制

1）材料的加热　为使新浇筑混凝土在一定时间内达到所需的强度,必须具备一定的温度条件,所以在冬期施工一般可采取对组成材料进行加热。

冬期施工对组成混凝土材料加热,一般应优先对水进行加热,因为水的热容量大,加热方便。当水加热仍不能满足要求时,再对骨料进行加热,因为骨料使用量最大,且易加热。水泥不能直接加热,但宜在暖棚内存放,使其保持正温。过热的水和骨料遇水泥会导致水泥假凝。因此,水和骨料的加热温度应根据热工计算确定,但不得超过表 6 - 1 的规定。

表6 - 1　拌合水及骨料的最高温度

项目	水泥品种及强度等级	拌合水/℃	骨料/℃
1	强度等级 <42.5 级的普通硅酸盐水泥、矿渣硅酸盐水泥	80	60
2	强度等级 ≥42.5 级的普通硅酸盐水泥、硅酸盐水泥	60	40

2）投料顺序、拌制时间　在冬期施工为加强混凝土搅拌效果,应选择强制式搅拌机。搅拌前应用热水或蒸汽冲洗、预热搅拌机。一般混凝土拌合物出机温度不宜低于 10 ℃,入模温度不得低于 5 ℃。对混凝土应经常检查其温度及和易性。若有差异及时加以

调整。

混凝土拌合好后的温度可按下式计算

$$T_0 = \left[0.92(m_c T_c + m_s T_s + m_g T_g) + 4.2 T_w(m_w - w_s m_s - w_g m_g)\right.$$
$$\left. + C_1(w_s m_s T_s + w_g m_g T_g) - C_2(w_s m_s + w_g m_g)\right] \qquad (6-1)$$
$$\div \left[4.2 m_w + 0.9(m_c + m_s + m_g)\right]$$

式中　T_0——拌合好后的混凝土温度,℃;

　　　m_w、m_c、m_s、m_g——水、水泥、砂、石的用量,kg;

　　　T_w、T_c、T_s、T_g——水、水泥、砂、石的温度,℃;

　　　w_s、w_g——砂、石的含水率,%;

　　　C_1——水的比热,kJ/kg·K;

　　　C_2——冰的溶解热,kJ/kg。

当骨料温度 >0 ℃时,$C_1 = 4.2$,$C_2 = 0$;当骨料温度≤0 ℃时,$C_1 = 2.1$,$C_2 = 335$。

混凝土的出机温度可按下式计算

$$T_1 = T_0 - 0.16(T_0 - T_i) \qquad (6-2)$$

式中　T_1——混凝土的出机温度,℃;

　　　T_i——搅拌机棚内温度,℃。

投料顺序一般是先投入水泥和热水,搅拌一定时间后,再投入骨料搅拌到规定时间。搅拌时间应较常温延长 50%,搅拌时间必须满足表 6-2 规定的最短时间。

表 6-2　冬期施工拌制混凝土的最短时间

混凝土坍落度	搅拌机类型	搅拌机容量		
		< 250 L	250 ~ 650 L	> 650 L
≤30 mm	自落式	135 s	180 s	225 s
	强制式	90 s	135 s	180 s
>30 mm	自落式	135 s	135 s	180 s
	强制式	90 s	90 s	135 s

(3)混凝土运输　混凝土拌合物搅拌后,应及时运到浇筑地点,入模成型。在运输过程中仍然会有热损失。运输过程是混凝土热损失的关键阶段,应采取必要措施减少热损失,同时保证混凝土的和易性。常用的主要措施:缩短运输时间和距离;减少装卸和转运次数;使用大容积运施工具,并采取必要的保温措施。

(4)混凝土浇筑　浇筑前应清除模板和钢筋上的冰雪和污垢,尽量加快浇筑速度,防止热量散失过多。冬期混凝土浇筑时间不应超过 30 min,金属预埋件和直径大于 25 mm 的钢筋应进行预热,混凝土养护前温度不得低于 2 ℃。

对加热养护的现浇混凝土结构浇筑程序和施工缝位置,应能防止在加热养护时产生较大的温度应力;当加热温度在 40 ℃以上时应征得设计同意。对装配式结构受力接头浇筑混凝土前应将接合处表面加热到正温;浇筑后接头温度在不超过 45 ℃的条件下,养护

至设计要求强度;当设计无要求时,其强度不低于强度标准的75%。

冬期施工混凝土振捣应用机械振捣,尽可能提高混凝土的密实度,因为低温条件下混凝土的流动度减小,振捣时间应比常温有所增加。

6.2.4.4　混凝土冬期施工方法

混凝土冬期施工方法分为混凝土养护期间不加热方法、加热方法和综合方法。混凝土养护期间不加热方法包括蓄热法和掺外加剂法;加热的方法包括蒸汽加热法、电热法和暖棚法;综合方法即把上述两类方法综合应用,如综合蓄热法。

选择混凝土冬期施工方法时,要考虑自然气温条件、结构类型和特点、水泥品种、施工工期、能源状况和经济指标等因素。合理的施工方案应保证混凝土在冻结前,至少应达到其临界强度,同时要结合施工工期和施工费用来综合考虑。

(1)蓄热法　蓄热法是混凝土浇筑后,利用原材料加热及水泥水化的热量,在混凝土外围用保温材料严密覆盖,延缓混凝土冷却,在混凝土温度降低到0 ℃前达到预期强度的施工方法。

蓄热法施工方法简单,不需热源,费用较低,较易保证质量。当室外最低温度不低于-15 ℃时,地面以下工程或表面系数(A/V)不大于15 m^{-1}的结构应优先采用蓄热法养护。

蓄热法养护的三个基本要素:混凝土入模温度、围护层总传热系数和水泥水化热值。应通过热工计算调整以上三要素,使混凝土冻结前达到强度要求。采用蓄热法时,宜选用导热系数小、价廉、耐用的保温材料,如草帘、草袋、锯末、谷糠、炉渣等。此外,还可采用其他有利蓄热的措施,如地下工程可用土壤覆盖;生石灰与湿锯末均匀拌合覆盖;充分利用太阳的热能,白天打开保温材料日照,夜间覆盖保温等。

(2)掺外加剂法　外加剂法养护是在拌制时掺加适量外加剂,使混凝土强度迅速增长,在冻结前达到要求的临界强度;或者降低水的冰点,使混凝土在负温下能够凝结、硬化。掺外加剂法使混凝土冬期施工工艺简化,节约能源,降低冬期施工费用。

常用的外加剂有早强剂、抗冻剂、减水剂等。外加剂种类的选择取决于施工要求和材料供应,而掺量应由试验确定。掺外加剂的作用就是使混凝土产生抗冻、早强等效用,但要求外加剂对结构钢筋无锈蚀作用,对混凝土后期强度和其他物理力学性能无不良影响;同时应适应结构工作环境的需要。

(3)蒸汽加热法　蒸汽加热法是用低压饱和蒸汽对新浇筑混凝土构件进行加热养护,它分为湿热养护和干热养护两类。湿热养护是蒸汽与混凝土直接接触,利用蒸汽的湿热作用养护混凝土;干热养护是将蒸汽作为加热载体,通过某种形式的散热器,将热量传导给混凝土,使混凝土升温,蒸汽并不与混凝土直接接触的养护方法。常用的湿热养护方法有棚罩法、蒸汽套法和内部通气法。干热养护方法有毛管法和热模法。

蒸汽加热法适用性广,但需锅炉等设备,消耗能源多,费用高,当用蓄热法达不到要求时,并经过经济比较后才能采用。用蒸汽加热法养护混凝土,当用普通硅酸盐水泥时,温度不宜超过80 ℃,用矿渣硅酸盐水泥时,可提高到85 ~ 95 ℃,升温、降温速度也有限制。

1)棚罩法　在现场构件周围制作能拆卸的蒸汽室,通入蒸汽加热混凝土。该法设施灵活,施工简便,费用较小,但耗气量大,温度不易均匀。适用于加热地槽中的混凝土结构

及地面上的小型预制构件。

2)蒸汽套法 在构件模板外再加密封的套板,做成蒸汽套,模板与套板件的空隙不宜超过 15 cm,在套板内通入蒸汽加热养护混凝土。此法加热均匀,加热效果取决于保温构造,但设备复杂,费用大,可用于现浇柱、梁及肋形楼板等整体结构加热。

3)内部通气法 在混凝土构件内部预留直径为 13~50 mm 的孔道,将蒸汽送入孔内加热混凝土,当混凝土达到要求强度后,排除冷凝水,随即用水泥砂浆灌入孔道内加以封闭。内部通气法节省蒸汽,费用较低,但入汽端易过热产生裂缝,适用于梁柱、桁架等构件。

(4)电热法 电热法施工是利用电流产生的热量来加热养护混凝土。电热法施工设备简单,操作方便,但耗电量较多,施工费用高。

电热法养护可采用电极加热法、电热毯加热法、工频涡流加热法和远红外线加热法等。

1)电极加热法 在新浇筑混凝土内部或表面每隔 100~300 mm 间距设置 $\phi6~\phi12$ 的短钢筋或宽 40~60 mm 的白铁皮做电极,通以低压电源,由于混凝土的电阻作用,使电能变为热能,所产生的热量对混凝土进行加热。采用电极法要防止电极与构件内的钢筋接触而引起短路,对于较薄构件,也可将薄钢板固定在模板内侧作为电极。

2)电热毯加热法 以电热毯为加热元件,电热毯由四层玻璃纤维布中间夹以电阻丝制成,尺寸根据钢模板大小而定,通电后表面温度应按规范控制,不得大于 35~40 ℃。电热毯法适用于以钢模板浇筑的构件。工程中在混凝土浇筑前先通电将模板预热,浇筑后根据温度变化可断续送电养护。

3)工频涡流加热法 利用安装在钢模板上内穿单根导线的钢管,导线通电后产生热效应,通过钢模板将热量传导给混凝土,使混凝土升温。该法适用于以钢模板浇筑的混凝土墙体、梁、柱和接头。其优点是温度比较均匀,控制方便;缺点是需制作专用模板,模板投资大。

6.3 冬期与雨期施工的安全技术

冬期与雨期给建筑施工带来了一定的困难,影响了正常的施工活动。为此必须采取切实可行的防范措施,以确保施工安全。

6.3.1 雨期施工的安全技术

雨期施工主要应做好防雨、防风、防雷电、防汛等工作。

(1)基础工程应开设排水沟、基槽、坑沟等,雨后积水应设置防护栏或警告标志,深度超过 1 m 的基槽、井坑应设支撑。

(2)一切机械设备应设置在地势较高、防潮避雨的地方,应搭设防雨棚。机械设备的电源线路绝缘良好,有完善的保护接零装置。电闸箱漏电保护装置要可靠。

(3)脚手架应经常检查,发现问题要及时处理或更换加固。

(4)为防止雷电袭击造成事故,在施工现场高出建筑物的塔吊、人货电梯、钢脚手架

等必须装设防雷装置。

6.3.2 冬期施工的安全技术

冬期施工主要应做好防火、防寒、防毒、防滑、防爆等工作。应注意以下方面：

(1)冬期施工中,各类脚手架应经常检查、加固,加设防滑设施,及时清除积雪。

(2)易燃材料经常注意清理,必须保证消防水源可靠和消防道路畅通。

(3)严寒时节,施工现场应根据实际需要和规定配设挡风设备。

(4)要防止一氧化碳中毒,防止锅炉爆炸。

 ## 复习思考题

1. 简述雨期施工的特点。

2. 土方工程雨期施工应采取哪些技术措施?

3. 钢筋混凝土工程雨期施工应注意哪些问题?

4. 地基土的保温防冻方法有哪几种? 每种方法的特点是什么?

5. 简述在砌筑工程冬期施工中,砂浆掺外加剂法和暖棚法适用范围及施工原理。

6. 何谓混凝土冬期施工? 混凝土的早期冻害对混凝土的性能有哪些影响?

7. 何谓混凝土允许受冻的临界强度? 它与哪些因素有关?

8. 混凝土工程冬期施工时对水泥和骨料有何要求?

9. 混凝土工程冬期养护方法有几类? 常用的有哪几种方法?

第 7 章 预应力混凝土工程

7.1 概　述

随着施工工艺和机械设备不断发展,预应力混凝土在建筑单个构件应用外,还成功地运用到高层建筑、大型桥梁、核电站安全壳、电视塔、大跨度薄壳结构、筒仓、水池、大口径管道、基础岩土工程、海洋工程等技术难度较高的大型整体或特种结构工程。

7.1.1 预应力混凝土材料

预应力混凝土抗裂性能取决于钢筋的预拉应力值。钢筋预拉力越高,混凝土预压力越大,构件的抗裂性就越好。为获得较大预应力通常采用高强度钢筋和高强度混凝土。

7.1.1.1 预应力钢筋

预应力钢筋基本要求:较高的强度、较好的塑性和黏结性能以及良好的加工性能。

(1)钢材强度越高,损失率越小,经济效果也越高,所以当条件具备时,尽量采用高强度钢材作预应力筋。

(2)要求钢筋拉断时具有一定的延伸率,当构件处于低温荷载时,更应注意塑性要求,否则可能发生脆性破坏。

(3)先张法构件的预应力传递是靠钢筋和混凝土的黏结力来完成的。所以钢筋和混凝土必须有足够的黏结。否则会发生预应力筋滑移。

(4)良好的加工性能是指钢筋在连接(如焊接),端头加工时能保持原有的机械性能。

7.1.1.2 混凝土

预应力混凝土结构中所采用的混凝土应具有高强、轻质和耐久性的特点。一般要求混凝土强度等级不低于 C30。当采用碳素钢丝、钢绞线、热处理钢筋作预应力筋时,混凝土强度等级不宜低于 C40。目前,我国在一些重要预应力混凝土结构中,已开始采用 C50 ~ C60 高强混凝土,部分已达到 C80,并向更高等级强度方向发展。

7.1.2 预应力混凝土特点

预应力混凝土与普通钢筋混凝土相比,具有以下优点:

(1)提高了混凝土的抗裂度和刚度,增加了构件的耐久性,可有效地利用高强度钢筋和高强度混凝土,充分发挥钢筋和混凝土各自的特性。

(2)与普通钢筋混凝土在同样条件下具有构件截面小、自重轻、质量好、材料省等优点(可节约钢材 40% ~ 50%、混凝土 20% ~ 40%,减轻构件自重可达 20% ~ 40%)。

（3）提高了高、大、重型结构的预制装配化程度。

（4）抗疲劳性能优于钢筋混凝土。

尽管预应力混凝土有上述优点，但制作时需使用张拉工序、增加灌浆机具以及锚固装置等专用设备，同时工艺比较复杂，操作要求较高。小跨度梁和板，不承受拉力的拱与柱子等不适宜采用预应力结构，但在大跨度结构中，其综合经济效益较好。此外，在一定范围内，以预应力混凝土结构代替钢结构，可节约钢材、降低成本并免去维修工作。因此，预应力混凝土不是任何场合都可以替代普通钢筋混凝土的，而是两者各有合理的应用范围。

7.1.3　预应力混凝土分类

预应力混凝土按预应力施加工艺不同，一般分为先张法、后张法。按预应力筋与混凝土的黏结程度，分为有黏结和无黏结。

7.1.3.1　先张法

先张法是先张拉预应力筋，后浇筑混凝土，待混凝土达到设计强度后，放松预应力筋的施工方法。此时预应力是通过预应力筋与混凝土间的黏结力传递给混凝土。这种方法要有专用的生产台座和夹具，以便张拉和临时锚固预应力筋。适用于预制厂生产中小型预应力构件。

7.1.3.2　后张法

后张法是先留置一定的孔道，再浇筑混凝土，后张拉预应力筋，并将预应力筋通过锚具固定在构件端部的生产方法。此时预应力主要是通过锚具传递给混凝土的。这种方法需要预留孔道和专用锚具。适用于现场生产大型预应力混凝土构件与结构，对锚具要求较高。

7.1.3.3　有黏结

有黏结预应力混凝土是指预应力筋与周围混凝土相黏结。先张法预应力筋直接浇筑在混凝土内，黏结力起到传力作用；后张法通过孔道灌浆与混凝土形成黏结，起到保护钢筋。这两种施工方法均称为"有黏结"。

7.1.3.4　无黏结

无黏结预应力混凝土的预应力筋沿全长与周围混凝土能发生相对滑动，为防止预应力筋腐蚀和与周围混凝土黏结，在预应力筋表面刷涂料并包塑料布。预应力完全通过锚具传递给混凝土，一般用于后张法中。

7.2　先张法

7.2.1　先张法的概念

先张法是在浇筑混凝土前，先张拉预应力钢筋，在台座或钢模上用夹具临时固定，然后浇筑混凝土构件，待混凝土达到规定强度，保证预应力筋与混凝土有足够黏结力时，放松预应力，预应力筋弹性回缩，借助于混凝土与预应力筋间的黏结力对混凝土产生预压应力。

先张法适用于生产定型的中小型构件,如空心板、屋面板、吊车梁、檩条等。施工工艺过程:张拉固定预应力筋→浇筑混凝土→养护(至75%强度)→放张预应力筋,如图7-1所示。

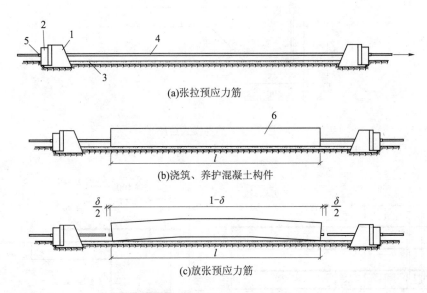

(a)张拉预应力筋

(b)浇筑、养护混凝土构件

(c)放张预应力筋

图 7-1　先张法施工示意图

1-台座;2-横梁;3-台面;4-预应力筋;5-夹具;6-构件

先张法生产有台座法、台模法两种。用台座法生产时,预应力筋的张拉、锚固、混凝土浇筑、养护和预应力筋放松等工序都在台座上进行,预应力筋的张拉力由台座承受。台模法是预应力筋的张拉力由钢台模承受。对先张法施工,无论是台座法还是台模法,工艺原理相同。本节主要介绍台座法。

7.2.2　先张法的施工设备

先张法施工设备主要有台座、夹具和张拉设备。

7.2.2.1　台座

台座是先张法生产的主要设备之一,它承受预应力筋的全部张拉力。因此,台座应具有足够的强度、刚度和稳定性,避免台座变形、倾覆和滑移而引起预应力损失。

台座由台面、横梁和承力结构等组成。根据承力结构的不同,台座构造型式有墩式台座、槽式台座等。选用时应根据构件种类、张拉力的大小和施工条件而定。

(1)墩式台座　以混凝土墩作承力结构的台座称墩式台座,一般用于平卧生产的中小型构件,如屋架、空心板和平板等。台座尺寸由场地大小、构件类型和产量等确定,一般长度为100~150 m,一次张拉可生产多个构件,从而减少因钢筋滑动或台座横梁变形引起预应力损失。在台座的端部应留出张拉操作空间和通道,两侧有构件运输和堆放的场地。

空心板等由于张拉力不大时,可利用简易墩式台座,如图7-2所示。生产中型构件或多层叠浇构件,如图7-3所示的墩式台座,台座局部加厚,以承受部分张拉力。

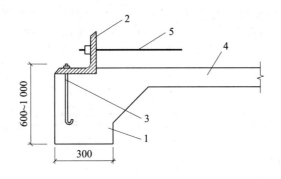

图7-2 简易镦式台座

1-卧梁;2-角钢;3-预埋螺栓;4-混凝土台面;5-预应力钢丝

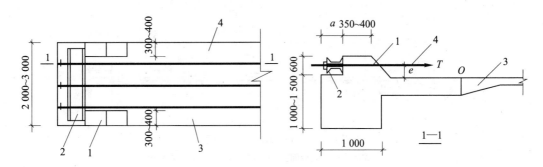

图7-3 墩式台座

1-传力墩;2-横梁;3-局部加厚的台面;4-预应力筋

墩式台座由承力台墩、台面、横梁组成。目前常用现浇钢筋混凝土制成的、由承力台墩和台面共同受力的台座。

设计墩式台座时,应进行台座稳定性和强度验算。稳定性是指台座抗倾覆和抗滑移能力。抗倾覆验算的计算简图如图7-4所示,台座的抗倾覆稳定性按下式计算

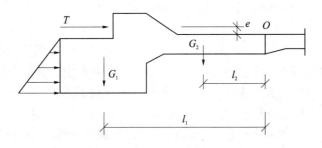

图7-4 墩式台座的抗倾覆计算简图

$$K_0 = \frac{M'}{M} \qquad (7-1)$$

式中　K_0——台座的抗倾覆安全系数,$K_0 \geqslant 1.50$;

　　　　M——由张拉力产生的倾覆力矩,$M = T \cdot e$;

　　　　e——张拉力合力T的作用点到倾覆转动点O的力臂;

M'——抗倾覆力矩,如忽略土压力,则 $M' = G_1 l_1 + G_2 l_2$。

墩式台座强度验算要求:支承横梁的牛腿,按柱子牛腿计算方法计算其配筋;镦式台座与台面接触的外伸部分,按偏心受压构件计算;台面按轴心受压构件计算;横梁按承受均布荷载的简支梁计算,其挠度应控制在 2 mm 以内,并不得产生翘曲。

对于台镦与台面共同作用的台座,由于台面与台镦共同作用,台镦的水平推力几乎完全传递给台面,不存在滑移问题,故台面不做抗滑移验算。台面一般是在夯实的碎石垫层上浇筑一层厚度为 60～100 mm 的混凝土而成,台面略高于地坪,表面应当平整光滑,以保证构件底面平整。为防止台面开裂,可根据当地温差和经验设置伸缩缝,一般间距 10 m 左右,也可在台面内沿上下表面配置钢筋网片。

(2)槽式台座　槽式台座由端柱、传力柱、柱垫、横梁和台面等组成,既可承受张拉力,又可作蒸汽养护槽,适用于张拉力较大的大型构件,如吊车梁、屋架等,图 7-5 所示。

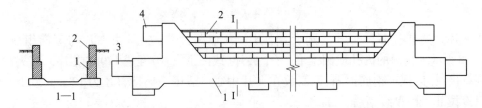

图 7-5　槽式台座
1-钢筋混凝土压杆;2-砖墙;3-下横梁;4-上横梁

槽式台座的长度一般不大于 76 m,宽度随构件外形及制作方式而定,一般不小于 1 m。为便于混凝土运输、浇筑及蒸汽养护,台座宜低于地面。为便于拆迁和重复使用,台座应设计成装配式。设计槽式台座时也应进行强度和稳定性验算。

7.2.2.2　张拉机具和夹具

(1)夹具　夹具是先张法构件施工时将预应力筋固定在张拉台座(或设备)上的临时性锚固装置。夹具按其用途不同可分为仅用于固定作用的锚固夹具和夹持张拉作用的张拉夹具。锚固夹具与张拉夹具都是可以重复使用的。

1)锚固夹具　常用的锚固夹具有钢质锥形夹具、镦头夹具和夹片式夹具。

钢质锥形夹具是常用的单根钢丝夹具,适用于锚固直径 3～5 mm 的冷拔低碳钢丝和碳素(刻痕)钢丝。它由套筒和销子组成,如图 7-6 所示。套筒为圆柱形,中间开圆锥形孔。

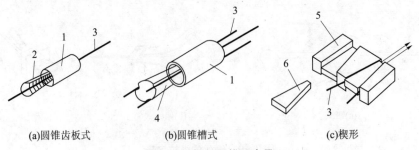

(a)圆锥齿板式　　　　(b)圆锥槽式　　　　(c)楔形
图 7-6　钢丝用锚固夹具
1-套筒;2-齿板;3-钢丝;4-锥塞;5-锚板;6-镦块

镦头锚固夹具是将钢丝端部冷镦或热镦形成粗头,通过承力板或梳筋板锚固。镦头夹具适用于具有镦粗头(热镦)的Ⅱ、Ⅲ、Ⅳ级螺纹钢筋,也可用于冷镦的预应力钢丝固定端的锚固。如图7-7所示。

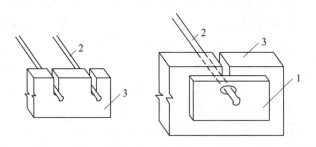

图7-7　固定端镦头锚固夹具

1-垫片;2-镦头钢丝;3-承力板

夹片式夹具有多种形式。圆套筒三片式(或两片式)夹具由夹片与套筒组成,如图7-8所示。套筒的内孔成圆锥形,三个夹片(或两个夹片)互成120°(或180°),夹片内槽刻有齿纹,以保证钢筋锚固,钢筋放在夹片中心。适用于夹持直径为12 mm或14 mm单根冷拉Ⅱ、Ⅲ、Ⅳ级钢筋。

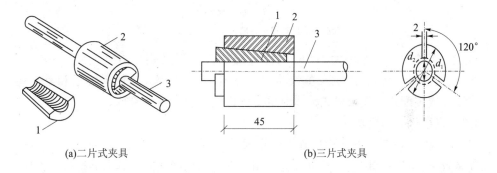

(a)二片式夹具　　　　　　　　　(b)三片式夹具

图7-8　圆套筒夹片式夹具

1-销片;2-套筒;3-预应力筋

2)张拉夹具　张拉夹具是将预应力筋与张拉机械连接起来,进行张拉的工具。常用的钢丝张拉夹具有钳式夹具、偏心式夹具和楔形夹具等,如图7-9所示。

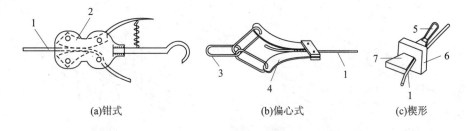

(a)钳式　　　　　　　(b)偏心式　　　　　　(c)楔形

图7-9　钢丝的张拉夹具

1-钢丝;2-钳齿;3-拉钩;4-偏心齿条;5-拉环;6-锚板;7-镶块

3）夹具要求　夹具本身须具备自锁和自锚能力，自锁即锥销、齿板或楔块打入后不会反弹而脱出的能力；自锚即预应力筋张拉中能可靠地锚固而不被从夹具中拉出的能力。同时，先张法用夹具的静载锚固性能应符合Ⅰ类锚具的效率系数 $\eta_a \geq 0.95$ 的要求。此外，夹具在达到实际破断拉力时，全部零件均不得出现裂缝和破坏，应具备良好的自锚性能、放松性能和重复使用性能。

4）预应力筋连接器　单根粗钢筋之间连接的钢筋连接器如图7-10所示。钢绞线的连接可用挤压式钢绞线连接器，见图7-11。

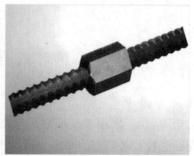

图7-10　钢筋连接器

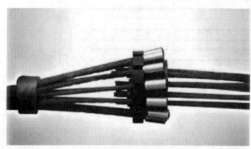

图7-11　钢绞线连接器

（2）张拉设备　张拉设备应当操作方便、简易可靠，准确控制张拉应力，能以稳定的速率增大拉力。目前张拉机主要具有拉杆式千斤顶、穿心式千斤顶、台座式液压千斤顶、电动螺杆张拉机和电动卷扬张拉机等。在测力方面有弹簧测力计、杠杆测力器、荷重控制及油压表等不同方法。

钢丝张拉分为单根张拉和多根张拉。在台座上生产构件多采用电动卷扬机、电动螺杆张拉机等进行单根张拉，但也可采用油压千斤顶多根同时张拉。因一些先张法张拉设备也可用于后张法中，故本节介绍仅用于先张法的有关设备，其他设备在后续内容中介绍。

1）电动卷扬张拉机　电动卷扬机主要用于长线台座上张拉冷拔低碳钢丝，如图7-12所示。选择张拉机具时，张拉机具张拉力应不小于预应力筋张拉力的1.5倍；张拉行程应不小于预应力筋张拉伸长值的1.1～1.3倍。

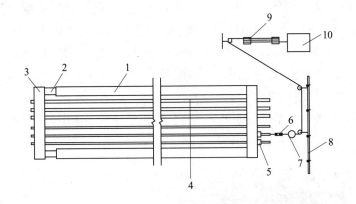

图 7 - 12   用卷扬机张拉钢筋

1 - 台座;2 - 放松装置;3 - 横梁;4 - 预应力筋;5 - 锚固夹具;6 - 张拉夹具;

7 - 测力计;8 - 固定梁;9 - 滑轮组;10 - 卷扬机

2)台式千斤顶   多用多根张拉方法,如图 7 - 13 所示。张拉时要求钢丝的长度基本相等,以保证张拉后各钢筋的预应力相同,所以应事先调整钢筋的初应力。

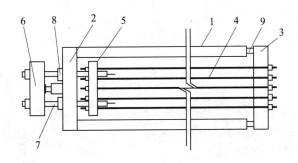

图 7 - 13   油压千斤顶成组(多根)张拉

1 - 台模;2,3 - 前后横梁;4 - 钢筋;5,6 - 拉力架横梁;

7 - 大螺丝杆;8 - 油压千斤顶;9 - 放松装置

7.2.3   先张法施工工艺

先张法预应力混凝土构件在台座上生产时,其工艺流程如图 7 - 14 所示,施工中可按实际情况适当调整。

7.2.3.1   预应力筋的铺设

为了便于脱模,在预应力钢筋铺设前,对台座及模板应先刷隔离剂。预应力钢丝宜用牵引车铺设。如遇需要接长,可借助连接器用 20 ~ 22 号铁丝密排绑扎。

7.2.3.2   预应力筋的张拉

(1)张拉方法   预应力筋张拉应根据设计要求进行。预应力筋张拉有单根张拉和多根成组张拉。单根张拉所用设备构造简单,易于保证应力均匀,但生产效率低,而且对预

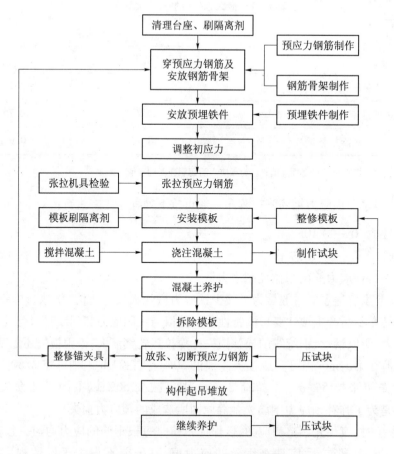

图7-14　先张法施工工艺流程图

应力筋过密或间距不够大时,张拉和锚固较困难。成组张拉效率高,但所用设备构造较复杂,且张拉力要求较大,同时,当进行多根成组张拉时,应先调整各预应力筋的初应力,使其长度和松紧一致,以保证张拉后各预应力筋的应力一致。因此,应根据实际确定张拉方法。一般预制厂常用成组张拉方法,施工现场常用单根张拉方法。

（2）预应力钢筋的张拉

1）张拉控制应力　张拉的控制应力按设计要求。控制应力值直接影响预应力效果,控制应力越高,建立预应力值则越大。但控制应力过高,预应力筋处于高应力状态,构件出现裂缝的荷载与破坏荷载接近,破坏前无明显预兆,这是不允许的。此外,为了部分抵消由于应力松弛、摩擦、钢筋分批张拉,以及预应力筋与张拉台座间的温差等因素产生的预应力损失,应对预应力筋超张拉。如果原定控制应力过高,再加上超张拉就可能使钢筋的应力超过流限。因此,预应力筋的张拉控制应力(σ_{con})应符合设计要求,预应力筋需要超张拉时,可比设计要求提高5%,但其最大张拉控制应力不得超过表7-1的规定。

表 7 - 1　最大张拉控制应力允许值

钢种	张拉方法	
	先张法	后张法
碳素钢丝、刻痕钢丝、钢绞线	$0.80f_{ptk}$	$0.75f_{ptk}$
热处理钢筋、冷拔低碳钢丝	$0.75f_{ptk}$	$0.70f_{ptk}$
冷拉钢筋	$0.95f_{pyk}$	$0.90f_{pyk}$

注：f_{ptk} 为预应力筋极限抗拉强度标准值；f_{pyk} 为预应力筋屈服强度标准值

2）张拉程序　预应力钢筋张拉程序一般可按下列程序之一进行：

二次张拉　　$0 \longrightarrow 105\%\sigma_{con} \xrightarrow{\text{持荷 2 min}} \sigma_{con}$

一次张拉　　$0 \longrightarrow 103\%\sigma_{con}$

式中　　σ_{con}——预应力筋的张拉控制应力。

采用以上张拉程序的目的是为了减少预应力松弛损失。所谓"松弛"，即钢材在高应力状态下，具有不断产生塑性变形的特性。松弛值与控制应力和延续时间有关，控制应力高，松弛也大，所以钢丝、钢绞线的松弛损失比冷拉热轧钢筋大；松弛损失还随着时间的延续而增加，但在第 1 min 内可完成损失总值的 50% 左右，24 h 内则可完成 80%。上述张拉程序，如先超张拉 5% σ_{con} 再持荷 2 min，则可减少 50% 以上的松弛损失。超张拉 3% σ_{con}，亦是为了弥补预应力钢筋松弛等原因所造成的预应力损失。

成组张拉时，应预先调整初应力，以保证张拉时每根钢筋的应力均匀一致，初应力值一般取 10% σ_{con}。张拉后应抽查钢丝的应力值，其偏差不得大于设计规定预应力值 ±5%。

3）张拉力　根据张拉控制应力 σ_{con}、预应力筋的截面积 A_p 和张拉程序中所规定的超张拉系数 m，即可求出预应力筋的张拉力 F_p

$$F_p = m\sigma_{con} \cdot A_p \qquad (7-2)$$

式中　　m——超张拉系数，取 1.03 或 1.05；

　　　　σ_{con}——预应力筋张拉控制应力，N/mm^2；

　　　　A_p——预应力筋截面面积，mm^2。

台座法张拉中，为避免台座承受过大的偏心压力，应先张拉靠近台座截面重心处的预应力筋。张拉机具与预应力筋应在同一条直线上，应以稳定的速率逐渐加大拉力。构件在浇筑混凝土前发生断裂或滑脱的预应力钢丝必须予以更换。多根钢丝同时张拉时，断裂和滑脱的钢丝数量不得超过结构同一截面预应力筋总根数 3%，且一束钢丝只允许一根。另外，施工中必须注意安全，严禁在钢筋张拉的两端站人，防止断筋回弹伤人。

4）张拉伸长值校核　用应力控制张拉时，为了校核预应力值，在张拉过程中应测出预应力筋的实际伸长值，如实际伸长值比计算伸长值大于 10% 或小于 5%，应暂停张拉，查明原因并采取措施调整后，方可继续张拉。

预应力筋的计算伸长值 $\Delta l(\text{mm})$，可按下式计算

$$\Delta l = \frac{F_p l}{A_p E_s} \tag{7-3}$$

式中 F_p——预应力筋的平均张拉力，kN，直线筋取张拉端的拉力；两端张拉的曲线筋，

取张拉端的拉力与跨中扣除孔道摩阻损失后拉力的平均值；

A_p——预应力筋的截面面积，mm^2；

l——预应力筋的长度，mm；

E_s——预应力筋的弹性模量，kN/mm^2。

预应力筋实际伸长值宜在初应力为张拉控制应力10%左右时开始量测，但必须加上初应力以下的推算伸长值；对后张法应扣除在张拉过程中混凝土构件的弹性压缩值。

7.2.3.3 混凝土浇筑与养护

预应力筋张拉完后，应绑扎骨架，立模，浇筑混凝土。确定预应力混凝土配合比时，应尽量减少混凝土收缩和徐变，以减少预应力损失。收缩和徐变都与水泥品种和用量、水灰比、骨料孔隙率、振动成型等有关。

每条生产线浇筑混凝土应一次浇筑完毕。为保证钢筋与混凝土有良好的黏结，浇筑时振动器不应碰撞钢筋，混凝土未达到一定强度前也不允许碰撞或踩动。

预应力混凝土可采用自然养护或湿热养护。但必须注意，当进行湿热养护时，由于预应力筋张拉后锚固在台座上，温度升高预应力筋膨胀伸长，而台座的长度并无变化，使预应力筋的应力减小。在这种情况下混凝土逐渐硬结，而预应力筋由于预应力筋膨胀伸长引起的应力损失不能恢复。因此，应采取正确的养护制度以减少由于温差引起的预应力损失。一般可采用两次升温的措施：初次升温应在混凝土尚未结硬、未与预应力筋黏结时进行，初次升温的温差一般可控制在 20 ℃ 以内；第二次升温则在混凝土构件具备一定强度(7.5~10 MPa)，即混凝土与预应力筋的黏结力足以抵抗温差变形后，再将温度升到养护温度进行养护。此时，预应力筋将和混凝土一起变形，预应力筋不再引起应力损失。

7.2.3.4 预应力筋放张

放张预应力筋时，混凝土强度必须符合设计要求。如设计无要求时，不得低于设计混凝土强度标准值的75%。放张过早由于预应力筋回缩而引起较大的预应力损失。预应力筋放松应根据配筋情况和数量，选用正确的方法和顺序，否则会引起构件翘曲、开裂和断筋等现象。

(1)放张顺序 预应力筋放张顺序应符合设计要求，当设计无要求时，应符合下列规定：①对承受轴心预压力构件(如压杆、桩等)，所有预应力筋应同时放张；②对承受偏心预压力构件(如梁)，应先同时放张预压力较小区域的预应力筋，再同时放张预压力较大区域的预应力筋；③如不能满足上述要求时，应分阶段、对称、相互交错的进行放张，防止在放张过程中，构件产生翘曲、裂纹及预应力筋断裂等现象。

(2)放张方法 配筋不多的中小型构件，钢丝可用砂轮锯或切断机切断等方法放张。配筋多时，钢丝应同时放张，如逐根放张，最后几根钢丝将承受过大的拉力，突然断裂易使构件端部开裂。放张后预应力筋的切断顺序，一般由放张端开始，逐次切向另一端。

预应力筋为热处理或冷拉Ⅳ级钢筋不得用电弧切割，宜用砂轮锯或切断机切断。数

量较多时,应同时放张,可用油压千斤顶(图7-13)、楔块(图7-15)、砂箱(图7-16)等装置。

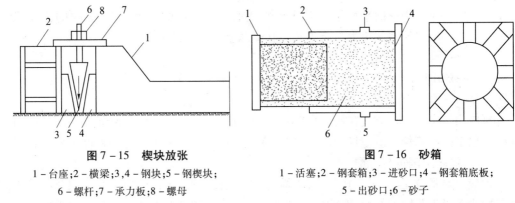

图7-15　楔块放张
1-台座;2-横梁;3,4-钢块;5-钢楔块;
6-螺杆;7-承力板;8-螺母

图7-16　砂箱
1-活塞;2-钢套箱;3-进砂口;4-钢套箱底板;
5-出砂口;6-砂子

用千斤顶逐根放张,应拟定合理的放张顺序并控制每一循环的放张力,以免构件在放张过程中受力不均匀,防止先放张的预应力筋引起后放张的预应力筋内力增大,从而造成最后几根放张困难或拉断。

采用湿热养护的预应力混凝土构件,宜热态放松预应力筋,而不宜降温后再放松。

7.3　后张法

后张法施工如图7-17所示,是先制作构件,在构件设计位置预先留出相应的孔道,待构件混凝土强度达到设计值后,在孔道内穿入钢筋进行张拉,并利用锚具把张拉后的预应力筋锚固在构件的端部。此时,预应力筋的张拉力主要靠构件端部的锚具传给混凝土,使其产生压应力。锚固后,根据要求可进行孔道灌浆。

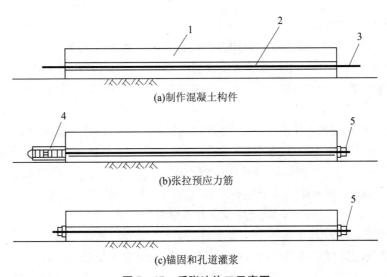

(a)制作混凝土构件

(b)张拉预应力筋

(c)锚固和孔道灌浆

图7-17　后张法施工示意图
1-混凝土构件;2-预留孔道;3-预应力筋;4-千斤顶;5-锚具

后张法的优点是直接在构件上张拉预应力筋,不需要专门的台座,大型构件可分块制作,运送到现场拼接,利用预应力筋连成整体。所以后张法施工灵活性较大,适宜于在现场预制的大型构件,特别是大跨度构件,如桥梁的箱梁、薄腹梁和屋架等,或工厂预制现场平拼装的大中型预应力构件。但后张法施工工序较多,施工操作较复杂,且需要在钢筋两端设置专门的锚具,这些锚具永远留在构件上,不能重复使用,耗用钢材较多,且要求加工精密,费用较高,所以造价一般比先张法高。后张法生产工艺流程如图7-18所示。其主要施工工艺流程:浇筑混凝土构件(预留孔道)→穿预应力筋并张拉锚固→孔道灌浆(根据设计确定)。

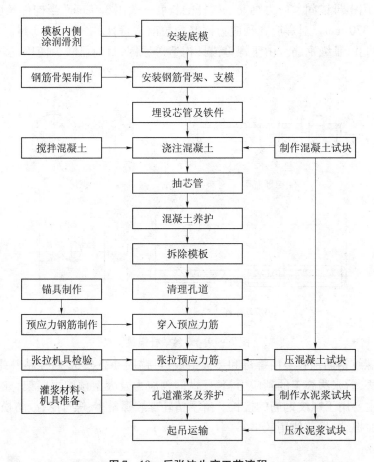

图7-18　后张法生产工艺流程

7.3.1　锚具、张拉机具及预应力筋制作

后张法中预应力筋、锚具和张拉机具是配套使用的。常用预应力筋有单根粗钢筋、钢筋束(或钢绞线束)和钢丝束三类。它们是由冷拉Ⅱ、Ⅲ、Ⅳ级钢筋、碳素钢丝和钢绞线制作的。锚具是后张法结构或构件中,保持预应力筋拉力并将其传递到混凝土上的永久性锚固装置,是建立预应力值和保证结构安全的关键,所以锚具须具有可靠的锚固能力。要求锚具尺寸形状准确,强度和刚度高,受力变形小,锚固可靠,不产生预应力筋滑移和

断裂。

7.3.1.1　锚具

后张法锚具主要分为支承式锚具、锥塞式锚具、夹片式锚具和握裹式锚具。

（1）支承式锚具　支承式锚具包括螺母锚具、精轧螺纹钢筋锚具、镦头锚具和帮条锚具。根据构件长度和张拉工艺要求，单根预应力筋可在一端张拉或两端张拉，张拉端一般用螺丝端杆锚具；固定端一般用帮条锚具或镦头锚具。

1）螺母锚具　又称螺丝端杆锚具，由螺丝端杆和螺母及垫板三部分组成，如图7－19所示。螺丝端杆锚具的特点是将螺丝端杆与预应力筋对焊连接成一个整体，张拉设备张拉螺丝端杆，用螺母锚固预应力钢筋。端杆的长度一般用320 mm，当构件长度超过30 m时，一般采用370 mm。对焊应在预应力钢筋冷拉前进行，以检验焊接质量。适用于直径18～36 mm的Ⅱ、Ⅲ级钢筋。由于螺母锚具构造等原因，目前已较少使用，多采用精轧螺纹钢筋锚具。

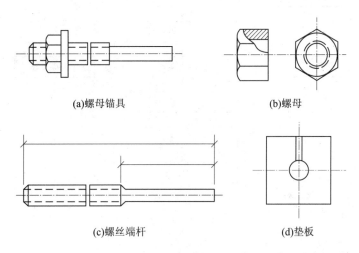

(a)螺母锚具　　　　　　　　　(b)螺母

(c)螺丝端杆　　　　　　　　　(d)垫板

图7－19　螺丝端杆锚具

2）精轧螺纹钢筋锚具　由螺母和垫板组成，可锚固Φ25、Φ32高强精轧螺纹钢筋，主要用于先张法、后张法施工的预应力箱梁、纵向预应力及大型预应力屋架，如图7－20所示。连接器主要用于螺纹钢筋的接长。由于精轧螺纹螺角小、螺母厚，故防松效果和强度方面优于普通螺纹，目前使用较多。

图7－20　精轧螺纹钢筋锚具

3）镦头锚具　是直接在预应力筋端部热镦、冷镦或锻打成型，穿过并支撑在锚环上。当预应力直径在22 mm以内时，端部镦头可用对焊机热镦。当钢筋直径较大时可采用加

热锻打成型。镦头锚具的型式与规格,可根据需要自行设计。常用镦头锚具分 DM5A 型和 DM5B 型,DM5A 型用于张拉端,由锚杯和螺母组成;DM5B 型用于固定端,仅有一块锚板。如图 7 - 21 所示。镦头锚具的滑移值不应大于 1 mm,钢丝的镦头强度不得低于钢丝标准抗拉强度的 98%。

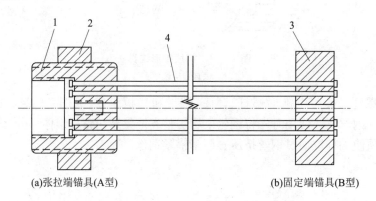

(a)张拉端锚具(A型)　　　　　　　　　　(b)固定端锚具(B型)

图 7 - 21　钢丝束镦头锚具

1 - 锚环;2 - 螺母;3 - 锚板;4 - 钢丝束

张拉时,张拉螺杆一端与锚杯内丝扣连接,另一端与拉杆式千斤顶的拉头连接,当张拉到控制应力时,锚杯被拉出,则拧紧锚杯外丝扣上的螺母加以锚固。钢丝镦头锚具构造简单,加工容易,锚夹可靠,施工方便,但对下料长度要求较严,尤其当锚固的钢丝较多时,长度的准确性和一致性将直接影响预应力筋的受力状况。

4)帮条锚具　由帮条和衬板组成,帮条采用与预应力筋同级别钢筋,衬板采用普通低碳钢。帮条安装时,三根帮条互成120°,并垂直于衬板与预应力钢筋端部焊接而成,以免受力时产生扭曲,如图 7 - 22 所示。适用于锚固直径在 12 ~ 40 mm 的冷拉 Ⅱ、Ⅲ级钢筋。

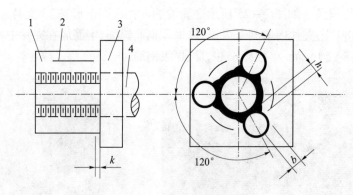

图 7 - 22　帮条锚具

1 - 帮条;2 - 施焊方向;3 - 衬板;4 - 主筋

(2)锥塞式锚具　锥塞式锚具包括锥形锚具和锥形螺杆锚具。钢丝束一般由几根到几十根 Φ3 ~ 5 mm 碳素钢丝组成。

1)钢质锥形锚具(又称弗氏锚具)　由锚环和锚塞组成,如图 7 - 23 所示。适用于锚

固 6、12、18 和 24 根的钢丝束或钢筋。锥形锚具的尺寸按钢丝数量确定。

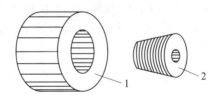

图 7 – 23　钢质锥形锚具

1 – 锚环;2 – 锚塞

2)锥形螺杆锚具　由锥形螺杆、套筒、螺母和垫板组成,见图 7 – 24。适用于锚固 14 ~ 28 根 Φ5 钢丝束。使用时先将钢丝束均匀整齐地紧贴在螺杆锥体部分,套上套筒,用拉杆式千斤顶使端杆锥通过钢丝挤压套筒来锚紧钢丝。

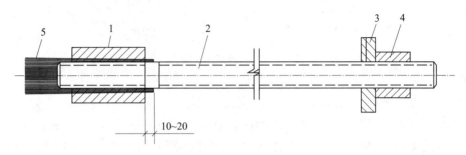

图 7 – 24　锥形螺杆锚具

1 – 套筒;2 – 锥形螺杆;3 – 垫板;4 – 螺母;5 – 钢丝束

（3）夹片式锚具　夹片式锚具包括单孔夹片锚具和多孔夹片锚具。钢筋束和钢绞线束具有强度高、柔性好的特点。可设计要求选择夹持单根的单孔夹片锚具,或夹持多根的多孔夹片锚具。孔夹片锚具主要有单孔夹片锚具、JM 型、XM 型、QM 型和 BS 型锚具等。

1)单孔夹片锚具　如图 7 – 25 所示。套筒的内孔成圆锥形,三个夹片(或两个夹片)互成 120°(或 180°),夹片内槽刻有齿纹,以保证钢筋锚固,钢筋放在夹片中心。适用于夹持直径为 12 mm 或 14 mm 单根冷拉Ⅱ、Ⅲ、Ⅳ级钢筋。

图 7 – 25　单孔夹片锚具

2)JM 型锚具　它由锚环与六片夹片组成,如图 7 – 26 所示。夹片呈扇形,用两侧的

半圆槽锚固预应力筋。JM型锚具尺寸小,构造简单,端部不需扩孔,但不宜用于吨位较大的锚固单元,故JM型锚具主要用于锚固3~6根Φ12 mm的光圆或变形钢筋束,也可用于锚固5~6根Φ12 mm或Φ14 mm的钢绞线束。JM型锚具也可兼做工具锚重复使用。根据所锚固预应力筋种类、强度及外形的不同,其尺寸、材料、齿形及硬度等有所不同,使用时应注意。

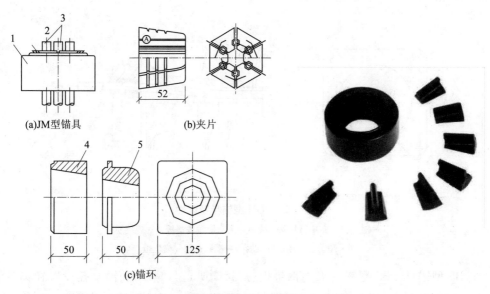

(a)JM型锚具　　(b)夹片　　(c)锚环

图7－26　JM型锚具

1-锚环;2-夹片;3-钢筋束和钢绞线束;4-圆钳环;5-方锚环

3)XM型锚具　XM型锚具是一种新型锚具,由锚板和三块夹片组成,如图7-27所示。XM型锚具适用于锚固钢绞线束,又适用于锚固钢丝束;既可锚固单根预应力筋,又可锚固多根预应力筋;当用于锚固多根预应力时,既可单根张拉,逐根锚固,又可成组张拉,成组锚固;它既可用作工作锚,又可用作工具锚。XM型锚具的特点是每根钢绞线都是分开锚固的,任一根钢绞线的锚固失效(如钢绞线拉断等),不会引起整束锚固失效,故XM型锚具通用性好,锚固性能可靠,施工方便,且便于高空作业。

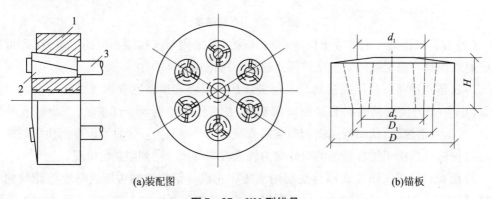

(a)装配图　　　　　　　　(b)锚板

图7－27　XM型锚具

1-锚板;2-夹片(三片);3-钢绞线

4)QM 型锚具   QM 型锚具也是由锚板与夹片组成的,但与 XM 型锚具不同之处:锚孔是直的,锚板顶面是平的,夹片垂直开缝。此外,备有配套喇叭形铸铁垫板与弹簧圈等,由于灌浆孔设在垫板上,锚板尺寸可稍小。该体系还备有配套自动工具锚,张拉和退出十分方便。QM 型锚具及其有关配件的形状如图 7 - 28 所示。这种锚具适用于锚固 4 ~ 31 根Φ12 和 3 ~ 19 根 Φ15 的钢绞线束。

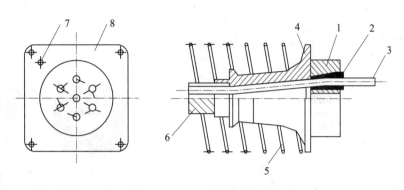

图 7 - 28   QM 型锚具及配件

1 - 锚板;2 - 夹片;3 - 钢绞线;4 - 喇叭形铸铁垫板;5 - 螺旋筋;
6 - 预留孔道用的螺旋管;7 - 灌浆孔;8 - 锚垫板

5)BS 型锚具   BS 型锚具采用钢垫板、焊接喇叭道与螺旋筋,灌浆孔设置在喇叭管上,并由塑料管引出(图 7 - 29)。此种锚具适用于锚固 3 ~ 55 根 Φ15 钢绞线。

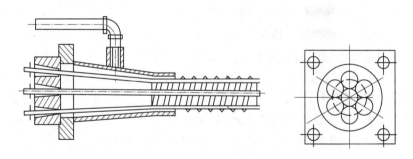

图 7 - 29   BS 型锚具

(4)握裹式锚具   钢绞线束固定端锚具除了可采用与张拉端相同的锚具外,还可选用握裹式锚具。握裹式锚具包括挤压式锚具和压花式锚具。

1)挤压式锚具   挤压式锚具是利用液压压头机将套筒挤紧在钢绞线端头上的一种锚具(图 7 - 30)。套筒内衬有硬钢丝螺旋圈,在挤压后硬钢丝全部脆断,一半嵌入外钢套,一半压入钢绞线,从而增加钢套筒与钢绞线之间的摩阻力。锚具下设有钢垫板与螺旋筋。这种锚具适用于构件端部的设计应力较大或端部尺寸受到限制的情况。

2)压花式锚具   压花式锚具是利用液压压花机将钢绞线端头压成梨形散花状的一种锚具(图 7 - 31)。多根钢绞线梨形头应分排埋置在混凝土内。依靠压花头在混凝土中的锚固传递力。施工时,需要先埋入后施工。为提高压花锚四周混凝土及散花头根部混

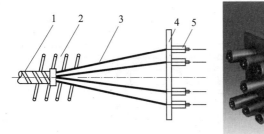
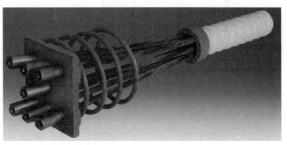

图 7 - 30　挤压式锚具

1 - 波纹管;2 - 螺旋筋;3 - 钢绞线;4 - P 型锚板;5 - 挤压头

凝土抗裂强度,在散花头的头部配置构造筋,在散花头的根部配置螺旋筋,压花锚具构件截面边缘不小于 30 cm。第一排压花锚的锚固长度,对 Φ15 钢绞线不小于 95 cm,每排相隔至少 30 cm。

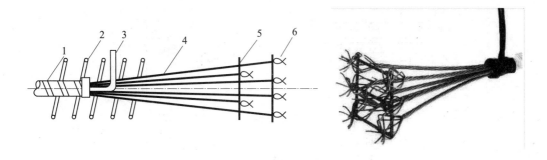

图 7 - 31　多根钢绞线压花式锚具

1 - 波纹管;2 - 螺旋筋;3 - 灌浆管;4 - 钢绞线;5 - 构造筋;6 - 压花锚具

7.3.1.2　张拉机具设备

预应力筋张拉必须配置成套的张拉机具设备,张拉设备的选择主要依据锚具型式和总张拉力的大小。后张法中常用的张拉设备主要有拉杆式千斤顶、穿心式千斤顶和锥锚式千斤顶等,及高压油泵和外接油管等附属机具。

(1)拉杆式千斤顶　拉杆式千斤顶用于螺母锚具、锥形螺杆锚具、钢丝镦头锚具等。主要由主油缸、主缸活塞、回油缸、回油活塞、连接器、传力架、活塞拉杆等组成,见图 7 - 32。

(2)穿心式千斤顶　穿心式千斤顶用于直径 12 ~ 20 mm 的单根钢筋、钢绞线或钢丝束的张拉。用 YC - 20 型穿心式千斤顶(图 7 - 33)张拉时,高压油泵启动,从后油嘴进油,前油嘴回油,被偏心夹具夹紧的钢筋随液压缸伸出而被拉伸。

图 7 - 34 为 YC - 60 型千斤顶构造图,沿千斤顶纵轴线有一穿心通道,供穿过预应力筋。沿千斤顶的径向分内外两层工作油室。外层油缸为张拉工作油室,工作时张拉预应力筋;内层为顶压工作油室,工作时进行锚具的顶压锚固,故称 YC - 60 型为穿心式双作

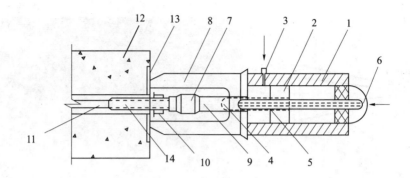

图 7 - 32　拉杆式张拉千斤顶张拉原理

1 - 主油缸;2 - 主缸活塞;3 - 进油孔;4 - 回油缸;5 - 回油活塞;6 - 回油孔;7 - 连接器;8 - 传力架;
9 - 拉杆;10 - 螺母;11 - 预应力筋;12 - 混凝土构件;13 - 预埋铁板;14 - 螺丝端杆

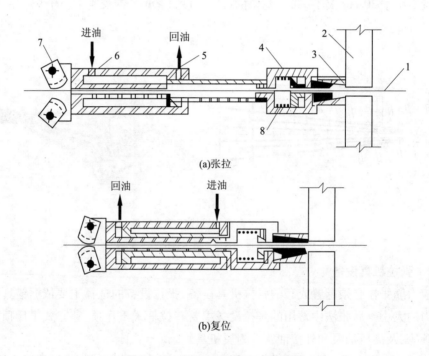

图 7 - 33　YC - 20 型穿心式千斤顶

1 - 钢筋;2 - 台座;3 - 穿心式夹具;4 - 弹性顶压头;5,6 - 油嘴;7 - 偏心式夹具;8 - 弹簧

用千斤顶。

（3）电动螺杆张拉机　电动螺杆张拉机主要适用于预制厂在长线台座上,张拉冷拔低碳钢丝。电动螺杆张拉机由螺杆、顶杆、张拉夹具、弹簧测力计等组成,如图 7 - 35 所示。使用时,先用张拉夹具夹紧钢丝,然后开动电动机,通过皮带、齿轮,使齿轮和螺母（外有齿、内有螺纹）转动,由于齿轮螺母只能旋转,不能移动,故迫使螺杆做直线运动而张拉钢丝。

（4）锥锚式千斤顶　锥锚式千斤顶主要用于张拉带锥形锚具的钢丝束、钢筋或钢绞

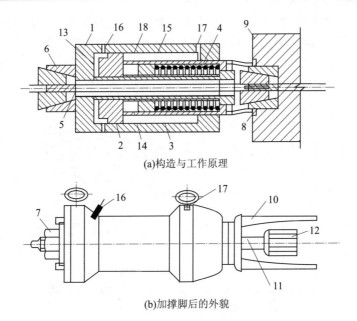

(a)构造与工作原理

(b)加撑脚后的外貌

图 7 - 34　YC - 60 型千斤顶

1－张拉油缸;2－顶压油缸(张拉活塞);3－顶压活塞;4－弹簧;5－预应力筋;6－工具锚;7－螺帽;

8－锚环;9－构件;10－撑套;11－张拉杆;12－连接器;13－张拉工作油室;14－顶压工作油室;

15－张拉回程油室;16－张拉缸油嘴;17－顶压缸油嘴;18－油孔

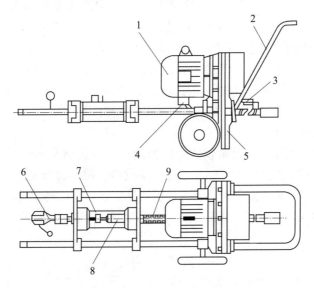

图 7 - 35　电动螺杆张拉机

1－电动机;2－手柄;3－前限位开关;4－后限位开关;5－减速箱;6－夹具;7－测力器;8－计量标尺;9－螺杆

线束。基本构造如图 7 - 36 所示。锥锚式千斤顶由张拉油缸、顶压油缸、退楔装置、楔形卡环、退楔翼片等组成。其工作原理是当张拉油缸进油时,张拉缸被压移动,使固定在上面的钢筋被张拉。钢筋张拉后,改由顶压油缸进油,随即由副缸活塞将锚塞顶入锚圈中。

张拉缸、顶压缸同时回油,则在弹簧力的作用下复位。在锥锚式千斤顶上增设退楔翼片,使其具有张拉、顶锚和退楔功能三作用的千斤顶,从而提高了工作效率,降低了劳动强度。

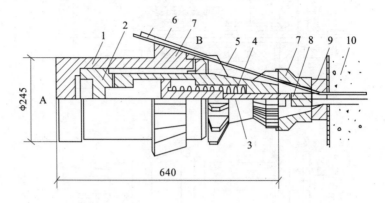

图 7 – 36　锥锚式千斤顶

1 – 张拉油缸;2 – 顶压油缸(张拉活塞);3 – 顶压活塞;4 – 弹簧;

5 – 预应力筋;6 – 楔块;7 – 对中套;8 – 锚塞;9 – 锚环;10 – 构件

(5)高压油泵　高压油泵分手动和电动两类,目前常用的是电动高压油泵,它由油箱、泵体、供油系统的各种阀和油管、油压表及动力传动系统等组成。常用的额定压力为 40 ~ 80 MPa。

(6)千斤顶的校验　千斤顶张拉的控制应力主要用油压表上的读数来表达。但实际张拉力往往比公式的计算值小。是因为张拉力被活塞与油缸间的摩擦力所抵消,所以施工时一般采用试验校正的方法,直接测定千斤顶的实际张拉力与压力表读数之间的关系,绘制 P 与 N 的关系曲线,以供施工中直接查用。一般千斤顶校验期限不超过半年;在千斤顶经过拆卸修理、久置后重新使用、油压表受过碰撞或更换等情况时,均应对张拉设备重新校正。同时,经校正后的千斤顶和油压表应配套使用。

7.3.1.3　预应力筋的制作

(1)预应力钢筋制作　单根粗预应力钢筋制作一般包括配料、对焊、冷拉等工序,钢筋的下料长度应计算确定,计算时应考虑锚具特点、对焊接头压缩量、钢筋冷拉率和弹性回缩率、构件长度等因素。预应力筋下料长度的计算有以下两种情况。

1)两端采用螺丝端杆锚具预应力筋的成品长度(冷拉后的全长),如图 7 – 37(a)所示。

$$L_1 = l + 2l_2 \tag{7 – 4}$$

预应力筋钢筋部分的成品长度

$$L_0 = L_1 - 2l_1 \tag{7 – 5}$$

预应力筋冷拉前的下料长度

$$L = \frac{L_0}{1 + \gamma - \delta} + nl_0 \tag{7 – 6}$$

2)一端螺丝端杆锚具另一端帮条锚具或镦头锚具。一端用螺丝端杆,另一端用绑条锚具时,预应力筋的成品长度(冷拉后全长)计算如绑条锚具的连接图 7 – 37(b)所示。

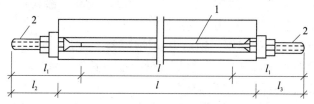

(a)预应力筋两端采用螺丝端杆锚具

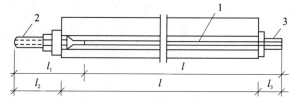

(b)预应力筋一端采用螺丝端杆锚具,另一端采用帮条锚具

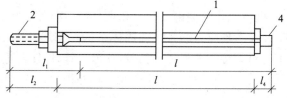

(c)预应力筋一端采用螺丝端杆锚具,另一端采用镦头锚具

图 7-37 粗钢筋下料长度计算示意图

1-预应力筋;2-螺丝端杆锚具;3-帮条锚具;4-镦头锚具

$$L_1 = l + l_2 + l_3 \qquad (7-7)$$

$$L_0 = L_1 - l_1 \qquad (7-8)$$

$$L = \frac{L_0}{1 + \gamma - \delta} + nl_0 \qquad (7-9)$$

式中 L_1——预应力筋的成品长度;

       L_0——预应力筋钢筋部分的成品长度;

       L——预应力筋钢筋部分的下料长度;

       l——构件的孔道长度或台座长度(包括横梁在内);

       l_1——螺丝端杆长度;一般取 320 mm;

       l_2——螺丝端杆伸出构件外的长度,按下式计算:张拉端,$l_2 = 2H + h + 5$;锚固端,

           $l_2 = H + h + 10$(其中:H 为螺母高度;h 为垫板厚度);

       l_3——绑条或镦头锚具长度(包括垫板厚度 h),对帮条锚具 l_3 取垫板厚度和钢筋

           帮条长度,对镦头锚具,l_3 取 2.25 倍钢筋直径加垫板厚度 15 mm;

       l_0——每个对焊接头的压缩长度(约等于钢筋直径 d);

       n——对焊接头(包括螺丝端杆接头)的数量;

       γ——预应力钢筋的冷拉率,可由试验确定;

       δ——预应力钢筋的冷拉弹性回缩率(由试验确定),一般为 0.4% ~0.6%。

(2)钢丝束的制作   锚具型式不同钢丝束制作方法也有差异。一般需经下料、编束

和安装锚具等工序。当使用钢质锥形锚具、XM 型锚具、QM 型锚具时,预应力钢丝束的制作和下料长度计算基本上与预应力钢筋束同。

（3）钢筋束、钢绞线束的制作　钢筋束和钢绞线束一般是成盘供应,长度较长,不需要对焊接长。其预应力筋制作工序一般是开盘冷拉→下料→编束。钢筋束和钢绞线束的下料长度主要与张拉设备和选用的锚具有关。

对热处理钢筋、冷拉Ⅳ级钢筋及钢绞线下料切断时,宜采用切断机或砂轮锯切断,不得采用电弧切割。钢绞线切断前,在切口两侧各 50 mm 处,应用铅丝绑扎,以免钢绞线松散。钢绞线束或细钢筋束编束主要是为了成束预应力筋穿筋和张拉时不发生扭结。穿束前应逐根理顺,用铅丝每隔 1 m 左右绑扎成束,穿筋时注意防止扭结。

7.3.2　后张法施工工艺

7.3.2.1　孔道留设

孔道留设是后张法构件制作的关键工序。孔道直径与布置主要根据预应力混凝土构件或结构的受力性能,并参考预应力筋张拉锚固体系特点与尺寸确定。粗钢筋孔道直径应比预应力筋直径、钢筋对焊接头处外径、需穿过孔道锚具、连接器等外径大 10 ~ 15 mm;钢丝或钢绞线孔道直径应比预应力钢丝束外径或锚具外径大 5 ~ 10 mm,且孔道面积应大于预应力筋面积的两倍。

预应力筋孔道间净距不应小于 50 mm;孔道至构件边缘净距不应小于 40 mm;凡需要起拱的构件孔道宜随构件同时起拱。

孔道成型时要保证孔道的尺寸与位置准确,孔道平顺,接头不漏浆,端部预埋钢板垂直于孔道中心线等。孔道形状有直线、曲线和折线三种。孔道成型方法有钢管抽芯法、胶管抽芯法和预埋管法等。

（1）钢管抽芯法　钢管抽芯法常用于留设直线孔道。预先将钢管埋设在模板内孔道位置处,在混凝土浇筑过程中和浇筑后,每隔一定时间慢慢转动钢管,待混凝土初凝后,终凝前抽出钢管,即形成孔道。为了保证预留孔道的质量,施工中应注意以下几点。

1）钢管布置　所用钢管应平直,钢管表面必须圆滑,预埋前应除锈、刷油,安放位置要准确。钢管在构件中每隔 1.0 ~ 1.5 m 设置一个井字架,以固定钢管位置,井字架与钢筋骨架扎牢。每根钢管长度最好不要超过 15 m,以便于旋转和抽管;较长构件可用两根钢管,中间接头处采用 0.5 mm 厚铁皮做成套管连接。套管要与钢管紧密贴合,以防漏浆堵塞孔道。钢管一端钻 16 mm 的小孔,以备插入钢筋棒,转动钢管。

2）抽管时间　具体抽管时间与水泥品种、气温和养护条件有关,一般宜在混凝土初凝之后,终凝以前进行,以用手指按压混凝土表面无明显指纹时为宜。常温下抽管时间在混凝土灌筑后 3 ~ 5 h。抽管过早,混凝土没有完全硬化,易造成塌孔;太晚,混凝土与钢管黏结牢固,抽管困难,甚至抽不出来。抽管前每隔 10 ~ 15 min 应转动钢管一次。

3）抽管顺序　抽管宜先上后下进行,抽管方法可用人工或卷扬机。抽管方向应与孔道保持在一直线上。抽管时必须速度均匀,边抽边转。抽管后,应及时检查孔道情况,并做好孔道清理工作,防止以后穿筋困难。

（2）胶管抽芯法　胶管抽芯法可用于直线、曲线或折线孔道。所用胶管有 5 ~ 7 层夹布胶管和预应力混凝土专用的钢丝网胶皮管两种。前者质软,胶管安放位置正确后,用间距不大于 0.5 m 的井字架固定,曲线孔道宜加密;浇筑混凝土前,在管内充入压力水或压缩空气,充水或空气后胶管直径增大 3 mm 左右,然后浇筑混凝土,待混凝土初凝后,放出压力水或空气,管径缩小而与混凝土脱离,随即抽出胶管形成孔道。后者质硬,且有一定弹性,预留孔道时与钢管一样使用,所不同的是浇筑混凝土后不需转动,由于钢丝网胶皮管有一定弹性,抽管时在拉力作用下断面缩小而易于拔出。

（3）预埋管法　预埋管法是将与孔道直径相同的导管埋在构件中,无须抽出,可用于曲线孔道。预埋管可采用黑铁皮管、薄钢管与镀锌双波纹金属软管(简称波纹管)。波纹管具有重量轻、刚度好、弯折方便、连接容易、与混凝土黏结良好等优点,可做成各种形状的孔道,并省去抽管工序,是现行孔道成型的理想材料。波纹管连接采用大一号波纹管,接头管长度为 200 mm,并密封。

（4）灌浆孔、排气孔与泌水管　留设孔道同时,还要在设计位置留设灌浆孔。一般构件两端和中间每隔 12 m 设置一个直径为 20 ~ 25 mm 的灌浆孔,并在构件两端各设排气孔。灌浆孔留设 PVC 或铁皮管。对孔道高差大于 500 mm 时,应在孔道每个峰顶处设置泌水管,泌水管伸出构件一般不小于 500 mm。泌水管也可兼作排气孔。

7.3.2.2　预应力筋准备

（1）下料

1）钢丝束下料　消除应力钢丝放开后可直接下料,下料如发现钢丝表面有接头或机械损伤,应随时剔除。下料应在拉紧状态下进行下料。

2）钢绞线下料　为防止在下料过程中钢绞线缠绕并弹出伤人,应将钢绞线盘卷在事先制作的铁笼内,从盘卷中央逐步抽出。钢绞线宜用砂轮切割机切断,不得采用电弧切割。

（2）编束

1）钢丝束编束　钢丝束为保证两端钢丝排列顺序一致,穿束与张拉时不致紊乱。采用镦头锚具时,先将内圈和外圈钢丝分别用铁丝顺序编扎,然后将内圈钢丝放入外圈钢丝内扎牢;采用钢质锥形锚具时,编束分为空心束和实心束两种,但都需要圆盘梳丝板理顺钢丝,并在距钢丝端部 5 ~ 10 cm 处编扎一道,使张拉分丝时不致紊乱。

2）钢绞线编束　钢绞线用 20 号铁丝绑扎编束,间距为 1 ~ 1.5 m。编束时应先将钢绞线理顺,使各根钢绞线松紧一致。如果钢绞线是单根穿入孔道,则不必编束。

（3）预应力筋穿束

1）穿束顺序　预应力筋穿入孔道简称穿束。穿束可分为先穿束法和后穿束法两种。

先穿束法是在浇筑混凝土之前穿束,此法按穿束与预埋螺旋管之间的配合,可分为先穿束后装管、先装管后穿束。

后穿束法是在混凝土浇筑之后穿束,此种穿束方法不占工期,便于用通孔器或高压水通孔,穿束后立即可以张拉,易于防锈,但穿束时比较费力。

2）穿束方法　根据一次穿入数量可分为整束穿和单束穿。对钢丝束一般应整束穿;对钢绞线优先采用整束穿,也可用单根穿。穿束工作可由人工、卷扬机或穿束机

进行。

7.3.2.3　预应力筋张拉

（1）一般规定　预应力筋张拉时，结构混凝土强度应符合设计要求，当设计无具体要求时，不应低于设计强度标准值的 75%，以确保张拉过程中，混凝土不至于受压而破坏。

安装张拉设备时，直线预应力筋应使张拉力作用线与孔道中心线重合；曲线预应力筋应使张拉力作用线与孔道中心线末端切线重合。预应力筋张拉、锚固完毕，留在锚具外的预应力筋长度不得小于 30 mm。锚具应用混凝土密封保护，长期外露锚具应采用防锈措施。

（2）张拉控制应力和张拉程序　后张法钢筋张拉控制应力应符合设计要求和表 7－1 的规定。张拉程序与先张法相同。一般后张法张拉控制应力值低于先张法。主要因为后张法构件在张拉预应力钢筋的同时，混凝土已经受到弹性压缩；而先张法构件混凝土是在预应力筋放松后才受到弹性压缩。此外，混凝土收缩、徐变引起预应力损失，后张法也比先张法小。

（3）张拉方法　为减少预应力筋与孔道壁摩擦引起预应力损失，预应力筋张拉端设计应符合设计要求，当设计无要求时，应符合下列规定：

1）一端张拉方式　长度等于或小于 24 m 的直线预应力筋，可在一端张拉。

2）两端张拉方式　对预埋波纹管孔道曲线预应力筋或长度大于 30 m 直线预应力筋，宜在两端张拉；对抽芯成形孔道曲线预应力筋或长度大于 24 m 的直线预应力筋，应在两端张拉。

3）分批张拉方式　适用于配有多束预应力筋的构件或结构。在确定张拉力时，应考虑束间的弹性压缩损失影响，或将弹性压缩损失平均值统一增加到每根预应力筋的张拉力内。

4）分段张拉方式　适用于多跨连续梁板的逐段张拉。在第一段混凝土浇筑与预应力筋张拉锚固后，第二段预应力筋利用锚头连接器接长。

5）分阶段张拉方式　为了平衡各阶段荷载所采取的分阶段逐步施加预应力的方式，具有应力、挠度与反拱容易控制、省材料等优点。

6）补偿张拉方式　在早期预应力损失基本完成后，再进行张拉，以弥补损失，达到预期预应力效果的方式，在水利工程与岩土锚杆中应用较多。

（4）张拉程序　后张法预应力筋的张拉程序一般与先张法相同，应根据构件类型、张拉锚固体系、松弛损失取值等因素确定。

（5）张拉力和张拉伸长值的校验　对张拉伸长值进行校核，可综合反映张拉力是否足够，孔道摩阻损失是否偏大，以及预应力筋是否有异常现象等。根据《混凝土结构工程施工质量验收规范》（GB 50204—2002）的规定，如实际伸长值比计算伸长值偏差超过 ±6%，应暂停张拉，在采取措施予以调整后，方可继续张拉。

7.3.2.4　孔道灌浆

预应力筋张拉后，应立即进行孔道灌浆，以防止预应力筋锈蚀，增加结构的整体性和耐久性,提高结构的抗裂性和承载能力。

灌浆前,用压力水冲洗和湿润孔道;灌浆时,用电动或手动灰浆泵,将水泥浆均匀缓慢注入,中途不得中断。灌满孔道后封闭气孔,再加注压力至 0.5 ~ 0.6 MPa,并稳定一段时间,以确保孔道灌浆的密实性。为使孔道灌浆密实,可在灰浆中加入 0.05% ~ 0.10% 的铝粉或 0.25% 的木质素磺酸钙。对不掺外加剂的水泥浆可采用二次灌浆法来提高密实性。

灌浆宜用强度等极不低于 52.5 的普通硅酸盐水泥配制,水泥浆水灰比不应大于 0.45,搅拌后 3 h 泌水率不宜大于 2%。泌水应能在 24 h 内全部重新被水泥浆吸收。灌浆用水泥浆抗压强度不应小于 30 N/mm²。

灌浆顺序应先下后上,曲线孔道灌浆应由最低点注入水泥浆,至最高点排气孔排尽空气,并溢出浓浆为止。

7.3.2.5　封锚

预应力筋锚固后外露部分应采用机械方法切割,其外露长度不宜小于 30 mm。锚具封闭保护应符合设计要求。当设计无具体要求时,应符合下列规定:应采取防止锚具腐蚀和遭受机械损伤的有效措施;凸出式锚固端锚具的保护层厚度不应小于 50 mm;外露预应力筋保护层厚度(处于正常环境时,不应小于 20 mm;处于易受腐蚀的环境时,不应小于 50 mm,见图 7 - 38)。具体做法与无粘预应力封锚基本相同。

图 7 - 38　锚具的封闭保护

7.4　无黏结预应力混凝土施工

7.4.1　无黏结预应力混凝土概述

预应力混凝土按预应力筋与混凝土的黏结情况分为有黏结和无黏结两种。有黏结是

先张法和部分后张法的常规做法。而凡是张拉后允许预应力筋与其周围混凝土产生相对滑动的预应力筋,称作无黏结预应力筋。

无黏结预应力施工方法是在后张法基础上发展起来的,起源于20世纪50年代的美国,80年代初我国成功地应用于实际工程。其施工方法是在预应力筋表面刷防腐润滑脂并包塑料管后,然后铺设于设计位置处浇筑混凝土,待混凝土达到要求强度后,进行预应力筋张拉和锚固。该工艺的优点是不需要留设孔道、穿筋、灌浆,施工简单,摩擦力小,预应力筋易弯成多跨曲线形状等。适用于多层及高层建筑大柱网双向连续平板或密肋板结构、大荷载多层工业厂房楼盖体系,大跨度梁类结构,但是预应力筋强度不能充分发挥,一般要降低10%~20%,同时,由于预应力筋应力完全通过锚具传递给混凝土,对锚具要求较高。

7.4.2　无黏结预应力筋的制作

无黏结筋是以专用防腐润滑脂作涂料层,由聚乙烯塑料作外包层的钢绞线或碳素钢丝束制作而成。

7.4.2.1　预应力筋

无黏结预应力筋一般选用7ϕ5高强碳素钢丝组成的钢丝束,也可选用7ϕ4或7ϕ5钢绞线。截面如图7-39所示。制作时要求每根中间不能有接头。制作工艺流程:编束放盘→刷防腐润滑脂→覆裹塑料护套→冷却→调直→成型。

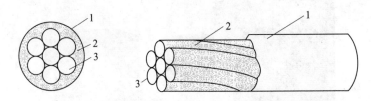

图7-39　无黏结预应力筋
1-塑料外包层;2-防腐润滑脂;3-钢绞线(或碳素钢丝束)

7.4.2.2　无黏结预应力筋表面涂料和外包层

涂料的作用是使预应力筋与混凝土隔离,减少张拉时的摩擦损失和防止腐蚀。要求涂料有较好的化学稳定性、韧性,在-20~70℃范围内不流淌、不裂缝变脆,并能较好地黏附在钢筋上,对钢筋和混凝土无腐蚀作用。常用材料有防腐油脂和防腐沥青。

塑料外包层应有足够的抗拉强度和防水性能,具有足够的韧性和抗磨性,对周围材料无侵蚀作用,能保证在运输、储存、铺设和浇筑混凝土过程中不发生不可修复的破坏。一般常用外包层材料为塑料。

7.4.2.3　锚具

无黏结预应力构件张拉力完全借助于锚具传递给混凝土,外荷载作用引起的受力变化也全部由锚具承担。所以无黏结预应力筋所用锚具不仅受力较大,而且承受重复荷载,要求更高。一般要求锚具至少能承受预应力筋最小规定极限强度的95%,而不超过预期

的滑动值。无黏结预应力筋一般选用高强钢丝和钢绞线,用高强钢丝作预应力筋主要用镦头锚具,钢绞线一般用 XM 型锚具。

7.4.3　无黏结预应力施工工艺

7.4.3.1　无黏结预应力筋铺设

铺设前应对无黏结筋逐根进行外包层检查。对有轻微破损者可用塑料带修补;对破损严重者应予以报废;同时应严格检查锚具。无黏结预应力筋应严格按设计要求的曲线形状进行铺设,正确就位并固定牢固。

单向连续梁板中,无黏结筋铺设基本上与非预应力筋相同。无黏结筋曲率可垫马凳控制,马凳高度应根据设计要求的曲率确定;马凳间隔不宜大于 2 m。一般施工顺序:先放置马凳,然后按顺序铺设钢丝束,钢丝束就位后,进行调整高度及水平位置,经检查无误后,用铅丝将无黏结预应力束与非预应力钢筋绑扎牢固,防止钢丝束在浇筑混凝土施工过程中位移。各控制点标高允许偏差 ±5 mm。

在平板结构中常为双向曲线配置,所以铺设顺序非常重要。一般根据双向钢丝束交点的标高差,绘制钢丝束的铺设顺序图,钢丝束波峰低的底层钢丝束先行铺设,然后依次铺设波峰高的上层钢丝束,这样可避免钢丝束间的相互穿插。

7.4.3.2　无黏结预应力筋张拉

无黏结预应力筋张拉与后张法有黏结钢丝束张拉相似。楼盖结构张拉顺序应为先楼板,后楼面梁。板的无黏结筋可依次张拉;梁的无黏结筋应对称张拉。无黏结预应力筋的张拉程序与一般后张法张拉程序相同。

采用应力控制方法张拉时,应校核无黏结预应力筋的伸长值。如实际伸长值大于计算值 10% 或小于计算伸长值 5%,应暂停张拉,查明原因,并采取措施予以调整后,方可继续张拉。

张拉时混凝土抗压强度应符合设计要求。当设计无具体要求时,不宜低于混凝土设计强度等级 75%。无黏结预应力筋张拉顺序应符合设计要求,如设计无具体要求时,可采用分批、分阶段对称张拉,或依次张拉。当无黏结预应力筋需采用两端张拉时,可先在一端张拉并锚固,再在另一端补足张拉力后进行锚固。无黏结预应力筋张拉时,应逐根填写张拉记录表。

7.4.3.3　端部处理

张拉后将外露无黏结筋切至约 30 mm,切割采用液压切筋器或砂轮锯切断,严禁采用电弧切断。无黏结预应力筋锚头端部处理,目前常采用两种方法:一种是在孔道中注入油脂并加以封闭;另一种是在两端留设的孔道内注入环氧树脂水泥砂浆,其抗压强度不低于 35 MPa。灌浆同时将锚头封闭,防止钢丝锈蚀,同时也起一定的锚固作用,见图 7-40 和图 7-41。预留孔道中注入油脂或环氧树脂水泥砂浆后,用 C30 细石混凝土封闭锚头部位。

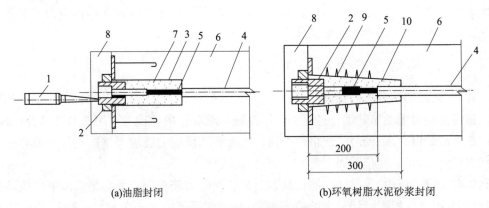

(a)油脂封闭 (b)环氧树脂水泥砂浆封闭

图 7-40 锚头端部处理方法

1-油枪;2-锚具;3-端部孔道;4-有涂层的无黏结预应力筋;5-无涂层的端部钢丝;
6-构件;7-注入孔道的油脂;8-混凝土封闭;9-端部加固螺旋钢筋;10-环氧树脂水泥砂浆

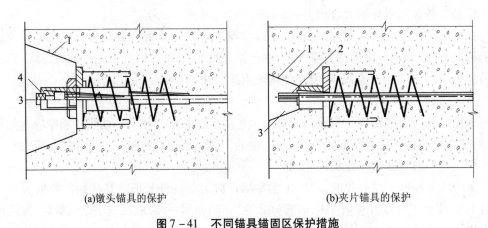

(a)镦头锚具的保护 (b)夹片锚具的保护

图 7-41 不同锚具锚固区保护措施

1-涂黏结剂;2-涂防水涂料;3-后浇混凝土;4-塑料或金属帽

复习思考题

1. 何谓预应力混凝土?
2. 与普通钢筋混凝土构件相比,预应力混凝土构件的优点和缺点分别是什么?
3. 何谓先张法? 何谓后张法? 比较它们的异同点。
4. 在张拉程序力筋中为什么要进行超张拉?
5. 简述先张法施工中预应放张方法和放张顺序。
6. 后张法孔道留设有几种方法? 各适用于什么情况?
7. 简述后张法锚具有哪几种类型? 适合锚固什么预应力筋?
8. 预应力筋张拉后为何要进行孔道灌浆? 对水泥浆有何要求? 应如何进行?
9. 后张法中预应力筋穿束和张拉有哪些方法?
10. 有黏结预应力与无黏结预应力施工工艺有何区别?

第8章 结构安装工程

8.1 索具与起重机械

8.1.1 索具设备

8.1.1.1 钢丝绳

钢丝绳是吊装作业中最常用的绳索,它具有强度高、韧性好、耐磨性好、能承受冲击荷载等优点。同时,磨损后表面产生毛刺,容易发现,易于检查,便于防止发生事故。

(1)钢丝绳构造与种类 钢丝绳由直径相同的光面钢丝捻成钢丝股,再由六股钢丝股围绕一股绳芯捻成。钢丝绳的种类按钢丝和钢丝股的搓捻方向分为顺捻绳和反捻绳。

1)顺捻绳(又称同向绕) 每股钢丝的搓捻方向与钢丝股的搓捻方向相同。这种钢丝绳柔性好,表面平整,不易磨损;它与滑轮或卷筒凹槽的接触面较大,但容易松散和产生扭结卷曲,吊重时,易使重物旋转,故吊装中一般不用,多用于拖拉或牵引装置。

2)反捻绳(又称交叉绕) 每股钢丝的搓捻方向与钢丝股的搓捻方向相反。这种钢丝绳较硬,强度高,不易松散,吊重时不易扭结和旋转,多用于吊装之中。

钢丝绳按每股中钢丝丝数不同分为以下几种。

6×19+1,即每股19根钢丝,每根6股钢丝加一股麻芯。钢丝较粗,硬而耐磨,但不易弯曲,一般用作缆风绳。

6×37+1,即每股37根钢丝,每根6股钢丝加一股麻芯。比较柔软,用于穿滑轮组和吊索。

6×61+1,即每股61根钢丝,每根6股钢丝加一般麻芯。质地软,用于重型起重机械。

在吊装中6×19+1、6×37+1是最常用的。6×37+1钢丝绳技术性能见表8-1。

(2)钢丝绳允许拉力计算 钢丝绳允许拉力按下式计算

$$[F_g] = \frac{\alpha F_g}{K} \tag{8-1}$$

式中 $[F_g]$——钢丝绳的允许拉力,kN;钢丝绳的破断拉力见表8-1或其他相关资料选用;

F_g——钢丝绳的破断拉力总和,kN;

α——换算系数按表8-2取用;

K——钢丝绳的安全系数按表8-3取用。

表 8-1 6×37+1 钢丝绳技术性能

直径/mm		钢丝总断面积/mm²	参考重量/(kg/100 m)	钢丝绳公称抗拉强度/(N/mm²)				
				1 400	1 550	1 700	1 850	2 000
钢丝绳	钢丝			钢丝破断拉力总和最小值/kN				
8.7	0.4	27.88	26.21	39.0	43.2	47.3	51.5	
11.0	0.5	43.57	40.96	60.9	67.5	74.0	80.6	
13.0	0.6	62.74	58.98	87.8	97.2	106.5	116.0	55.7
15.0	0.7	85.39	80.57	119.5	132.0	145.0	157.5	87.1
17.5	0.8	111.53	104.8	156.0	172.5	189.5	206.0	125.0
19.5	0.9	141.16	132.7	197.5	213.5	239.5	261.0	170.5
21.5	1.0	174.27	163.3	243.5	270.0	296.0	322.0	223.0
24.0	1.1	210.87	198.2	295.0	326.5	358.0	390.0	282.0
26.0	1.2	250.95	235.9	351.0	388.5	426.5	464.0	348.5
28.0	1.3	294.52	276.8	412.0	456.5	500.5	544.5	421.5
30.0	1.4	341.57	321.1	478.0	529.0	580.5	631.5	510.5
32.5	1.5	392.11	368.6	548.5	607.5	666.5	725.0	589.0
34.5	1.6	446.13	419.4	624.5	691.5	758.0	825.0	683.0
36.5	1.7	503.64	473.4	705.0	780.5	856.0	931.5	784.0
39.0	1.8	564.63	530.9	790.0	875.0	959.5	1 040.0	892.0
43.0	2.0	697.08	655.3	975.5	1 080.0	1 185.0	1 285.0	1 005.0
47.5	2.2	843.47	792.9	1 180.0	1 305.0	1 430.0	1 560.0	1 125.0
52.0	2.4	1 003.80	943.6	1 405.0	1 555.0	1 705.0	1 855.0	1 390.0
56.0	2.6	1 178.07	1 107.4	1 645.0	1 825.0	2 000.0	2 175.0	
60.5	2.8	13 366.28	1 234.3	1 910.0	2 115.0	2 320.0	2 525.0	
65.0	3.0	1 568.43	1 474.3	2 195.0	2 430.0	2 665.0	2 900.0	

表 8-2 钢丝绳破断拉力换算系数

钢丝绳结构	换算系数
6×19+1	0.85
6×37+1	0.82
6×61+1	0.80

表 8-3 钢丝绳安全系数

用途	安全系数	用途	安全系数
作缆风	3.5	作吊索、无弯曲时	6~7
用于手动起重设备	4.5	作捆绑吊索	8~10
用于机动起重设备	5~6	用于载人的升降机	14

【例 8-1】 用一根直径 26 mm、公称抗拉强度为 1 700 N/mm² 的 6×37+1 钢丝绳作捆绑吊索,求它的允许拉力。

解:从表 8-1 查得 $F_g = 426.5$ kN

从表 8-3 查得 $K = 8$

从表 8-2 查得 $\alpha = 0.82$

$$允许拉力[F_g] = \frac{\alpha F_g}{K} = \frac{0.82 \times 426.5}{8} = 43.72 \text{ kN}$$

（3）钢丝绳安全检查与报废标准　钢丝绳使用一定时间后，会产生不同程度磨损、断丝和腐蚀等现象，将会降低其承载能力。经检查有下列情况之一者，应予以报废：钢丝绳整股破断；使用时断丝数目增加很快；钢丝绳在一个节距内断丝、锈蚀或磨损数量超过一定数值等情况。

（4）钢丝绳使用注意事项　钢丝绳穿过滑轮时，滑轮槽直径应比钢丝绳直径大 1 ~ 2.5 mm。滑轮直径不得小于钢丝绳直径 10 ~ 12 倍，以减小钢丝绳弯曲应力；应定期对钢丝绳加润滑油（一般以工作时间 4 月/次）；存放在仓库里的钢丝绳应成卷排列，避免重叠堆置，库中应保持干燥，以防钢丝绳锈蚀；在使用中，如绳股间有大量的润滑油挤出，表明钢丝绳的荷载已相当大，这时必须检查，以防发生事故。

8.1.1.2　吊装工具

吊装工具是用于绑扎、固定、吊升等工具。吊装工具包括卡环、吊索、横吊梁、滑轮组、倒链、卷扬机等。

（1）卡环（卸甲、卸扣）　卡环（又称卸甲或卸扣）用于吊索之间或吊索和构件吊环之间的连接，由弯环和销子两部分组成，如图 8 - 1 所示。

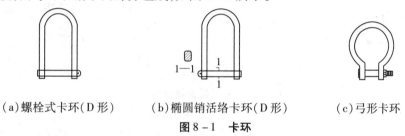

（a）螺栓式卡环（D 形）　　（b）椭圆销活络卡环（D 形）　　（c）弓形卡环

图 8 - 1　卡环

卡环按弯环形式分为 D 形卡环和弓形卡环两种；按销子和弯环连接形式分为螺栓式卡环和活络式卡环。螺栓式卡环的销子和弯钩采用螺纹连接，而活络卡环的销子端头和弯环孔眼无螺纹，可直接抽出，销子的截面有圆形和椭圆形。

（2）吊索　吊索也称千斤绳、绳套。根据形式不同，分为环状吊索（又称万能吊索或闭式吊索）和开式吊索。开式吊索又可分为 8 股吊索和轻便吊索如图 8 - 2 所示。

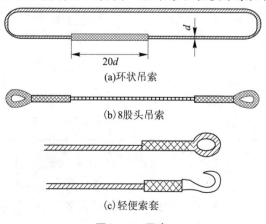

(a)环状吊索

(b)8股头吊索

(c)轻便索套

图 8 - 2　吊索

（3）横吊梁（铁扁担、平衡梁）　为了减小起吊时吊索对构件的轴向压力和起吊高度可采用横吊梁。常用的横吊梁有滑轮横吊梁、钢板横吊梁（图8－3）、钢管横吊梁（图8－4）等。

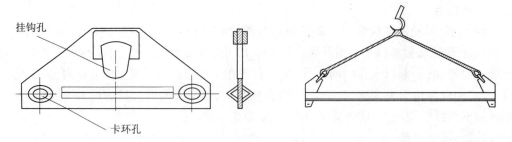

| 图8－3　钢板横吊梁 | 图8－4　钢管横吊梁 |

（4）其他辅件　主要有钢丝绳夹、花篮螺栓（图8－5）和钢丝绳卡扣，主要用来固定或连接钢丝绳端。钢丝绳夹的构造尺寸按《钢丝绳夹》（GB/T 5976—2006）标准，详见图8－5（a）。

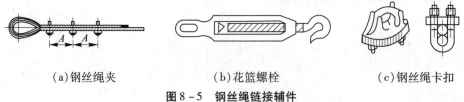

（a）钢丝绳夹　　　　　（b）花篮螺栓　　　　　（c）钢丝绳卡扣

图8－5　钢丝绳链接辅件

其中，钢丝绳夹应把夹座扣在钢丝绳的工作段上，U形螺栓扣在钢丝绳子的尾段（非工作段）上，钢丝绳夹不得在钢丝绳上交替布置；每一连接处所需钢丝绳夹的最少数量如表8－4；固定处的强度不小于钢丝绳自身强度的80%，绳夹在实际使用中经过受载1～2次后螺母要进一步拧紧；为方便检查接头，可在最后一个夹头后面约500 mm处再安一个夹头，并将绳头放出一个"安全弯"。

表8－4　钢丝绳夹使用数量和间距

绳夹公称尺寸/mm（钢丝绳公称直径 d）	数量/组	间距
≤18	3	
19～27	4	
28～37	5	6～8倍钢丝绳直径
38～44	6	
45～60	7	

（5）滑轮、滑轮组　滑轮又名葫芦，可以省力，也可以改变用力的方向。滑轮按其滑轮多少，可分为单门、双门和多门等；按使用方式不同，可分为定滑轮和动滑轮两种。

定滑轮可改变力的方向，但不能省力；动滑轮可以省力，但不能改变力的方向。滑轮的允许荷载，根据滑轮轴的直径确定，使用时不能超载。

滑轮组是由一定数量的定滑轮和动滑轮及绕过的绳索组成的。它既可以改变力的方

向,又可以达到省力的目的。

8.1.2 桅杆式起重机

桅杆式起重机又称把杆。其特点是制作简便,装拆方便,不受场地限制,起重量及起升高度都较大。桅杆一般用木材或钢材制作,但桅杆式起重机需设有多根缆风绳固定,移动较困难,灵活性差。一般多用于安装工程量集中、构件重量大、场地狭小的吊装作业。

8.1.2.1 独脚拔杆

独脚拔杆由拔杆、起重滑轮组、卷扬机、缆风绳和锚锭组成,如图 8-6 所示。起重时拔杆应保持一定的倾角(倾角 β 不宜大于 10°),以免吊装构件时碰撞到拔杆。拔杆的稳定主要依靠缆风绳,数量一般为 6~12 根,根据构件重量、起升高度及缆风绳所用钢丝绳强度而定,但至少不能少于 4 根,缆风绳与地面的夹角一般取 30°~50°为宜,角度过大则对拔杆产生较大的压力。

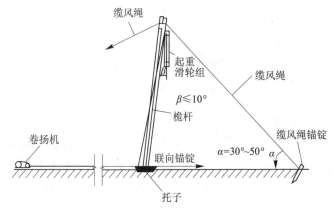

图 8-6 独脚拔杆

8.1.2.2 人字拔杆

人字拔杆一般是由两根圆木或两根钢管用钢丝绳绑扎或铁件铰接而成的,如图 8-7 所示。钢丝绳绑扎的人字拔杆上部两杆的绑扎点离杆顶至少 600 mm,并用 8 号钢丝线捆扎,起重滑轮组和缆风绳均应固定在交叉点处,两杆夹角一般为 30°。

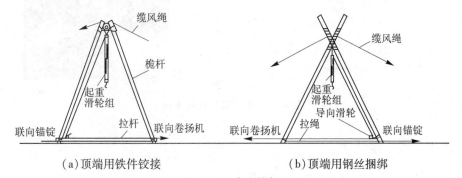

(a)顶端用铁件铰接   (b)顶端用钢丝捆绑

图 8-7 人字拔杆

8.1.2.3　悬臂拔杆

悬臂拔杆是在独脚拔杆的中部或 2/3 处安装一根起重杆而成的,如图 8-8 所示。悬臂起重杆可回转和起伏,可固定在某一部位,也可根据需要上下升降。特点是起重高度和工作幅度都较大,起重臂左右摆动角度也很大,使用方便。缺点是悬臂拔杆起重量较小,多用于轻型构件的吊装。

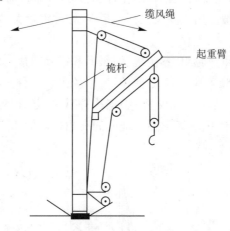

图 8-8　悬臂拔杆

8.1.2.4　牵缆式桅杆起重机

牵缆式桅杆起重机是在独脚拔杆根部装上一根可回转和起伏的起重臂而成的,如图 8-9 所示。起重机机身可回转 360°,在工作幅度范围内能把构件吊到任何位置。牵缆式桅杆起重机需要设较多的缆风绳,以加强自身的稳定,适用于构件多且集中的结构安装工程。

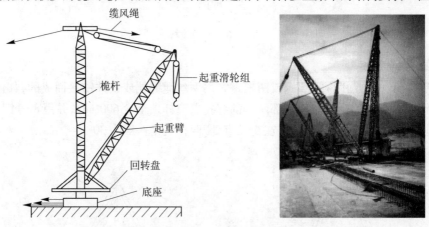

图 8-9　牵缆式桅杆起重机

8.1.3 自行式起重机

结构安装工程中主要的自行式起重机有履带式、汽车式和轮胎式起重机等。

8.1.3.1 履带式起重机

（1）构造及分类 履带式起重机是在行走的履带底盘上装有起重装置，由动力装置、传动机构、回转机构、行走机构、操作系统以及工作机构（起重杆、起重滑轮组、卷扬机）等组成，如图 8 - 10 所示。履带式起重机稳定性差，行驶速度慢，且易损坏路面，转移时多用平板拖车装运。

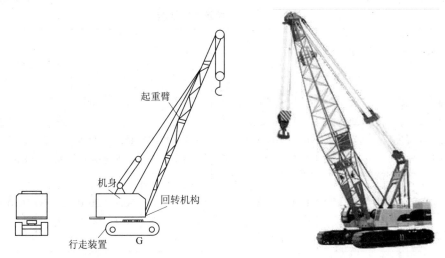

起重臂

机身

回转机构

行走装置 G

图 8 - 10 履带式起重机

（2）常用型号与性能 在结构安装工程中常用的履带式起重机主要有国产的 W_1 - 50、W_1 - 100 和 W_1 - 200 等型号。履带式起重机外形尺寸见表 8 - 5。

表 8 - 5 履带式起重机的外形尺寸 （单位：mm）

符号	名称	型号		
		W_1 - 50	W_1 - 100	W_1 - 200
A	机身尾部至回转中心距离	2 900	3 300	4 500
B	机身宽度	2 700	3 120	3 200
C	机身顶部距地面高度	3 220	3 675	4 125
D	机身底部距地面高度	1 000	1 045	1 190
E	起重臂下铰点中心距地面高度	1 555	1 700	2 100
F	起重臂下铰点中心距回转中心距离	1 000	1 300	1 600
G	履带长度	3 420	4 005	4 950
M	履带架宽度	2 850	3 200	4 050
N	履带板宽度	550	675	800
J	行走底架距地面高度	300	275	390
K	机身上部支架距地面高度	3 480	4 170	6 300

履带式起重机性能见表 8 - 6。起重机的起重量（Q）、起升高度（H）、工作幅度（R）这三个参数之间存在着相互制约的关系，起重臂的长度（L）与其仰角（α）有关。每一种型号

的起重机都有几种臂长(L)。当臂长(L)一定时,随起重机仰角(α)的增大,起重量(Q)增大,起重半径(R)减少,起重高度(H)增大。当起重臂仰角(α)一定时,随着起重臂的臂长(L)的增加,起重量(Q)减少,起重半径(R)增大,起重高度(H)增大。其数值的变化取决于起重臂仰角的大小和起重臂长度。主要技术性能见图 8-11 和图 8-12。

表 8-6　履带式起重机性能

参数		单位	型号								
			W_1-50			W_1-100			W_1-200		
起重臂长度		m	10	18	18(带鸟嘴)	13	23	27	30	15	30	40
最大工作幅度		m	10.0	17.0	10.0	12.5	17.0	15.5	22.5	15.5	22.5	30.0
最小工作幅度		m	3.7	4.5	6.0	4.23	6.5	4.5	8.0	4.5	8.0	10.0
起重量	最小起重半径时	t(10 kN)	10.0	7.5	2.0	15..0	8.0	50.0	20.0	50.0	20.0	8.0
	最大起重半径时	t(10 kN)	2.6	1.0	1.0	3.5	1.7	8.2	4.3	8.2	4.3	1.5
起升高度	最小起重半径时	m	9.2	17.2	17.2	11.0	19.0	12.0	26.8	12.0	26.8	36.0
	最大起重半径时	m	3.7	7.6	14.0	5.8	16.0	3.0	19.0	3.0	19.0	25.0

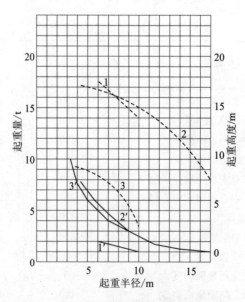

图 8-11　W_1-50 型履带式起重机工作曲线

1—L=18 m 有鸟嘴时,R-H 曲线;2—L=18 m 时,R-H 曲线;3—L=10 m 时,R-H 曲线;
1′—L=18 m 有鸟嘴时,Q-R 曲线;2′—L=18 m 时,Q-R 曲线;3′—L=10 m 时,Q-R 曲线

（3）稳定性验算 履带式起重机超负载吊装或接长起重臂时，必须对起重机进行稳定性验算，以保证在吊装中不至于发生倾覆事故。根据验算结果采取增加配重等措施后，才能进行吊装。

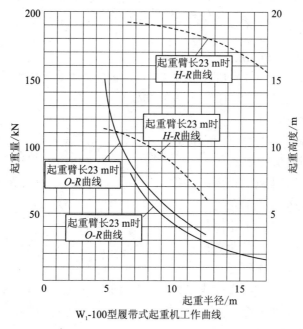

图 8 – 12 **W₁ – 100 型履带起重机工作曲线**

履带式起重机稳定性应是起重机处以最不利的情况，即车身旋转 90°起吊重物时，进行验算。如图 8 – 13 所示。

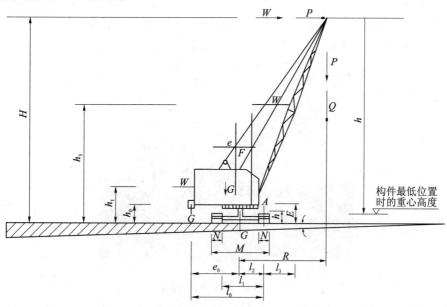

图 8 – 13 履带式起重机稳定性验算

$$K_2 = \frac{稳定力矩}{倾覆力矩} \geqslant 1.4 \qquad (8-2)$$

对 A 点取力矩可得

$$K_2 = \frac{G_1 l_1 + G_2 l_2 + G_0 l_0 - G_3 l_3}{(Q+q)(R-l_2)} \geqslant 1.4 \qquad (8-3)$$

式中　G_0——平衡重所受的重力;

　　　G_1——起重机机身可转动部分所受重力(地面倾斜的影响忽略不计,下同);

　　　G_2——起重机机身不转动部分所受重力;

　　　G_3——起重臂所受重力;

　　　Q——吊装荷载(包括构件和索具);

　　　q——起重滑轮组所受重力;

　　　l_0——G_0 重心至 A 点的距离;

　　　l_1——G_1 重心至 A 点的距离;

　　　l_2——G_2 重心至 A 点的距离;

　　　l_3——G_3 重心至 A 点的距离;

　　　R——起重机的工作幅度。

(4)接长验算　当起重机高度或工作半径不足时,在起重机本身强度和稳定性能够保证条件下,可将起重臂接长。计算应根据力矩相等原则进行验算,并采取相应措施,如在起重臂臂顶端设置揽风绳。

8.1.3.2 汽车式起重机

汽车式起重机是装在通用或专用载重汽车底盘上的一种自行式起重机,其行驶驾驶室与起重操纵室是分开的。车身可回转360°,构造与履带式起重机基本相同,如图8-14所示。其特点是机动灵活,行驶速度快,能快速转移到新的施工现场并迅速投入工作,对路面破坏性小和要求也不高。特别适合于中小型单层工业厂房结构吊装中。

图8-14　汽车式起重机

汽车式起重机吊装时稳定性差,所以起重机设有可伸缩的支腿,起重时支腿落地,以增加机身的稳定,并起到保护轮胎的作用,这种起重机不能负重行驶。

按传动装置形式分为机械传动、电力传动、液压传动三种。汽车式起重机按起重量大小分为轻型、中型和重型三种。起重量在 20 t 以内的为轻型,20 ～ 50 t 为中型,50 t 及以上的为重型。

8.1.3.3　轮胎式起重机

轮胎式起重机是一种把起重机构安装在专用加重型轮胎和轮轴组成的特制底盘上,属于一种全回转式起重机,构造与履带式起重机基本相同,但其横向尺寸较大,故横向稳定性好,并能在允许载荷下负荷行走。为了保证吊装作业时机身的稳定性,起重机设有四个可伸缩支腿,如图 8 - 15 所示。轮胎式起重机与汽车式起重机有许多相似之处,主要差别是行驶速度慢,所以不宜做长距离的行驶,适宜于作业地点相对固定,而作业量较大的结构安装工程。

图 8 - 15　轮胎式起重机

8.1.4　塔式起重机

塔式起重机(简称塔吊),它的起重臂安装在塔身上 部,具有较大的起重高度和工作幅度,工作速度快,生产效率高,广泛用于多层和高层的工业与民用建筑施工中。

按有无行走机构,可分为固定式和移动式两种。固定式塔式起重机固定在混凝土基础上或安装在建筑物内部结构上随建筑物升高而升高,而移动式起重机可负重行走。按回转形式,又可分为上回转和下回转两种;按变幅方式又可分为水平臂架小车变幅和动臂变幅两种;按照性能可分为轨道式、爬升式和附着式三种。

8.1.4.1　轨道式塔式起重机

轨道式塔式起重机是一种在轨道上行驶的自行式塔式起重机,其中,有的只能在直线轨道上行驶,有的可沿"L"形或"U"形轨道行驶。作业范围在两倍幅度的宽度和行走线长度的矩形面积内,并可负荷行驶。详见图 8 - 16。

图 8 - 16　轨道式塔式起重机外形

8.1.4.2　爬升式塔式起重机

爬升式塔式起重机是自升式塔式起重机的一种,它由底座、套架、塔身、塔顶、行车式起重臂、平衡臂等部分组成。安装在高层装配式结构的框架梁或电梯间结构上,每安装1~2层楼的构件,便靠一套爬升设备使塔身沿建筑物向上爬升一次。详见图8-17。

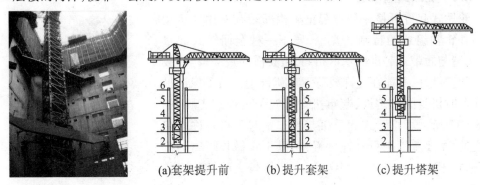

(a)套架提升前　　　　(b)提升套架　　　　(c)提升塔架

图8-17　爬升式起重机及爬升过程示意图

8.1.4.3　附着式塔式起重机

附着式塔式起重机是固定在建筑物附近钢筋混凝土基础上的自升式塔式起重机,见图8-18。随建筑物升高,利用液压自升系统逐步将塔顶顶升、塔身接高。为保证塔身稳定,每隔一定高度将塔身与建筑物用锚固装置水平连接起来,使起重机依附在建筑物上。锚固装置由套装在塔身上的锚固环、附着杆和固定在建筑结构上的锚固支座构成。第一道锚固装置设于塔身高度30~50 m处,自第一道向上每隔20 m左右设置一道,一般锚固装置设3~4道。这种塔身起重机适用于高层建筑施工。附着式塔式起重机顶升接高过程详见图8-19。

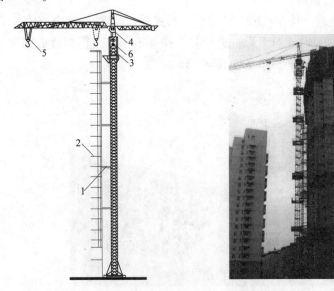

图8-18　附着式塔式起重机及支撑固定

1-附着杆;2-建筑物;3-标准节;4-操纵室;5-起重小车;6-顶升套架

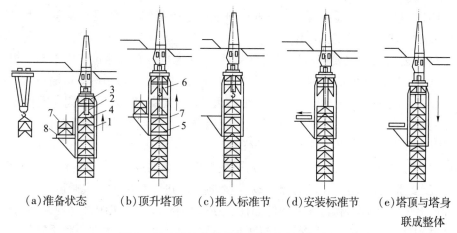

| (a)准备状态 | (b)顶升塔顶 | (c)推入标准节 | (d)安装标准节 | (e)塔顶与塔身联成整体 |

图8-19 附着式塔式起重机顶升接高过程

1-顶升套架;2-液压千斤顶;3-支撑座;4-顶升横梁;5-定位销;6-过渡节;7-标准节;8-摆渡小车

8.2 钢筋混凝土单层厂房构件吊装工艺

钢筋混凝土单层工业厂房除基础在施工现场就地浇筑外,其他构件均为预制构件。对于重量大、不便运输的构件在现场制作,而对于中小型构件在预制厂制作生产;在现场制作的构件主要有柱子、屋架等,而吊车梁、连系梁、屋面结构(屋面板、天窗架、天沟板)、基础梁等都集中在预制厂制作,运到施工现场安装。

8.2.1 准备工作

结构安装准备工作在施工中占有相当重要的地位。它不仅影响到施工进度与安装质量,而且对文明施工、组织施工达到有节奏、连续施工起到相当大的作用。

构件安装前的准备工作包括场地清理、道路修筑、基础准备、构件运输、排放、堆放和拼装加固、检查清理、弹线与编号及机具、吊具的准备等。

8.2.1.1 场地清理与修筑临时道路

起重机进场前,根据现场施工平面布置图,在场地上标出起重机开行路线,进行平整与清理,修筑好临时道路,并进行平整压实。对于回填土或软地基上,用碎石夯实或用枕木铺垫。对整个场地挖设排水沟,做好场地排水准备,以利于雨期施工。

8.2.1.2 基础准备

装配式钢筋混凝土结构的柱基础一般为杯形基础。在浇筑杯形基础时,应保证定位轴线及杯口尺寸准确。

基础准备主要工作有抄平和弹线。杯底标高抄平是对杯底标高进行一次检查和调整,以保证柱子吊装后各柱顶面标高一致。抄平后用高等级水泥砂浆或C20细石混凝土找平至设计标高。弹线是在基础杯口顶面弹出建筑物的纵、横定位轴线和柱的吊装准线,杯口顶面的轴线与柱的吊装准线相对应。以此作为对柱的对位、校正依据。

8.2.1.3 构件运输与堆放

钢筋混凝土单层工业厂房的结构构件主要有柱、吊车梁、连系梁、屋架、天窗架、屋面

板等。目前重量在 50 kN 以下者,一般可在预制厂生产制作,一些尺寸及重量大、运输不便的构件,如柱、屋架可在现场制作。

(1)构件运输　不仅要提高运输效率,而且要注意构件在运输过程中不至于损坏、不变形,并且为吊装作业创造有利条件。长度在 6 m 以内构件一般用汽车运输;较长者用拖车运输,并两点或三点支承运输。屋架一般跨度大,厚度小,重量不大,侧向刚度差,易发生平面外变形,在运输车上应侧放,并采取稳定措施防止倾倒或采用现场制作。

(2)构件堆放　构件堆放在坚实平整的地基上,位置尽可能布置在起重机工作幅度范围以内。构件应按工程名称、构件型号、吊装顺序分别堆放,并考虑构件吊装先后顺序和施工进度要求,以免出现先吊的构件被压,影响施工进度和出现二次搬运。

预制构件运输到现场后,大型构件如柱子、屋架等应按施工组织设计构件平面布置图就位;小型构件如屋面板、连系梁等可在规定的适当位置堆放,垫木在一条垂直线上,一般连系梁可叠放 2 ~ 3 层,屋面板 6 ~ 8 层。场地狭小时,小构件也可采用随运随吊的方法。

8.2.1.4　构件检查与清理

预制构件在生产和运输过程中,构件可能会出现尺寸误差和缺陷以及损伤、变形、裂纹等问题,所以对构件必须进行检查与清理,以保证吊装质量。其检查内容包括以下几点。

(1)强度检查　构件混凝土强度应达到吊装的强度要求。构件在吊装时,必须要求普通混凝土构件强度至少达到设计强度的 70%;跨度较大的梁和屋架混凝土强度达到设计强度的 100%;对于预应力混凝土构件孔道灌浆的水泥浆强度也不能低于 15 MPa。

(2)构件外形尺寸、接头钢筋、埋件检查　柱子应检查总长度、柱底面平整度、截面尺寸、各部位预埋件位置与尺寸、柱底到牛腿面的长度等,详细检查记录。屋架应检查总长度、侧向弯曲、连接构件的预埋铁件数量与位置。吊车梁应检查总长度、高度、侧向弯曲、各埋铁件数量与位置等。检查吊环位置应正确,吊环有无变形和损伤,吊环孔洞能否穿过钢丝索和卡环。

(3)构件表面检查　主要检查构件表面有无损伤、缺陷、变形及裂纹。另外,还应检查预埋件上是否有被水泥浆覆盖的现象或有污物,如发现及时清除,以免影响构件拼装(焊接等)和拼装质量。

(4)按设计要求核对　检查装配式钢筋混凝土构件的型号、规格与数量是否满足设计要求。

8.2.1.5　构件弹线与编号

构件弹线是在吊装前,在构件表面弹出吊装准线,作为构件对位、校正的依据。对于形状复杂构件还要标出重心及绑扎点位置。构件弹线一般在施工现场进行,主要包括柱子、屋架、吊车梁及屋面构件。

(1)柱子　柱子应在柱身的三个面上弹出吊装准线。对于矩形截面柱,可按几何中线弹吊装准线;对于工字形截面柱,为便于观测及避免视差,则应在靠柱边翼缘上弹一条与中心线平行的线,该线应与基础杯口面上的定位轴线相吻合。另外,在柱顶要弹出截面中心线,在牛腿面上要弹出吊车梁吊装准线。

（2）屋架　在屋架上弦顶面应弹出几何中心线，并从跨度中央向两端分别弹出天窗架、屋面板或檩条的吊装准线。在屋架两个端头应弹出屋架纵横吊装准线。

（3）梁　在梁的两端及顶面应弹出几何中心线作为梁的吊装准线。

8.2.1.6　其他机具准备

结构吊装工程除起重机械外，还要准备钢丝绳、吊具、吊索、起重滑轮组等；配备电焊设备；为配合高空作业，准备轻便竹梯或挂梯；为临时固定柱和调整构件标高，准备各种规格木楔、铁楔或铁垫片。

8.2.2　柱的安装

单层工业厂房预制柱类型很多，重量和长度不一。装配式钢筋混凝土柱的截面形式有矩形、工字形、管形、双肢形等，但吊装工艺相同。柱子安装过程：绑扎→吊升→对位、临时固定→校正→最后固定。

8.2.2.1　绑扎

柱的绑扎方法与柱的形状、几何尺寸、重量、配筋部位、吊装方法以及所采用的吊具和起重机性能等有关。绑扎应牢固可靠，易绑易拆，自重在 13 t 以下的中、小型柱，大多绑扎一点；重型或配筋少而细长的柱，则需绑扎两点，甚至三点。有牛腿的柱，一点绑扎的位置常选在牛腿以下。如柱上部较长，也可绑在牛腿以上。工字形截面柱的绑扎点应选在矩形截面处（实心处），否则，应在绑扎的位置用方木加固翼缘。双肢柱的绑扎点应选在平腹杆处。为使在高空中脱钩方便，尽量采用活络式卡环。为避免起吊时吊索磨损构件表面，在吊索与构件之间用麻袋或木板铺垫。

柱子在现场制，一般是平卧（大面向上）浇筑，在支模、浇混凝土前，就要确定绑扎方法，在绑扎点埋吊环、留孔洞或底模悬空，以便绑扎钢丝绳。

常用柱的绑扎方法按绑扎点分为一点绑扎和两点绑扎。按起吊后的位置形态分为斜吊绑扎法和直吊绑扎法。

（1）斜吊绑扎法　当柱的宽面抗弯强度能满足吊装要求时，可采用斜吊绑扎法。柱吊起后呈倾斜状态，由于吊索歪在柱的一边，起重钩可低于柱顶，这样起重臂可以短些。另外，柱在现场是大面向上浇筑，直接把柱在平卧状态下，从底模上吊起，不需翻身，也不用横吊梁。但这种绑扎方法，因柱身倾斜，就位时对正底线比较困难。如图 8 - 20 所示。

（2）直吊绑扎法　当柱的宽面抗弯强度不能满足吊装要求时，应采用直吊绑扎法。即吊装前先将柱子翻身，再经绑扎进行起吊，这种绑扎法是用吊索绑牢柱身，从柱宽面两侧分别扎住卡环，再与横吊梁相连，柱吊直后，柱身呈直立状态，横吊梁必须超过柱顶，故需起重臂长较长。如图 8 - 21 所示。

（3）两点绑扎法　当柱身较长，一点绑扎抗弯强度不能满足时，可用两点绑扎起吊，如图 8 - 22。当确定柱绑扎点位置时，应使两根吊索合力作用线高于柱的重心。即下绑扎点至柱重心的距离小于上绑扎点至柱重心的距离。这样柱子在起吊过程中，柱身可自行转为直立状态。

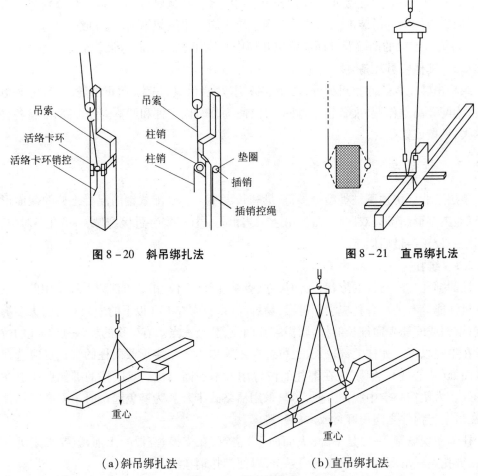

图 8 – 20 斜吊绑扎法　　　　　图 8 – 21 直吊绑扎法

（a）斜吊绑扎法　　　　　（b）直吊绑扎法

图 8 – 22 两点绑扎法

8.2.2.2 吊升

柱的吊升方法是根据柱的重量、长度、起重机性能和现场施工条件而定的。对于重型柱子有时采用两台起重机起吊。用单机吊装时，基本上可用旋转法和滑行法两种吊升方法。

（1）旋转法　起重机边升钩边回转起重杆，直到将柱子转为直立状态，使柱子绕柱脚旋转吊起插入杯口中。为使吊升过程中保持一定的工作幅度，起重杆不起伏。这样在预制或堆放柱时，应使柱的绑扎点、柱脚中心线、杯口中心线三点共弧，并且柱脚布置在杯口附近。如图 8 – 23。用旋转法吊升时，柱在吊装过程中所受震动较小，生产率较高，但对起重机的机动性要求和构件在现场布置要求较高，通常使用自行式起重机吊装柱时，宜采用旋转法。

（2）滑行法　柱在吊升时，起重机只升吊钩，起重臂不转动，使柱脚沿地面滑行逐渐成直立状态，然后起重杆转动使柱插入杯口中，如图 8 – 24。这样需要柱靠杯基成纵向布置，绑扎点布置在杯口附近，并与杯口中心位于起重机同一工作幅度的圆上，以便将柱子

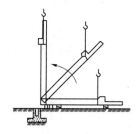
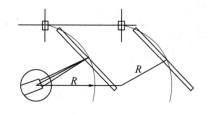

图 8-23　旋转法

吊离地面后,稍转动吊杆即可就位。用滑行法吊装时,柱在滑行过程中受到震动对构件不利。因此,宜在柱脚处采取保护措施减少柱脚与地面的摩擦。滑行法适用于柱子较重、较长、现场狭窄、柱子无法按旋转法布置排放的情况。因滑行法对起重机械的机动性要求较低,只需要起重钩上升,通常使用桅杆式起重机吊装柱时,宜采用滑行法。

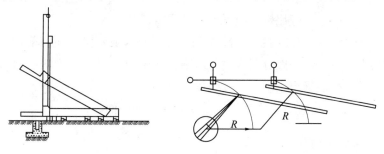

图 8-24　滑行法

8.2.2.3　对位、临时固定

柱脚插入杯口后,需停在离杯底 30~50 mm 处进行对位。对位方法是用八块楔块从柱的四边放入杯口,并用撬棍撬动柱脚,使柱的吊装准线对准杯口顶面上的吊装准线,并使柱基本保持垂直。对位后,略打紧楔块,放松吊钩,柱沉至杯底。经复查吊装准线对准情况,随即将四面楔块打紧,将柱临时固定,起重机脱钩。当柱身与杯口间隙太大时,应选择较大规格楔块,而不能用几个楔块叠合使用。临时固定柱的楔块可用硬木或铸铁制作,铸铁楔块可重复使用,且易拔出。

当柱较高,或基础杯口深度与柱长之比小于 1/20,或柱具有较大的悬臂(或牛腿)时,仅靠柱脚处的楔块将不能保证柱临时固定的稳定,这时则应采取增设缆风绳或加斜撑等措施来加强柱临时固定的稳定。

8.2.2.4　校正

如果柱的吊装就位不准确会影响到与柱相连接的吊车梁、屋架等后续构件吊装的准确性。柱的校正包括垂直度、平面位置和标高等工作。其中柱的标高校正是在杯形基础抄平时已经完成。而柱的垂直度、平面位置校正是在柱对位时进行。具体方法见图 8-25 和图 8-26。柱的垂直偏差检查方法是用两架经纬仪从柱相邻的两边去检查柱吊装准线的垂直度。

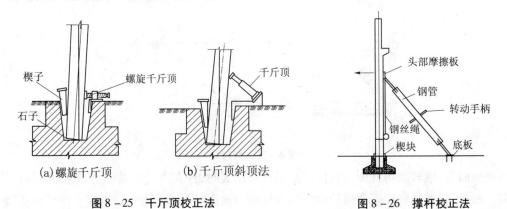

(a)螺旋千斤顶　　　　(b)千斤顶斜顶法

图 8-25　千斤顶校正法

图 8-26　撑杆校正法

8.2.2.5　最后固定

柱校正后应立即进行最后固定,最后固定方法是在柱与杯口空隙间浇筑细石混凝土,所用细石混凝土强度等级应比构件混凝土强度等级提高一级。

在浇筑前,应将杯口空隙内杂质等清理干净,并用水湿润柱和杯口壁,然后浇筑细石混凝土。混凝土浇筑工作一般分两次进行。第一次浇筑混凝土至楔块底面,捣实混凝土时,不要碰到楔块,待混凝土强度达设计强度 25% 后,拔出楔块。再进行一次柱的平面位置、垂直度复查。无误后进行二次浇筑混凝土至杯口的顶面。

8.2.3　吊车梁吊装

吊车梁类型通常有 T 形、鱼腹式和组合式等几种。当跨度为 12 m 时,亦可采用横吊梁吊升,一般为单机起吊,特重的也可用双机抬吊。

吊车梁安装过程:绑扎→吊升→对位、临时固定→校正→最后固定。

8.2.3.1　绑扎、吊升、对位、临时固定

吊车梁吊装必须在基础杯口二次浇筑混凝土强度达到设计强度 70% 以上才能进行。吊车梁起吊后应基本保持水平,所以吊车梁绑扎时,两根吊索要等长,其绑扎点对称地设在梁的两端,吊钩应对准梁的重心,如图 8-27 所示。吊车梁两端设置溜绳以控制梁的转动,防止碰撞其他构件。

当吊车梁吊升超过牛腿标高 300 mm 左右时,即可停止升钩,然后缓缓下降进行就位。吊车梁就位应使吊车梁端部的中心线对准牛腿的安装准线。在对位过程中,纵轴方向上

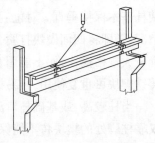

图 8-27　吊车梁吊装

不宜用撬杠拨正吊车梁,因柱在纵轴线方向的刚度较差,过度撬动会使柱发生弯曲而偏移。假若在横轴方向上未对准应将吊车梁吊起,再重新对位。

吊车梁本身稳定性较好,对位后一般仅用垫铁垫平即可,起重机即可松钩移走。当梁高与梁宽之比超过 4 时,可用铁丝将梁捆在柱上以防倾倒。

8.2.3.2 校正

吊车梁校正要在一个车间或伸缩缝区段内全部结构安装完毕,并最后固定后进行。因为安装屋架、支撑等构件可能引起柱变位,影响吊车梁准确位置。吊车梁校正主要包括平面位置、垂直度和标高等内容。

标高校正已经在杯形基础杯底抄平时完成,如果有微小偏差可在铺轨时,用铁屑砂浆在吊车梁顶面找平即可。吊车梁垂直度与平面位置校正应同时进行。吊车梁垂直度测量一般用尺寸锤、靠尺、线锤检查。T 形吊车梁测其两端垂直度,鱼腹式吊车梁测其跨中两侧垂直度。吊车梁平面位置校正主要是检查各吊车梁是否在同一纵轴线上以及两列吊车梁纵轴线之间的跨距。跨距为 6 m 长,5T 以内的吊车梁,可用拉钢丝法或仪器放线法校正;跨距为 12 m 长,重型吊车梁通常采用边吊边校正的方法。

(1)拉钢丝法(通线法) 根据柱定位轴线在车间两端地面定出吊车梁定位轴线位置,打下木桩,并设置经纬仪;用经纬仪先将两端的四根(每端两根)吊车梁位置校正准确,用钢尺检查两列吊车梁间的跨距;然后在四根已校正好的吊车梁端部设置支架,高约 200 mm。根据吊车梁轴线拉钢丝线;根据钢丝线逐根拨正吊车梁的吊装中心线;拨正吊车梁可用撬杠或其他工具。如图 8 - 28 所示。

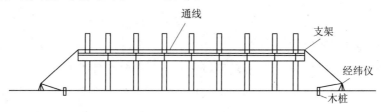

图 8 - 28 拉钢丝校正法

(2)仪器放线法 用经纬仪在各柱侧面放一条与吊车梁中线距离相等的校正基线。校正基准线至吊车梁中线距离测量时自行决定。校正时凡是吊车梁中线与其柱侧基线距离不等者拨正即可。

8.2.3.3 最后固定

吊车梁最后固定是在吊车梁校正完毕后,用连接钢板把柱侧面与吊车梁顶面的预埋铁件相焊接,并在接头处支模,浇筑细石混凝土。

8.2.4 屋架安装

钢筋混凝土屋架有预应力折线形屋架、三角形屋架、多腹杆折线形屋架、组合屋架等。中小型单层工业厂房屋架跨度一般为 12 ~ 24 m,重量 3 ~ 10 t,屋架制作一般在施工现场采取平卧叠浇,以 3 ~ 4 榀为一叠。

屋架安装特点是安装高度高,屋架跨度大,但厚度薄。吊升过程中容易产生平面外变形,甚至产生裂缝,所以有时要进行有关吊装验算,采取必要加固措施后,方可进行。屋架安装过程包括绑扎→翻身扶直、就位→吊升→对位→临时固定→校正→最后固定等工序。

8.2.4.1 绑扎

屋架绑扎点应根据跨度和类型选择,绑扎点应在节点或靠近节点处,并对称于屋架重心,吊点数目应满足设计要求,以免吊装过程中产生裂缝。翻身扶直时,吊索与水平夹角不宜小于 60°;吊升时不宜小于 45°,以免屋架产生过大的横向压力,必要时应采用横吊梁。

屋架绑扎方法应根据屋架跨度、安装高度和起重机臂长度确定。当屋架跨度 $L \leq 18$ m,采用 2 点绑扎起吊;当屋架跨度 18 m $< L \leq 30$ m,采用 4 点绑扎起吊;当屋架跨度 $L > 30$ m,除采用 4 点绑扎外,应加横吊梁减少吊索高度。如图 8 – 29。对于三角形组合屋架,由于整体性和侧向刚度较差,且下弦为圆钢或角钢,必须用铁扁担绑扎;对于钢屋架,侧向刚度很差,均应绑扎几道杉木杆,作为临时加固措施。

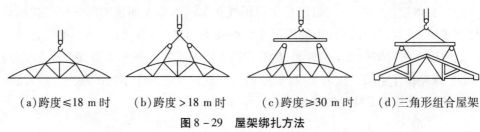

(a)跨度≤18 m 时　(b)跨度>18 m 时　(c)跨度≥30 m 时　(d)三角形组合屋架

图 8 – 29　屋架绑扎方法

8.2.4.2 翻身扶直、就位

由于屋架现场制时均为平卧叠浇,所以在安装前先要翻身扶直,并将其吊运至预定位置。屋架是一个平面受力构件,侧向刚度较差。扶直时由于自重影响改变了杆件受力性质,特别是上弦杆极易扭曲造成屋架损伤。因此,扶直时应注意以下问题:起重机吊钩应对准屋架中心,吊索左右对称,吊钩对准屋架下弦中点,防止屋架摆动;数榀叠浇生产跨度在 18 m 以上屋架,为防止屋架扶直过程中突然下滑造成损伤,应在屋架两端搭设枕木垛,其高度与下一榀屋架上平面齐平;屋架在叠浇时屋架间有黏结力,应用凿、撬棍、倒链消除黏结后再行扶直;凡屋架高度超过 1.7 m,应在表面加绑木、竹或钢管横杆,用以加强屋架的平面刚度;如扶直屋架时,绑扎点或绑扎方法与设计不同,应按实用绑扎方法验算屋架扶直应力。

扶直屋架时,根据起重机与屋架相对位置不同,可分为正向扶直与反向扶直。

(1)正向扶直　起重机位于屋架下弦一边,首先以吊钩对准屋架中心,收紧吊钩,接着起重机升钩,并提升起重臂,使屋架以下弦为轴缓慢转为直立状态。如图 8 – 30 所示。

(2)反向扶直　起重机位于屋架上弦一边,首先以吊钩对准屋架中心,收紧吊钩,然后降低起重臂使屋架脱模。接着起重机升钩,并升起重臂,使屋架以下弦为轴缓慢转为直立状态。如图 8 – 31 所示。

反向扶直与正向扶直中最大不同点就是在扶直过程中,反向扶直起重臂一升一降,而升臂比降臂易于操作且较安全,所以应尽量采用正向扶直。

(3)就位　屋架扶直后应立即就位,就位位置与起重机性能和安装方法有关,应力求少占地,便于吊装,且应考虑吊装顺序、两头朝向等问题,一般是靠柱斜放,就位范围应布置在构件平面图规定的位置。一般有同侧就位和异侧就位两种形式,就位位置与屋架预制位置在同一侧时称同侧就位;就位位置与屋架预制位置不在同一侧时称异侧就位。如图 8 - 32 所示。

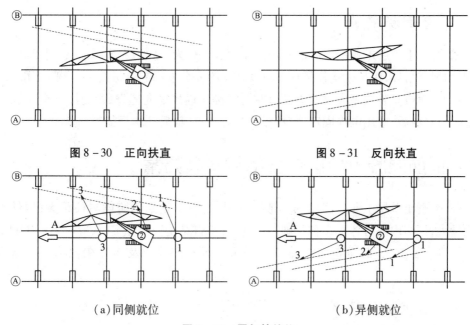

图 8 - 30 正向扶直   图 8 - 31 反向扶直

(a)同侧就位   (b)异侧就位

图 8 - 32 屋架的就位

8.2.4.3 吊升、对位与临时固定

屋架吊升是先将屋架垂直吊离地面约 300 mm,然后将屋架转至吊装位置下方,再将屋架提升超过柱顶约 300 mm,对准屋架定位轴线将屋架缓降至柱顶进行对位。

屋架对位后,立即进行临时固定。临时固定稳妥后,起重机才可摘钩。

第一榀屋架临时固定必须十分可靠。因为这时仅有单榀结构,并且第二榀屋架临时固定还要以第一榀屋架作为支撑。第一榀屋架临时固定方法通常用四根缆风绳从两侧将屋架拉牢,也可将屋架与抗风柱相连接作为临时固定。

第二榀屋架临时固定是用屋架校正器撑牢在第一榀屋架上,以后各榀屋架的临时固定都是用屋架校正器撑牢在前一榀屋架上。每榀屋架至少用两根校正器。见图 8 - 33。

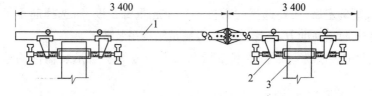

图 8 - 33 屋架校正器

1 - 钢管;2 - 撑脚;3 - 屋架上弦

8.2.4.4　校正、最后固定

屋架偏差校正主要是竖向偏差用线锤和经纬仪检查;用屋架校正器纠正。屋架校至垂直后,立即用电焊固定。焊接时,先焊接屋架两端成对角线的两侧边,再焊另外两边,避免两端同侧施焊,因焊接变形引起的屋架偏差。

8.2.5　屋面板安装

钢筋混凝土单层工业厂房屋面所用的屋面板一般为预应力大型屋面板,可单独安装。屋面板均埋有吊环,用吊索钩住吊环即可安装。为充分发挥起重机效率,一般采用一次多块吊装。屋面板安装顺序应自两边檐口左右对称地逐块铺向屋脊,避免屋架受荷载不均匀;屋面板对位后,应用电焊固定,每块板至少焊三点,最后一块只能焊两点。

8.3　钢筋混凝土单层厂房结构安装方案

钢筋混凝土单层工业厂房结构一般平面尺寸大;承重结构跨度与柱距大;构件类型少,重量大;厂房内还有各种设备基础。因此,在拟订结构安装方案时,应着重解决起重机选择、结构安装方法、起重机开行路线及停机位置等的确定及构件在现场平面布置等问题。

8.3.1　起重机的选择

8.3.1.1　起重机类型选择

结构安装起重机类型选择主要根据厂房外形尺寸(跨度、柱距)、构件尺寸与自重、吊装高度,以及施工现场条件和当地现有的起重设备等确定。

对于一般中小型厂房,平面尺寸不大,构件较轻,起升高度较小,厂房内设备为后安装,采用自行杆式起重机较为合理,故选择履带式、汽车式起重机最为普遍;当厂房结构高度和长度较大时,选用塔式起重机吊装屋盖结构;对于大跨度重型厂房,往往需要结合设备安装,同时考虑结构吊装问题,多选用重型自行式、重型塔式起重机、大型牵缆桅杆式起重机;在缺乏自行杆式起重机或厂房面积小,构件轻时,可采用桅杆式起重机,如独脚拔杆、人字拔杆等;对于重型构件当一台起重机无法吊装时,可用两台起重机进行抬吊。

8.3.1.2　起重机型号及起重臂长度的选择

起重机类型确定后,还要选择起重机型号及起重臂长度,所选择起重机三个重要参数,即起重量 Q、起重高度 H、工作幅度 R 应满足结构吊装要求。

(1)起重量 Q　所选起重机的起重量必须大于或等于所吊装构件的重量与索具之和,即

$$Q \geqslant Q_1 + Q_2 \qquad\qquad (8-4)$$

式中　Q——起重机的起重量,kN;

Q_1——构件的重量,kN;

Q_2——吊具的重量,kN。

（2）起升高度 H　所选起重机的起升高度必须满足吊装构件安装高度要求,如图8-34 所示。

$$H \geqslant h_1 + h_2 + h_3 + h_4 \tag{8-5}$$

式中　H——起重机起重高度,从停机面算起至吊钩的距离,m;

　　　h_1——吊装支座表面高度,从停机面算起,m;

　　　h_2——吊装间隙,视工作情况而定,一般 $\geqslant 0.3$ m;

　　　h_3——绑扎点至构件吊起后底面的距离;

　　　h_4——索具高度,自绑扎点至吊钩钩口高度,视情况而定。

（3）工作幅度（回转半径、工作半径）R　安装构件所需最小工作幅度和起重机型号及所吊构件横向尺寸有关,一般是根据所需的 $Q_{\min}$、$H_{\min}$ 值初步选定起重机的型号,再按式（8-6）进行计算,如图 8-35 所示。

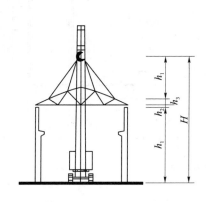

图 8-34　起升高度的计算简图

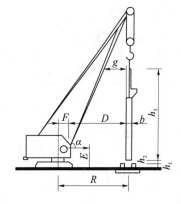

图 8-35　工作幅度计算简图

$$R_{\min} = F + D + \frac{1}{2}b \tag{8-6}$$

式中　$R_{\min}$——起重机最小起重半径;

　　　F——起重臂底铰至回转中心的距离;

　　　b——构件宽度;

　　　D——起重臂底铰距所吊构件边缘距离。

$$D = g + (h_1 + h_2 + h_3' - E)\,\mathrm{ctg}\,\alpha \tag{8-7}$$

式中　g——构件上口边缘起重杆之间的水平空隙 $\geqslant 500$ mm;

　　　E——起重臂底铰至距地面的高度;

　　　α——起重杆的倾角;

　　　h_3'——所吊构件的高度;

　　　h_1、h_2——同前。

起重机工作幅度确定通常考虑下列因素:当起重机不受限制地开到构件安装位置附

近安装时,对工作幅度无要求,在计算起重量和起升高度后,便可查阅起重机起重表或工作曲线来选择起重机型号及起重臂长,同时相应的工作幅度作为起重机开行路线及停机位置确定的参考;当起重机不能直接开到构件安装位置附近去安装构件时,应根据起重量、起升高度和工作幅度三个参数,查起重机性能表或工作曲线来选择起重机型号及起重臂长。

(4)最小臂长确定 当起重机起重臂需跨过已安装好的结构安装构件时,如跨过屋架安装屋面板,为了不触碰屋架,需求出起重机的最小臂长。决定最小臂长的方法有数解法[图8-36(a)]和图解法[图8-36(b)]。

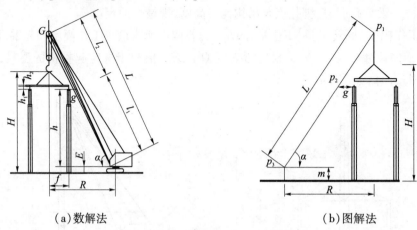

(a)数解法   (b)图解法

图8-36 最小杆长计算示意图

1)数解法 从图中则可得最小杆长 $L_{\min}$ 计算公式

$$L = L_1 + L_2 \tag{8-8}$$

$L = \dfrac{f+g}{\cos\alpha} + \dfrac{h}{\sin\alpha}$ 这个式的仰角为变数,欲求最小杆长时的 α 值,仅上式进行一次微分,并令 $\dfrac{\mathrm{d}l}{\mathrm{d}\alpha} = 0$,解得

$$\alpha = \mathrm{aretg}\left(\frac{h}{f+g}\right)^{\frac{1}{3}} \tag{8-9}$$

α 求出之后代入 $L = \dfrac{f+g}{\cos\alpha} + \dfrac{h}{\sin\alpha}$ 即得起重机最小杆长的理论值,再根据所选起重机的实际杆长加以确定。

式中 L——起重机臂长,m;

    f——起重机吊钩跨过已安装结构的距离,m;

    h——起重臂底铰至构件都吊装支座的高度,m,$h = h_1 - E$;

    h_1——停机面至构件吊装支座的高度,m;

    g——起重臂轴线与已吊装屋架间的水平距离,至少取 1 m;

    E、α——同上。

则工作幅度
$$R = F + L\cos \alpha \tag{8-10}$$
$$H = l\sin \alpha + E - d \tag{8-11}$$

式中 d——起重杆顶至吊钩中心的距离,取 $2 \sim 3.5$ m 安全高度。

按计算出的 R 值及已选定的起重杆长 L,查起重机性能表,复核起重量 Q 得起升高度 H,如果能满足构件吊装要求,即可根据 R 值确定起重机吊装屋面板时的停机位置。

2)图解法 首先按比例(一般不小于 $1:200$)绘出构件安装标高和实际地面线;然后由 $H + d$ 定出 P_1 点位置,由 g 值定出 P_2 位置,g 值为起重臂轴线与已吊装屋架间的水平距离,至少取 1 m。连接 P_1P_2 并延长到起重机回转中心至停机面高度相交处于 P_3,此点即为起重臂底铰的位置,测量出 P_1P_3 长度,即为所求起重机最小杆长。

8.3.2 结构吊装方法及起重机开行路线、停机位置

8.3.2.1 结构吊装方法

单层工业厂房结构吊装方法有分件吊装法与综合吊装法两种。

(1)分件吊装法 分件吊装法是指起重机在车间内每开行一次仅吊装一种或两种构件。起重机第一次开行吊装完全部柱子,并对柱子进行校正和最后固定;第二次开行吊装吊车梁、连系梁及柱间支撑等;第三次开行分节间吊装屋架、天窗架、屋面板及屋面构件(如檩条、天沟板)等。

分件吊装法特点:每次吊装基本是同类型构件,索具不需要更换,操作程序基本相同,速度快;能充分发挥起重机的工作能力;构件校正、固定有足够时间;构件可分批进场,供应较简单,现场平面布置较容易。其主要缺点:起重机行走频繁,开行路线长;不能按节间及早为下道工序创造工作面;层面板吊装往往另需辅助起重设备。

(2)综合吊装法 综合吊装法是指起重机在车间内一次开行中,分节间吊装完所有各种类型构件。通常起重机开始吊装 $4 \sim 6$ 根柱子,立即进行校正和固定,接着吊装吊车梁、连系梁、屋架、屋面板等构件。

综合吊装法特点:开行路线短,停机位置少,但构件供应平面布置复杂;校正困难,平面位置难以保证;同时吊装多种构件,经常更换索具;起重机生产效率低。故很少应用。

8.3.2.2 起重机开行路线及停机位置

起重机开行路线与起重机停机位置、起重机性能、构件尺寸及重量、构件平面布置、构件供应方式、吊装方法等因素有关。

(1)当吊装屋架、层面板等屋面构件时,起重机大多沿跨中开行。

(2)当吊装柱时,则视跨度、柱距的大小,柱的尺寸,重量及起重机性能,可沿跨中或跨边开行,若柱子布置在跨内,起重机在跨内开行,每个停机位置可吊装 $1 \sim 4$ 柱子。

1)当 $R \geq \dfrac{L}{2}$ 时,起重机可沿跨中开行,每个停机位置可吊装两根柱。如图 $8 - 37(a)$。

2)当 $R \geq \sqrt{\left(\dfrac{L}{2}\right)^2 + \left(\dfrac{b}{2}\right)^2}$ 时,起重机可沿跨中开行,每个停机位置可吊装四根柱。如

图 8 – 37(b)。

3）当 $R < \dfrac{L}{2}$ 时，起重机可沿跨边开行，每个停机位置吊装一根柱。如图 8 – 37（c）。

4）当 $R \geqslant \sqrt{a^2 + \left(\dfrac{b}{2}\right)^2}$ 时，起重机可沿跨边开行，每个停机位置可吊装两根柱。如图 8 – 37（d）。

式中 R——起重机工作幅度，m；

　　　L——厂房跨度，m；

　　　b——柱间距，m；

　　　a——起重机开行路线的跨边距离，m。

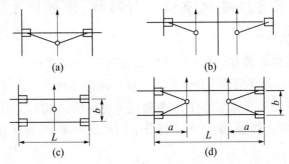

图 8 – 37　起重机吊装柱时开行路线及停机位置

（3）当柱布置在跨外时，则起重机一般沿跨外沿边开行，停机位置与跨边开行相似。

（4）当单层厂房面积大，为加速工程进度可将建筑物划分为若干段，选用多台起重机同时施工，每台起重机独立作业，负责完成一个区段全部吊装工作，形成流水施工。

（5）当建筑具有多跨并列时，可先吊装各纵向跨，然后吊装横向跨，以保证在各纵向跨吊装时，运输机械畅通。若纵向跨有高低跨，则应先吊装高跨，然后逐步向两边吊装。

图 8 – 38 所示为一般单跨车间采用分件吊装法起重机开行路线及停机位置图。起重机沿跨外从 A 轴开行，吊装 A 列柱，再从 B 轴沿跨内开行，吊装 B 列柱，然后再转到 A 轴一侧扶直屋架并将其就位，再转到 B 轴一侧扶直屋架并将其就位，再转到 B 轴安装 B 连系梁、吊车梁和柱间支撑等。随后再转到 A 轴安装 A 轴连系梁、吊车梁等构件，最后再转到跨中安装屋面结构（屋面板、天窗架、天沟板）等。

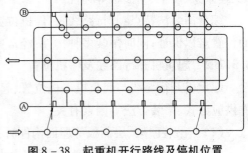

图 8 – 38　起重机开行路线及停机位置

8.3.3　构件平面布置与运输堆放

构件平面布置应注意下列问题：各跨构件尽可能布置在本跨内。困难时才考虑布置

在跨外便于吊装处;布置方式应满足吊装工艺要求,并在起重机工作幅度内,以尽量减少起重机负重行走距离及起重臂起伏次数;构件布置应"重近轻远"。首先考虑重型构件布置;位置应便于支模及混凝土浇筑,对预应力混凝土构件应留出抽管及穿筋场地。

构件平面布置可分为预制阶段与吊装阶段构件排放布置两种。

8.3.3.1　预制阶段的构件平面布置

目前现场预制构件主要是柱和屋架,其他构件均在预制构件厂或场外制作。

(1)柱的布置　柱预制应按以后吊装阶段排放要求进行布置,采用布置方式有斜向布置(图 8 - 39)和纵向布置(图 8 - 40)两种。采用旋转法吊装时,一般按斜向布置;采用滑行法吊装时,可纵向布置,也可斜向布置。

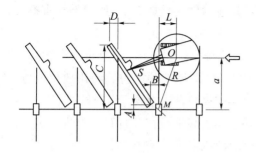

图 8 - 39　柱的斜向布置(旋转法吊装)　　图 8 - 40　柱的纵向布置(滑行法吊装)

(2)屋架布置　屋架一般在现场预制,采用跨内平卧叠浇,以 3 ~ 4 榀为一叠。叠浇时布置方式有斜向布置、正向斜向布置和正反纵向布置三种。如图 8 - 41 所示。

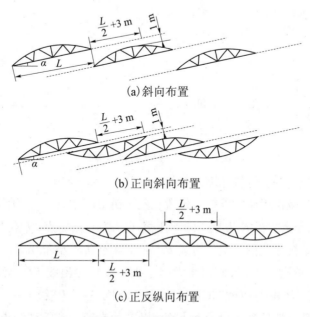

(a)斜向布置

(b)正向斜向布置

(c)正反纵向布置

图 8 - 41　屋架的布置方式

因斜向布置时屋架扶直方便,故应优先选用。只有在场地受限制时,才考虑采用其他

两种形式。若为预应力混凝土屋架在屋架一端或两端需留出抽管及穿筋所需的长度;若为钢管抽芯时,一端抽管需留出的长度为屋架全长另加抽管时所需工作场地 3 m;若用胶管抽芯时,则屋架两端的预留长度可以减少;屋架间的间隙可取 1 m 左右以便支模及浇混凝土;屋架之间的搭接长度视场地大不而定;布置屋架预制位置还应考虑屋架扶直排放要求及扶直的先后次序,先扶直者放在上层;对屋架两端的朝向也应注意,要符合屋架吊装的朝向要求。

(3)吊车梁布置 当吊车梁在现场制时,可靠近柱基顺纵轴线略作倾斜布置,也可在柱子之间预制。有时也采用集中预制。随运随吊。

8.3.3.2 吊装阶段构件排放布置及运输堆放

吊装阶段排放布置一般是指柱已吊装完毕,其他构件的排放布置,如屋架扶直排放、吊车梁和屋面板的运输排放等。

(1)屋架扶直排放 屋架扶直后应随即排放,按排放位置不同,分为同侧排放(即屋架预制位置与排放位置位于跨的同一侧)和异侧排放(即屋架预制位置与排放位置位于跨的不同侧)。屋架排放方式常用的有靠柱边斜向排放和靠柱边成组纵向排放。

1)靠柱边斜向排放 用于跨度及重量较大的屋架,起重机在开行路线上进行定点吊装。一般用作图法确定其排放位置。图 8－42 所示为屋架同侧斜向排放。

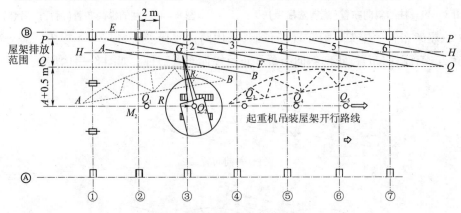

图 8－42 屋架同侧斜向排放

以轴线②的屋架为例,排放作图方法如下。

第一,确定吊装该榀屋架的停机点位置。起重机沿跨中开行,以轴线②与开行路线的交点 M_2 为圆心,以起重半径 R 为半径画圆弧交开行路线于 Q_2 点,Q_2 点即为停机点。

第二,确定屋架排放范围。定外边线 PP,使其距柱边不小于 0.2 m,再定内边线 QQ,使其距开行路线距离满足 $A + 0.5$ m(A 为起重机尾长),绘出线 PP 与线 QQ 平行的中线 HH,屋架应排放在 PP 和 QQ 两线之内,屋架中点则应在 HH 线上。

第三,确定屋架排放位置。以 Q_2 为圆心,以 R 为半径画圆弧交线 HH 于 G 点,G 点即为屋架中点位置。再以 G 点为圆心,取 1/2 屋架跨度为半径画圆弧交 PP 线于 E,交线 QQ 线于 F,连 E、F 两点,则 EF 即为屋架排放位置。

其他屋架的排放位置以此类推。第①轴线的屋架由于已安装了抗风柱,可灵活布置,一般后退至②轴线屋架排放位置附近排放。

2)靠柱边成组纵向排放　用于重量较轻的屋架,允许起重机负荷行驶。一般以4~5 榀屋架为一组靠柱边顺轴线排放,屋架之间净距不小于200 mm,相互之间用铁丝及支撑拉紧撑牢。每组屋架间应留约3 m 的距离作为横向通道。为避免在已安装好的屋架下绑扎吊装屋架,防止屋架起吊时与已安装好的屋架相碰,每组屋架排放中心可安排在该组屋架倒数第二榀安装轴线之后约2 m 处(图8-43)。

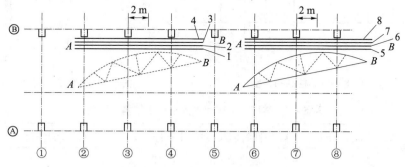

图8-43　屋架分组纵向排放

(2)吊车梁、连系梁和屋面板运输,堆放与排放

1)吊车梁、连系梁排放位置　一般排放在吊装柱的附近,跨内和跨外均可,有时也可从运输车辆上直接吊装。

2)屋面板排放位置　一般布置在跨内或跨外,根据吊装时起重机的工作幅度。当屋面板在跨内排放时,应向后退3~4个节间开始排放;若在跨外排放时,应向后退1~2个节间开始排放。屋面板叠放高度一般为6~8层。

3)其他要求　若吊车梁、屋面板等构件在吊装时已集中堆放在吊装现场附近,也可不用排放,而采用随吊随运的办法。

8.4　结构安装工程案例

某厂金工车间,跨度18 m,长54 m,柱距6 m,共9个节间,建筑面积1 002 m²,主要承重结构采用装配式钢筋混凝土工字形柱,预应力混凝土折线形屋架,1.5 m×6 m 大型屋面板,T 形吊车梁,车间为东西走向,北面紧靠围墙有6 m 间隙,南面有旧建筑物,相距12 m,东面为预留扩建场地,西面为厂区道路可通汽车,车间的平面位置见图8-44。

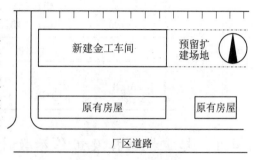

图8-44　金工车间平面布置图

车间的柱基平面图、立面剖图如图8-

45、图 8 - 46 所示。

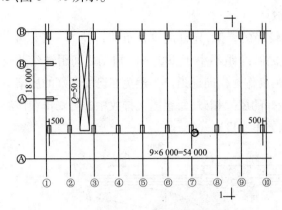

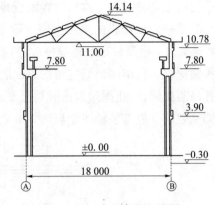

图 8 - 45　柱基布置图　　　　　　图 8 - 46　金工车间剖面图

表 8 - 7　某厂金工车间主要主承重结构一览表

项次	跨度	轴线	物件名称及编号	物件数量	物件重量	物件长度	安装标高
1		A、B	基础梁 YJL	18	1.43	5.97	
2		B ②~⑨ ①~② ⑨~⑩	连系梁 YLL_1 YLL_2 YLL_2	42 6 6	0.79 0.73	5.97 5.97	+3.90 +7.80 +10.78
3	A~B 跨	A 、B ②~⑨①、⑩ 1/A、2/A	柱 Z_1 Z_2 Z_3	16 4 2	6.04 6.04 5.4	12.25 12.25 14.14	- 1.25 - 1.25
4		A~B 跨	屋架 YWJ18 - 1	10	4.95	17.70	+11.00
5		A 、B ②~⑨ ①~② ⑨~⑩	吊车架 DCL_6 - 4Z CL6 - 4B CL6 - 4B	14 2 2	3.6 3.6 3.6	5.97 5.97 5.97	+7.80 +7.80
6			屋面板	108	1.30	5.97	+13.90
7		A 、B	天沟 TGB58 - 1	18	1.07	5.97	+11.60

8.4.1　起重机选择及工作参数计算

根据现有起重设备选择履带式起重机 W_1 - 100 进行结构吊装。对一些有代表性的构件进行起重工作参数 Q、R 计算。

8.4.1.1 柱

采用斜吊绑扎法吊装,选择 Z_1、Z_3 两种柱分别进行计算,如图 8-47 所示。

Z_1 柱起重量:$Q = Q_1 + Q_2 = 6.04 + 0.2 = 6.24(t)$

起升高度:$H = h_1 + h_2 + h_3 + h_4 = 0 + 0.3 + 8.55 + 2.00 = 10.85(m)$

Z_3 柱起重量:$Q = Q_1 + Q_2 = 5.4 + 0.2 = 5.6(t)$

起升高度:$H = h_1 + h_2 + h_3 + h_4 = 0 + 0.3 + 11.0 + 2.0 = 13.3(m)$

8.4.1.2 屋架

采用延跨中心进行吊装,参数计算见图 8-48。

起重量:$Q = Q_1 + Q_2 = 4.95 + 0.2 = 5.15(t)$

起升高度:$H = h_1 + h_2 + h_3 + h_4 = 11.3 + 0.3 + 1.14 + 6 = 18.74(m)$

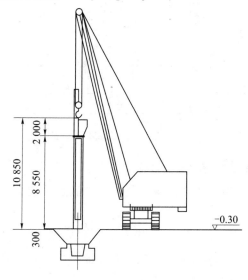

图 8-47 Z_1 柱起升高度计算简图

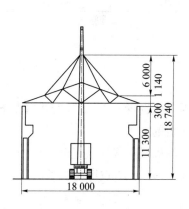

图 8-48 屋架起升高度计算简图

8.4.1.3 吊装屋面板

首先考虑吊装跨中屋面板。

起重量:$Q = Q_1 + Q_2 = 1.3 + 0.2 = 1.5(t)$

起升高度:$H = h_1 + h_2 + h_3 + h_4 = (11.30 + 2.64) + 0.3 + 0.24 + 2.50 = 16.98(m)$

起重机吊装跨中屋面板时,起重钩需跨过已吊装的屋架 3 m,且起重臂轴线与已安装好的屋架上弦中线最少需保持 1 m 的水平间隙,根据这个来计算起重机的最小起重臂长度和起重倾角,所需最小起重臂长度时的起重倾角按公式来计算

代入 $L = \dfrac{h}{\sin \alpha} + \dfrac{f+g}{\cos \alpha} = \dfrac{12.24}{0.8235} + \dfrac{4}{0.5672} = 14.86 + 7.05 = 21.95(m)$

结合 $W_1 - 100$ 型起重机的构造特点,采用 23 m 长的起重臂,并取起重倾角 $\alpha = 55°$,可得工作幅度为

$R = F + L - \cos \alpha = 1.3 + 23\cos 55° = 14.49(m)$

再对起重机起升高度进行验算,确定起重杆顶端至吊钩中心距离为 3.5 m。

$H = L \cdot \sin\alpha + E - d = 23 \times \sin 55° + 1.7 - 3.5 = 17.3\ m > 16.98\ m$

即 $d = 23 \cdot \sin 55° + 1.7 - 16.98 = 3.56\ m$ 满足要求(2 ~ 3.5 m)这说明选择起重臂长 $L = 23\ m$,起重倾角 $\alpha = 55°$,可以满足吊装跨中屋面板的需要,其吊装工作参数见图 8 – 49。

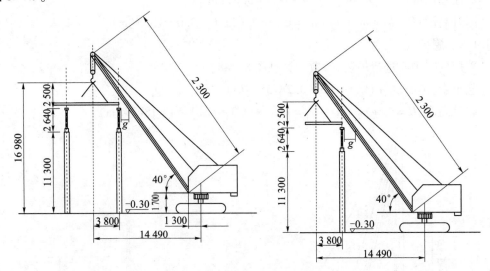

图 8 – 49 起重机最小杆长计算参数

再以所选定的 23 m 长起重臂及 $\alpha = 55°$ 倾角用作图法来复核能否满足吊装最边缘一块屋面板的要求。

作图以最边缘一块屋面板的中心 L 为之心,以 $R = 14.49\ m$ 为半径画弧,交起重机开行路线于 O_1 点,O_1 点即为起重机吊装边缘一块屋面板的停机位置。如图 8 – 50 所示。

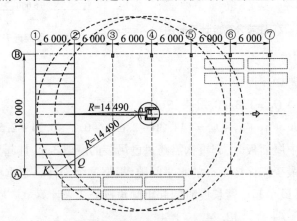

图 8 – 50 屋面板吊装参数计算简图及屋面板排放布置图

根据以上各种构件中吊装工作参数的计算,经综合考虑之后,确定选用 23 m 长度的起重臂的履带式起重机 $W_1 – 100$ 是可以完成结构吊装作业。见表 8 – 8。

表 8-8　某厂金工车间结构吊装工作参数表

构件名称	Z_1柱			Z_3柱			屋架			屋面板		
吊装工作参数	$Q_{(T)}$	$H_{(m)}$	$R_{(m)}$	$Q_{(T)}$	$H_{(m)}$	$R_{(m)}$	$Q_{(T)}$	$H_{(m)}$	$R_{(m)}$	$Q_{(T)}$	$H_{(m)}$	$R_{(m)}$
计算工作参数	6.2	10.85		5.6	13.3		5.15	18.74		1.5	16.94	
23 m 起重臂参数	6.2	19.0	7.8	5.6	19.0	8.5	5.15	19.0	9.0	2.3	17.3	14.49

8.4.2　现场预制构件平面布置

(1)构件采用分件吊装法,柱与屋架在现场预制,在场地平整及杯基础浇筑后即可进行吊装。由于吊装柱时最大工作幅度 $R = 7.8$ m,小于 $L/2 = 9$ m。故吊装柱时需在跨边开行,吊装屋面结构时则在跨中开行。

(2)根据现场情况车间南面距原有房屋有 12 m 空地,故 A 列柱可在此空地处预制,B 列柱至围墙只有 6 m 距离,所以 B 列柱在跨内预制,屋架则在跨内靠 A 轴线一侧预制。

(3)A 列柱预制位置在跨外进行,为节约模板,采用两柱叠浇预制,柱采用旋转法吊装,每一停机位置吊装两根柱,起重机应停在两柱之间,有相同的工作幅度 R,且要求 R 大于最小工作幅度 6.5 m(跨内预制适当缩小 R 场地狭窄),小于最大工作幅度 7.8 m,即起重机开行路线距基础中心线距离应小于 $\sqrt{(7.8)^2 - (3.0)^2} = 7.2$ m,但最小 $\sqrt{(6.5)^2 - (3.0)^2} = 5.78$ m 可取 5.9 m。这样便可定出起重机开行路线到 A 轴线距离为 5.5 m,5.9 − 0.4 = 5.5(0.4 为柱基础中心至 A 轴线距离)。

(4)B 列柱预制在跨内进行,A 列柱一样两根叠浇制作用旋转法吊装,并取起重机开行路线至 B 列柱基础中心为最小值 5.8 = 5.78 至 B 轴线则为 5.8 + 0.4 = 6.2 m。由此可定出起重机吊 B 列柱的停机位置及 B 列柱的预制位置。但吊 B 列柱时起重机开行路线到跨中只有 9 − 6.2 = 2.8 m(起重机回转中心到尾部的距离 3.3 m),为使不碰撞屋架,屋架预制位置应自跨中线后退 3.3 − 2.8 = 0.5 m,东侧为 1 m。

(5)Z_3柱较长且只有 2 根,为避免妨碍交通,故放在跨外预制。吊装前需先排放再排吊装。

(6)屋架预制位置采用以 3~4 榀为一叠先安排在跨内预制,在确定预制之前,应先定出各屋架排放的位置,据此来安排屋架预制的场地。

8.4.3　现场预制构件吊装起重机开行路线

根据现场预制构件平面布置,吊装时起重机开行路线及构件吊装次序如下(图 8-51):起重机自 A 轴线跨外进场,接 23 m 长起重臂,自①至⑩先吊装 A 列柱,然后沿 B 轴线自⑩至①吊装 B 列柱,再吊装两根柱风。然后自①至⑩吊装 A 列吊车梁、连系梁、柱间

支撑等,然后自⑩至①扶直屋架、屋架就位,吊装 B 列吊车梁、连系梁、柱间支撑及屋面板、卸车排放等,最后起重机自①至⑩吊装屋架、屋面支撑、天窗板和屋面板,退场。

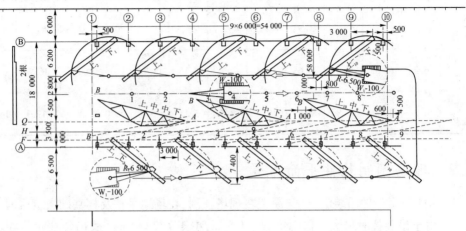

图 8-51　预制构件平面布置及起重机开行路线图

复习思考题

1. 什么叫装配式结构? 装配式结构安装的施工特点是什么?

2. 钢丝绳的种类与构造是什么? 钢丝绳的允许拉力如何确定?

3. 起重机械的种类有哪些? 起重机械主要参数包括哪些? 各主要参数间的相互关系是什么?

4. 桅杆式起重机的组成有哪些? 主要包括哪些类型? 独脚拔杆的固定方法有哪些? 有什么要求?

5. 塔式起重机主要包括哪些类型? 三个主要技术参数是什么? 何谓起重力矩?

6. 单层工业厂房构件安装工艺中,构件的检查与清理工作包括哪些内容? 何谓构件的弹线?

7. 柱子的安装施工工艺包括哪些内容? 绑扎柱子的方法有几种? 有什么要求?

8. 柱子的吊升方法根据何种情况而定? 有几种吊升方法? 各自的特点是什么?

9. 柱子的校正工作包括哪些内容? 柱子的最后固定施工方法是什么?

10. 吊车梁的吊装工艺是什么? 在什么阶段完成吊车梁的校正工作?

11. 屋架的安装特点及施工工艺是什么? 屋架扶直有几种? 正向扶直与反向扶直的不同点是什么?

第 9 章　钢结构工程

9.1　概　述

　　钢结构建筑具有自重轻、安装容易、施工周期短、抗震性能好、投资回收快、环境污染少、建筑造型美观等综合优势,被称为 21 世纪的绿色建筑工程。随着我国钢铁工业发展,国家建筑技术政策由以往限制使用转变为积极合理推广应用钢结构,从而推动了建筑钢结构快速发展。钢结构工程已经成为今后城市建筑和工业建筑的主要形式之一。

　　钢结构工程一般由专业厂家负责详图设计、构件加工制作,施工单位负责施工安装。钢结构施工应按照《钢结构施工规范》(GB 50755—2012)、《钢－混凝土组合结构施工规范》(GB 50901—2013)、《建筑钢结构焊接技术规程》(JGJ 81—2002)、《钢结构高强螺栓连接设计、施工及验收规程》(JGJ 82—91)、《钢结构工程施工工艺标准》及其他要求;施工质量必须符合《钢结构工程施工质量验收规范》(GB 50205—2001)及其他相关规范、规程的规定。

9.2　钢结构构件加工制作

9.2.1　准备工作

9.2.1.1　图纸审查
　　图纸审查目的是检查图纸设计深度能否满足施工要求,核对图纸上构件数量和安装尺寸,检查构件之间有无相互矛盾之处等;对图纸进行工艺审核,即审查在技术上是否合理,构造是否便于施工,图纸技术要求按施工单位的施工水平能否实现等。

9.2.1.2　备料
　　根据设计图纸计算各种材质、规格的材料净用量,根据不同类型构件,按一定损耗率(一般为实际所需量的 10%)提出材料预算计划。也可根据构件规格尺寸增加加工余量的方法,不考虑损耗,按构件表加余量直接供料。

9.2.1.3　工艺装备和机具准备
　　(1)根据设计图纸及国家标准制定成品技术要求。
　　(2)编制工艺流程,确定各工序公差要求和技术标准。
　　(3)根据用料要求和来料尺寸统筹安排、合理配料,确定拼装顺序和位置。
　　(4)根据工艺和图纸要求,准备工艺装备(胎、夹、模具等)。

9.2.2 零件加工

9.2.2.1 放样

放样是把零(构)件加工边线、坡口尺寸、孔径和弯折、滚圆半径等以1:1的比例准确地放制到样板和样杆上,并注明图号、零件号、数量等。样板和样杆是下料、制弯、铣边、制孔等加工的依据。在制作样板和样杆时,应考虑零件的加工余量、焊接收缩量等因素。

9.2.2.2 画线

画线亦称号料,即根据放样提供的材料、尺寸、数量,在钢材上画出切割、铣、刨边、弯曲、钻孔等加工位置,并标出零件工艺编号。画线时,要使材料得到充分利用,降低损耗率。因此,应按照先下大料、后下小料的原则进行。

9.2.2.3 切割下料

钢材切割下料方法有气割、机械剪切和锯切等。

(1)气割(又称氧气切割) 氧气切割是以氧气和燃料(常用乙炔气、丙烷气和液化气等)燃烧时产生的高温熔化钢材,并以氧气压力进行吹扫,形成割缝,使金属按要求尺寸和形状被切割成零件。另外,气割所使用的氧气纯度对氧气消耗量、气割速度和质量起决定性影响。熔点高于火焰温度或难于氧化的材料(如不锈钢),则不宜采用气割。

目前常采用的是多头气割、仿型气割、数控气割、光电跟踪气割等自动切割技术。

(2)机械切割

1)带锯、圆盘锯切割 带锯切割适用于型钢、扁钢、圆钢、方钢,具有效率高、切割端面质量好等优点。圆盘锯锯盘有带有齿和无齿等。适用于不同的材料切割。

2)砂轮锯切割 砂轮锯适用于薄壁型钢切割。切口光滑,毛刺较薄,容易清除。当材料厚度较薄(1~3 mm)时切割效率很高。当材料厚度大于4 mm时,效率降低,砂轮片损耗大,经济上不合理。

3)无齿锯切割 无齿锯锯片在高速旋转中与钢材接触,产生高温把钢材熔化形成切口,其生产效率高,切割边缘整齐且毛刺易清除,但切割时噪声大。由于靠摩擦产生高温切断钢材,所以在断口区(1.5~2.0 mm)会产生淬硬倾向。

4)冲剪切割下料 用剪切机和冲切机是最方便的切割方法,可对钢板、型钢切割下料。当钢板较厚时,冲剪困难,切割钢材不容易保证平直,故应改用气割下料。

9.2.2.4 矫正和成型

钢材由于运输和对接焊接等原因产生翘曲时,在画线切割前需矫正平直。矫平可采用冷矫和热矫的方法,又可分为人工矫正和机械矫正。

(1)冷矫 冷矫是在常温下,利用机械(或人工)的外力作用矫正钢材。一般采用辊式型钢矫正机和机械顶直矫正机矫正。

(2)热矫 热矫是利用局部火焰加热方法矫正。当钢材型号超过矫正机负荷能力或不适于采用机械校正时采用热矫。其原理:钢材加热时以$1.2 \times 10^{-5}/℃$的线膨胀率向各个方向伸长。由于周围的限制,受热处受到压缩,当冷却时就会比原来长度有所减少,故收缩后的长度比未受热前有所缩短。因此利用这种特性达到对钢材或钢构件进行外形矫正的目的。

当零件采用热加工成型时,加热温度一般材料应控制在900~1 000 ℃;碳素结构钢和低合金结构钢在温度下降到700~800 ℃应结束加工;低合金结构钢应自然冷却。

碳素结构钢在环境温度低于−16 ℃、低合金结构钢在环境温度低于−12 ℃时,不应进行冷矫正和冷弯曲。碳素结构钢和低合金结构钢在加热矫正时,加热温度不应超过900 ℃,低合金结构钢在加热矫正后应自然冷却。

9.2.2.5 边缘加工

钢材经剪切后,在离剪切边缘2~3 mm范围内产生严重的冷作硬化,这部分钢材脆性增大,所以钢材厚度较大的重要结构,硬化部分应刨削除掉。有些构件如支座支承面、焊缝坡口和尺寸要求严格的加劲板、隔板、腹板、有孔眼节点板等,也需要边缘加工。为消除切割造成的冷作硬化和热影响,使加工边缘达到设计要求,一般边缘加工最小刨削量不应小于2.0 mm。边缘加工分刨边、铣边和铲边三种。

刨边是用刨边机切削钢材边缘,加工质量高,但工效低,成本高。

铣边是用铣边机滚铣切削钢材边缘,工效高,能耗少,操作维修方便,加工质量高,尽可能用铣边代替刨边。

铲边分手工铲边和风镐铲边两种,对加工质量不高,工作量不大的边缘加工可以采用。

9.2.2.6 滚圆和煨弯

滚圆是用滚圆机把钢板或型钢加工成设计要求的曲线状或卷成螺旋管。

煨弯是钢材热加工的方式之一,即把钢材加热到900~1 000 ℃(黄赤色),立即进行弯曲成型,在700~800 ℃(樱红色)前结束。采用热煨时一定要掌握好钢材的加热温度。加工后要求表面不应有裂纹、褶皱。

9.2.2.7 零件制孔

零件制孔方法有冲孔、钻孔两种。

冲孔一般在冲床上进行,冲孔只能冲较薄的钢板,孔径一般大于钢材厚度。冲孔生产效率较高,但质量较差,冲孔周围会产生冷作硬化,只有在不重要的部位才能使用。

钻孔在钻床上进行,可钻任何厚度钢材,成孔质量好。对于重要结构节点,先预钻小一级孔眼,在装配完成调整好尺寸后,扩成设计孔径。铆钉孔、精制螺栓多采用这种方法。一次钻成设计孔径时,为了提高孔眼位置精度,一般均先制成钻模,以控制孔眼的相对位置;钻模贴在工件上调好位置,在钻模内钻孔。为提高钻孔效率,也可把零件叠起一次钻几块钢板,或用多头钻进行钻孔。

9.2.3 构件组装

组装亦称装配、组拼,是把零件按照施工图要求拼装成单个构件。构件组装大小应根据运输道路、现场条件、运输和安装机械设备能力与结构受力允许条件等确定。

9.2.3.1 一般要求

(1)钢构件组装应在测平的平台上进行。用于装配的组装架及胎模要牢固固定在平台上。

(2)组装前要编制组装顺序表,组装应严格按照顺序进行。

（3）组装时要根据零件加工编号，严格核对材质、外形尺寸。毛刺飞边要清除干净，对称零件要注意方向，避免错装。

（4）对于尺寸较大、形状较复杂构件应先组装成若干简单组件，再拼成整个构件，并注意先组装内部组件，再组装外部组件。

（5）组装的构件或结构单元应按图纸规定对构件进行编号，并标注构件重量、重心位置、定位中心线、标高基准线等。构件编号位置要在明显处，大构件要在三个面上编号。

9.2.3.2　焊接连接构件组装

（1）在平台上画出构件位置线，焊组装架及胎模夹具，用于夹紧调整零件的工具。

（2）构件主要零件位置调整、检查后，把全部零件组装上并进行点焊定形。在零件定位前要留出焊缝收缩量及变形量。高层钢结构柱两端需增加焊接收缩量和荷载压缩变形量，并留出构件端头和支承点铣平的加工余量。

（3）为减少焊接变形应选择合理的焊接顺序，如对称法、分段逆向焊接法、跳焊法等。在保证焊缝质量前提下，采用适当电流快速施焊，以减小热影响区和温度差，减小焊接变形和焊接应力。

9.2.4　构件成品表面处理

9.2.4.1　高强度螺栓摩擦面处理

采用高强度螺栓连接时，构件摩擦面处理后的抗滑移系数必须符合设计要求。处理后摩擦面应平整、无焊接飞溅、无毛刺、无油污，并采取保护措施，防止沾染脏物和油污，防止损伤摩擦面。严禁在摩擦面处作任何标记。摩擦面处理方法一般有喷砂、酸洗、砂轮打磨等几种，其中喷砂处理过的摩擦面抗滑移系数值较高，离散率较小。

9.2.4.2　构件成品防腐涂装

构件验收合格后应进行防腐涂料涂装，但构件焊缝连接处、高强度螺栓摩擦面处不能作防腐涂装，应在现场安装完后，再补刷防腐涂料。

构件成品防腐涂装施工，见本章9.7有关内容。

9.2.5　构件成品验收

钢结构构件制作完成后，应根据《钢结构工程施工质量验收规范》（GB 50205—2001）及其他相关规范、规程规定进行成品验收。钢结构构件质量验收，可按相应的钢结构制作工程或钢结构安装工程检验批划分原则进行。

9.3　钢结构连接施工

钢结构连接是钢结构设计和施工的重要环节，采用一定方式将各构件连成整体。构件间应保持正确的相互位置，满足传力和使用要求以及静力强度和抗疲劳强度。合格的连接应符合安全可靠、节省钢材、构造简单和施工方便的原则。

钢结构连接方法有焊接、铆接、普通螺栓（A级、B级和C级）连接和高强螺栓连接等，目前应用最多的是焊接和高强螺栓连接。

9.3.1 焊接施工

9.3.1.1 焊接连接方法选择

焊接是钢结构最主要的连接方法之一。在钢结构制作和安装中,电弧焊使用最为广泛。电弧焊又以药皮焊条手工焊、自动埋弧焊、半自动与自动 CO_2 气体保护焊为主。在一些特殊场合,则必须使用电渣焊。焊接类型、特点和适用范围见表 9 – 1。

表 9 – 1 钢结构焊接方法选择

焊接的类型		特点	适用范围
电弧焊	手工焊 交流焊机	利用焊条与焊件之间产生的电弧热焊接,设备简单,操作灵活,可进行各种位置的焊接,是建筑工地应用最广泛的焊接方法	焊接普通钢结构
	手工焊 直流焊机	焊接技术与交流焊机相同,成本比交流焊机高,但焊接时电弧稳定	焊接要求较高的钢结构
	埋弧自动焊	利用埋在焊剂层下的电弧热焊接,效率高,质量好,操作技术要求低,劳动条件好,是大型构件制作中应用最广的高效焊接方法	焊接长度较大的对接、贴角焊缝,一般是有规律的直焊缝
	半自动焊	与埋弧自动焊基本相同,操作灵活,但使用不够方便	焊接较短的或弯曲的对接、贴角焊缝
	CO_2 气体保护焊	用 CO_2 或惰性气体保护的实芯焊丝或药芯焊接,设备简单,操作简便,焊接效率高,质量好	用于构件长焊缝的自动焊
电渣焊		利用电流通过液态熔渣所产生的电阻热焊接,能焊大厚度焊缝	用于箱型梁及柱隔板与面板全焊透连接

9.3.1.2 焊接工艺总体要求

(1)焊接工艺设计 确定焊接方式、焊接参数及焊条、焊丝、焊剂规格型号等。

(2)焊条烘烤 焊条和粉芯焊丝使用前必须进行烘焙。酸性焊条烘焙温度为75~150 ℃,时间为1~2 h。碱性低氢型焊条烘焙温度为350~400 ℃,时间为1~2 h,烘干焊条应放在100~150 ℃保温筒(箱)内随用随取。低氢型焊条一般在常温下超过4 h应重新烘焙,重复烘焙次数不宜超过3次。

(3)定位点焊 焊接结构在拼接、组装时要确定零件的准确位置,所以先进行定位点焊。定位点焊的长度、厚度应由计算确定。电流要比正式焊接提高10%~15%,定位点焊位置应尽量避开构件端部、边角等应力集中的地方。

(4)焊前预热 预热可降低热影响区冷却速度,防止焊接延迟裂纹产生。预热温度根据不同钢材型号和厚度确定。同时也要参照焊接的热输入、环境温度以及接头形式进行适当调整。预热区在焊缝两侧,每侧宽度均应大于焊件厚度的1.5倍以上,且不应小于

100 mm。

（5）焊接顺序确定　一般从焊件中心开始向四周扩展；先焊收缩量大的焊缝，后焊收缩量小的焊缝；尽量对称施焊；焊缝相交时，先焊纵向焊缝，待冷却至常温后，再焊横向焊缝；钢板较厚时分层施焊。

（6）焊后热处理　焊后热处理主要是对焊缝进行消氢处理，防止冷裂纹产生。焊后热处理应在焊后立即进行。消氢处理加热温度应为 200～250 ℃，保温时间应根据板厚按每 25 mm 板厚不小于 0.5 h 且总保温时间不得小于 1 h。达到保温时间后应缓冷至常温。预热及后热均可采用散发式火焰枪进行。

9.3.1.3　钢结构焊接施工工艺

钢结构焊接施工工艺主要有药皮焊条手工电弧焊、埋弧焊（SAW）、CO_2 气体保护焊和电渣焊（ESW）。本书教材主要介绍药皮焊条手工电弧焊和埋弧焊以及气体保护焊的焊接原理，而电渣焊（ESW）一般用于工业化专业构件加工厂。

（1）药皮焊条手工电弧焊施工工艺

1）药皮焊条手工电弧焊原理　在涂有药皮的金属电极与焊件之间施加一定电压时，由于电极强烈放电，而使气体电离产生焊接电弧。电弧高温使焊条和焊件局部熔化，形成气体、熔渣和熔池，气体和熔渣对熔池起保护作用。同时，熔渣与熔池金属起冶金反应后凝固成为焊渣，熔池凝固后成为焊缝，固态焊渣则覆盖于焊缝金属表面。药皮焊条手工电弧焊依靠人工移动焊条实现电弧移动完成连续的焊接。

2）手工电弧焊接电源　药皮焊条手工电弧焊电源按电流可分为交流、直流两种，以及交直流两用的特殊形式。交流弧焊机又可分为动铁式、动圈式和抽头式。直流弧焊机整流电源主要有硅整流式和逆变整流式。

手工电弧焊电源按其使用方式分类有单站式和多站式。单站式为一机供一个操作岗位使用。多站式为一机供多个操作岗位使用。但无论是交流还是直流多站焊机，各操作岗位均需有单独的电抗器或变阻器以供调节焊接电流。由于多站焊机电能损耗很大，运行不很稳定，尽管有节约一次投资等优点，也未得到广泛应用。

3）焊条　涂有药皮供手工弧焊使用的熔化电极称为焊条。焊条由药皮和焊芯两部分组成。

①焊芯　焊条中被药皮包覆的金属芯称为焊芯。焊芯作用是传导焊接电流产生电弧，同时焊芯熔化后形成焊缝填充金属。目前各种焊条多以低碳钢低合金结构钢作焊芯。焊条直径和长度是有一定要求的，见表 9-2。

焊条直径是指焊芯直径，不包括药皮的厚度。由表 9-2 可看出，焊芯直径大，焊芯长度就长，是因为电流通过焊芯产生电阻热与焊芯直径成反比，焊芯直径粗，电阻小，药皮就不会因焊芯发红而开裂脱落，故适当增加焊芯长度。然而不能过大地增加焊芯直径，因为焊芯直径增大需采用大电流焊接，将使焊钳过热，影响操作。同一直径焊条，不锈钢焊芯长度比结构焊芯短些。这是因为不锈钢的电阻率是结构钢的 5 倍，如通过相同电流，则不锈钢上产生的电阻热比结构钢焊芯大得多。这将导致焊条发红，药皮开裂脱落。所以只能限制不锈钢焊芯长度。

②药皮　涂敷在焊芯表面的涂料层称为焊条药皮。药皮焊条的重要组成部分，决定

焊条质量和焊接质量。通常焊条药皮由矿石、铁合金或纯金属、化工物料和有机物粉末混合均匀后粘在焊芯上。目前以钛钙型和低氢钠型两种类型药皮的焊条最多。

表 9 - 2　结构钢、不锈钢焊条直径和长度

焊芯直径/mm	结构钢焊条长度/mm	不锈钢焊条长度/mm
1.6	200,250	200 ~ 240
2.0	250,300	
2.5	250,300	220 ~ 240 或 290 ~ 310
3.2	350,400	300 ~ 320 或 340 ~ 360
4.0	350,400	340 ~ 360 或 380 ~ 400
5.0	400,450	
6.0	400,450	
8.0	500,650	

a. 钛钙型　药皮中含 30% 以上氧化钛和 20% 以下钙或镁的碳酸盐矿物。熔渣流动性好,脱渣容易,电弧稳定,熔深适中,飞溅少,焊波整齐,适用于全位置焊接,焊接电源为交流或直流正、反接。

b. 低氢钠型　药皮成分主要是碳酸盐矿物和萤石,碱度较高,熔渣流动性好。焊接工艺性能一般,焊皮较粗,角焊缝略突出,熔深适中,脱渣性较好。焊接时焊条干燥,并采用短弧焊,可全位置焊接。焊接电流为直流反接。熔敷金属具有良好的抗裂性和力学性能。

在焊接过程中焊条药皮主要作用有保护作用、冶金作用和改善焊接工艺性能。

a. 保护作用　焊接过程中药皮受热而分解出气体,形成熔渣,起到气体保护或熔渣保护作用,使熔滴和熔池金属免受有害气体,如大气中氧气和氮气的影响。

b. 冶金作用　药皮同焊芯配合,通过冶金反应实现脱氧,去氢,去除硫、磷等杂质或渗入需要的合金元素。

c. 改善焊接工艺性能　通过焊条药皮不同配方设计,提高焊条焊接工艺性能,如稳定电弧、减少飞溅、改善脱渣和焊缝成形及提高熔敷效率等。

4) 焊接材料选用原则　应根据母材化学成分、力学性能、焊接性能结合工件结构特点和工作条件综合考虑选用焊接材料,必要时通过试验确定。

① 等强度原则　是指选用焊条熔敷金属的抗拉强度与被焊母材金属抗拉强度相等或相近。这是焊接结构钢常用的基本原则。

② 等韧性原则　是指所选用焊条熔敷金属的韧性与焊母材金属韧性相等或相近。当焊接结构破坏可能出现韧性不足导致脆断时,就要选用熔敷金属强度略低于母材金属而韧性相近的焊条。这项原则常用于高强度钢焊接。

③ 等成分原则　是指选用焊条熔敷金属的化学成分符合或接近母材金属。

④ 等工作条件原则　即构件工作环境和条件近似。主要包括以下方面:

a. 使用条件　是指工件承受静载荷、动载荷、冲击载荷的情况。要求焊缝应保证足够

的强度。当有冲击载荷时,焊缝应有较高的冲击韧性。

b.腐蚀条件　是指对构件的腐蚀情况。

c.磨损条件　是指根据磨损性质,如金属间磨损、冲击磨损、磨粒磨损等选用相应的焊条。

d.工作温度　是指构件使用的外界温度。

e.结构形状　是指工件形状复杂,板材厚度大,刚性大,焊接过程中由于冷却速度快,易产生裂纹等情况。

5)焊接工艺参数　焊接工艺参数主要包括电源极性、弧长与焊接电压、焊接电流、焊接速度、运条方式和焊接层次等。

①电源极性　采用交流电源时,焊条与工件的极性随电源频率而变换,电弧稳定性较差,碱性低氢型焊条药皮中提高低电离势物质作为稳弧剂才能稳定施焊。采用直流电源时,工件接正极称为正极性(或正接),工件接负极称为反极性(或反接),一般药皮焊条直流反接可以获得稳定的焊接电弧,焊接时飞溅较小。

②弧长与焊接电压　焊接时焊条与工件的距离变化会引起焊接电压改变。弧长增大时,电压升高,使焊缝宽度增大,熔深减小。弧长减小则效果相反。一般低氢型焊条要求短弧,低电压操作才能得到预期焊缝要求。

③焊接电流　焊接电流对电弧稳定和焊缝成形有密切影响,焊接电流大则焊缝熔深大,易得到凸起的表面堆高,反之则熔深浅。电流太小时不易起弧,焊接时电弧不稳定,易熄弧。电流太大时则飞溅很大。焊接电流选择还应与焊条直径相配合,直径大小会影响电流密度。一般按焊条直径的4倍值选择焊接电流,但立、仰焊位置时宜减少20%。焊条药皮类型对选择焊接电流也有影响,因为不同药皮导电性不同,焊条药皮导电性强,应使用电流较大。

④焊接速度　焊接速度太小时,母材易过热变脆。此外熔池凝固太慢也使焊缝成形过宽;焊接速度太大时熔池长、焊缝很窄,熔池冷却太快也会造成夹渣、气孔、裂纹等缺陷,一般焊接速度选择应与电流相配合。

⑤运条方式　手工电弧焊的运条方式有直线形式及横向摆动式;横向摆动式还分螺旋形、月牙形、锯齿形、八字形等,以控制焊道宽度。要求焊缝晶粒细密、冲击韧性较高时,宜采用多道、多层焊接。

⑥焊接层次　根据板厚和焊道厚度、宽度安排焊接层次以完成整个焊缝。多层焊时由于后焊焊道对先焊焊道(层)有回火作用,可改善接头组织和力学性能。

6)焊缝缺陷产生原因及防止措施　焊缝易产生的缺陷种类:气孔、夹渣、咬边、熔宽过大、未焊透、焊瘤、表面成形不良如凸起太高、波纹粗等。详见表9-3。

(2)埋弧焊

1)埋弧焊(SAW)原理　埋弧焊与药皮焊条电弧焊同样是利用电弧热作为熔化金属热源,但不同的是焊丝外表没有药皮,熔渣是由覆盖在焊接区的焊剂形成的。当焊丝与母材之间施加电压并接触引燃电弧后,电弧热将焊丝端部及电弧区周围的焊剂及母材熔化,形成金属熔滴、熔池及熔渣。金属熔池受到浮在表面的熔渣和焊剂蒸汽的保护,而不与空气接触,避免有害气体侵入。随着焊丝向焊接坡口前方移动,熔池冷却凝固后形成焊缝,

熔渣冷却后形成渣壳。与药皮焊条电弧焊一样,熔渣与熔化金属发生冶金反应,影响并改善焊缝的化学成分和力学性能。

表 9-3　缺陷产生的原因和防止措施

缺陷类别	原因	改进、防止措施
气孔	焊条未烘干或烘干温度、时间不足;焊口潮湿、有锈、油污等;弧长太大,电压过高	按焊条使用说明的要求烘干*;用钢丝刷和布清理干净,必要时用火焰烤;减少弧长
夹渣	电流太小,熔池温度不够,渣不易浮出	加大电流
咬边	电流太大	减少电流
熔宽太大	电压过高	减小电压
未熔透	电流太小	加大电流
焊瘤	电流太小	加大电流
焊缝表面凸起太大	电流太大,焊速太慢	加快焊速
表面波纹粗	焊速太快	减慢焊速

注:①酸性焊条(钛型、钛钙型、氧化铁型药皮)一般烘干温度为 100 ~ 120 ℃,保温时间为 30 ~ 60 min;

②碱性焊条(低氢型药皮)一般烘干温度为 300 ~ 400 ℃,保温时间为 60 ~ 120 min。如加热温度取高值,则保温时间可取低值

2)埋弧焊特点

①焊接电弧受焊剂包围,熔渣覆盖焊缝金属起隔热作用,所以热效率较高,再加上使用粗焊丝,大电流密度,因而熔深大,减少了坡口尺寸及填充金属量。因而埋弧焊成为大型构件制作中应用最广的高效焊接方法。

②埋弧焊的热输入大,冷却速度慢,熔池存在时间长,使冶金反应充分,各种有害气体能及时从熔池中逸出,避免气孔产生,也减少了冷裂纹敏感性。

③埋弧焊不见弧光及飞溅,操作条件好。

④埋弧焊焊剂保护方式使焊接位置一般限于平焊。其他焊位则难以施焊。

⑤埋弧焊一般要求坡口加工精度稍高,或需加导向装置,使焊丝与坡口对准,避免焊偏。

⑥埋弧焊由于需要不断输送焊剂到电弧区,因而多应用于自动焊。

3)埋弧焊设备　自动埋弧焊设备由交流或直流焊接电源、焊接小车、制盒和电缆等附件组成。

4)埋弧焊用焊剂　焊剂按其制作方法、化学成分或酸碱分类。

①按制作方法分类　分为熔炼焊剂、烧结焊剂和陶质焊剂。熔炼焊剂制作是用矿物原料经高温熔炼后水淬、碎而成的。烧结焊剂制作是将各种矿物粉料混合后制造成颗粒,再经高温(700 ~ 900 ℃)烧结粉碎而成。陶质焊剂与烧结焊剂相同,仅经 400 ~ 500 ℃烘干。

②按化学成分分类　以焊剂中的 SiO_2、MnO 和 CaF_2 含量分类。详见表 9-4。

③按焊剂的碱度(BI)分类　分为碱性、酸性和中性焊剂。

5）埋弧焊用焊丝　结构钢埋弧焊用焊丝有碳锰钢、锰硅钢、锰钼钢和锰钒钢。

6）埋弧焊焊剂和焊丝的组合　焊剂和焊丝选配原则：根据《钢制压力容器焊接工艺评定》（JB 4708—2000）的规定，焊丝和焊剂不同组合可获得不同成分或性能的熔敷金属。焊剂和焊丝是焊接工艺的重要因素，即影响焊接接头抗拉强度和弯曲性能的因素。当焊剂和焊丝改变时，焊接工艺须进行重新评定。

表 9-4　按主要成分含量的焊剂分类

按 SiO_2 含量		按 MnO 含量		按 CaF_2 含量	
焊剂类型	含量/%	焊剂类型	含量/%	焊剂类型	含量/%
高硅	>30	高锰	>30	高氟	>30
中硅	10~30	中锰	15~30	中氟	10~30
低硅	<10	低锰	2~15	低氟	<10
		无锰	<2		

7）埋弧焊焊接工艺参数　影响埋弧焊焊缝成形和质量因素有焊接电流、焊接电压、焊接速度、焊丝直径、焊丝倾斜角度、焊丝数目及排列方式、焊剂粒度和堆放高度。前面五项影响因素与其他电弧焊接方法相似，仅影响程度不同。最后三项因素影响是埋弧焊所特有的。需要进一步说明的有如下几个。

①焊丝数目　双焊丝并列焊接时，可增加熔宽并提高生产率。双焊丝并列焊接分双焊丝共熔池和不共熔池两种形式，前者可提高生产率、调节焊缝成形系数，后者除了可提高生产率以外，前丝电弧形成的温度场还能对后丝的焊缝起预热作用，后丝电弧则对前焊缝起后热作用，降低了熔池冷却速度，可改善焊缝的组织性能，减小冷裂纹倾向。

②焊剂粒度　根据电流值选择焊剂粒度。电流大时，应选用细粒度焊剂，否则焊缝外形不良。电流小时，应选用粗粒度焊剂，否则透气性不好，焊缝表面易出现麻坑。

③焊剂堆放高度　一般为 25~50 mm。高度太小时，对电弧保护不完全，影响焊接质量。堆放高度太大时，透气性不好，易使焊缝产生气孔和表面成形不良。

④焊丝直径　由于细焊丝比粗焊丝的电阻热大，因而熔化系数大，在同样焊接电流时，细焊丝比粗焊丝焊接速度及生产率高。同时可利用焊丝的电阻热而节约电能。

⑤焊剂回收　反复使用时，要清除飞溅颗粒、渣壳、杂物等，反复使用次数过多时，应与新焊剂混合使用，否则影响焊缝质量。

8）埋弧焊焊缝缺陷产生原因及防止措施　埋弧焊缝常见缺陷种类及防止措施，除了与手工电弧焊情况相似以外，还有一些不同情况，具体缺陷产生原因及防止措施见表 9-5。

（3）气体保护焊

1）气体保护焊　气体保护焊包括钨极氩弧焊（TIG）和熔化极气体保护焊。

钨极氩弧焊是利用纯钨或活化钨（钍钨、铈钨等）作为电极（不熔化极），在惰性气体保护下，电极与焊件间产生的电弧热熔化母材和填充金属的一种焊接方法。

熔化极气体保护焊（GMAW）是采用可熔化焊丝（熔化电极）与焊件之间的电弧热来

熔化焊丝与母材金属,并向焊接区输送保护气体,使电弧、熔化的焊丝、熔池及附近的母材金属免受空气的有害作用。

根据保护气体的不同,熔化极气体保护电弧焊可分多种,广泛用于碳钢、低合金钢、不锈钢、铝合金、铜合金、镁合金、钛及钛合金、镍及镍合金等几乎所有金属的焊接。目前应用较多的是 CO_2 气体保护电弧焊。

表 9 - 5　埋弧焊的焊接缺陷原因及防止措施

缺陷类别	产生原因	改进、防止措施
气孔	接头的锈、氧化皮、有机物(油脂、木屑)	接头打磨、火焰烧烤、清理
	焊剂吸湿	约 300 ℃烘干
	污染的焊剂(混入刷子毛)	收集焊剂不要用毛刷,只用钢丝刷,特别是焊接区尚热时本措施更重要
	焊速过大(角焊缝超过 650 mm/min)	降低焊接速度
	焊剂堆高不够	升高焊接漏斗
	焊剂堆高过大,气体逸出不充分	降低焊剂漏斗,全自动时适当高度为 30 ~ 40 mm
	钢丝有锈、油	清洁或更换焊丝
	极性不适当	焊丝接正极性
焊缝裂纹	焊丝焊剂的组配对母材不适合(母材含碳量过高,焊缝金属含锰量过低)	使用含锰量高的焊丝,母材含碳量高时预热
	焊丝的含碳量和含硫量过高	更换焊丝
	多层焊接时第一层产生的焊缝不足以承受收缩变形引起的拉应力	增大打底焊道厚度
	角焊缝焊接时,特别是在沸腾钢中由于熔深大和偏析产生裂纹	减少电流和焊接速度
	焊道形状不当,熔深过大,熔宽过窄	使熔深和熔宽之比大于 1.2,减少焊接电流增大电压
夹渣	母材倾斜形成下坡焊、焊渣流到焊丝前	反向焊接,尽可能将母材水平放置
	多层焊接时焊丝和坡口某一侧面过近	坡口侧面和焊丝的距离至少要等于焊丝的直径
	电流过小,层间残留有夹渣	提高电流,以便残留焊剂熔化
	焊接速度过低渣流到焊丝之前	增加电流和焊接速度
	最终层的电弧电压过高,焊剂被卷进焊道的一端	必要时用熔宽窄的二道焊代替熔宽大的一道焊熔敷最终层

2）CO₂气体保护电弧焊原理　CO₂气体保护焊是用喷枪喷出 CO_2 气体作为电弧焊的保护介质，使熔化金属与空气隔绝，以保持焊接过程的稳定。由于焊接时没有焊剂产生熔渣，故便于观察焊缝成型过程，但操作时需在室内避风处，在工地操作则需搭设防风棚。

3）CO₂气体保护焊分类　用于钢结构焊接的 CO_2 气体保护焊分类如下：

①按焊丝分类，有实芯焊丝 CO_2 气体保护焊（GMAW）和无药芯焊丝 CO_2 气体保护焊（FCAW）。

②按保护气体性质分类，有纯 CO_2 气体保护焊和 $Ar + CO_2$ 混合气体保护焊。

4）气体保护焊特点

①因可用机械连续送丝方式不仅适合于构件长焊缝的自动焊，还因不用焊剂而使设备较简单，操作较简便，也适用于半自动焊接短焊缝。

②因使用细焊丝、大电流密度，以及有 CO_2 保护气体冷却、压缩作用，而使电弧能量集中，焊缝熔深比手工电弧焊大，焊接效率高，一般是手工电弧焊的 3~4 倍。

③因焊道窄，母材加热较集中，热影响区较小，相应的变形及残余力较小。

④因明弧作业，工件坡口形状可见，便于电弧对准待焊部位。

⑤用实芯焊丝时基本无熔渣，用药芯焊丝时熔渣很薄，易于清除，与手工电弧焊和埋弧焊比较，减少了焊工大量辅助操作时间和体力消耗。

9.3.2　高强度螺栓连接施工

高强度螺栓连接是目前与焊接并举的钢结构主要连接方法之一。特点是施工方便，可拆可换，传力均匀，接头刚性好，承载能力大，疲劳强度高，螺母不易松动，结构安全可靠。高强度螺栓从外形上可分为大六角头高强度螺栓（即扭矩型高强度螺栓）和扭剪型高强度螺栓两种。高强度螺栓和与之配套的螺母、垫圈总称为高强度螺栓连接副。大六角头高强度螺栓连接副由一个大六角头螺栓、一个螺母和两个垫圈组成，见图9－1；扭剪型高强度螺栓连接副由一个螺栓、一个螺母和一个垫圈组成，见图9－2。

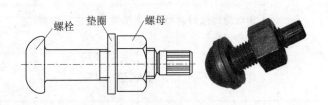
螺栓　垫圈　螺母

图9－1　大六角头高强度螺栓
连接副（即扭矩型高强度螺栓）　　　　　图9－2　扭剪型高强度螺栓连接副

9.3.2.1　一般要求

（1）高强度螺栓连接副应按批配套供货，并必须有质量保证书。使用前进行项性能检验。运输中应防止损坏。当发现包装破损、螺栓有污染时，应用煤油清洗，并按验收规程进行复验，经复验扭矩系数合格后方能使用。

（2）工地储存应放在干燥、通风、防雨、防潮的仓库内，并不得沾染脏物。堆放不宜过高。安装前严禁任意开箱。

（3）安装时，按当天需用量领取，当天没有用完的螺栓，必须装回容器内，妥善保管，不得乱扔、乱放。在安装过程中，不得碰伤螺纹及沾染脏物，以防扭矩系数发生变化。

（4）高强度螺栓连接处摩擦面安装前应用细钢丝刷除去浮锈。

（5）不得用高强度螺栓兼作临时螺栓，以防损伤螺纹引起扭矩系数变化。

（6）安装高强度螺栓时，严禁强行穿入螺栓（如用锤敲打）。如不能自由穿入时，可用铰刀进行修整，严禁气割扩孔。

（7）接头摩擦面上不允许有毛刺、铁屑、油污、焊接飞溅物。摩擦面应干燥，无结露、积霜、积雪，并不得在雨天进行安装。

（8）使用的定扭矩扳子每天上班前应对定扭矩扳子进行校核，合格后方能使用。

9.3.2.2 摩擦面加工

摩擦面处理一般有喷砂、喷丸、酸洗、砂轮打磨和钢丝刷清除等几种方法。抛丸、喷砂处理的摩擦面抗滑移系数值较高，且离散率较小，故为最佳处理方法。

（1）喷砂（丸）　选用干燥石英砂，粒径为 1.5 ~ 4.0 mm，风压 0.4 ~ 0.6 N/mm^2，喷嘴直径 10 mm，喷嘴距离钢材表面 100 ~ 150 mm 进行喷射。加工处理后钢材表面呈现灰白色为最佳。但由于喷砂对空气的污染严重，在城区不允许使用。目前推广采用的磨料是钢丸。

（2）酸洗　先用 70 ~ 80 ℃ 18% 硫酸，内加少量硫脲，浸泡 30 ~ 40 min；再在 60 ℃ 左右石灰水中停留 1 ~ 2 min 中和，最后用 60 ℃ 左右水浸泡 1 ~ 2 min 和冲洗 2 ~ 3 次，用 pH 试纸检验中和清洗程度。酸洗处理残存的酸性液体会不可避免地存在，将继续腐蚀摩擦面。因此，不提倡使用此种处理方法，应优先采用其他处理方法。

（3）砂轮打磨　用手提式电动砂轮进行打磨，打磨范围不应小于螺栓孔径的 4 倍，打磨方向应与构件受力方向垂直。砂轮打磨时，注意不应在钢材表面磨出明显的凹坑。砂轮打磨适用于条件受到限制时局部摩擦面处理，其抗滑移系数基本上能满足要求，但要慎重操作。

（4）钢丝刷清除　利用钢丝刷清除浮锈或未经处理的干净轧制表面，仅适用于全面地覆盖着氧化膜钢板或有轻微浮锈的钢材表面和抗滑移系数较低的连接面。喷砂后生赤锈的处理此方法效果良好，但要遵守有关施工规程，严格掌握赤锈程度，安装前应清除浮锈。

一般情况下应按设计提出的处理方法进行施工，若设计无具体要求时，可采用适当处理方法，但必须达到设计规定的抗滑移系数值。

9.3.2.3 安装工艺

（1）一个接头上的高强度螺栓连接，应从螺栓群中部开始安装，向四周扩展，逐个拧紧。扭矩型高强度螺栓的初拧、复拧、终拧，每次完成后应涂上相应颜色或标记，以防漏拧。

（2）接头如同时采用高强度螺栓连接和焊接时，宜按"先栓后焊"的原则施工，即先终拧高强度螺栓，再焊接焊缝。

（3）高强度螺栓应自由穿入螺栓孔内，当板层发生错孔时，允许用铰刀扩孔。扩孔时，铁屑不得掉入板层间。为防止掉入，铰孔前应将四周螺栓全部拧紧。扩孔数量不得超

过总螺栓数的1/3,扩孔后孔径不应大于$1.2d$(d为螺栓直径)。严禁使用气割进行扩孔。

(4)一个接头多个高强度螺栓穿入方向应一致。垫圈有倒角的一侧应朝向螺栓头和螺母,螺母有圆台的一面应朝向垫圈,螺母和垫圈不得装反。

(5)高强度螺栓连接副在终拧以后,螺栓丝扣外露应为2~3扣,其中允许有10%的螺栓丝扣外露1扣或4扣。

9.3.2.4　紧固方法

(1)大六角头高强度螺栓连接副紧固　大六角头高强度螺栓连接副一般采用扭矩法和转角法紧固。

1)扭矩法　使用可直接显示扭矩值的专用扳手,分初拧和终拧二次拧紧。对于大型节点应分为初拧、复拧、终拧。初拧扭矩为施工扭矩的50%,复拧力矩等于初拧力矩。其目的是通过初拧,使接头各层钢板达到充分密贴;终拧扭矩把螺栓拧紧。每次拧紧都应用不同颜色在螺母上涂上标记。扭矩扳手种类见图9-3。

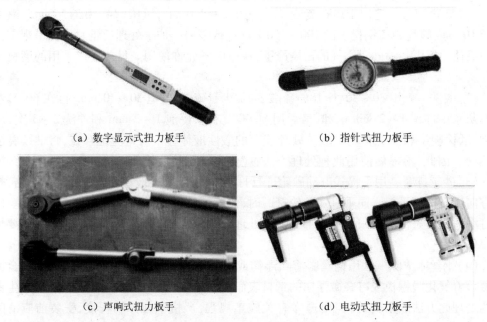

(a)数字显示式扭力板手　　　　　　(b)指针式扭力板手

(c)声响式扭力板手　　　　　　(d)电动式扭力板手

图9-3　各种类型扭矩扳手

2)转角法　根据构件紧密接触后,螺母旋转角度与螺栓预拉力呈正比的关系确定的一种方法。操作时分初拧和终拧两次施拧。初拧可用短扳手将螺母拧致使构件靠拢,并作标记。终拧用长扳手将螺母从标记位置拧至规定终拧位置。转动角度大小在施工前由试验确定。

(2)扭剪型高强度螺栓紧固　扭剪型高强度螺栓有一特制尾部,采用带有两个套筒的专用电动扳手紧固,紧固时用专用扳手的两个套筒分别套住螺母和螺栓尾部的梅花头,接通电源后两个套筒按反向旋转,拧断尾部后即达相应的扭矩值,如图9-4所示。一般用定扭矩扳手初拧,用专用电动扳手终拧。

(3)防松处理　为防止螺栓在紧固后发生松动,应对螺栓采取必要的防松措施。根

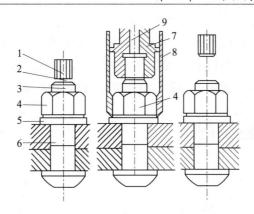

图9-4 扭剪型高强度螺栓扭紧示意图

1-尾部夹紧头;2-定力矩切口;3-螺栓部分;4-螺母;5-垫圈;6-被紧固件;7-内套筒;8-外套筒;9-顶杆

据其结构性质可选用以下方法。

1)垫放弹簧垫圈 在螺母下面垫一开口弹簧垫圈,螺母紧固后沿轴向产生弹性压力,可起到防松作用。为防止开口垫圈损伤构件表面,可在开口垫圈下面垫一个平垫圈。

2)副螺母防松 在紧固后螺母上面,增加一个较薄的副螺母,使两螺母之间产生轴向压力,并增加螺栓、螺母凸凹螺纹的咬合自锁长度,以达到相制约而不使螺母松动;使用的副螺母,在安装前应计算准确厚度,待防副螺母紧固后,应使螺栓伸出副螺母外长度不少于2扣螺纹。

3)不可拆的永久防松 这种防松方法一般用于不再拆除、更换零部件的永久工程上。其方法是将螺母紧固后,用电焊将螺母与螺栓相邻位置对称点焊3~4处或将螺母与构件相点焊;另一做法是将螺母紧固后,用尖锤或钢冲在螺栓伸出螺母的侧面或靠近螺母上平螺纹处对称点铆3~4处,使螺栓的螺纹铆成乱丝呈凹陷,破坏螺纹以此阻止螺母进行旋转起到防松。

在永久防松措施中,宜采用破坏螺纹的铆点方法,不宜采用焊点法防松,以免增加螺栓、螺母或构件表面局部硬化,以及加速腐蚀。

9.3.3 钢结构连接质量验收

钢结构连接质量应符合《钢结构工程施工质量验收规范》(GB 50205—2001)的规定。质量验收按相应的钢结构制作工程或钢结构安装工程检验批的划分原则划分为一个或若干个检验批进行。

9.3.3.1 焊缝质量检查

钢结构焊缝质量应根据不同要求分别采用外观检查、超声波检查、射线探伤检查、浸渗探伤检查、磁粉探伤检查等。碳素结构钢应在焊缝冷却至环境温度,低合金结构钢应在焊接完成24 h以后进行焊缝探伤检查。

9.3.3.2 高强度螺栓连接副终拧检查

大六角头高强度螺栓连接副应在完成1 h后,48 h内进行终拧扭矩检查。检查数量:按节点数抽查10%,且不应少于10个;每个被抽查节点按螺栓数抽查10%,且不应少

于2个。

扭剪型高强度螺栓连接副终拧检查是以拧掉梅花头为标志,未在终拧中拧掉梅花头的螺栓数不应大于该节点螺栓数的5%。检查数量:按节点数抽查10%,且不应少于10个,被抽查节点中梅花头未拧掉的扭剪型高强度螺栓连接副,全数进行终拧扭矩检查。

9.4　单层钢结构工程

9.4.1　材料堆放

钢结构构件通常在专业加工厂制作,然后运至现场组装吊装。构件运至堆放场后,经检验分类堆放。堆垛高度一般不大于2 m。堆垛之间留出必要的通道,一般宽度为2 m。柱应放在垫木上,各层亦用垫木间隔,垫木位置和间距以保证不产生过大变形为原则。桁架和桁架梁多斜靠立柱堆放,间距2～3 m。

9.4.2　安装准备

钢结构吊装准备阶段须做好以下工作。

9.4.2.1　编制钢结构工程施工组织设计

其内容包括:计算钢结构构件和连接件数量;选择安装机械;确定流水程序;确定质量标准、安全措施和特殊施工技术等。选择安装机械是钢结构安装的关键。安装机械选择必须满足构件的安装和工期要求。

9.4.2.2　基础准备和钢构件检验

基础准备包括轴线位置、基础支承面准备、支承面标高与水平度检查、地脚螺栓位置和伸出支承面长度量测等。柱子基础轴线和标高是确保安装质量的基础,应根据设计复核各项数据,并标注在基础表面。

基础支承面准备有两种做法:一种是基础一次浇筑到设计标高,即基础表面先浇筑到设计标高以下20～30 mm处,然后在设计标高处设角钢或槽钢制导架,测准其标高,再以导架为依据用水泥砂浆仔细铺筑支座表面;另一种是基础预留标高,安装时做足,即基础表面先浇筑至距设计标高50～60 mm处,柱子吊装时,在基础面上放钢垫板(不得多于3块)以调整标高,待柱子吊装就位后,再在钢柱脚底板下浇筑细石混凝土,见图9－5。

9.4.3　结构安装

单层钢结构工业厂房构件包括柱、吊车梁、桁架、天窗架、檩条、支撑及墙架等,由于构件形式、尺寸、重量、安装标高等各不相同,所以需采用不同的起重设备和安装方法。

9.4.3.1　钢柱安装与校正

单层钢结构工业厂占地面积较大,通常用自行杆式起重机或塔式起重机吊装钢柱。钢柱吊装方法与装配式钢筋混凝土柱子相似,亦为旋转吊装法及滑行吊装法。对重型钢柱可采用双机抬吊的方法进行吊装(图9－6)。起吊时,双机同时将钢柱平吊起来,离地

（a）钢垫板调整标高　　　　　　　（b）混凝土灌浆

图 9 - 5　钢结构柱基础预留标高做法

一定高度后暂停,使运输钢柱的平板车移去,然后双机同时打开回转刹车,由主机单独起吊,当钢柱吊装回直后,拆除辅机下吊点的绑扎钢丝绳,由主机单独将钢柱插进锚固螺栓固定。

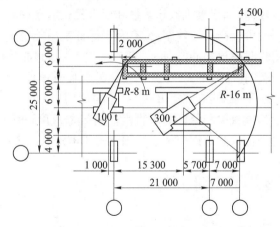

图 9 - 6　钢柱双机抬吊示意图

钢柱经过初校,待垂直度偏差控制在 20 mm 以内方可使起重机脱钩。钢柱垂直度用经纬仪检验,如有偏差,用螺旋千斤顶或油压千斤顶进行校正(图 9 - 7)。在校正过程中,随时观察柱底部和标高控制块之间是否脱空,以防校正过程中造成水平标高的误差。

钢柱位置的校正,对于重型钢柱可用螺旋千斤顶加链条套环托座(图 9 - 8),沿水平方向顶校钢柱。校正后为防止钢柱位移,在柱四边用 10 mm 厚钢板定位,并用电焊固定。钢柱复校后,再紧固锚固螺栓,并将承重块上下点焊固定,防止移动。

9.4.3.2　吊车梁安装与校正

钢柱吊装完成固定后,即可吊装吊车梁。吊车梁吊装前必须应注意钢柱吊装后的位移和垂直度的偏差,结合实测吊车梁误差,做好临时标高垫块,严格控制定位轴线。钢吊车梁两梁间留有 10 mm 左右的空隙。梁与牛腿用螺栓连接,梁与制动架之间用高强度螺栓连接。

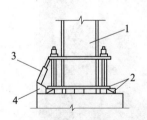

图 9-7　钢柱垂直度校正及承重块布置

1—钢柱；2—承重块；3—千斤顶；4—钢托座；5—标高控制块

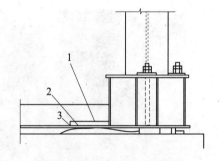

图 9-8　钢柱位置校正

1—螺旋千斤顶；2—链条；3—千斤顶托座

9.4.3.3　钢桁架安装与校正

钢桁架可选用自行杆式起重机（多为履带式起重机）、塔式起重机等。桁架吊装时，为使桁架在空中不发生摇摆和与其他构件碰撞，应设置缆风绳，以保证位置。桁架吊装绑扎点要保证桁架的稳定性和不至于损坏桁架，否则就需在吊装前进行临时加固。

钢桁架侧向稳定性较差，如起重机械起重量和起重臂长度允许时，最好在地面拼装成整体，一次吊装，这样不但可提高吊装效率，也有利于保证其吊装稳定性。

桁架临时固定需用临时螺栓和冲钉，每个节点处应穿入数量必须由计算确定，并应符合下列规定：不得少于安装孔总数的 1/3；至少应穿两个临时螺栓；冲钉穿入数量不宜多于临时螺栓的 30%；扩钻后的螺栓（A 级、B 级）孔不得使用冲钉。

钢桁架要检验校正其垂直度和弦杆的正直度。桁架垂直度可用挂线锤球检验，而弦杆的正直度则可用测绳进行检验。钢桁架最后固定采用电焊或高强度螺栓连接。

9.5　多层及高层钢结构工程

9.5.1　流水段划分原则及安装顺序

多高层建筑钢结构的安装必须根据建筑平面形状、结构型式、安装机械数量和位置等合理划分安装施工流水区段，确定安装顺序。

（1）平面流水段划分应考虑钢结构在安装过程中的对称性和整体稳定性。其安装顺序一般应由中央向四周扩展，以减少和消除焊接误差。筒体结构安装顺序为先内筒后外筒；对称结构采用全方位对称方案安装。

（2）立面流水段划分以一节钢柱（各节所含层数不一）为单元。每个单元安装顺序以主梁或钢支撑、带状桁架安装成框架为原则；其次是安装次梁、楼板及非结构构件。塔式起重机提升、顶升与锚固，均应满足组成框架的需要。

一般钢结构标准单元施工顺序如图 9-9 所示。

多高层建筑钢结构安装前，应根据安装流水段和构件安装顺序，编制构件安装顺序表。表中应注明每一构件的节点型号、连接件的规格数量、高强度螺栓规格数量、栓焊数量及焊接量、焊接形式等。构件从成品检验、运输、现场核对、安装、校正到安装后的质量检查，应统一使用该安装顺序表。

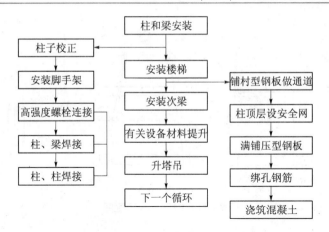

图 9-9　钢结构标准单元施工顺序

9.5.2　构件吊点设置与起吊

9.5.2.1　钢柱

钢柱平运时两点起吊,安装时一点立吊。立吊需在柱根部垫上垫木,以回转法起吊,严禁根部拖地。吊装 H 形钢柱、箱形柱时,可利用其接头耳板作吊环,配以相应的吊索、吊架和销钉。钢柱起吊如图 9-10 所示。

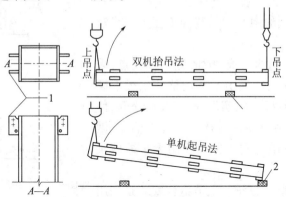

图 9-10　钢柱起吊示意图

1-吊耳;2-垫木

9.5.2.2　钢梁

距梁端 500 mm 处开孔,用特制卡具两点平吊,次梁可三层串吊,如图 9-11 所示。

9.5.2.3　组合件

因组合件形状、尺寸不同,可计算重心确定吊点,采用两点吊、三点吊或四点吊。凡不易计算者,可加设倒链协助找重心,构件平衡后起吊。

9.5.2.4　零件及附件

钢构件零件及附件应随构件一并起吊。尺寸较大、重量较重的节点板、钢柱上的爬梯、大梁上的轻便走道等,应牢固固定在构件上。

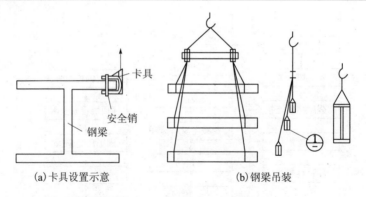

(a)卡具设置示意   (b)钢梁吊装

图9-11　钢梁吊装示意图

9.5.3　构件安装与校正

9.5.3.1　钢柱安装与校正

（1）首节钢柱的安装与校正　安装前应对建筑物定位轴线、首节柱安装位置、基础标高和基础混凝土强度进行复检，合格后方可安装。

1）柱顶标高调整　根据钢柱实际长度、柱底平整度,利用地脚螺栓上的调整螺母调整柱底标高,以精确控制柱顶标高(图9-12)。

2）纵横十字线对正　首节钢柱在起重机吊钩不脱钩情况下,使钢柱上的中心线与基础顶面十字线对正就位。

3）垂直度调整　用两台成90°的经纬仪投点,采用缆风法校正。在校正过程中不断调整柱底板下螺母,校正完毕后将柱底板上的螺母拧紧,缆风松开,使柱身呈自由状态,再用经纬仪复核。如有小偏差,微调螺母。柱底板与基础面间预留空隙用无收缩砂浆以捻浆法垫实。

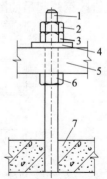

图9-12　采用调整螺母控制标高
1-地脚螺栓;2-止退螺母;3-紧固螺母;
4-螺母垫圈;5-柱子底板;6-调整螺母;
7-钢筋混凝土基础

（2）上节钢柱安装与校正　上节钢柱安装是利用柱身中心线就位,为使上下柱不出现错位,尽量做到上、下柱轴线重合。上节钢柱就位后,按照先标高,再位置,最后垂直度的调整顺序校正。

校正可采用缆风绳校正法或无缆风校正法。目前多采用无缆风校正法(图9-13),即利用塔吊、钢楔、垫板、撬棍以及千斤顶等工具,在钢柱呈自由状态下进行校正。此法施工简单、校正速度快、易于吊装就位和确保安装精度。为适应无缆风校正法,应特别注意钢柱节点临时连接耳板的构造。上下耳板的间隙宜为15~20 mm,以便于插入钢楔。

1）标高调整　钢柱吊装就位后,合上连接板,穿入大六角高强度螺栓,但不夹紧,通过吊钩起落与撬棍拨动调节上下柱之间间隙。量取上柱柱根标高线与下柱柱头标高线之间的距离,符合要求后在上下耳板间隙中打入钢楔限制钢柱下落。正常情况下,标高偏差调整至零。若钢柱制造误差超过5 mm,应分次调整。

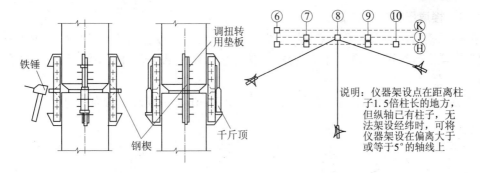

图9-13　无缆风绳校正示意图

2）位移调整　钢柱定位轴线应从地面控制轴线直接引上，不得从下层柱的轴线引上。钢柱轴线偏移时，可在上柱和下柱耳板的不同侧面夹入一定厚度的垫板加以调整，然后微微夹紧柱临时接头的连接板。起重机至此可松吊钩。校正位移时应注意防止钢柱扭转。钢柱位移每次只能调整3 mm，若偏差过大只能分次调整。

3）垂直度调整　用两台经纬仪在相互垂直的位置投点，进行垂直度观测。调整时，在钢柱偏斜方向的同侧锤击钢楔或微微顶升千斤顶，在保证单节柱垂直度符合要求前提下，拧紧上下柱临时接头的大六角高强度螺栓至额定扭矩。

注意：为达到调整标高和垂直度的目的，临时接头上的螺栓孔应比螺栓直径大4.0 mm。由于钢柱制造允许误差一般为-1～+5 mm，螺栓孔扩大后能有足够的余量将钢柱校正准确。

9.5.3.2　钢梁安装与校正

（1）钢梁安装时，同一列柱应先由中间跨向两端对称扩展；同一跨钢梁应由上向下逐层安装。

（2）在安装和校正柱间主梁时，可先撑开柱子，跟踪测量、校正，预留接头焊接收缩量。这样焊接完毕焊缝收缩后柱间内力也随之消失。

（3）一节柱（三层）的竖向焊接顺序：上层主梁→下层主梁→中层主梁→上柱与下柱焊接，见图9-14。并且每天安装构件应形成空间稳定体系，确保安装质量和结构安全。

图9-14　钢结构钢梁安装

9.5.3.3 楼层压型钢板安装

多高层钢结构楼板一般多采用压型钢板与混凝土叠合层组合而成(图9-15)。一节柱的各层梁安装校正后,应立即安装各层楼梯,并铺好各层楼面的压型钢板,进行叠合楼板施工。

楼层压型钢板安装工艺流程:弹线→栓钉焊接→吊运→铺设→切割→固定→验收。

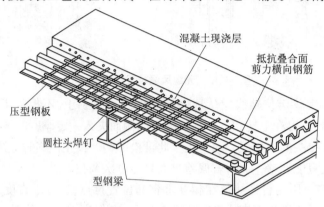

图9-15 压型钢板组合楼板的构造

(1)弹线 弹出主梁的中心线。主梁中心线是铺设压型钢板固定位置的控制线,并决定压型钢板与钢梁位置;次梁中心线决定栓钉的焊接位置。

(2)栓钉焊接 为使叠合楼板与钢梁有效地共同工作,抵抗叠合面间的水平剪力,通常采用栓钉穿过压型钢板焊于钢梁上。栓钉焊接材料与设备有栓钉、焊接瓷环和栓钉焊机。焊接时,把栓钉上端插入焊枪口,下端置入钢梁上的瓷环内。随后接通电源,提升栓钉,在瓷环内产生电弧,在电弧发生后规定时间内,将栓钉插入瓷环的熔池内。焊完后,立即除去瓷环,并在焊缝周围除去卷边。栓钉焊接工序如图9-16所示。

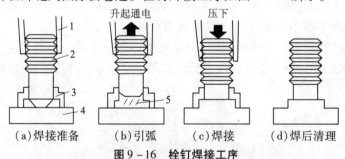

(a)焊接准备 (b)引弧 (c)焊接 (d)焊后清理

图9-16 栓钉焊接工序

1—焊枪;2—栓钉;3—瓷环;4—母材;5—电弧

(3)压型钢板准备、吊运 将压型钢板分层分区按料单清点、编号,并运至施工指定部位。吊运应保证压型钢板板材整体不变形,局部不卷边。

(4)压型钢板铺设 压型钢板铺设应平整、顺直、波纹对正,位置正确;压型钢板与钢梁锚固支承长度应符合设计要求,且不应小于50 mm。

(5)压型钢板裁剪边 采用等离子切割机或剪扳钳裁边。裁减富余量应控制在5 mm范围内。

(6)压型钢板固定 压型钢板与压型钢板侧板间连接采用咬口钳压合,使单片压型

钢板间连成整板,然后用点焊将整板侧边及两端头与钢梁固定,最后采用栓钉固定。为了浇筑混凝土时不漏浆,端部肋作封端处理。

(7)钢筋绑扎、浇筑混凝土　压型钢板及栓钉安装完毕后,即可绑扎钢筋,浇筑混凝土。目前为减少现场施工压型钢板出厂时,已按设计要求布置焊接了钢筋。现场施工时只需对钢筋进行少量的连接加固。

9.6　彩板围护结构安装

钢结构维护结构主要是采用传统砌体或采用彩钢保温板作围护结构。彩钢保温板按功能不同分为屋面夹芯板和墙面夹芯板。屋面板和墙面板边缘部位设置彩板配件用于防风雨和装饰建筑外形。屋面配件有屋脊件、封檐件、山墙封边件、高低跨泛水件、天窗泛水件、屋面洞口泛水件等;墙面配件有转角件、板底泛水件、板顶封边件、门窗洞口包边件等。

彩板连接件常用有自攻螺丝、拉铆钉和开花螺栓(分为大开花螺栓和小开花螺栓)。板材与承重构件的连接采用自攻螺丝、大开花螺丝等;板与板、板与配件、配件与配件连接采用铝合金拉铆钉、自攻螺丝和小开花螺丝等。

屋面工程的施工工序如图 9-17 所示。墙面板的施工工序与此相似。

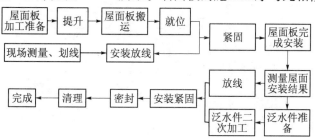

图 9-17　屋面工程施工工序

9.6.1　施工工具

板材施工安装多为手提工具,常用的有电钻、自攻枪、拉铆枪、手提圆盘锯、螺丝刀、铁剪、钳子等。

9.6.2　放线

彩板屋面板和墙面板属于预制装配构件,安装前的放线工作对安装质量起到保证作用。

(1)放线前先对安装面上的已有建筑成品进行测量,对达不到要求的进行修整。

(2)根据设计确定排版起始线位置。屋面施工中,先在檩条上标出起点,即沿跨度方向在每个檩条上标出排版起点,各点连线应与建筑物纵轴线垂直,然后在板宽度方向每隔几块板继续标注,以检查板的安装偏差(图 9-18)。墙板安装也应用类似的方法放线,除此之外还应标定其支撑面的垂直度,以保证形成墙面的垂直平面。

（3）屋面板及墙面板安装完毕后，对配件的安装作二次放线，以保证檐口线、屋脊线、门窗口和转角线等的水平度和垂直度。

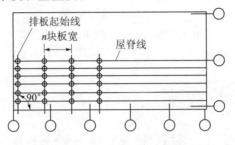

图 9 - 18　安装放线示意图

9.6.3　板材安装

（1）实测安装板材长度，按实测长度核对对应板号长度，必要时对该板材进行剪裁。

（2）将板材按排版起始线放置，并使板材宽度标志线对准起始线；在板长方向两端排出设计要求的构造长度（图 9 - 19）。

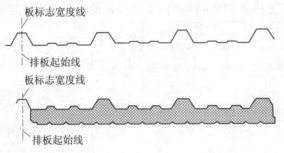

图 9 - 19　板材安装示意图

（3）用紧固件紧固板材两端，然后安装第二块板。其安装顺序应先自左至右，后自上而下。

（4）安装到下一放线标志点处时，复查本标志段内板材安装的偏差，满足要求后进行全面紧固。紧固自攻螺丝时应掌握紧固的程度。过度会使密封垫圈上翻，甚至将板面压的下凹而积水；紧固不够会使密封不到位而出现漏雨。

（5）安装完成后，屋面应及时检查有无遗漏紧固点。

（6）屋面板纵、横向搭接，应按设计要求铺设密封条和密封胶，并在搭接处用自攻螺丝或带密封胶的拉铆钉连接，紧固件应设在密封条处。纵向搭接（板短边间的搭接）时，可将夹芯板的底板在搭接处切掉搭接长度，并除去盖部分的芯材。屋面板纵、横向连接节点构造如图 9 - 20、图 9 - 21 所示。

（7）墙面板安装。夹芯板用于墙面时多为平板，一般采用横向布置，节点构造如图 9 - 22。墙面板底部表面应低于室内地坪 30～50 mm，且应在底表面抹灰找平后安装，如图 9 - 23。

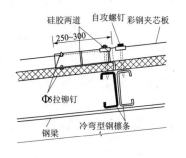

图 9 - 20　屋面板纵向连接节点

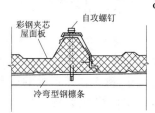

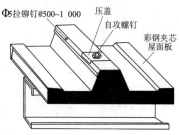

图 9 - 21　屋面板横向搭接节点

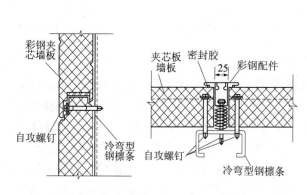

图 9 - 22　横向布置板水平缝与竖缝节点　　**图 9 - 23　墙面基底构造**

9.6.4　门窗安装

（1）门窗一般安装在钢墙梁上，如图 9 - 24 所示。安装时，应先安装门窗四角的包边件，并使泛水边压在门窗的外边沿处，然后安装门窗。由于门窗的外廓尺寸与洞口尺寸为紧密配合，一般应控制门窗尺寸比洞口尺寸小 5 mm 左右。

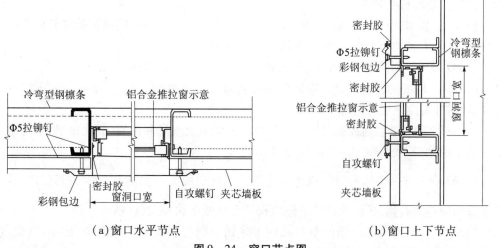

（a）窗口水平节点　　　　　　　　（b）窗口上下节点

图 9 - 24　窗口节点图

（2）门窗就位并做临时固定后，应对门窗的垂直度和水平度进行检查，无误后再做固定。

（3）门窗安装完毕应用密封胶对门窗周边密封。

9.6.5　配件安装

（1）在彩板配件安装前应在安装处二次放线，如屋脊线、檐口线、窗上下口线等。

（2）安装前检查配件端头尺寸，挑选搭接口处的适合搭接头。

（3）安装配件搭接口时，应在被搭接处涂上密封胶或设置双面胶条，搭接后立即紧固。

（4）安装配件至拐角处时，应按交接处配件断面形状加工拐折处的接头，以保证拐点处有良好的防水效果和外观效果。

9.7　钢结构涂装工程

钢结构在自然环境中，易受水、氧和其他化学作用而被腐蚀。钢结构腐蚀不仅造成经济损失，还直接影响结构安全。另外，由于钢材导热快、比热小，虽是一种不燃烧材料，但极不耐火。未加防火处理的钢结构在火灾时，温度上升很快，只需十几分钟，温度就可达540 ℃以上，此时力学性能，如屈服点、抗拉强度、弹性模量及载荷能力等都将急剧下降；达到600 ℃时，强度则几乎为零。这时钢结构不可避免地扭曲变形，最终导致整个结构的垮塌毁坏。因此，根据钢结构所处环境及工作性能采取相应的防腐和防火措施是钢结构设计与施工的重要内容。目前钢结构涂装工程可分为防腐涂装工程和防火涂装工程。

9.7.1　钢结构防腐涂装工程

9.7.1.1　钢材表面除锈等级与除锈方法

钢结构构件制作完毕，经质量检验合格后应进行防腐涂料涂装。涂装前钢材表面应进行除锈处理，以提高底漆的附着力，保证涂层质量。除锈处理后，钢材表面不应有焊渣、焊疤、灰尘、油污和毛刺等。

根据《涂装前钢材表面锈蚀等级和除锈等级》（GB 8923—88）将除锈等级分成喷射或抛射除锈、手工和动力工具除锈、火焰除锈三种类型。

（1）喷射或抛射除锈　喷射或抛射除锈用字母"Sa"表示，分四个等级。

1）Sa1　轻度的喷射或抛射除锈。钢材表面无可见油脂或污垢，没有附着不牢的氧化皮、铁锈和油漆涂层等附着物。

2）Sa2　彻底的喷射或抛射除锈。钢材表面无可见油脂和污垢，氧化皮、铁锈等附着物已基本消除，其残留物应是牢固附着的。

3）Sa2 $\frac{1}{2}$　非常彻底的喷射或抛射除锈。钢材表面无可见油脂、污垢、氧化皮、铁锈和油漆涂层等附着物，任何残留的痕迹应仅是点状或条状轻微色斑。

4）Sa3　使钢材表观洁净的喷射或抛射除锈。钢材表面无可见油脂、污垢、氧化皮、铁锈和油漆涂层等附着物，该表面应显示均匀的金属光泽。

（2）手工和动力工具除锈　手工和动力工具除锈用字母"St"表示，分两个等级。

1）St2　彻底手工和动力工具除锈。钢材表面无可见的油脂和污垢,没有附着不牢的氧化皮、铁锈和油漆涂层等附着物。

2）St3　非常彻底手工和动力工具除锈。钢材表面应无可见的油脂和污垢,并且没有附着不牢的氧化皮、铁锈和油漆涂层等附着物。除锈应比 St2 更为彻底,底材显露部分的表面应具有金属光泽。

（3）火焰除锈　火焰除锈以字母"F1"表示,它包括在火焰加热作业后,以动力钢丝刷清除加热后附着在钢材表面附着物。其只有一个等级。

F1：钢材表面应无氧化皮、铁锈和油漆涂层等附着物,任何残留的痕迹应仅为表面变色(不同颜色的暗影)。

喷射或抛射除锈所用设备有空气压缩机、喷射或抛射机、油水分离器等,该方法能控制除锈质量、获得不同要求的表面粗糙度,但设备复杂、费用高、污染环境。手工和动力工具除锈采用砂布、钢丝刷、铲刀、尖锤、平面砂轮机、动力钢丝刷等工具,方法和工具简单、操作方便、费用低,但劳动强度大、效率低、质量差。

《钢结构工程施工质量验收规范》(GB 50205—2001)规定,钢材表面除锈方法和除锈等级应与设计所采用的涂料相适应。当设计无要求时,钢材表面除锈等级应符合表 9 - 6 的规定。

表 9 - 6　各种底漆或防锈漆要求最低的除锈等级

涂料品种	除锈等级
油性酚醛、醇酸等底漆或防锈漆	St2
高氯化聚乙烯、氯化橡胶、氯磺化聚乙烯、环氧树脂、聚氨酯等底漆或防锈漆	Sa2
无机富锌、有机硅、过氧乙烯等底漆	Sa2 $\frac{1}{2}$

国内一般都采用喷、抛射除锈作为首选的除锈方法,而手工和电动工具除锈仅作为喷射除锈的补充手段。随着技术的发展,大多喷、抛射除锈设备已采用微机控制,具有较高的自动化水平,并配有有效除尘器,消除了粉尘污染。

9.7.1.2　钢结构防腐涂料

钢结构防腐涂料是一种含油或不含油的胶体溶液,涂敷在钢材表面,结成一层薄膜,使钢材与外界腐蚀介质隔绝。涂料分底漆和面漆两种。

底漆是直接涂在钢材表面上。含粉料多,基料少,成膜粗糙,与钢材表面黏结力强,与面漆结合性好。

面漆是涂在底漆上。含粉料少,基料多,成膜后有光泽,主要功能是保护下层底漆。面漆对大气和水分具有不渗透性,并能抵抗有腐蚀性介质、阳光紫外线所引起的风化分解。

钢结构防腐涂层可由几层不同涂料组合而成。涂料层数和总厚度根据使用条件来确定,一般室内钢结构要求涂层总厚度为 125 μm,即底漆和面漆各两道。高层钢结构一般处在室内环境中,而且要喷涂防火涂层,所以通常只刷二道防锈底漆。

9.7.1.3　防腐涂装方法

钢结构防腐涂装常用的施工方法有刷涂法和喷涂法两种。

（1）刷涂法　应用较广泛，适宜于油性基料刷涂。因为油性基料虽干燥得慢，但渗透性大，流动性好，不论面积大小，涂刷都平滑流畅。一些形状复杂构件使用刷涂法也比较方便。

（2）喷涂法　施工工效高，适合于大面积施工，对于快干和挥发性强的涂料尤为适合。喷涂的漆膜较薄，为了达到设计厚度，有时需要增加喷涂次数。喷涂施工比刷涂施工涂料损耗大，一般要增加 20%左右。

9.7.1.4　防腐涂装质量要求

涂料、涂装遍数、涂层厚应均应符合设计要求。当设计对涂层厚度无要求时，涂层干漆膜总厚度：室外应为 150 μm，室内应为 125 μm，其允许偏差为 −25 μm。每遍涂层干漆膜厚度的允许偏差为 −5 μm。

配制的涂料不宜存放过久，尽量当天配制。稀释剂应按说明书规定执行，不得随意添加。

涂装环境温度和相对湿度应符合涂料产品说明书要求，当产品说明书无要求时，环境温度宜为 5~38 ℃，相对湿度不应大于 85%。涂装时构件表面不应有结露；涂装后 4 h 内应保护免受雨淋。

施工图中注明的不涂装部位不得涂装。如焊缝处、高强度螺栓摩擦面处，暂不涂装，待现场安装后，再对焊缝及高强度螺栓接头处补刷防腐涂料。

涂装应均匀，无明显起皱、流挂、针眼和气泡等，附着应良好。完成后应在构件上标注构件编号。大型构件应标明其重量、构件重心位置和定位标记。

9.7.2　钢结构防火涂装工程

钢结构防火涂料主要起到以下三个方面作用：一是涂层对钢材起屏蔽作用，隔离火焰，使钢构件不至于直接暴露在火焰或高温之中；二是涂层吸热后，部分物质分解出水蒸气或其他不燃气体，起到消耗热量，降低火焰温度和燃烧速度，稀释氧气的作用；三是涂层本身为多孔轻质或受热膨胀材料，受热后形成炭化泡沫层，热导率降低，阻止热量迅速向钢材传递，推迟钢材升温到极限温度时间，从而提高钢结构的耐火极限。

9.7.2.1　钢结构防火涂料

（1）防火涂料的分类　钢结构防火涂料按涂层厚度分为两类。

1）B 类　属薄涂型钢结构防火涂料，涂层厚度一般为 2~7 mm，有一定装饰效果，高温时涂层膨胀增厚，耐火极限一般为 0.5~2 h，故又称为钢结构膨胀防火涂料。

2）H 类　厚涂型钢结构防火涂料，涂层厚度一般为 8~50 mm，粒状表面，密度较小，热导率低，耐火极限可达 0.5~3 h，又称为钢结构防火隔热涂料。

（2）防火涂料选用　室内裸露钢结构、轻型屋盖钢结构及有装饰要求的钢结构，当规定其耐火极限在 1.5 h 及以下时，宜选用薄涂型钢结构防火涂料。室内隐蔽钢结构、多层及高层全钢结构、多层厂房钢结构，当规定其耐火极限在 2.0 h 及以上时，宜选用厚涂型钢结构防火涂料。露天钢结构，如石油化工企业、油（汽）罐支撑、石油钻井平台等钢结构，应选用符合室外钢结构防火涂料产品规定的厚涂型或薄涂型钢结构防火涂料。

选用防火涂料时，应注意不应把薄涂型钢结构防火涂料用于保护 2 h 以上的钢结构；

不得将室内钢结构防火涂料,未加改进和采取有效防护措施直接用于保护室外的钢结构。

9.7.2.2　防火涂料涂装一般规定

(1)防火涂料涂装应在钢结构安装就位,并经验收合格后进行。

(2)防火涂料涂装前钢材表面应除锈,并根据设计要求涂装防腐底漆。防腐底漆与防火涂料不应发生化学反应。

(3)防火涂料涂装基层不应有油污、灰尘和泥沙等污垢。钢构件连接处 4~12 mm 宽的缝隙应采用防火涂料或其他防火材料(如硅酸铝纤维棉、防火堵料等)填补堵平。

(4)对大多数防火涂料而言,施工过程和涂层干燥固化前,环境温度应宜保持在 5~38 ℃,相对湿度不应大于 85%,空气应流动。涂装时构件表面不应有结露;涂装后 4 h 内应保护免受雨淋。

9.7.2.3　厚涂型防火涂料涂装

(1)施工方法与机具　厚涂型防火涂料一般采用喷涂施工。机具可为压送式喷涂机或挤压泵,配置能自动调压的 0.6~0.9 m³/min 的空压机,喷枪口径为 6~12 mm,空气压力为 0.4~0.6 MPa。局部修补可采用抹灰刀等工具手工抹涂。

(2)涂料的搅拌与配置

1)由工厂配置的单组分湿涂料,现场应采用便携式搅拌器搅拌均匀。

2)由工厂提供干粉料,需现场加水或用其他稀释剂调配的应按涂料说明书规定配比混合搅拌,随配随用。

3)由工厂提供的双组分涂料,按配制涂料说明规定配比混合搅拌,随配随用。特别是化学固化干燥涂料,配制涂料必须在规定的时间内用完。

搅拌合流砂调配涂料应使稠度适宜,即能在输送管道中畅通流动,喷涂后不会流淌和下坠。

(3)施工操作　喷涂应分 2~5 次完成,第一次喷涂以基本盖住钢材表面即可,以后每次喷涂厚度为 5~10 mm,一般以 7 mm 左右为宜。通常情况下每天喷涂一遍即可。

喷涂应注意移动速度,不能在同一位置久留,以免造成涂料堆积流淌;配料及往挤压泵加料应连续进行,不得停顿。

施工工程中,应采用测厚针检测涂层厚度,直到符合设计规定厚度方可停止喷涂。

喷涂后涂层要适当维修,对明显的凸起应用抹灰刀等工具剔除,以确保涂层表面均匀。

9.7.2.4　薄涂型防火涂料涂装

(1)施工方法与机具　喷涂底层、主涂层涂料宜采用重力(或喷斗)式喷枪,配置能自动调压的 0.6~0.9 m³/min 的空压机。喷嘴直径 4~6 mm,空气压力 0.4~0.6 MPa。面层装饰涂料一般采用喷涂施工,也可以采用刷涂或滚涂方法。喷涂应将喷嘴直径更换为 1~2 mm,空气压力调为 0.4 MPa。局部修补或小面积施工可采用抹灰刀等工具手工抹涂。

(2)施工操作　底层及主涂层一般应喷 2~3 遍,每遍间隔 4~24 h,待前遍基本干燥后,再喷后一遍。头遍喷涂以盖住基底面 70% 即可,第二、三遍喷涂每遍厚度不超过 2.5 mm 为宜。施工中应采用测厚针检测涂层厚度,确保各部位涂层达到设计规定厚度。

面层涂料一般涂饰 1~2 遍。若头遍从左至右喷涂,第二遍则应从右至左喷涂,以确保全部覆盖住下部主涂层。

9.7.2.5　防火涂装质量要求

薄涂型防火涂料的涂层厚度应符合有关耐火极限的设计要求。厚涂型防火涂料涂层的厚度,80% 及以上面积应符合有关耐火极限的设计要求,且最薄处厚度不应低于设计要求的 85% 。

薄涂型防火涂料涂层表面裂纹宽度不应大于 0.5 mm;厚涂型防火涂料涂层表面裂纹宽度不应大于 1 mm。

防火涂料不应有误涂、漏涂,涂层应闭合无脱层、空鼓、明显凹陷、粉化松散和浮浆等外观缺陷。

复习思考题

1. 钢结构构件加工制作前进行图纸审查的目的是什么? 主要包括哪些内容?

2. 什么叫放样、画线? 零件加工主要有哪些工序?

3. 钢构件组装的一般要求是什么?

4. 钢结构焊接的类型主要有哪些? 简述钢结构焊接的工艺要求。

5. 高强度螺栓主要有哪两种类型? 简述高强度螺栓连接的安装工艺和紧固方法。

6. 简述单层钢结构工程材料储存堆放要求。

7. 简述单层钢结构构件安装与校正方法。

8. 简述多层及高层钢结构安装施工流水段的划分原则及构件安装顺序。

9. 多层及高层钢结构构件是如何进行吊点设置与起吊的?

10. 简述多层及高层钢结构构件安装与校正方法。

11. 简述多层及高层钢结构工程楼层压型钢板安装工序。

12. 简述彩板围护结构屋面板的安装工序。

13. 钢材表面除锈等级分为哪三种类型? 防腐涂装主要采用哪两种施工方法?

14. 钢结构防火涂料按涂层的厚度分为哪两类? 主要施工方法是什么?

第 10 章 防水工程

10.1 概述

防水工程是保证建筑结构和内部空间不受水的侵蚀和水危害的专项工程,其施工质量不仅关系到建筑物的使用寿命,而且也直接影响到生活和生产活动。因此,防水工程必须严格按照设计要求和有关规范进行施工。

10.1.1 防水原则

建筑物防水工程涉及建筑物的地下室、楼地面、墙体、屋面等诸多部位,其功能就是要使建筑物在设计防水耐久年限内,防止各类水的侵蚀,确保结构及内部空间不受污损,提供舒适、安全的生活、工作环境。对于不同部位的防水要求有所不同。屋面防水功能是防止雨水或人为因素产生的水从屋面渗入建筑物内部所采取的一系列结构、构造和建筑措施;对于屋面有综合利用要求的,如用作活动场所、屋顶花园,则对其防水要求更高。地下防水是对于全地下或半地下结构采用防水措施,以确保地下工程的正常使用。

防水工程在设计、防水材料选用、细部节点处理、施工工艺等方面必须系统考虑。我国防水工程设计和施工原则:"刚柔相济,多道设防,综合治理"。不同部位防水侧重都有所不同。屋面防水采用"以排为主,加强防水"。地下防水采用"以防为主,加强排水"。另外,在制订方案中还应做到定级标准准确、方法简便、经济合理、技术先进、减少环境污染。总之,防水工程质量要求是不渗不漏,排水畅通,使建筑物具有良好的防水和使用功能。

10.1.2 构造做法分类

建筑防水工程分类可依据设防部位、设防方法和所采用的材料性能、品种进行分类。

(1)按设防部位分类 防水工程按建(构)筑物设防部位可划分为地上防水工程和地下防水工程。地上防水工程包括屋面防水工程、墙体防水工程和楼(地)面防水工程。地下防水是指地下室、地下管沟、地下铁道、隧道、地下建(构)筑物等处的防水。

(2)按设防方法分类 按设防方法防水工程可分为防水层防水和构造自防水。防水层防水是指采用各种防水材料进行防水的防水做法。在设防中采用多种不同性能的防水材料,利用各自具有的特性,在防水工程中复合使用,发挥各种防水材料的优势,以提高防水工程的整体性能。

构造自防水是依靠建筑物构件材料本身的厚度和密实性及构造措施做法,使结构既

可起到承重围护作用,又可起到防水作用。如地下室外墙、底板等防水混凝土构件。

(3)按设防材料品种分类 防水工程按设防材料品种可分为卷材防水、涂膜防水、密封材料防水、混凝土和水泥砂浆防水、塑料板防水、金属板防水等。

(4)按设防材料性能分类 防水工程按设防材料性能进行分类可分为刚性防水和柔性防水。刚性防水是指采用强度较高、无延伸性的材料做防水层,如防水混凝土和防水砂浆等。柔性防水则是采用延伸性大、柔性好的材料做防水层,如卷材防水、涂膜防水、密封材料防水等。

10.1.3 防水等级和设防要求

工业与民用建筑中,根据建筑物的性质、重要程度、使用功能要求等,将建筑屋面防水等级分为Ⅰ、Ⅱ、Ⅲ、Ⅳ级,防水层合理使用年限分别规定为25年、15年、10年、5年,并根据不同防水等级规定防水层的材料选用及设防要求,具体见表10-1。

表10-1 屋面防水等级和设防要求

项目	屋面防水等级			
	Ⅰ	Ⅱ	Ⅲ	Ⅳ
建筑物类别	特别重要或对防水有特殊要求的建筑	重要的建筑和高层建筑	一般的建筑	非永久性的建筑
防水层合理使用年限	25年	15年	10年	5年
防水层选用材料	宜选用合成高分子防水卷材、高聚物改性沥青防水卷材、金属板材、合成高分子防水涂料、细石防水混凝土等材料	宜选用高聚物改性沥青防水卷材、合成高分子防水卷材、金属板材、合成高分子防水涂料、高聚物改性沥青防水涂料、细石防水混凝土、平瓦、油毡瓦等材料	宜选用三毡四油沥青防水卷材、高聚物改性沥青防水卷材、合成高分子防水卷材、金属板材、高聚物改性沥青防水涂料、合成高分子防水涂料、细石混凝土、平瓦、油毡瓦等材料	可选用二毡三油沥青防水卷材、高聚物改性沥青防水涂料等材料
设防要求	三道或三道以上防水设防	二道防水设防	一道防水设防	一道防水设防

所谓一道防水设防是具有单独防水能力的一个防水层次。混凝土结构层、保温层、装饰瓦、隔气层、卷材或涂膜厚度不符合规范规定的防水层均不得作为屋面的一道防水设防。

地下工程防水设防要求应根据使用功能、结构形式、环境条件、施工方法,合理确定,制订防水方案时必须结合地质、地形、地下工程结构、防水材料等因素全面分析研究,使其满足设计要求。地下工程的防水等级分为4级,各级标准应符合表10-2的规定。

表 10 - 2　地下工程防水等级标准及适用范围

防水等级	标准	适用范围
一级	不允许渗水,结构表面无湿渍	人员长期停留的场所;因有少量湿渍会使物品变质、失效的贮物场所及严重影响设备正常运转和危及工程安全运营的部位;极重要的战备工程
二级	不允许漏水,结构表面可有少量湿渍 工业与民用建筑:总湿渍面积不应大于总防水面积(包括顶板、墙面、地面)的 1/1 000;任意 100 m² 防水面积上的湿渍不超过 1 处,单个湿渍的最大面积不大于 0.1 m² 其他地下工程:总湿渍面积不应大于总防水面积的 6/1 000;任意 100 m² 防水面积上的湿渍不超过 4 处,单个湿渍的最大面积不大于 0.2 m²	人员经常活动的场所;在有少量湿渍不会使物品变质、失效的贮物场所及基本不影响设备正常运转和工程安全运营的部位;重要的战备工程
三级	有少量漏水点,不得有线流和漏泥砂,任意 100 m² 防水面积上的湿渍不超过 7 处,单个漏水点的最大漏水量不大于 2.5 L/m²·d,单个湿渍的最大面积不大于 0.3 m²	人员临时活动的场所;一般战备工程
四级	有漏水点,不得有线流和漏泥砂 整个工程平均漏水量不大于 2 L/m²·d;任意 100 m² 的防水面积的平均漏水量不大于 4 L/m²·d	对漏水无严格要求的工程

　　为保证施工质量在施工安排上,防水工程应尽量避免在雨期或冬期进行。屋面防水工程和地下防水工程的施工质量应分别符合《屋面工程质量验收规范》(GB 50207—2012)和《地下防水工程质量验收规范》(GB 50208—2011)的规定。

10.2　屋面防水工程

　　屋面工程是建筑工程的一个分部工程,它包括屋面结构层、找平层、隔气层、保温隔热层、防水层、保护层或饰面层等构造层的施工。其中屋面防水层主要采用卷材防水、涂膜防水、刚性防水等形式。防水是屋面工程中一项主要内容,质量的优劣直接关系到建筑物的质量和使用寿命,施工中应予以重视。

10.2.1 卷材防水

10.2.1.1 卷材防水屋面构造

卷材防水屋面是以柔性卷材做防水层的屋面。这种防水层是利用胶结材料采用不同施工方法将防水卷材粘成一整片能防水的屋面覆盖层。卷材防水层具有重量轻、防水性能好，具有一定的柔韧性等特点，它可以适应一定程度的结构振动和伸缩变形，故属于柔性防水屋面。适用于防水等级为Ⅰ~Ⅳ级的建筑。防水卷材其典型构造层次如图 10-1 所示。

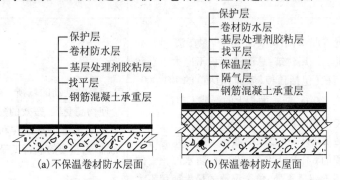

图 10-1 卷材防水屋面构造层次示意图

卷材防水层常用材料有高聚物改性沥青防水卷材、合成高分子防水卷材和沥青防水卷材。铺贴卷材所选用的基层处理剂、接缝胶粘剂、密封材料等配套材料应与铺贴的卷材材性相容。每道卷材防水层厚度选用应符合表 10-3 的规定。

表 10-3 防水卷材厚度选用

屋面防水等级	设防道数	合成高分子防水卷材	高聚物改性沥青防水卷材	沥青防水卷材
Ⅰ级	三道或三道以上设防	不应小于 1.5 mm	不应小于 3 mm	—
Ⅱ级	两道设防	不应小于 1.2 mm	不应小于 3 mm	—
Ⅲ级	一道设防	不应小于 1.2 mm	不应小于 4 mm	三毡四油
Ⅳ级	一道设防	—	—	二毡三油

10.2.1.2 卷材防水屋面材料

(1)沥青 沥青是一种有机胶结材料,在常温下呈固体、半固体或液体的形态,颜色是辉亮褐色至黑色。沥青主要技术标准以针入度、延伸度、软化点等指标表示。我国是以针入度指标确定沥青牌号。目前常用石油沥青和焦油沥青(主要指煤沥青)。石油沥青按用途可分为道路石油沥青、建筑石油沥青和普通石油沥青三种。对同品种的石油沥青,其牌号减小,则针入度减小,延度碱小,而软化点增高。

(2)防水材料

1)高聚物改性沥青卷材 是以合成高分子聚合物改性沥青为涂盖层,纤维织物或纤维毡为胎体,粉状、粒状、片状或薄膜材料为覆面材料制成的可卷曲的片状防水材料。

高聚物改性沥青卷材与传统纸胎沥青相比主要有两方面大的改进:一是胎体采用高

分子薄膜、聚酯纤维等,增强了卷材的强度、延性和耐水防腐性;二是在沥青中加入了高分子聚合物,改变了沥青在夏季易流淌,冬季易冷脆,延伸率低,易老化等性质,从而改善了油毡的性能。常用的高聚物改性沥青卷材主要有 SBS 改性沥青卷材、APP 改性沥青卷材、PVC 改性煤焦油卷材、再生胶改性沥青卷材、废胶粉改性沥青卷材等。

高聚物改性沥青卷材的宽度要求≥1 000 mm,厚度分别为 2.0 mm、3.0 mm、4.0 mm 和 5.0 mm 四种规格,第一种规格的每卷长度为 15 ~ 20 m,后三种规格的每卷长度分别为 10 m、7.5 m 和 5 m。其外观质量和物理性能应符合表 10 – 4、表 10 – 5 的要求。

表 10 – 4　高聚物改性沥青防水卷材外观质量

项目	质量要求
孔洞、缺边、裂口	不允许
边缘不整齐	不超过 10 mm
胎体露白、未浸透	不允许
撒布材料粒度、颜色	均匀
每卷卷材的接头	不超过 1 处,较短的一段不应小于 1 000 mm,接头处应加长 150 mm

表 10 – 5　高聚物改性沥青防水卷材物理性能

项目		性能要求		
		聚酯毡胎体	玻纤胎体	聚乙烯胎体
拉力/(N/50 mm)		≥450	纵向≥350 横向≥250	≥100
延伸率/%		最大拉力时,≥30	—	断裂时,≥200
耐热度/℃(2 h)		SBS 卷材:90,APP 卷材:110, 无滑动流淌、滴落		PEE 卷材:90,无流淌、起泡
低温柔度/℃		SBS 卷材:18,APP 卷材:5,PEE 卷材:10;3 mm 厚 r = 15 mm;4 mm 厚 r = 25 mm;3 s 弯 180°无裂纹		
不透水性	压力/MPa	≥0.3	≥0.2	≥0.3
	保持时间/min	≥30		

注:SBS—弹性体改性沥青防水卷材;APP—塑性体改性沥青防水卷材;PEE—改性沥青聚乙烯胎防水材料

2)合成高分子防水卷材　是以合成橡胶、合成树脂或它们两者的共混体为基料,加入适量的化学助剂和填充料等,经不同工序加工而成的可卷曲的片状防水材料;或把上述材料与合成纤维等复合形成两层或两层以上可卷曲的片状防水材料。

合成高分子防水卷材具有高弹性、高延伸性、良好的耐老化性、耐高温性和耐低温性等优点。目前常用的合成高分子卷材主要有三元乙丙橡胶卷材、丁基橡胶卷材、再生橡胶卷

材、氯化聚乙烯卷材、聚氯乙烯卷材、氯磺化聚乙烯卷材、氯化聚乙烯－橡胶共混卷材等。

合成高分子防水卷材的宽度要求≥1 000 mm,厚度分别为 1.0 mm、1.2 mm、1.5 mm 和 2.0 mm 四种规格,前 3 种规格每卷长度为 20 m,第 4 种规格每卷长度为 10 m,其外观质量和物理性能应符合表 10-6、表 10-7 的要求。

表 10-6　合成高分子防水卷材外观质量

项目	质量要求
折痕	每卷不超过 2 处,总长度不超过 20 mm
杂质	大于 0.5 mm 颗粒不允许,每 1 m² 不超过 9 mm²
胶块	每卷不超过 6 处,每处面积不大于 4 mm²
凹痕	每卷不超过 6 处,深度不超过本身厚度的 30%;树脂深度不超过 15%
每卷卷材的接头	橡胶类每 20 m 不超过 1 处,较短的一段不应小于 3 000 mm,接头处应加长 150 mm;树脂类 20 m 长度内不允许有接头

表 10-7　合成高分子防水卷材物理性能

项目		性能要求			
		硫化橡胶类	非硫化橡胶类	树脂类	纤维增强类
断裂拉伸强度/MPa		≥6	≥3	≥10	≥9
拉断伸长率/%		≥400	≥200	≥200	≥10
低温弯折/℃		-30	-20	-20	-20
不透水性	压力/MPa	≥0.3	≥0.2	≥0.3	≥0.3
	保持时间/min	≥30			
加热收缩率/%		<1.2	<2.0	<2.0	<1.0
热老化保持率 (80 ℃,168 h)	断裂拉伸强度	≥80%			
	拉断伸长率	≥70%			

3)其他新型防水卷材　聚乙烯丙纶/涤纶复合卷材具有材料厚度薄,适于湿作业,采用掺有专用胶的水泥浆粘贴。自粘型防水卷材是在改性沥青防水卷材,下表面覆以可剥离的涂硅隔离膜,上表面覆以聚乙烯膜或细砂(页岩)或金属膜或可剥离膜而制成,施工时可不用涂刷黏结剂黏结、表面省去保护层施工的防水卷材。耐根穿刺防水卷材是在卷材中增加金属膜或阻根剂,防止植物根系穿透,适用于种植屋面的防水层施工。

(3)基层处理剂　基层处理剂是为了增强防水材料与基层之间的黏结力,在防水层施工前,预先涂刷在基层上的涂料,沥青卷材的基层处理剂主要是冷底子油。高聚物改性

沥青卷材和合成高分子卷材的基层处理剂一般由卷材生产厂家配套供应。

冷底子油由 10 号或 30 号石油沥青加入挥发性溶剂配制而成。冷底子油配制方法有热配法和冷配法两种。采用轻柴油或煤油为溶剂配制的为慢挥发性冷底子油,沥青与溶剂重量配合比为 4:6;采用汽油为溶剂配制的为快挥发性冷底子油,沥青与溶剂重量配合比为 3:7。冷底子油具有较强的憎水性和渗透性,并能使防水材料与找平层之间的黏结力增强。

(4)沥青胶结材料(玛碲脂)　用一种或两种标号的沥青按一定配合量熔合,经熬制脱水后作为胶结材料,为了提高沥青的耐热度、韧性、黏结力和抗老化性能,可在熔融后掺入适当的填充材料。

沥青玛碲脂(简称沥青胶)作为沥青类防水卷材的胶结材料。可在使用时现场配制,也可采用已配好的冷玛碲脂。热玛碲脂加热温度不应高于 240 ℃,使用温度不宜低于190 ℃,并应经常检查。冷玛碲脂使用时应搅匀,稠度太大时可加少量溶剂稀释。

(5)胶黏剂　胶黏剂可分为高聚物改性沥青胶黏剂和合成高分子胶黏剂。高聚物改性沥青胶黏剂的黏结剥离强度不应小于 8 N/10 mm;合成高分子胶黏剂的黏结剥离强度不应小于 15 N/10 mm,浸水 168 h 后黏结剥离强度保持率不应小于 70%。

10.2.1.3　结构层处理

卷材防水材料铺贴前必须先对结构层和找平层进行处理,达到要求后方才可施工。现浇结构屋面板施工时混凝土宜连续浇筑,不留施工缝,并振捣密实,表面平整;吊装结构的屋面板应注意:坐浆要平,搁置稳妥,相邻屋面板高低差不大于 10 mm,缝隙大小近似;若上口宽不小于 20 mm 的缝隙,用 C20 以上细石混凝土嵌缝并捣实;灌缝细石混凝土宜掺微膨胀剂;当缝宽大于 40 mm 或上窄下宽时,应在板下吊装模板,并补放钢筋,再浇筑细石混凝土;如板下有隔墙,隔墙顶部与板底之间应有 20 mm 左右空隙,在抹灰时用疏松材料填充,避免隔墙处硬顶而使屋面板反翘。在找平层施工前屋面结构层表面应清理干净。

10.2.1.4　找平层施工

在结构层或保温层上面起到找平作用并作为防水层的依附层,称为找平层。应具有较好的结构整体性和刚度,使卷材铺贴平整,粘贴牢固,并具有一定的强度,以承受上部荷载。找平层一般分为水泥砂浆找平层、细石混凝土找平层和沥青砂浆找平层。找平层厚度应符合规范要求。沥青砂浆找平层适合于冬期、雨期施工,或用水泥砂浆施工有困难和抢工期时采用。细石混凝土找平层较适用于松散保温层上,可增强找平层的刚度和强度。

找平层会影响防水层质量,如有缺陷会影响防水层,造成渗漏,所以找平层必须做到以下几点。

(1)铺设防水层前,找平层必须平整、坚固、干净、干燥。混凝土或砂浆的配比要准确,采用水泥砂浆找平层时,水泥砂浆抹平收水后表面应二次压光,充分养护,表面不得有酥松、起砂、开裂、起皮现象,否则,必须进行修补。

(2)坡度准确,排水流畅,排水坡度必须符合规范规定,平屋面防水技术以防为主,以排为辅,但要求将屋面雨水在一定时间内迅速排走,不得积水,这是减少渗漏的有效方法,所以要求屋面有一定排水坡度。找平层的坡度要求参见表 10-8。

表 10 - 8　找平层的坡度要求

项目	平屋面		天沟、檐沟		雨水口周边 500 mm 范围
	结构找坡	材料找坡	纵向	沟底水落差	
坡度要求	≥3%	≥2%	≥1%	≤200 mm	≥5%

（3）为避免或减少找平层开裂，找平层宜留设分格缝，缝宽 5～20 mm，并嵌填密封材料或空铺卷材条。分格缝应留设在板端接缝处，其纵横缝最大间距：找平层采用水泥砂浆或细石混凝土时，不宜大于 6 m；找平层采用沥青砂浆时，不宜大于 4 m。分格缝施工可预先埋入木条或聚乙烯泡沫条，后用切割机锯出。如基层施工时难以达到要求的干燥程度，则需做排气屋面，分格缝可兼作排气屋面的排气道，缝可适当加宽，并应与保温层连通，见图 10 - 2。另外，为避免找平层开裂可在找平层水泥砂浆或细石混凝土中掺入减水剂或微膨胀剂或抗裂纤维等。

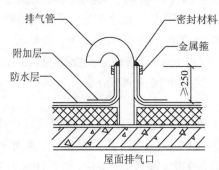 

图 10 - 2　排气屋面做法

（4）屋面基层与女儿墙、立墙、天窗壁、烟囱、变形缝、伸出屋面的管道等突出屋面结构连接处，以及基层转角处（各水落口、檐口、天沟、檐沟、屋脊等）是变形频繁、应力集中的部位，易引起防水层被拉裂。因此，根据不同防水材料，找平层均应做成圆弧形，合成高分子卷材薄且柔软，弧度可小，沥青卷材厚且硬，弧度要求大。

10.2.1.5　卷材防水层施工

卷材铺贴方法应符合下列规定：卷材铺设时，通常采用满粘法，在卷材防水层上有重物覆盖或基层变形较大时，应优先采用空铺法、点粘法、条粘法或机械固定法，但距屋面周边 800 mm 内，以及叠层铺贴的各层卷材之间应满粘。防水层采取满粘法施工时，找平层的分隔缝处宜空铺，空铺的宽度宜为 100 mm。

（1）高聚物沥青卷材防水层施工　铺贴卷材防水层操作工艺要求，主要有卷材的铺贴顺序、铺贴方向和卷材间的搭接方向等因素。卷材防水层的施工工艺流程：基层表面清理、修补→喷涂基层处理剂→节点附加增强处理→测量定线→铺贴附加层→铺贴卷材→收头处理、节点密封→淋（蓄）水试验、修整→铺设保护层。

1）卷材铺贴顺序　卷材大面积屋面施工时，可划分流水段施工，分界线宜设在屋脊、天沟、变形缝等处。施工前应先做好节点和屋面排水比较集中部位，如屋面与水落口、檐口、天沟、变形缝、管道根部等处的增强处理。通常采用的方法有附加卷材和防水材料密封，以及分格缝处空铺。部分节点处理见图 10 - 3。

铺贴卷材应采用搭接法。铺贴天沟、檐沟卷材时，宜顺其方向并减少搭接。铺贴多跨和有高低跨的屋面时,应按先高后低、先远后近的顺序进行。

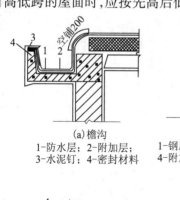
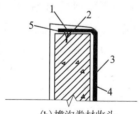

(a)檐沟
1-防水层；2-附加层；
3-水泥钉；4-密封材料

(b)檐沟卷材收头
1-钢压条；2-水泥钉；3-防水层；
4-附加层；5-密封材料

(c)无组织排水檐口
1-防水层；2-密封材料

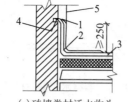
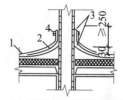

(d)卷材泛水收头
1-附加层；2-防水层；
3-压顶；4-防水处理

(e)砖墙卷材泛水收头
1-密封材料；2-附加层；3-防水层；
4-水泥钉；5-防水处理

(f)伸出屋面管道防水构造
1-防水层；2-附加层；
3-密封材料；4-金属箍

图 10 – 3　卷材铺贴节点处理图

2)铺设方向　卷材铺设方向应根据屋面坡度和屋面是否有振动来确定。当屋面坡度小于 3% 时,宜平行于屋脊铺贴;屋面坡度在 3% ~15% 时,卷材可平行或垂直于屋脊铺贴;屋面坡度大于 15% 或受震动时,宜垂直于屋脊铺贴,高聚物改性沥青卷材和合成高分子卷材可根据防水层的黏结方式、黏结强度、是否机械固定等因素综合考虑采用平行或垂直屋脊铺贴。上下层卷材不得相互垂直铺贴,并应采取固定措施,固定点还应密封。

3)搭接方法及宽度要求　铺贴卷材采用搭接法,上下层及相邻两幅卷材的接缝应错开。平行于屋脊的搭接缝应顺流水方向搭接;垂直于屋脊的搭接缝应顺着每年最大频率风向(主导风向)搭接。如图 10 -4。

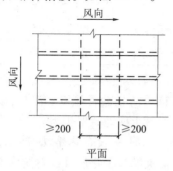
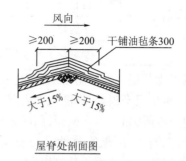

图 10 – 4　垂直屋脊铺贴示意图

叠层铺设的各层卷材在天沟与屋面的连接处应采用叉接法搭接,搭接缝应错开;接缝宜留在屋面或天沟侧面,不宜留在沟底。坡度超过 25% 的坡面上,应尽量避免短边搭接,

如必须搭接时,应采取下滑固定措施。固定点应密封严密。相邻两幅卷材的接头应相互错开300 mm以上,以免多层接头重叠而使得卷材粘贴不平。

两层卷材铺设时,应使上下两层的长边搭接缝错开1/2幅宽,如图10-5。三层卷材铺设时,应使上下层的长边搭接缝错开1/3幅宽。

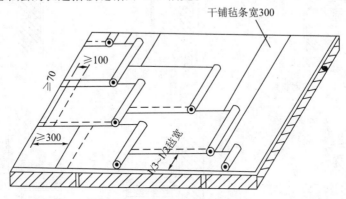

图10-5 卷材水平铺贴搭接要求

高聚物改性沥青卷材和合成高分子卷材的搭接缝宜用与其材性相容的密封材料封严。各种卷材搭接宽度应符合表10-9要求。施工时注意不得污染檐口外侧墙面。

表10-9 卷材搭接宽度

搭接方向		短边搭接宽度/mm		长边搭接宽度/mm	
铺贴方法 卷材种类		满粘法	空铺法 点粘法 条粘法	满粘法	空铺法 点粘法 条粘法
高聚物改性沥青防水卷材		80	100	80	100
合成高分子防水卷材	胶粘剂	80	100	80	100
	胶粘带	50	60	50	60
	单缝焊	60,有效焊接宽度不小于25			
	双缝焊	80,有效焊缝宽度10×2+空腔宽			

4)卷材保护层 卷材防水层铺设完毕经检查合格后,应立即进行绿豆砂(石)保护层的施工,以减少阳光辐射,降低屋面表层的温度,这样可防止沥青流淌、卷材磨损,增加防水层的使用年限,如为上人屋面,则应做砂浆、细石混凝土或地砖保护层。

5)施工方法 高聚物改性沥青防水卷材的施工方法一般有热熔法、冷粘法和自粘法、热风焊接法。最常用的是热熔法。立面或大坡面铺贴高聚物改性沥青防水卷材时,应满粘铺贴,并宜减少短边搭接。

①热熔法 将热熔型防水卷材底层加热熔化后,进行卷材与基层或卷材之间黏结的施工方法。高聚物改性沥青卷材,由于底面涂有改性沥青热熔胶,所以可采用热熔法施工。铺贴时用火焰烘烤卷材后直接与基层粘贴。这种施工方法受气候影响小,对基层表

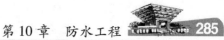

面干燥程度要求相对宽松。铺贴流程:热源烘烤→滚铺防水卷材→排气压实→接缝热熔焊实压牢→接缝密封。热熔法铺贴卷材施工要点:第一,火焰加热器加热卷材应均匀,不得过分加热或烧穿卷材。小于 3 mm 的高聚物改性沥青防水卷材严禁采用热熔法施工。第二,卷材表面热熔后应立即滚铺卷材,卷材下部空气应排尽,并辊压黏结牢固,不得空鼓。第三,卷材接缝部位以溢出热熔改性沥青胶为度。溢出改性沥青宽度以 2 mm 左右,并均匀顺直。缝处的卷材有铝箔或矿物粒(片)料时,应清除干净后再进行热熔和接缝处理。第四,热熔法施工环境气温不宜低于 − 10 ℃。

②冷粘法　在常温下采用胶粘剂(带)将卷材与基层或卷材之间黏结的施工方法。铺贴流程:基面涂刷黏结胶→卷材反面涂胶→卷材粘贴→滚压排汽→搭接缝涂胶黏合、压实→搭接缝密封。冷粘法铺贴卷材施工要点:第一,胶粘剂涂刷应均匀,不露底,不堆积。根据胶粘剂性能,应控制胶粘剂涂刷与卷材铺贴的间隔时间。一般用手触及表面似粘非粘为最佳。第二,铺贴的卷材下部空气应排尽,并辊压黏结牢固,黏合时不得用力拉伸卷材,避免卷材铺贴后处于受拉状态。

③自粘法　采用带有自粘胶的防水卷材进行黏结的施工方法。铺贴流程:卷材就位并撕去隔离纸→自粘卷材铺贴→滚压排气黏合牢固→搭接缝热压黏合→黏合密封胶条。自粘法铺贴卷材施工要点:第一,铺贴卷材前基层表面应均匀涂刷基层处理剂,干燥后及时铺贴卷材。铺贴卷材时,应将自粘胶底面的隔离纸全部撕净。否则不能实现完全粘贴。第二,在铺贴立面或大坡面卷材时,立面和大坡面处卷材容易下滑,可采用加热方法使自粘卷材与基层黏结牢固,必要时还应采用钉压固定等措施。

④热风焊接法　采用热风或热焊接进行热塑性卷材黏合搭接的施工方法。热风焊接法铺贴卷材施工要点:第一,卷材的焊接面应清扫干净,无水滴、油污及附着物,才能进行焊接施工,焊接时应先焊长边搭接缝,后焊短边搭接缝;第二,控制热风加热温度和时间,焊接处不得有漏焊、跳焊、焊焦或焊接不牢现象;第三,焊接时不得损害非焊接部位的卷材。

(2)合成高分子卷材施工　合成高分子卷材与高聚物改性沥青卷材相比具有厚度薄,重量轻,延伸率大,低温柔性好,施工简便(胶粘冷施工)等特点,近几年得到很大发展。施工方法主要是冷粘法、自粘法和机械固定,不得采用热熔法。施工前对水落口、天沟、檐沟、檐口的处理以及立面卷材收头、立面或大坡面处等施工方法均与高沥青防水卷材的施工相同。

在冷粘法施工时应采用与卷材配套的接缝专用胶粘剂,在搭接缝黏合面上涂刷均匀,不露底,不堆积。根据专用胶粘剂性能,应控制胶粘剂涂刷与黏合间隔时间,并排除缝间空气,辊压粘贴牢固。卷材采用机械固定时,固定件应与结构层固定牢固,固定件间距应根据当地的使用环境与条件确定,并不宜大于 600 mm,距周边 800 mm 范围内的卷材应满粘。在合成高分子防水卷材铺贴完成,质量验收合格后,即可在表面涂刷着色剂,起到保护卷材和美化环境的作用。另外,防水卷材严禁在雨天、雪天施工;五级风及以上风时不得施工;特别是合成高分子卷材环境气温低于 5 ℃时不宜施工。施工中途下雨、下雪,应做好已铺卷材周边的防护工作。

10.2.2 涂膜防水

涂膜防水屋面是在屋面基层上涂布液态防水涂料,经固化后形成一层有一定厚度和弹性的整体涂膜,从而起到防水作用的一种防水形式。这种屋面具有施工操作简单,无污染、冷操作、无接缝,能适应复杂基层,且防水性能好、温度适应性强,容易修补等特点。防水涂料应采用高聚物改性沥青防水涂料和合成高分子防水涂料,无机盐类防水涂料不适合于屋面防水工程。涂膜防水屋面典型的构造如图 10-6 所示。

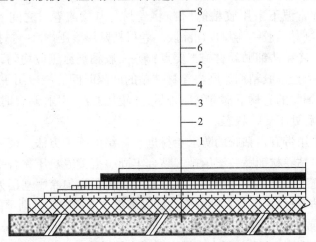

图 10-6　涂膜防水屋面构造图

1-钢筋混凝土屋面板;2-保温层;3-水泥砂浆找平层;4-基层处理剂;
5-涂漠防水层;6-胶粘剂;7-高分子卷材防水;8-表面着色剂

涂膜防水层用于防水等级为Ⅲ级、Ⅳ级的防水层面时均可单独作为一道设防,也可用于Ⅰ、Ⅱ级屋面多道防水设防中的一道防水层。二道以上设防时,如涂膜防水层与刚性防水层之间(如刚性防水层在其上)应设隔离层。

10.2.2.1　基层要求

涂膜防水层依附于基层,基层质量直接影响防水涂膜的质量。与卷材防水层相比,涂膜防水对基层要求更为严格,基层必须坚实、平整、清洁、干燥,无严重的漏水,同时表面不得有大于 0.3 mm 的裂缝。因此,涂膜施工前必须对基层进行严格检查,使之达到涂膜施工的要求。基层质量主要包括结构层刚度和整体性,找平层刚度、强度、平整度、表面完善程度以及基层含水率等。

涂膜防水屋面如果屋面坡度过于平缓,容易造成积水,使涂膜长期浸泡在水中,对一些水乳型涂膜就可能出现"再乳化"现象,降低防水层功能。屋面防水只有在不积水的情况下,屋面才具有可靠性和耐久性。采用涂膜防水屋面坡度一般规定为:上人屋面在 1%以上,不上人屋面在 2%以上。采用基层处理剂处理时,应涂刷均匀,覆盖完全,为保证涂漠层质量,施工后不产生与基层剥离、起鼓等现象,在涂漠层施工前还要求基层含水率不能过高。干燥后方可进行涂膜施工。

10.2.2.2　涂膜防水层施工

涂膜防水施工一般工艺流程:基层表面清理、修理→喷涂基层处理剂(底涂料)→特殊部位

附加增强处理→涂布防水涂料及铺贴胎体增强材料→清理与检查修理→保护层施工。

(1)涂膜防水层厚度 防水涂膜应由两层以上涂层组成,其总厚度必须符合设计要求和规范规定。高聚物改性沥青防水涂膜在防水等级为Ⅱ、Ⅲ级屋面上使用时,其厚度不应小于 3 mm;在防水等级为Ⅳ级屋面上使用时,其厚度不应小于 2 mm,可通过薄涂多次来达到厚度要求。合成高分子防水涂料性能优越,价格较贵,涂膜厚度在一道设防时不应小于 2 mm;与其他防水材料复合使用时,由于综合防水效果好,涂膜本身厚度可薄一些,但不应小 1.5 mm。

(2)涂膜防水层施工方法 涂膜防水操作方法有抹压法、涂刷法、涂刮法、机械喷涂法。在施工过程中可根据涂料品种、性能、稠度以及施工的不同部位来选择施工方法,其适应范围见表 10 - 10。

表 10 - 10 涂膜防水的操作方法和适应范围

操作方法	具体做法	适应范围
抹压法	涂料用刮板刮平,待平面收水但未结膜时用铁抹子压实抹光	用于固体含量较高,流动性较差的涂料
涂刷法	用扁油刷、圆滚刷蘸防水涂料进行涂刷	用于立面防水层,节点的细部处理
涂刮法	先将防水涂料倒在基面上,用刮板来回涂刮,使其厚度均匀	用于黏度较大的高聚物改性沥青防水涂料和合成高分子防水涂料的大面积施工
机械喷涂法	将防水涂料倒在设备内,通过压力喷枪将防水涂料均匀喷出	用于各种涂料及各部位施工

防水涂料可用长柄滚刷、油漆刷、高浓度喷涂机等工具涂布。涂布后一遍涂料应在先涂涂层干燥成膜后进行,分层分遍涂布逐渐达到规定厚度,不得一次涂成,否则涂料上下涂膜的收缩和干燥时间不一致,易使涂膜开裂,并且防水涂料容易造成流淌,使高部位越淌越薄,低部位则堆积,造成厚薄不匀。厚质涂料采用铁抹子或胶皮刮板涂刷,薄质涂料可采用棕刷、长柄刷等人工涂刷,也可用机械喷涂。分块涂布施工时,块与块之间应采用搭接涂刷,涂刷搭接宽度宜为 80 ~ 100 mm。每遍及相邻两遍间涂刷的方向应相互垂直。

(3)涂膜防水层施工工艺 涂膜防水层应按"先高后低,先远后近"的原则进行施工。先涂布节点、附加层,然后再大面积涂布。屋面转角及立面的涂层应薄涂多遍,不得有流淌。防水涂膜在满足厚度要求的前提下,涂刷遍数越多对成膜密实度越好。

1)涂膜防水层胎体增强材料 涂层中夹铺胎体增强材料时,宜边涂边铺胎体,胎体应刮平并排出气泡,胎体与涂料应黏合良好。在胎体上涂布涂料时,应使涂料浸透胎体,覆盖完全,不得有胎体外露现象。铺设胎体增强材料时,铺贴方向与搭接要求与卷材施工要求相同。天沟、檐沟、檐口、泛水和立面涂膜防水层收头等部位,均应用防水涂料多遍涂刷并用密封材料封严。

2)高聚物改性沥青防水涂膜 高聚物改性沥青防水涂料分为溶剂型和水乳型两类,根据屋面工程防水等级的要求,可采用一布三 ~ 四涂、二布四 ~ 六涂、三布五 ~ 六涂、多布

多涂或纯涂膜施工工艺。

3）合成高分子防水涂膜　可采用人工刮涂或机械喷涂的方法施工，当刮涂施工时，每遍刮涂的推进方向宜与前一遍相垂直。多组分涂料必须按配合比准确计量，搅拌均匀，已配成的多组分涂料必须及时使用。配料时允许加入适量的缓凝剂量或促凝剂量来调节固化时间，但不得混入已固化的涂料。另需注意，涂膜施工应先做好节点处理，铺设带有胎体增强材料的附加层，然后再进行大面施工；上层的涂层厚度不应小于 1.0 mm，在屋面转角及立面的涂膜应薄涂多遍，不得有流淌和堆积现象。

（4）涂膜保护层设置　涂膜防水屋面应设置保护层。保护层材料可用浅色涂料、细砂、云母、蛭石等散体材料，或砂浆、细石混凝土、块材等刚性材料。采用水泥砂浆或块材做保护层时，应在涂膜与保护层之间设置隔离层，水泥砂浆保护层厚度不宜小于 20 mm。用细石混凝土做保护层时，混凝土应振捣密实，表面抹平压光，并应留设分格缝，其纵横间距不宜大于 6 m。水泥砂浆、块体材料或细石混凝土保护层与女儿墙之间应预留宽度为 30 mm 的缝隙，并用密封材料嵌填严密。

防水涂膜严禁在雨天、雪天施工；五级以上大风或预计涂膜固化前有雨时不得施工；高聚物改性沥青防水涂膜和合成高分子防水涂膜的溶剂型涂料，施工环境温度宜为 $-5 \sim 35$ ℃；水乳型涂料，施工环境温度宜为 $5 \sim 35$ ℃。

10.2.3　刚性防水

刚性防水屋面是利用普通细石混凝土、补偿收缩混凝土、预应力混凝土、块体材料或钢纤维混凝土等材料做防水层。刚性防水屋面主要依靠混凝土自身的密实性，并采取一定的构造措施（如增加配筋、设置隔离层、设置分格缝和油膏嵌缝等）达到防水目的。刚性防水屋面一般构造示意如图 10 - 7 所示。

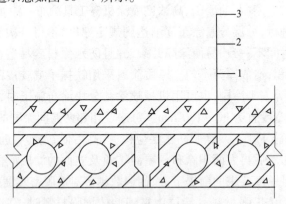

图 10 - 7　刚性防水屋面构造示意图
1 - 屋面板；2 - 隔离层；3 - 细石混凝土防水层

刚性防水层特点是材料来源广泛、价格便宜、耐水性好，但其抗拉强度低，伸缩弹性小，对地基不均匀沉降、构件受震动或温度影响而发生微小变形极为敏感，易产生裂缝。因此，刚性防水屋面主要适用于防水等级为Ⅲ级的屋面防水层；也可用作Ⅰ、Ⅱ级屋面多道防水设防中的一道防水层，不适用于设有松散保温层屋面、大跨度和轻型屋盖的屋面，以及受较大震动或冲击和坡度大于 15% 的建筑屋面。

10.2.3.1 基本要求

（1）材料要求　防水混凝土宜用普通硅酸盐水泥或硅酸盐水泥,当采用矿渣硅酸盐水泥时应采取减小泌水性的措施,水泥强度等级不应低于 32.5 级。不得使用火山灰质硅酸盐水泥。细骨料宜采用中砂或粗砂,含泥量不大于 2% 。粗骨料宜采用质地坚硬、级配良好的碎石或砾石,最大粒径不超过 15 mm,含泥量不超过 1% 。

混凝土水灰比不应大于 0.55;水泥最小用量不应小于 330 kg/m³;含砂率宜为 35% ~ 40%;灰砂比应为 1:2 ~ 1:2.5,并宜掺入外加剂。普通细石混凝土、补偿收缩混凝土的强度等级不应小于 C20,自由膨胀率应为 0.05% ~ 0.1% 。

（2）结构层要求　刚性防水屋面结构层要求与柔性防水层基本一致。普通细石混凝土和补偿收缩混凝土防水层应设置分格缝,其纵横间距不宜大于 6 m,缝的宽度宜为 10 ~ 20 mm,分格缝可采用嵌填密封材料并加贴防水卷材的方法进行处理,以增加防水的可靠性。见图 10 - 8。

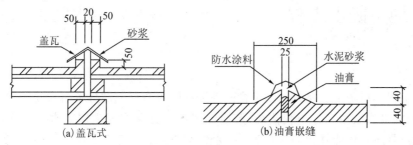

图 10 - 8　分格缝防水示意图

所有分格缝应纵横相互贯通,如有间隔应凿通,缝边如有缺边掉角须修补完整,达到平整、密实,不得有蜂窝、起皮、松动现象。分格缝必须干净,缝壁和缝两侧 50 ~ 60mm 内的水泥浮浆、残余砂浆和杂物,必须用刷缝机或钢丝刷刷除,并用吹尘机具吹净。嵌填密封材料处的混凝土表面应涂刷基层处理剂,不得漏涂。凡已涂刷基层处理剂的分格缝都应于当天嵌填密封材料,不宜隔天嵌填。

刚性防水屋面坡度宜为 2% ~ 3% ,并应采用结构找坡。细石混凝土防水层厚度不应小于 40 mm,并应配置直径为 4 ~ 6 mm、间距为 100 ~ 200 mm 的双向钢筋网片（宜采用冷拔低碳钢丝）。钢筋网片在分格缝处应断开,其保护层厚度不应小于 10 mm。

刚性防水层在结构层与防水层之间应增加一层低强度等级砂浆、卷材、塑料薄膜等材料,起隔离作用,使结构层和防水层变形互不约束,以减少防水混凝土产生拉应力而导致混凝土防水层开裂。

10.2.3.2 刚性防水层施工

细石混凝土防水层施工程序:清理隔离层表面→弹线分格→支设分格缝隔板及檐口模板→绑扎钢筋网片→浇捣细石混凝土→压实抹平→起出分格缝隔板→分遍压实抹光→养护→分格缝防水密封处理。

细石混凝土防水层宜按"先远后近,先高后低"的原则进行。一个分格必须一次浇捣完成,不留施工缝。混凝土浇捣厚度不宜小于 40 mm。普通细石混凝土应采用机械搅拌,

搅拌时间不应少于 2 min。宜采用机械振捣,也可用小辊滚压相配合,边插捣边滚压,直到密实表面泛浆,再用铁抹子压实抹平,并确保防水层的设计厚度、排水坡度、钢筋间距及位置准确。混凝土收水初凝后,及时取出分格缝隔板,用铁抹子第二次压实抹光,并及时修补分格缝缺损部分。待混凝土终凝前进行第三次压实抹光,要求做到表面平整压实抹光,达到不起砂、不起层、无裂缝、无抹板压痕为止。

混凝土浇筑后 12 ~ 24 h 应进行养护,可采用洒水湿润、覆盖塑料薄膜、表面喷涂养护剂等养护方法,也可用蓄水法或覆盖浇水养护法,养护时间不少于 14 天。

用膨胀剂拌制补偿收缩混凝土时应按配合比准确计量,搅拌投料时膨胀剂应与水泥同时加入,搅拌时间不应少于 3 min。补偿收缩混凝土凝结时间一般比普通混凝土略短,所以拌制的混凝土应及时浇筑,搅拌、运输、铺设、振捣和碾压、收光等工序应紧密衔接。施工温度以 5 ~ 35 ℃为宜,施工时应避免烈日曝晒。0 ℃以下施工要保证浇灌时混凝土温度不低于 5 ℃,浇灌完毕待混凝土稍硬后,及时覆盖塑料薄膜或草帘保温保湿。

10.3　地下防水工程

10.3.1　卷材防水

地下工程卷材防水层是采用高聚物改性沥青防水卷材或高分子防水卷材和与其配套的胶结材料(沥青胶或高分子胶粘剂)胶合而成的一种单层或多层防水层。这种防水层的主要优点是防水性能好,具有一定的韧性和延伸性,能适应结构振动和微小变形,不至于产生破坏而导致渗水现象,并能抵抗酸、碱、盐溶液的侵蚀。防水效果好,目前地下结构防水工程中被广泛采用。

10.3.1.1　适用范围

卷材防水层适用于受侵蚀性介质作用或受震动作用的地下工程主体迎水面防水的结构防水层中。具体范围有如下规定:

(1)卷材防水层适合于承受压力不超过 0.5 MPa,当有其他荷载作用超过上述数值或有剪力存在时,应采取结构措施。

(2)卷材防水层经常保持不小于 0.01 MPa 的侧压力下,才能较好发挥防水功能,一般采取保护墙分段断开,起附加荷载作用。

(3)改性沥青防水卷材耐酸、耐碱、耐盐的侵蚀,但不耐油脂及可溶解沥青的溶剂的侵蚀,所以油脂和溶剂不能接触沥青防水卷材。

10.3.1.2　卷材防水层施工

将卷材防水层铺贴在地下结构外表面时,称为外防水。此种方法可借助土压力压紧,并可与承重结构一起抵抗地下水渗透和侵蚀作用,防水效果好。外防水卷材防水层铺贴方式按其与防水结构施工先后顺序,可分为外防外贴法和外防内贴法两种。

(1)外防外贴法施工

1)构造做法　先进行主体结构施工,卷材防水层直接粘贴于主体结构的外墙表面,再砌永久保护墙(或保护层),构造做法如图 10 - 9 所示。防水层能与混凝土结构同步沉降,较少受结构沉降变形影响,施工时不易损坏防水层,也便于检查混凝土结构和卷材质量,发现问题容易修补。但缺点是工期长、工作面大、土方量大、卷材接头不易保护,容易影响防水工程质量。

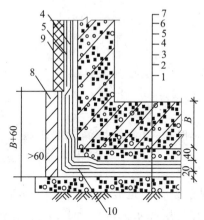

图 10 - 9　卷材防水层外防外贴法

1 - 结构垫层;2 - 水泥砂浆找平层;3 - 卷材附加层;4 - 卷材防水层;5 - 保护层;
6 - 找平层;7 - 结构墙体;8 - 永久保护墙;9 - 临时保护墙;10 - 卷材附加层

2)施工方法

①卷材层应铺贴在水泥砂浆找平层上,铺贴卷材时,找平层应基本干燥。卷材应先铺平面,后铺立面,交接处应交叉搭接;结构转角处铺贴一层卷材附加层,然后进行大面积铺贴。

②浇筑结构底板混凝土垫层,在垫层上砌筑永久保护墙,在永久保护墙上用石灰砂浆接砌临时保护墙。永久保护墙高度应比结构底板厚度高 200 ~ 500 mm,临时保护墙高一般为 450 ~ 600 mm。在垫层和永久保护墙上抹 1:3 水泥砂浆找平层,转角处抹成圆弧形,在临时保护墙内表面上抹石灰砂浆找平层,并刷石灰浆。

③从底面折向立面的卷材,与永久性保护墙接触部位宜采用空铺法或点粘法,与临时性保护墙或围护结构模板接触部位应将卷材临时贴附,并将卷材接头临时固定在保护墙最上端。当不设保护墙时,从底面折向立面的卷材在接槎部位应采取可靠的保护措施。

④保护墙上的卷材防水层完成后,应作保护层,以免后面工序施工损坏卷材防水层。保护层材料有水泥砂浆或细石混凝土,但临时保护墙上保护层一般为石灰砂浆,以便拆除。保护层厚度为 30 ~ 50 mm。施工结构底板和墙体时,保护墙可作为混凝土墙体的侧模板。

⑤主体结构完工后,将临时固定部位的卷材揭开,表面清理,再将此段结构外表面用水泥砂浆做找平层。如平整度达到要求,可省去找平层。

⑥找平层干燥后,将卷材分层错槎搭接向上铺贴(图 10 - 10)。卷材接槎搭接长度,高聚物改性沥青卷材不应小于 150 mm,合成高分子卷材为 100 mm。当使用两层卷材时,应错槎接缝,上层卷材应盖过下层卷材,接槎处应采用密封材料加贴盖缝条。

⑦卷材防水层施工完毕,立即进行渗漏检验,合格后,应及时做好卷材防水层保护结构,并进行土方回填。

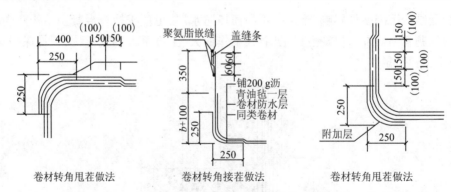

卷材转角甩茬做法　　　　卷材转角接茬做法　　　　卷材转角甩茬做法

图 10 - 10　卷材转角接槎与甩槎

（括号内数字用于合成高分子卷材）

（2）外防内贴法施工

1）构造做法　外防内贴法是在浇筑混凝土垫层后，在垫层上将永久保护墙全部砌好，然后将卷材防水层铺贴在垫层和永久保护墙上，再施工主体结构的方法，见图 10 - 11。这种方法可一次完成防水层的施工，工序简单、土方量较小、卷材防水层无须临时留槎，可连续铺贴，缺点是立墙防水层难以和主体同步，受结构沉降变形影响，防水层易受损，以及混凝土的抗渗质量不易检查，如发生渗漏，修补困难。

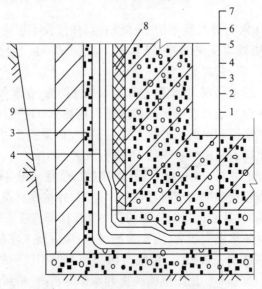

图 10 - 11　卷材防水层外防内贴法

1 - 素土回填；2 - 混凝土垫层；3 - 找平层；4 - 卷材防水层；5 - 保护层
6 - 找平层；7 - 结构墙体；8 - 找平层；9 - 永久保护墙

2）施工方法

①在已施工的混凝土垫层上砌永久保护墙，用 1:3 水泥砂浆在垫层和永久保护墙上抹找平层。阴阳角处应抹成钝角或圆角。

②找平层干燥后涂刷冷底子油或基层处理剂，干燥后将卷材防水层直接铺贴在保护墙上，转角处还应铺贴卷材附加层。铺贴卷材防水层应先铺立面，后铺平面，铺贴立面时

先铺转角,后铺大面。

③卷材防水层铺完经检验合格后,应及时做保护层。立面应在涂刷防水层最后一道沥青胶结材料时,趁热撒上热砂或散麻丝,冷却后抹一层 10～20 mm 厚 1:3 水泥砂浆;平面可用水泥砂浆或浇细石混凝土作保护层,最后再进行防水结构混凝土底板和墙体施工。

(3)防水卷材铺贴要求 铺贴高聚物改性沥青卷材应采用热熔法施工;铺贴合成高分子卷材宜采用冷粘法施工。

卷材铺贴时,两幅卷材长边和短边的搭接长度均不应小于 100 mm。采用双层卷材时,上下两层和相邻两幅卷材的接缝应错开 1/3～1/2 幅宽,且两层卷材不得相互垂直铺贴。卷材接缝必须粘贴封严,接缝口应用材性相容的密封材料,接缝宽度不应小于 10 mm。在立面与平面转角处,卷材接缝应留在平面上,距立面不应小于 600 mm。在转角处和特殊部位,应增贴 1～2 层相同卷材或抗拉强度较高的卷材。

热熔法和冷粘法大面铺贴卷材要求与屋面卷材基本一样,具体施工要点可参考上节内容。

10.3.2 刚性防水

10.3.2.1 防水混凝土

(1)防水混凝土适用范围 防水混凝土适用于防水等级为一～四级的地下整体式混凝土结构。不适用环境温度高于 80 ℃、结构易受剧烈振动、冲击或处于耐侵蚀系数小于 0.8 的侵蚀性介质中使用的地下工程。(耐侵蚀系数是指在侵蚀性水中养护 6 个月的混凝土试块的抗折强度与在饮用水中养护 6 个月的混凝土试块的抗折强度之比)。

防水混凝土环境温度一般应控制在 50～60 ℃以下,最好接近常温。这主要是因为防水混凝土抗渗性随着温度提高而降低,温度越高降低越明显。温度升高,混凝土硬化后其残留内部的水分蒸发,混凝土内部产生许多毛细孔,形成渗水通路,加之水泥与水的水化作用,导致水泥凝胶破裂、干缩,混凝土内部组织结构破坏,抗渗性能降低。

结构遭受剧烈振动或冲击时,振动和冲击使得混凝土结构内部产生拉应力,拉应力大于混凝土自身抗拉强度的情况下,就会出现结构裂缝,产生渗漏现象。另外,我国地下水特别是浅层地下水受污染比较严重,混凝土并非是永性材料,钢筋常常会受到侵蚀。特别是中、高层建筑增多,投资大,要求使用年限长,防水等级大多为一级防水,所以必须采取多道防水措施。为保其抗渗性,规范还规定:防水混凝土的抗渗等级不得小于 P6,见表 10-11。

表 10-11 防水混凝土设计抗渗等级

工程埋置深度	设计护渗等级	工程埋置深度	设计护渗等级
<10	P6	20～30	P10
10～20	P8	30～40	P12

注:①本表适用于Ⅳ、Ⅴ级围岩(土层及软弱围岩);
　②山岭隧道防水混凝土抗渗等级可按铁道部门的有关规定执行

防水混凝土包括普通防水混凝土、外加剂防水混凝土两大类。这种防水层具有取材容易、施工简便、工期短、造价低、耐久性好等优点,在一般民用建筑的地下室、水泵房、水池、大型设备基础、沉箱、地下连续墙等建(构)筑物上多有运用。

(2)防水混凝土一般规定

1)材料要求

①水泥 地下防水混凝土中水泥强度等级不应低于32.5级。不得使用过期或受潮结块水泥,不得将不同品种或强度等级的水泥混合使用。在不受侵蚀和冻融作用下,宜采用普通硅酸盐水泥、硅酸盐水泥、火山灰质硅酸盐水泥、粉煤灰硅酸盐水泥。如采用矿渣硅酸盐水泥,应掺入高效减水剂以降低泌水率。

在受冻融条件下,宜采用普通硅酸盐水泥,不宜采用火山灰质硅酸盐水泥和粉煤灰硅酸盐水泥。在受侵蚀性介质作用下,应按介质的性质选用相应的水泥,如受硫酸盐介质侵蚀时,可采用火山灰质硅酸盐水泥、粉煤灰硅酸盐水泥、抗硫酸盐硅酸盐水泥。

②骨料 砂宜用中砂,含泥量不大于3%,泥块含量不大于1%。石子粒径宜为5~40 mm,泵送混凝土最大粒径应为输送管道直径的1/4;含泥量不大于1%,泥块含量不大于0.5%;石子吸水率不大于1.5%,不得使用碱活性骨料。细骨料宜用中砂,含泥量不大于3.0%,泥块含量不大于1.0%。

③水 采用不含有害杂质、pH值4~9的洁净水,一般饮用水或天然洁净水均可采用。

2)外加剂和矿物掺合料 防水混凝土可根据工程需要掺入防水剂、引气剂、减水剂、密实剂、膨胀剂、复合型外加剂等,其品种和掺量应经试验确定。所有外加剂应符合国家或行业标准一等品及以上的质量要求。掺入外加剂可以改善混凝土内部组织结构,增加密实性及抗裂性,提高防水抗渗性能。

防水混凝土也可掺入粉煤灰、磨细矿渣粉、硅粉等。粉煤灰级别不应低于二级,掺量不大于20%,硅粉掺量不大于3%,其他掺合料应经过试验确定。

3)配合比 防水混凝土的配合比应符合下列规定:试配要求的抗渗水压值应比设计值提高0.2 MPa;水泥用量不得少于300 kg/m³,当掺有活性掺合料时,水泥用量不得少于280 kg/m³;砂率宜为35%~45%,泵送时可增至45%;灰砂比宜为1:2~1:2.5;水灰比不得大于0.55;坍落度不宜大于50 mm,采用预拌混凝土时,入泵坍落度宜为100~140 mm,缓凝时间宜为6~8 h;掺入引气剂或引气型减水剂时,混凝土含气量应控制在3%~5%。

(3)防水混凝土种类

1)普通防水混凝土 普通防水混凝土是通过调整配合比、控制材料的选择、混凝土拌制和振捣质量,提高混凝土的密实度和抗渗性而达到防水目的,它不同于普通混凝土。

2)外加剂防水混凝土 外加剂防水混凝土是在混凝土中掺入有机或无机外加剂,改善混凝土性能,从而达到防水目的。由于外加剂种类较多,各自的性能、效果及适用条件不尽相同。常用的外加剂防水混凝土有三乙醇胺防水混凝土、加气剂防水混凝土、减水剂防水混凝土、氯化铁防水混凝土。

(4)防水混凝土施工 防水混凝土结构应构造设计,材料选择合理。施工中混凝土的配料、搅拌、运输、浇筑、振捣及养护等环节都直接影响着工程质量,因此要严格控制好每一个施工环节。

1）施工准备　施工前应编制施工方案，做好技术交底，原材料检验和试配工作；做好基坑排降水工作，防止地表水流入。

浇筑防水混凝土所用模板应特别注意拼缝严密。一般不宜用穿过防水混凝土结构的螺栓或铁丝固定模板，以防产生引水现象，发生渗漏。当墙需要用穿过混凝土防水结构的对拉螺栓固定模板时，应采取止水措施，一般可在螺栓中间应加焊一块止水环，阻止渗水通路，见图 10 - 12。

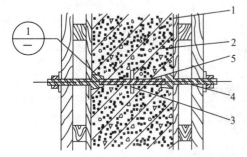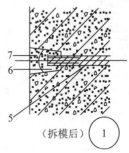

（拆模后）

图 10 - 12　用螺栓固定模板的防水做法
1 - 模板；2 - 结构混凝土；3 - 止水环；4 - 工具式螺栓；
5 - 固定模板用螺栓；6 - 嵌缝材料；7 - 聚合物水泥防水砂浆

为了有效地阻止钢筋的引水作用，迎水面防水混凝土钢筋保护层厚度，不应小于 50 mm。底板钢筋均不能接触混凝土垫层，结构内部的钢筋以及绑扎铁丝均不得接触模板。留设保护层应以相同配合比的细石混凝土或水泥砂浆垫块钢筋。严禁用钢筋充当保护层垫块。

2）拌制过程控制　拌制混凝土所用材料的品种、规格和用量，每工作班检查不应少于两次。水泥、水、外加剂掺合料累计计量偏差不应大于 ±1%；砂、石计量偏差不应大于 ±2%。混凝土在浇筑地点的坍落度每工作班至少检查两次，并符合现行《普通混凝土拌合物性能试验方法》(GB/T 50080—2002) 的规定。防水混凝土应采用机械搅拌，搅拌时间比普通混凝土略长，一般不少于 120 s；掺入引气型外加剂，则搅拌时间为 120 ~ 180 s；掺入其他外加剂应根据相应的技术要求确定搅拌时间。

3）混凝土运输、浇筑与振捣　在运输过程中要防止防水混凝土拌合物产生离析和坍落度损失。当出现离析时，必须进行二次搅拌。当坍落度损失不能满足施工要求时，应加入原水灰比水泥浆或二次掺加减水剂进行搅拌，严禁直接加水。

振捣应采用机械振捣，振捣时间宜为 10 ~ 30 s；防水混凝土应连续浇筑，宜少留施工缝，当必须留设施工缝时应遵守下列规定：墙体水平施工缝不应留在剪力与弯矩最大处或底板与侧墙交接处，应留在高出底板表面不小于 300 mm 的墙体上。墙体有预留孔洞时，施工缝距孔洞边缘不应小于 300 mm。垂直施工缝应避开地下水和裂隙水较多地段，并宜与变形缝相结合。

4）施工缝施工　施工缝是防水结构容易发生渗漏的部位，施工时要符合下列要求：水平施工缝浇灌混凝土前，应将其表面浮浆和杂物清除，先铺净浆，再铺 30 ~ 50 mm 厚的 1∶1 水泥砂浆或涂刷混凝土界面处理剂，并及时浇灌混凝土。垂直施工缝浇灌混凝土前，

应将其表面清理干净,并涂刷水泥净浆或混凝土界面处理剂,并及时浇灌混凝土。选用的遇水膨胀止水条应具有缓胀性能,其 7 天膨胀率不应大于最终膨胀率的 60%;遇水膨胀止水条应牢固地安装在缝表面或预留槽内。采用中埋式止水带时,应确保位置准确,固定牢靠。见图 10 – 13。

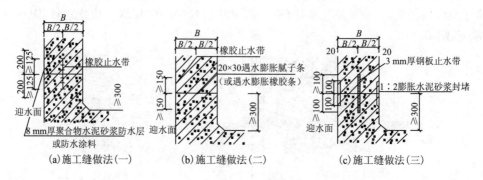

图 10 – 13 施工缝做法

5)变形缝施工 变形缝设置中埋式止水带时(图 10 – 14),中心线应和变形缝中心线重合,止水带不得穿孔或用铁钉固定;混凝土浇筑前应校正止水带位置,表面清理干净,止水带损坏处应修补;顶、底板止水带下侧混凝土应振捣密实,边墙止水带内外侧混凝土应均匀,保持止水带位置正确、平直,无卷曲现象;止水带宽度和材质的性能均应符合设计要求,且无裂缝和气泡;接头应采用热接,不得叠接,接缝平整、牢固、不得有裂口的脱胶现象;变形缝处增设的卷材或涂料防水层,应按设计要求施工。

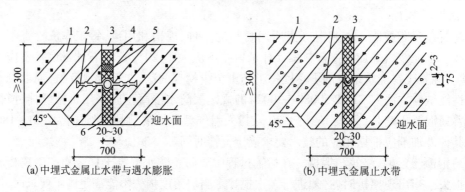

图 10 – 14 中埋式止水带变形缝设置
1－混凝土结构;2－中埋式金属(或非金属)止水带;3－嵌缝材料;
4－背衬材料;5－遇水膨胀胶条;6－填缝材料

6)后浇带施工 后浇带应设在受力和变形较小的部位,间距宜为 30～60 m,宽度为 700～1 000 mm。后浇带可做成平直缝,结构主筋不宜在缝中断开,如必须断开,则主筋搭接长度应大于 45 倍主筋直径,并应按设计要求加设附加钢筋。后浇带防水构造见图 10 – 15。后浇带需超前止水时,后浇带部位混凝土应局部加厚,并增设外贴式或中埋式止水带,见图 10 – 16。

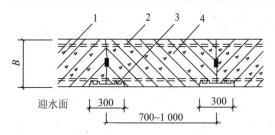

图 10 – 15　后浇带防水构造

1 – 先浇混凝土;2 – 结构主筋;3 – 外贴式止水带;
4 – 后浇补偿收缩混凝土

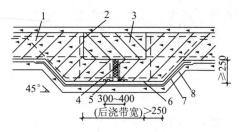

图 10 – 16　后浇带超前止水构造

1 – 先浇混凝土;2 – 钢丝网片;3 – 后浇带;
4 – 填缝材料;5 – 外贴式止水带;6 – 细石
混凝土保护层;7 – 卷材防水层;8 – 垫层
混凝土

7)穿墙管施工　穿墙管(盒)应在混凝土浇筑前预埋,管与管的间距应大于 300 mm;穿墙管与内墙角、凹凸部位的距离应大于 250 mm。结构变形或管道伸缩量较大或有更换要求时,应采用套管式防水法,套管应加焊止水环。结构变形或管道伸缩量较小时,穿墙管可采用主管直接埋入混凝土内的固定式防水法,并应预留凹槽,槽内用嵌缝材料嵌填密实。其防水构造见图 10 – 17。

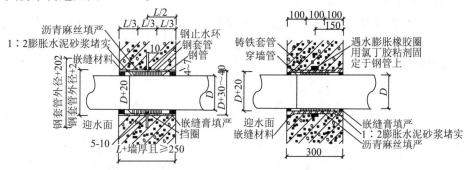

图 10 – 17　固定式穿墙管防水图

8)养护与拆模　防水混凝土终凝后应立即覆盖浇水养护,养护时间不应少于 14 天。拆模时防水混凝土的强度必须超过设计强度等级的 70%,拆模后应及时回填土,以利于混凝土后期强度的增长和抗渗性的提高,避免温差和干缩引起开裂。

10.3.2.2　水泥砂浆防水层

水泥砂浆防水层是用水泥砂浆、素水泥浆交替抹压涂刷多层的刚性防水层,其防水原理是分层闭合,构成一个多层整体防水层,各层的残余毛细孔道互相堵塞,使水分不能透过,从而达到抗渗防水目的。

水泥砂浆防水层包括普通水泥砂浆、聚合物水泥防水砂浆、掺外加剂或掺合料水泥砂浆等,这种防水层可用于主体结构的迎水面或背水面。

普通水泥砂浆采用不同配合比的水泥浆和水泥砂浆,通过分层抹压构成防水层,对防水要求较低的工程中使用较为适宜。在水泥砂浆中掺入各种外加剂、掺合料,可提高砂浆的密实性、抗渗性,应用较为普遍。而在水泥砂浆中掺入高分子聚合物(如乙烯 – 醋酸乙烯共聚物、聚丙烯醋酸、有机硅、丁苯胶乳、氯丁胶乳等)配制成具有韧性、耐冲击性好的

聚合物水泥砂浆,是近年国内发展较快、具有较好防水效果的新型防水材料。

(1)材料要求

1)材料

①水泥　水泥品种采用强度等级不低于32.5级的普通硅酸盐水泥、硅酸盐水泥、特种水泥。不同品种和标号的水泥不能混用,严禁使用过期或受潮结块的水泥。

②砂　宜采用中砂,平均粒径不小于0.5 mm,最大粒径不大于3 mm,含泥量不大于1%,硫化物和硫酸盐含量不大于1%。

③水　一般采用饮用水,如用天然水应符合混凝土用水的要求。

2)外加剂

①无机铝盐防水剂　此类防水剂加入水泥砂浆后,能与水泥和水起作用,在砂浆凝结硬化过程中生成水化氯铝酸钙、水化氯硅酸钙等晶体物质,填补砂浆中的空隙,从而提高了砂浆密实性和防水性能。

②有机硅防水剂　是一种小分子水溶性混合物,易被弱酸分解,是一种憎水性物质。渗入基层内可堵塞水泥砂浆内部毛细孔,增强密实性,提高抗渗性,从而起到防水作用。

③补偿收缩抗裂型防水剂　是继U型混凝土膨胀剂后,专用于水泥砂浆防水层的外加剂,它的抗渗性好,且具有抗裂性。

3)水泥砂浆防水层配合比　普通水泥砂浆防水层配合比见表10-12。掺加外加剂、掺合料、聚合物等防水砂浆配合比和施工方法应符合规定,其中聚合物砂浆用水量应包括乳液中的含水量。

表10-12　普通水泥砂浆防水层的配比表

名称	配合比(质量比)		水灰比	适用范围
	水泥	砂		
水泥浆	1	—	0.55~0.60	水泥砂浆防水层的第一层
水泥浆	1	—	0.37~0.40	水泥砂浆防水层的第三、五层
水泥砂浆	1	1.5~2.0	0.40~0.50	水泥砂浆防水层的第二、四层

(2)基层处理　基层处理是保证防水层与基层表面结合牢固、不空鼓、不透水和密实的关键。包括清理、浇水、刷洗、补平等工序,使基层表面保持潮湿、清洁、平整、坚实、粗糙。其中浇水湿润尤其关键。水要反复浇透至表面基本饱和,抹上灰浆后无吸水现象为宜。

(3)水泥砂浆防水层施工

1)普通水泥砂浆防水层施工(刚性多层做法)

①混凝土顶板与墙面防水层施工　第一层为素灰层,厚2 mm。先抹一道1 mm厚素灰,随后在已刮抹的素灰层上再抹一道厚1 mm素灰找平层,然后用湿毛刷在素灰表面按顺序轻刷一遍,打乱素灰层表面的毛细孔道,形成水泥结晶层,成为防水层的第一道防水。

第二层为水泥砂浆层,厚4~5 mm。在素灰层初凝时抹第二层水泥砂浆层,该层主要起对素灰层的养护、保护和加固作用。

第三层为素灰层,厚 2 mm。在第二层水泥砂浆凝固并具有一定强度(常温下间隔一昼夜),适当浇水湿润,再进行第三层的操作,方法与第一层相同。

第四层为水泥砂浆层,厚 4~5 mm。操作过程同第二层,将其抹在第三层上,抹后在水泥砂浆凝固过程中,用铁抹子分 3~4 次压实,最后再压光。

第五层抹水泥浆作法与上述作法相同。只是第五层是在第四层水泥砂浆抹压两遍后,用毛刷将水泥浆均匀地刷在第四层上,随第四层一起抹实压光。

②底板防水层施工 底板防水层施工与墙面、顶板不同,通常第一、三层的素灰层不采用刮抹方法,而是把素灰倒在地面上,用刷子往返用力涂刷均匀,第二、四层是在素灰层初凝前后把水泥砂浆按厚度要求均匀抹压在素灰层上。底板防水层施工时要禁止踩踏,应由里向外顺序进行。

水泥砂浆各层应紧密贴合,每层宜连续施工。如必须留槎时,留置成阶梯形,但离转角处不得小于 200 mm;接槎应依层次顺序操作,层层搭接紧密。接槎时,应先在接槎处均匀涂刷水泥浆一层,以保证接槎的密实性。防水层留槎与接槎方法如图 10-18 所示,基础面与墙面防水层转角留槎如图 10-19 所示。结构阴阳角处的防水层均应抹成圆弧形。

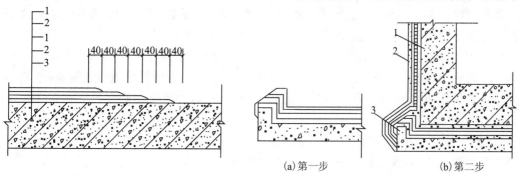

图 10-18 平面留槎示意图
1,3-水泥浆层;2-水泥砂浆层

图 10-19 转角留槎示意图
1-围护结构;2-水泥砂浆防水层;3-混凝土垫层

普通水泥砂浆防水层终凝后,应及时进行养护,温度不宜低于 5 ℃,养护时间不得少于 14 天,养护期间应保持湿润。

2)掺外加剂水泥砂浆防水层施工 先在处理后的基层上涂一道防水净浆,然后分两次抹厚度为 12 mm 的底层防水砂浆。第一次要用力抹压使其与基层结成一体,凝固前用木抹子搓压成麻面,待阴干后即按同样的方法抹第二遍底层砂浆;底层砂浆抹完约 12 h后,先在底层防水砂浆上涂刷一道防水净浆,并随涂刷随抹第一遍面层防水砂浆(厚度不超过 7 mm),凝固前用木抹子均匀搓压成麻面,第一遍面层防水砂浆阴干后再抹第二遍面层防水砂浆,并在凝固前分次抹压密实,最后压光。防水砂浆两次抹压厚度为 13 mm。

10.3.3 其他地下防水工程

10.3.3.1 涂膜防水层施工

地下涂膜防水材料分为无机防水涂料和有机防水涂料。防水涂料品种选择应符合下列规定:潮湿基层宜选用与潮湿基面黏结力大的涂料,或采用先涂水泥基类无机涂料而后

涂有机涂料的复合涂层;冬季施工宜选用反应型涂料,如用水乳型涂料,温度不得低于5 ℃;埋置深度较深的重要工程、有振动或有较大变形的工程宜选用高弹性防水涂料;有腐蚀性的地下环境宜选用耐腐蚀性较好的反应型、水乳型、聚合物水泥涂料,并做刚性保护层。

(1)施工工艺　防水涂料可采用外防外涂、外防内涂两种做法。涂膜防水层施工程序:基层处理→平面涂布处理剂→增强涂布或增补涂布施工→平面防水层涂布施工→平面部位铺贴油毡隔离层→平面部位浇筑细石混凝土保护层→钢筋混凝土地下结构施工→修补混凝土立墙外表面→立墙外侧涂布基层处理剂→增强涂布或增补涂布→涂布立墙防水层→立墙防水层保护层施工→基坑回填。

(2)施工方法

1)基层检查验收　涂料防水层的基层表面必须坚固、平整、洁净,无空鼓、开裂现象,无油污、浮渣。基层阴阳角应做成圆弧形,阴角直径宜大于 50 mm,阳角直径宜大于 10 mm。

2)涂膜防水层施工　涂刷前应先在基层面上涂布基层处理剂;涂膜应多遍完成,涂刷应待前遍涂层干燥成膜后进行;每遍涂刷时应交替改变涂层的涂刷方向,同层涂膜的先后搭接宽度宜为 30 ~ 50 mm;涂料防水层施工缝应注意保护,接涂前应将其表面处理干净。涂刷程序应先做转角处、穿墙管道、变形缝等部位的加强层,后进行大面积涂刷。

3)涂膜防水保护层　保护层应符合下列规定:底板、顶板应采用 20 mm 厚 1:2.5 水泥砂浆层和 40 ~ 50 mm 厚细石混凝土保护,顶板防水层与保护层间宜设置隔离层;侧墙背水面应采用 20 mm 厚 1:2.5 水泥浆层保护;侧墙迎水面宜选用软保护层或 20 mm 厚1:2.5水泥砂浆层保护。

(3)涂膜防水层细部构造处理　对于阴阳角、穿墙管道、预埋件、变形缝等容易造成渗漏的薄弱部位,应参照卷材防水做法,采用附加防水层加强。此时可做成"一布二涂"或"二布三涂",其中胎体增强材料亦优先采用聚酯无纺布。

1)阴阳角　在基层涂布底层涂料之后,应先进行增强涂布,同时将玻纤布铺贴好,然后再涂布第一道、第二道涂膜,阴阳角的做法参见图 10 – 20。

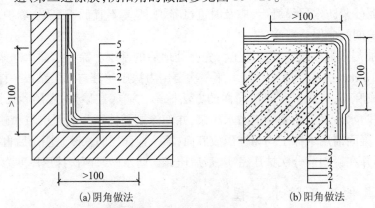

(a)阴角做法　　　　(b)阳角做法

图 10 – 20　阳角做法和阴角做法

1 – 需防水结构;2 – 水泥砂浆找平层出;3 – 底涂层;4 – 玻璃纤维布增强涂布;5 – 涂漠防水层

2)管道根部　先将管道用砂纸打毛,用溶剂洗去油污,管道根部周围基层应清洁干

燥。在管道根部周围及基层涂刷底层涂料,在底层涂料固化后做增强涂布,增强层固化后再涂刷涂膜防水层,见图 10 – 21。

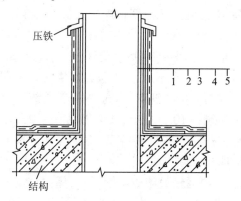

图 10 – 21 管道根部做法

1 – 穿墙管;2 – 底涂层;3 – 玻璃纤维布,并用铜丝绑扎;4 – 增强涂布层;5 – 涂膜防水层

10.3.3.2 其他地下防水工程简介

(1)密封防水 密封防水是对建筑物或构筑物的接缝、节点等部位运用密封材料进行水密和气密处理,起着密封、防水、防尘和隔声等功能。同时还可与卷材防水、涂料防水和刚性防水等工程配套使用,因而是防水工程中的重要组成部分。

常用嵌缝防水密封材料主要是改性沥青防水密封材料和合成高分子防水密封材料两大类。它们之间性能差异较大,常用施工方法有冷嵌法和热灌法两种。冷嵌法施工大多采用手工操作,用腻子刀或刮刀嵌填,或采用电动或手动嵌缝挤出枪进行嵌填。热灌法施工需在现场塑化或加热密封材料,使其具有流塑性后进行浇灌,一般适用于平面接缝密封防水处理。

(2)地下工程排水防水 排水工程是工业与民用建筑地下室、隧道、坑道的构造排水。即采用各种排水措施,使地下水能顺着预先设计的各种管沟被排到工程外,以降低地下水位,减少地下工程渗漏水。

对于重要的、防水要求较高的地下工程在制订防水方案时,应结合排水一起考虑。凡具有自流排水条件的地下工程可采用自流排水方法,如无自流排水条件、防水要求较高,且具有抗浮要求的地下工程,则可采用渗排水、盲沟排水或机械排水。

10.4 防水工程安全技术

10.4.1 卷材防水屋面施工安全技术

卷材防水屋面施工是在高空、高温环境下进行,大部分材料易燃并含有毒性,所以必须采取措施防止发生火灾、中毒、烫伤、高空坠落等工伤事故。

施工前应进行安全技术交底工作,施工操作过程应符合以下安全技术规定:

(1)患有皮肤病、支气管炎病、结核病、眼病以及对沥青、橡胶过敏人员不得参加,施

工中如发现恶心、头晕、过敏等情况应立即停止,并做必要的检查治疗。

（2）按有关规定配备劳保用品并合理使用,接触有毒性材料者需穿戴工作服、安全帽、口罩、手套等劳保用品,并加强通风。沥青操作人员不得穿短袖衣服或赤脚作业,应将裤脚袖口扎紧,手不得直接接触沥青。

（3）操作时注意风向,防止下风人员中毒、受伤,熬制玛碲脂和配制冷底子油时,应注意控制加热温度,装入容器内的沥青不应超过容器容量的2/3,铁桶和油壶要用咬口,不得用锡焊接,桶宜加盖,不准两人抬热沥青,运送要安全可靠,油桶应放平稳,防止溢出烫伤。熬制沥青地点必须离建筑物10 m以上,离易燃品仓库25 m以上,上空不得有电线,地下5 m以内不得有电缆,应选择在建筑物的下风向;防水卷材和黏结剂存放仓库及施工现场应要严禁烟火。如需明火必须有防火措施。

（4）运输线路应畅通,各项运输设施应牢固可靠,屋面空洞及檐口应设有防护栏杆等安全措施,必要时应用安全带,高空作业人员不得过分集中。

（5）屋面施工时,不允许穿带钉子鞋的人员进入,在大风和雨天应停止施工。

10.4.2　地下防水工程安全技术

（1）对有电器设备的地下工程,施工时应临时切断电源,否则应采取安全措施,确保人身安全。

（2）对施工现场应进行障碍物清理。对场地内原有设施和设备不能移走的应做好防护。

（3）施工现场若有深坑或深井应做好防护工作,避免坠入受伤。

（4）施工现场必须有足够的照明设施。对施工照明用电宜使用36 V安全电压,以防发生触电事故。

（5）施工现场应做好防火、防毒工作。在通风不良处施工时,应有通风设备或排气设备。必要时应戴眼镜、口罩、手套等劳保用品。

（6）施工现场要做到便于人员疏散,疏散通道及疏散口必须保证畅通无阻。

（7）地下工程施工时,必须保证边坡稳定,必要时可采取临时支护措施,防止因边坡塌方出现安全事故。

（8）保证排、降水的正常进行,以防止因地表水或地下水聚集或上升而发生事故。

复习思考题

1.简述地下防水工程与屋面防水工程遵循的原则。

2.简述"一道防水设防"的含义。

3.地下工程防水等级有哪几级? 它的标准是什么,适用范围是什么?

4.什么叫刚性防水层? 简述刚性防水屋面设置隔离层和分格缝的作用。

5.试述屋面涂膜防水层施工过程。

6.屋面防水卷材铺贴方向应如何确定?

7.屋面找平层为什么要留置分格缝? 如何留置?

8. 卷材防水屋面基层处理有哪些要求?

9. 后浇带混凝土施工应注意哪些问题? 画图说明常见几种后浇带防水构造做法。

10. 简述外防外贴法和外防内贴法施工要点及两者的主要区别。

11. 简述水泥砂浆防水层对原材料的基本要求。

12. 防水混凝土工程施工中应注意哪些问题?

13. 简述自防水结构、防水层防水的概念。

第 11 章 外墙保温工程

11.1 概述

随着人们对建筑热环境要求不断提高,致使建筑能耗占到全球总量的1/3。这一数字每年仍在逐步提高,能源消耗对环境产生的负面影响也开始显现。为了进一步提高建筑舒适性,在增进人体健康的基础上,尽力节约建筑能源和自然资源,大幅度地降低污染,减少温室气体排放,减轻环境负荷成为建筑节能的努力目标。为达到降低建筑能耗,对建筑业来说最主要的手段就是提高建筑的保温隔热性能。而建筑围护结构的保温性能在建筑节能中非常重要。按照保温材料设置位置不同外墙保温可分为以下四种。

(1)外墙内保温 将保温材料置于外墙的内侧。其优点在于对保温材料防水、耐候性等要求不高;内保温材料被楼层分隔,施工高度降低,便于施工,但外墙内保温也存在技术缺陷。如不便于二次装修或吊挂饰物;占用室内使用空间;材料必须达到室内环境要求;保温结构不合理引起的热桥,热损失较大,易造成结露;对既有建筑节能改造时,对用户干扰较大。因此,随着对外墙保温要求的提高和对既有建筑的节能改造,内墙内保温受到了限制。

(2)外墙夹芯保温 将保温材料置于同一外墙的内外侧墙之间。其优点在于内外墙可对保温材料形成有效的保护;对保温材料选材要求不高,且设置简便,但此类墙体往往偏厚;内外墙构造连接复杂;外围护结构热桥较多。因此,使用也受到了一些限制。

(3)结构自保温 采用具有较高热阻的墙体材料实现墙体保温。虽然在一些工程中开始使用,但要求墙体材料既能够保温,又具有一定的强度,对材料选择范围减小。故目前还处在尝试阶段。

(4)外墙外保温 在围护结构外侧设置保温层。虽然对保温材料防水、耐候性要求较高,但对材料环保要求较低,并能最大限度地消除热桥现象,保温结构合理,能充分发挥材料的保温性能。从实施和使用情况来看,外墙外保温已成为外墙保温技术的首选。

本章主要对使用较为广泛的外墙外保温工程做重点介绍。

11.1.1 外墙外保温技术综述

外墙外保温系统是由黏结层、保温层、防护层饰面层以及必要的固定材料(胶粘剂、锚固件等)构成,并且适用于安装在外墙外表面的非承重保温构造的总称。黏结层作用是将保温材料牢固的固定在外墙表面上。保温层由保温材料组成,在外保温系统中起到保温作用的构造层。防护层是抹在保温层上,中间夹有增强网,起到抗裂、防水和抗冲击作用的构造层;防护层可分为薄抹面层和厚抹面层。饰面层是外保温系统外装饰层。

　　外墙外保温工程是通过分层施工或安装固定等技术手段在外墙外表面上所形成的。我国通过技术消化和研制形成了多种不同做法。目前外墙保温材料主要有 EPS 板、XPS 板、EPS 钢丝网架板、胶粉 EPS 颗粒保温浆料、岩(矿)棉板、聚氨酯泡沫塑料、泡沫玻璃等。施工时的固定方法有以下几种。

　　(1)单纯黏结系统。该系统可采用满粘、条式黏结或点框式黏结。

　　(2)附加机械固定的黏结系统。它是荷载完全由黏结层承受。机械固定在胶粘剂干燥之前起稳定作用,并作为临时连接以防止脱开。在火灾情况下也可起到稳定作用。

　　(3)以黏结为辅助的机械固定系统。它是荷载完全由机械固定装置承受。黏结是用于保证系统安装时的平整度。

　　(4)单纯机械固定系统。该系统仅用机械固定装置固定于墙上。

11.1.2　外墙外保温特点

　　(1)外墙外保温隔热性能优越

　　1)保温材料使用了不宜用于内保温的高效保温材料,使导热系数进一步减小。

　　2)保温层设置在墙体外侧可基本消除热桥现象,从而有效降低热桥造成的附加热损失。在采用同样厚度和保温材料条件下,外保温要比内保温平均降低热损失20%。

　　3)高热阻保温层在外,内侧为重质材料结构层。保温层可有效阻止冷(热)流侵入墙体;重质结构层具有较好的热惰性,使室内温度波动小,所以保温结构更趋合理。

　　(2)保护主体结构,延长建筑物使用寿命

　　1)保温层位于围护结构外侧,减小了因外界温度变化导致结构变形产生应力,避免雨雪、冻融和干湿循环造成的结构破坏,防止有害气体和紫外线对结构的侵蚀,从而可提高主体结构的耐久性。

　　2)由于外保温系统为柔性结构(聚合物抹面砂浆与玻纤网的共同作用),能缓冲因墙体位移、开裂等因素引起的保温层轻度位移。饰面涂料的高弹性和高延伸率能有效防止系统的表面裂缝。

　　3)外保温系统良好的防水性能有利于防止外墙,特别是空心砌块墙体的渗水。

　　(3)建筑技术指标优越

　　1)保温层不占用室内使用面积,经济效益可进一步提高。

　　2)不会因室内装修、设施安装和管线布置而破坏保温层,保温效果有所保证。

　　3)有些保温材料具有可燃性或具有挥发性,不宜在室内使用,但可用于外墙外保温工程,使材料选择更加广泛,保温性能提高。

　　4)外墙面层的装饰效果可美化建筑物外观。

　　(4)适用范围广泛:外墙外保温技术可广泛用于各类民用和工业建筑,新建和既有建筑,低层、中层和高层建筑;适用于砌体和混凝土外墙;外饰面可为涂料和面砖的工程,但外墙外保温设置在建筑物外侧,长期受到大气、日光、雨水等的侵蚀,所以施工要求比较高。

11.1.3　外墙外保温系统的主要种类

　　(1)EPS 板薄抹灰外墙外保温系统　EPS 板是膨胀聚苯乙烯塑料板的简称,又称为模塑板。该系统是将 EPS 板通过粘贴,局部薄弱部位辅以锚栓固定形成保温层,其表面进行薄抹灰保护形成的保温系统。

(2)胶粉 EPS 颗粒保温料浆外墙外保温系统 EPS 颗粒是将 EPS 加工成散装颗粒进行使用。该系统是将配有专用胶凝材料和外加剂的混合材料与一定比例的 EPS 颗粒加水拌合成膏状材料进行保温层抹灰,并在其上进行抗裂砂浆和饰面层施工以形成保护,从而构成的保温系统。

(3)EPS 板现浇混凝土外墙外保温系统 该系统又简称为无网现浇系统。以现浇混凝土作为基层,EPS 板为保温层。EPS 板内表面(与现浇混凝土接触表面)沿水平方向制作成矩形齿槽,以增加与现浇混凝土的黏结力。施工时置于外模板的内侧进行现浇,拆模后作抗裂砂浆和饰面层施工以形成保护。

(4)EPS 钢丝网架板现浇混凝土外墙外保温系统 该系统又简称为有网系统。与无网现浇系统的区别在于:EPS 保温板外表面布有钢丝网架,并用挑头钢丝穿透保温板,称为腹丝穿透型 EPS 钢丝网架板。混凝土浇筑后挑头钢丝可嵌入混凝土,使保温层有更好的锚固能力。拆模后进行保护层施工。

(5)机械固定 EPS 钢丝网架板外墙外保温系统 该系统又简称为机械固定系统。与有网系统的区别在于:EPS 保温板外表面布有钢丝网架,挑头钢丝没有穿透保温板,称为腹丝非穿透型 EPS 钢丝网架板。由于没有挑头钢丝嵌入墙体,故采用机械固定的方法来保证保温层的锚固能力。

(6)其他形式的外墙外保温系统

1)XPS 板薄抹灰外墙外保温系统 该系统是在 EPS 板薄抹灰外墙外保温系统基础上发展起来的。主要区别在于保温材料采用挤塑聚苯乙烯塑料板,简称 XPS 板,又称挤塑板。XPS 板与 EPS 板相比强度高、保温性能好,但表面黏结力较 EPS 板差,故施工时应采取相应的构造措施提高黏结力。

2)岩(矿)棉板外墙外保温系统 该系统是以岩(矿)棉为保温材料与混凝土浇筑一次成型,或采用钢丝网架机械锚固,具有耐火等级高、保温效果好,主要用于防火要求较高的建筑保温。

3)聚氨酯外墙外保温系统 采用聚氨酯硬泡体(PURC)与水泥纤维加压板(FC 板)复合构成保温层和保护层。有些聚氨酯硬泡体也采用现场喷涂发泡的施工方法。由于聚氨酯材料比 XPS 板具有更小的导热系数,所以保温性能更好,但造价较高。

4)泡沫玻璃外墙外保温系统 是一种以泡沫玻璃防水防火保温板为保温层的外墙外保温系统。构造层次与 EPS 板薄抹灰外墙外保温系统一致,但其组成材料与构造方法有所不同。

11.1.4 外墙外保温技术应用基本要求

11.1.4.1 性能要求

(1)能适应基层的正常变形而不产生裂缝或空鼓。

(2)能长期承受自重而不产生有害变形。

(3)能承受风荷载的作用而不破坏。

(4)能耐受室外气候的长期反复作用而不产生破坏。

（5）在地震发生时不应从基层上脱落。

（6）防火性能符合国家有关规定,高层建筑应采取防火构造措施。

（7）应具有防水、渗水性,雨水不得从外部透过保护层,不得渗透至任何可能对外保温层造成破坏的部位。

（8）各组成部分应具有物理 – 化学稳定性。所有组成材料彼此相容,并具有防腐性。在可能受到生物侵害（鼠害、虫害等）的地区,外墙外保温工程应具有防生物侵害性能。

（9）正常使用和正常维护的条件下,使用年限不应少于 25 年。

其中,除外墙外保温工程的使用年限外,均为强制性条文、应予严格执行。而正常维护包括局部修补和饰面层维修两部分。对局部破坏应及时修补,对于不可触及的墙面,饰面层正常维修周期不应小于 5 年。

11.1.4.2　技术要求

（1）各组成材料技术性能应符合现行行业标准。

（2）保温层厚度应满足外墙节能指标。

（3）外保温的分段高度满足防火等级要求,如设置防火隔离带等,满足防火要求。

（4）采用可靠的固定措施提高抗风和抗震能力。

（5）一般情况下外保温层表面宜采用涂料饰面,粘贴面砖要有可靠措施。

（6）对生产企业和保温材料应进行资质审查和产品认定。

11.2　聚苯乙烯塑料板薄抹灰外墙外保温工程

11.2.1　保温系统概述

该系统包括 EPS 和 XPS 板薄抹灰外墙外保温,它是采用聚苯乙烯塑料板（简称"聚苯板"）作保温隔热层,用胶粘剂粘贴于基层墙体外侧,辅以锚栓固定。当建筑物高度不超过 20 m 时,也可采用单一黏结固定方式,一般由设计根据具体情况确定。聚苯板防护层用嵌埋有耐碱玻璃纤维网格布增强的聚合物抗裂砂浆覆盖聚苯板表面。防护层厚度普通型 3 ~ 5 mm,加强型 5 ~ 7 mm,属薄抹灰面层,然后进行饰面处理。

此系统又称为 GKP 外墙外保温系统,G 代表用玻纤网格布（glass fibre mesh）做增强材料;K 代表用聚合物 KE 多功能建筑胶配制水泥砂浆胶粘剂;P 代表选用聚苯乙烯（polystyrene）泡沫塑料做保温材料。

聚苯板在种类上有膨胀聚苯板（简称 EPS 板）和挤塑聚苯板（简称 XPS 板）。因此,聚苯板外墙外保温薄抹灰系统又分为膨胀聚苯板（EPS 板）薄抹灰系统和挤塑聚苯板（XPS）薄抹灰系统。挤塑聚苯板因其强度高,有利于抵抗各种外力作用,可用于建筑物的首层及二层等易受撞击的位置。由于 XPS 板表面平整致密,影响胶粘剂或聚合物面层砂浆的黏结,故应对两个黏结面作表面处理。需涂刷专用界面剂,并采用粘钉结合的方式固定。

11.2.2　保温系统组成

聚苯板薄抹灰外墙外保温墙体由基层墙体（混凝土墙体或各种砌体墙体）、黏结层

（胶粘剂）、保温层（EPS 或 XPS 聚苯板）、连接件（锚栓）、薄抹灰增强防护层（专用胶浆并复合耐碱玻纤网布）和饰面层（涂料或其他饰面材料）组成。详见图 11 - 1。

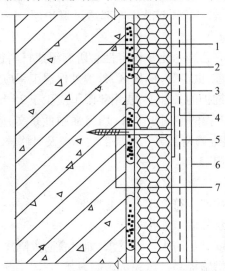

图 11 - 1　EPS 或 XPS 聚苯板薄抹灰外墙外保温系统构造图
1 - 基层；2 - 胶粘剂；3 - EPS 板；4 - 玻纤网；5 - 薄抹面层；6 - 饰面涂层；7 - 锚栓

11.2.3　保温系统要求

11.2.3.1　基层墙体

基层墙体可以是混凝土或砌体墙体。表面应清洁、无油污等妨碍黏结的附着物，空鼓、疏松部位应剔除。

11.2.3.2　黏结层

黏结层作用是将聚苯板牢固的黏结在基层墙体上。有液体胶粘剂与干粉料两种。液状胶粘剂使用时，加入一定比例水泥或专用干料；干粉状胶粘剂现场加入水拌合。在施工时必须按使用说明加入一定比例的水泥或拌合水，搅拌均匀方可使用。胶粘剂主要承受两种荷载：①拉荷载，如风荷载作用于墙体表面时，外力垂直于墙体面层；②剪切荷载，在垂直荷载（如板自重荷载）作用下，外力平行于胶粘剂面层，黏结面承受剪切作用。

黏结剂性能应符合有关黏结强度、柔韧性、可操作时间要求，具体见表 11 - 1。

表 11 - 1　胶粘剂的性能指标

实验项目		性能指标
拉伸黏结强度/MPa（与水泥砂浆）	原强度	≥0.60
	耐水	≥0.40
拉伸黏结强度/MPa（与膨胀聚苯板）	原强度	≥0.1，破坏界面在膨胀聚苯板上
	耐水	≥0.1，破坏界面在膨胀聚苯板上
可操作时间/h		1.5～4.0

11.2.3.3 保温层

EPS 板是由可发性聚苯乙烯珠粒经加热发泡后,在模具中加热成型而制得的具有闭孔结构的聚苯乙烯泡沫塑料板材,故又称模塑聚苯板。XPS 板是采用聚苯乙烯树脂挤压成型(较高的温度),具有连续均匀的表层和全闭孔的蜂窝装结构,所以具有更小的导热系数和吸水率,较高的抗压拉伸和抗剪强度,优越的抗湿,抗冲击和耐候性,故又称挤塑聚苯板。

聚苯板常用厚度有 30 mm、40 mm、50 mm 等,尺寸一般为 1 200 mm × 600 mm 或 900 mm × 600 mm。各项技术性能详见表 11 - 2。

表 11 - 2 聚苯板主要性能指标

实验项目	EPS 性能指标	XPS 性能指标
导热系数/W/(m · K)	≤0.041	≤0.028
表现密度/(kg/m³)	18.0 ~ 22.0	25.0 ~ 32.0
垂直于板面方向的抗拉强度/MPa	≥0.10	≥0.45
尺寸稳定性/%	≤0.20	≤0.20

建筑高度在 20 m 以上时,由于受风压作用较大,聚苯板应用锚栓固定。墙面连续高或宽超过 23 m 时,应设伸缩缝。粘贴聚苯板时,聚苯板应按顺砌方式粘贴,竖缝应逐行错缝;板应粘贴牢固,不得有松动空鼓现象;洞口四角部位的板应切割成型,不得拼接;板缝应挤紧挤平,板间缝隙不得大于 2 mm(大于时可用板条将缝填塞),板间高差不得大于 1.5 mm(大于时应打磨平整)。

(1)EPS 板保温系统 材料与施工要求:EPS 应选用阻燃型或难燃型,氧指数不小于 30%。在导热系数、表观密度、抗拉强度、尺寸稳定性符合要求,另外应符合国家标准第 Ⅱ 类的其他要求。出厂前应在自然条件下陈化 42 天或在 60 ℃ 蒸汽中陈化 5 天,产品尺寸稳定性不应大于 0.30%;基层表面附着力不应低于 0.3 MPa。粘贴时胶粘剂涂在 EPS 板背面,以点框式或条粘法粘贴等方法固定,构造详见图 11 - 2,其涂抹面积不得小于 30%。门窗洞上四角应采用整板剪割,接缝距四角不应小于 200 mm,用网格布在洞口处加强。20 m 以上建筑物宜使用锚栓作辅助联结,布置和数量由设计确定,但墙面的锚固数不应小于 1.6 个/m²,洞口、转角另行加强。

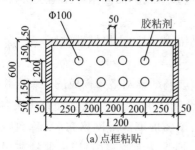

(a)点框粘贴

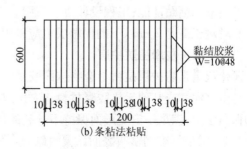

(b)条粘法粘贴

图 11 - 2 粘贴示意图

（2）XPS 板保温系统　材料与施工要求：在粘贴前和做防护面层前应先涂刷界面处理剂。以点框式或条粘法贴于基层墙面，并且涂抹面积不小于 35%，如采用面砖，则不小于 70%。锚固件：7 层以下 4 个/m²，8～18 层 6 个/m²，19～28 层 9 个/m²。任何面积大于 0.1 m² 的单块板必须设 1 个，并应对阴角、檐口下和洞口四周进行加密设置，详见图 11-3。

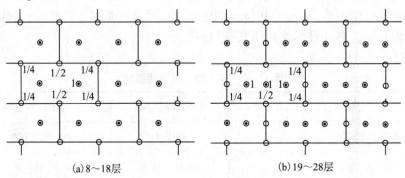

(a) 8～18层　　　　　　　　　　(b) 19～28层

图 11-3　锚固件锚固位置图

11.2.3.4　连接件

锚栓是固定聚苯板于基层墙体上的专用连接件，一般由金属螺钉和带圆盘的塑料膨胀套管两部分组成。常用的有敲击式锚栓。

（1）对机械锚固件的要求　塑料钉和塑料套管材料采用聚酰胺、聚乙烯或聚丙烯制成，不得使用回收再生材料；金属螺钉应采用不锈钢或经过表面防腐处理的金属制成。塑料圆盘直径不小于 50 mm。锚栓的有效锚固深度不小于 25 mm。锚栓抗拉和对系统传热增加值应满足要求。要求见表 11-3。

表 11-3　锚栓技术性能指标

实验项目	性能指标
单个锚栓抗拉承载力标准值/kN	≥0.30
单个锚栓对系统传热增加值/W/(m²·K)	≤0.004

（2）设置要求　为提高保温板与基层墙体联结的可靠性，有下列情况之一时，应采用机械锚固件辅助连接：高度在 20 m 以上部分；用挤塑聚苯或矿棉板作外保温层材料；基层墙体可能影响粘贴性能；工程设计要求采用。

有时对于高度 2 m 以下的保温层也应采用辅助锚固，以防止机械性破坏。

11.2.3.5　薄抹灰增强防护层

薄抹灰增强防护层是由聚合物抹面胶浆和耐碱玻璃纤维网格布构成的。聚合物抹面胶浆是由水泥基或其他无机胶凝材料、高分子与聚合物和填料等组合而成的，薄抹在粘贴好的保温层上，满足一定变形而保持不开裂的砂浆；耐碱玻璃纤维网格布（又称耐碱玻纤网布）是在玻璃纤维网格布表面涂覆耐碱防水材料，埋入抹面胶浆中，形成薄抹灰增强防护层，提高防护层的机械强度和抗裂性。

聚合物抹面胶浆和耐碱玻璃纤维网格布性能要求见表 11 -4 和表 11 -5。

表 11 -4 抹面胶浆的性能指标

实验项目		性能指标
拉伸黏结强度/MPa（与膨胀聚苯板）	原强度	≥0.10,破坏界面在膨胀聚苯板上
	耐水	≥0.10,破坏界面在膨胀聚苯板上
	耐冻融	≥0.10,破坏界面在膨胀聚苯板上
柔韧性	抗压强度/抗折强度（水泥基）	≤3.0
	开裂应变（非水泥基）/%	≥0.15
可操作时间/h		1.5 ~4.0

表 11 -5 耐碱玻璃纤维网格布主要性能指标

实验项目	性能指标
单位面积质量/（g/m²）	≥130
耐碱断裂强力（经、纬向）/（N/50 mm）	≥750
耐碱断裂强力保留率（经、纬向）/%	≥50
断裂应变（经、纬向）/%	≤5.0

11.2.3.6 饰面层

一般采用涂料,如采用面砖必须要有可靠的固定措施,应将耐碱防水玻璃纤维网格布改为镀锌钢丝网,并有锚固件与基层固定。

11.2.4 一般规定和构造要求

11.2.4.1 一般规定

外墙外保温墙体保温、隔热和防潮性能应符合国家现行标准《民用建筑热工设计规范》（GB 50176—93）、《民用建筑节能标准》（JGJ 26—95）和《夏热冬冷地区居住建筑节能设计标准》（JGJ 134—2010）的有关规定。保温系统技术性能达到耐水、强度、耐久性等方面的要求,见表 11 -6。

表 11 -6 薄抹灰外保温系统的性能指标

试验项目		性能指标
吸水量/（g/m²）,浸水 24 h		≤500
抗冲击强度/J	普通型	≥3.0（XPS 板系统要求:≥5.0）
	加强型	≥10.0（XPS 板系统要求:≥12.0）
抗风压值/kPa		不小于工程项目风荷载设计值
耐冻融		表面无裂纹、空鼓、起泡、剥离现象
水蒸气湿流密度/［g/（m²·h）］		≥0.85（XPS 板系统要求:≥0.2）
不透水性		试样防护层内侧无水渗透
耐候性		表面无裂纹、粉化、剥落现象

11.2.4.2 构造要求

应考虑热桥部位的影响,如门窗外侧洞、女儿墙以及封闭阳台、机械固定件、承托件等。在外墙上安装的设备及管道应固定在基层墙上,并应做密封保温和防水设计。外挑部位以及延伸地面以下的部位应做好保温和防水处理。厚抹面层厚度为 25 ~ 30 mm。因此,为达到以上要求,聚苯板外墙外保温工程中,有以下几种常见构造做法。

(1)在墙面和墙体拐角处,聚苯板应交错互锁,转角部位的板宽不宜小于 200 mm,并采用机械锚固辅助连接,见图 11 - 4。

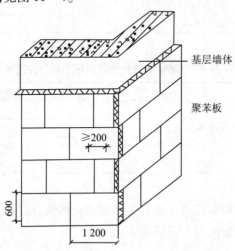

图 11 - 4　聚苯板排板图

(2)在首层墙体为保证能够承受外力破坏,采用双层耐碱玻纤网布,在阴、阳角处加强网互折、对接,并采用机械锚固辅助连接,见图 11 - 5。在首层以上部分在阴、阳角处仅作一般构造加强处理,见图 11 - 6。

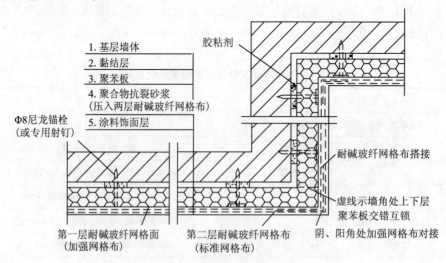

图 11 - 5　首层墙体构造及墙角构造处理图

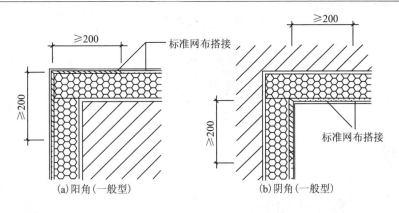

图11-6 一般墙体转角处构造处理图

(3)当采用机械辅助连接时,锚栓应首先布置在三块板相交点上,然后在两板的相交线上,其次在板中间。锚栓数量应满足设计要求,见图11-7。

(4)洞口边缘的聚苯板应采用整块聚苯板裁割,不得拼接,接缝距洞口距离不应小于200 mm,并采用锚栓加强,在洞口处用耐碱玻纤网布加强,见图11-8和图11-9。

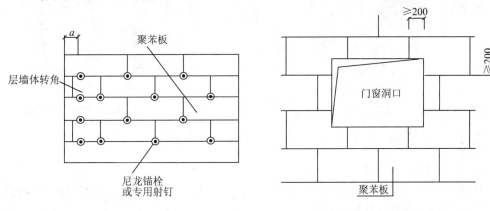

图11-7 聚苯板排列及锚固点布置图
注:a 应根据墙体材料和锚固要求确定

图11-8 聚苯板洞口四角切割要求

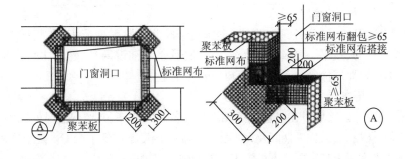

图11-9 门窗洞口网格布加强图

(5)勒脚、带窗套窗口、墙体变形缝处保温构造可参见图11-10～图11-12。

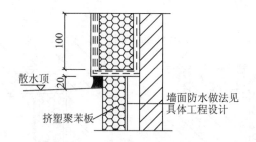

图 11-10　勒脚保温构造图

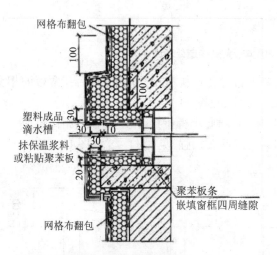

图 11-11　带窗套窗口保温构造图　　图 11-12　墙体变形缝保温构造图

11.2.5　聚苯板薄抹灰外墙外保温工程施工

11.2.5.1　材料运输和储存

聚苯板侧立搬运,侧立装车,不得重压或与锋利物品碰撞。胶粘剂、耐碱网、锚栓在运输过程中,应避免挤压、碰撞、雨淋、日晒。

所有材料应防止与腐蚀性介质接触,远离火源,防止长期暴晒。应放置在仓库内且干燥、通风、防冻处。应按规格、型号分别储存。

11.2.5.2　聚苯板施工程序

材料、工具准备→基层处理→弹线、配制黏结胶浆→粘贴聚苯板→锚固件安装→缝隙处理→聚苯板打磨、找平→特殊部位处理→抹底胶浆→铺设网布、配制抹面胶浆→抹面胶浆→找平修补、配面层涂料→涂面层涂料→竣工验收。

11.2.5.3　施工要求

外墙和门窗施工完成;伸出外墙面的预埋连接件安装完毕,并留保温厚度间隙后,方可进行施工。为保证黏结效果施工期间及完工后 24 h 内,温度不应低于 5 ℃。夏季应避免阳光暴晒。在 5 级以上大风天气和雨天不得施工。如遇雨天应采取有效措施,防止雨水冲刷墙面。

在施工过程中,应防止施工墙面受到污染,待泛水、密封膏等构造细部施工完毕后,方可拆除保护物。主要施工工具有抹子、槽抹子、槎抹子、角抹子、专用锯齿抹子、手锯、靠尺、电动搅拌机、刷子、多用刀、灰浆托板、拉槽、开槽器、皮尺等。

11.2.5.4　施工方法

（1）施工准备　施工用脚手架可采用外脚手架或吊架,架与墙面间最小距离应为 450 mm。

（2）基层处理　基层墙体必须清理干净,墙面无污染物或其他有碍黏结材料,并应剔除墙面凸出物。基层墙中松动或风化部分应清除,并用水泥砂浆填充找平。基层墙体表面平整度不符合要求时,可用 1∶3 水泥砂浆找平。

（3）弹线　沿散水标高弹出散水及勒角水平线,当设系统变形缝时,应在墙面相应位置弹出变形缝及宽度线,标出聚苯板黏结位置。

（4）配制黏结胶浆　黏结胶浆配制时,应先将强力胶搅拌均匀,然后按比例加入水泥,边加边搅拌,直至均匀。应避免过度搅拌。黏结胶浆随用随配,配好的黏结胶浆最好在 2 h 内用完,最长不得超过 3 h,遇炎热天气适当缩短存放时间。

（5）黏结聚苯板　黏结聚苯板可采用点框式粘贴法或条粘法。

点框式粘贴法是沿聚苯板周边用抹子涂抹配制好的黏结胶浆,浆带宽 50 mm,厚 10 mm。当采用标准尺寸聚苯板时,尚应在板面中间部位均匀布置 8 个黏结胶浆点,每点直径为 100 mm,浆厚 10 mm,中心距 200 mm。当采用非标准尺寸聚苯板时,板面中间部位涂抹的黏结胶浆一般不多于 6 个点,但也不少于 4 个点。见图 11 - 2(a)。

条粘法是在聚苯板背面全涂上黏结胶浆,然后用专用锯齿抹子紧压聚苯板板面,并保持成 45°,刮除锯齿间多余的黏结胶浆,使聚苯板面留有若干条宽为 10 mm,厚度为 13 mm,中心距为 40 mm 且平行于聚苯板长边的浆带。见图 11 - 2(b)。

聚苯板由建筑物外墙勒角部位开始,自下而上黏结。上下板排列互相错缝,严禁上下通缝;上下排板间竖向接缝应为垂直交错连接,以保证转角处板材安装垂直度。带造型的窗口应在墙面聚苯板黏结后,另外贴造型聚苯板。黏结聚苯板时应轻揉均匀挤压板面,随时检查平整度。每粘完一块板,用木杠将相邻板面拍平,及时清除板边缘挤出的胶粘剂。

（6）锚固件安装　聚苯板安装 12 h 后,可安装锚固件。先用电锤(冲击钻)在聚苯板表面打孔,孔径按选用的固定件确定;深入墙体深度随基层墙体不同而有区别;加气混凝土墙≥45 mm,混凝土和其他各类砌块墙≥30 mm;然后安装锚固件。

（7）缝隙处理　聚苯板若出现超过 2 mm 的缝隙应用相应宽度的聚苯片填塞。若墙体基面局部超差,可调整胶粘剂或聚苯板的厚度。

（8）聚苯板打磨、找平　黏结后板间高差大于 1.5 mm 的聚苯板应用粗砂纸或专用打磨机磨平,动作要轻。打磨轨迹采用圆周运动,不得沿与接缝平行方向打磨。打磨时间应在黏结后至少静置 24 h 才能进行,以防聚苯板移动,影响板材的黏结强度。

（9）特殊部位处理　安装伸缩缝分隔条,分隔条断面根据伸缩缝大小确定,在使用前要充分吸水,然后将分隔条嵌入分格缝内,露出板面 3~5 mm,找平、固定。

（10）涂抹底层聚合物抹面胶浆　涂抹前应先除去板面有害物或杂质。底层聚合物抹面胶浆厚度平均为 2~3 mm。

（11）铺设网布　抹聚合物砂浆防护层包括底层、网格布、面层。网格布的铺设方法为二道抹面胶浆法。即采用两次抹灰使网格布设置在底层与面层之间。

铺设网格布时,剪裁网格布应顺经纬线进行。将网格布沿水平方向伸平,平整地贴于底层聚合物砂浆表面,网格布弯曲面应朝向墙面,并从中央向四周用抹子抹平,直至网格

布完全埋入抹面胶浆内,不得皱褶。目测无任何可分辨网格布纹路,严禁网格布外露。如有裸露的网格布应再抹适量的抹面胶浆进行修补。网格布横向搭接宽度不小于100 mm,竖向搭接宽度不小于80 mm。网格布铺设应自上而下进行。当遇到门窗洞口时,应在洞口四角处沿45°方向补贴一块网格布以防开裂。翻网处网宽不少于100 mm。外墙阳、阴角直接搭接200 mm。见图11-9。

(12)涂抹面层聚合物抹面胶浆 底层聚合物砂浆终凝前,抹1~2 mm厚的面层聚合物胶浆,以刚覆盖网格布为宜。砂浆不得过度揉搓以免造成泌水,形成空鼓。如底层聚合物砂浆已终凝应处理后再抹面层砂浆。聚合物砂浆防护层总厚度3~5 mm;首层可采用双层网格布加强,总厚度5~7 mm。

全部抹面胶浆和网格布铺设完毕后,静置养护24 h时后,方可进行下一道工序施工,在潮湿的气候条件下,应延长养护时间,保护已完工成品,避免雨水渗透和冲刷。

(13)分格缝处理 抹完聚合物砂浆面层后,适时取出分格缝分隔条,并用靠尺板修边。填塞发泡聚乙烯圆棒。圆棒直径为缝宽的1.3倍;抹灰24 h后填塞,圆棒低于砂浆表面10 mm左右,圆棒在缝内要平直并深浅一致。操作时要避免损坏缝边直角。在分格缝的两边砂浆表面粘贴不干胶带;向缝内填充密封膏,并保证密封膏与缝边可靠黏结。

(14)涂面层涂料 面层涂料施工前,先对表面存在刻痕、裸露的网格布和凹凸不平处进行抹面胶浆修补,并用砂纸打磨,必要时可批腻子。面层涂料采用滚涂法施工,应自上而下进行施工。涂层干燥前,墙面不得沾水以免导致颜色变化。

11.3 胶粉EPS颗粒保温料浆外墙外保温工程

11.3.1 保温系统概述

胶粉EPS颗粒保温料浆外墙外保温系统,又称胶粉聚苯颗粒保温浆料外墙外保温系统,简称保温浆料系统。该保温系统属于一种抹灰型外保温系统。保温浆料采用预混合干拌技术将保温胶凝材料与各种外加剂混合包装,聚苯颗粒按袋分装,施工现场以袋为单位配合比,加水混合搅拌成膏状材料,计量容易控制,保证配比准确。

施工前采用同种材料作灰饼和冲筋,保证保温层厚度。原材料由于采用高吸水树脂及水溶性高分子外加剂,解决了一次抹灰太薄的问题,可保证抹灰厚度4~6 cm,黏结力强,不滑坠,干缩小。保温浆料系统各构造层全部采用整体抹灰工艺,系统整体性好,保温层与基层墙面之间无空腔,有利于减少负风压破坏;系统采用了"柔性渐变"技术,保护层表面不易产生裂缝。适用于100 m以下建筑物;对于立面凹凸变化较多的墙面尤为适宜;但面砖或干挂石材等饰面需要与基层有可靠的连接。

11.3.2 保温系统组成

胶粉EPS颗粒保温料浆外墙外保温是由界面层、胶粉颗粒保温浆料层(又称保温层)、抗裂砂浆薄抹面层(又称防护层,由抗裂砂浆和耐碱玻纤网布构成)和饰面层组成的,见图11-13。

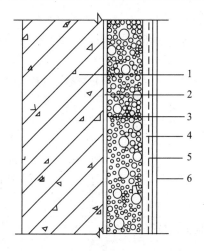

图 11 - 13 保温料浆系统构造图

1 - 基层;2 - 界面砂浆;3 - 胶粉聚苯颗粒保温砂浆;
4 - 抗裂砂浆薄抹灰面层;5 - 耐碱玻纤网;6 - 饰面层

(1)界面层是采用界面砂浆,其作用是增强基层墙体与保温层的黏结力。

(2)胶粉聚苯颗粒保温浆料是一种保温隔热材料。目前多采用抹灰方式施工,此方法对机械和施工人员要求较低,适于不同部位,材料损耗小,但效率低。喷涂施工适于大面积施工,在局部或边缘部位仍需采用人工抹灰方法辅助施工。

(3)防护层是嵌埋有耐碱玻璃纤维网格布增强的聚合物抗裂砂浆,属薄型抹灰面层。

11.3.3 保温系统一般规定与材料性能

(1)基层表面应清洁、无妨碍黏结的附着物;空鼓、疏松部位应剔除。

(2)保温浆料应分遍抹灰,每遍间隔时间应在 24 h 以上,每遍厚度不宜超过 25 mm,第一遍抹灰注意压实,最后一遍找平。

(3)保温层宜设分格缝,间距不宜大于 15 m。

(4)保温浆料技术性能应符合有关要求,详见表 11 - 7。

表 11 - 7 胶粉聚苯颗粒保温浆料性能指标

项目	单位	指标
湿表观密度	kg/m³	≤420
干表观密度	kg/m³	180 ~ 250
导热系数	W/(m·K)	≤0.060
蓄热系数	W/(m·K)	≥0.95
抗压强度	kPa	≥200
压剪黏结强度	kPa	≥50
线性收缩率	%	≤0.3
软化系数	—	≥0.5
难燃性	—	B_1级

(5)保温层厚度不允许有负偏差。

(6)抗裂剂和抗裂砂浆技术性能应满足表11-8要求。

表11-8　抗裂剂及抗裂砂浆性能指标

项目		单位	指标
抗裂剂	不挥发物含量	%	≥20
	储存稳定性(20℃±5℃)		6个月,无结块凝聚及发霉现象,且拉伸黏结强度满足抗裂砂浆指标要求
抗裂砂浆	可使用时间	可操作时间	h	≥1.5
		在可操作时间内拉伸黏结强度	MPa	≥0.7
	拉伸黏结强度(常温28天)		MPa	≥0.7
	浸水拉伸黏结强度(常温28天,浸水7天)			≥0.5
	压折比			≤3.0

注:水泥应采用强度等级 P.O 42.5 水泥,并应符合 GB 175—2007 的要求;砂应符合 JGJ 52—2012 的规定,筛除大于 2.5 mm 颗粒,含泥量少于3%

(7)耐碱玻纤网布的技术性能应满足表11-9要求。

表11-9　耐碱网布性能指标

项目		单位	指标
网孔中心距	普通型	mm	4×4
	加强型		6×6
单位面积质量	普通型	g/m²	≥160
	加强型		≥500
断裂强力(经、纬向)	普通型	N/50 mm	≥1 250
	加强型		≥3 000
耐碱强力保留率(经、纬向)		%	≥90
断裂拉伸率(经、纬向)		%	≤5
涂塑量	普通型	g/m²	≥20
	加强型		
玻璃成分		%	符合 JC 719 的规定,其中 ZrO_2:14.5±0.8, TiO_2:6±0.5

（8）保温系统技术性能应满足表 11 – 10 要求。

表 11 – 10　胶粉聚苯颗粒外保温系统的性能指标

项　目			性能指标	
耐候性			经 80 次高温（70 ℃）→淋水（15 ℃）循环和 20 次加热（50 ℃）→冷冻（–20 ℃）循环后不得出现开裂、空鼓或脱落。抗裂防护层与保温层的拉伸黏结强度不应小于 0.1 MPa，破坏界面应位于保温层	
吸水量/（g/m²）浸水 1 h			≤1 000	
抗冲击强度	C 型	普通型（单网）	3J 冲击合格	
		加强型（双网）	10J 冲击合格	
	T 型		3.0J 冲击合格	
抗风压值			不小于工程项目的风荷载设计值	
耐冻融			严寒及寒冷地区 90 次循环、夏热冬冷地区 10 次循环表面无裂纹、空鼓、起泡、剥离现象	
水蒸气湿流密度/［g/（m² · h）］			≥0.85	
不透水性			试样防护层内侧无水渗透	
耐磨损，500 L 砂			无开裂，龟裂或表面保护层剥落、损伤	
系统抗拉强度（C 型）/MPa			≥0.1 并且破坏部位不得位于各层界面	
饰面砖黏结强度（T 型）/MPa			≥0.4	
抗震性能（T 型）			设防烈度等级下面砖饰面及外保温系统无脱落	
火反应性			不应被点燃，试验结束后试件厚度变化不超过 10%	

11.3.4　系统构造及技术要求

11.3.4.1　材料要求

（1）界面砂浆是由高分子聚合物乳液与助剂配制成的界面剂，与水泥和中砂按一定比例搅拌均匀制成的砂浆，以提高保温层与基层墙面的黏结力。

（2）胶粉聚苯颗粒保温浆料是采用胶粉料和聚苯颗粒骨料按一定比例加水搅拌后而形成的浆体材料。且聚苯颗粒体积比不小于 80%，以保证保温效果。

胶粉料是由无机胶凝材料与各种外加剂，采用预混合干拌技术制成的专门用于配制胶粉聚苯颗粒保温浆料的复合胶凝材料。

聚苯颗粒是由聚苯乙烯泡沫塑料经粉碎、混合而成具有一定粒度、级配专门用于配制胶粉聚苯颗粒保温浆料的轻质保温材料。

（3）抗裂砂浆是用聚合物柔性乳液加入抗裂剂、中细砂和水泥配制成的具有一定柔韧性和耐水性的腻子，并复合耐碱玻纤网格布，起到保护保温层的作用。

（4）饰面层以涂料为主，为保证保温系统具有不透水性，首先在保护层表面涂刷柔性底层涂料，而后进行饰面施工。柔性底层涂料是由柔性防水乳液加入多种助剂、填料配制而成的具有防水和透气效果的封底涂层。如需粘贴面砖或石材时，增强玻璃纤维耐碱网布改为热镀锌钢丝网(钢丝网性能指标详见表11-11),并有锚固件与基层固定。

表11-11　热镀锌电焊网性能指标

项目	单位	指标
工艺		热镀锌电焊网
丝径	mm	0.90 ± 0.04
网孔大小	mm	12.7×12.7
焊点抗拉力	N	>65
镀锌层质量	g/m²	≥ 122

11.3.4.2　常见构造做法

(1)不同饰面层构造要求　外墙保温饰面主要有涂料和饰面砖。在构造处理上主要区别在于防护层的处理上。涂料作为饰面时,采用抗裂砂浆复合耐碱网格布,其表面涂柔性底层涂料封闭,再进行饰面施工。饰面砖施工时,采用两遍抗裂砂浆,中间复合热镀锌钢丝网,并机械锚固,再进行面砖施工。具体做法详见图11-14。面砖黏结砂浆由聚合物乳液和外加剂制得的面砖专用胶液、普通硅酸盐水泥和中砂按一定比例混合搅拌均匀制成的黏结砂浆。面砖勾缝料,由多分子材料、水泥、各种填料、助剂等配制而成的陶瓷面砖勾缝料。

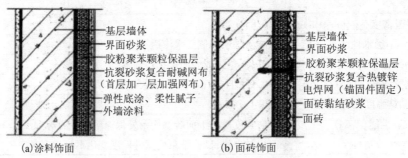

图11-14　胶粉聚苯颗粒外墙保温系统基本构造

(2)不同部位构造　外墙外保温墙体的阴阳角交界处、勒脚和墙体变形缝的处理会影响保温的整体质量和耐久性。所以应按照图11-15~图11-17构造要求处理。

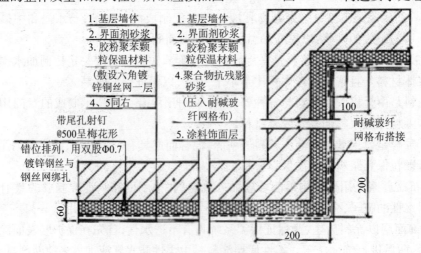

图11-15　墙体及墙角构造图

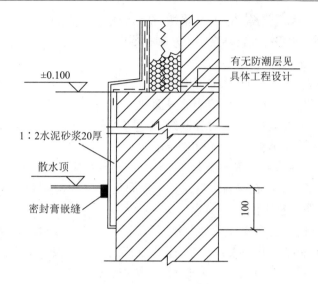

图 11-16 勒脚构造图

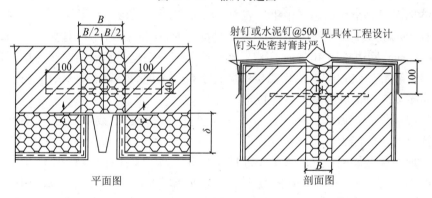

图 11-17 墙体变形缝构造图

11.3.4.3 技术要求

涂料饰面层涂抹前,应先在抗裂砂浆抹面层上涂刷高分子乳液弹性底层涂料,再刮抗裂性柔性耐水腻子。保温层设计厚度不宜超过 100 mm。必要时应设置抗裂分隔缝。现场检查保温浆料干密度不应大于 250 kg/m³,并且不应小于 180 kg/m³。保温层厚度不得出现负偏差。高层建筑如采用粘贴面砖时,面砖重量≤20 kg/m²,且面积≤1 000 mm²/块。

11.3.5 施工要求

11.3.5.1 机具准备

施工机具主要有强制式砂浆搅拌机、垂直运输设备、外墙施工脚手架、手推车、抹灰工具及抹灰专用检测工具、经纬仪及放线工具、壁纸刀、滚刷等。

11.3.5.2 施工程序

保温浆料施工工艺流程按以下步骤进行:基层墙体处理→涂刷界面剂→吊垂、套方、弹控制线→贴饼、冲筋、作口→抹第一遍聚苯颗粒保温浆料→(24 h 后)抹第二遍聚苯颗

粒保温浆料→(凉干后)划分格线、开分格槽、粘贴分格条、滴水槽→抹抗裂砂浆→铺压玻纤网格布→抗裂砂浆找平、压光→涂刷防水弹性底漆→刮柔性耐水腻子→验收。

11.3.5.3 施工方法

(1)基层墙体大于 10 mm 的突起应铲平。表面干净,无油渍、浮尘,符合要求。

(2)对要求做界面处理的基层应满涂界面砂浆,可采用滚刷或扫帚均匀涂刷。

(3)吊垂直、套方找规矩、弹厚度控制线,拉垂直、水平通线,套方做口、按厚度线用胶粉聚苯颗粒保温浆料做标准厚度灰饼和冲筋。

(4)保温浆料每遍抹灰厚度不宜超过 25 mm,分多遍抹灰时,每遍间隔应在 24 h 以上,抗裂砂浆防护层施工应在保温浆料充分干燥固化后进行。保温浆料施工分为一般做法、加强做法和加强带做法。

1)保温层一般做法。保温浆料至少分两遍施工。最后一遍宜为 10 mm 左右。最后一遍操作应达到冲筋厚度并用大杠搓平,平整度应达到有关要求。保温层固化干燥(用手掌按不动表面,一般约 5 天)后方可进行抗裂保护层施工。

2)保温层加强做法。用于饰面为面砖,或建筑物高度大于 30 m,而且保温层厚度大于 60 mm 的保温。是在保温层中距外表面 20 mm 铺设一层镀锌钢丝网,并与基层墙体锚固件绑牢,再抹抗裂砂浆作为防护层。需粘贴面砖时,镀锌钢丝网采用丝径 1.2 mm,孔径 20 mm × 20 mm,网边搭接 40 mm,用双股丝径 0.7 镀锌钢丝与基层锚固件绑扎,绑扎间距 150 mm;建筑物高度超过 30 m,保温层厚度大于 60 mm 时,镀锌钢丝网采用丝径 0.8 mm,孔径 25 mm × 25 mm,并与基层墙体拉牢。

3)保温层加强带做法。用加强带将保温层垂直划分割为数块,以提高保温层竖向抗剪和抗负风压的能力。具体方法是建筑高度大于 30 m 时,应加钉金属分层条,并在保温层中加一层金属网(金属网在保温层中的位置距基层墙面不宜小于 30 mm,距保温层表面不宜大于 20 mm)。具体做法是在每个楼层处加 30 mm × 40 mm × 0.7 mm 的水平通长镀锌轻型角网,角网用射钉(间距 50 cm)固定在墙体上。在基层墙面上每隔 50 cm 钉直径 5 mm 的带尾孔射钉一个,用 22 号双股镀锌铁丝与尾孔绑紧,预留长度不小于 100 mm,保温浆料抹至距设计厚度 20 mm 时安装钢丝网(搭接宽度不小于 50 mm),用预留铁丝与钢丝网绑牢并将钢丝网压入保温浆料表层,抹最后一遍保温浆料找平并达到设计厚度。

(5)做分格割线条。分格缝宜分层设置,单边长度不应大于 15 m。具体做法是在保温层上开好分格缝槽,尺寸比设计要求宽 10 mm、深 5 mm、嵌满抗裂砂浆,网格布应在分格缝处搭接。网格布搭接时,应用上沿网格布压下沿网格布,搭接宽度应为分格缝宽度。

(6)抹抗裂砂浆,铺贴玻纤网格布。玻纤网格布按楼层间尺寸事先裁好,抹抗裂砂浆一般分两遍完成,第一遍厚度 3~4 mm,随即竖向铺贴玻纤网格布,用抹子将玻纤网格布压入砂浆,搭接宽度不小于 50 mm,先压入一侧,抹抗裂砂浆,再压入另一侧,严禁干搭。玻纤网格布铺贴要平整无褶皱,饱满度应达到 100%,随即抹第二遍找平抗裂砂浆,抹平压实。建筑物首层应铺贴双层玻纤网格布,第一层应铺贴加强型玻纤网格布。随即可进行第二层普通网格布的铺贴施工。铺贴网格布方法要求与前述相同,但应注意两层网格

布之间抗裂砂浆应饱满,严禁干贴。

(7)建筑物首层外保温阳角应在双层玻纤网格布之间加专用金属护角,护角高度一般为2 m。在第一遍玻纤网格布施工后加入,其余各层阴角、阳角、门窗口应用双层玻纤网格布包裹增强,对于网格布单边长度不应小于15 cm。

(8)涂刷高分子乳液防水柔性底层涂料。涂刷应均匀,不得漏涂。

(9)刮柔性耐水腻子应在抗裂保护层干燥后施工,应刮2~3遍腻子并做到平整光洁。

以上抹灰、抹保温浆料及涂料的各步骤施工环境温度应大于5 ℃,严禁在雨中施工,遇雨或雨季施工应有可靠的保证措施,抹灰、抹保温浆料应避免阳光暴晒和5级以上大风天气施工。施工完工后,应做好成品保护工作,防止施工污染。拆卸脚手架或升降外挂架时,应保护墙面免受碰撞;严禁踩踏窗台、线脚;损坏部位的墙面应及时修补。

11.4 EPS板现浇混凝土外墙外保温工程

11.4.1 EPS板现浇混凝土外墙外保温系统概述

EPS板现浇混凝土外墙外保温系统(又称为无网现浇系统)是以现浇混凝土外墙为基层,聚苯板为保温层。聚苯板内侧表面(与现浇混凝土接触表面)沿水平方向开有矩形齿槽,内外表面均满涂界面砂浆,以保证黏结牢固。在施工时将聚苯板置于外模板内侧,并安装锚栓作为辅助固定。浇筑混凝土后,墙体与聚苯板以及锚栓结合为一体。聚苯板表面抹抗裂砂浆薄抹面层,薄抹面层中满铺耐碱玻纤网布,外表以涂料为饰面。详见图11-18。

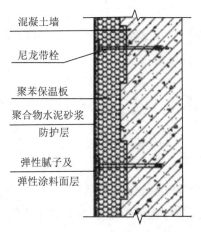

混凝土墙
尼龙带栓
聚苯保温板
聚合物水泥砂浆
防护层
弹性腻子及
弹性涂料面层

图11-18 无网现浇系统

11.4.2 构造要求

由于此系统没有黏结砂浆,为保证与基层黏结牢固,无网现浇系统聚苯板内侧开有水

平齿槽,两面预喷涂界面砂浆,锚栓设置应满足 2~3 个/m² 或根据设计要求设置。水平抗裂分隔缝宜按楼层设置。垂直抗裂分隔缝宜按墙面面积设置,板式建筑不宜大于 30 m²,塔式建筑可视具体情况而定,宜留在阴角部位。

11.4.3　特点和适用范围

聚苯板现浇混凝土外墙外保温系统(无网现浇系统)由于保温层内侧表面(与现浇混凝土接触的表面)沿水平方向开有矩形齿槽,内外表面均满涂界面砂浆和锚栓设置,增强了保温层抵抗垂直剪切力的能力,完全可以满足除粘贴面砖之外的强度要求。

钢丝网架聚苯板现浇混凝土外墙外保温系统(有网现浇系统)设置有腹丝穿透型钢丝网架,浇筑时能够很好地与混凝土墙体黏结、锚固,外表面沿水平方向开有矩形齿槽,并有钢丝网覆盖,能够承受重量较大的面砖粘贴和适应其他饰面形式。

有网现浇系统虽然在构造上更加牢固,多用于饰面为面砖或要求较高的保温工程,但此系统也存在热桥影响较大、施工工序多、施工成本和难度大的问题。因此,无网现浇系统常用于以涂料为饰面或便于维修的保温工程。

11.4.4　施工工艺

11.4.4.1　保温层施工

墙体钢筋隐蔽检查完毕;安装保温板,保温板之间用专用胶黏结;弹锚栓定位线;在要求位置穿锚栓,并将锚栓与墙体钢筋绑扎做临时固定;用 10 mm 厚聚苯板填补保温板门窗缝隙以免浇筑混凝土时跑浆。

11.4.4.2　防护层施工

聚苯板现浇混凝土外墙外保温工程的防护层所用材料和施工方法与聚苯板薄抹灰外墙外保温工程中,薄抹灰增强防护层要求相同。可参照执行。

11.5　EPS 钢丝网架板现浇混凝土外墙外保温工程

11.5.1　保温系统概述

EPS 钢丝网架板现浇混凝土外墙外保温系统(又简称有网现浇系统)是以腹丝穿透型钢丝网架聚苯板为保温层,置于现浇混凝土基层墙体外侧,辅以锚固筋拉结,与混凝土墙体一起浇筑成型,并在聚苯板外侧抹聚合物砂浆作防护层的外墙外保温系统。

钢丝网架聚苯板安装可与主体结构施工同时,利用主体结构施工脚手架和安全防护设施,剪裁安装、绑扎、固定等操作简单。有利于进度和安全施工,降低模板损耗和施工成本。冬期施工时,聚苯板可起保温作用,提高了混凝土质量。有网现浇系统与混凝土墙体结合牢固。但此种系统仅能用于混凝土墙体,对于砌体围护结构无法采用。

11.5.2　基本构造和材料要求

11.5.2.1　基本构造

钢丝网架板现浇混凝土外墙外保温以现浇混凝土为基层墙体,采用腹丝穿透型钢丝网架聚苯板为保温层,钢丝网架板置于外墙外模的内侧,并以 Φ6 锚筋钩紧钢丝网片作为辅助固定,并与混凝土现浇为一体,抹面层为聚合物抗裂砂浆,属厚抹灰型面层,常用于面砖饰面的保温工程。有网现浇系统基本构造详见图 11 - 19 和图 11 - 20。

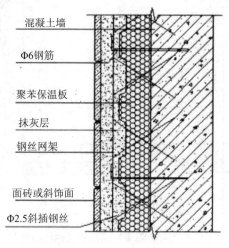

混凝土墙

Φ6钢筋

聚苯保温板

抹灰层

钢丝网架

面砖或斜饰面

Φ2.5斜插钢丝

图 11 - 19　有网现浇系统

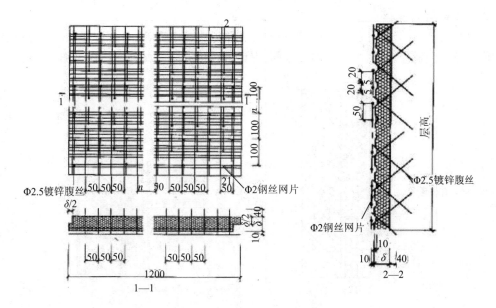

图 11 - 20　钢丝网架聚苯板板形图

对于墙体阴、阳角处应用钢丝网局部加强,钢丝网每边不小于 100 mm,并用双股 Φ0.7镀锌钢丝与聚苯板上的钢丝网架绑扎牢固,其间距为 100 mm。板之间连接处采用同样方法加固,但镀锌钢丝绑扎间距为 150 mm。具体见图 11 – 21。

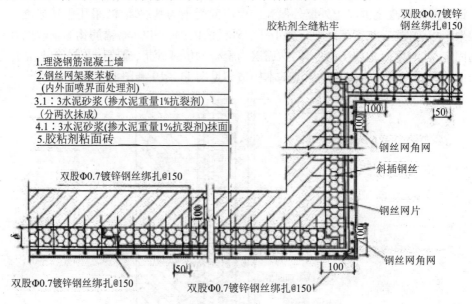

1. 理浇钢筋混凝土墙
2. 钢丝网架聚苯板
   (内外面喷界面处理剂)
3.1:3水泥砂浆(掺水泥重量1%抗裂剂)
   (分两次抹成)
4.1:3水泥砂浆(掺水泥重量1%抗裂剂)抹面
5. 胶粘剂粘面砖

图 11 – 21 阴阳角处墙体与墙体构造做法

在勒角处散水以上仍采用有网现浇系统,在散水以下则采用厚度较小、保温效果较好的挤塑聚苯板,形成内凹形式,使墙体防潮效果更好,并且在铺设挤塑板之前应对钢丝网收头。详见图 11 – 22。

设有女儿墙的建筑应将钢丝网架板贴至到顶。在施工时,应考虑到保温层的厚度,将顶面外伸部分适当加宽,增设角网和锚筋,保证板顶部的防渗漏性能。详见图 11 – 23。

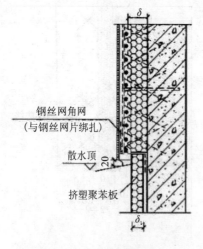

图 11 – 22 勒脚构造做法

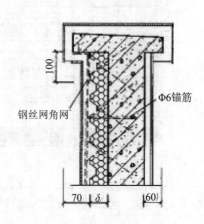

图 11 – 23 女儿墙构造做法

　　窗口处以及局部处理时,垂直于墙面部分一般采用聚苯板用粘钉结合的方式进行保温处理,并在阳角处用钢丝网加强,保温层深入窗框。详见图 11 – 24。

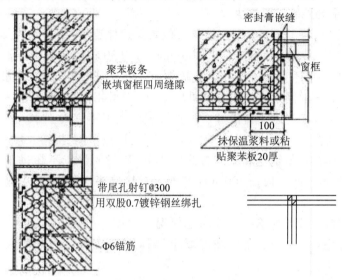

图 11 – 24　窗口构造做法

　　墙面变形缝处应做好有网现浇聚苯板的收头,端部应用钢丝网加强,内侧粘贴聚苯板。详见图 11 – 25。

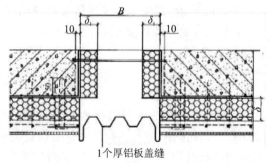

图 11 – 25　墙面变形缝构造做法

11.5.2.2　材料要求

　　板面斜插腹丝不得超过 200 根/m²,以减轻腹丝的热桥影响。斜插腹丝应为镀锌腹丝,板两面应预喷刷界面砂浆,保证与混凝土基层和抹灰层黏结牢固。加工质量应符合现行行业标准《钢丝网架水泥聚苯乙烯夹心板》(JC 623—1996)有关规定。

11.5.3　施工工艺和施工要点

11.5.3.1　施工工艺流程

　　外墙钢筋验收→安装钢丝网架聚苯板、接缝处理→钢丝网架聚苯板验收→支外墙模板、验收→外墙混凝土浇筑→外墙及钢丝网架聚苯板检查→钢丝网架聚苯板板面抹灰。

11.5.3.2 施工方法

（1）外墙外保温板安装　钢筋必须验收后方可进行。按照墙体厚度弹水平线及垂直线，同时在外墙钢筋外侧设置垫块。

保温板就位后，将 L 型 Φ6 钢筋按垫块位置穿过保温板，用扎丝将其两侧与钢丝网及墙钢筋绑扎牢固，L 型 Φ6 钢筋长度 200 mm，弯钩 30 mm，其穿过保温板部分刷防锈漆两道；L 型 Φ6 锚筋不少于 4 根/m^2，锚固深度不得小于 100 mm。在设水平抗裂分隔缝时，聚苯板面的钢丝网片在楼层分层处应断开，不得相连，抹灰时嵌入层间塑料分隔条或泡沫塑料棒，并用建筑密膏嵌缝。垂直抗裂分隔缝不宜大于 30 m^2 墙面面积设置。外墙阳角、阴角及窗口、阳台底边外，须附加角网及连接平网，搭接长度不小于 200 mm。界面砂浆涂敷应均匀，与钢丝和聚苯板附着牢固，斜丝脱焊点不超过 3%，并且穿过板的挑头不应小于 30 mm。板长 300 mm 范围内对接接头不得多于两处，对接处可以用胶粘剂粘牢。

（2）模板安装　模板组合配制应考虑保温板厚度。按弹出的墙体位置线安装大模板。安装外墙大模板前必须在现浇混凝土墙体根部或保温板外侧采取可靠的定位措施。

（3）浇筑混凝土　混凝土浇筑时，保温板顶面要采取遮挡措施，新、旧混凝土接槎处应均匀浇筑 3～5 cm 同强度等级的细石混凝土，混凝土应分层浇筑，高度控制 500 mm以内。

（4）模板拆除　在常温条件下，墙体混凝土强度不应低于 1.0 MPa，冬季施工混凝土强度不应低于 4.0 MPa，方可拆除模板，混凝土强度等级应以现场同条件养护的试块抗压强度为标准。先拆除外墙模板再拆除外墙内侧模板。穿墙套管拆除后，应以干硬性砂浆补洞，洞口处应用保温板保温板填实。

（5）保温层检验　聚苯板压缩允许厚度为板设计厚度的 1/10，检查方法可用钢尺测量取其平均值。

（6）外墙外保温防护层和饰面层施工　保温板表面以及有疏松空鼓现象者均应清除干净、无灰尘、油渍和污垢。绑扎阴阳角及拼缝网，需用铁丝与保温板钢丝网绑扎牢固，角度平整。分隔处保温板钢丝网应剪断。板面界面剂应均匀一致，干燥后可进行防护层施工。防护层分底层和面层，每层厚度不大于 10 mm，总厚度不大于 20 mm，以盖住钢丝网为宜；待底层抹灰凝结后，可进行面层施工。常温下防护层结束 24 h 后即可饰面施工。

11.6　机械固定 EPS 钢丝网架板外墙外保温工程

11.6.1　机械固定 EPS 钢丝网架板外墙外保温系统概述

机械固定聚苯钢丝网架板外墙外保温系统（又称机械固定系统）是由机械固定装置、腹丝非穿透型聚苯钢丝网架板、掺外加剂水泥砂浆厚防护层和饰面层构成的。见图 11-26。

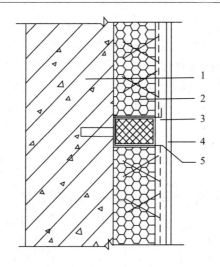

图 11 - 26　机械固定系统

1 - 基层;2 - 聚苯板钢丝网架板;3 - 掺外加剂的水泥砂浆厚抹灰面层;

4 - 饰面层;5 - 机械固定装置

11.6.2　机械固定系统构造要求

腹丝非穿透型聚苯钢丝网架板腹丝插入聚苯板中深度不应小于 35 mm,未穿透厚度不应大于 15 mm。腹丝插入角度应保持一致。误差不应大于 3°。板两面预喷刷界面砂浆。钢丝网与聚苯板表面净距不应小于 10 mm。其网架板应符合《钢丝网架水泥聚苯乙烯夹心板》(JC 623—1996)行业标准。机械锚固系统锚栓、预埋金属固定件数量应通过试验确定,并且不应小于 7 个/m^2。单个锚栓拔出力和基层力学性能应符合设计要求。用于砌体外墙时,应采用预埋钢筋网片固定网架板。固定网架板时应逐层设置承托件,承托件应固定在结构构件上。机械固定系统金属固定件、钢筋网片、金属锚栓和承托件应作防锈处理。按设计要求设置抗裂分隔缝,严格控制抹灰层厚度,并采取可靠措施确保抹灰层不开裂。

11.6.3　特点和适用范围

腹丝非穿透型聚苯钢丝网架板(简称 SB 板),是以阻燃型聚苯乙烯板为保温芯材,配有双向斜插入的高强度钢丝,并与单面覆以网目 50 mm × 50 mm 的 Φ2.0 钢丝网片焊接,成为带有整体焊接钢丝网架的保温板材。适合于混凝土空心砌块墙体及现浇钢筋混凝土墙体。对于加气混凝土和轻集料混凝土基层不宜采用,否则保温层固定设置较为复杂。

11.7　其他外墙外保温系统简介

11.7.1　矿棉板外墙外保温系统

该系统是以半硬质憎水型矿棉板作为保温层。构造与膨胀聚苯板(EPS)系统相同,材料密度大于 EPS 板,导热系数基本接近 EPS 板,但比 EPS 板难燃。以工业废料矿渣为主要原料,经熔化,采用高速离心法或喷吹法工艺制成的棉丝状无机纤维,然后加黏结剂压制而成。由于矿棉板强度较低,且带有一定弹性,故用于薄抹灰外保温层时必须采用机械锚固件与基层联结。机械锚固时,要求每条拼缝不应少于两点,板中设一点(10 层以下)或二点(10 层以上),并对转角部位加密。详见图 11 - 27(适用于 10层以下建筑)。

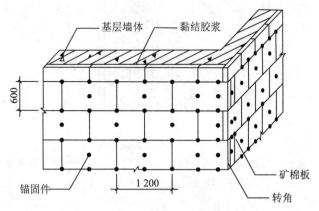

图 11 - 27　矿棉板锚固位置示意图

矿棉板外保温系统现已列入推荐性应用技术标准,并配有图集。由于现在矿棉板大多采用沉降法生产,出现纤维排列方向一致,长期使用易出现分层。采用摆锤法工艺生产可避免以上缺陷,但设备要求较高。基于以上问题国内采用岩棉板 + 钢丝网 + 抗裂水泥砂浆做法,或轻钢龙骨 + 岩棉填充 + 硬质面板做法,以提高耐久性。另外,矿棉板为不燃材料,还可用于门窗洞口上端的防火隔离层等处。

11.7.2　聚氨酯外墙外保温板系统

该系统由聚氨酯硬泡体(PURC)与水泥纤维加压板(FC 板)复合而成,形成保温与防护为一体的系统,采用专用黏结剂与水泥配置的黏结胶浆,粘贴于外墙面的水泥砂浆找平层上。板缝用 PU 发泡剂填缝密封后,用抗裂水泥砂浆勾缝。饰面层为腻子加外墙涂料。由于保温层与防护面层在工厂预制复合,可不用耐碱玻纤网布,因而施工简便,效率高,质量易保证。聚氨酯硬泡沫材料,集防水、保温于一体,具有良好的物理性能,其各项指标优于 XPS,但价格较高。

11.7.3　现场喷涂硬泡聚氨酯外墙外保温系统

该系统根据饰面层不同分为涂料及面砖饰面两种。基本构造:聚氨酯防潮底漆层、聚氨酯保温层、聚氨酯界面砂浆层、胶粉聚苯颗粒保温浆料找平层;抗裂砂浆复合涂塑耐碱玻纤网格布(用于涂料饰面)或抗裂砂浆复合热镀锌电焊网尼龙胀栓锚固(用于面砖饰面);抗裂防护层,表面刮涂抗裂柔性耐水腻子、涂刷饰面涂料或面砖黏结砂浆粘贴面砖构成饰面层,其系统构造如图 11 - 28。

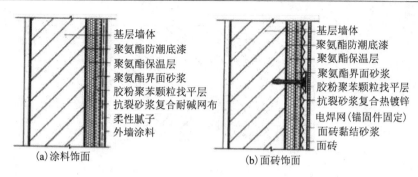

(a)涂料饰面　　　　　　　　　(b)面砖饰面

图 11－28　现场喷涂硬泡聚氨酯外墙外保温系统

11.7.4　砂加气块外墙外保温系统

11.7.4.1　组成材料

该系统以蒸压砂加气混凝土砌块为保温材料。该系统也采用薄抹灰做法,基本组成见图 11－29。

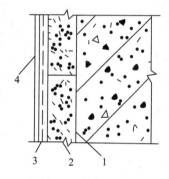

图 11－29　砂加气块外墙外保温系统构造示意图
1－黏结层;2－保温层;3－防护层;4－饰面层

(1)黏结层采用专用黏结剂,是掺有聚合物粉状料,加水调和后的胶状体,主要性能应满足各项拉伸黏接强度和可操作时间等项指标。

(2)保温层是采用砂加气块,是以石英砂为主料,以水泥和石灰为胶凝材料,以石膏为硬化剂,采用铝粉发泡,经高温(180 ℃)高压(10 atm)养护 8 ~ 12 h 而成的多孔状轻质砌块。制品强度高,耐火性能优良,规格尺寸齐整,并具有良好的保温隔热性能。

(3)保护层由抗渗剂、聚合物抹面胶浆、耐碱玻纤网布构成。抗渗剂用于封闭砂加气块表面毛孔,以提高抗渗防水能力,但不减弱抹面腻子与砂加气块的黏结性。聚合物抹面胶浆和耐碱玻纤网布作用类似于其他薄抹灰系统。

(4)饰面层一般以涂料为主,是因为砂加气块本身自重较大,不宜承担过大荷载。

11.7.4.2　主要构造与施工要求

(1)保温砌块与基层墙面粘贴缝,以及保温砌块间砌筑缝不应大于 3 mm。

(2)长度 10 m 以上时,保温层宜留设温度控制缝。温度控制缝宽 15 mm,内填 PU 发泡剂,用建筑密封胶封闭,表面粘贴 300 mm 宽耐碱网格布加强。做法见图 11－30。

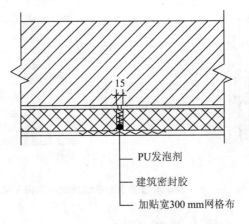

图 11-30 控制缝节点做法

（3）建筑高度不超过 24 m 时，每两层宜对加气保温层采取支承措施。主要方法有采用基层墙体挑出构造，或安装防腐处理金属水平角条作为辅助支撑。做法见图 11-31。

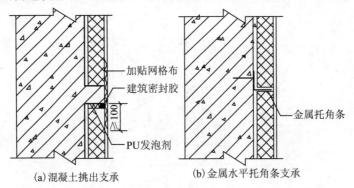

（a）混凝土挑出支承　　　　　（b）金属水平托角条支承

图 11-31 两种支承措施做法

（4）高度超过 24 m 时，应对每层均采用支承措施，并对保温块增设机械固定装置。每两皮（每皮高 250 mm）水平间距 600 mm 设置一个拉结件或设置锚固件（不小于 2 个/m²），转角、风力较大处适当加密。常见做法详见图 11-32。

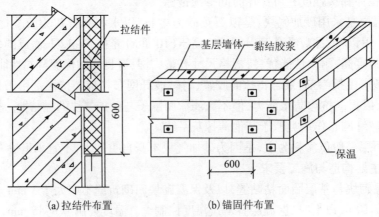

（a）拉结件布置　　　　　（b）锚固件布置

图 11-32 两种机械固定做法

 复习思考题

1. 聚苯板外墙外保温有哪些特点？

2. 什么叫聚苯板外墙外保温薄抹灰系统？画出它的基本构造图。

3. 聚苯板是如何制成的，表观密度应为多少，出厂有何要求？

4. 胶粘剂主要承受哪两种荷载？

5. 解释抗裂砂浆、耐碱网布、抹面胶浆的概念。

6. 画出首层墙体构造及阴阳墙角构造处理图。

7. 聚苯板洞口四角切割和顶部锚固有什么要求？画图说明。

8. 简述外墙外保温薄抹灰系统技术要求。

9. 简述薄抹灰系统外保温工程施工工序、施工方法。

10. 胶粉 EPS 颗粒保温料浆外墙外保温系统是如何定义的？

11. 什么叫界面砂浆？

12. 画出面砖胶粉 EPS 颗粒保温料浆外保温构造图。

13. 简述胶粉 EPS 颗粒保温料浆外墙外保温工程技术要求。

14. 简述胶粉 EPS 颗粒保温料浆外墙外保温工程施工要点。

15. 简述钢丝网架板现浇混凝土外墙外保温系统的特点。

16. 有网现浇系统有哪些技术要求？与无网现浇系统有何区别？

17. 简述有网现浇系统施工工艺和施工操作要点。

第 12 章　装饰工程

12.1　概述

　　装饰工程是采用装饰装修材料或装饰物,对建筑物内外表面及空间进行艺术处理及加工过程,主要功能是保护建筑物各种构件免受自然界风、霜、雨、雪、大气等的侵蚀,增强构件保温、隔热、隔音、防潮、防腐蚀等能力,提高构件的耐久性,延长建筑物的使用寿命,改善室内外环境,使建筑物清新、整洁、明亮、美观。

　　装饰工程主要内容有抹灰工程、门窗工程、吊顶工程、轻质隔墙工程、饰面板(砖)工程、幕墙工程、涂饰工程、裱糊与软包工程以及细部工程等。装饰工程特点是工期长、用工多、造价高、质量要求高、成品保护难等。

12.2　抹灰工程

　　抹灰是将各种砂浆、装饰性石屑浆、石子浆涂抹在建筑物的地面、墙面、顶棚等表面,除了保护建筑物外,还可起到装饰作用。

12.2.1　组成与分类

　　抹灰工程按材料和装饰效果可分为一般抹灰和装饰抹灰;按工种部位分为室内抹灰和室外抹灰。室内抹灰又可按部位分为楼地面、顶棚、墙、墙裙、踢脚等。一些地区习惯上叫作"粉饰"或"粉刷"。

　　一般抹灰按其构造可分为底层、中层和面层。底层又称黏结层,主要起与基层黏结和初步找平作用,厚 5～7 mm;中层又称找平层,主要起找平作用,厚 5～12 mm;面层又称装饰层,主要起装饰作用,厚 2～5 mm。见图 12－1。底层可用石灰砂浆、水泥砂浆、水泥混合砂浆、聚合物水泥砂浆、膨胀珍珠岩水泥砂浆等;中层所用材料基本与底层相同;面层可用麻刀灰、纸筋石灰以及石膏灰等。

　　装饰抹灰一般也分为底层和面层,底层多用水泥砂浆;面层则根据所用材料及施工工艺的不同,分为水刷石、水磨石、斩假石、干粘石、拉毛灰、喷涂、滚涂、弹涂等。

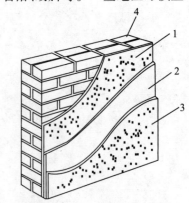

图 12－1　抹灰组成
1－底层;2－中层;3－面层;4－基层

12.2.2　一般抹灰

12.2.2.1　一般抹灰的级别

一般抹灰按质量要求和做法分为普通抹灰、中级抹灰和高级抹灰。

普通抹灰为一层底层、一层面层构成。施工要求分层赶平、修整,表面压光。适用于简易住宅、大型设施、非居住型房屋(如汽车库、仓库、锅炉房)以及地下室、储藏室。

中级抹灰为一底层、一中层、一面层构成。施工要求阳角找方,设置标筋,多遍分层赶平、修整,表面压光。适用于一般的住宅和公用建筑,如住宅、宿舍、教学楼、办公楼等。

高级抹灰为一底层、数层中层、一面层构成。施工要求阴角找方,设置标筋,分层赶平、修整,表面压光。适用于大型公共建筑,纪念性建筑,如剧院、礼堂、宾馆、展览馆和高级住宅以及有特殊要求的高级建筑物。

12.2.2.2　一般抹灰施工

(1)施工准备　抹灰工程采用的材料质量必须符合国家现行技术标准的规定,水泥标号应不低于 32.5 号,安定性试验必须合格;砂应坚硬洁净,其中含泥、粉末等含量不超过 3%,过筛后不得含有杂物;石灰膏必须经过块状淋制,并经过 3 mm 方孔筛过滤,熟化时间不少于 15 天。为控制抹灰层厚度和平整度,抹灰前必须先找好规矩,即四角规方、横线找平、立线吊直、弹出准线和墙裙、踢脚板线。

(2)内墙一般抹灰　内墙一般抹灰操作流程:基体表面处理→浇水润墙→设置灰饼和标筋→阳角做护角→抹底层、中层灰→窗台板、踢脚板或墙裙→抹面层灰→清理。

1)基层表面处理　为使抹灰砂浆黏结牢固,防止抹灰层产生空鼓、脱落,抹灰前应对基层表面的灰尘、污垢、碱膜、砂浆等进行清除。对墙面上的孔洞、剔槽等用水泥砂浆进行填嵌。门窗框与墙体交接处缝隙应用水泥砂浆或混合砂浆分层嵌堵。

基体表面应相应处理,以增强与抹灰砂浆间的黏结强度。光滑的混凝土基体表面应凿毛或刷一道素水泥浆,水灰比为 0.37～0.4;加气混凝土砌块表面应清扫干净,并刷一道 1:4 的 107 胶水溶液,以形成表面隔离层,缓解抹面砂浆的早期脱水,提高黏结强度;不同材料相接处应先铺设金属网并绷紧钉牢,金属网与各基体搭接宽度每侧不应小于 100 mm。

2)设置灰饼和标筋(找规矩)　为有效控制抹灰厚度,特别是保证墙面垂直度和整体平整度,在抹灰前应设置灰饼和标筋,作为抹灰依据。如图 12 - 2。

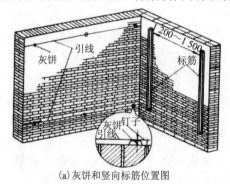

(a)灰饼和竖向标筋位置图

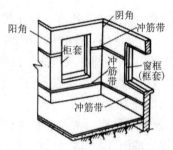

(b)水平横向标筋示意图

图 12 - 2　挂线做灰饼标筋(冲筋)

设置标筋分为做灰饼和做标筋两个步骤。

①做灰饼　根据整个墙面的平整度和垂直度,确定灰饼厚度,一般最薄处不应小于7 mm,在墙面距地1.5 m高度,距两边阴角100～200 mm处,按所确定灰饼厚度用抹灰基层砂浆各做一个50 mm×50 mm的矩形灰饼,然后用托线板或线锤在此灰饼面吊挂垂直做对应上下的两个灰饼,上下距顶棚和地面150～200 mm,其中下方的灰饼应在踢脚板上口以上,随后在墙面上方和下方左右两个对应灰饼之间用钉子钉在灰饼外侧的墙缝内,以灰饼为准,在钉子之间拉水平横线,沿线每隔1.2～1.5 m补灰饼。

②做标筋　标筋是以灰饼为准,在灰饼之间所做的灰埂,作为抹灰平面的基准。具体做法是用与底层抹灰相同的砂浆在上下两个灰饼间先抹一层,再抹第二层,形成宽度为100 mm左右,厚度比灰饼高度高10 mm左右的灰埂,然后用木杠紧贴灰饼搓动,直至把标筋搓到与灰饼齐平为止。最后要将标筋两边用刮尺修成斜面,以便于抹灰面接槎顺平。

3)做护角　为保护墙面转角处不易遭碰撞损坏,在室内门窗洞口及墙角、柱面的阳角处应做水泥砂浆护角,护角高度一般为2 m,每侧宽度不小于50 mm。具体做法是先将阳角用方尺规方,靠门框一边以门框离墙的空隙为准,另一边以墙面灰饼厚度为依据。然后在靠尺板的另一边墙角分层抹1:2水泥砂浆,与靠尺板的外口平齐;再把靠尺板移动至已抹好的护角的一边,用钢筋卡子卡住,用托线板吊直靠尺板,把护角的另一面分层抹好,取下靠尺板,待砂浆稍干时,用阳角抹子和水泥素浆捋出护角的小圆角,最后用靠尺板沿顺直方向留出预定宽度,将多余砂浆切出40°斜面,以便抹面时与护角接槎。

4)抹底层、中层灰　待标筋有一定强度后,即可在两标筋间用力抹上底层灰,用木抹子压实搓毛。待底层灰收水后,即可抹中层灰,抹灰厚度应略高于标筋。中层抹灰后,随即用木杠沿标筋刮平,不平处补抹砂浆,然后再刮,直至墙面平直为止。紧接着用木抹子搓压,使表面平整密实。阴角处先用方尺上下核对方正(水平横向标筋可免去此步),然后用阴角器上下抽动扯平,使室内四角方正为止。

5)抹面层灰　待中层灰有6～7成干时,即可抹面层灰。操作一般从阴角或阳角处开始,自左向右进行。一人在前抹面灰,另一人在其后找平,并用铁抹子压实赶光。阴阳角处用阴、阳抹子捋光,并用毛刷蘸水,将门窗圆角等处刷干净,高级抹灰的阳角必须用拐尺找方。

(3)外墙一般抹灰　外墙一般抹灰工艺流程:基体表面处理→浇水润墙→设置标筋→弹分格线、嵌分格条→抹底层、中层灰→抹面层灰→起分格条→养护。

1)抹灰顺序　外墙抹灰应先上部后下部,先檐口再墙面。大面积外墙可分块同时施工。高层建筑外墙面可在垂直方向适当分段,如一次抹完有困难,可在阴、阳角交接处或分格线处间断施工。

2)嵌分格条,抹面层灰及分格条的拆除　待中层灰6～7成干后,按要求弹分格线。分格条为梯形截面,浸水湿润后两侧用素水泥浆与墙面抹成45°角黏结。嵌分格条时,应注意横平竖直,接头平直。如当天不抹面层灰,分格条两边的素水泥浆应与墙面抹成60°角。

面层灰应抹得比分格条略高一些,然后用刮杠刮平,紧接用木抹子搓平待稍干后再用刮杠刮一遍,用木抹子搓磨出平整、粗糙、均匀的表面。面层抹好后即可拆除分格条,并用素水泥浆把分格缝勾平整。如不当即拆除分格条,则必须待面层达到适当强度后才可拆除。

(4)顶棚一般抹灰 顶棚抹灰一般不设置标筋,只需按抹灰层厚度在墙面四周弹出水平线作为控制抹灰层厚度的基准线。若基层为混凝土,则需在抹灰前,应用10%107胶水溶液或水灰比为0.4的素水泥浆刷一遍作为结合层。抹中层灰后,用木刮尺刮平,再用木抹子搓平。面层灰宜两遍成活,两道抹灰方向垂直,抹完后按同一方向抹压赶光,其厚度不大于2 mm。

12.2.3 装饰抹灰

装饰抹灰按砂浆类型可分为灰浆类装饰抹灰和石渣类装饰抹灰。

12.2.3.1 灰浆类装饰抹灰

(1)拉毛抹灰 在面层灰浆尚未凝结之前用铁抹子等工具将表面轻压后顺势轻轻拉起,形成凹凸感较强的饰面层,见图12-3。拉毛灰同时具有装饰和吸声作用,多用于公共建筑的室内墙壁和天棚的饰面,也常用于外墙面、阳台栏板或围墙等外饰面。

(2)甩毛抹灰 用涂刷工具将灰浆甩到粉刷层上,形成凹凸感较强的饰面层,见图12-4。

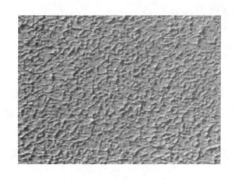

图12-3 拉毛抹灰

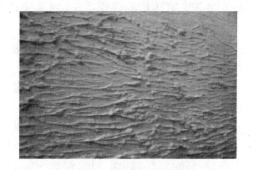

图12-4 甩毛抹灰

12.2.3.2 石渣类装饰抹灰

(1)水刷石 水刷石是将水泥石渣浆直接涂抹在建筑物表面,待水泥初凝后,用毛刷沾水刷洗或用喷枪喷水冲洗,冲掉表层水泥浆,使石渣半露出来,获得彩色石子的装饰效果。水刷石一般用于外墙装饰。见图12-5。

(2)干粘石 干粘石是在素水泥浆或聚合物水泥砂浆黏结层上,将彩色石渣、石子等直接粘在砂浆层上,再拍平压实的一种装饰抹灰做法。分为人工甩粘和机械喷粘两种。要求石子黏结牢固、不脱落、不露浆,石粒的2/3应压入砂浆中。见图12-6。装饰效果与水刷石相同,而且避免了湿作业,提高了施工效率,又节约材料,应用广泛。

(3)斩假石 又称剁斧石,是在水泥砂浆基层上涂抹水泥石渣浆或水泥石屑浆,待其硬化具有一定强度时,用钝斧及各种凿子等工具,在表层上剁斩出纹理。见图12-7。主要用于室外装饰部位。

图 12 – 5　水刷石　　　　　　图 12 – 6　干粘石　　　　　　图 12 – 7　斩假石

12.3　饰面板(砖)工程

饰面板(砖)工程是指把块料面层镶贴在墙柱表面以形成装饰层。块料面层的种类可分为饰面板和饰面砖两大类。饰面板有石材饰面板(包括天然石材和人造石材)、金属饰面板、塑料饰面板、木质饰面板、镜面玻璃饰面板等,往往尺寸较大;目前饰面板泛指天然大理石、花岗石饰面板和人造石饰面板,其施工工艺基本相同。饰面砖有釉面瓷砖、外墙面砖、陶瓷锦砖和玻璃马赛克等,尺寸较小。

12.3.1　饰面板施工

由于饰面板尺寸和质量较大,仅依靠黏结砂浆无法保证耐久性方面的要求。所以饰面板安装工艺有传统的湿作业法(灌浆法)、干挂法和直接粘贴法。

12.3.1.1　湿作业法

湿作业法施工工艺流程:材料准备→基层处理,挂钢筋网→弹线→安装定位→灌水泥砂浆→整理、搽缝。

(1)材料准备　饰面板材安装前,应分选检验并试拼,使板材的色调、花纹基本一致。对已选好的饰面板材钻孔剔槽,以系固铜丝或不锈钢丝。见图 12 – 8。每块板材上、下边钻孔数各不得少于 2 个,孔位宜在板宽两端 1/3 ~ 1/4 处,孔径 5 mm 左右,孔深 15 ~ 20 mm,孔位应在板厚度的中心位置。为使金属丝绕过板材穿孔时不搁占板材水平接缝,应在金属丝绕过部位轻剔一槽,深约 5 mm。

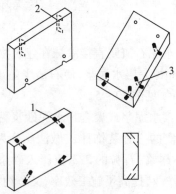

图 12 – 8　饰面板打眼示意图

1 – 板面斜眼;2 – 板面打两面 L 形眼;3 – 打眼

（2）基层处理，挂钢筋网　墙面清扫干净，剔除预埋件或预埋筋，也可在墙面钻孔固定金属膨胀螺栓。对于加气混凝土或陶粒混凝土等轻型砌块砌体，应在预埋件固定部位加砌黏土砖或局部用细石混凝土填实，然后用中 $\phi6$ 钢筋纵横绑扎成网片与预埋件焊牢。纵向钢筋间距 500～1 000 mm。横向钢筋间距视板面尺寸而定，第一道钢筋应高于第一层板的下口100 mm 处，以后各道均应在每层板材的上口以下 10～20 mm 处设置。见图 12－9。

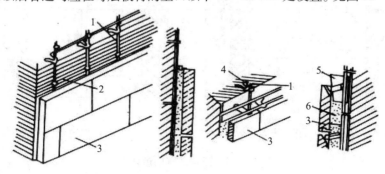

图 12－9　湿作业法
1－$\phi6$ 钢筋；2－铜丝；3－大理石；4－基体；5－木楔；6－砂浆

（3）板材定位　弹线分为板面外轮廓线和分格线（即就位线）。外轮廓线弹在地面，距墙面 50 mm（即板内面距墙 30 mm），如图 12－10。分格线弹在墙面上，由水平线和垂直线构成，是每块板材的定位线。

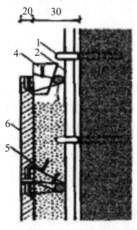

图 12－10　石材饰面板传统湿作业法安装
1－预埋筋；2－竖筋；3－横筋；4－定位木楔；5－铜丝；6－大理石饰面板

（4）灌缝　用 1∶2.5 水泥砂浆分层灌注，每层灌高为 200～300 mm，插捣密实。块材和基层间的缝隙一般为 20～50 mm，即为灌浆厚度。待初凝后再继续灌浆，直到距上口50～100 mm 处。剔除上口临时固定的木楔，清理干净缝隙，再安装第二行块材。依次由下向上安装固定、灌浆。每日安装加固后，需将饰面清理干净，光泽不够时，需打蜡处理。

12.3.1.2　干挂法

干挂法是将石材饰面板通过连接件固定于结构表面的施工方法。它与板块之间形成

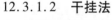

空腔,受结构变形影响小,抗震能力强,施工速度快。提高了装饰质量,已成为大型公共建筑石材饰面安装的主要方法。见图 12 – 11。

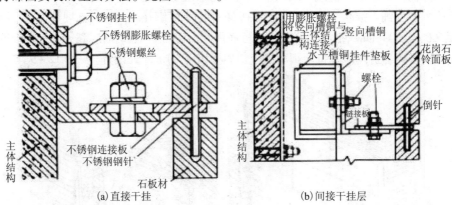

（a）直接干挂　　　　　　　　　　（b）间接干挂层

图 12 – 11　干挂工艺构造详图

施工步骤如下:

(1)板材钻孔　根据设计尺寸在石板上下侧边钻孔,孔径 6 mm,孔深 20 mm。

(2)石板就位、临时固定　在墙面吊垂线及拉水平线,以控制饰面的垂直、平整。支底层石板托架,将底层石板就位并作临时固定。

(3)钻孔、安装饰面板　用冲击钻在基体结构钻孔,打入胀铆螺栓,同时镶装 L 形不锈钢连接件。用胶粘剂灌入石材的孔眼,插入销钉,校正并临时固定板块。如此逐层直到顶层。

(4)嵌缝清理　进行嵌缝、清理饰面,擦蜡出光。

12.3.1.3　直接粘贴法

直接粘贴法适用于厚度在 10 ~ 12 mm 以下,尺寸小于 400 mm 的石材薄板和碎大理石板的铺设。贴接剂可采用不低于 32.5 号的普通硅酸盐水泥或白水泥砂浆,也可采用石材黏结剂。对于薄型石材粘贴施工应注意在粘贴第一皮时,应沿水平基准线放一长板作为托底板,防止石板粘贴后下滑。粘贴顺序为由下至上逐层粘贴。与以下的饰面砖粘贴方法相同。

12.3.2　饰面砖

一般饰面砖尺寸小于 400 mm,分为有釉和无釉。种类包括釉面瓷砖、外墙面砖、陶瓷锦砖、玻璃锦砖、劈离砖以及耐酸砖等。

12.3.2.1　施工准备

饰面砖基层处理和找平层砂浆的涂抹方法与装饰抹灰基本相同。

饰面砖镶贴前应先清扫干净,然后置于清水中浸泡。釉面砖浸泡到不冒气泡为止,一般 2 ~ 3 h。外墙面砖则带隔夜浸泡,取出晾干。以饰面砖表面有潮湿感,手按无水迹为准。

饰面砖镶贴前应进行预排,预排时应注意同一墙面的横竖排列,均不得有一行以上的非整砖。非整砖应排在最不醒目的部位或阴角处,用接缝宽度调整。

外墙面砖预排时应根据设计尺寸进行排砖、分格并绘制大样图。一般水平缝要求与旋脸、窗台齐平;竖向缝与阴角、窗口对齐,且均为整砖;分格按整块分匀,并根据已确定的缝做分格条和划出皮数杆。对墙、墙垛等处要求先测好中心线、水平分格线和阴阳角垂直线。

12.3.2.2　内墙砖镶贴

内墙一般采用釉面砖,排列方法有对缝排列和错缝排列,见图 12 – 12。接缝一般采用密缝贴,即每块砖相互靠紧,减小缝隙,以便墙面清理。施工步骤如下:

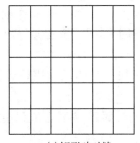

(a)矩形砖对缝　　　　　　　　　　　　(b)方形砖错缝

图 12 – 12　釉面砖镶贴形式

(1)清理、弹线　清理找平层;依照室内标准水平线,核对地面标高和分格线。

(2)饰面砖预排　以弹出的地平线为依据,设置支撑釉面砖的地面木托板。加木托板作用是为防止釉面砖因自重向下滑移,木托板表面应加工平整,其高度为非整砖的调节尺寸。整砖镶贴宜从木托板开始自下而上进行。每行镶贴宜以阳角开始,把非整砖留在阴角。

(3)饰面砖粘贴　将配合比为1:2水泥浆调制糊状,另可掺水泥量3% ~4%的108胶,增强黏结力。镶贴时,用铲刀将水泥浆均匀涂抹在釉面砖背面,水泥浆厚度2 ~3 mm,四周刮成斜面,按线就位后,用手轻压,然后用橡皮锤或小铲把轻轻敲击,使其与中层贴紧。确保釉面砖四周砂浆饱满,并用靠尺找平。镶贴釉面砖宜先沿底尺横向贴一行,再沿垂直线竖向贴几列,然后从下往上从第二横行开始,在已贴的釉面砖口间拉上准线,横向各行面砖依准线镶贴。镶贴墙面时,应先贴大面,后贴阴阳角、凹槽等难度较大部位。

(4)清理、擦缝　釉面砖镶贴完毕后,将釉面砖表面擦洗干净。接缝处用相同颜色的石灰膏或白水泥色浆擦嵌密实。全部完工后,用棉纱或稀草酸刷洗,并及时用清水冲净。

12.3.2.3　外墙砖镶贴

外墙砖宜竖向镶贴,考虑到外界温差变化较大,接缝宜采用离缝,缝宽不大于10 mm;釉面砖一般应对缝排列,不宜采用错缝排列。施工步骤如下:

(1)外墙面砖应从上而下分段,每段内应自下而上镶贴。

(2)在整个墙面两头各弹一条垂直线,如墙面较长,在墙面中间部位再增弹几条垂直线,垂直线之间距离应为砖宽的整倍数(包括接缝宽),墙面两头垂直线应距墙阳角(或阴角)为一块砖的宽度。垂直线作为竖行标准。

(3)在各分段分界处各弹一条水平线,作为贴砖横行标准。各水平线距离应为砖高度(包括接缝)的整倍数。

(4)清理底层灰面,并浇水湿润,刷一道素水泥浆,紧接着抹上水泥石灰砂浆,随即将釉面砖对准位置镶贴上去,用橡胶锤轻敲,使其贴实平整。

（5）每个分段中宜先沿水平线贴横向一行,再沿垂直线贴竖向几列,从下往上第二横行开始,应在垂直线处已贴的砖上口间拉上准线。横向各行砖依准线镶贴。

（6）阳角处正面的釉面砖应盖住侧面的釉面砖的端边,即将接缝留在侧面,或在阳角处留成方口,以后用水泥砂浆勾缝。最好两侧砖磨成45°的倒角相接。阴角处应使面砖的接缝正对阴角线。

（7）镶贴完一段后,随即把釉面砖表面擦洗干净,用水泥细砂浆勾缝,待其干硬后,再擦洗一遍面砖面。

（8）墙面上如有突出的预埋件时,此处面砖镶贴应根据具体尺寸用整砖裁割后贴上去,不得用碎块砖拼贴。

（9）同一墙面应用同一品种、同一色彩、同一批号的釉面砖,并注意花纹方向。

12.3.2.4 锦砖(马赛克)镶贴

锦砖是成联供货的。粘贴尽量避免将整联拆散。镶贴锦砖施工要点如下:

（1）镶贴锦砖应自上而下进行分段,每段内从下而上镶贴。每段内锦砖宜连续贴完。

（2）清理各砖联的粘贴面(即锦砖背面),按编号顺序预排就位。非整砖联处,应根据镶贴尺寸,预先将砖联裁割,不可将锦砖块从背纸上剥下,一块一块地粘贴。墙及柱的阳角处不宜将一面锦砖边凸出去盖住另一面锦砖接缝,而应各自贴到阳角线处,缺口处用水泥细砂浆勾缝。

（3）在底层灰面上洒水湿润,刷上水泥浆一道,接着涂抹结合层,如结合层中未掺入108胶,应在砖联粘贴面随贴随刷一道混凝土界面处理剂,以增强砖联与结合层的黏结力。紧跟着将砖联对准位置镶贴,并用木垫板压住,再用橡胶锤全面轻轻敲打一遍,使砖联贴实平整。砖联可预先放在木垫板上,连同木垫板一齐贴上去,敲打木垫板即可。砖联平整后即取下木垫板。

（4）待结合层能粘住砖联后,洒水湿润砖联的背纸,轻轻将其揭掉。要将背纸撕揭干净,不留残纸。

（5）在混合层初凝前,修整各锦砖间的接缝,如接缝不正、宽窄不一,应予拨正。如有锦砖掉粒,应予补贴。墙及柱的阳角处不宜将一面锦砖边凸出去盖住另一面锦砖接缝,而应各自贴到阳角线处,缺口处用水泥细砂浆勾缝。

（6）在混合层终凝后,用同色水泥擦缝。白色为主的锦砖应用白水泥擦缝,深色为主的锦砖应用普通水泥擦缝。

（7）擦缝水泥干硬后,用清水擦洗锦砖面。

12.4 楼地面工程

楼地面工程是人们工作和生活中接触最频繁的分部工程。反映楼地面工程档次和质量水平指标有承载能力、耐磨性、耐腐蚀性、抗渗漏能力、隔声性能、弹性、光洁度、平整度等,以及色泽、图案等艺术效果。

12.4.1　构成与面层材料

12.4.1.1　楼地面构成

楼地面工程是建筑物底层地面(即地面)和楼层地面(即楼面)的总称。主要由基层和面层两大基本构造层组成。基层包括结构层和垫层,而底层地面的结构层是基土,楼层地面的结构层是楼板;面层是指地面或楼面的表面层。

12.4.1.2　楼地面分类

按面层材料分有土、灰土、三合土、菱苦土、水泥砂浆、混凝土、水磨石、马赛克、水、砖和塑料地面等。

按面层结构分有整体楼地面层(如灰土、菱苦土、三合土、水泥砂浆、混凝土、现浇水磨石、沥青砂浆和沥青混凝土等),板块面层(如缸砖、塑料地板、拼花木地板、马赛克、水泥花砖、预制水磨石块、大理石板材、花岗石板材等)和涂布地面等。

12.4.2　整体楼地面层施工

12.4.2.1　水泥砂浆面层

面层铺抹前,先刷一道含 4% ~5% 的 108 胶水泥浆,随即铺抹水泥砂浆,用刮尺赶平,并用木抹子压实,在砂浆初凝后终凝前,用铁抹子反复压光三遍。砂浆终凝后铺盖草袋、锯末等浇水养护。当施工大面积的水泥砂浆面层时,应按设计要求留分格缝,防止砂浆面层产生不规则裂缝。施工工艺流程:基层处理→找标高、弹线→洒水润湿→抹灰饼和标筋→搅拌砂浆→刷水泥浆结合层→铺水泥砂浆面层→木抹子搓平→铁抹子压第一遍→第二遍压光→第三遍压光→养护。

12.4.2.2　细石混凝土面层

细石混凝土面层可以克服水泥砂浆面层干缩较大的缺点。这种面层强度高,干缩值小。与水泥砂浆面层相比有更好的耐久性,但厚度较大,一般为 30 ~ 40 mm。混凝土强度等级不低于 C20,所用粗骨料粒径一般不大于 15 mm,且不大于面层厚度的 2/3。采用中砂或粗砂配制。细石混凝土面层施工的基层处理和找规矩的方法与水泥砂浆面层施工相同。

12.4.2.3　现制水磨石面层

水磨石地面构造层与实物,如图 12 - 13 所示。

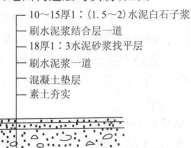

— 10~15厚1:(1.5~2)水泥白石子浆
— 刷水泥浆结合层一道
— 18厚1:3水泥砂浆找平层
— 刷水泥浆一道
— 混凝土垫层
— 素土夯实

图 12 - 13　水磨石地面构造层与实物

水磨石地面面层施工一般是在完成顶棚、墙面等抹灰后进行，也可以在水磨石楼、地面磨光两遍后再进行顶棚、墙面抹灰，但对水磨石面层应采取保护措施。水磨石地面施工工艺流程：基层清理→浇水冲洗湿润→设置标筋→做水泥砂浆找平层→养护→嵌分格条→铺抹水泥石子浆→养护→研磨→冲洗→打蜡抛光。

水磨石面层所用石子应用质地密实、磨面光亮，如硬度不大的大理石、白云石、方解石或质地较硬的花岗岩、玄武岩、辉绿岩等。石子应洁净无杂质，石子粒径一般为 4～12 mm；白色或浅色水磨石面层应采用白色硅酸盐水泥，深色水磨石面层应采用普通硅酸盐水泥或矿渣硅酸盐水泥，水泥中掺入的颜料应选用遮盖力强、耐光性、耐候性、耐水性和耐酸碱性好的矿物颜料。掺量一般为水泥用量的 3%～6%，也可由试验确定。

（1）嵌分格条　在找平层上按设计图案要求弹出墨线，然后按墨线固定分格条（铜条或玻璃条），如图 12-14 所示，嵌条宽度与水磨石面层厚度相同，分格条粘嵌方法是用纯水泥浆粘嵌分格条成八分角，略大于分格条的 1/2 高度，水平方向以 30°角为准。分格条交叉处应留出 15～20 mm 的空隙不填水泥浆，这样在铺设水泥石子浆时，石粒能靠近分格条。交叉处分格条应平直、牢固、接头严密。

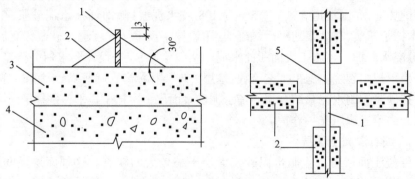

图 12-14　分格嵌条设置

1-分格条；2-素水泥浆；3-水泥砂浆找平；4-混凝土垫层；5-40～50 mm 内不抹素水泥浆

（2）铺水泥石子浆　分格条粘嵌养护 3～5 天后，将找平层表面清理干净，刷水泥浆一道，随刷随铺面层水泥石子浆。水泥石子浆虚铺厚度比分格条高 3～5 mm，以防在滚压时压弯铜条或压碎玻璃条。随后用滚筒滚压密实，待表面出浆后，再用抹子抹平。在滚压过程中，如发现表面石子偏少，可补撒石子并拍平。如在同一平面上有几种颜色的水磨石，应先做深色，后做浅色；先做大面，后做镶边。待前一种凝固后，再抹后一种。

（3）研磨　水磨石开磨时间与水泥强度和气温高低有关，应先试磨，在石子不松动时方可开磨。大面积施工宜用磨石机研磨，小面积、边角处可用小型湿式磨光机研磨或手工研磨，研磨时应边磨边加水，对磨下的石浆应及时清除。

水磨石面一般采用"二浆三磨"法，即整修研磨过程中磨光三遍，补浆二次。第一遍先用 60～80 号粗金刚石粗磨，磨石机走"8"字形，边磨边加水冲洗，要求磨匀磨平，使全部分格条外露，随用 2 m 靠尺板进行平整度检查。磨后把水泥浆冲洗干净，并用同色水泥浆涂抹，填补研磨过程中出现的小孔隙和凹痕，洒水养护 2～3 天。第二遍用 100～150

号金刚石再平磨,方法同第一遍,磨光后再补一次浆,第三遍用 180~240 号油石精磨,要求打磨光滑,无砂眼细孔,石子颗颗显露,高级水磨石面层应适当增加磨光遍数及提高油石的号数。

(4)抛光　将地面涂上 10% 的草酸溶液,随即用 280~320 号油石进行细磨或把布卷固定在磨光机上进行研磨,表面光滑为止。用水冲洗、晾干后,在水磨石面层上满涂一层蜡,稍干后再用磨光机研磨,或用钉有细帆布(或麻布)的木块代替油石,装在磨石机上研磨出光亮后,再涂蜡研磨一遍,直到光净洁亮为止。上蜡后铺锯末保护。

关于蜡料配制和涂蜡方法,工程中常用石蜡 500 g、煤油 200 g 放在铁桶里熬,到 130 ℃(冒白烟)现加松香水 300 g、鱼油 50 g 调制,待温度适宜后,将蜡包在薄布内,在磨好后的水磨石面层上薄薄满涂一层。

12.4.3　板块楼地面施工

板块面层是在基层上用水泥砂浆或水泥浆、胶粘剂铺设块料面层(如水泥花砖、预制水磨石板、花岗石板、大理石板、马赛克、玻化砖、抛光砖、亚光砖、釉面砖、印花砖、防滑砖等)形成的楼地面层。

12.4.3.1　施工准备

铺贴前,应先挂线检查地面垫层的平整度,弹出房间中心"十"字线,然后由中央向四周弹出分块线,同时在四周墙壁上弹出 +500 mm 水平控制线。按照设计要求进行试拼试排,在块材背面编号,以便对号安装,根据试排结果,在房间的主要部位弹上互相垂直的控制线并引至墙上,用以检查和控制板块的位置。

12.4.3.2　大理石板、花岗石板及预制水磨石板地面铺贴

(1)板材浸水　施工前应将板材(特别是预制水磨石板)浸水湿润,并阴干备用,铺贴时,板材底面最好以内潮外干为宜。

(2)翻样　根据设计给定给定的图案,结合平面几何形状的实际尺寸,如柱、楼梯、门洞口、墙和柱的装修尺寸等综合统筹兼顾进行,准确提出加工订货单。使现场切割大理石、花岗石减少到最低限度,保证总体装饰效果。

(3)摊铺结合层　先在基层或找平层上刷一遍掺有 4%~5% 的 108 胶水泥浆,水灰比为 0.4~0.5。随刷随铺水泥砂浆结合层,厚度 10~15 mm,每次铺 2~3 块板面积为宜,并对照拉线将砂浆刮平。

(4)铺贴　正式铺贴时,要将板块四角同时坐浆,四角平稳下落,对准纵横缝后,用木槌敲击中部使其密实、平整,准确就位。

(5)灌缝　要求嵌铜条的地面板材铺贴,先将相邻两块板铺贴平整,留出嵌条缝隙,然后向缝内灌水泥砂浆,将铜条敲入缝隙内,使其外露部分略高于板面即可,然后擦净挤出的砂浆。对于不设镶条的地面,应在铺完 24 h 后洒水养护,2 天后进行灌缝,灌缝力求达到紧密。

(6)上蜡磨亮　板块铺贴完工,待结合层砂浆强度达到 60%~70% 即可打蜡抛光,3 天内禁止上人走动。

12.4.3.3 烧结类地砖地面铺贴

（1）浸水 铺贴前应先将地砖浸水湿润后阴干备用，以表面有潮湿感，但手按无水迹为准。

（2）铺结合层砂浆 提前一天在楼地面基体表面浇水湿润后，铺 1∶3 水泥砂浆结合层。

（3）弹线定位 根据设计要求弹出标高线和平面中线，施工时用尼龙线在墙地面拉出标高线和垂直交叉的定位线。

（4）铺贴地砖 用 1∶2 水泥砂浆摊抹于地砖背面，按定位线位置铺于地面结合层上。用木槌敲击地砖表面，使之与地面标高线吻合贴实，边贴边用水平尺检查平整度。

（5）擦缝 整幅地面铺贴完成后，养护 2 天后进行擦缝，擦缝时用水泥（或白水泥）调成干团，在缝隙上擦抹，使地砖的拼缝内填满水泥，再将砖面擦净。

12.4.3.4 陶瓷锦砖地面铺贴

陶瓷锦砖在尺寸较普通地砖小，产品是成联供应的，所以铺设方法与普通地砖有所不同。

（1）铺贴 结合层砂浆养护 2～3 天后开始铺贴，先将结合层表面用清水湿润，刷素水泥浆一道，边刷边按控制线铺陶瓷锦砖。从房屋地面中间向两边铺贴。

（2）拍实 整个房间铺完后，由一端开始用木槌或拍板依次实拍平所铺陶瓷锦砖，拍至水泥浆填满陶瓷锦砖缝隙为宜。

（3）揭纸 面层铺贴完毕 30 min 后，用水润湿背纸，15 min 后，即可把纸揭掉并用铲刀清理干净。

（4）灌缝、拨缝 揭纸后应及时灌缝拨缝，先用 1∶1 水泥细砂把缝隙灌满扫严。适当淋水后，用橡皮锤和拍板拍平。拍板要前后左右平移找平，将陶瓷锦砖拍至要求高度。然后用刀先调整竖缝后拨横缝，边拨边拍实。地漏处必须将陶瓷锦砖剔裁镶嵌顺平。最后用板拍一遍并调拨局部不均匀的缝隙，然后用棉纱轻轻擦掉余浆，如湿度太大，可用干水泥扫一遍，用锯木屑擦净。

（5）养护 面层铺贴 24 h 后应铺锯木屑等养护，4～5 天后方可上人。

12.5 吊顶与轻质隔墙工程

12.5.1 吊顶工程

12.5.1.1 吊顶的种类与构造组成

吊顶又名顶棚、平顶、天花板，是室内装饰工程中重要组成部分，具有保温、隔热、隔声和吸音作用，也是安装照明、暖卫、通风空调、通讯和防火、报警管线设备的隐蔽层。

吊顶有直接式顶棚和悬吊式顶棚两种形式。直接式顶棚按施工方法和材料可分为直接刷（喷）浆顶棚、直接抹灰顶棚、直接粘贴式顶棚（用胶粘剂粘贴装饰面层）；悬吊式顶棚按结构形式分为封闭式吊顶、敞开式吊顶和整体式吊顶（灰板条吊顶）等。

悬吊式吊顶由吊筋、龙骨、面层三部分组成。吊筋主要承受吊顶的重量，并将重量直

接传递给结构层;同时还能用来调节吊顶的空间高度。吊顶龙骨分为主龙骨和次龙骨,主龙骨为吊顶的承重结构,次龙骨则是吊顶的基层。吊顶面层分为抹灰面层和板材面层两大类。抹灰面层为湿作业施工,费工费时。板材面层既可加快施工速度,又容易保证施工质量。

12.5.1.2 悬挂式吊顶施工

悬挂式吊顶按承载重量分为上人吊顶和不上人吊顶。两者的区别在于所用材料的尺寸、强度不同。按龙骨材料分为木质和金属。目前轻金属龙骨吊顶采用较多。按材料又分为轻钢龙骨和铝合金龙骨。

(1)轻钢龙骨装配式吊顶施工　利用薄壁镀锌钢板带经机械冲压而成的轻钢龙骨作为吊顶的骨架型材。轻钢吊顶龙骨有 U 型和 T 型两种。

U 型上人轻钢龙骨安装方法如图 12 – 15 所示。施工前,先按吊顶标高或龙骨标高在房间四周的墙上弹出水平线,再根据弹出龙骨中心线,并找出吊点中心,将吊杆固定在预埋件上。吊点中心用射钉螺钉或膨胀螺丝固定吊杆,吊杆悬吊端设置套丝,丝口长度应考虑紧固余量,并配置螺母。主龙骨的吊顶挂件连在吊杆上校平调正后,拧紧固定螺母,然后根据设计和饰面板尺寸确定次龙骨间距,用吊挂件将次龙骨固定在主龙骨上,调平调正后安装饰面板。

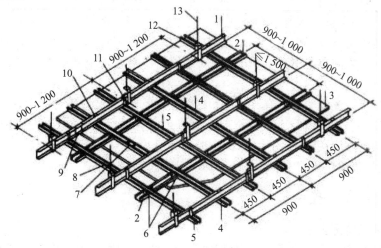

图 12 – 15　U 型龙骨吊顶示意图

1 – BD 主龙骨;2 – UZ 横撑龙骨;3 – 吊顶板;4 – UZ 龙骨;5 – UX 龙骨;
6 – UZ3 支托连接;7 – UZ2 连接件;8 – UX2 连接件;9 – BD2 连接件;10 – UX1 吊挂;
11 – UX2 吊件;12 – BD1 吊件;13 – UX3 吊杆 $\phi 8 \sim \phi 10$

饰面板安装方法有以下几种。

1)搁置法　将饰面板直接放在 T 型龙骨组成的格框内。有些轻质饰面板,考虑刮风时会被掀起(包括空调口、通风口附近),可用木条、卡子固定。

2)嵌入法　将饰面板事先加工成企口暗缝,安装时将 T 型龙骨两肢插入企口缝内。

3)粘贴法　将饰面板用胶粘剂直接粘贴在龙骨上。

4）钉固法　将饰面板用钉、螺丝、自攻螺丝等固定在龙骨上。

5）卡固法　多用于铝合金吊顶,板材与龙骨直接卡接固定。

（2）铝合金龙骨装配式吊顶施工　铝合金龙骨吊顶按罩面板按要求不同分为龙骨底面不外露（即隐框式）和龙骨底面外露（明框式）两种;按龙骨结构型式不同分为 T 型和 TL 型。TL 型龙骨属于龙骨底面外露的一种,如图 12 – 16 和图 12 – 17。

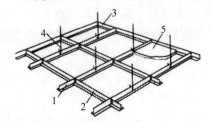 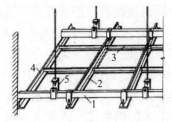

图 12 – 16　TL 型铝合金不上人吊顶　　图 12 – 17　TL 型铝合金上人吊顶
1 – 大 T;2 – 小 T;3 – 吊件;4 – 角条;5 – 饰面板　1 – 主龙骨;2 – 大 T;3 – 小 T;4 – 角条;5 – 大吊挂件

（3）常见饰面板安装　铝合金龙骨吊顶与轻钢龙骨吊顶饰面板安装方法基本相同。

石膏饰面板安装可采用钉固法、粘贴法和暗式企口胶接法。U 型轻钢龙骨采用钉固法安装石膏板时,使用镀锌自攻螺钉与龙骨固定。钉头要求嵌入石膏板内 0.5 ~ 1 mm,钉眼用腻子刮平,并用石膏板与同色的色浆腻子涂刷一遍。螺钉规格为 M5 × 25 或 M5 × 35。螺钉与板边距离应不大于 15 mm,螺钉间距以 150 ~ 170 mm 为宜,均匀布置,并与板面垂直。石膏板之间应留出 8 ~ 10 mm 的安装缝。待石膏板全部固定好后,用塑料压缝条或铝压缝条压缝。

钙塑泡沫板主要安装方法有钉固法和粘贴法;纤维板安装应用钉固法;矿棉板安装方法主要有搁置法、钉固法和粘贴法;金属饰面板主要有金属条板、金属方板和金属格栅。板材安装方法有卡固法和钉固法。卡固法要求龙骨形式与条板配套;钉固法采用螺钉固定时,后安装的板块压住前安装的板块,将螺钉遮盖,拼缝严密。

12.5.2　隔墙工程

12.5.2.1　隔墙构造类型

隔墙按构造方式可分为砌块式、骨架式和板材式。砌块式隔墙构造方式与黏土砖墙相似,装饰工程中主要为骨架式和板材式隔墙。骨架式隔墙骨架多为木材或型钢（轻钢龙骨、铝合金骨架）,其饰面板多用纸面石膏板、人造板。板材式隔墙采用高度等于室内净高的条形板材进行拼装,常用的板材有复合轻质墙板、石膏空心条板、预制或现制钢丝网水泥板等。

12.5.2.2　轻钢龙骨纸面石膏板隔墙施工

轻钢龙骨纸面石膏板墙体具有施工速度快、成本低、劳动强度小、装饰美观及防火、隔声性能好等特点。隔墙的轻钢龙骨有 50、75 和 100 等系列,各系列轻钢龙骨由沿顶龙骨、沿地龙骨、竖向龙骨、加强龙骨和横撑龙骨以及配件组成（图 12 – 18）。轻钢龙骨墙体施工操作工序有弹线→固定沿地→沿顶和沿墙龙骨→龙骨架装配及校正→石膏板固定→饰面处理。

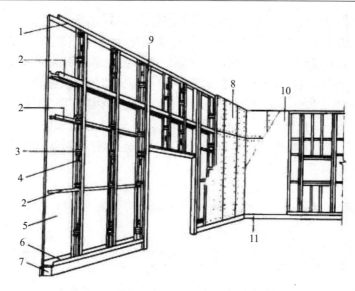

图 12 - 18 轻钢龙骨纸面石膏板隔墙

1-沿顶龙骨；2-横撑龙骨；3-支撑卡；4-贯通孔；5-石膏板；6-沿地龙骨；

7-混凝土踢脚座；8-石膏板；9-加强龙骨；10-塑料壁纸；11-踢脚板

(1)弹线 根据设计要求确定隔墙、门窗位置。在地面和墙面上弹出隔墙边沿线和中心线,按所需长度对龙骨画线配料。按先配长料、后配短料的原则进行切截。

(2)固定沿地、沿顶龙骨 沿地、沿顶龙骨固定前,将固定点与竖向龙骨位置错开,用膨胀螺栓或木楔钉、铁钉与结构固定,或直接与结构预埋件连接。

(3)骨架连接 按设计要求和石膏板尺寸进行骨架分格设置,然后将预选切裁好的竖向龙骨装入沿地、沿顶龙骨内,校正其垂直度后,将竖向龙骨与沿地、沿顶龙骨固定,固定方法用点焊,或用自攻螺钉与连接件固定。

(4)石膏板固定 固定石膏板用平头自攻螺钉,其规格通常为 M4 × 25 或 M5 × 25 两种,螺钉间距 200 mm 左右。安装时,将石膏板贴在龙骨上用电钻将板材与龙骨同时打孔,再拧上自攻螺丝。螺钉要沉入板材平面 2 ~ 3 mm。

石膏板间接缝分为明缝和暗缝两种做法。明缝是用专门工具和砂浆胶合剂勾成立缝。明缝如果加嵌压条,装饰效果较好。暗缝做法首先要求石膏板有斜角,在两块石膏板拼缝处用嵌缝石膏腻子嵌平,然后贴上 50 mm 的穿孔纸带,再用腻子补一道,与墙面刮平。

(5)饰面 待嵌缝腻子完全干燥后,即可在石膏板隔墙表面裱糊墙纸、织物或涂料进行施工。

12.5.2.3 铝合金隔墙施工

铝合金隔墙是用铝合金型材组成框架,再配以玻璃等其他材料装配而成的。其主要施工工序:弹线→下料→组装框架→安装玻璃。

(1)弹线 根据设计要求确定隔墙在室内的位置、墙高、竖向型材的间隔位置等。

(2)画线 在平整的平台上,用钢尺和钢划针对型材画线,要求长度误差 ±0.5 mm,

同时不要碰伤型材表面。下料时先长后短,并将竖向型材与横向型材分开。沿顶、沿地型材要划出与竖向型材的连接位置线。划连接位置线时,必须划出连接部位的宽度。

（3）铝合金隔墙安装固定　半高铝合金隔墙通常先在地面组装好框架后再竖立起来固定,全封铝合金隔墙通常是先固定竖向型材,再安装横档型材来组装框架。铝合金型材相互连接主要用铝角和自攻螺钉,它与地面、墙面的连接则主要用铁脚固定法。

（4）玻璃安装　先按框洞尺寸缩小 3～5 mm 裁好玻璃,将玻璃就位后,用铝合金槽条在玻璃两侧夹定,校正后将槽条用自攻螺钉与型材固定。安装活动门窗的玻璃应与制作门窗同时安装。

12.6　幕墙工程

12.6.1　幕墙的种类

建筑幕墙是由支承结构体系与面板组成的,可相对主体结构有一定位移能力,不分担主体结构所受作用的建筑外围护结构或装饰性结构。

幕墙工程按饰面材料不同可分为玻璃幕墙、石材幕墙、金属幕墙、混凝土幕墙和组合幕墙等。组合幕墙是由不同材料的面板（如玻璃、金属、石材等）组成的建筑幕墙。

12.6.1.1　玻璃幕墙

玻璃幕墙是玻璃作为面板材料的建筑幕墙。玻璃幕墙按其结构形式,可分为框支承玻璃幕墙、全玻璃幕墙和点支承玻璃幕墙。玻璃幕墙按立面外观情况,可分为普通玻璃幕墙（玻璃与水平面夹角等于90°的玻璃幕墙）和斜玻璃幕墙（玻璃与水平面夹角大于75°,且小于90°的玻璃幕墙）。

（1）框支承玻璃幕墙　又称金属框架式玻璃幕墙。它是玻璃面板周边由金属框架支承的玻璃幕墙,见图12-19。其中框支承玻璃幕墙按幕墙形式可分为:①明框玻璃幕墙是金属框架构件显露于面板外表面的框支承玻璃幕墙,见图12-19(a);②隐框玻璃幕墙是金属框架构件完全不显露于面板外表面的框支承玻璃幕墙,见图12-19(b);③半隐框玻璃幕墙是金属框架的竖向或横向构件显露于面板外表面的框承玻璃幕墙,见图12-19(c)(d)。

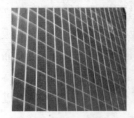

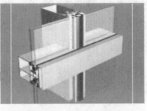

(a) 明框玻璃幕墙　　(b) 隐框玻璃幕墙　　(c) 半隐框玻璃幕墙　　　(d) 半隐框玻璃幕墙
　　　　　　　　　　　　　　　　　　　　　（竖隐横不隐式）　　　　（横隐竖不隐式）

图 12-19　框支承玻璃幕墙

框支承玻璃幕墙按安装施工方法又可分为:①单元式玻璃幕墙是将面板和金属框架（横梁、立柱）在工厂组装为幕墙单元,以幕墙单元形式在现场完成安装的框支承玻璃幕

墙;②构件式玻璃幕墙是在现场依次安装立柱、横梁和玻璃面板的框支承玻璃幕墙。

（2）全玻璃幕墙　又称玻璃肋胶接式全玻璃幕墙。它是由玻璃肋和玻璃面板构成的玻璃幕墙。其中按照玻璃肋的布置方式又可分为后置式、骑缝式、平齐式和突出式玻璃肋胶接全玻璃结构幕墙,如图 12 - 20 所示。全玻璃幕墙根据其构造方式的不同,可分为坐落式全玻璃幕墙和吊挂式全玻璃幕墙两种。

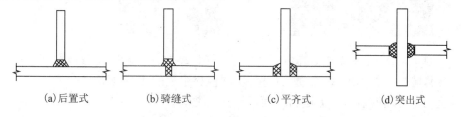

(a)后置式　　　(b)骑缝式　　　(c)平齐式　　　(d)突出式

图 12 - 20　玻璃肋的布置方式

（3）点支承玻璃幕墙　又称点式连接玻璃幕墙。它是由玻璃面板、点支承装置和支承结构构成的玻璃幕墙。其中又可分为接驳式点连接全玻璃幕墙、张力索杆结构点支式玻璃幕墙。见图 12 - 21。

图 12 - 21　点支承玻璃幕墙

12.6.1.2　金属、石材和组合幕墙

金属幕墙是面板为金属板材的建筑幕墙。见图 12 - 22 和图 12 - 23。

图 12 - 22　金属幕墙效果图

图 12 - 23　金属幕墙构件图

石材幕墙是面板为建筑石板的建筑幕墙。见图 12 - 24 和图 12 - 25。

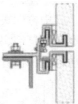

图 12 - 24　石材幕墙效果图　　　　图 12 - 25　石材幕墙连接构造

组合幕墙是板材为玻璃、金属、石材等不同板材组成的建筑幕墙。

以上三种幕墙安装施工方法与饰面板干挂法类似。

12.6.2　幕墙工程的规定

幕墙工程应遵循安全可靠、实用美观和经济合理的原则;幕墙工程材料、设计、制作、安装施工及工程质量验收应执行《建筑幕墙》(GB/T 21086—2007)、《玻璃幕墙工程技术规范》(JCJ 102—2003)、《玻璃幕墙工程质量验收标准》(JGJ/T 139—2001)、《金属与石材幕墙工程技术规范》(JGJ 133—2001)和国家标准《建筑装饰装修工程质量验收规范》(GB 50210—2001)等相关强制性规定。

在幕墙设计、选材和施工等方面应严格遵守下列重要规定。

(1)幕墙及其连接件应具有足够的承载力、刚度和相对于主体结构的位移能力。幕墙构架立柱的连接金属角码与其他连接件应采用螺栓连接,并应有防松动措施。

(2)隐框、半隐框幕墙所采用的结构黏结材料必须是中性聚硅氧烷(硅酮)结构密封胶,其性能必须符合《建筑用硅酮结构密封胶》(GB 16776)中的规定;硅酮结构密封胶必须在有效期内使用。

(3)立柱和横梁等主要受力构件,其截面受力部分的壁厚应经过计算确定,且铝合金型材的壁厚≥3.0 mm,钢型材壁厚≥3.5 mm。

(4)隐框、半隐框幕墙构件中,板材与金属之间硅酮结构密封胶的黏结宽度,应分别计算风荷载标准值和板材自重标准值作用下硅酮结构密封胶黏结宽度,并选取其中较大值,且≥7.0 mm;黏结厚度同样应由计算决定,且不小于 6 mm,不大于 12 mm。

(5)硅酮结构密封胶应注胶饱满,并应在温度 15 ~ 30 ℃、相对湿度 >50%、洁净的室内进行。

(6)幕墙的防火除应符合现行国家标准《建筑设计防火规范》(GB 50016—2014)和《高层民用建筑设计防火规范》(GB 50045—1995)(2005 版)的有关规定外,还应符合下列规定:①根据防火材料耐火极限决定防火层厚度和宽度,并在楼板处形成防火带;②防火层采取隔离措施,防火层衬板应采用经过防腐处理,且厚度≥1.5 mm 的钢板,不得采用铝板;③防火层的封材料应采用防火密封胶;④防火层与玻璃不应直接接触,一块玻璃不宜跨越两个防火分区。

(7)主体结构与幕墙连接的预埋件,其数量、规格、位置和防腐处理必须符合设计要求。

(8)幕墙金属框架与主体结构预埋件的连接、立柱与横梁的连接及幕墙面板的安装必须符合设计要求,安装必须牢固。

(9)单元幕墙连接处和吊挂处的铝合金型材的壁厚应通过计算确定,并应不小于5.0 mm。

(10)幕墙金属框架与主体结构应通过预埋件连接,预埋件应在主体结构混凝土施工时埋入,预埋件位置必须准确。当没有条件采用预埋件连接时,应采用其他可靠的连接措施,并应通过试验确定其承载力。

(11)立柱应采用螺栓与角码连接,螺栓的直径应经过计算确定,并应不小于10 mm。不同金属材料接触时应采用绝缘垫片分隔。

(12)幕墙的抗裂缝、伸缩缝、沉降缝等部位处理,应保证缝的功能和饰面的完整性。

(13)幕墙工程设计应满足方便维护和清洁要求。

12.7　门窗工程

常见门窗类型有木门窗、钢门窗、塑料门窗、彩板门窗和特种门窗等。施工方法分为两种:一种是由工厂预先加工拼装成型,在现场安装;另一种是在现场实际要求加工制作安装。

12.7.1　木门窗安装

12.7.1.1　木门窗框安装
木门窗安装有立框和塞框安装两种方法。

立框安装(又称先立口法)是在墙砌到门窗位置时立门樘,或窗樘,用临时支撑牢固,并校正垂直度和水平度,要注意各框进出一致,上下对齐。砌墙两端沿高度每隔0.5 ~ 0.7 m埋一块防腐木砖。砌体达到一定强度后最后钉固。

塞框安装(又称后塞口法)是砌墙时留出门窗洞口,每边比门窗框大20 mm,待砌墙好后将门窗框塞入洞口内加以固定。安装时先用木楔临时固定,校正好垂直和水平度后,钉固在防腐木砖上,在用水泥砂浆抹缝。

12.7.1.2　木门窗扇安装
安装工艺流程:量裁口尺寸→第一次刨修→第二次刨修→剔合页槽→安装合页和门窗扇→调试→油漆→安装玻璃→安装五金件。

12.7.2　铝合金与塑料门窗安装

铝合金与塑料(PVC)门窗仅在所用材料上有所区别,安装方法基本一致。安装方法一般采用后塞口法施工,不得先立口后结构施工;门窗洞口尺寸比门窗框尺寸大30 mm,否则应先行剔凿处理;弹出门窗框安装位置线及立口的标高控制线;安装门窗框,并按线就位找好垂直度及标高,用木楔临时固定,检查正、侧面垂直及对角线,合格后用膨胀螺栓与结构牢固固定;门窗框与墙体的缝隙应用要求材料嵌缝(沥青麻丝或泡沫塑料)填实,表面用厚度为5 ~ 8 mm的密封胶封闭;安装门窗扇、配装五金件,门窗附件安装严禁用铁锤或硬物敲打。

铝合金与塑料门窗安装工艺流程:立门窗框→门窗框校正→门窗框与墙体固定→嵌缝密封→安装门窗扇→镶配五金。

12.8 涂饰工程

涂饰工程是将胶体溶液涂敷在物体表面、使之与基层黏结,并形成一层完整而坚韧的薄膜,借此以达到装饰、美化和保护基层免受外界侵蚀的目的。

12.8.1 组成及分类

按成膜物质可分为有机涂料、无机涂料和有机－无机复合涂料。有机涂料根据成膜物质的特点可分为溶剂型、水溶型、乳液型涂料。

按装饰部位不同分为外墙涂料、内墙涂料、地面(或地板)涂料、顶棚涂料。按涂层质感不同分为薄质涂料、厚质涂料、复层涂料和多彩涂料等。按特殊使用功能不同分为防火涂料、防水涂料、防腐涂料、弹性涂料等。

12.8.2 施工工艺

涂饰工程施工基本工序有基层处理、打底子、刮腻子、磨光、涂刷涂料等,根据质量要求不同,涂料工程分为普通、中级和高级三个等级。为达到不同质量等级要求,上述刮腻子、磨光、涂刷涂料等工序,应根据情况重复多遍。

12.8.2.1 基层处理

为保证涂膜能与基层牢固黏结,基层处理工作内容包括基层清理和基层修补。

(1)混凝土及砂浆的基层处理 基层表面必须干净、坚实、无酥松、脱皮、起壳、粉化等现象,基层表面的泥土、灰尘、污垢、黏附砂浆等应清扫干净,酥松表面应予铲除。为保证基层表面平整,缺棱掉角处应用1:3水泥砂浆(或聚合物水泥砂浆)修补,表面的麻面、缝隙及凹陷处应用腻子填补修平。

(2)木材与金属基层的处理及打底子 木材表面的灰尘、污垢和金属表面的油渍、鳞皮、锈斑、焊渣、毛刺等必须清除干净。木料表面裂缝等在清理和修整后,应用石膏腻子填补密实,刮平收净,用砂纸磨光以使表面平整。木材基层缺陷处理后表面上应打底处理,使基层表面能均匀吸收涂料,保证面层色泽均匀一致。金属表面应刷防锈漆,涂料施涂前被涂物件的表面必须干燥,以免水分蒸发造成涂膜起泡,一般木材含水率不得大于12%,金属表面不得有湿气。

12.8.2.2 刮腻子与磨平

涂膜对光线的反射比较均匀,因而基层表面不易觉察的细小的凹凸不平和砂眼,在涂刷涂料后由于光影作用都将显现出来,影响美观。所以基层必须刮腻子数遍予以找平,并在每遍所刮腻子干燥后用砂纸打磨,保证基层表面平整光滑。刮腻子遍数视涂饰工程的质量等级、基层表面平整度和所用涂料品种而定。

12.8.2.3 涂刷涂料

(1)一般规定 涂料在施涂前及施涂过程中,必须充分搅拌均匀,用于同一表面的涂料,应保证颜色一致。涂料黏度应调整合适,使其在施涂时不流坠、不显刷纹,如需稀释应用

所规定的稀释剂稀释。施涂遍数应根据涂料工程的质量等级而定。施涂溶剂型涂料时,后一遍涂料必须在前一遍涂料干燥后进行;施涂乳液型和水溶性涂料时,后一遍涂料必须在前一遍涂料表干后进行。每一遍涂料不宜施涂过厚,应施涂均匀,各层必须结合牢固。

(2)施涂基本方法　涂料的施涂方法有刷涂、滚涂、喷涂、刮涂和弹涂等。

刷涂是用油漆刷、排笔等将涂料刷涂在物体表面上的一种施工方法。此法操作方便,适应性广,除极少数流平性较差或干燥太快的涂料不宜采用外,大部分薄涂料或云母片状厚质涂料均可采用。刷涂顺序是先左后右、先上后下、先边后面、先难后易。

滚涂(或称辊涂)是利用滚筒(或称辊筒,涂料辊)蘸取涂料并将其涂布到物体表面上的一种施工方法。滚筒表面有的是粘贴合成纤维长毛绒,也有的是粘贴橡胶(称之为橡胶压辊),当绒面压花滚筒或橡胶压花压辊表面为凸出的花纹图案时,即可在涂层上滚压出相应的花纹。

喷涂是利用压缩空气将涂料涂布于物体表面的一种施工方法。涂料在高速喷射的空气流带动下,呈雾状小液滴喷到基层表面上形成涂层。喷涂的涂层和颜色也较均匀,施工效率高,适用于大面积施工。可使用各种涂料进行喷涂,尤其是外墙涂料用得较多。

刮涂是利用刮板将涂料厚浆均匀地批刮于饰涂面上,形成厚度为 1~2 mm 的厚涂层。常用于地面厚层涂料的施涂。

弹涂是利用弹涂器通过转动的弹棒将涂料以点状弹到被涂面上的一种施工方法。若分数次弹涂,每次用不同颜色涂料,被涂面由不同色点涂料装饰,相互衬托,可使饰面增加装饰效果。

复习思考题

1.抹灰工程一般有哪几种分类? 组成的作用是什么?

2.试述抹灰工程的施工工艺。

3.抹灰为什么要分层? 分为几级?

4.抹灰工程在施工前应做哪些准备工作? 有什么技术要求?

5.试述外墙喷涂、弹涂的施工方法和施工要求。

6.各粉刷层的作用和施工要求是什么? 护墙角有什么作用? 叙述其做法。

7.铺饰面砖的主要施工过程和技术要求是什么?

8.试述水磨石地面的施工方法和保证质量的措施。

9.简述楼地面的构成及其分类。

10.铺陶瓷锦砖面层的主要工序和要求有哪些?

11.试述铝合金吊顶安装的施工过程。

12.试述轻钢龙骨隔墙的安装方法。

13.简述幕墙的种类。

14.试述木门窗的安装方法及应该注意的事项。

15.试述铝合金门窗与墙体连接方式及安装的主要工序。

16.试述涂饰工程中对于不同材质基层的处理方法。

17.常用的建筑涂料有哪几种? 采用何种方法施工?

第 13 章　施工组织概论

13.1　建筑施工特点

13.1.1　建筑产品的特点

13.1.1.1　建筑产品的的概念

建筑业生产的各种建筑物或构筑物等称为建筑产品。它与其他工业生产产品相比，具有特有的技术经济特点，这也是建筑产品与其他工业产品的本质区别。

13.1.1.2　建筑产品的技术经济特点

（1）建筑产品的固定性　任何建筑产品都是在选定的地点上建造和使用，从建造开始至拆除均不能移动。所以建筑产品的建造和使用地点在空间上是固定的。

（2）建筑产品的多样性　建筑产品不但要满足各种实用功能的要求，而且还要体现出地区的民族风格、物质文明和精神文明，同时也受到地区的自然条件诸因素的限制，使建筑产品在规模、结构、构造、形式、基础和装饰等方面变化纷繁，所以建筑产品的类型是多样的。

（3）建筑产品的庞大性　建筑产品往往需要大量和多种的物质资源占据广阔的平面与空间，所以建筑产品的体型较为庞大。

（4）建筑产品的复杂性　建筑产品是由基础工程、主体工程、防水工程、装修工程等多个分部工程构成的，并且每种分部工程种类繁多，又由多个分项工程构成，导致其施工过程错综复杂。

13.1.2　建筑施工的特点

（1）建筑施工的流动性　建筑产品的生产是在不同的地区不同现场进行生产。所以建筑产品地点的固定性决定了产品生产的流动性。

（2）建筑施工的单件性　建筑产品即使选用相同的标准设计、通用构件或配件，由于建筑产品所在地区的自然、技术、经济条件的不同，在建筑产品的结构或构造、建筑材料、施工组织和施工方法等要因地制宜加以修改，从而使各建筑产品的生产具有单件性。

（3）建筑施工的地区性　由于建筑产品的固定性决定了同一使用功能的建筑产品，因其建造地点的不同必然受到建设地区的自然、技术、经济和社会条件的约束，使其结构、构造、艺术形式、室内设施、材料、施工方案等方面均不同。因此，建筑产品的生产具有地区性。

（4）建筑施工的长期性　因为建筑产品体型庞大，使建筑产品的建成必然耗费大量

的人力、物力和财力。同时,生产全过程还要受到工艺流程和生产程序的制约,各专业、各工种间必须按照合理的施工顺序配合和衔接。又由于施工活动的空间具有局限性。从而导致建筑产品具有生产的长期性。

(5)建筑施工的露天作业多　因为形体庞大的建筑产品不可能在车间内直接施工,既使建筑产品生产达到了高度工业化水平时,也只能在车间内生产部分的构配件,仍然需要在施工现场最终的建筑产品。因此,建筑产品生产具有露天作业多的特点。

(6)建筑施工的高空作业多　随着城市的发展,高层建筑施工日益增多,使得建筑生产高空作业日益明显。因此,建筑产品生产具有高空作业多的特点。

13.2　建筑施工组织原则

根据我国建筑行业的经验和施工的特点,在施工组织中,一般应遵循以下基本原则:①认真贯彻执行党和国家的建设方针、法律、法规,坚持基本建设程序;②搞好项目排队,保证重点,统筹安排;③遵循建筑施工规律,合理安排施工程序和顺序;④合理安排施工进度计划;⑤强化季节性施工措施,确保全年连续施工;⑥贯彻工厂预制和现场预制相结合的方针,提高建筑工业化程度;⑦充分发挥机械效能,提高机械化程度;⑧尽量采用国内外先进施工技术,科学地确定施工方案;⑨合理部署施工现场,尽可能减少暂设工程。

13.3　施工准备工作

13.3.1　施工准备工作的作用

施工准备工作是为了保证工程顺利开工和施工活动正常进行而必须事先所做的各项工作。施工准备工作具有以下作用:①遵循建筑施工程序;②降低施工风险;③为工程开工和顺利施工创造条件;④提高企业经济效益。

13.3.2　施工准备工作的分类

(1)按施工准备工作的范围不同分类　按工程项目施工准备工作的范围不同,一般可分为全场性施工准备、单位工程施工条件准备和分部(项)工程作业条件准备等。

(2)按拟建工程所处施工阶段的不同分类　按拟建工程所处的施工阶段不同,一般可分为开工前的施工准备和各施工阶段前的施工准备等。

综上所述,施工准备工作是施工程序中的重要环节,不仅存在于开工之前,而且贯穿在整个施工过程之中。既有阶段性,又有连贯性。因此施工准备工作必须有计划、有步骤、分期地和分阶段地进行,要贯穿拟建工程整个生产过程的始终。

13.3.3　施工准备工作的内容

施工准备工作按其性质及内容通常包括技术准备、物资准备、劳动组织准备、施工现场准备和施工场外准备。

13.3.3.1　技术准备

技术准备是施工准备的核心。由于任何技术的差错或隐患都可能引起人身安全和质量事故,造成生命、财产和经济的巨大损失。技术准备工作包括如下内容。

(1)熟悉、审查施工图纸和有关的设计资料　熟悉、审查设计图纸通常分为自审阶段、会审阶段和现场签证等三个阶段,审查内容如下:

1)审查拟建工程的地点、建筑总平面图同国家、城市或地区规划是否一致,以及建筑物或构筑物的设计功能和使用要求是否符合卫生、防火及美化城市方面的要求。

2)审查设计图纸是否完整、齐全,以及设计图纸和资料是否符合国家有关工程建设的设计、施工方面的方针和政策。

3)审查设计图纸与说明书在内容上是否一致,以及设计图纸与其各组成部分之间有无矛盾和错误。

4)审查建筑总平面图与其他结构图在几何尺寸、坐标、标高、说明等方面是否一致,技术要求是否正确。

5)审查工业项目的生产工艺流程和技术要求,掌握配套投产的先后次序和相互关系,以及设备安装图纸与其相配合的土建施工图纸在坐标、标高上是否一致,掌握土建施工质量是否满足设备安装的要求。

6)审查地基处理与基础设计同拟建工程地点的工程水文、地质等条件是否一致,以及建筑物或构筑物与地下建筑物或构筑物、管线之间的关系。

7)明确拟建工程的结构形式和特点,复核主要承重结构的强度、刚度和稳定性是否满足要求,审查设计图纸中的工程复杂、施工难度大和技术要求高的分部分项工程或新结构、新材料、新工艺,检查现有施工技术水平和管理水平能否满足工期和质量要求并采取可行的技术措施加以保证。

8)明确建设期限、分期分批投产或交付使用的顺序和时间,以及工程所用的主要材料、设备的数量、规格、来源和供货日期;明确建设、设计和施工等单位之间的协作、配合关系,以及建设单位可以提供的施工条件。

(2)原始资料的调查分析　除了掌握有关拟建工程的书面资料外,还应对拟建工程的实地勘测和调查,获得有关数据的第一手资料,对于拟定先进合理、切合实际的施工组织设计是非常必要的。因此,应该做好以下几个方面的调查分析。

1)自然条件的调查分析　建设地区自然条件的调查分析的主要内容:地区水准点和绝对标高等情况;地质构造、土的性质和类别、地基土承载力、地震级别和裂度等情况;河流流量和水质、最高洪水和枯水期的水位等情况;地下水位高低变化情况,含水层厚度、流向、流量和水质等情况;气温、雨、雪、风和雷电等情况;土冻结深度和冬雨季期限等情况。

2)技术经济条件的调查分析　建设地区技术经济条件的调查分析的主要内容:地方建筑施工企业的状况;施工现场的动迁状况;当地可利用的地方材料状况;国拨材料供应状况;地方能源和交通运输状况;地方劳动力和技术水平状况;当地生活供应、教育和医疗卫生状况;当地消防、治安状况和参加施工单位的力量状况。

(3)编制施工图预算和施工预算

1)编制施工图预算　施工图预算是技术准备工作的主要组成部分之一,这是按照施

工图确定的工程量、施工组织设计所拟定的施工方法、建筑工程预算定额及其取费标准,由施工单位编制的确定建筑安装工程造价的经济文件,它是施工企业签订工程承包合同、工程结算、建设银行拨付工程价款、进行成本核算、加强经营管理等方面工作的重要依据。

2)编制施工预算　施工预算是根据施工图预算、施工图纸、施工组织设计或施工方案、施工定额等文件进行编制的,它直接受施工图预算的控制。它是施工企业内部控制各项成本支出、考核用工、"两算"对比、签发施工任务单、限额领料、基层进行经济核算的依据。

(4)编制施工组织设计　施工组织设计是施工准备工作的重要组成部分,也是指导施工现场全部生产活动的技术经济文件。建筑施工生产活动的全过程是非常复杂的过程。为了正确处理人与物、主体与辅助、工艺与设备、专业与协作、供应与消耗、生产与储存、使用与维修,以及在空间布置、时间排列之间的关系,必须根据拟建工程的规模、结构特点和建设单位的要求,在原始资料调查分析的基础上,编制切实指导工程全部施工活动的科学方案(即施工组织设计)。

13.3.3.2　物资准备

材料、构(配)件、制品、机具和设备是保证施工顺利进行的物质基础,这些物资的准备工作必须在工程开工之前完成。根据各种物资的需要量计划,分别落实货源,安排运输和储备,使其满足连续施工的要求。

(1)物资准备工作的内容　物资准备工作主要包括建筑材料的准备;构(配)件和制品的加工准备;建筑安装机具的准备和生产工艺设备的准备。

1)建筑材料的准备　建筑材料的准备主要是根据施工预算进行分析,按照施工进度计划要求,按材料名称、规格、材料储备定额和消耗定额进行汇总,编制出材料需要量计划,为组织备料、确定仓库、场地堆放所需的面积和组织运输等提供依据。

2)构(配)件、制品的加工准备　根据施工预算提供的构(配)件、制品的名称、规格、质量和消耗量,确定加工方案和供应渠道以及进场后的储存地点和方式,编制出其需要量计划,为组织运输、确定堆场面积等提供依据。

3)建筑安装机具的准备　根据采用的施工方案和施工进度,确定施工机械的类型、数量和进场时间,确定施工机具的供应办法和进场后的存放地点和方式,编制建筑安装机具的需要量计划,为组织运输、确定堆场面积等提供依据。

4)生产工艺设备的准备　按照拟建工程生产工艺流程及工艺设备的布置图,提出工艺设备的名称、型号、生产能力和需要量,确定分期分批进场时间和保管方式,编制工艺设备需要量计划,为组织运输、确定堆场面积提供依据。

(2)物资准备工作的程序　物资准备工作的程序是搞好物资准备的重要手段。通常按如下程序进行:

1)根据施工预算、分部(项)工程施工方法和施工进度的安排,拟订国拨材料、统配材料、地方材料、构(配)件及制品、施工机具和工艺设备等物资的需要量计划。

2)根据各种物资需要量计划,组织货源,确定加工、供应地点和供应方式,签订物资供应合同。

3)根据各种物资的需要量计划和合同,拟运输计划和运输方案。

4)按照施工总平面图的要求,组织物资按计划时间进场,在指定地点,按规定方式进

行储存或堆放。

13.3.3.3　劳动组织准备

劳动组织准备的范围,既有整个建筑施工企业的劳动组织准备,又有大型综合的拟建建设项目的劳动组织准备,也有小型简单的拟建单位工程的劳动组织准备。这里仅以一个拟建工程项目为例,说明其劳动组织准备工作的内容:①建立拟建工程项目的领导机构;②建立精干的施工队组;③集结施工力量、组织劳动力进场,工地的领导机构确定之后,按照开工日期和劳动力需要量计划,组织劳动力入场同时要进行安全、防火和文明施工等方面的教育,并安排好职工的生活;④进行施工组织设计、计划和技术交底;⑤建立健全各项管理制度。

13.3.3.4　施工现场准备

施工现场是指进行施工活动,经批准占用的施工场地及人类进行安全生产、文明工作、建设的场所。项目经理全面负责施工过程的现场管理,应根据工程规模、技术复杂程度和施工现场的具体情况,建立施工现场管理责任,并组织实施。施工现场的准备工作主要是为了给拟建工程的施工创造有利的施工条件和物资保证。其具体内容如下:①做好施工场地的控制网测量;②搞好"三通一平";③做好施工现场的补充勘探;④建造临时设施;⑤安装、调试施工机具;⑥做好建筑构(配)件、制品和材料的储存和堆放;⑦及时提供建筑材料的试验申请计划;⑧做好冬雨季施工安排;⑨进行新技术项目的试制和试验;⑩设置消防、保安设施。

13.3.3.5　施工场外准备

施工现场外部的准备工作主要内容如下:①材料的加工和订货;②做好分包工作和签订分包合同;③向上级提交开工申请报告。

13.4　施工组织设计

建筑施工组织设计是用来规划和指导拟建工程从投标、签订施工合同、施工准备到竣工验收全过程的综合性技术经济文件。建筑施工组织设计是施工前编制的,是对整个施工活动实行科学管理的有力手段,它是标书的重要组成部分。

施工组织设计的基本任务是根据业主对建设项目的各项要求,选择经济、合理、有效的施工方案;确定紧凑、均衡、可行的施工进度;拟订有效的技术组织措施;优化配置劳动力、材料、机械设备、资金等计划生产要素(资源);合理利用施工现场的空间等。

13.4.1　施工组织设计作用

建筑施工组织设计的作用主要有以下几个方面:

(1)用以指导工程投标与签订施工合同,作为标书的内容和合同文件的一部分。

(2)施工准备工作的重要组成部分,同时又是做好施工准备工作的依据。

(3)根据工程设计及施工条件拟订的施工方案、施工顺序、劳动组织和技术组织措施等进行编制,是指导开展紧凑、有序施工活动的技术依据,明确施工重点和影响工期进度的关键施工过程,并提出相应的技术、质量、进度、安全、文明施工等各项目标及技术组织措施,提高综合效益。

(4)所列出的各项资源需要量计划直接为组织材料、机具、设备、劳动力提供数据。

(5)通过编制施工组织设计,可以合理地部署施工现场,高效地利用为施工服务的各项临时设施,确保文明施工、安全施工。

(6)通过编制可将工程的设计与施工、技术与经济、土建施工与设备安装、各部门、各专业之间有机地结合起来,做到统筹兼顾,协调一致。

(7)通过编制能够事先发现施工中的风险和矛盾,及时研究解决问题的对策及措施,从而提高了对施工问题的预见性,减少了盲目性。

13.4.2 施工组织设计分类

13.4.2.1 按编制对象的不同分类

建筑施工组织设计根据编制对象的不同可分成施工组织总设计、单位工程施工组织设计、分部分项工程施工组织设计和专项施工组织设计。

(1)施工组织总设计 施工组织总设计是以一个建设项目或建筑群为对象编制的,是规划和控制其施工全过程的技术、经济活动的纲领性文件。它是关于整个建设项目施工的战略部署,涉及范围广,但内容为概括性。在初步设计或扩大初步设计被批准后,由总承包单位的总工程师负责,与建设、设计、分包单位协商研究后,组织有关工程技术人员编写。

(2)单位工程施工组织设计 单位工程施工组织设计是以一个单位工程为对象编制的,是控制其施工全过程各项技术、经济活动的指导性文件,是对拟建工程在施工方面的战术安排。施工图会审后,由主管工程师负责编制。

(3)分部分项工程施工组织设计 分部分项工程施工组织设计是以施工难度大或技术复杂的分部分项工程为对象编制的,如复杂的基础施工、大型构件的吊装等。在单位工程施工组织设计确定的施工方案的基础上,由施工队的技术队长负责编制,用以指导其施工。

(4)专项施工组织设计 专项施工组织设计是以某一种专项技术为编制对象,用于指导施工的综合性文件。

13.4.2.2 按中标前后分类

建筑施工组织设计按中标前后的不同,可分为投标前的施工组织设计(简称标前设计)和中标后的施工组织设计(简称标后设计)两种。

投标前的施工组织设计是在投标前编制的施工组织设计。标前设计的目的是为了通过投标承揽工程任务。

中标后的施工组织设计是签订工程承包合同后,应依据标前设计、施工合同、企业施工计划,在开工前由中标后成立的项目经理部负责编制详细的具有指导性、实施性的施工组织设计。中标后施工组织设计是直接指导工程施工的技术经济文件,一般主要由工程项目部的技术负责人组织各专业技术人员进行编写,并且进行讨论研究后,并上报企业各主管部门进行评审后实施的,内容具体直观,作业性强。

13.4.3 建筑施工组织设计的内容

建筑施工组织设计的内容,从内容涉及范围可分为:①施工组织总设计;②单位工程施工组织设计;③分部分项工程施工组织设计和专项施工组织设计。

以上各种建筑施工组织设计所包括的内容和编制方法,详见后续章节。

13.4.4 施工组织设计执行、检查和调整

为了增强建筑市场的竞争力,提高技术和管理水平,使企业获得更好的生存发展空间和健康持续发展,必须加强施工组织设计的执行。应做到以下方面:①加强对施工组织设计执行的重视程度;②施工组织设计执行要从实际出发;③贯彻执行施工组织设计的过程当中,要不断吸收总结经验,使施工组织设计在施工现场能充分发挥其指导作用,使施工现场的管理工作更先进、更规范、更科学;④必须加强施工组织设计落实与实施情况的监督检查。

现场项目经理部要积极认真地做好执行与检查工作,利用动态控制原理及时将检查结果反馈到施工组织设计中,将不合理或者需要调整的部分,结合现场实际进行优化与调整,使施工组织设计更加具有指导意义,使其发挥作用。

13.5 优化施工现场管理

13.5.1 优化施工现场管理的内容

优化施工现场管理的内容主要包括施工作业管理、物资流通管理、施工质量管理、现场整体管理、岗位责任制的落实等。通过对施工现场主要管理内容的优化,从而实现最终的优化目标,使企业达到以市场为导向,科学合理地组织作业。优化施工现场管理主要体现在以下几个方面:①优化对人力资源,强化项目领导班子,健全项目管理体系,完善项目管理制度,不断提高员工的思想、技术素质;②加强定额管理,降低物耗、能耗,减少物料压库占用资金现象;③优化现场协调作业,有效控制现场投入;④均衡组织施工作业,实现标准化作业管理;⑤加强基础工作,使施工现场始终处于正常有序的可控状态;⑥文明施工,确保安全生产和文明作业。

13.5.2 优化现场管理的基本原则和主要途径

(1)优化现场管理的基本原则 优化现场管理必须遵循的三个基本原则:经济效益原则、科学合理原则和标准化规范化原则。

1)经济效益原则 施工现场管理必须要克服只抓质量和进度而不计成本和市场,从而形成单纯的生产观和进度观。在保证质量和进度条件下,力争少投入、多产出,坚决杜绝浪费和不合理开支。

2)科学合理原则 施工现场各项工作都必须按照,既科学又合理的原则办事,以实现现场管理的科学化,真正符合现代化大生产的客观要求。还要做到操作方法和作业流程合理,现场资源利用有效,现场布置安全科学。

3)标准化规范化原则 标准化、规范化是对施工现场的最基本管理要求。可促进提高施工现场的生产效率和管理效益,建立科学规范的现场作业秩序,有效进行施工生产

活动。

（2）优化现场管理的主要途径　优化现场管理的主要途径：以人为中心，优化施工现场全员的素质和人力资源配置；以调度机构为基础，班组为重点，优化企业施工现场的组织协调系统；以技术经济指标为突破口，优化施工现场管理。

13.5.3　优化现场管理的基本方法

（1）全面成本管理　优化施工现场管理首先要抓好全面成本管理。全面成本管理是指对每个施工现场的项目成本实行全过程控制管理、全员控制管理和全方位控制管理。

（2）现场管理的科学化　优化施工现场管理的重要手段是现场管理的科学化。现场管理的科学化就是要运用系统工程的理论和方法，把有关自然科学和社会科学理论、方法及技术运用到施工项目现场管理中。做到操作方式和作业流程合理，现场资源利用有效，现场安置安全科学，人员能力充分发挥。对质量、成本、安全等管理目标的控制和改进，可采用以下方法。

1）对比法　按照量价分离的原则，分析影响管理控制目标的主要因素，即实际与预计目标的对比分析。

2）因果分析图法　用树枝状的图形来寻找各种可能影响控制目标发生偏离的因素。

3）因素分析法　分析每一种因素发生变化对现场管理目标的影响，从而找出影响管理目标的主要因素并进行重点控制。

（3）现场管理的有效性　优化施工现场管理目标的实现取决于现场管理的有效性。有效性主要有两层含义：一是促进现场管理组织机构（一般为项目经理部）以最小的投入获得最大的产出，取得经济上的有效性；二是以最少的人力和财力，完成较多的管理工作，提高工作上的有效性。提高现场管理的有效性可以采用三种办法：行政方法、经济手段和法制手段。

复习思考题

1. 什么是建筑施工组织？
2. 组织建筑施工的原则有哪些？
3. 什么是建筑施工组织设计？
4. 建筑施工组织设计的作用有哪些？
5. 建筑施工组织设计是如何分类的？
6. 建筑施工组织设计的主要内容有哪些？
7. 施工准备工作的意义是什么？
8. 施工准备工作的内容有哪些？
9. 优化施工现场管理的基本原则是什么？

第 14 章　流水施工基本原理

．．．．．．．．．．．．．．．．．．．．．．．．．．

　　流水施工源于工业化生产中的"流水作业"，但二者又有所区别。工业生产中，原料、配件或产品在生产线上流动，工人和生产设备保持相对固定；建筑生产过程中，工人和生产机具在建筑物的空间上移动，建筑产品是固定不动的。

　　在长期实践中，流水施工已经发展成为一种十分有效的施工组织方式，它可极大地促进建筑生产效率提高，缩短工期，节约施工费用，是一种科学的生产组织方式。

14.1　流水施工的基本概念

14.1.1　建筑施工的组织方式

　　建筑施工中常用的组织方式有顺序施工、平行施工和流水施工。通过对三种施工组织方式的比较，可清楚地看到流水施工的科学性。例如，现有三幢相同建筑的基础工程施工，每一幢的基础工程包括开挖基槽、混凝土垫层、砌砖基础、回填土四个施工过程，每个施工过程的工作时间和劳动力安排如表 14－1 所示，其施工顺序为开挖基槽→混凝土垫层→砌砖基础→回填土。试组织此基础施工。

表 14－1　某基础工程施工资料

序号	施工过程	工作时间/天	劳动力数/人
1	开挖基槽	3	10
2	混凝土垫层	2	12
3	砌砖基础	3	15
4	回填土	2	8

14.1.1.1　顺序施工

　　顺序施工也称依次施工，是按照建筑内部各分项、分部工程内在的联系和必须遵循的施工顺序，不考虑后续施工过程在时间上和空间上的相互搭接，而依照顺序组织施工的方式。顺序施工往往是前一个施工过程完成后，下一个施工过程才开始，或一个工程全部完成后，另一个工程的施工才开始。其施工进度安排、工期及劳动力状态如图 14－1、图 14－2所示。

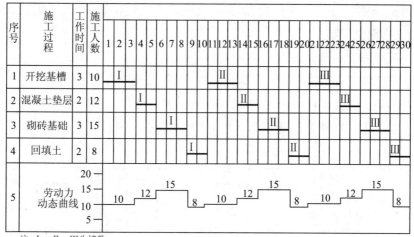

注：Ⅰ、Ⅱ、Ⅲ为幢数

图 14 - 1　按幢(或施工段)顺序施工安排

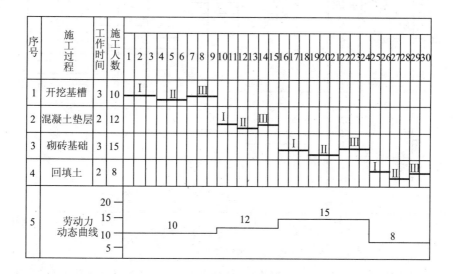

图 14 - 2　按施工过程依次施工

由图 14 - 1 和图 14 - 2 可看出,顺序施工的特点是同时投入的劳动资源较少,机具使用不集中,材料供应单一,施工现场管理简单,便于组织和安排。

顺序施工组织方式主要存在如下缺点:①没有充分利用工作面去争取时间,所以工期长;②按幢组织顺序施工时,如果按专业成立施工队,各专业施工队的工作是不连续的,存在"窝工"现象,材料供应也无法保持连续和均衡;③按幢组织顺序施工时,如果由一个施工队完成全部施工任务,则不能实现专业化施工,劳动生产率低,不利于改进工人的操作方法、提高机具的利用率和工程质量;④按施工过程组织顺序施工时,各专业施工队虽能连续施工,但不能充分利用工作面,工期长,且不能及时为后续工程提供工作面。

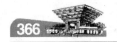

由上可见,顺序施工不但工期长,而且在组织安排上也不合理。仅适用于工程规模较小,工作面又有限的工程。

14.1.1.2　**平行施工**

平行施工是将工程范围内的相同施工过程同时组织施工,完成以后再同时进行下一个施工过程的施工方式。在本例中,各幢楼基础工程同时开工,同时结束。完成全部基础施工的总工期等于一幢楼基础施工所用的时间。其施工进度安排、工期、劳动力状态如图 14－3所示。

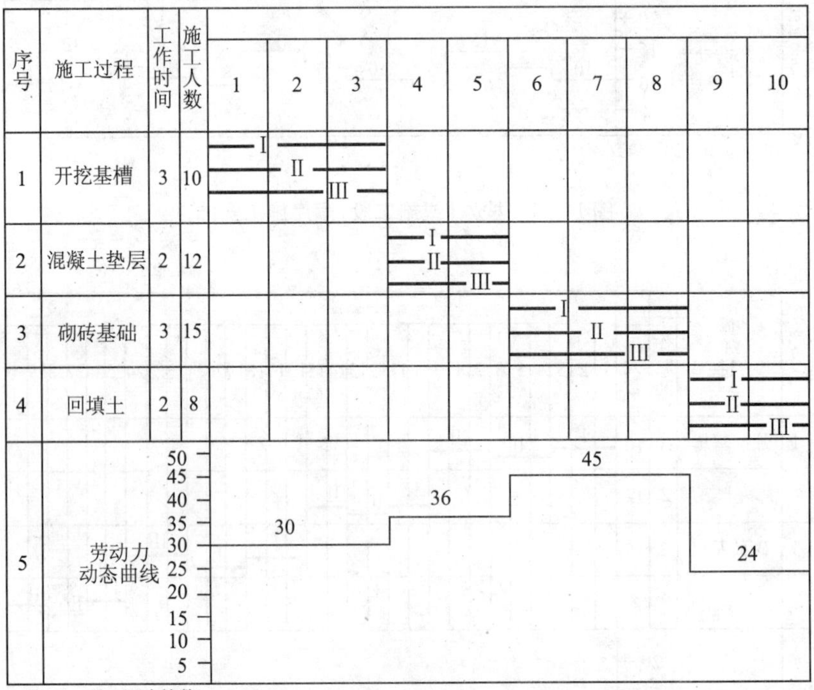

序号
施工过程
工作时间
施工人数
1 2 3 4 5 6 7 8 9 10
1 开挖基槽 3 10
2 混凝土垫层 2 12
3 砌砖基础 3 15
4 回填土 2 8
5 劳动力动态曲线
I II III
50 45 40 35 30 25 20 15 10 5
30
36
45
24

注:Ⅰ、Ⅱ、Ⅲ为幢数

图 14－3　平行施工进度安排

平行施工的优点是充分利用了工作面,大大缩短了工期。但主要缺点如下:①单位时间内需相同劳动资源成倍增加,材料供应集中,机具设备、临时设施、仓库和堆场面积也要增加;②如果由一个施工队完成全部施工任务,工作队不能实现专业化生产,不利于改进工人的操作方法、提高工程质量和生产率;③如果按专业成立施工队,各施工队不能连续施工;④施工组织安排和施工管理困难,增加施工管理费用。

平行施工一般适用于工期要求紧、规模大的建筑群,以及分批、分期组织施工的工程任务。该施工组织方式只有在各方面的资源供应有保障的前提下,才是合理的。

14.1.1.3　**流水施工**

流水施工是将拟建工程划分为若干施工段,并将施工对象划分为若干个施工过程,按施工过程成立相应工作队,各个工作队按施工过程顺序依次完成施工段内的施工过程,并

依次从一个施工段转到下一个施工段;各个施工过程陆续开工,陆续完工,使同一施工过程的专业施工队保持连续、均衡施工,相邻专业施工队最大限度地平行搭接施工的组织方式。其施工进度安排、工期、劳动力状态如图 14 - 4 所示。

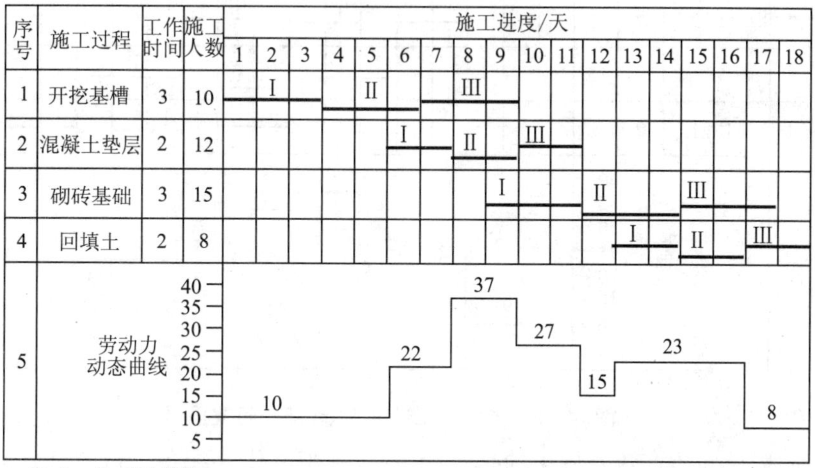

序号	施工过程	工作时间	施工人数	施工进度/天																
				1	2	3	4	5	6	7	8	9	10	11	12	13	14	15	16	17	18
1	开挖基槽	3	10	I			II				III									
2	混凝土垫层	2	12						I		II		III							
3	砌砖基础	3	15									I			II			III		
4	回填土	2	8												I		II		III	
5	劳动力动态曲线			10		22			37		27	15		23			8			

注:I、II、III为幢数

图 14 - 4　流水施工进度安排

由图 14 - 4 可见,与顺序施工、平行施工相比较,流水施工具有以下特点:①充分利用工作面,以争取时间,合理压缩工期;②流水施工既可在建筑物水平方向流动(平面流水),又可沿垂直方向流动(层间流水);③各施工队实现了专业化施工,有利于提高专业技术水平和生产率,以及工程质量;④各专业施工队及其工人、机械设备连续作业,同时使相邻专业工作队的开工时间能够最大限度地搭接,减少窝工,降低成本;⑤单位时间投入劳动力、机具、材料等资源量较为均衡,有利于资源组织和供应;⑥为文明施工和现场的科学管理创造了有利条件。

图 14 - 4 所示的流水施工组织方式还没有充分利用工作面,例如,第一幢楼开挖基槽后,没有马上进行混凝土垫层施工,直到第二幢楼挖土两天后,才开始垫层施工,浪费了第一幢楼挖土完成后创造的工作面。

为了充分利用工作面,可按图 14 - 5 所示组织方式进行施工,工期比图 14 - 4 所示流水施工减少两天。其中,混凝土垫层施工队和回填土施工队虽然做间歇施工,但在一个分部工程若干个施工过程的流水施工组织中,只要安排好主要施工过程,即工程量大、施工持续时间较长(本例为开挖基槽和砌砖基础),组织它们连续、均衡地流水施工;而非主要施工过程在有利于缩短工期的情况下,可安排其间歇施工,这种方式仍认为是流水施工的组织方式。

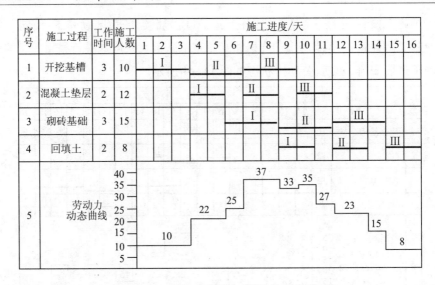

图 14 −5　流水施工进度安排(部分间歇)

综上所述,建筑生产流水施工的实质:由专业施工队伍并配备一定的机具设备,沿着建筑的水平方向或垂直方向,用一定数量的材料在各施工段上施工,使最后完成的产品成为建筑物的一部分,然后再转移到另一个施工段上去进行同样的工作,所创造的工作面,由下一个施工过程的作业队伍采用相同组织形式继续施工。如此不断进行确保各施工过程的连续性、均衡性和节奏性。

14.1.1.4　三种施工组织方式的比较

由上面分析知,顺序施工、平行施工和流水施工是组织施工的三种基本方式,其特点及适用的范围不尽相同,三者的比较见表 14 −2。由表 14 −2 可看出,流水施工综合了顺序施工和平行施工的优点,是建筑施工中最合理、最科学的一种组织方式。

表 14 −2　三种组织施工方式比较

方式	工期	资源投入	评价	适用范围
顺序施工	最长	投入强度最低	劳动力投入少,资源投入不集中,有利于组织工作。现场管理工作相对简单,可能会产生窝工现象	规模较小,工作面有限的工程适用
平行施工	最短	投入强度最大	资源投入集中,现场组织管理复杂,很难实现专业化生产	工程工期紧迫,资源有充分的保证及工作面允许情况下可采用
流水施工	较短,介于顺序施工与平行施工之间	投入连续均衡	结合了顺序施工与平行施工的优点,施工队连续施工,充分利用工作面,是较理想的施工组织方式	一般项目均可适用

14.1.2　流水施工的技术经济效果

流水施工的连续性和均衡性方便了各种生产资源的组织,使施工生产能力得到充分发挥,使劳动力、机械设备得到合理的安排和使用,提高了生产的经济效益,具体归纳为以下几点:

(1)便于施工中的组织与管理。由于流水施工的均衡性,避免了施工期间劳动力和其他资源投入过分集中,有利于资源的组织。

(2)施工工期比较短。由于流水施工的连续性,各专业队伍尽可能连续施工,减少了间歇,充分利用工作面,可以缩短工期。

(3)有利于提高劳动生产率。由于流水施工实现了专业化生产,为工人提高技术水平、改进操作方法以及革新生产工具创造了有利条件,可改善劳动条件,促进生产率的提高。

(4)有利于提高工程质量。专业化施工提高了工人的专业技术水平和熟练程度,为推行全面质量管理创造了条件,有利于保证和提高工程质量。

(5)能有效降低工程成本。由于工期缩短、劳动生产率提高、资源供应均衡,各专业施工队连续均衡作业,减少了临时设施数量,从而可以节约人工费、机械使用费、材料费和施工管理费等相关费用,有效地降低了工程成本。

14.1.3　流水施工的表示方法

流水施工的表示方法有水平图表、垂直图表和网络图。

14.1.3.1　水平图表

水平图表(又称横道图或甘特图)由纵、横坐标两个方向的内容组成,图表左侧的纵坐标用以表示施工过程,图表右侧的横坐标上用以表示施工进度,施工进度的单位可根据施工项目的具体情况和图表的应用范围来决定,可以是日、周、月、旬、季或年等,日期可以按自然数的顺序排列,也可以采用奇数或偶数,也可以采用扩大的单位数来表示,比如以5天或10天为基数编排,以简洁、清晰为标准。用标明施工段的横线段来表示具体的施工进度。如图14-6所示。

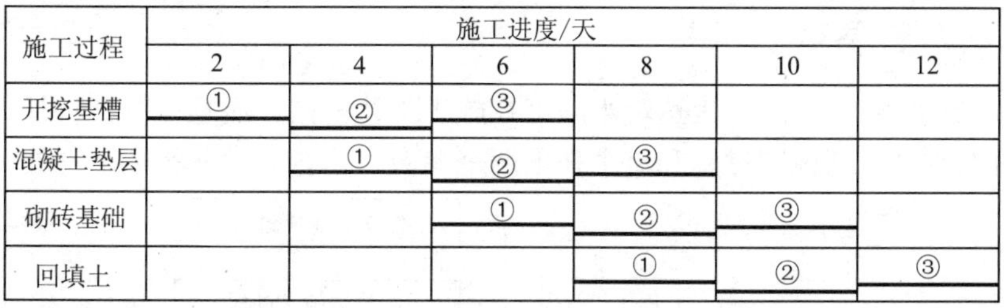

施工过程	施工进度/天					
	2	4	6	8	10	12
开挖基槽	①	②	③			
混凝土垫层		①		③		
砌砖基础			①	②	③	
回填土				①	②	③

注:①②③为施工段编号

图 14-6　流水施工水平图表(横道图)

水平图表是一种最简单、运用最广泛的传统的进度计划方法,尽管有许多新的计划技术,横道图在建设领域中的应用仍非常普遍。通常用于小型项目或大型项目的子项目上,或用于计算资源需要量和概要预示进度,也可用于其他计划技术的表示结果。这种表达方式较直观,容易看懂计划编制的意图。但也存在如下一些问题:①工序(工作)之间的逻辑关系表达不清楚;②适用于手工编制计划;③没有通过进度计划时间参数计算,不能

确定计划的关键工作、关键线路与时差;④计划调整只能用于手工方式进行,其工作量较大;⑤难以适应大的进度计划系统。

14.1.3.2　垂直图表

垂直图表(又称斜线图)是以纵坐标由下往上表示施工段数,以横坐标表示各施工过程在各施工段上的施工持续时间,若干条斜线段表示施工过程。垂直图表可以直观地从施工段的角度反映出各施工过程的先后顺序,以及时空状况。通过比较各条斜线的斜率可以看出各施工过程的施工速度,斜率越大,表示施工速度越快。垂直图表的实际应用不及水平图表普遍。示例如图14-7,四条斜线分别表示四个施工过程,各条斜线斜率相等,说明四个施工过程的施工速度相等,每个施工过程在各施工段上的施工持续时间均为两天。

施工过程	施工进度/天					
	2	4	6	8	10	12
③						
②	基槽开挖	铺垫层	砌筑基础	基槽回填		
①						

图14-7　流水施工垂直图表(斜线图)

14.1.3.3　网络图

网络图是用来表达各项工作先后顺序和逻辑关系的网状图形,由箭线和节点组成,分为双代号网络图和单代号网络图两种。流水施工网络图的表达方式详见第15章。

14.2　流水施工的基本参数

在组织流水施工时,用以表达流水施工在工艺流程、空间布置和时间安排等方面的状态参数,称为流水施工参数。流水施工基本参数包括工艺参数、时间参数和空间参数三类。

14.2.1　工艺参数

在组织流水施工时,用以表达流水施工在施工工艺上的开展顺序及其特征的参数,称为工艺参数,它又包括施工过程和流水强度两个参数。工艺参数分类如下:

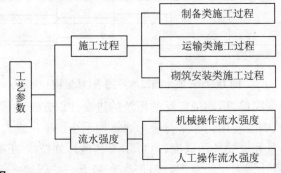

14.2.1.1　施工过程

根据施工组织及计划安排需要划分出的计划任务子项,称为施工过程。施工过程的

内容和范围可大可小,可以是单位工程、分部工程,也可以是分项工程,甚至可以是将分项工程按照专业工种不同分解而成的施工工序。

(1)施工过程分类 根据工艺性质不同,可以分为制备类、运输类和砌筑安装类三类施工过程。

1)制备类施工过程 为制造建筑制品和半成品而进行的施工过程,如砂浆制备、混凝土制备、钢筋成型等。它一般不占用施工对象空间,也不影响总工期,通常不列入施工进度计划。只有在它占有施工对象空间并影响总工期时,才被列入施工进度计划。

2)运输类施工过程 把建筑材料、构配件、设备和制品等运送到工地仓库或施工现场使用地点而形成的施工过程。它一般不占用施工对象空间,也不影响总工期,通常不列入施工进度计划。只有在它占有施工对象空间并影响总工期时,才被列入施工进度计划。如结构安装工程中的构件运输等。

3)建造类施工过程 在施工对象空间上直接进行加工而形成建筑产品的施工过程,如基础工程、主体工程、装修工程等。它占有施工对象的空间,并直接影响工期的长短。因此,必须列入施工进度计划,并在其中大多作为起主导作用的施工过程或关键工作。

根据建造类施工过程在施工中的作用、工艺性质和复杂程度,可对其进行如下分类。

①按其在工程项目生产中的作用划分,有主导施工过程和穿插施工过程两类。主导施工过程是指对整个工程项目起决定作用的施工过程,在编制施工进度计划时,必须优先考虑,如砖混结构的主体砌筑工程。穿插施工过程是与主导施工过程搭接或平行穿插并受主导施工过程制约的施工过程,如门窗框安装、脚手架搭设等施工过程。

②按其工艺性质划分,有连续施工过程和间断施工过程。连续施工过程是工序间不需要技术间歇的施工过程,在前一道工序完成后,后一道工序紧随其后进行,如砖基础砌筑与土方回填等施工过程。间断施工过程是有技术间歇的施工过程,如混凝土工程(浇筑后需要养护)等施工过程。

③按其施工复杂程度划分,有简单施工过程和复杂施工过程。简单施工过程是工艺上由一个工序组成的施工过程,如基础工程中的基槽开挖、土方回填等施工过程。复杂施工过程是由几个工艺紧密相连的工序组合而形成的施工过程,如混凝土工程由混凝土制备、运输、浇筑、振捣等工序组成。

按照上述的分类方法,同一施工过程从不同角度分类有不同的称谓,但这并不影响该施工过程在流水施工中的地位。事实上,有的施工过程既是主导、连续的,又是复杂的施工过程,如砖混结构的主体砌筑工程等施工过程。有的施工过程既是穿插、间断的,又是简单的施工过程,如装饰工程中的油漆工程等施工过程。

(2)施工过程数 施工过程数是指一组流水的施工过程个数,以符号 n 表示。施工过程划分的数目多少、粗细程度一般与下列因素有关。

1)与施工进度计划的性质和作用有关 施工组织总设计中的控制性的施工总进度计划,其施工过程应划分得粗些、综合性大些,一般只列出分部工程名称,如基础工程、主体结构工程、吊装工程、装修工程、屋面工程等。单位工程施工组织设计及分部分项工程施工组织设计中的实施性的施工进度计划,其施工过程应划分得细些、具体些。将分部工程再分解为若干个分项工程,如将基础工程分解为挖土、浇筑混凝土基础、回填土等,但其

中某些分项工程仍由多工种来实现。对于其中起主导作用的分项工程,往往需要考虑按专业工种组织专业施工队进行施工,为了便于掌握施工进度和指导施工,可以将分项工程再进一步分解成若干个由专业工种施工的工序作为施工过程。

2)与建筑物的复杂程度、施工方案有关 不同施工方案,其施工顺序和方法也不相同,如框架主体结构采用的模板不同,其施工过程划分的数目就不相同。

3)与劳动组织及劳动量大小有关 施工过程的划分与施工班组及施工习惯有关。如安装玻璃、油漆施工可合也可分,因为有的是混合班组,有的是单一工种的班组。施工班组的划分还与劳动量大小有关。劳动量小的施工过程,当组织流水施工有困难时,可与其他施工过程合并。如垫层劳动量较小时可与挖土合并为一个施工过程,这样可以使各个施工过程的劳动量大致相等,便于组织流水施工。

14.2.1.2 流水强度

流水强度是指组织流水施工时,某一个施工过程(专业工作队)在单位时间内完成的工程量,也称为流水能力或生产能力,一般用 V 表示。一般是指每一个工作班内完成的工程量。

(1)机械操作流水强度

$$V = \sum_{i=1}^{x} R_i \cdot S_i = R \cdot S \qquad (14-1)$$

式中 R_i——第 i 种施工机械的台数;

S_i——第 i 种施工机械的定额台班生产率(即机械产量定额);

x——施工机械种类数。

(2)人工操作流水强度

$$V_i = R_i \cdot S_i \qquad (14-2)$$

式中 R_i——投入施工过程 i 的专业工作队工人数;

S_i——投入施工过程 i 的专业工作队平均产量定额;

V_i——某施工过程 i 的人工操作流水强度。

14.2.2 时间参数

时间参数是指在组织流水施工时,用以表达流水施工在时间安排上所处状态的参数,主要包括流水节拍、流水步距、间歇时间、搭接时间、流水工期。

14.2.2.1 流水节拍

在组织流水施工时,每个专业施工队在各施工段上完成相应施工任务所需要的工作持续时间,称为流水节拍,一般用符号 t 表示。

流水节拍的大小反映出流水施工速度的快慢、节奏和资源消耗量的多少,流水节拍也是区分流水施工组织方式的特征参数。影响流水节拍大小的主要因素:每个施工段上工程量,采用的施工方案,每个施工段上投入的工人数、机械台数、材料量以及每天的工作班数、各种机械台班的效率或机械台班产量等。

确定各施工过程的流水节拍时,应先确定主要的工程量大的施工过程的流水节拍,再确定其他施工过程的流水节拍。通常有三种方法确定流水节拍。

（1）定额计算法　计算公式如下

$$t_{ij} = \frac{Q_{ij}}{S_i \cdot R_{ij} \cdot N_{ij}} = \frac{P_{ij}}{R_{ij} \cdot N_{ij}} \qquad (14-3)$$

$$t_{ij} = \frac{Q_{ij} \cdot H_i}{R_{ij} \cdot N_{ij}} = \frac{P_{ij}}{R_{ij} \cdot N_{ij}} \qquad (14-4)$$

式中　t_{ij}——i 施工过程在 j 施工段上的流水节拍；

　　　Q_{ij}——i 施工过程在 j 施工段上的工程量；

　　　S_i——i 施工过程的人工或机械产量定额；

　　　R_{ij}——i 施工过程在 j 施工段上投入的工人数或机械台数；

　　　N_{ij}——i 施工过程在 j 施工段上的作业班次；

　　　P_{ij}——i 施工过程在 j 施工段上的劳动量或机械台班数量；

$$P_{ij} = Q_{ij}/S_i \text{ 或 } P_{ij} = Q_{ij} \cdot H_i \qquad (14-5)$$

　　　H_i——i 施工过程的人工或机械时间定额；

流水节拍应取半天的整数倍，这样便于施工队伍安排工作，工作队在转换工作地点时，正好是上、下班时间，不必占用生产操作时间。

（2）经验估算法　经验估算法也叫三时估算法，是根据过去的施工经验对流水节拍进行的估算。此法适用于无定额依据的采用新工艺、新材料、新结构的工程。

计算公式如下

$$t = \frac{a + 4c + b}{6} \qquad (14-6)$$

式中　t——某施工过程在某施工段上的流水节拍；

　　　a——某施工过程在某施工段上的估算最短施工持续时间；

　　　b——某施工过程在某施工段上的估算最长施工持续时间；

　　　c——某施工过程在某施工段上的估算正常施工持续时间。

（3）工期估算法　工期计算法也叫倒排进度法，此法是按已定工期要求，决定流水节拍的大小，再相应求出所需的资源量。具体步骤如下：首先，根据工期按经验估算出各分部工程的施工时间；其次，根据各分部工程估算出的时间确定各施工过程所需的时间；最后，按式（14-3）或式（14-4）求出各施工过程所需的人数或机械台数。

需要注意的是，确定的施工队（班组）工人数或机械台数，既要满足最小劳动组合人数的要求，又要满足最小工作面的要求，不能为了缩短工期而无限制地增加人数，否则由于工作面不足会降低劳动效率，且容易发生安全事故，如果工期紧，节拍小，工作面不够时，可增加工作班次，采用两班或三班工作制。

14.2.2.2　流水步距

流水步距是指相邻两个施工过程或专业施工队（班组）进入流水作业的时间间隔，流水步距不含技术间歇、组织间歇、搭接等时间，一般用符号 K 表示。例如，第 i 个施工过程和第 $i+1$ 个施工过程之间的流水步距用 $K_{i,i+1}$ 表示。流水步距的数目应比施工过程数少一，施工过程数为 n 个，则流水步距数应为 $n-1$ 个。

流水步距的大小对工期的影响很大，在施工段不变的情况下，流水步距小即平行搭接

多,则工期短;反之,则工期长。流水步距应与流水节拍保持一定的关系,一般至少应为一个工作班或半个工作班的时间。

　　流水步距应根据施工工艺、流水形式和施工条件来确定,在确定流水步距时应尽量满足以下要求:①始终保持两施工过程间的顺序施工,即在一个施工段上,前一施工过程完成后,下一施工过程方能开始;②任何作业班组在各施工段上必须保持连续施工;③前后两施工过程的施工作业应能最大限度地组织搭接(或平行)施工。

14.2.2.3　间歇时间

　　在组织流水施工中,相邻施工过程之间除了要考虑流水步距外,有时还需要考虑合理的间歇时间,一般用 t_j 表示。间歇时间的存在会使工期延长,但又是不可避免的。

　　(1)技术间歇时间 t_{j1}^j　技术间歇时间(t_{j1}^j)是指在流水施工中,除了考虑两相邻施工过程间的正常流水步距外,有时应根据施工工艺的要求考虑工艺间合理的间歇时间。例如,混凝土浇筑结束后,必须经过一定时间的养护,才能进行后续施工。

　　(2)组织间歇时间 t_{j1}^z　组织间歇时间(t_{j1}^z)是指施工中由于考虑施工组织的要求,两相邻的施工过程在规定的流水步距以外增加必要的时间间隔。例如,施工人员对前一施工过程进行检查验收,并为后续施工过程所做必要的技术准备工作。这种验收或安全检查等是由于施工组织因素所发生的不可避免的施工等待时间。

　　(3)层间间歇时间 t_{j2}　当施工对象在垂直方向划分施工层时,同一施工段上前一层的最后一个施工过程和后一层的第一个施工过程之间的间歇时间,称为层间间歇时间(t_{j2})。

14.2.2.4　搭接时间

　　搭接时间是指在工艺允许的情况下,后续施工过程在规定的流水步距以内提前进入施工段进行施工的时间。搭接时间一般用 t_d 表示。一般情况下,相邻两个施工过程的专业施工队在同一施工段上,前者全部结束后,后者才能开始,但为了缩短工期,在工作面和工艺允许的前提下,当前一施工过程在某一施工段上已经完成一部分,并为后续施工过程创造了必要的工作面时,后续施工过程可以提前进入同一施工段,两者在同一施工段上平行搭接施工,其平行搭接的持续时间就是两个专业施工队之间的搭接时间。

14.2.2.5　流水工期

　　流水工期(T)是指流水施工中,从第一个施工过程(或作业班组)开始进入第一个施工段施工,到最后一个施工过程(或作业班组)在最后一个施工段上结束施工、退出流水作业为止的整个持续时间。

14.2.3　空间参数

　　在组织流水施工时,用来表达流水施工在空间布置上所处状态的参数,称为空间参数。它包括工作面、施工段和施工层数。

14.2.3.1　工作面

　　工作面是指施工对象上满足工人或施工机械正常施工操作的空间的大小。工作面是随着施工进展而产生的,既有横向的工作面,也有竖向的工作面,通常前一个施工过程就是为下一个施工过程创造工作面的过程。

工作面根据专业工种的计划产量定额和安全施工技术规程确定,反映了工人操作、机械运转在空间布置上的具体要求。根据施工过程不同,它可以用不同的计量单位,在基槽挖土施工中,可按延长米计量工作面,在墙面抹灰施工中,可按平方米计量工作面。

在施工作业时,无论是人工还是机械都需有一个最佳的工作面,才能发挥其最佳效率。所以工作面确定得是否合理将直接影响专业工种工人的生产效率和施工安全,施工段上的工作面必须大于施工的最小工作面。最小工作面是施工队(班组)为保证安全生产和充分发挥劳动效率所必需的工作面。主要工种的每个工人的最小工作面的参考数据见表14-3。

表14-3 主要工种工作面参考数据表

工作项目	每个技工的工作面	说明
砖基础	7.6 m/人	以1砖半计,2砖乘以0.8,3砖乘以0.55
砌砖墙	8.5 m/人	以1砖半计,2砖乘以0.71,3砖乘以0.57
砌毛石墙基	3 m/人	以60 cm计
砌毛石墙	3.3 m/人	以60 cm计
浇筑混凝土柱、墙基础	8 m³/人	机拌、机捣
浇筑混凝土设备基础	7 m³/人	机拌、机捣
现浇钢筋混凝土柱	2.5 m³/人	机拌、机捣
现浇钢筋混凝土梁	3.2 m³/人	机拌、机捣
现浇钢筋混凝土墙	5 m³/人	机拌、机捣
现浇钢筋混凝土楼板	5.3 m³/人	机拌、机捣
预制钢筋混凝土柱	3.6 m³/人	机拌、机捣
预制钢筋混凝土梁	3.6 m³/人	机拌、机捣
预制钢筋混凝土屋架	2.7 m³/人	机拌、机捣
预制钢筋混凝土平板、空心板	1.91 m³/人	机拌、机捣
预制钢筋混凝土大型屋面板	2.62 m³/人	机拌、机捣
浇筑混凝土地坪及面层	40 m²/人	机拌、机捣
外墙抹灰	16 m²/人	
内墙抹灰	18.5 m²/人	
作卷材屋面	18.5 m²/人	
作防水水泥砂浆屋面	16 m²/人	
门窗安装	11 m²/人	

14.2.3.2　施工段

施工段是指将施工对象人为地在平面上划分为若干个工程量大致相等的施工区段，以便不同专业队在不同的施工段上流水施工，互不干扰。在流水施工中，用 m 来表示施工段的数目，施工段也称流水段。

划分施工段是为组织流水施工提供必要的空间条件，其作用在于某一施工过程能集中施工力量，迅速完成一个施工段上的工作内容，及早空出工作面为下一施工过程提前施工创造条件，从而保证不同的施工过程能同时在不同的工作面上进行施工。

划分施工段时，如果施工段划分数目过多，工作面不能得到充分利用，每一操作工人的有效工作范围减少，使劳动生产率降低；如果划分数目过少，则会延长工期，无法有效保证各专业施工队连续地施工。因此，施工段数量的多少将直接影响流水施工的效果。为使施工段划分的合理，一般应遵循以下原则：

（1）同一专业工作队在各个施工段上的劳动量应大致相等，以保证流水施工的连续性、均衡性和有节奏性，各施工段劳动量相差不宜超过 $10\% \sim 15\%$。

（2）施工段的分界线应尽可能与结构界限（伸缩缝、沉降缝和建筑单元等）相吻合；或者设在对结构整体性影响较小的部位，以保证拟建工程结构的整体性；结构对称或等分线处也往往是施工段的分界线。

（3）划分施工段时应主要以主导施工过程的需要来划分。

（4）保证施工队在每个施工段内有足够的工作面，以保证工人的数量和主导施工机械的生产效率满足合理劳动组织的要求，且施工队应符合最小劳动组合的要求。

（5）当分层组织流水施工时，一定要注意施工段数与施工过程数（或专业施工队数）的关系对流水施工的影响。一般要求，每一层的施工段数 m 必须大于等于其施工过程数 n 或专业施工队总数 $\sum b$，即 $m \geqslant n$ 或 $m \geqslant \sum b$。

下面结合实例分析三种情况进行讨论。

【例 14 - 1】　某二层的钢筋混凝土框架结构建筑，其钢筋混凝土工程由模板支设、钢筋绑扎和混凝土浇筑三个施工过程组成，分别由三个专业施工队进行施工，流水节拍均为一天。

（1）各施工过程划分为两个施工段，施工段数小于施工过程数，即 $m = 2$，$n = 3$，$m < n$。

其流水施工进度安排见图 14 - 8。由图 14 - 8 可以看出，支设模板的专业施工队不能在第一施工层施工结束后，即第三天立刻进入第二层第一施工段进行施工，必须要间歇一天，以等待第一层第一施工段混凝土浇筑，从而造成窝工现象。同样，另外两个专业施工队也都要窝工，但各施工段上都连续地有工作队在施工，工作面没有出现空闲，工作面利用比较充分。

施工层	施工过程	施工进度/天						
		1	2	3	4	5	6	7
第一层	模板支设	①	②					
	钢筋绑扎		①	②				
	混凝土浇筑			①	②			
第二层	模板支设				①	②		
	钢筋绑扎					①	②	
	混凝土浇筑						①	②

图 14 – 8　$m < n$ 的施工进度安排

（2）各施工过程划分为三个施工段，施工段数等于施工过程数，即：$m = 3$，$n = 3$，$m = n$。

其流水施工进度安排见图 14 – 9。从图 14 – 9 可以看出，各专业施工队在第一层施工结束后都能立刻进入下一施工层进行施工，不会出现窝工现象。同时，各施工段上都连续地有工作队在施工，工作面没有出现空闲。工作面利用比较充分。

施工层	施工过程	施工进度/天							
		1	2	3	4	5	6	7	8
第一层	模板支设	①	②	③					
	钢筋绑扎		①	②	③				
	混凝土浇筑			①	②	③			
第二层	模板支设				①	②	③		
	钢筋绑扎					①	②	③	
	混凝土浇筑						①	②	③

图 14 – 9　$m = n$ 的施工进度安排

（3）各施工过程划分为四个施工段，施工段数大于施工过程数，即：$m = 4$，$n = 3$，$m > n$。

其流水施工进度安排见图 14 – 10。从图 14 – 10 可以看出，当第一层第一施工段上混凝土浇筑结束后，第二层第一施工段并没有立刻投入模板支设的专业施工队，而是在第四天出现了第一施工段工作面的空闲，这是由于模板支设专业施工队在第一层的施工必须要到第四天才能结束，只能在第五天才可以投入到第二层第一施工段进行施工。其他施工段也都由于同样原因出现了工作面的空闲。

施工层	施工过程	施工进度/天									
		1	2	3	4	5	6	7	8	9	10
第一层	模板支设	①	②	③	④						
	钢筋绑扎		①	②	③	④					
	混凝土浇筑			①	②	③	④				
第二层	模板支设					①	②	③	④		
	钢筋绑扎						①	②	③	④	
	混凝土浇筑							①	②	③	④

图 14 – 10　$m > n$ 的施工进度安排

从以上三种情况的比较中,可得出以下结论:

(1)$m < n$ 时,各专业施工队不能连续施工,有窝工现象,工作面利用充分,工期最短。

(2)$m = n$ 时,各专业施工队均能连续施工,工作面利用比较充分,工期比较短,是最理想的一种安排。

(3)$m > n$ 时,各专业施工队均能连续施工,工作面利用不够充分,各施工段工作面都出现空闲,工期最长。施工组织中往往利用工作面出现空闲的这段时间,把必要的技术间歇时间结合在一起,从而使流水施工组织更加合理。

综上所述,在有层间关系的工程中组织流水施工时,必须使施工段数大于或等于施工过程数(或专业施工队数),即 $m \geqslant n$ 或 $m \geqslant \sum b$。

14.2.3.3　施工层

施工层是指组织多层建筑物在竖向的流水施工,将建筑物在垂直方向上划分的若干区段,一般用 j 来表示施工层的数目。施工层划分视工程的具体情况而定,一般以建筑物的结构层作为施工层。例如,全现浇剪力墙结构建筑,其结构层数就是施工层数。有时为方便施工,也可按一定高度划分施工层,例如外墙装饰工程。

14.3　流水施工的组织方式

14.3.1　流水施工分类

14.3.1.1　按流水施工的组织范围划分

(1)分项工程流水施工　分项工程流水施工又称为细部流水施工,是指在分项工程内部组织的流水施工,即由一个专业施工队,依次连续地在各个施工段上完成同一施工过程。分项工程流水施工是范围最小的流水施工。

(2)分部工程流水施工　分部工程流水施工又称为专业流水施工,是指在分部工程内各分项工程之间组织的流水施工。例如,由开挖基槽、混凝土垫层、砌筑基础、回填土四个分项工程流水就可以组成基础分部工程的流水施工。

(3)单位工程流水施工　单位工程流水施工又称为综合流水施工,是指在单位工程

内部各分部工程之间组织的流水施工。例如,由基础工程、主体工程、屋面工程三个分部工程流水就可以组成土建工程这个单位工程的流水施工。

(4)群体工程流水施工　群体工程流水施工又称为大流水施工,是指在群体工程中各单项工程或单位工程之间组织的流水施工。

14.3.1.2　按照流水施工的节奏特征划分

根据流水施工节奏特征,流水施工可划分为有节奏流水施工和无节奏流水施工,进一步具体分类和组织流水方式如下:

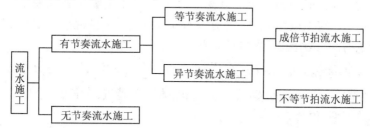

14.3.2　有节奏流水施工

有节奏流水施工是指在组织流水施工时,同一施工过程在各施工段上的流水节拍都相等的一种流水施工方式。根据不同施工过程之间的流水节拍是否相等,有节奏流水施工又分为等节奏流水施工和异节奏流水施工。

14.3.2.1　等节奏流水施工

等节奏流水施工是指每一个施工过程在各个施工段上的流水节拍都相等,并且各施工过程相互之间的流水节拍也相等的流水施工组织方式,也称为全等节拍流水施工,或固定节拍流水施工。等节奏流水施工的特点:①各施工过程在各个施工段上流水节拍均相等;②相邻施工过程之间的流水步距彼此相等,并且等于流水节拍,即 $K=t$;③专业施工队数目等于施工过程数,即每个施工过程均成立一个专业施工队,由该队独立完成相应施工过程的所有施工任务;④各专业施工队在各施工段上均能连续施工,施工段之间没有空闲时间;⑤各施工过程的施工速度相同。

等节拍流水施工的工期可以按下式计算

$$T = \sum K_{i,i+1} + T_n + \sum t_{j1} - \sum t_d = (mj + n - 1)K + \sum t_{j1} - \sum t_d \quad (14-7)$$

式中　T——工期;

K——流水步距;

$\sum K_{i,i+1}$——各施工过程之间的流水步距之和;

T_n——最后一个施工过程的施工持续时间($T_n = j \cdot m \cdot t$);

j——施工层数;

m——施工段数;

n——施工过程数;

$\sum t_{j1}$——一个施工层内的各个施工过程间的间歇时间之和(包括组织间歇和技术间歇时间);

$\sum t_d$——搭接时间之和。

当施工层数多于一层时,施工段数要满足合理组织流水施工的要求,即为了使各施工队(班组)能连续施工,每层的施工段数应满足下列要求:

$$m \geqslant n + \frac{\sum t_{j1} + \sum t_{j2} - \sum t_d}{K} \qquad (14-8)$$

式中　$\sum t_{j2}$——相邻两个施工层间的层间间歇时间之和。

【例14-2】　某基础工程划分为开挖基槽A、混凝土垫层B、砌筑基础C、回填土D四个施工过程,分三个施工段组织施工,流水节拍均为3天,且混凝土垫层完成后需要有1天的技术间歇时间,试组织等节拍流水施工。

解:由题意知,无施工层,即$j=1$,$\sum t_d = 0$,$\sum t_{j1} = 1$天,$t=3$天,$m=4$,$n=3$

(1)根据等节拍流水施工流水步距与流水节拍相等的特点,确定流水步距$K=t=3$天

(2)计算总工期,由公式(14-7)得

$$T = (mj + n - 1)K + \sum t_{j1} - \sum t_d = (3 + 4 - 1) \times 3 + 1 = 19\text{天}$$

(3)绘制流水施工进度计划如图14-11所示。

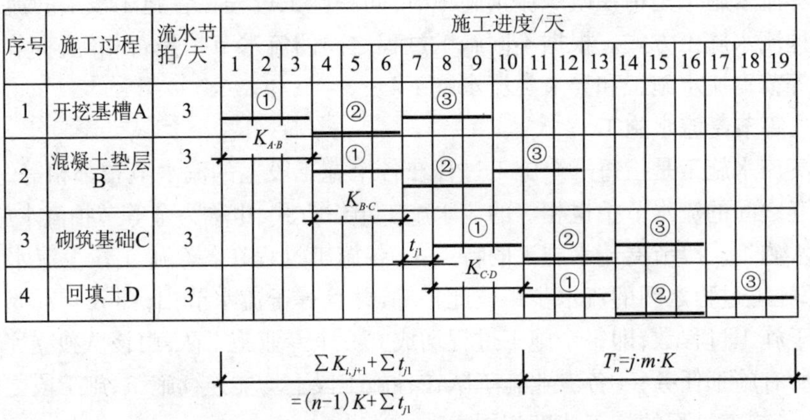

序号	施工过程	流水节拍/天	施工进度/天																	
			1	2	3	4	5	6	7	8	9	10	11	12	13	14	15	16	17	18	19
1	开挖基槽A	3	①			②			③												
2	混凝土垫层B	3				①			②			③									
3	砌筑基础C	3							①			②			③						
4	回填土D	3										①			②			③			

图14-11　流水施工进度计划

【例14-3】　某二层建筑的现浇钢筋混凝土工程施工,施工过程分为模板支设、钢筋绑扎和混凝土浇筑,流水节拍均为2天,钢筋绑扎与模板支设可以搭接1天进行,钢筋绑扎后需要1天的验收和施工准备,之后才能浇筑混凝土,层间技术间歇为2天时间。试确定施工段数、计算总工期、绘制流水施工进度计划表。

解:由题意知,$j=2$,$\sum t_d = 1$天,$\sum t_{j1} = 1$天,$\sum t_{j2} = 2$天,$t=2$天,$n=3$

(1)根据等节拍流水施工流水步距与流水节拍相等的特点,确定流水步距$K=t=2$天

(2)计算施工段数,由公式(14-8)得

$$m \geqslant n + \frac{\sum t_{j1} + \sum t_{j2} - \sum t_d}{K} = 3 + \frac{1+2-1}{2} = 4 \qquad 取\ m=4$$

(3)计算总工期,由公式(14-7)得

$$T = (mj + n - 1)K + \sum t_{j1} - \sum t_d = (4 \times 2 + 3 - 1) \times 2 + 1 - 1 = 20\text{天}$$

（4）绘制施工进度计划表如图 14-12、图 14-13 所示。

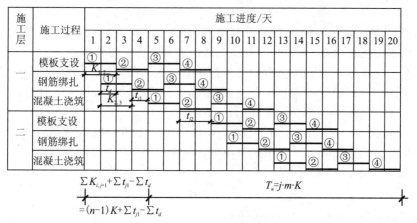

图 14-12　分层表示的流水施工进度计划

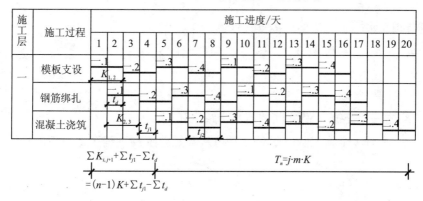

图 14-13　不分层表示的流水施工进度计划

14.3.2.2　异节奏流水施工

异节奏流水施工是指在有节奏流水施工中,同一施工过程在各施工段上的流水节拍都相等,但不同施工过程之间的流水节拍不尽相等的一种流水施工组织方式。异节奏流水施工又可分为成倍节拍流水施工和不等节拍流水施工。

（1）成倍节拍流水施工　成倍节拍流水施工是指同一施工工程在各个施工段上的流水节拍相等,不同施工工程之间的流水节拍不尽相等,但各施工工程之间的流水节拍互为倍数关系,各施工工程的流水节拍均为其中最小流水节拍的整数倍的流水施工组织方式。

由于工作面是一定的,而不同的施工过程的工艺复杂程度却不同,影响流水节拍的因素也较多,施工过程具有较强的不确定性,要做到不同的施工过程具有相同的流水节拍是非常困难的。因此,等节拍流水施工的组织形式,在实际施工中很难做到。通过合理安排,使同一施工过程的各施工段的流水节拍都相等,这是可以做到的。成倍节拍流水施工的特点:①各施工过程各自的流水节拍相等;②不同施工过程的流水节拍不尽相等,但互成倍数关系,均为最小流水节拍的整数倍;③各施工过程之间的流水步距彼此相等,并且等于最小的流水节拍;④专业施工队总数大于施工过程数,即每个施工过程成立一个或一个以上的专业施工队进行施工;⑤各专业施工队在施工段上均能连续作业,施工段间没有

间歇时间;⑥同一施工过程内,各施工段的施工速度相等,不同施工过程的施工速度不完全相等。

组织成倍节拍流水施工时,为充分利用工作面,加快施工速度,流水节拍大的施工过程应相应增加施工班组数。因此,专业施工队总数大于施工过程数。

成倍节拍流水施工的流水步距是指所有各个施工队(或施工班组)之间的流水步距,而不是各个施工过程之间的流水步距,它们全部相等,可以按式(14-9)计算,即

$$K = \min\{t_1, t_2, \cdots, t_i, \cdots, t_n\} \tag{14-9}$$

式中　$t_1, t_2, \cdots, t_i, \cdots, t_n$——第 $1, 2, \cdots, i, \cdots, n$ 个施工过程的流水节拍。

每个施工过程所需的施工班组数可由下式确定

$$D_i = \frac{t_i}{K} \tag{14-10}$$

式中　D_i——某施工过程所需的施工队数;

　　　t_i——某施工工程的流水节拍;

　　　K——流水步距。

成倍节拍流水施工的工期可按下式计算

$$T = \sum K_{i,i+1} + T_n + \sum t_{j1} - \sum t_d = (mj + \sum D_i - 1)K + \sum t_{j1} - \sum t_d \tag{14-11}$$

式中　T——工期;

　　　$\sum K_{i,i+1}$——各施工队之间的流水步距之和;

　　　T_n——最后一个施工队(或施工班组)从开始施工到工程全部结束的持续时间($T_n = jmt$);

　　　j——施工层数;

　　　m——施工段数;

　　　$\sum D_i$——专业施工队总数;

　　　$\sum t_{j1}$——一个施工层内的各个施工过程间的间歇时间之和(包括组织间歇和技术间歇时间);

　　　$\sum t_d$——搭接时间之和。

当 $j=1$ 时,若计算出的 $D_i > m$,实际施工中 D_i 应取 m,但在计算 T 时,公式中仍应按计算出的 D_i 带入。

当 $j>1$ 时,施工段数应满足下列条件

$$m \geqslant \sum D_i + \frac{\sum t_{j1} + \sum t_{j2} - \sum t_d}{K} \tag{14-12}$$

式中　$\sum t_{j2}$——相邻两个施工层间的层间间歇时间之和。

组织成倍流水施工时,按下列步骤进行计算:

1)先按公式(14-9)计算流水步距。

$$K = \min\{t_1, t_2, \cdots, t_i, \cdots, t_n\}$$

2)按公式(14-10)计算各个施工过程的施工队数,并计算 $\sum D_i$。

$$D_i = t_i/K$$

3）确定施工段数。如果没有划分施工分层，即 $j = 1$，可按施工段划分原则来进行划分；若有分层，即 $j > 1$ 时，施工段的划分应满足公式(14-12)。

$$m \geqslant \sum D_i + \frac{\sum t_{j1} + \sum t_{j2} - \sum t_d}{K}$$

4）按公式(14-11)计算总工期。

$$T = \left(mj + \sum D_i - 1 \right)K + \sum t_{j1} - \sum t_d$$

5）绘制流水施工进度计划表。

【例14-4】　某基础工程划分为开挖基槽 A、混凝土垫层 B、砌筑基础 C、回填土 D 四个施工过程，分三个施工段组织施工，各施工过程的流水节拍为 $t_A = 2$ 天，$t_B = 4$ 天，$t_C = 2$ 天，$t_D = 4$ 天，且施工过程 B 完成后需要有 1 天的技术间歇时间，试组织成倍节拍流水施工。

解：第一步，确定流水步距

$$K = \min\{t_A, t_B, t_C, t_D\} = \{2, 4, 2, 4\} = 2 \text{ 天}$$

第二步，计算各个施工过程的施工队数，并计算：$\sum D_i$

$$D_A = t_A/K = \frac{2}{2} = 1 \text{ 队}$$

$$D_B = t_B/K = \frac{4}{2} = 2 \text{ 队}$$

$$D_C = t_C/K = \frac{2}{2} = 1 \text{ 队}$$

$$D_D = t_D/K = \frac{4}{2} = 2 \text{ 队}$$

$$\sum D_i = 1 + 2 + 1 + 2 = 6 \text{ 队}$$

第三步，计算工期

$$T = \left(mj + \sum D_i - 1 \right)K + \sum t_{j1} - \sum t_d = (3 + 6 - 1) \times 2 + 1 = 17 \text{ 天}$$

第四步，绘制施工进度计划表。成倍节拍流水施工进度计划表如图 14-14。

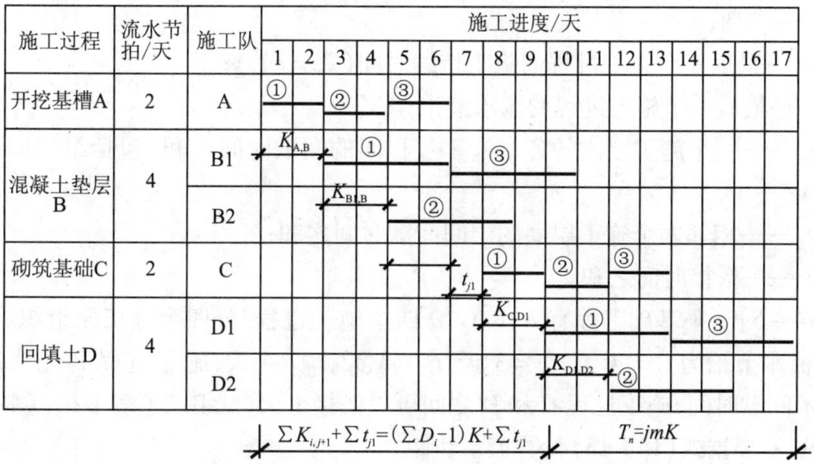

图 14-14　成倍节拍流水施工进度计划表

（2）不等节拍流水施工　不等节拍流水施工是指同一施工过程在各个施工段上的流水节拍相等,不同施工过程之间的流水节拍既不完全相等又不成倍数关系的流水施工方式。

有时由于各施工过程之间的工程量相差很大,各施工班组的施工人数又有所不同,使得不同施工过程在各施工段上的流水节拍无规律性。这时若组织全等节拍或成倍节拍流水均有困难,则可组织不等节拍流水。不等节拍流水施工的特点:①同一施工过程在各个施工段上的流水节拍相等;②不同施工过程之间的流水节拍不尽相等,也不成倍数关系;③相邻施工过程之间的流水步距不尽相等;④作业施工队数等于施工过程数;⑤主要施工过程的流水作业连续施工,允许有些施工段出现空闲;⑥同一施工过程内,各施工段的施工速度相等,不同施工过程的施工速度不尽相等。

组织不等节拍流水施工的关键是流水步距的确定,计算流水步距时按以下两种情况进行考虑。

第一种,前一个施工过程的流水节拍小于或等于后一个施工过程的流水节拍,即 $t_i \leqslant t_{i+1}$,这种情况下,两个施工过程之间的流水步距按下式确定

$$K_{i,i+1} = t_i \qquad （当 t_i \leqslant t_{i+1} 时） \tag{14-13}$$

第二种,前一个施工过程的流水节拍大于后一个施工过程的流水节拍,即 $t_i > t_{i+1}$,这种情况下,两个施工过程之间的流水步距按下式确定

$$K_{i,i+1} = mt_i - (m-1)t_{i+1} \qquad （当 t_i > t_{i+1} 时） \tag{14-14}$$

式中　$K_{i,i+1}$——第 i 个施工过程与第 $i+1$ 个施工工程之间的流水步距;

　　　t_i——第 i 个施工过程的流水节拍;

　　　t_{i+1}——第 $i+1$ 个施工工程的流水节拍;

　　　m——施工段数。

不等节拍流水施工的工期可按下式计算

$$T = \sum K_{i,i+1} + T_n + \sum t_{j1} + \sum t_{j2} - \sum t_d = \sum K_{i,i+1} + mt_n + \sum t_{j1} + \sum t_{j2} - \sum t_d \tag{14-15}$$

式中　T——工期;

　　　T_n——最后一个施工过程的施工持续时间（$T_n = mt_n$）;

　　　t_n——最后一个施工过程的流水节拍;

　　　$\sum t_{j1}$——一个施工层内的各个施工过程间的间歇时间之和（包括组织间歇和技术间歇时间）;

　　　$\sum t_{j2}$——相邻两个施工层间的层间间歇时间之和;

　　　$\sum t_d$——搭接时间之和。

【例 14-5】　某基础工程有 A、B、C、D 四个施工过程,分四个施工段组织施工,各施工过程的流水节拍为 $t_A = 4$ 天,$t_B = 3$ 天,$t_C = 3$ 天,$t_D = 4$ 天,施工过程 B 完成后需要有 2 天的技术间歇时间,施工过程 C 和 D 之间可以搭接 1 天,试组织不等节拍流水施工。

解:第一,根据式（14-15）计算流水步距

由 $t_A > t_B$,得 $K_{A,B} = mt_A - (m-1)t_B = 4 \times 4 - (4-1) \times 3 = 7$ 天

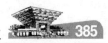

由 $t_B = t_C$，得 $K_{B,C} = t_B = 3$ 天；　　由 $t_C < t_D$，得 $K_{C,D} = t_C = 3$ 天

第二，根据式(14－15)计算工期

$$T = \sum K_{i,i+1} + mt_n + \sum t_{j1} + \sum t_{j2} - \sum t_d = (7+3+3)+4\times4+2-1 = 30 \text{天}$$

第三，绘制施工进度计划表，如图 14－15。

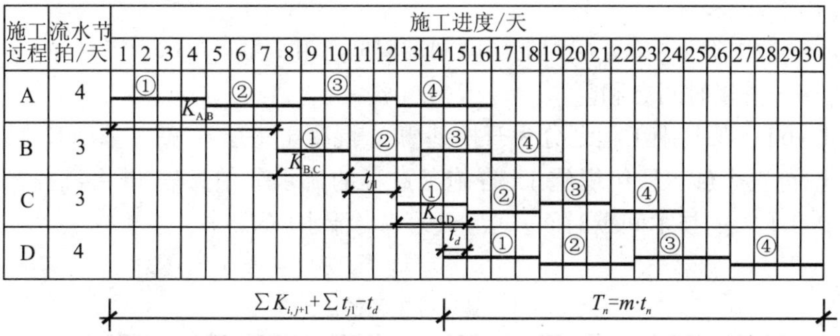

施工过程
流水节拍/天
施工进度/天
1 2 3 4 5 6 7 8 9 10 11 12 13 14 15 16 17 18 19 20 21 22 23 24 25 26 27 28 29 30
A 4
B 3
C 3
D 4
① ② ③ ④
$K_{A,B}$
$K_{B,C}$
t_{j1}
$K_{C,D}$
t_d
$\sum K_{i,j+1}+\sum t_{j1}-t_d$
$T_n=m\cdot t_n$

图 14－15　不等节拍流水施工进度计划表

14.3.3　无节奏流水施工

无节奏流水施工是指在组织流水施工时，全部或部分施工过程在各个施工段上的流水节拍不完全相等，不同施工过程之间的流水节拍也不完全相等，流水节拍无规律可循的流水施工组织方式。

在实际工程中，有时有些施工过程在不同施工段上的劳动量彼此不完全相等，从而其流水节拍也不完全相等，此时可组织无节奏流水施工。这种施工组织方式在进度安排上比较自由、灵活，是实际施工组织中最普遍、最常用的一种方法。无节奏流水施工的特点：①各施工过程在各施工段上的流水节拍不全不等，也无特定规律；②相邻施工过程之间的流水步距也不尽相等，流水步距与流水节拍的大小及相邻施工过程的相应施工段的节拍差有关；③专业施工队数目等于施工过程数；④各专业施工队能够在施工段上连续作业，但有的施工段间可能有间隔时间；⑤同一施工过程内，各施工段的施工速度不相等。

14.3.3.1　流水步距的确定

组织无节奏流水施工，确定流水步距是关键。无节奏流水施工相邻施工过程间的流水步距不完全相等，采用“累加数列错位相减取最大正差法”（潘特考夫斯基法）计算。利用此法求流水步距时，一般分为三个步骤：

(1)计算各施工过程流水节拍的累加数列。

(2)相邻施工过程流水节拍的累加数列错位相减，得到一个差数列。

(3)取各差数列中的最大正值作为各相邻施工过程之间的流水步距。

14.3.3.2　工期的计算

无节奏流水施工的工期按下式计算

$$T = \sum K_{i,i+1} + T_n + \sum t_{j1} + \sum t_{j2} - \sum t_d = \sum K_{i,i+1} + \sum t_{nj} + \sum t_{j1} + \sum t_{j2} - \sum t_d \quad (14-16)$$

式中　T——工期；

$K_{i,i+1}$——第 i 个施工过程与第 $i+1$ 个施工工程之间的流水步距;

T_n——最后一个施工过程的施工持续时间($T_n = \sum t_{nj}$);

t_{nj}——最后一个施工过程在第 j 个施工段上的流水节拍;

$\sum t_{j1}$——一个施工层内的各个施工过程间的间歇时间之和(包括组织间歇和技术间歇时间);

$\sum t_{j2}$——相邻两个施工层间的层间间歇时间之和;

$\sum t_d$——搭接时间之和。

【例 14 - 6】　某基础工程划分为开挖基槽 A、混凝土垫层 B、砌砖基础 C、回填土 D 四个施工过程,分三个施工段组织施工,各施工过程的流水节拍见表 14 - 4,且施工过程 B 完成后需要有 1 天的技术间歇时间,试组织无节奏流水施工。

表 14 - 4　某基础工程的流水节拍

施工过程 ＼ 施工段	①	②	③
开挖基槽 A	2	2	3
混凝土垫层 B	3	3	4
砌砖基础 C	3	2	2
回填土 D	3	4	3

解:第一,计算流水步距

① 求累加数列。施工过程 A 的累加数列为 2,2 + 2,2 + 2 + 3,即 2,4,7;同理,求施工过程 B,C,D 的累加数列,得各施工过程流水节拍的累加数列如表 14 - 5 所示。

表 14 - 5　流水节拍累加数列

施工过程 ＼ 施工段	①	②	③
开挖基槽 A	2	4	7
混凝土垫层 B	3	6	10
砌砖基础 C	3	5	9
回填土 D	3	7	10

② 求 $K_{A,B}$

$$
\begin{array}{rrrr}
 & 2 & 4 & 7 \\
- & & 3 & 6 & 10 \\
\hline
 & 2 & 1 & 1 & -10
\end{array}
$$

$K_{A,B} = \max\{2,1,1,-10\} = 2$ 天

③ 求 $K_{B,C}$

$$
\begin{array}{rrr}
3 & 6 & 10 \\
- \quad 3 & 5 & 9 \\
\hline
3 \quad 3 & 5 & -9
\end{array}
$$

$K_{B,C} = \max\{3,3,5,-9\} = 5$ 天

④求 $K_{C,D}$

$$
\begin{array}{rrr}
3 & 5 & 9 \\
- \quad 3 & 7 & 10 \\
\hline
3 \quad 2 & 2 & -10
\end{array}
$$

$K_{C,D} = \max\{3,2,2,-10\} = 3$ 天

第二,计算工期

$$T = \sum K_{i,i+1} + \sum t_{nj} + \sum t_{j1} + \sum t_{j2} - \sum t_d = (2+5+3) + (3+4+3) + 1 = 21(\text{天})$$

第三,绘制施工进度计划表。施工进度计划表如图 14 – 16 所示。

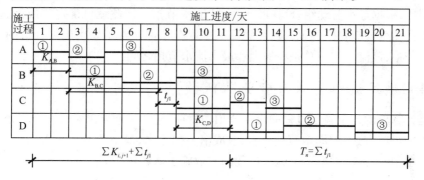

图 14 – 16　某基础工程无节奏流水施工进度计划表

14.4　流水施工组织程序

　　合理组织流水施工就是结合各个工程的不同特点,根据实际施工条件和内容,合理确定流水施工的各项参数。通常按照下列工作程序进行。

14.4.1　确定施工顺序,划分施工过程

　　参加流水的施工过程数对流水施工的组织影响很大,但将所有施工过程参与流水施工是不可能的,也没有必要。每一个施工阶段总有几个对工程施工有直接影响的主导施工过程,首先确定主导施工过程,组织成流水施工,其他施工过程则可根据实际情况与主导施工过程合并。所谓主导施工过程,是指对工期有直接影响,能为后续施工过程提供工作面的施工过程。在实际中,根据分部分项工程施工工艺确定主导施工过程。

　　施工过程数目 n 的确定主要的依据是工程的性质和复杂程度、所采用的施工方案、对建设工期的要求等因素。合理组织流水施工,施工过程数目 n 要确定得适当,施工过程划分得过粗或过细,都达不到好的流水效果。

14.4.2 确定施工层,划分施工段

为了合理组织流水施工,需要按建筑的空间和施工过程的工艺要求确定施工层数量j,以便在平面和空间上组织连续均衡的流水施工。划分施工层时,要求结合工程的具体情况,主要根据建筑物的高度和楼层来确定。例如砌筑工程的施工高度一般为1.2 m,所以可按1.2 m划分,而室内抹灰、木装饰、油漆和水电安装等,可按结构楼层划分施工层。

合理划分施工段的原则详见本章相关内容,若组织多层固定节拍或成倍节拍流水,同时考虑间歇时间时,施工段的确定应满足式(14-8)的要求。

14.4.3 确定施工过程的流水节拍

施工过程的流水节拍可按式(14-3)和表(14-4)进行计算。流水节拍大小对工期影响较大,由式(14-3)和表(14-4)可知,减小流水节拍最有效的方法是提高劳动效率(即增大产量定额或减小时间定额)。增加工人数也是一种方法,但劳动人数增加到一定程度必然会达到最小工作面,此时的流水节拍即为最小的流水节拍,正常情况下不可能再缩短。同样,根据最小劳动组合可确定最大的流水节拍。据此就可确定完成该施工过程最多可安排和至少应安排的工人数。然后根据现有条件和施工要求确定合适的人数,以求得流水节拍,该流水节拍总是在最大和最小流水节拍之间。

14.4.4 确定流水方式及专业队伍数

根据计算出的各个施工过程的流水节拍的特征、施工工期要求和资源供应条件,确定流水施工的组织方式(如固定节拍流水,或成倍节拍流水,或不等节拍流水);再根据确定的流水施工组织方式,得出各个施工过程的专业施工队数目。

14.4.5 确定流水步距

流水步距可根据流水组织方式确定。流水步距对工期影响也较大,在可能的情况下组织搭接施工是缩短流水步距的一种方法。在某些流水施工过程中(不等节拍流水)增大那些流水节拍较小的一般施工过程的流水节拍,或将次要施工组织成间断施工,反而能缩短流水步距,有时还能使施工更合理。

14.4.6 组织流水施工,计算工期

按照不同的流水施工组织方式的特点及相关时间参数计算流水施工的工期。根据流水施工原理和各施工段及施工工艺间的关系组织形成整个工程完整的流水施工,并绘制出流水施工进度计划表。

复习思考题

1. 组织施工的方式有哪几种?各有什么特点?
2. 什么是流水施工?流水施工有什么特点?

3. 简述流水施工的表示方法。

4. 流水施工的基本参数有哪些？各流水参数对工期有何影响？

5. 无节奏流水施工的流水步距如何确定？

6. 流水施工的组织方式有哪些？各有何特点？

7. 合理划分施工段一般应遵循哪些原则？

8. 某工程施工分成四个施工段，有三个施工过程，且施工顺序为 A→B→C，各施工过程的流水节拍均为 2 天，试组织流水施工，并计算工期。

9. 某现浇钢筋混凝土结构由支模板、扎钢筋和浇混凝土三个分项工程组成，分三段组织施工，各施工过程的流水节拍分别为支模板 6 天，扎钢筋 4 天，浇混凝土 2 天。试按成倍节拍流水组织施工。

10. 某工程包括三个结构形式与建造规模完全一样的单体建筑，共有五个施工过程组成，分别为土方开挖、基础工程、地上结构、二次砌筑、装饰装修。根据施工工艺要求，地上结构、二次砌筑两施工过程间的时间间隔为 2 周。各施工过程的流水节拍见表 1。

表 1　各施工过程的流水节拍

施工过程编号	施工过程	流水节拍/周
A	土方开挖	2
B	基础工程	2
C	地上结构	6
D	二次砌筑	4
E	装饰装修	4

11. 某分部工程，分四个施工段组织施工，有 A、B、C 三个施工过程，各施工过程的流水节拍见表 2，试组织无节奏流水施工。

表 2　各施工过程在各施工段上的流水节拍

施工过程编号	施工段			
	①	②	③	④
A	2	3	2	2
B	4	4	2	3
C	2	3	2	3

第 15 章　网络计划技术

15.1　网络计划概述

15.1.1　基本概念

（1）网络图　网络图是指由箭线和节点组成的，用来表示工作流程的有向、有序的网状图形。

（2）网络计划　网络计划是指用网络图来表达任务构成、工作顺序并加注工作时间参数的进度计划。

（3）网络计划技术　利用网络图的形式表达各项工作之间的相互制约和相互依赖关系，并分析其内在规律，从而寻求最优方案的方法称为网络计划技术。网络计划技术不仅是一种科学的管理方法，同时也是一种科学的计划方法。

15.1.2　网络计划的基本原理与特点

15.1.2.1　基本原理

（1）把一项工程的全部建造过程分解成若干项工作，按照各项工作开展的先后顺序和相互之间的逻辑关系用网络图的形式表达出来。

（2）通过网络图各项时间参数的计算，找出计划中的关键工作、关键线路和计算工期。

（3）通过网络计划优化，不断改进网络计划的初始安排，找到最优方案。

（4）在计划的实施过程中，通过检查、调整，对其进行有效的控制和监督，以最小的资源消耗，获得最大的经济效益。

15.1.2.2　网络计划的特点

网络计划与其他计划具有的特点可通过比较看出，见表 15 - 1。

表 15 - 1　横道计划与网络计划的比较

横道计划	网络计划
不能明确反映各施工过程之间的逻辑关系	明确反映各施工过程之间的逻辑关系
不能指出关键工作	能指出关键工作
不能进行时间参数计算	能进行时间参数计算
不能进行优化调整	能进行优化调整
形象直观，易于编制和绘制	不够形象直观，编制和绘制较难
不便于应用计算机	便于应用计算机

15.1.2.3 网络计划的分类

网络计划有多种类型。网络计划按绘图符号表示的含义不同,可分为双代号和单代号网络计划;按工作持续时间表达方式的不同,可分为时标网络计划和非时标网络计划;按不同工作之间的搭接关系,可分为搭接网络计划和非搭接网络计划。

15.1.2.4 网络计划的编制流程

确定工作组成及其施工顺序;理顺工作先后关系并用网络图表示;给出工作持续时间;制订网络计划;不断优化、调整直至最优。

15.2 双代号网络计划

双代号网络图由若干表示工作的箭线和节点组成,其中每一项工作都用一根箭线和箭线两端的两个节点来表示,箭线两端节点的号码即为该箭线所表示的工作的代号,"双代号"的名称由此而来,如图 15 - 1 所示。双代号网络图是目前国际工程项目进度计划中最常用的网络计划形式。

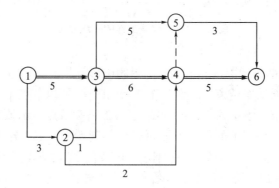

图 15 - 1 双代号网络图

15.2.1 双代号网络图的组成

双代号网络图的三要素为工作、节点和线路。

15.2.1.1 工作

工作也称为施工过程或工序,是根据计划任务的粗细程度划分的一个消耗时间,同时也可能消耗资源的子项目或子任务。

(1)表示方法 双代号网络图中,一条箭线与其两端的节点表示一项工作,工作的名称写在箭线的上面,工作的持续时间(又称作业时间)写在箭线的下面,箭线所指的方向表示工作进行的方向,箭尾表示工作的开始,箭头表示工作的结束,箭线可以是水平直线也可以是折线或斜线,但不得中断。在无时间坐标的网络图中,箭线的长度不代表时间的长短,绘图时箭线尽可能以水平直线为主,且必须满足网络图的绘制规则。在有时间坐标的网络图中,其箭线的长度必须根据完成该项工作所需时间长短绘制。

就某工作而言,紧靠其前面的工作叫紧前工作,紧靠其后面的工作叫紧后工作,与之同时开始或结束的工作叫平行工作,该工作本身则叫"本工作"。如图 15 - 1 所示,工作

2-3的紧前工作是1-2,紧后工作是3-4、3-5。

（2）工作的划分原则　根据网络计划的性质和作用的不同,工作可根据一项计划(工程)的规模大小、复杂程度不同等,结合需要进行灵活的项目分解,既可以是一个简单的施工过程,也可以是一项复杂的工程任务。具体划分工作的范围取决于网络计划的类型是控制性的,还是指导性的。

（3）工作种类　工作一般可分为三种:消耗时间又消耗资源的工作,如砌砖墙、浇筑混凝土等;只消耗时间不消耗资源的工作,如油漆干燥等技术间歇;还有既不消耗资源也不消耗时间的工作。在实际工程中,前两种工作是实际存在的,称为实工作,用实箭线表示,如图15-2(a)所示;后一种是人为虚设的,只表示前后相邻工作间的逻辑关系,称为虚工作,用虚箭线表示,如图15-2(b)所示。如图15-1中的4-5工作就是虚工作,工程中实际并不存在,因此它没有工作名称,其作用是在网络图中表示解决工作之间的逻辑关系问题,即起到联系、区分和断路作用,表达一些工作之间的相互联系、相互制约关系,从而保证逻辑关系的正确。

(a)实工作表示方法　　　　　　　　(b)虚工作表示方法

图15-2　双代号工作的表示方法

15.2.1.2　节点

网络图中箭线端部的圆圈或其他形状的封闭图形就是节点,节点表达的内容如下:

（1）节点表示前面工作结束和后面工作开始的瞬间,所以节点不消耗时间和资源。

（2）箭线的箭尾节点表示该工作的开始,箭线的箭头节点表示该工作的结束。

（3）根据节点在网络图中的位置不同可以分为起始节点、终点节点和中间节点。起始节点是网络图的第一个节点,表示一项任务的开始。终点节点是网络图的最后一个节点,表示一项任务的完成。除起始节点和终点节点以外的节点称为中间节点,中间节点具有双重的含义,既是前面工作的箭头节点,也是后面工作的箭尾节点。

（4）为了使网络图便于检查和计算,所有节点均应统一编号。编号应从起点节点沿箭线方向,从小到大,直至终点节点,不能重号,并且箭尾节点的编号应小于箭头节点的编号。编制网络计划时,考虑到会增添或改动某些工作,可预留备用节点,即利用不连续编号。

15.2.1.3　线路

网络图中从起始节点出发,沿箭头方向经由一系列箭线和节点,直至终点节点的"通道"称为线路。如图15-1所示的网络计划中线路有8条线路。

（1）线路时间　每一条线路上各项工作持续时间的总和称为该线路时间长度,即为完成该条线路上所有工作的计算工期。如图15-1中8条线路时间如下:

第一条,①→③→⑤→⑥的线路时间为5+5+3=13天;

第二条,①→③→④→⑤→⑥的线路时间为5+6+0+3=14天;

第三条,①→③→④→⑥的线路时间为5+6+5=16天;

第四条,①→②→③→⑤→⑥的线路时间为3+1+5+3=12天;

第五条,①→②→③→④→⑤→⑥的线路时间为3+1+6+0+3=13天;

第六条,①→②→③→④→⑥的线路时间为3+1+6+5=15天;

第七条，①→②→④→⑤→⑥的线路时间为 3 + 2 + 0 + 3 = 8 天；

第八条，①→②→④→⑥的线路时间为 3 + 2 + 5 = 10 天。

（2）关键线路与非关键线路　关键线路是指网络图中线路时间最长的线路，其线路时间代表整个网络图的计算总工期。在网络图中，至少存在一条关键线路。关键线路在网络图上应当用粗箭线，或双箭线，或彩色箭线标注。在图 15 - 1 中，第三条线路即为关键线路，其他为非关键线路。

（3）关键工作与非关键工作　关键线路上的工作称为关键工作，是施工中重点控制对象，关键工作实际进度拖延后一定会使总工期滞后。关键线路上没有非关键工作；非关键线路上至少有一个工作是非关键工作。如图 15 - 1 所示，1 - 3、3 - 4、4 - 6 是关键工作，1 - 2、2 - 3、3 - 5、2 - 4、5 - 6 是非关键工作。

如调整工作持续时间，关键线路与非关键线路，关键工作与非关键工作都可相互转化。

15.2.2　双代号网络图的绘制

15.2.2.1　单、双代号网络图的绘制规则

（1）网络图应正确反映各工作之间的逻辑关系，包括工艺逻辑关系和组织逻辑关系。在网络图中各工作间的逻辑关系变化较多。表 15 - 2 列出了单、双代号网络图中各工作之间常见的逻辑关系及其表达方法。

表 15 - 2　单、双代号网络图工作间常见的逻辑关系及其表示方法

序号	工作之间的逻辑关系	双代号网络图中的表示方法	单代号网络图中的表示方法	说明
1	A 工作完成后进行 B 工作	○—A→○—B→○	○—A→○—B→○	A 工作制约着 B 工作的开始，B 工作依赖着 A 工作
2	A、B、C 三项工作同时开始施工	A / B / C	开始 → A / B / C	A、B、C 三项工作称为平行工作
3	A、B、C 三项工作同时结束施工	A / B / C	A / B / C → 结束	A、B、C 三项工作称为平行工作
4	有 A、B、C 三项工作。只有 A 完成后，B、C 才能开始	A, B, C	A → B / C	A 工作制约着 B、C 工作的开始，B、C 为平行工作

续表 15－2

序号	工作之间的逻辑关系	双代号网络图中的表示方法	单代号网络图中的表示方法	说明
5	有 A、B、C 三项工作。C 工作只有在 A、B 完成后才能开始			C 工作依赖着 A、B 工作，A、B 为平行工作
6	有 A、B、C、D 四项工作。只有当 A、B 完成后，C、D 才能开始			通过中间节点 i 正确地表达了 A、B、C、D 工作之间的关系
7	有 A、B、C、D 四项工作。A 完成后 C 才能开始，A、B 完成后 D 才能开始			D 与 A 之间引入了逻辑连接（虚工作），从而正确地表达了它们之间的制约关系
8	有 A、B、C、D、E 五项工作。A 完成后进行 C；A、B 均完成后进行 D；B 完成后进行 E			虚工作反映出 D 工作受到 A 工作和 B 工作的制约
9	有 A、B、C、D、E 五项工作。A、B 均完成以后进行 D；B、C 均完成后进行 E			虚工作 $i-j$ 反映出 D 工作受到 A、B 工作的制约；虚工作 $i-k$ 反映出 E 工作受到 B、C 工作的制约
10	有 A、B、C、D、E 五项工作。A、B 均完成以后进行 D；A、B、C 均完成以后进行 E			虚工作 $i-j$ 反映出 E 工作受到 A、B 工作的制约
11	A、B 两项工作分成三个施工段，分段流水施工：A_1 完成以后进行 A_2、B_1；A_2 完成以后进行 A_3、B_2；A_2、B_1 完成以后进行 B_2；A_3、B_2 完成后进行 B_3	有两种表示方法：		按工种建立专业工作队，在每个施工段上进行流水作业

在网络图中,根据施工工艺和施工组织要求,正确反映各项工作之间相互依赖和制约的关系,是网络图与横道图最大的不同之处。各工作间的逻辑关系是否表示得正确,是网络图能否反映工程实际情况的关键。

正确反映工程逻辑关系的网络图,首先要搞清楚各项工作之间的逻辑关系,按施工工艺确定的先后顺序关系,称为工艺逻辑关系,一般不得随意改变。如先挖土,再做垫层,后砌基础,最后回填土。在不违反工艺关系的前提下,人为安排的工作先后顺序,称为组织逻辑关系,如各施工段的先后顺序。

(2)网络图严禁出现循环回路,如图 15 - 3 所示,②→③→④→②为循环回路。如果出现循环回路,会造成逻辑关系混乱,使工作无法按顺序进行。

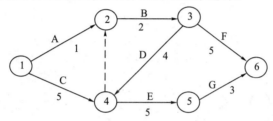

图 15 - 3　有循环回路错误的网络图

(3)网络图严禁出现双向箭头或无箭头的连线,如图 15 - 4 所示。

(4)网络图严禁出现没有箭头或无节点的箭线,如图 15 - 4 所示。

(5)双代号网络图中,一项工作只能有唯一的一条箭线和相应的一对节点编号,箭尾的节点编号应小于箭头节点编号,不允许出现代号相同的箭线。图 15 - 5 中,(a)是错误的画法,①→②工作既代表 A 工作,又代表 B 工作,为了区分 A 工作和 B 工作,引入虚工作即可分别表示 A 工作和 B 工作,(b)是正确的画法。

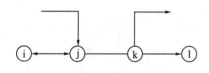

图 15 - 4　错误的网络图

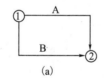

(a)

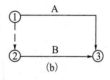

(b)

图 15 - 5　虚工作的断开作用

(6)在绘制网络图时,应尽可能地避免箭线交叉,如不可能避免时,应采用过桥法或指向法。如图 15 - 6 所示。

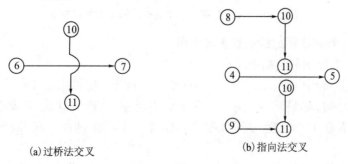

(a)过桥法交叉　　　　　　　(b)指向法交叉

图 15 - 6　过桥法交叉与指向法交叉

（7）双代号网络图中的某些节点有多条外向箭线或多条内向箭线时,为使图面清楚可采用母线法,如图 15 - 7 所示。

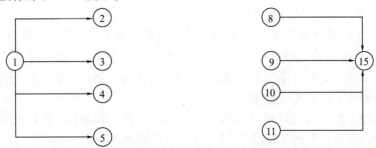

图 15 - 7　母线法表示

（8）严禁在箭线中间引入或引出箭线,如图 15 - 8 所示。这样的箭线不能表示它所代表的工作在何处开始,或不能表示它所代表的工作在何处完成。

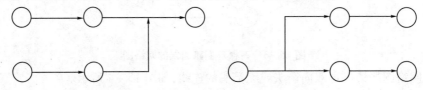

图 15 - 8　在箭线上引入或引出箭线的错误画法

（9）双代号网络图中应只有一个起始节点;在不分期完成任务的单目标网络图中,应只有一个终点节点,而其他节点均应是中间节点,如图 15 - 9 所示。

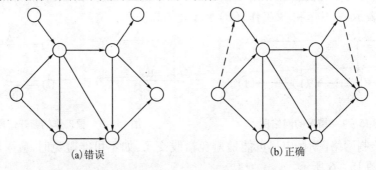

图 15 - 9　只允许有一个起点节点和一个终点节点

15.2.2.2　双代号网络图的绘制要求与步骤

（1）双代号网络图的绘制要求

1）网络图要布局规整,条理清晰,重点突出　首先,应尽量采用水平箭线和垂直箭线而形成网格结构,尽量减少斜箭线,使网络图规整、清晰。其次,应尽量把关键工作和关键线路布置在中心位置,尽可能把密切相关的工作安排在一起,以突出重点,便于使用。

2）交叉箭线的处理方法　应尽量保持箭线的水平和垂直状态,如图 15 - 10 所示。

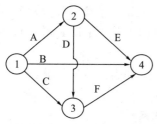

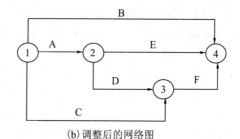

(a)有交叉和斜向箭线的网络图　　　(b)调整后的网络图

图15-10　箭线交叉及其调整

3)网络图的排列方法　为突出表示工种的连续作业,将同一工种排列在同一水平线上的按工种排列法,如图15-11(a)所示;为突出表示工作面的施工连续性,把同一施工段上的不同工种排列在同一水平线上的施工段排列法,如图15-11(b)所示;此外,按照楼层排列法、混合排列法、按专业排列法和按栋号排列法等,实际工程中应该按照具体情况选用。

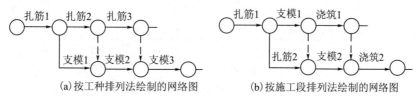

(a)按工种排列法绘制的网络图　　　(b)按施工段排列法绘制的网络图

图15-11　网络图的排列方法

4)尽量减少不必要的箭线和节点　网络图中应尽量减少不必要的箭线和节点,例如图15-12(a)中,②③、⑥⑦为网络图中多余的虚箭线,图15-12(b)则为去除多余的虚箭线和节点后的网络图。

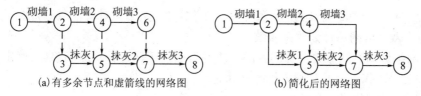

(a)有多余节点和虚箭线的网络图　　　(b)简化后的网络图

图15-12　网络图的简化

(2)双代号网络图绘制步骤　完整的绘制工程项目施工计划安排的双代号网络图,其过程可总结为以下主要步骤:

1)明确划分总体工程项目的各项工作。

2)确定各项工作的持续时间。如采用单一时间估计法、专家估算法、类比估算法。

3)按照工程建造工艺和工程实施组织方案的具体要求,明确各项工作之间的先后顺序和逻辑关系,并归纳整理编制各工作之间的逻辑关系表。

4)根据各工作间的逻辑关系,初步绘制网络图。绘图时从没有紧前工作的工作开始,抓住每项工作的紧前工作和紧后工作依次向后,将各项工作按逻辑关系逐一绘出。

5)整理成正式网络图。

(3)双代号网络图绘制实例。

【例 15 - 1】 某工程有 A、B、C、D、E、F、G 七项工作,工作持续时间分别为 2 天、3 天、4 天、6 天、8 天、4 天、4 天。A 完成后进行 B、C、D,B 完成后进行 E、F,C 完成后进行 F。试绘制双代号网络图。

解:(1)根据题意,整理出各项工作之间的逻辑关系,如表 15 - 3 所示。

表 15 - 3 　各项工作逻辑关系表

工作代号	A	B	C	D	E	F	G
紧前工作	—	A	A	A	B	B、C、D	D
紧后工作	B、C、D	E、F	F	F、G	—	—	—
持续时间/天	2	3	4	6	8	4	4

(2)根据逻辑关系绘制双代号网络图,如图 15 - 13 所示。

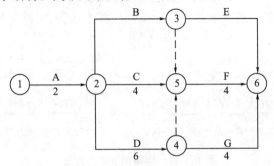

图 15 - 13 　双代号网络图

15.2.3　双代号网络计划时间参数计算

双代号网络计划时间参数的计算常采用工作计算法、节点计算法、标号法。

15.2.3.1　双代号网络计划时间参数

(1)网络计划时间参数计算的目的　主要目的在于通过计算时间参数,确定工期、关键线路和关键工作以及非关键工作的机动时间(时差)。

(2)网络计划的时间参数

1)工作最早时间参数　最早时间参数是表明本工作与紧前工作的关系。如果本工作要提前,不能提前到紧前工作未完成之前。就整个网络图而言,最早时间参数受开始节点的制约,计算最早时间参数时,必须从开始节点出发,顺着箭线采用"加法"。

①工作最早可能开始时间　在紧前工作约束下,工作有可能开始的最早时刻(ES)。

②工作最早可能结束时间　在紧前工作约束下,工作有可能完成的最早时刻(EF)。

2)工作最迟时间参数　最迟时间参数是表明本工作与紧后工作的关系。如果本工作要推迟,不能推迟到紧后工作最迟必须开始之后。就整个网络图而言,最迟时间参数受紧后工作和结束节点的制约,计算时从结束节点出发,逆着箭线采用"减法"。

①最迟必须开始时间　在不影响工作任务按期完成的前提下,工作最迟必须开始的时刻(LS)。

②最迟必须结束时间　在不影响工作任务按期完成的前提下,工作最迟必须完成的

时刻(LF)。

如图 15 – 14 所示 i – j 工作的时间范围,并反映其最早和最迟时间参数。

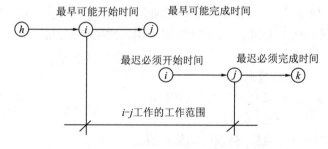

图 15 – 14　i – j 工作的时间范围

3)时差

①总时差(TF)　是指不影响紧后工作最迟必须开始时间该工作所具有的机动时间,或在不影响工期前提下,该工作的机动时间。

②自由时差(FF)　是指在不影响紧后工作最早开始时间的前提下,该工作所具有的机动时间。

4)工期(T)　是指完成一项任务所需要的时间。在网络计划中工期一般有以下三种。

①计算工期　根据网络计划计算而得到的工期,用 T_c 表示。

②要求工期　根据建设单位的要求而确定的工期,用 T_r 表示。

③计划工期　根据要求工期和计算工期所确定的作为实施目标的工期,用 T_p 表示。

(3)工作时间参数的表示

1)最早开始时间(earliest start time):ES_{i-j}。

2)最早完成时间(earliest finish time):EF_{i-j}。

3)最迟开始时间(latest start time):LS_{i-j}。

4)最迟完成时间(latest finish time):LF_{i-j}。

5)总时差(total time difference):TF_{i-j}。

6)自由时差(free float):FF_{i-j}。

7)工作持续的时间(duration of work):D_{i-j}。

工作时间参数的表示如图 15 – 15 所示。

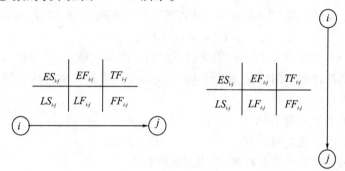

图 15 – 15　工作时间参数的表达(六参数表示法)

15.2.3.2 双代号网络计划时间参数计算

（1）工作计算法

1）工作持续时间的计算 工作持续时间通常采用劳动定额（产量定额或时间定额）计算。当工作持续时间不能用定额计算时，可采用三时估算法，其计算公式为

$$D_{i-j} = (a + 4b + c)/6 \qquad (15-1)$$

式中 D_{i-j}——$i-j$ 工作持续时间；

$\quad$ a——工作的乐观（最短）持续时间估计值；

$\quad$ b——工作的最可能持续时间估计值；

$\quad$ c——工作的悲观（最长）持续时间估计值。

虚工作也必须进行时间参数计算，其持续时间为零。

2）工作最早时间及工期的计算

①工作最早开始时间的计算 工作最早开始时间指各紧前工作全部完成后，本工作有可能开始的最早时刻。工作最早时间应从网络计划的起点节点开始，顺着箭线方向依次逐项计算。工作 $i-j$ 最早开始时间 ES_{i-j} 的计算方法如下：

a. 以起点节点（$i=1$）为开始节点的工作的最早开始时间，如无规定时为零，即

$$ES_{i-j} = 0$$

b. 当工作 $i-j$ 只有一项紧前工作 $h-i$ 时，其最早开始时间 ES_{i-j} 应为

$$ES_{i-j} = ES_{h-i} + D_{h-i} = EF_{h-i}$$

式中 工作 $h-i$ 为工作 $i-j$ 的紧前工作。

c. 当工作 $i-j$ 有多个紧前工作时，其最早开始时间 ES_{i-j} 为其所有紧前工作的最早完成时间的最大值，即

$$ES_{i-j} = \max\{EF_{a-i}, EF_{b-i}, EF_{c-i}\} \qquad (15-2)$$

式中 工作 $a-i$、$b-i$、$c-i$ 均为工作 $i-j$ 的紧前工作。

计算口诀：顺着箭头相加，逢箭头相遇取最大值。

②工作最早完成时间的计算 工作最早完成时间指各紧前工作完成后，本工作可能完成的最早时刻。工作 $i-j$ 的最早完成时间 EF_{i-j} 应按下式进行计算

$$EF_{i-j} = ES_{i-j} + D_{i-j} \qquad (15-3)$$

③网络计划的计算工期与计划工期

a. 网络计划计算工期（T_c）指根据时间参数计算得到的工期，应按下式计算

$$T_c = \max\{EF_{i-n}\} \qquad (15-4)$$

式中 EF_{i-n}——以终点节点（$j=n$）为结束节点的工作的最早完成时间。

b. 网络计划的计划工期（T_p）指按要求工期（如项目责任工期，合同工期）和计算工期确定的作为实施目标的工期。

当已规定了要求工期 T_r 时 $\qquad\qquad T_p \leqslant T_r \qquad (15-5)$

当未规定要求工期 T_r 时 $\qquad\qquad T_p = T_c \qquad (15-6)$

计划工期标注在终点节点右侧，并用方框框起来。

在图 15-16 所示双代号网络图中，各工作最早开始时间和最早完成时间计算如下：

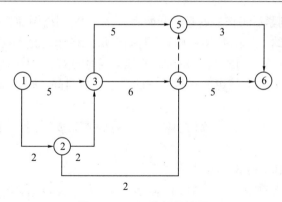

图 15 – 16　双代号网络图

$ES_{1-2} = 0$

$ES_{1-3} = 0$

$ES_{2-3} = EF_{1-2} = 2$

$ES_{2-4} = EF_{1-2} = 2$

$ES_{3-4} = \max\{EF_{1-3}, EF_{2-3}\} = \max\{5, 4\} = 5$

$ES_{3-5} = ES_{3-4} = 5$

$ES_{4-5} = \max\{EF_{2-4}, EF_{3-4}\} = \max\{4, 11\} = 11$

$ES_{4-6} = ES_{4-5} = 11$

$ES_{5-6} = \max\{EF_{3-5}, EF_{4-5}\} = \max\{10, 11\} = 11$

$EF_{1-2} = ES_{1-2} + D_{1-2} = 0 + 2 = 2$

$EF_{1-3} = ES_{1-3} + D_{1-3} = 0 + 5 = 5$

$EF_{2-3} = ES_{2-3} + D_{2-3} = 2 + 2 = 4$

$EF_{2-4} = ES_{2-4} + D_{2-4} = 2 + 2 = 4$

$EF_{3-4} = ES_{3-4} + D_{3-4} = 5 + 6 = 11$

$EF_{3-5} = ES_{3-5} + D_{3-5} = 5 + 5 = 10$

$EF_{4-5} = ES_{4-5} + D_{4-5} = 11 + 0 = 11$

$EF_{4-6} = ES_{4-6} + D_{4-6} = 11 + 5 = 16$

$EF_{5-6} = ES_{5-6} + D_{5-6} = 11 + 3 = 14$

各工作最早开始时间和最早完成时间的计算结果如图 15 – 17 所示。

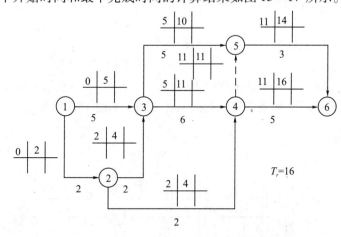

图 15 – 17　某双代号网络计划的最早时间参数计算

在本例中,未规定要求工期时,网络计划的计划工期应等于计算工期,即以网络计划的终点节点为完成节点的各个工作的最早完成时间的最大值。如图 15 – 17 所示,网络计划的计划工期为: $T_p = T_c = \max\{EF_{4-6}, EF_{5-6}\} = \max\{16, 14\} = 16$

3)工作最迟时间的计算

①工作最迟必须完成时间的计算　工作最迟必须完成时间指在不影响整个工程任务按期完成的前提下,该工作必须完成的最迟时刻。它表明本工作与紧后工作的关系,如果本工

作要推迟,不能推迟到紧后工作最迟必须开始之后,就整个网络图而言,最迟时间参数受到紧后工作和工期的制约。工作最迟必须完成时间应从网络计划的终点节点开始,逆着箭线方向依次逐项用减法计算。工作 i-j 的最迟必须完成时间 LF_{i-j} 的计算方法如下:

a.以终点节点$(j=n)$为结束节点的工作的最迟完成时间 LF_{i-n},应按网络计划的计划工期 T_p 确定,即 $LF_{i-n} = T_p$

b.当该工作只有一项紧后工作时,该工作最迟必须完成时间应当为其紧后工作的最迟开始时间,即 $LF_{i-j} = LS_{j-k}$

式中:工作 j-k 为工作 i-j 的紧后工作。

c.当该工作有若干项紧后工作时:$LF_{i-j} = \min[\ LS_{j-k}, LS_{j-l}, LS_{j-m}]$ (15-7)

式中:工作 j-k、j-l、j-m 均为工作 i-j 的紧后工作。

计算口诀:逆着箭头相减,逢箭尾相遇取最小。

②工作最迟开始时间的计算   工作最迟开始时间指在不影响整个任务按期完成的前提下,工作必须开始的最迟时刻。工作 i-j 的最迟开始时间 LS_{i-j} 应按下式计算

$$LS_{i-j} = LF_{i-j} - D_{i-j} \qquad (15-8)$$

网络计划图 15-16 的各项工作的最迟完成时间和最迟开始时间计算如下:

$LF_{5-6} = T_p = 16$ $LS_{5-6} = LF_{5-6} - D_{5-6} = 16 - 3 = 13$

$LF_{4-6} = T_p = 16$ $LS_{4-6} = LF_{4-6} - D_{4-6} = 16 - 5 = 11$

$LF_{4-5} = LS_{5-6} = 13$ $LS_{4-5} = LF_{4-5} - D_{4-5} = 13 - 0 = 13$

$LF_{3-5} = LF_{4-5} = 13$ $LS_{3-5} = LF_{3-5} - D_{3-5} = 13 - 5 = 8$

$LF_{3-4} = \min\{\ LS_{4-5}, LS_{4-6}\} = \min\{13, 11\} = 11$ $LS_{3-4} = LF_{3-4} - D_{3-4} = 11 - 6 = 5$

$LF_{2-4} = LF_{3-4} = 11$ $LS_{2-4} = LF_{2-4} - D_{2-4} = 11 - 2 = 9$

$LF_{2-3} = \min\{\ LS_{3-4}, LS_{3-}\ )\} = \min\{5, 8\} = 5$ $LS_{2-3} = LF_{2-3} - D_{2-3} = 5 - 2 = 3$

$LF_{1-3} = LF_{2-3} = 5$ $LS_{1-3} = LF_{1-3} - D_{1-3} = 5 - 5 = 0$

$LF_{1-2} = \min\{\ LS_{2-3}, LS_{2-4}\} = \min\{3, 9\} = 3$ $LS_{1-2} = LF_{1-2} - D_{1-2} = 3 - 2 = 1$

各工作最迟开始时间和最迟完成时间的计算结果如图 15-18 所示。

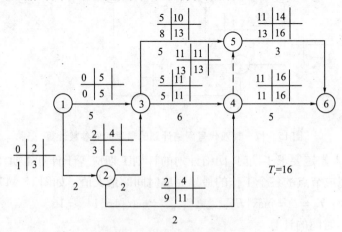

图 15-18 某双代号网络计划的最迟时间参数计算

4）工作时差与关键线路

①工作总时差

a. 总时差的计算　工作总时差是指在不影响总工期的前提下，本工作可以利用的机动时间。在如图 15 – 19 中，$i – j$ 工作可利用的时间范围为 $LF_{i-j} - ES_{i-j}$，则总时差的计算公式为

$$TF_{i-j} = 工作时间范围 - D_{i-j} = LF_{i-j} - ES_{i-j} - D_{i-j} = LS_{i-j} - ES_{i-j} = LF_{i-j} - EF_{i-j}$$

$$(15-9)$$

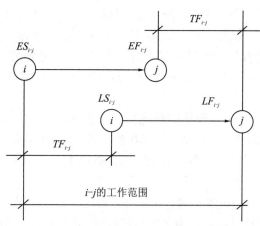

图 15 – 19　总时差计算简图

图 15 – 16 中各项工作的总时差计算如下：

$$TF_{1-2} = LS_{1-2} - ES_{1-2} = LF_{1-2} - EF_{1-2} = 1 \qquad TF_{1-3} = LS_{1-3} - ES_{1-3} = LF_{1-3} - EF_{1-3} = 0$$

$$TF_{2-3} = LS_{2-3} - ES_{2-3} = LF_{2-3} - EF_{2-3} = 1 \qquad TF_{2-4} = LS_{2-4} - ES_{2-4} = LF_{2-4} - EF_{2-4} = 7$$

$$TF_{3-4} = LS_{3-4} - ES_{3-4} = LF_{3-4} - EF_{3-4} = 0 \qquad TF_{3-5} = LS_{3-5} - ES_{3-5} = LF_{3-5} - EF_{3-5} = 3$$

$$TF_{4-5} = LS_{4-5} - ES_{4-5} = LF_{4-5} - EF_{4-5} = 2 \qquad TF_{4-6} = LS_{4-6} - ES_{4-6} = LF_{4-6} - EF_{4-6} = 0$$

$$TF_{5-6} = LS_{5-6} - ES_{5-6} = LF_{5-6} - EF_{5-6} = 2$$

各项工作的总时差标注在图 15 – 20 中。

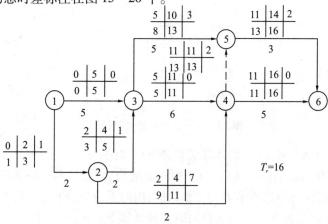

图 15 – 20　总时差的计算

b. 当没有规定要求工期，即 $T_p = T_c$ 时，总时差的特性：总时差为零的工作为关键工作；如果总时差为零，则其他时差也为零；总时差为其所在线路的所有工作共同拥有，其中任何一项工作都可部分或全部使用该线路的总时差。

②关键线路的判定

a. 关键工作的确定　根据 T_p 与 T_c 的大小关系，关键工作的总时差可能出现三种情况：当 $T_p = T_c$ 时，关键工作的 $TF = 0$；当 $T_p > T_c$ 时，关键工作的 $TF > 0$；当 $T_p < T_c$ 时，关键工作的 TF 有可能出现负值。

关键工作是施工过程中的重点控制对象，根据 T_p 与 T_c 的大小关系及总时差的计算公式，总时差最小的工作为关键工作，因此关键工作的说法有四种：总时差最小的工作；当 $T_p = T_c$ 时，$TF = 0$ 的工作；$LF - EF$ 差值最小的工作；$LS - ES$ 差值最小的工作。

如图 15-20 中，当 $T_p = T_c$ 时，关键工作的 $TF = 0$，即工作 1-3、工作 3-4、工作 4-6 等是关键工作。

b. 关键线路的确定　在双代号网络图中，关键线路的确定有以下三种方法：关键工作的连线为关键线路；当 $T_p = T_c$ 时，$TF = 0$ 的工作相连的线路为关键线路；总时间持续最长的线路是关键线路，其数值为计算工期，如图 15-20 中，关键线路为①→③→④→⑥。

c. 关键线路随着条件变化会转移　关键工作拖延，则工期拖延。因此，关键工作是重点控制对象。关键工作拖延时间即为工期拖延时间，但关键工作提前，则工期提前时间不大于该提前值。网络计划至少有一条关键线路，也可能有多条关键线路。随着工作时间的变化，关键线路也会发生变化。

③工作自由时差

a. 自由时差的计算　工作自由时差指在不影响其紧后工作最早开始时间的前提下，本工作可以利用的机动时间。根据自由时差概念，不影响紧后工作最早开始的前提下，$i-j$ 工作可利用的时间范围如图 15-21 所示。

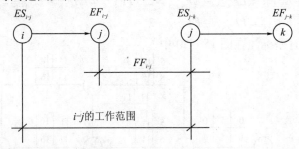

图 15-21　自由时差计算简图

工作 $i-j$ 的自由时差 FF_{i-j} 的计算应符合下列规定：

当工作 $i-j$ 有紧后工作 $j-k$ 时，其自由时差应为：$FF_{i-j} = ES_{j-k} - EF_{i-j}$　　（15-10）

以终点节点 $(j = n)$ 为结束节点的工作，其自由时差应为：$FF_{i-n} = T_p - ES_{i-n}$（15-11）

如图 15-16 所示的各项工作的自由时差计算如下：

$$FF_{1-2} = ES_{2-3} - EF_{1-2} = 2 - 2 = 0 \qquad FF_{1-3} = ES_{3-4} - EF_{1-3} = 5 - 5 = 0$$

$$FF_{2-3} = ES_{3-4} - EF_{2-3} = 5 - 4 = 1 \qquad FF_{2-4} = ES_{4-6} - EF_{2-4} = 11 - 4 = 7$$

$$FF_{3-4} = ES_{4-6} - EF_{3-4} = 11 - 11 = 0 \qquad FF_{3-5} = ES_{5-6} - EF_{3-5} = 11 - 10 = 1$$

$$FF_{4-5} = ES_{5-6} - EF_{4-5} = 11 - 11 = 0 \qquad FF_{4-6} = T_p - EF_{4-6} = 16 - 16 = 0$$

$$FF_{5-6} = T_p - EF_{5-6} = 16 - 14 = 2$$

各项工作的自由时差标注在图 15 – 22 中。

b. 自由时差的特性　总时差与自由时差是相互关联的,自由时差是线路总时差的分配,一般自由时差小于等于总时差,即 $FF_{i-j} \leqslant TF_{i-j}$。

在一般情况下,非关键线路上各项工作的自由时差之和等于该线路上可供利用的总时差的最大值。如图 15 – 22 中,非关键线路①→②→④→⑥上可供利用的总时差最大值为 7,被工作 1 – 2 利用为 0,被工作 2 – 4 利用 7,被工作 4 – 6 利用为 0。

自由时差只允许本工作利用,不和该线路其他工作所共有。

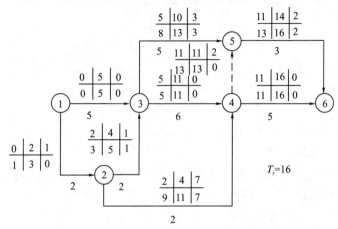

图 15 – 22　自由时差计算图

【例 15 – 2】　某工程网络计划如图 15 – 23 所示,没有规定要求工期。利用工作计算法,计算双代号网络图中各工作的时间参数,并确定工期和关键线路。

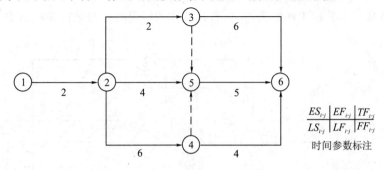

图 15 – 23　某工程双代号网络图

解:第一步,工作最早时间的计算　工作最早时间从起点节点①开始,顺着箭线方向逐项计算。先计算最早开始时间,再计算最早完成时间。

起点节点①为开始节点的工作A,没有特殊说明,最早开始时间为零,即
$ES_{1-2} = 0$,其最早完成时间则为:$EF_{1-2} = ES_{1-2} + D_{1-2} = 0 + 2 = 2$

以其他中间节点为开始节点的工作,最早开始时间为各紧前工作最早完成时间的最大值,即按式 $ES_{i-j} = \max\{EF_{a-i}, EF_{b-i}, EF_{c-i}\}$ 计算,最早完成时间 $EF_{i-j} = ES_{i-j} + D_{i-j}$

如工作 $2-3$,$ES_{2-3} = EF_{1-2} = 2$,$EF_{2-3} = ES_{2-3} + D_{2-3} = 2 + 2 = 4$

同理,依次计算其他工作的最早时间,各工作的最早时间参数标注在图 15 – 24 中。

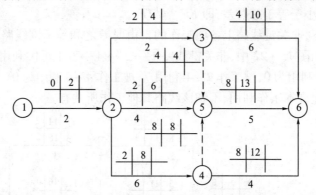

图 15 – 24   最早时间参数计算结果

第二步,工期的确定   计算工期(T_c):$T_c = \max\{EF_{3-6}, EF_{4-6}, EF_{5-6}\} = \{10, 12, 13\} = 13$

未规定要求工期,$T_p = T_c = 13$

第三步,工作最迟时间的计算   工作最迟时间从终点节点⑥开始,逆着箭线方向逐项计算。先计算工作的最迟完成时间,再计算工作的最迟开始时间。

以终点节点⑥为结束节点的工作的最迟完成时间 $LF_{3-6} = LF_{4-6} = LF_{5-6} = T_p = 13$,最迟开始时间 $LS_{3-6} = LF_{3-6} - D_{3-6} = 13 - 6 = 7$,同理 $LS_{4-6} = 9$,$LS_{5-6} = 8$

以其他中间节点为结束节点的工作,最迟完成时间为各紧后工作最迟开始时间的最小值,即按式 $LF_{i-j} = \min\{LS_{j-k}, LS_{j-l}, LS_{j-m}\}$ 计算,最迟开始时间 $LS_{i-j} = LF_{i-j} - D_{i-j}$

如工作 $2-5$,$LF_{2-5} = LS_{5-6} = 8$,$LS_{2-5} = LF_{2-5} - D_{2-5} = 8 - 4 = 4$

同理,依次计算其他工作的最迟时间,各工作的最迟时间参数标注在图 15 – 25 中。

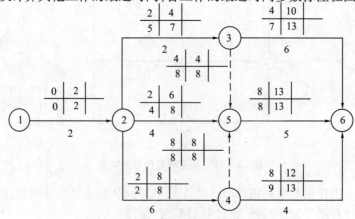

图 15 – 25   最迟时间参数计算结果

第四步,工作时差的计算与关键线路的判定。

①总时差的计算。

根据总时差的计算公式 $TF_{i-j} = LS_{i-j} - ES_{i-j} = LF_{i-j} - EF_{i-j}$,计算各工作的总时差。

如工作 $2-5$ 的总时差 $TF_{2-5} = LS_{2-5} - ES_{2-5} = 4 - 2 = 2$

同理,计算其他工作的总时差。

各项工作的总时差标注在图 $15-26$ 中。

②关键线路和关键工作的判定。

因为网络计划的 $T_p = T_c$,所以总时差为零的工作连起来的线路即为关键线路。由图 $15-26$ 可知,关键线路为①→②→④→⑤→⑥,关键线路上的工作 $1-2$,工作 $2-4$,工作 $5-6$ 均为关键工作。

③自由时差的计算。

以终点节点⑥为结束节点的工作,其自由时差为: $FF_{i-6} = T_p - EF_{i-6}$

故工作 $3-6$ 的自由时差为: $FF_{3-6} = T_p - EF_{3-6} = 13 - 10 = 3$

同理, $FF_{5-6} = 13 - 13 = 0$, $FF_{4-6} = 13 - 12 = 1$

以中间节点为结束节点的工作,自由时差为: $FF_{i-j} = ES_{j-k} - EF_{i-j}$

如工作 $2-5$ 的自由时差为: $FF_{2-5} = ES_{5-6} - EF_{2-5} = 8 - 6 = 2$

同理,依次计算其他工作的自由时差,各工作自由时差的计算结果标注在图 $15-26$ 中。

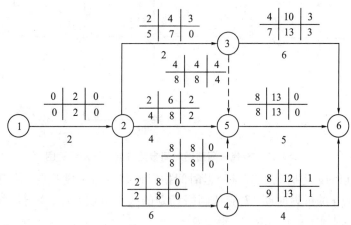

图 15 – 26　时差计算结果

(2)节点计算法　所谓节点计算法就是先计算网络计划中各个节点的时间参数,然后再据此计算各项工作的时间参数和网络计划的计算工期。计算中,一般用 ET_i 表示 i 节点的最早时间, LT_i 表示 i 节点的最迟时间,标注方法见图 $15-27$(a)所示。

1)计算节点的最早时间　节点最早时间指以该节点为开始节点的各项工作的最早开始时间。节点最早时间的计算应从网络计划的起点节点开始,顺着箭线方向依次进行。网络计划起点节点,如未规定最早时间时,其值等于零。当然,终点节点 n 的最早时间 ET_n 就是网络计划的计算工期。节点 i 的最早时间 ET_i 的计算规定如下:

①起点节点的最早时间如无规定时,其值为零,即 $ET_i = 0$

②当节点 j 只有一条内向箭线时,其最早时间: $ET_j = ET_i + D_{i-j}$

式中: ET_i ——工作 $i-j$ 的开始(箭尾)节点 i 的最早时间。

③当节点 j 有多条内向箭线时,其最早时间

$$ET_j = \max\{ET_i + D_{i-j}\} \qquad (15-12)$$

计算口诀:顺着箭头相加,逢箭头相遇取最大。

现以图 15－16 所示的网络图为例,节点最早时间计算结果如下:

$ET_1 = 0$

$ET_2 = ET_1 + D_{1-2} = 0 + 2 = 2$

$ET_3 = \max\{(ET_1 + D_{1-3}), (ET_2 + D_{2-3})\} = \max\{(0+5), (2+2)\} = \max\{5,4\} = 5$

$ET_4 = \max\{(ET_2 + D_{2-4}), (ET_3 + D_{3-4})\} = \max\{(2+2), (5+6)\} = \max\{4,11\} = 11$

$ET_5 = \max\{(ET_3 + D_{3-5}), (ET_4 + D_{4-5})\} = \max\{(5+5), (11+0)\} = \max\{10,11\} = 11$

$ET_6 = \max\{(ET_4 + D_{4-6}), (ET_5 + D_{5-6})\} = \max\{(11+5), (11+3)\} = \max\{16,14\} = 16$

2)确定计算工期与计划工期　网络计划的计算工期等于网络计划终点节点的最早时间,若未规定要求工期,网络计划的计划工期应等于计算工期,即

$$T_p = T_c = ET_n \qquad (15-13)$$

如图 15－27(b)所示, $T_p = T_c = ET_n = 16$。

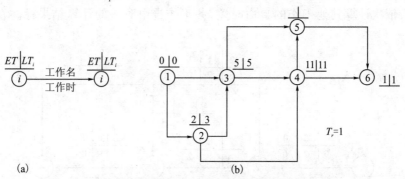

图 15－27　双代号网络图时间参数节点计算法示意图

3)计算节点的最迟时间　节点最迟时间指以该节点为完成节点的各项工作的最迟完成时间。节点 i 的最迟时间 LT_i 应从网络计划的终点节点开始,逆着箭线方向逐个计算,并应符合下列规定:

①网络计划终点节点的最迟时间等于网络计划的计划工期,即

$$LT_n = T_p \qquad (15-14)$$

②其他节点的最迟时间,即

$$LT_i = \min\{LT_j - D_{i-j}\} \qquad (15-15)$$

计算口诀:逆着箭头相减,逢箭尾相遇取最小。

如图 15－27(b)所示网络计划中各节点最迟时间计算如下:

$LT_6 = T_p = T_c = 16$

$LT_5 = LT_6 - D_{5-6} = 16 - 3 = 13$

$LT_4 = \min\{(LT_6 - D_{4-6}), (LT_5 - D_{4-5})\} = \min\{(16-5), (13-0)\} = \min\{11,13\}$

$=11$

$LT_3 = \min\{(LT_4 - D_{3-4}),(LT_5 - D_{3-5})\} = \min\{(11-6),(13-5)\} = \min\{5,8\} = 5$

$LT_2 = \min\{(LT_3 - D_{2-3}),(LT_4 - D_{2-4})\} = \min\{(5-2),(11-2)\} = \min\{3,9\} = 3$

$LT_1 = \min\{(LT_2 - D_{1-2}),(LT_3 - D_{1-3})\} = \min\{(3-2),(5-5)\} = \min\{1,0\} = 0$

4）关键节点与关键线路

①关键节点　在双代号网络计划中，关键线路上的节点称为关键节点。关键节点的最迟时间与最早时间的差值最小。当计划工期与计算工期相等时，关键节点的最迟时间必然等于最早时间。如图 15 – 27（b）所示，关键节点有 1、3、4 和 6 四个节点，它们的最迟时间必然等于最早时间。

②关键工作　关键工作两端的节点必为关键节点，但两端为关键节点的工作不一定是关键工作。当计划工期与计算工期相等，利用关键节点判别关键工作时，必须满足 $ET_i + D_{i-j} = ET_j$ 或 $LT_i + D_{i-j} = LT_j$，否则该工作就不是关键工作。在图 15 – 27（b）中，工作 1 – 3、工作 3 – 4、工作 4 – 6 等均是关键工作。

③关键线路　双代号网络计划中，由关键工作组成的线路一定为关键线路，如图 15 – 27（b）所示，线路①→③→④→⑥为关键线路。

5）工作时间参数的计算　工作计算法能够表明各项工作的六个时间参数，节点计算法虽只能够表明各节点的最早时间和最迟时间。但根据工作的六个时间参数与节点的最早时间、最迟时间以及工作的持续时间之间的关系能够计算出工作的六个时间参数。

①工作的最早开始时间等于该工作开始节点的最早时间，即 $ES_{i-j} = ET_i$

在图 15 – 27（b）中，工作 1 – 2 和工作 4 – 6 的最早时间分别为：$ES_{1-2} = ET_1 = 0$，$ES_{4-6} = ET_4 = 11$

②工作的最早完成时间等于该工作开始节点的最早时间与其持续时间之和，即

$$EF_{i-j} = ET_i + D_{i-j} \tag{15-16}$$

在图 15 – 27（b）中，工作 1 – 2 和工作 4 – 6 的最早时间分别为

$$EF_{1-2} = ET_1 + D_{1-2} = 0 + 2 = 2$$

$$EF_{4-6} = ET_4 + D_{4-6} = 11 + 5 = 16$$

③工作的最迟完成时间等于该工作完成节点的最迟时间，即

$$LF_{i-j} = LT_j \tag{15-17}$$

在图 15 – 27（b）中，工作 1 – 2 和工作 4 – 6 的最迟完成时间分别为

$$LF_{1-2} = LT_2 = 3$$

$$LF_{4-6} = LT_6 = 16$$

④工作的最迟开始时间等于该工作完成节点的最迟时间与其持续时间之差，即

$$LS_{i-j} = LT_j - D_{i-j} \tag{15-18}$$

在图 15 – 27（b）中，工作 1 – 2 和工作 4 – 6 的最迟开始时间分别为

$$LS_{1-2} = LT_2 - D_{1-2} = 3 - 2 = 1$$

$$LS_{4-6} = LT_6 - D_{4-6} = 16 - 5 = 11$$

⑤工作的总时差等于其工作时间范围减去其作业时间，即

$$TF_{i-j} = LT_j - ET_i - D_{i-j} \tag{15-19}$$

在图 15 – 27(b)中,工作 1 – 2 和工作 4 – 6 的总时差分别为

$$TF_{1-2} = LT_2 - ET_1 - D_{1-2} = 3 - 0 - 2 = 1$$

$$TF_{4-6} = LT_6 - ET_4 - D_{4-6} = 16 - 11 - 5 = 0$$

⑥工作的自由时差等于其完成节点与开始节点最早时间的差值减去其作业时间,即

$$FF_{i-j} = ET_j - ET_i - D_{i-j} \tag{15-20}$$

在图 15 – 27(b)中,工作 1 – 2 和工作 4 – 6 的自由时差分别为

$$FF_{1-2} = ET_2 - ET_1 - D_{1-2} = 2 - 0 - 2 = 0$$

$$FF_{4-6} = ET_6 - ET_4 - D_{4-6} = 16 - 11 - 5 = 0$$

【例 15 – 3】 某工程网络计划如图 15 – 28 所示,没有规定要求工期。利用节点计算法,计算双代号网络图中各节点和各工作的时间参数,并确定工期和关键线路。

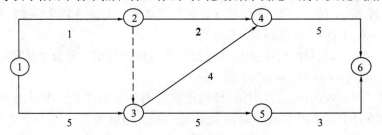

图 15 – 28 某工程双代号网络计划

解:(1)计算节点的最早时间 节点最早时间从网络计划的起点节点开始,顺着箭线方向逐个计算。

起点节点①的最早时间没有特殊规定,其值为零,即 $ET_1 = 0$

其他节点的最早时间按式 $ET_j = \max\{ET_i + D_{i-j}\}$ 计算。

如 $ET_2 = ET_1 + D_{1-2} = 0 + 1 = 1$

$ET_3 = \max\{ET_2 + D_{2-3}, ET_1 + D_{1-3}\} = \max\{1 + 0, 0 + 5\} = 5$

同理,依次类推,计算其他节点的最早时间。

各节点最早时间的计算结果标注在图 15 – 29 中。

(2)确定计算工期 计算工期等于终点节点的最早时间,即 $T_c = ET_6 = 14$

未规定要求工期,网络计划的计划工期应等于计算工期,即 $T_p = T_c = 14$

(3)计算节点的最迟时间 节点最迟时间从网络计划的终点节点开始,逆着箭线方向逐个计算。

终点节点的最迟时间等于网络计划的计划工期,即 $LT_6 = T_p = 14$

其他节点的最迟时间,$LT_i = \min\{LT_j - D_{i-j}\}$

如 $LT_4 = LT_6 - D_{4-6} = 14 - 5 = 9$

$LT_5 = LT_6 - D_{5-6} = 14 - 3 = 11$

$LT_3 = \min\{LT_5 - D_{3-5}, LT_4 - D_{3-4}\} = \min\{11 - 5, 9 - 4\} = 5$

同理,依次类推,计算其他节点的最迟时间。

各节点最迟时间的计算结果标注在图 15 – 29 中。

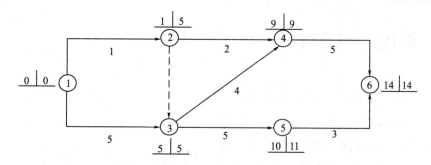

图15-29 节点时间参数的计算结果

(4)关键节点与关键线路

1)关键节点 计划工期与计算工期相等,关键节点的最迟时间等于最早时间。

如图15-29所示,关键节点有1、3、4和6四个节点。

2)关键工作 计划工期与计算工期相等,若关键节点的时间参数满足 $ET_i + D_{i-j} = ET_j$ 或 $LT_i + D_{i-j} = LT_j$,则工作 $i-j$ 就是关键工作。

如图15-29,工作1-3、工作3-4、工作4-6均是关键工作。

3)关键线路 由关键工作组成的线路为关键线路,如图15-29所示,线路①→③→④→⑥为关键线路。

(5)工作时间参数的计算

1)工作的最早开始时间 $ES_{i-j} = ET_i$,如 $ES_{2-4} = ES_{2-3} = ET_2 = 1$

同理,求出其他工作的最早开始时间,计算结果标注在图15-30中。

2)工作的最早完成时间 $EF_{i-j} = ET_i + D_{i-j}$,如 $EF_{2-4} = ET_2 + D_{2-4} = 1 + 2 = 3$

同理,求出其他工作的最早完成时间,计算结果标注在图15-30中。

3)工作的最迟完成时间 $LF_{i-j} = LT_j$,如 $LF_{5-6} = LT_6 = 14$

同理,求出其他工作的最迟完成时间,计算结果标注在图15-30中。

4)工作的最迟开始时间 $LS_{i-j} = LT_j - D_{i-j}$,如 $LS_{5-6} = LT_6 - D_{5-6} = 14 - 3 = 11$

同理,求出其他工作的最迟完成时间,计算结果标注在图15-30中。

5)工作的总时差 $TF_{i-j} = LT_j - ET_i - D_{i-j}$,如 $TF_{5-6} = LT_6 - ET_5 - D_{5-6} = 14 - 10 - 3 = 1$

同理,求出其他工作的总时差,计算结果标注在图15-30中。

6)工作的自由时差 $FF_{i-j} = ET_j - ET_i - D_{i-j}$,如 $FF_{5-6} = ET_6 - ET_5 - D_{5-6} = 14 - 10 - 3 = 1$

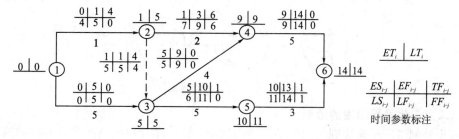

图15-30 工作时间参数的计算结果

15.3 单代号网络计划

15.3.1 单代号网络图的绘制

15.3.1.1 单代号网络图的构成与基本符号

单代号网络图包括的要素有节点和箭线。

(1)节点 节点用圆圈或方框表示。单代号网络图中的一个节点代表一项工作或工序。节点表示工作名称、持续时间和编号标注在圆圈或方框内。如图 15-31 所示。节点必须编号,此编号是该工作的代号,由于代号只有一个,故称"单代号"。节点编号严禁重复,一项工作只有唯一的节点和唯一的编号。编号要由小到大,即箭头节点的编号要大于箭尾节点的编号。

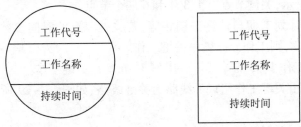

图 15-31 单代号网络图节点的表示方法

(2)箭线 单代号网络图中,箭线表示紧邻工作之间的逻辑关系。它既不占用时间,也不消耗资源。箭线应画成水平直线、折线或斜线。单代号网络图中不设虚箭线。箭线水平投影的方向应自左向右,表达工作的进行方向,如图 15-32 所示。

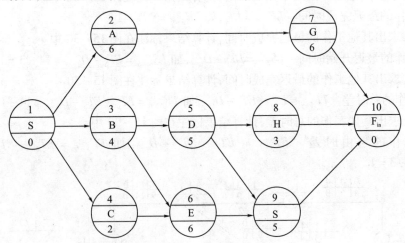

图 15-32 单代号网络图

15.3.1.2 单代号网络图的绘制

单代号网络图绘制规则与双代号网络图基本一样。单代号网络图常见逻辑关系见表 15-2。

15.3.2　单代号网络计划时间参数的计算

15.3.2.1　单代号网络计划时间参数的计算步骤

单代号网络计划与双代号网络计划只是表现形式不同,它们所表达的内容是完全一样的。工作的各时间参数表达如图 15 – 33 所示。

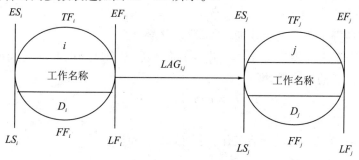

图 15 – 33　单代号网络图时间参数表示方法

(1)计算工作的最早开始时间和最早完成时间　工作最早开始时间和最早完成时间的计算应从网络计划的起始节点开始,顺着箭线方向按节点编号从小到大的顺序依次进行。

1)网络计划起始节点所代表的工作,其最早开始时间未规定时取值为零,即

$$ES_1 = 0$$

2)工作的最早完成时间应等于本工作的最早开始时间与其持续时间之和,即

$$EF_i = ES_i + D_i \qquad (15 – 21)$$

式中　EF_i——工作 i 的最早完成时间;

　　　ES_i——工作 i 的最早开始时间;

　　　D_i——工作 i 的持续时间。

3)其他工作的最早开始时间应等于其紧前工作最早完成时间的最大值,即

$$ES_j = \max\{EF_i\} \quad 或 \; ES_j = \max\{ES_i + D_i\} \qquad (15 – 22)$$

式中　ES_j——工作 j 的最早开始时间;

　　　EF_i——工作 i 的最早完成时间(工作 i 为工作 j 的紧前工作)。

4)网络计划的计算工期等于其终点节点所代表的工作的最早完成时间,即

$$T_c = EF_n \qquad (15 – 23)$$

式中　EF_n——终点节点 n 的最早完成时间。

(2)计算相邻两项工作之间的时间间隔　相邻两项工作之间的时间间隔是指其紧后工作的最早开始时间与本工作最早完成时间的差值,即

$$LAG_{i,j} = ES_j – EF_i \qquad (15 – 24)$$

式中　$LAG_{i,j}$——工作 i 与其紧后工作 j 之间的时间间隔;

　　　ES_j——工作 i 的紧后工作 j 的最早开始时间;

　　　EF_i——工作 i 的最早完成时间。

（3）确定网络计划的计划工期　网络计划的计算工期 $T_c = EF_n$。假设未规定要求工期，则其计划工期就等于计算工期。

（4）计算工作的总时差　工作总时差的计算应从网络计划的终点节点开始，逆着箭线方向按节点编号从大到小的顺序依次进行。

1）网络计划终点节点 n 所代表的工作的总时差应等于计划工期与计算工期之差，即

$$TF_n = T_p - T_c \qquad (15-25)$$

当计划工期等于计算工期时，该工作的总时差为零。

2）其他工作的总时差应等于本工作与其各紧后工作之间的时间间隔加该紧后工作的总时差所得之和的最小值，即

$$TF_i = \min\{TF_j + LAG_{i,j}\} \qquad (15-26)$$

式中　TF_i——工作 i 的总时差；

　　　$LAG_{i,j}$——工作 i 与其紧后工作 j 之间的时间间隔；

　　　TF_j——工作 i 的紧后工作 j 的总时差。

（5）计算工作的自由时差

1）网络计划终点节点 n 所代表工作的自由时差等于计划工期与本工作的最早完成时间之差，即

$$FF_n = T_p - EF_n \qquad (15-27)$$

式中　FF_n——终点节点 n 所代表的工作的自由时差；

　　　T_p——网络计划的计划工期；

　　　EF_n——终点节点 n 所代表的工作的最早完成时间。

2）其他工作的自由时差等于本工作与其紧后工作之间时间间隔的最小值。即

$$FF_i = \min\{LAG_{i,j}\} \qquad (15-28)$$

（6）计算工作的最迟完成时间和最迟开始时间　工作的最迟完成时间和最迟开始时间的计算根据总时差计算。

1）工作的最迟完成时间等于本工作的最早完成时间与其总时差之和，即

$$LF_i = EF_i + TF_i \qquad (15-29)$$

2）工作的最迟开始时间等于本工作最早开始时间与其总时差之和，即

$$LS_i = ES_i + TF_i \qquad (15-30)$$

15.3.2.2　单代号网络计划关键线路的确定

（1）利用关键工作确定关键线路　如前所述，总时差最小的工作为关键工作。将这些关键工作相连，并保证相邻两项关键工作之间的时间间隔为零而构成的线路就是关键线路。

（2）利用相邻两项工作之间的时间间隔确定关键线路　从网络计划的终点节点开始，逆着箭线方向依次找出相邻两工作的时间间隔为零的线路，该线路就是关键线路。

（3）利用总持续时间确定关键线路　在肯定型网络计划中，线路上工作总持续时间最长的线路为关键线路。

15.3.2.3　计算示例

【例15-4】　试计算图15-34所示单代号网络计划的时间参数。

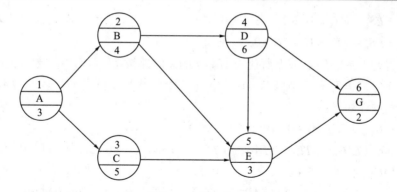

图 15 - 34 单代号网络计划

解:计算结果如图 15 - 35 所示,现对其计算步骤及具体计算过程说明如下:

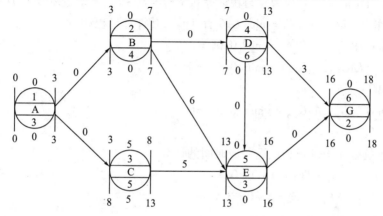

图 15 - 35 单代号网络图参数计算结果

(1)工作最早开始时间和最早完成时间的计算 工作的最早开始时间从网络图的起始节点开始,顺着箭线用加法。因起始节点的最早开始时间未规定,故 $ES_1 = 0$。

工作的最早完成时间应等于本工作的最早开始时间与该工作持续时间之和,因此

$$EF_1 = ES_1 + D_1 = 0 + 3 = 3$$

其他工作最早开始时间是其各紧前工作的最早完成时间的最大值。

(2)计算网络计划的工期 按 $T_c = EF_n$ 计算得 $T_c = EF_6 = 18$。未规定要求工期,则其计划工期 $T_p = T_c = 18$。

(3)计算各工作之间的时间间隔 按 $LAG_{i,j} = ES_j - EF_i$ 计算,如图 15 - 35 所示。未标注的工作间时间间隔为 0,计算过程如下:

$$LAG_{1,2} = ES_2 - EF_1 = 3 - 3 = 0$$

$$LAG_{1,3} = ES_3 - EF_1 = 3 - 3 = 0$$

$$LAG_{2,4} = ES_4 - EF_2 = 7 - 7 = 0$$

$$LAG_{2,5} = ES_5 - EF_2 = 13 - 7 = 6$$

$$LAG_{3,5} = ES_5 - EF_3 = 13 - 8 = 5$$

$$LAG_{4,5} = ES_5 - EF_4 = 13 - 13 = 0$$

$LAG_{4,6} = ES_6 - EF_4 = 16 - 13 = 3$

$LAG_{5,6} = ES_6 - EF_5 = 16 - 16 = 0$

（4）计算总时差　终点节点所代表的工作的总时差按 $TF_n = T_p - T_c$ 考虑，没有规定要求工期，故认为 $T_p = T_c = 18$，则 $TF_6 = 0$。其他工作总时差按公式 $TF_i = \min\{LAG_{i,j} + TF_j\}$ 计算，其计算过程如下：

$TF_5 = LAG_{5,6} + TF_6 = 0 + 0 = 0$

$TF_4 = \min\{(LAG_{4,5} + TF_5),(LAG_{4,6} + TF_6)\} = \min\{(0+0),(3+0)\} = 0$

$TF_3 = LAG_{3,5} + TF_5 = 5 + 0 = 5$

$TF_2 = \min\{(LAG_{2,4} + TF_4),(LAG_{2,5} + TF_5)\} = \min\{(0+0),(6+0)\} = 0$

$TF_1 = \min\{(LAG_{1,2} + TF_2),(LAG_{1,3} + TF_3)\} = \min\{(0+0),(0+5)\} = 0$

（5）计算自由时差　终点节点自由时差按 $FF_n = T_p - EF_n$ 计算，得 $FF_6 = 0$，其他工作自由时差按 $TF_i = \min\{LAG_{i,j}\}$ 计算，其计算过程如下：

$FF_1 = \min\{LAG_{1,2},LAG_{1,3}\} = \min\{0,0\} = 0$

$FF_2 = \min\{LAG_{2,4},LAG_{2,5}\} = \min\{0,6\} = 0$

$FF_3 = LAG_{3,5} = 5$

$FF_4 = \min\{LAG_{4,3},LAG_{4,6}\} = \min\{0,3\} = 0$

$FF_5 = LAG_{5,6} = 0$

（6）工作最迟开始时间和最迟完成时间的计算

$ES_1 = 0, LS_1 = ES_1 + TF_1 = 0 + 0 = 0$

$EF_1 = 0, LF_1 = EF_1 + TF_1 = 3 + 0 = 3$

$ES_2 = 3, LS_2 = ES_2 + TF_2 = 3 + 0 = 3$

$EF_2 = 7, \ LF_2 = 7$

$ES_3 = 3, LS_3 = ES_3 + TF_3 = 3 + 5 = 8$

$EF_3 = 8, LF_3 = 13$

$ES_4 = 7, LS_4 = ES_4 + TF_4 = 7 + 0 = 7$

$EF_4 = 13, LF_4 = 13$

$ES_5 = 13, LS_5 = ES_5 + TF_5 = 13 + 0 = 13$

$EF_5 = 16, LF_5 = 16$

$ES_6 = 16, LS_6 = ES_6 + TF_6 = 16 + 0 = 16$

$EF_6 = 18, LF_6 = 18$

（7）关键工作和关键线路的确定　当无规定工期时，认为网络计划计算工期与计划工期相等，这样总时差为零的工作为关键工作。如图 15-35 所示关键工作有 A、B、D、E、G 工作。将这些关键工作相连，并保证相邻两关键工作之间的时间间隔为零而构成的线路就是关键线路，即线路 A→B→D→E→G 为关键线路，本例关键线路用黑粗线表示。即使由这些关键工作相连的线路，如果不能保证相邻两项关键工作之间的时间间隔为零，就不是关键线路，如线路 A→B→D→G 和线路 A→B→E→G 均不是关键线路。因此，在单代号网络计划中，关键工作相连的线路并不一定是关键线路。

15.4　双代号时标网络计划

双代号时标网络计划(简称时标网络计划)是以时间坐标为尺度编制的网络计划。它通过箭线的长度及节点的位置,可明确表达工作的持续时间,双代号时标网络计划既有一般网络计划的优点,又有横道计划直观易懂的优点,可以清晰地把时间参数直观地表达出来,同时表明网络计划中各工作之间的逻辑关系,是目前工程中常用的网络计划形式。

15.4.1　时标网络计划的绘制

15.4.1.1　双代号时标网络计划绘制的一般规定

(1)时标网络计划需绘制在用水平时间坐标表示工作时间的表格上,时标单位应根据需要在编制网络计划之前确定,可为小时、天、周、月或季等。

(2)时标网络计划应以实箭线表示工作,以虚箭线表示虚工作,以水平波形线表示工作的自由时差或其与紧后工作之间的时间间隔。

(3)时标网络计划中所有符号在时间坐标上的水平投影位置,都必须与其时间参数相对应。节点中心必须对准相应的时标位置。

(4)时标网络计划中采用水平箭线或水平段与垂直段组成的箭线形式,不宜用斜箭线。虚工作必须用垂直虚箭线表示,有自由时差时加水平波形线表示。

(5)时标网络计划既可按最早开始时间编制,也可按最迟完成时间编制,一般按最早时间编制,以保证实施的可靠性。

15.4.1.2　双代号时标网络计划的绘制方法

(1)按时间参数绘制法　该法是先绘制出双代号网络计划,计算出时间参数并找出关键线路后,再绘制成时标网络计划。

(2)直接绘制法　直接绘制法是不计算网络计划时间参数,直接在时间坐标上进行绘制的方法。

15.4.2　时标网络计划绘制示例

某装修工程有 3 个楼层,划分为吊顶、顶墙涂料和铺木地板 3 个施工过程。其中每层吊顶确定为 3 周完成,顶墙涂料确定为 2 周完成,铺木地板确定为 1 周完成。试绘制双代号时标网络计划。

根据装修工程中各工作的逻辑关系和时间,绘制的双代号网络计划和时标网络计划如图 15 – 36 和图 15 – 37。

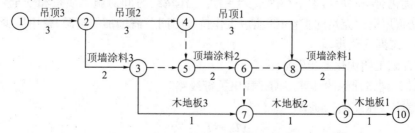

图 15 – 36　某装修工程双代号网络图

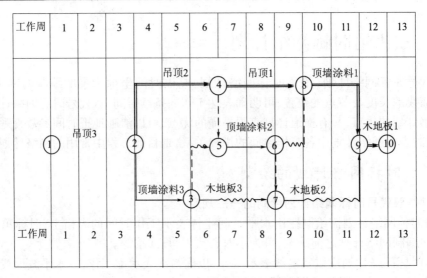

图 15-37 某装修工程时标网络计划

15.5 网络计划的优化

网络计划的优化是在既定的约束条件下,为满足一定的目标要求,对网络计划进行不断检查、评价、调整和完善,以寻求最优网络计划的过程。网络计划的优化有工期优化、费用优化(又称工期-成本优化)和资源优化三种。资源优化分为资源有限-工期最短和工期固定-资源均衡的优化。

15.5.1 工期优化

工期优化是当计算工期大于要求工期(即 $T_c > T_r$)时,通过压缩关键工作的持续时间以达到既定工期目标或在一定约束条件下使工期最短的优化过程。

工期优化的方法有顺序法、加权平均法、选择法等。顺序法是按关键工作开工的时间来确定,先干的工作先压缩。加权平均法是按关键工作持续时间长短的百分比压缩。这两种方法没有考虑需要压缩的关键工作所需的资源是否有保证及相应的费用增加幅度。选择法更接近于实际需要,故在此作详细介绍。

15.5.1.1 优化对象的选择

选择优化对象时应考虑下列因素:①缩短工作持续时间对施工质量和安全影响不大的工作;②备用资源充足的工作;③缩短工作持续时间所需增加的资源、费用最少的工作。

15.5.1.2 工期优化步骤

网络计划工期优化的步骤如下:

(1)计算网络计划的计算工期并找出关键线路。

(2)确定应压缩的工期 ΔT

$$\Delta T = T_c - T_r \tag{15-31}$$

(3)将应优化缩短的关键工作压缩至最短持续时间,并找出关键线路,若被压缩的工作变成了非关键工作,则比照新关键线路时间长度,减少压缩幅度,使之仍保持为关键工作。

(4)若计算工期仍超过要求工期,则重复步骤(3),直到满足工期要求或工期不能再缩短为止。

若所有关键工作的持续时间都已达到最短持续时间而工期仍不能满足要求时,应对计划的技术方案、组织方案进行修改,以调整原计划的工作逻辑关系,或重新审定要求工期。

【例 15 – 5】　试对如图 15 – 38 所示的初始网络计划实施工期优化。箭线下方括号内外的数据分别表示工作极限与正常持续时间,要求工期为 48 天。工作优先压缩顺序为 D、H、F、C、E、A、G、B。

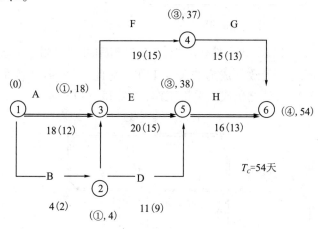

图 15 – 38　初始网络计划

解:第一步,用标号法确定正常工期及关键线路。

(1)设起点节点的标号值为零,即 $b_1 = 0$

(2)其他节点的标号值等于该节点的内向箭线的箭尾节点标号值加该工作的持续时间之和的最大值,即

$$b_j = \max\{b_i + D_{i-j}\} \qquad (15-32)$$

如图 15 – 38 所示的网络计划的标号值计算如下:

$b_1 = 0$

$b_2 = b_1 + D_{1-2} = 0 + 4 = 4$

$b_3 = \max\{(b_1 + D_{1-3}), (b_2 + D_{2-3})\} = \max\{(0+18), (4+10)\} = \max\{18, 14\} = 18$

$b_4 = b_3 + D_{3-4} = 18 + 19 = 37$

$b_5 = \max\{(b_2 + D_{2-5}), (b_3 + D_{3-5})\} = \max\{(4+11), (18+20)\} = \max\{15, 38\} = 38$

$b_6 = \max\{(b_4 + D_{4-6}), (b_5 + D_{5-6})\} = \max\{(37+15), (38+16)\} = \max\{52, 54\} = 54$

以上计算的标号值及源节点标在图 15 – 38 所示位置上,计算工期为 54 天。从终点节点逆向溯源,将相关源节点连接起来,找出关键线路为①→③→⑤→⑥,关键工作为 A、E、H。

第二步,应缩短工期为

$$\Delta T = T_c - T_r = 54 - 48 = 6 \text{ 天}$$

第三步,先将工作 H 的持续时间压缩 3 天至最短持续时间,再用标号法找出关键工

作为 A、F、G,如图 15-39 所示。

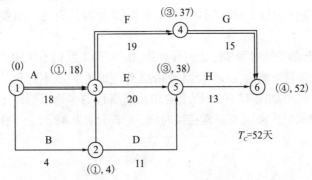

图 15-39 将 H 工作压缩至 13 天后的网络计划

此时,H 工作压缩 3 天致其成为非关键工作。为此,减少 H 工作的压缩幅度(此谓"松弛"),最终压缩 2 天,使之仍成为关键工作,如图 15-40 所示。

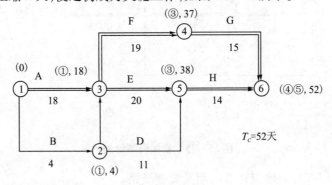

图 15-40 将 H 工作压缩至 14 天("松弛"1 天)后的网络计划

第四步,同步压缩 A、E、H 和 A、F、G 两条关键线路。依题目所给工作压缩次序,按工作允许压缩限度,H、E 分别压缩 1 天、3 天,F 压缩 4 天。如图 15-41 所示,工期满足要求。

本例中未考虑压缩时间对每项工作的质量、安全等的影响,故可选方案有多种,如:方案一,A 压缩 4 天;方案二,F、E 同时压缩 4 天;方案三,F、E 同时压缩 3 天,H、G 同时压缩 1 天。

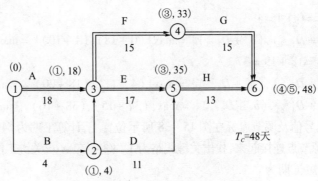

图 15-41 优化后的网络计划

15.5.2　费用优化

费用优化又称为工期—成本优化,是寻求最低成本对应的工期安排,或按要求工期寻求最低成本的计划的过程。

15.5.2.1　工程费用与时间的关系

(1)工程费用与工期的关系　工程总成本由直接费用和间接费用组成。直接费由人工费、材料费、机械费等组成,间接费主要是管理费。随着工期的延长,工程直接费用支出减少,而间接费用支出增加;反之则直接费用增加而间接费用减少。如图 15 – 42 所示,如果能够确定一个合理的工期,就能使总费用降到最小,这也就是费用优化的目标。

(2)工作直接费用与持续时间的关系　由于网络计划的工期取决于关键工作的持续时间,为了进行工期优化必须分析网络计划中各项工作的直接费与持续时间的关系,它是网络计划工期成本优化的基础。工作的直接费随着持续时间的缩短而增加,如图 15 – 43 所示。

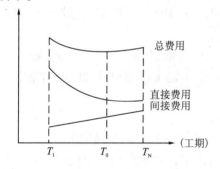

图 15 – 42　费用—工期曲线

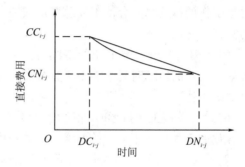

图 15 – 43　工作直接费用与持续时间的关系曲线

为简化计算,工作的直接费用与持续时间之间的关系被近似地认为是一条直线关系。工作的持续时间每缩短单位时间而增加的直接费用称为直接费用率,直接费用率可按下面公式计算

$$\Delta C_{i-j} = (CC_{i-j} - CN_{i-j}) / (DN_{i-j} - DC_{i-j}) \tag{15 – 33}$$

式中　ΔC_{i-j}——工作 $i-j$ 的直接费用率;

CC_{i-j}——按最短(极限)持续时间完成工作 $i-j$ 时所需的直接费用;

CN_{i-j}——按正常持续时间完成工作 $i-j$ 时所需的直接费用;

DN_{i-j}——工作 $i-j$ 的正常持续时间;

DC_{i-j}——工作 $i-j$ 的最短(极限)持续时间。

15.5.2.2　费用优化方法

费用优化的基本思路:不断地在网络计划中找出直接费用率(或组合直接费用率)最小的关键工作,缩短其持续时间,同时考虑间接费用随工期缩短而减少的数量,利用直接费的增加小于间接费的减少的有利条件,从而降低成本,最后求得工程总成本最低时的最优工期安排或按要求工期求得最低成本的计划安排。

按照上述基本思路,费用优化可按以下步骤进行:

(1)按工作的正常持续时间计算工期和确定关键线路。

(2)计算各项工作的直接费用率。

(3)当只有一条关键线路时,应找出直接费用率最小的一项关键工作,作为缩短持续时间的对象;当有多条关键线路时,应找出组合直接费用率最小的一组关键工作,作为缩短持续时间的对象。

(4)对于选定的压缩对象(一项关键工作或一组关键工作),首先要比较其直接费用率(或组合直接费用率)与工程间接费用率的大小,然后再进行压缩。压缩方法有以下几个。

1)如果被压缩对象的直接费用率(或组合直接费用率)小于工程间接费用率,说明压缩关键工作的持续时间会使工程总费用减少,故应缩短关键工作的持续时间。

2)如果被压缩对象的直接费用率(或组合直接费用率)等于工程间接费用率,说明压缩关键工作的持续时间不会使工程总费用增加,故应缩短关键工作的持续时间。

3)如果被压缩对象的直接费用率(或组合直接费用率)大于工程间接费用率,说明压缩关键工作的持续时间会使工程总费用增加,此时应停止缩短关键工作的持续时间,当前的方案即为优化方案。

(5)当需要缩短关键工作的持续时间时,其缩短值的确定必须遵循下列两条原则:①缩短后工作的持续时间不能小于其最短持续时间;②关键工作缩短持续时间后不能变成非关键工作。

(6)计算关键工作持续时间缩短后相应的总费用。

优化后工程总费用 = 初始网络计划的费用 + 直接费用增加额 − 间接费用减少额。

(7)重复上述(3)~(6)步,直至计算工期满足要求工期或被压缩对象的直接费用率或组合直接费用率大于工程间接费用率为止。

(8)计算优化后的工程总费用。

15.5.2.3　网络计划费用优化实例

【例 15 - 6】　某初始网络计划如图 15 - 44 所示。箭杆上方为直接费用变化的斜率,亦称直接费用率,即每压缩该工作一天其直接费用平均增加的数额(千元)。箭杆下方括号内外分别为最短持续时间和正常持续时间。各工作正常持续时间(DN_{i-j})、极限持续时间(DC_{i-j})及与其相对应的直接费用(CN_{i-j} 和 CC_{i-j}),计算后所得的费用率(ΔC_{i-j})见表 15 - 4。假定间接费用率为 $D = 0.13$ 千元/天。试进行费用优化。

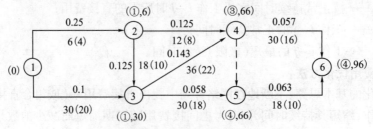

图 15 - 44　某施工网络计划

表 15 - 4　各工作持续时间及直接费用率

工作	正常时间		极限时间		费率
	时间	费用/元	时间	费用/元	
1 - 2	6	1 500	4	2 000	250
1 - 3	30	7 500	20	8 500	100
2 - 3	18	5 000	10	6 000	125
2 - 4	12	4 000	8	4 500	125
3 - 4	36	12 000	22	1 4000	143
3 - 5	30	8 500	18	9 200	58
4 - 6	30	9 500	16	10 300	57
5 - 6	18	4 500	10	5 000	62

解:首先,计算各工作以正常持续时间施工时的计算工期,并找出关键线路,如图 15 - 44 所示。且知工程总直接费用、总成本为

总直接费($\sum CD$) = 1.5 + 7.5 + 5 + 4 + 12 + 8.5 + 9.5 + 4.5 = 52.5 千元

总成本($\sum C$) = 直接成本 + 间接成本 = 52.5 + 0.13 × 96 = 64.98 千元

第一次工期压缩:先压缩关键线路①→③→④→⑥上直接费用率最小的工作 4 - 6 至最短持续时间(16 天),再用标号法找出关键线路。由于原关键工作 4 - 6 变成了非关键工作,须将其"松弛"至 18 天,使其仍为关键工作,如图 15 - 45 所示。

降低成本 = 12 × (0.13 - 0.057) = 0.876 千元

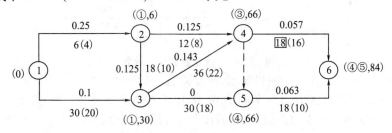

图 15 - 45　第一次工期压缩后的网络计划

第二次工期压缩:有三个方案,具体方案和相应直接费用率见表 15 - 5。

表 15 - 5　关键线路工作组合

序号	工作组合($i - j$)	直接费用率/(千元/天)
I	1 - 3	0.100
II	3 - 4	0.143
III	4 - 6 和 5 - 6	0.120

决定缩短工作 1 - 3,并使之仍为关键工作,则其持续时间只能缩短至 24 天,如图 15 - 46 所示。

降低成本 = 6 × (0.13 - 0.1) = 0.18 千元

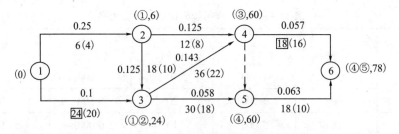

图 15-46　第二次工期压缩后的网络计划

第三次工期压缩:有四个方案,具体方案和相应直接费用率见表 15-6。

表 15-6　关键线路工作组合

序号	工作组合($i-j$)	直接费用率/(千元/天)
Ⅰ	1-2 和 1-3	0.350
Ⅱ	2-3 和 1-3	0.225
Ⅲ	3-4	0.143
Ⅳ	4-6 和 5-6	0.120

决定采用直接费率最低的方案Ⅳ,结合工作 4-6 的最短持续时间为 16 天,现将 4-6 和5-6均压缩2天,如图 15-47 所示。

降低成本 $= 2 \times (0.13 - 0.12) = 0.02$ 千元

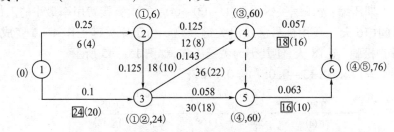

图 15-47　优化后的网络计划

此后,由于工作 4-6 已不能再缩短,故令其直接费率为无穷大。再压缩工期,应采用方案Ⅲ。就此例而言,工作 3-4 的直接费用率为 0.143 千元/天,大于间接费用率 0.13 千元/天,费用率差成为正值,意味着增加的费用大于减少的费用。再压缩的话,总费用反而会增加,故第三次压缩后的工期就是本例的最优工期。

优化过程中的工期—成本变化情况见表 15-7。经过优化调整,工期缩短了 20 天,而成本降低了 1.076 千元。

表 15-7　优化过程的工期—成本情况

缩短次数	被压缩工作代号	直接费率或组合费率	费率差	直接费/千元	间接费/千元	总费用/千元	工期/天
0				52.500	12.480	64.980	96
1	4-6	0.057	-0.073	53.184	10.920	64.104	84
2	1-3	0.100	-0.030	53.784	10.140	63.924	78
3	4-6,5-6	0.120	-0.010	54.024	9.880	63.904	76
4	3-4	0.143	+0.013				

注:费用率差 =(直接费用率或组合费用率)-(间接费用率)

15.5.3　资源优化

15.5.3.1　资源优化的概念

资源是指完成一项计划任务所需要投入的人力、材料、机械设备和资金等。施工过程就是消耗这些资源的过程,编制网络计划必须解决资源供求矛盾,实现资源的均衡利用,以保证工程项目的顺利建设,并取得良好的经济效益。资源优化的目的是通过改变工作的开始时间和完成时间,使资源消耗均衡并且不超出日最大供应量的限定指标。

15.5.3.2　资源优化的前提条件

资源优化的前提条件:①在优化过程中,不改变网络计划中各项工作之间的逻辑关系;②在优化过程中,不改变网络计划中各项工作的持续时间;③网络计划中各项工作的资源强度(单位时间所需资源数量)为合理常量;④除规定可中断的工作外,一般不允许中断工作,应保持其连续性;⑤为简化问题,这里假定网络计划中的所有工作需要同一种资源。

15.5.3.3　资源优化的分类

在通常情况下,网络计划的资源优化分为两种:即资源有限—工期最短;工期固定—资源均衡。前者是通过调整计划安排,在满足资源限制条件下,使工期延长值最小的过程,而后者是通过调整计划安排,在工期保持不变的前提下,使资源需要量尽可能均衡的过程。

 ## 复习思考题

1. 什么是网络图? 什么是网络计划? 网络图的三要素是什么?

2. 什么是逻辑关系? 工作和虚工作有何不同? 虚工作的作用是什么? 请举例说明。

3. 单、双代号网络图的绘制规则有哪些?

4. 网络计划要计算哪些时间参数? 简述各参数的意义。

5. 什么是总时差? 什么是自由时差? 两者有何关系? 它们的特性如何?

6. 什么是关键线路? 对于双代号网络计划和单代号网络计划如何判断关键线路?

7. 简述双代号网络计划中工作计算法及计算时间参数的步骤。

8. 简述单代号网络计划与双代号网络计划的异同。

9. 时标网络计划有什么特点?

10. 简述网络计划优化的分类。

11. 某工程涉及的各项主要工作其相互间逻辑关系见表1,试分别绘制其双代号、单代号网络图。

表 1　工作逻辑关系表

本工作	A	B	C	D	E	F	G	H	I
紧前工作	—	—	A	A,B	A	C,D	C	G,E	G,F

12. 根据表2给出的各项工作相互间逻辑关系,试分别绘制其双代号、单代号网络图。

表 2　工作逻辑关系表

本工作	A	B	C	D	E	F	G	H
紧后工作	C,D ,E	E	F	H	G	—	—	—

13. 利用工作计算法计算图 1 各工作的时间参数,并确定关键线路和工期。

将图 1 转绘成单代号网络图后,再计算各工作的时间参数,并确定关键线路和工期。

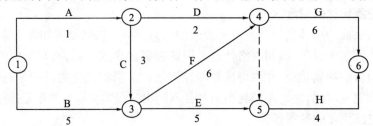

图 1　习题 13 图

14. 已知某工程的双代号网络计划如图 2 所示,试用节点标号法确定工期和关键线路。

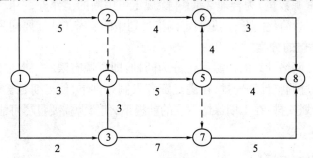

图 2　习题 14 图

15. 将下面的非时标网络图(图 3)转绘为时标网络计划。

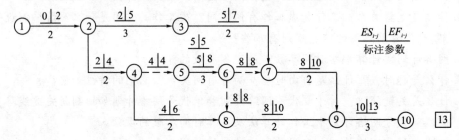

图 3　习题 15 图

16. 已知网络计划如图 4 所示,图中箭线下方括号外的数字为正常持续时间,括号内的数字为最短持续时间,假定要求工期为 12 天,试对其进行工期优化。

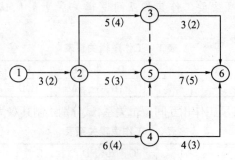

图 4　习题 16 图

17. 某网络计划如图 5 所示,图中箭线上方数字为直接费率,箭线下方括号外的数字为该工作正常持续时间,括号内的数字为该工作最短持续时间,间接费用率为 0.7 千元/天,试进行工期—费用优化。

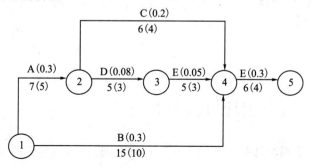

图 5　习题 17 图

18. 某网络计划如图 6 所示,图中箭线上方数字为工作资源强度,箭线下方的数字为该工作持续时间,试进行工期固定—资源均衡的优化;若单日资源限量为 $R_a = 12$,试进行资源有限—工期最短的优化。

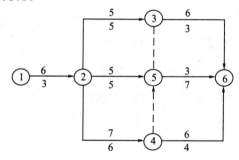

图 6　习题 18 图

第 16 章　单位工程施工组织设计

16.1　单位施工组织设计概述

单位工程施工组织设计是以单位工程为对象编制,具体指导其施工全过程各项活动的技术经济文件。根据编制时间可分为:用于承包方投标的单位工程施工组织设计和用于具体指导施工过程的单位工程施工组织设计。前一类的目的是为了承揽施工任务,重点放在施工单位资质条件、施工技术力量和队伍素质上。后一类的目的是指导组织施工的依据,重点放在施工组织的合理性与技术的可行性上。本章重点介绍为施工过程编制的单位工程施工组织设计。

16.1.1　单位工程施工组织设计编制依据

(1)施工组织总设计。当单位工程从属于某个建设项目时,必须把该建设项目的施工组织总设计中的施工部署及对单位工程施工的有关规定和要求作为编制依据。

(2)施工合同。主要包括工程范围和内容,工程开、竣工日期,设计文件、概预算和技术资料,材料和设备的供应情况等。

(3)经过会审的施工图。主要包括工程全部施工图纸、会审记录和标准图等设计资料。

(4)业主提供的条件。包括业主提供的临时房屋数量,水、电供应量,水压、电压等。

(5)工程预算文件及有关定额。应有详细的分部、分项工程工程量,必要时应有分层、分段或分部位的工程量及预算定额和施工定额,以便在编制单位工程进度计划时参考。

(6)工程资源配备情况。包括施工所需的劳动力、材料、机械供应情况及生产能力。

(7)施工现场勘察资料。包括施工现场地形、地貌资料,地上与地下障碍物资料,工程地质和水文地质资料,气象资料,交通运输道路及场地面积资料等。

(8)有关国家规定和标准。包括施工及验收规范、安全操作规程等。

(9)有关参考资料及类似工程施工组织设计实例。

16.1.2　单位工程施工组织设计的内容

(1)工程概况。主要包括工程特点、建设地点和施工条件,以及参建各方的具体情况等内容。有时为了阐述全面可增加编制说明和编制依据等内容。

（2）施工方案和施工方法。为了对工程各分部分项工程有一个总体了解，首先应总体概述，主要包括施工目标（如质量目标、安全目标、工期目标、成本目标、文明施工目标和服务目标等），施工准备计划（如项目部组成、施工技术准备、现场准备、外部环境准备等），拟采用主要施工工艺和施工顺序及施工流向安排等内容。各分部分项工程施工方案和施工方法，包括各自的施工方法与施工机械的选择，技术组织措施的制定等内容。

（3）施工进度计划。包括主要分部分项工程的工程量、劳动量或机械台班量、工作延续时间、施工班组人数及施工进度安排等内容。

（4）施工准备工作及各项资源需要量计划。主要包括施工准备工作及劳动力、施工机具、主要材料、构件和半成品需要量计划等。

（5）施工平面图。主要包括起重运输机械，搅拌站、加工棚、仓库及材料堆场，运输道路，临时设施，供水、供电管线等位置的确定和布置。

（6）安全文明施工技术组织措施。主要包括：安全管理组织，专职安全管理人员，特殊作业人员操作要求，安全设施配置要求，安全防护措施，大、中型施工机械管理，文明施工技术组织措施，安全、文明施工责任奖惩办法，危险源因素识别评价及控制措施，重大环境因素确定及控制措施等方面。

（7）工程质量技术组织措施。主要包括：质量管理体系、制度及质量保证体系，关键部位质量控制措施，工种岗位技术培训，先进施工工艺，送样检测，见证取样保证措施，分部分项分阶段验收步骤及方法，完成质量目标奖惩办法等方面。

（8）关键施工技术、工艺及工程项目实施重点、难点分析及解决方案。主要包括：基础施工阶段关键点与处理措施、主体施工阶段关键点及其处理措施、装饰阶段关键点及处理措施、安装阶段关键点及处理措施、项目实施重点及解决措施等方面。

（9）主要技术经济指标。主要包括工期指标、质量和安全指标、实物量消耗指标、成本指标和投资额指标等。因为此部分内容多与上述内容重复，或为内部管理目标，故可不单独列出而省略。

对于常见的建筑结构类型或规模不大的单位工程，施工组织设计可编制得简单些，内容一般以施工方案、施工进度计划、施工平面图（简称"一案一表一图"）为主，辅以简要的文字说明即可。对于较为复杂而标准要求较高的建筑工程，要求详细编制。为顺利施工提供指导。以上编制的内容可根据实际情况和叙述的逻辑性，前后调整次序。

16.1.3 单位工程施工组织设计编制程序

单位工程施工组织设计编制程序是指编制组织设计中各组成部分工作的先后顺序及对相互间制约关系的处理，如图 16 - 1 所示。

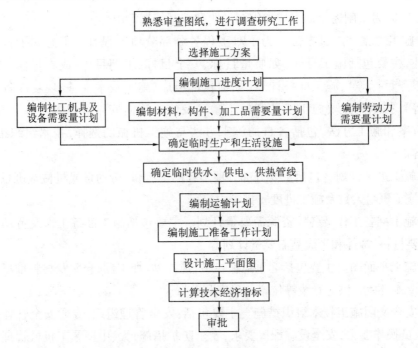

图 16-1 单位工程施工组织设计编制程序

16.2 工程概况

编写工程概况目应尽可能全面、详细地描述有关工程情况。对拟建工程的工程特点、地点特征和施工条件等简洁、明了、突出重点的文字介绍。要求通过审阅工程概况可对本工程项目有全面、深入了解。因此，编写人员必须熟悉设计图纸和工程资料及信息。

16.2.1 工程特点

工程特点的内容主要是针对工程，结合调查资料，分析研究，找出关键性问题加以说明。对新材料、新技术、新结构、新工艺（"四新"）及施工难点应重点说明。

16.2.1.1 工程建设概况

主要介绍拟建工程的主业，工程名称、用途、资金来源及工程造价（投资额），开、竣工日期，施工单位（总、分包情况），其他参加单位情况（如监理），施工图纸情况（如会审等），施工合同内容要求，上级有关文件或要求等。

16.2.1.2 建筑设计特点

主要介绍拟建工程的建筑面积，平面形状和平面组合情况，层数、层高、总高度、总长度和总宽度等尺寸，室内外装饰装修等情况。这些内容可在建筑施工图中获取。

16.2.1.3 结构设计特点

主要介绍基础构造特点及埋置深度，设备基础形式，桩基础根数及深度，主体结构类型，墙、柱、板材料及截面尺寸，预制构件类型、数量、重量及安装位置，楼梯构造及形式等。这些内容可在结构施工图中获取。

16.2.1.4 建筑设备安装设计特点

主要介绍建筑给水、排水及采暖工程,建筑电气工程,智能建筑工程,通风与空调工程,消防和电梯等的设计要求。这些内容可在相关专业施工图中获取。

16.2.1.5 工程施工特点

主要介绍工程的施工重点,以便突出重点,抓住关键,使施工顺利进行,提高施工单位的经济效益和管理水平。

16.2.2 地点特征

主要反映拟建工程的位置、地形、地质(不同深度的土质分析、冻结期及冰冻层厚度)、地下水位、水质、气温、冬雨期时间、主导风向、风力和地震烈度等特征。

16.2.3 施工条件

主要介绍"三通一平"的情况,当地交通运输条件,资源生产及供应,施工现场大小及周围环境,预制构件生产及供应,施工单位机械、设备、劳动力及落实,内部承包方式和劳动组织形式及施工管理水平等情况,提出现场临时设施、供水、供电问题的解决方法等。

16.3 施工方案与施工方法

施工方案与施工方法是单位工程施工组织设计的核心部分。将直接影响单位工程的施工质量、工期和效益。主要包括三方面内容:施工方案确定,施工方法选择,技术组织措施制定。

16.3.1 施工方案确定

单位工程施工方案确定应着重考虑施工程序、施工起点及流向、施工段划分及分项工程施工顺序等内容。

16.3.1.1 单位工程的施工程序

施工程序是单位工程中各分部工程或施工阶段的先后顺序及其制约关系,主要是解决时间上搭接的问题。应注意以下几点:

(1)遵守"先地下后地上、先土建后设备、先主体后围护、先结构后装修"的原则

1)先地下后地上是指地上工程开始之前,尽量先把管线等地下设施、土方工程和基础工程完成或基本完成,以免对地上部分施工产生干扰,既给施工带来不便,又会造成浪费,影响工程质量和进度。

2)先土建后设备是指土建施工一般应先于水、电、暖、通讯等建筑设备的安装。一般在土建施工的同时要配合有关建筑设备安装的预埋工作,大多是穿插配合关系。尤其在装修阶段,要从保质量、讲成本的角度,处理好相互之间的关系。

3)先主体后围护是指混凝土结构的主体结构与围护结构要有合理的搭接。一般多层建筑以少搭接为宜,而高层建筑则应尽量搭接施工,以有效缩短工期。

4)先结构后装修是先完成主体结构施工,再进行装饰工程施工。但有时为了压缩工

期,也可部分搭接施工。

上述程序是对一般情况而言。在特殊情况下,程序不会一成不变。如在冬期施工之前,应尽可能完成主体和围护结构,以利于防寒和室内作业的开展。

(2)做好土建施工与设备安装施工的程序安排　工业建设项目除了土建施工及水、电、暖、通讯等建筑设备外,还有工业管道和工艺设备及生产设备的安装,此时应重视合理安排土建施工与设备安装之间的施工程序。一般有封闭式施工、敞开式施工、同时施工等程序。

1)封闭式施工　即土建施工完成后,再进行设备安装。它适用于一般轻型工业厂房(如精密仪器厂房)。

2)敞开式施工　即先施工设备基础、安装工艺设备,然后建造厂房,它适用于重型工业厂房(如冶金工业厂房中的高炉间)。

3)同时施工　即安装设备与土建施工同时进行。这样土建施工可以为设备安装创造必要的条件。当设备基础与结构基础又连成一片时,设备基础二次施工会影响结构基础,这时可采取同时施工。

16.3.1.2　单位工程施工的施工起点和流向

施工起点和流向是指单位工程在平面上或空间上开始施工的部位及其流动方向。一般来说,对单层建筑只要按其施工段确定平面上的施工起点和流向即可;对多层建筑除确定每层平面上的施工起点和流向外,还要确定其层间或单元空间上的施工流向。确定单位工程主体施工起点和流向,一般应考虑以下因素。

(1)施工方法是确定施工起点和流向的关键因素。如高层建筑若采用顺作法施工,地下为两层的结构,其施工流向:定位放线→边坡支护→开挖基坑→地下结构施工→回填土→上部结构施工。若采用逆做法施工地下两层结构,其施工起点和流向可作如下表达:定位放线→地下连续墙施工→中间支承桩施工→地下室一层挖土、地下一层板钢筋混凝土结构施工,同时进行地上结构施工→地下室二层挖土、底板钢筋混凝土结构施工,同时进行地上结构施工。

(2)生产工艺或使用要求。从业主对生产和使用方面考虑,一般对急于生产或使用的工段或部位应先施工。

(3)单位工程各部分的施工繁简程度。一般对技术复杂、施工进度慢、工期较长的工段或部位应先施工。

(4)有高低层或高低跨并列时,应从高低层或高低跨并列处开始。例如在高低跨并列的结构安装工程中,应先从高低跨并列处开始吊装柱。屋面防水应按先高后低的方向施工,同一屋面则由檐口到屋脊方向施工。基础深浅应按先深后浅的顺序施工。

(5)工程现场条件和施工机械。例如土方工程中,边开挖边土方外运,则施工起点应确定在远离道路的部位,由远及近地展开施工;同样,土方挖开时采用反铲挖土机时,应后退挖土;采用正铲挖土机时,则应前进挖土。

(6)施工组织的分层分段。划分施工层、施工段的部位,如伸缩缝、沉降缝、施工缝等,也是决定其施工流向应考虑的因素。

(7)分部工程或施工阶段的特点及其相互关系。基础工程由施工机械和施工方法决定平面施工流向。主体工程从平面上看,任意一边先开始都可以;从竖向看,一般应自下而上施工(逆作法地下室施工除外)。

装修工程竖向施工流向比较复杂。室外装修可采用自上而下的流向;室内装修则可以采用自上而下,自下而上,自中而下、再自上而中三种流向。

1)自上而下是指主体结构封顶、屋面防水层完成后,装修工程由顶层开始逐层向下的施工流向,一般由水平向下和垂直向下两种形式,如图 16-2 所示。其优点:待主体结构完成后有一定沉降时间,能保证装饰工程质量;屋面防水层完成后,可防止因雨水渗漏而影响装饰工程质量;由于主体施工和装饰施工分别进行,使各施工过程之间交叉作业较少,便于组织施工。其缺点是不能与主体结构施工搭接,工期较长。

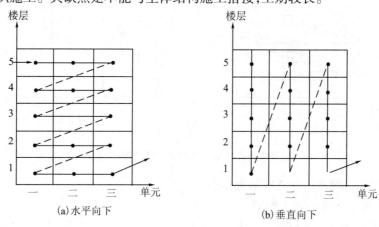

图 16-2　室内装修装饰工程自上而下的流向

2)自下而上是指主体结构施工到三层以上时(即上有二层楼板,确保底层施工安全),装修工程从底层开始逐层向上的施工流向,一般有水平向上和垂直向上两种形式,如图 16-3 所示。为了防止上层板缝渗漏而影响装修质量,应先做好上层楼板面层抹灰,再进行本层墙面、天棚、地面抹灰施工。这种流向优点是可与主体结构平行搭接施工,能相应缩短工期,当工期紧迫时,可考虑采用这种流向。其缺点是交叉施工多,现场施工组织管理比较复杂。

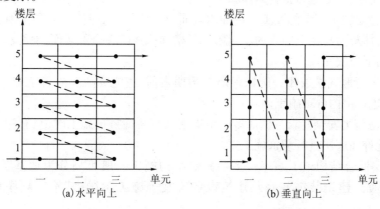

图 16-3　室内装修装饰工程自下而上的流向

3）自中而下再自上而中的施工流向，综合了前两种流向的优点。一般适用于高层建筑的装修施工，即当裙房主体工程完工后，便可自中而下进行装修。当主楼主体工程结束后，再自上而中进行装修，如图 16-4 所示。

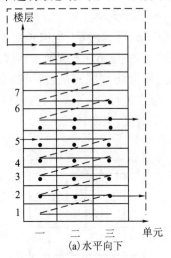
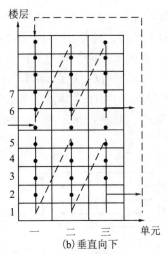

图 16-4　高层建筑装饰装修工程自中而下再自上而中的流向

16.3.1.3　分项工程或工序之间的施工顺序

（1）确定施工顺序的基本原则

1）必须符合施工工艺的要求　因为施工工艺中存在的客观规律和相互间的制约关系，一般是不可违背的。如现浇钢筋混凝土柱施工顺序：绑钢筋→支模板→浇筑混凝土→养护→拆模。

2）与施工方法协调一致　采用不同施工方法，则施工顺序也有所不同。如预应力混凝土构件，采用先张法，还是后张法，两者的施工顺序相差较大。

3）符合施工组织的要求　例如地面工程可安排在顶板施工前进行，也可以在顶板施工后进行。前者施工方便，利于顶板施工材料运输和脚手架搭设，但易损害地面面层。后者易保护地面面层，但地面材料运输和施工比较困难。

4）必须考虑施工质量的要求　例如内墙面及天棚抹灰，应待上一层楼地面完成后再进行。否则，抹灰面易受上层水的渗漏影响。楼梯抹面应在全部墙面、地面和天棚抹灰完成后，自上而下一次完成。

5）应考虑当地气候条件　例如冬期与雨期之前，应先完成室外各项施工内容，在冬期和雨期时进行室内各项施工内容。

6）应考虑施工安全要求　例如多层结构施工与装饰搭接施工时，只有完成两层楼板的铺放，才允许在底层进行装饰施工。

（2）多层混合结构施工顺序　多层砖混结构施工一般可划分为地基及基础、主体结构、建筑屋面、建筑装饰装修及建筑设备安装等施工阶段，其施工顺序如图 16-5 所示。

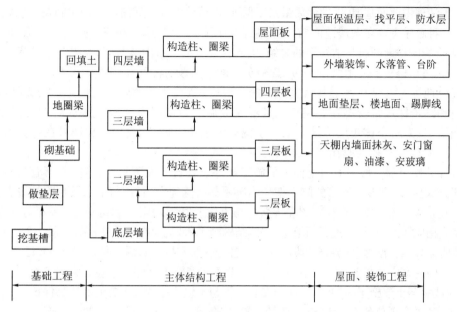

图 16 – 5　四层混合结构施工顺序示意图

1）地基及基础阶段施工顺序　施工顺序：挖土→垫层施工→基础施工→基础梁施工→回填土。如为桩基础，则在挖土前进行桩基础施工；如有地下室，则在挖土后进行地下室底板、墙板和顶板的施工。

基础施工阶段应注意挖土和垫层的施工应搭接紧凑，防止基槽（坑）被雨水浸泡，影响地基承载力；垫层施工后要留有技术间歇时间，使其具有一定强度后再进行基础施工；埋入地下的上水管、下水管、暖气管等管沟的施工应尽可能与基础配合，平行搭接施工；回填土（包括房心回填土及基槽、基坑回填土），一般在基础完成后一次分层夯填完毕，以便为后道工序（砌筑砖墙）施工创造操作面。当工程量较大且工期较紧时，也可将填土分段与主体结构搭接组织流水施工，或安排在室内装饰施工前进行。

2）主体结构阶段的施工顺序　多层砖混结构大多设有构造柱、圈梁、现浇楼梯、预应力空心楼板（卫生间、厨房处为现浇板），其施工顺序：绑扎构造柱钢筋→砌墙→安装构造柱模板→浇筑构造柱混凝土→安装圈梁、楼板、楼梯模板→绑扎圈梁、楼板、楼梯钢筋→浇筑圈梁、楼板、楼梯混凝土。应注意脚手架搭设应与墙体砌筑密切结合，保证墙体砌筑连续施工。

3）屋面工程阶段施工顺序　屋面工程一般按设计构造层次依次施工，施工顺序：找平层施工→隔气层施工→保温层施工→找平层施工→结合层施工→防水层施工→隔热层施工。防水层应在保温层和找平层干燥后才能施工。结合层施工完毕后应尽快施工防水层，防止结合层表面积灰，以保证防水层黏结强度；防水层应在主体结构完成后尽快开始，以便为室内装饰创造条件。一般情况下，屋面工程可以与室外装饰工程平行施工。

4）装饰工程阶段施工顺序　装饰工程可分为室内装饰和室外装饰工程。装饰工程施工顺序通常有先内后外、先外后内、内外同时进行三种顺序，具体确定应视施工条件和气候条件而定。通常室外装饰应避开冬期或雨期；当室内为水磨石楼地面，为防止施工用水渗漏对外墙面装饰的影响，应先完成水磨石施工，再进行外墙面装饰；如果为了加速脚手架周转或赶在冬、雨期前完成室外装修，则应采取先外后内的顺序。

室内抹灰在同一层内的顺序有两种：楼地面→天棚→墙面；天棚→墙面→楼地面。前一种

顺序便于清理楼地面基层,楼地面质量易于保证,但楼地面施工后需留养护时间及采取保护措施。后一种顺序需要在做楼地面前,将天棚和墙面施工的落地灰和渣滓扫清洗涤后,再做面层,否则会影响楼地面层与结构层的黏结,引起地面空鼓。室内抹灰时,应先完成楼板上的楼面施工,再进行楼板下天棚、墙面抹灰,以避免楼面渗漏影响墙面、天棚的抹灰质量。

底层地坪一般是在各层装修完成后施工,应注意与管沟的施工相配合。为成品保护,楼梯间和踏步抹灰常安排在各层装修基本完成后。门窗扇安装应在抹灰后进行,但若考虑冬期施工,为防止抹灰层冻结和采取室内升温加速干燥,门窗扇和玻璃可在抹灰前安装完毕。门窗玻璃安装一般在门窗油漆后进行。

室外装修工程一般采取自上而下的施工顺序。在自上而下每层装饰、水落管安装等工程全部完成后,即可拆除该层的脚手架。当脚手架拆除完毕后,进行散水及台阶的施工。

5)建筑设备安装施工顺序 设备安装应与土建工程交叉施工,紧密配合。基础施工阶段,应先完成相应管沟埋设,再进行回填土;主体结构施工阶段,应在砌筑或浇筑混凝土时,预留设备安装所需孔洞和预埋件;装修阶段应先安装各种管线和接线盒后,再进行装修施工。水暖电卫安装一般在室内抹灰前后穿插进行。总之,设备安装施工顺序除了符合自身安装工艺顺序外,还应注意与土建施工间的配合,保证安装工程与土建工程的施工方便和成品保护。

(3)多层全现浇钢筋混凝土框架结构施工顺序 钢筋混凝土框架结构施工一般可划分为地基及基础工程、主体结构工程、围护工程和装饰工程等四个阶段。如图16-6所示为某现浇钢筋混凝土框架结构施工顺序示意图。

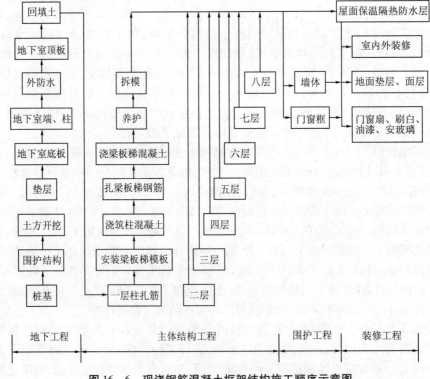

图16-6 现浇钢筋混凝土框架结构施工顺序示意图

(地下室一层、桩基础)

注:主体二~八层的施工顺序同一层

1)地基及基础工程施工阶段的施工顺序 现浇钢筋混凝土框架结构±0.000以下施工阶段,一般可分为有地下室和无地下室两种。若无地下室,且基础为浅基础时,施工顺序:挖土→垫层施工→回填土施工。若有地下室,且基础为桩基础时,其施工顺序:边坡支护→土方开挖→桩基→垫层→地下室底板(防水处理)→地下室柱、墙(防水处理)→地下室顶板→回填土。

2)主体结构工程施工顺序 主体结构工程施工顺序:绑柱钢筋→安装柱、梁、板模板→绑扎梁、板钢筋→浇筑混凝土。为了组织流水施工,需把多层框架在竖向上分层施工,在平面上分施工段施工。

3)围护工程施工顺序 围护工程包括墙体工程、安装门窗框和屋面工程。墙体工程包括砌筑用脚手架搭拆、内外墙及女儿墙砌筑等分项工程,是围护工程的主导施工,应与主体结构工程、屋面工程和装饰工程密切配合,交叉施工,以加快施工进度。主体结构达到龄期便可墙体砌筑,即墙体砌筑可与主体结构搭接施工;墙体砌筑后可进行室内装饰工程;主体结构和女儿墙施工完毕后,可进行屋面工程。屋面工程施工顺序与砖混结构屋面工程施工顺序相同。

4)装饰工程施工顺序 装饰工程施工分为室内装饰工程和室外装饰工程。室内装饰工程既可待主体和围护工程全部结束后开始,也可以与围护工程搭接施工。室外装饰应待主体围护工程结束后,自上而下逐层进行。装饰工程施工顺序与砖混结构房屋施工顺序基本相同。

(4)单层装配式工业厂房的施工顺序 单层装配式工业厂房施工,一般可分为基础工程、构件预制工程、结构吊装工程、围护工程、屋面及装饰工程、设备安装工程等施工阶段。各阶段的施工顺序如图16-7所示。

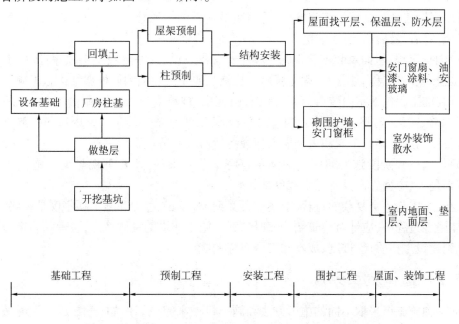

图16-7 装配式钢筋混凝土单层工业厂房施工顺序示意图

1)基础工程的施工顺序　这个阶段的施工过程和顺序:挖土→垫层→基础→回填土。如采用桩基础,则在挖土过程之前施工。

工业厂房基础有厂房柱基础和设备基础两类。根据两种基础埋深关系,可采用封闭式或敞开式施工。当厂房柱基础埋置深度大于设备基础时,则采用"封闭式"施工,即厂房柱基础先施工,设备基础后施工。当设备基础埋置深度大于厂房柱基础,且两类基础之间距离过近时,为防止设备基础基坑开挖时影响厂房柱基础的持力层,应采取"敞开式"施工,即设备基础与厂房柱基础同时施工。

2)构件预制工程施工顺序　单层厂房结构构件预制通常采用现场预制和加工厂预制相结合的方法。对于尺寸和自重大的构件(如屋架、排架柱、抗风柱等),因运输困难,所以多采用在拟建厂房内部现场预制;对于数量较多的中、小构件(如吊车梁、连系梁、屋面板),可在加工厂预制,随着厂房结构安装工程的进度,陆续运往现场堆放或安装。

单层工业厂房钢筋混凝土预制构件现场预制施工顺序:场地平整夯实→支模板→绑扎钢筋→浇筑混凝土(对于后张法预应力构件应同时预留孔道)→混凝土养护→拆模板→张拉预应力钢筋并锚固→孔道灌浆。

3)结构安装工程施工顺序　安装阶段施工顺序取决于施工方案。采用分件吊装法时,一般施工顺序:第一次开行吊装柱,并校正和固定;第二次开行吊装吊车梁、连系梁、基础梁等,使柱和梁形成空间结构;第三次开行吊装屋架、屋面板和屋盖支撑系统。采用综合吊装法时,一般施工顺序:先吊装一两个节间的 4~6 根柱,再吊装该节间内的吊车梁、连系梁、基础梁,最后吊装该节间内的屋架、屋面板、屋盖支撑,如此逐间依次进行,直至全部厂房吊装完毕。

厂房两端抗风柱吊装顺序有两种:一种是在安装排架柱的同时,先安装该跨一端抗风柱,待厂房屋盖系统全部吊装完毕后,再吊装另一端的抗风柱;另一种是待厂房屋盖系统全部吊装完后,最后吊装抗风柱。

4)围护工程、屋面及装饰工程施工顺序　总体来说,这一阶段施工顺序:围护工程→屋面工程→装修工程。围护工程与屋面工程施工顺序与现浇钢筋框架结构施工顺序基本相同。装饰工程包括室内装修(包括地面、门窗扇、玻璃安装、油漆、刷白等)和室外装修(包括勾缝、抹灰、勒脚、散水等),两者可平行施工,也可依次施工。室内抹灰一般自上而下进行;涂料应在墙面干燥和大型屋面板灌缝后雨水不再渗漏后进行。

5)设备安装阶段施工顺序　除满足自身工艺要求外,还要重视与土建施工相互配合,特别是大、中型生产设备的安装更是如此。

建筑施工是一个复杂的过程,上述三种类型建筑施工过程和施工顺序仅是一般情况。在具体施工过程中,应针对建筑结构、现场条件、施工环境的具体特点,合理的确定施工顺序,达到建设工程质量、进度、成本和安全目标的统一。

16.3.2　选择施工方法

同一项施工可采取不同的施工方法和施工机械来完成。例如,土方开挖既可采用人工开挖,也可机械开挖;采用机械开挖,又可采用不同的挖土机械。因此,应根据结构特点,建筑平面形状、长度、宽度、高度、工程量及工期,劳动力及资源供应情况,气候及地质

情况,现场及周围环境,施工单位技术、管理水平和施工习惯等,进行综合分析,选择合理的施工方法,实现技术与经济的统一。

16.3.2.1　选择施工方法的基本要求

首先,应着重考虑主导施工过程的要求。主导施工过程一般是指工程量大、工期长,在施工中占主要地位的施工过程;施工技术复杂或采用新技术、新工艺、新结构、新材料,对工程质量起关键作用的施工过程。在选择施工方法时,应着重考虑影响施工的主导施工过程,而对于工程量小,按常规施工和工人熟悉的施工过程,则可不必详细制订,只需提出注意的问题和要求即可,做到突出重点。

其次,应满足施工组织总设计要求。符合施工技术、提高工厂化和机械化程度的要求;做到方法先进、合理、可行、经济;达到工期、质量、成本和安全的要求。

16.3.2.2　主导施工过程施工方法选择的内容

(1)土石方工程

1)计算土石方工程量,进行土石方调配,绘制土方调配图。

2)确定土方边坡坡度或土壁支撑形式。

3)确定土方开挖方法或爆破方法,选择挖土机械或爆破机具、材料。

4)选择排除地表水、降低地下水位的方法,确定排水沟、集水井的位置和构造,确定井点降水的高程布置和平面布置,选择所需水泵及其他设备的型号及数量。

(2)基础工程

1)确定地基处理方法及技术要点。

2)确定地下室防水要点。如防水卷材铺贴方法;防水混凝土施工缝留置及做法。

3)确定预制桩打入方法及设备选择;或灌注桩成孔方法及设备选择。

(3)砌筑工程

1)选择砖墙的组砌方法及质量要求。

2)弹线及皮数杆的控制要求。

(4)钢筋混凝土工程

1)选择模板类型及支模方法,对于特殊构件应进行模板设计及绘制模板排列图。

2)选择钢筋加工、绑扎、焊接方法。

3)选择混凝土搅拌、运输、浇筑、振捣、养护方法,确定所需设备类型及数量,确定施工缝留设位置及施工缝处理方法。

4)选择预应力混凝土施工方法和所需设备类型及数量。

(5)结构安装工程

1)选择吊装机械种类、型号及数量。

2)确定构件预制及堆放要求,确定结构吊装方法及起重机开行路线,绘制构件平面布置及起重机开行路线图。

(6)屋面工程:确定各个构造层次,施工操作要求及各种材料的使用要求。

(7)装饰工程

1)确定各种装修操作要求及方法。

2)确定工艺流程和施工组织,尽可能组织结构与装修工程穿插施工,室内、外装修交叉施工,以缩短工期。

(8)现场垂直、水平运输及脚手架搭设

1)选择垂直、水平运输方式,验算起重参数,确定起重机位置或开行路线。

2)确定脚手架种类、搭设方法及安全网挂设方法。

16.3.3 制定主要技术组织措施

技术组织措施是指在技术和组织方面对保证工程质量、施工安全、节约和文明施工所采用的方法。应在严格执行施工验收规范、检验标准、操作规程前提下,针对工程施工特点,创造性地制定技术组织措施。对于复杂、要求较高的工程,则应分别单列编制,详见后续内容。对于简单工程以上内容可在相关的施工方案与施工方法中一并编制,并包括以下方面。

16.3.3.1 工程质量保证措施

工程质量保证措施是针对工程经常发生的质量通病制定的防治措施,可以根据关键施工技术、工艺及工程项目实施重点、难点,按照各主要分部分项工程,或各工种工程分别提出质量要求。一般有以下几方面:

(1)保证拟建工程定位、放线、标高测量等准确的措施。

(2)保证地基承载力符合设计要求而采取的措施。

(3)保证各种基础、地下结构、地下防水施工质量的措施。

(4)保证主体结构中关键部位施工质量的措施。

(5)保证屋面工程、装修工程施工质量的措施。

(6)保证冬、雨期施工质量措施。

(7)保证质量的组织措施,如人员构成、培训、质量责任制、质量检查验收制度等。

16.3.3.2 安全施工保证措施

安全施工保证措施对施工中可能发生的安全问题进行预测,有针对性地提出预防措施。一般从以下几方面考虑:

(1)保证土石方边坡稳定的措施。

(2)脚手架、安全网设置及各类洞口(如预留洞口、电梯口、楼梯口、通道口)防止坠落的措施。

(3)施工电梯、井架、龙门架及塔吊等垂直运输机具与主体结构连接要求和防倒塌措施。

(4)安全用电和机电设备防短路、防触电的措施。

(5)雨期防洪、防雨,夏期防暑降温,冬期防滑、防火等措施。

(6)现场周围通行道路及居民保护隔离措施。

(7)高空作业、结构吊装、空间交叉施工时的安全要求及措施。

(8)各种机械、机具安全操作要求。

(9)保证安全施工的组织措施,如安全宣传教育及检查制度等。

16.3.3.3 降低成本保证措施

降低成本保证措施是针对施工中降低成本可能性大的项目,在不影响工程质量和施

工安全的前提下提出节约措施。一般从以下几方面考虑：

（1）合理的劳动组织，提高劳动生产率，减少总的用工数。

（2）从采购、运输、现场管理及材料回收等方面，最大限度地降低原材料、成品和半成品的成本。

（3）采用新技术、新工艺，以提高工效，降低材料用量，节约施工总费用。

（4）保证工程质量，减少返工损失。

（5）保证安全生产，减少事故频率，避免意外工伤事故带来的损失。

（6）提高机械利用率，减少机械费的开支。

（7）增收节支，减少施工管理费的开支。

（8）工程建设提前完工，以节省各项费用开支。

总之，降低成本措施，应从人工费、材料费、施工机械使用费、临时设施费、现场管理费、间接费等方面考虑。

16.3.3.4　现场文明施工保证措施

文明施工或场容管理措施一般包括以下内容：

（1）施工现场的围栏与标牌设置，保证出入口交通安全、道路畅通，保证场地平整。

（2）临时设施的规划与搭设，办公室、更衣室、食堂、厕所的安排与环境卫生。

（3）各种材料、半成品、构件的堆放与管理。

（4）散碎材料、施工垃圾的运输及防止各种环境污染的措施。

（5）成品保护措施。

（6）施工机械保养与安全使用。

（7）安全与消防设施。

16.4　施工进度计划

单位工程施工进度计划是在确定施工方案的基础上，根据计划工期和各种资源供应条件，按照工程施工顺序，用图表形式（横道图或网络图）表示各分部、分项工程搭接关系及工程开、竣工时间的计划安排。

16.4.1　施工进度计划概述

16.4.1.1　施工进度计划的作用

单位工程施工进度计划是单位工程施工组织设计的重要内容，它的主要作用如下：

（1）控制各分部分项工程的施工进度，保证在规定工期内完成工程任务。

（2）确定各分部分项工程施工顺序、施工持续时间及相互衔接、配合关系。

（3）为编制季度、月度生产作业计划提供依据。

（4）为制订各项资源需要量计划和编制施工准备工作计划提供依据。

（5）具体指导现场的施工安排。

16.4.1.2　施工进度计划的分类

单位工程施工进度计划根据施工项目划分的粗细程度，可分为以下几类。

（1）控制性进度计划　它以分部工程来划分施工项目,控制各分部工程的施工时间及其相互搭接配合关系。它主要适用于工程结构较复杂、规模较大、工期较长而需跨年度施工的工程,以及工程具体细节不确定的情况。

（2）指导性施工进度计划　它按分项工程或施工过程来划分施工项目,具体确定各分项工程或施工过程的施工时间及其相互搭接配合关系。它适用于施工任务具体而明确、施工条件基本落实、各种资源供应正常、施工工期不太长的工程。

16.4.1.3　施工进度计划的编制依据

（1）施工组织总设计对本工程的要求。

（2）有关设计文件,如施工图、地形图、工程地质勘查报告等。

（3）施工工期及开、竣工日期。

（4）施工方案及施工方法,包括施工程序、施工段划分、施工流程、施工顺序、施工方法等。

（5）劳动定额、机械台班定额等。

（6）施工条件,如劳动力、施工机械、材料、构件等供应情况。

16.4.1.4　施工进度计划的编制程序

单位工程施工进度计划的编制程序如图 16-8 所示。

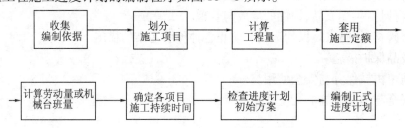

图 16-8　单位工程施工进度计划编制程序

16.4.2　施工进度计划编制步骤及方法

16.4.2.1　划分施工项目

施工项目是具有一定工作内容的施工过程,是施工进度计划的基本组成单位。划分施工项目是编制施工进度计划的关键工作,所划分出的施工项目,既要涵盖编制对象的主要工作内容,又要突出重点;施工项目数量应合适,太多则进度计划过于繁杂,太少则不能起到进度计划应有的作用。施工项目划分的一般要求和方法如下:

（1）明确施工项目划分的内容。根据施工图纸、施工方案和施工方法,确定拟建工程可划分出的分部分项工程,以及各分部分项工程又包括的具体施工内容。

（2）掌握施工项目划分的粗细程度。对于控制性进度计划,其施工项目划分可以粗略,一般按分部工程来划分。对于指导性进度计划,其施工项目划分可细一些,一般按分项工程或施工过程来划分,特别是主导施工过程均应详细列出。

（3）应考虑施工方案。同一工作内容,施工方案不同,则项目划分也不同。

（4）应考虑流水施工的要求。为使流水施工顺利进行,组织流水施工时,施工过程数应不大于施工段数,以免出现窝工现象。这就需要划分施工过程数与施工段数相协调。

（5）区分直接施工与间接施工。直接施工是指施工内容发生在现场内的施工过程，间接施工是指施工内容发生在现场外的施工过程。划分施工项目时，只需列入直接施工内容。至于间接施工，则应列入其他施工组织设计中。如场外预制构件制作过程属间接施工，应列入加工厂的施工组织设计中，而预制构件安装属直接施工，应列入施工现场的施工组织设计。

（6）应合理合并施工项目。一个单位工程的施工内容纷繁复杂，为了使设计简明清晰、重点突出，不可能将所有施工内容都列入计划。这就需要将施工过程适当合并。次要的施工项目可合并到主要施工过程中；有些重要但工程质量不大的施工过程也可与相邻施工过程合并；同一期间，由同一工种施工的项目也可合并为一项；有些关系比较密切的施工过程也可合并。

（7）某些施工项目应单独列项。凡工程量大、用工多、工期长、施工复杂的项目，应单独列项，如砖混结构的砌筑工程；设备安装工程在土建施工进度计划中可单独列项，但应表明与土建施工的配合关系，具体安装工程施工进度计划由安装单位编制。

综上所述，划分施工项目是一项灵活性很大的工作，应该综合考虑，既要全面，又要重点突出。同时还应该考虑建筑的施工特点，例如：现浇钢筋混凝土工程一项，可分为绑扎柱钢筋、安装模板、绑扎梁板钢筋、浇筑混凝土、养护、拆模等项目；对于砖混结构，则可仅列为钢筋混凝土工程一项。抹灰工程列项，室外抹灰一般只列一项，室内抹灰则可列为地面抹灰、天棚及墙面抹灰、楼梯踏步抹灰等。

16.4.2.2　计算工程量

计算工程量应根据施工图纸、工程量计算规则及相应的施工方法进行计算。如有预算文件，可直接利用预算文件中的工程量。若某些项目不一致，则应根据实际情况加以调整或补充，甚至重新计算。计算工程量时应注意以下几个问题。

（1）各项目的计量单位应与现行施工定额的计量单位一致，以便计算劳动量、材料、机械台班时直接套用定额。

（2）结合施工方法和技术安全要求计算工程量。例如：挖土时是否放坡，是否增加工作面，坡度和工作面尺寸是多少；开挖方式等都直接影响到工程量的计算。

（3）按照施工组织要求分层、分段计算工程量。

16.4.2.3　套用施工定额，计算劳动量和机械台班数

施工定额是指当地实际采用的劳动定额及机械台班定额，它一般有两种形式：时间定额和产量定额。时间定额是指某种专业、某种技术等级工人小组或个人在合理的技术组织条件下，完成单位合格产品所必需的工作时间，一般用符号 H_i 表示，它的单位有工日/m^3、工日/m^2、工日/m、工日/t 等。产量定额是指在合理的技术组织条件下，某种专业、某种技术等级工人小组或个人在单位时间内所应完成的合格产品数量，一般用符号 S_i 表示，它的单位有 m^3/工日、m^2/工日、m/工日、t/工日等。时间定额和产量定额是互为倒数的关系，即

$$H_i = \frac{1}{S_i} \text{ 或 } S_i = \frac{1}{H_i} \qquad (16-1)$$

（1）劳动量的确定　以手工操作完成的施工项目，其劳动量可按式（16-2）计算

$$P_i = \frac{Q_i}{S_i} = Q_i \times H_i \qquad (16-2)$$

式中　P_i——某施工项目的劳动量,工日;

　　　Q_i——该施工项目的工程量,m^3、m^2、m、t 等;

　　　S_i——该施工项目采用的产量定额,$m^3/$工日、$m^2/$工日、$m/$工日、$t/$工日等;

　　　H_i——该施工项目采用的时间定额,工日$/m^3$、工日$/m^2$、工日$/m$、工日$/t$ 等。

　　(2)机械台班量的确定　以施工机械为主完成的施工项目,按式(16-3)计算机械台班量

$$D_i = \frac{Q_i}{S_i} = Q_i \times H_i \qquad (16-3)$$

式中　D_i——某施工项目所需机械台班量,台班;

　　　Q_i——机械完成的工程量,m^3、t、件等;

　　　S_i——该机械的产量定额,$m^3/$台班、$t/$台班、件$/$台班等;

　　　H_i——该机械的时间定额,台班$/m^3$、台班$/t$、台班$/$件等。

　　在实际工程中还会遇到施工进度计划所列项目与施工定额所列项目的工作内容不一致的情况,可采取下列方法处理。

　　1)若施工项目是由两个或两个以上的同一工种,但材料、做法或构造都不同的施工过程合并而成时,可按式(16-4)计算其综合产量定额

$$\bar{S}_i = \frac{\sum Q_i}{\sum P_i} = \frac{Q_1 + Q_2 + Q_3 + \cdots + Q_n}{P_1 + P_2 + P_3 + \cdots + P_n} = \frac{Q_1 + Q_2 + Q_3 + \cdots + Q_n}{\dfrac{Q_1}{S_1} + \dfrac{Q_2}{S_2} + \cdots + \dfrac{Q_n}{S_n}} \qquad (16-4)$$

式中　$\bar{S}_i$——合并后的施工项目的综合产量定额,$m^3/$工日、$m^2/$工日、$m/$工日、$t/$工日等;

　　　$\sum Q_i$——合并后总的工程量,计量单位要统一;

　　　$\sum P_i$——合并后总的劳动量,工日;

　　　$Q_1, Q_2, Q_3, \cdots, Q_n$——合并前同工种但施工做法不同的各个施工过程的工程量;

　　　$S_1, S_2, S_3, \cdots, S_n$——合并前与 $Q_1, Q_2, Q_3, \cdots, Q_n$ 相对应的产量定额。

　　2)对"其他工程"所含的劳动量,可根据其内容和数量,结合工地具体情况,以总劳动量的10%~20%计算确定。

　　3)"设备安装工程"在土建施工进度计划中,不计算工程量,仅考虑与一般土建配合施工。

16.4.2.4　确定各施工项目工作持续时间

　　施工项目工作持续时间的计算方法一般有定额计算法、倒排计划法和经验估计法三种。

　　(1)定额计算法　当未规定工期或工期要求比较宽松时,可采取这种方法。当施工项目所需劳动量和机械量确定后,可按式(16-5)、式(16-6)计算其施工持续时间

$$T_i = \frac{P_i}{R_i \times b} \qquad (16-5)$$

$$T'_i = \frac{D_i}{G_i \times b} \qquad (16-6)$$

式中 T_i——某个以手工操作为主的施工项目持续时间,天;

       P_i——该施工项目的劳动量,工日;

       R_i——该施工项目的施工班组人数,人;

       b—— 每天采用的工作班制,1～3 班制;

       T'_i—— 某个机械施工为主的施工项目工作持续时间,天;

       G_i—— 某机械项目所配备的机械台数,台。

应用式(16-5)、式(16-6)时,应首先确定 R_i、b、G_i 的数值。

1)施工班组人数的确定 在确定施工班组人数时,应考虑最小劳动组合人数和最小工作面的要求。最少劳动组合,即某一施工过程进行正常施工所必需的最低限度的班组人数及其合理组合。最小劳动组合确定了施工班组人数的最小值。最少工作面,即施工班组为了保证安全生产和高效的操作所必需的工作面。最小工作面确定了施工班组人数的最大值。

按照上述要求,施工班组人数应介于上述最小值和最大值之间,并应考虑施工企业班组的建制人数来确定。

2)机械台数的确定 机械台数的确定与施工班组人数的确定相似,也应该考虑各种机械的配套、施工最小工作面等来确定。

3)工作班制的确定 一般情况下,当工期不紧,劳动力和机械周转使用不紧迫、施工工艺上无连续施工要求时,可采用一班制施工;当组织流水施工时,为了给第二天连续工作创造条件,某些工作可考虑在夜间进行,即采用二班制施工;当工期较紧或为了提高施工机械的使用率及加快机械的周转使用,或工艺上要求连续施工时,某些施工项目可考虑三班制工作。

(2)倒排计划法 当总工期已确定且比较紧张时,可考虑采用这种方法。先根据总工期的要求,确定各分部工程的施工持续时间,再确定各分项工程或施工过程的施工持续时间和工作班制,最后确定施工班组人数或机械台数。其计算公式见式(16-7)、式(16-8):

$$R_i = \frac{P_i}{T_i \times b} \qquad (16-7)$$

$$G_i = \frac{P_i}{T'_i \times b} \qquad (16-8)$$

式中符号同式(16-5)、式(16-6)。

(3)经验估计法 对于采用新工艺、新技术、新结构、新材料等无定额可循的工程,可采用这种方法。为了提高其准确程度,可采用"三时估计法",即先估计出完成该施工项目最乐观时间(A)、最悲观时间(B)和最可能时间(C)三种施工时间,然后按加权平均的方法确定该施工项目的工作持续时间,其计算公式见式(16-9)

$$t = \frac{A + B + 4C}{6} \qquad (16-9)$$

16.4.2.5 编制施工进度计划的初始方案

编制施工进度计划时,应充分考虑各分部分项工程的合理施工顺序,尽可能组织流水

施工,力求主要工种的施工班组连续施工,其编制步骤如下:

(1)组织主要分部工程的流水施工。首先安排主导施工过程的施工进度,使其尽可能连续施工,以缩短施工时间。然后安排其他施工过程,尽可能与主导施工过程配合、穿插、搭接。

(2)组织其他分部工程的施工进度,使其与主要分部工程穿插、搭接施工。

(3)按照工艺和组织的合理性,将各分部工程的流水作业图按照尽量配合、穿插、搭接的原则连接起来,便得到单位施工进度计划的初始方案。

16.4.2.6 初始施工方案进度计划的检查与调整

检查与调整的目的在于使初始的进度计划满足规定的目标,并更加合理。

(1)初始进度计划的检查 一般从以下几方面进行检查:

1)各施工过程的施工顺序是否正确;流水施工的组织方法是否正确;技术间歇是否合理。

2)初始方案的总工期是否满足合同工期。

3)主要施工过程是否连续施工;各施工过程之间的相互配合、搭接是否正确。

4)劳动力消耗是否均衡,应力求每天出勤的工人人数不发生过大变动。劳动力消耗的均衡性可以用劳动力消耗动态图或劳动力不均衡系数(K)来评估,见式(16-10)

$$K = \frac{R_{max}}{R_m} \qquad (16-10)$$

式中 K——劳动力不均衡系数;

R_{max}——高峰人数;

R_m——平均人数,即施工总工日数除总工期所得人数。

劳动力不均衡系数一般应接近于1,在2以内为好,超过2则不正常。如果出现劳动力不均衡的情况,可通过调整次要施工过程的施工人数、施工持续时间和起止时间及重新安排搭接等方法来实现均衡。

5)物资方面应检查主要机械、设备、材料等的利用是否均衡,施工机械是否充分利用。

(2)初始进度计划的调整 初始方案经过检查,对不符合要求的部分应进行调整。调整方法:增加或缩短某些施工过程的施工持续时间;在符合工艺关系的条件下,调整某些施工过程的起止时间;改变施工方法等。

建筑施工是一个复杂的生产过程,受到人、材料、机械、施工方法、周围环境的影响,使施工进度计划不能正常实施,也就是说计划是相对的,而变化是绝对的。因而在工程进展中应经常检查进度计划是否按要求执行,并在满足工期要求的情况下,不断调整、优化。

16.5 施工准备及各项资源需要量计划

施工准备工作及各项资源需要量计划是施工组织设计的组成部分,是施工单位安排施工准备工作及资源供应的主要依据。它应依据施工进度计划进行编制。

16.5.1　施工准备工作计划

施工准备工作计划主要是反映开工前、施工中必须做的有关准备工作,内容一般包括技术准备、现场准备、资源准备及其他准备。其计划表格见表 16 - 1。

表 16 - 1　施工准备工作计划表

序号	准备工作项目	简要内容	负责单位	负责人	起止日期		备注
					开始	结束	

16.5.2　各种资源需要量计划

16.5.2.1　劳动力需用量计划

其编制方法是将施工进度计划表上每天施工项目所需工人按工种分别统计,得出每天所需工种及人数,再按时间进度要求汇总。其计划表格见表 16 - 2。

表 16 - 2　劳动力需用量计划表

序号	工种名称	总需要量/工日	需要工人人数及时间											...
			×月			×月			×月			×月		...
			上旬	中旬	下旬	上旬	中旬	下旬	上旬	中旬	下旬	上旬	中旬	下旬	...

16.5.2.2　施工机具需用量计划

其编制方法与劳动力需用量计划类似。其计划表格见表 16 - 3。

表 16 - 3　施工机具需用量计划表

序号	机具、设备名称	类型、型号	需要量		货源	进场日期	使用起止时间	备注
			单位	数量				

16.5.2.3　预制构件需用量计划

一般按构件不同种类分别编制。列出构件名称、规格、数量、使用时间等。其计划表形式见表 16 - 4。

表 16 - 4　预制构件需用量计划表

序号	品名	规格	图号、型号	需要量		用部位	加工单位	供应日期	备注
				单位	数量				

16.5.2.4　主要材料需用量计划

编制时列出主要材料的名称、规格、数量、使用时间等。其计划表格见表 16 - 5。

表 16 – 5　主要材料需用量计划表

序号	材料名称	规格	需要量		供应时间	备注
			单位	数量		

16.6　单位工程施工平面图设计

单位施工平面图是对拟建工程施工现场所做的平面规划和布置,是施工组织计划必不可少的内容,是现场文明施工的基本保证。

16.6.1　单位工程施工平面图设计概述

16.6.1.1　单位施工平面图设计内容

(1)已建和拟建的地上和地下的一切建筑物、构筑物及其他设施(道路和管线)的位置和尺寸。

(2)生产临时设施。主要包括垂直运输机械的位置,搅拌站、加工棚、仓库、材料构件堆场,运输道路,水电线路,安全防火设施的位置和尺寸。

(3)生活临时设施。主要包括行政管理、文化、生活、福利用房的位置和尺寸。

16.6.1.2　单位工程施工平面图设计依据

单位工程施工平面图设计依据:建筑总平面图、施工图纸、现场地形图,水源和电源情况,施工场地情况,可利用的房屋及设施情况,自然条件和技术经济条件的调查资料,施工组织总设计,本工程的施工方案和施工进度计划、各种资源需要量计划等。

16.6.1.3　单位工程施工平面图设计原则

(1)在保证顺利施工前提下,现场要布置紧凑、占地省,不占或少占公用场地。

(2)合理布置现场的运输道路及加工厂、搅拌站、材料堆场或仓库位置,尽量做到短运距、少搬运,尽量避免二次搬运。

(3)尽量减少临时设施的搭设,降低临时设施费用。

(4)临时设施布置,尽量便利生产和生活,使工人至施工区距离最近,往返时间最少。

(5)应符合劳动保护、安全生产、消防、环保、市容等要求。

16.6.1.4　单位工程施工平面图设计步骤

单位工程施工平面图设计步骤:确定垂直运输机械位置→确定搅拌站、加工棚、仓库、材料及构件堆场尺寸和位置→布置运输道路→布置生活用房→布置临时水电管线→布置安全消防设施。

16.6.2　单位工程施工平面图设计

16.6.2.1　布置垂直运输机械位置

垂直运输机械位置是施工平面图布置的中心环节,直接影响到其他生产设施布置。

不同起重机械位置布置方法如下：

（1）固定式垂直运输机械的位置　井架、龙门架等机械位置固定，主要解决垂直运输问题，应使地面水平运输和楼面水平运输的运距最小。布置时应考虑以下几个方面：

1）应布置在施工现场较宽阔的一侧。以便有较大的场地布置各类生产设施。

2）当建筑物各部位高度相同，且只设一台垂直运输机械时，应布置在施工段分界线处，以保证材料运至各施工段；当建筑物高度不同，且只设一台垂直运输机械时，应布置在高低分界线较高一侧，以保证高低两处均能顺利运输。

3）井架、龙门架应布置在建筑物的窗口处，减少对墙体的留槎和修补工作。

4）井架、龙门架服务范围一般为 50～60 m。当运距较长或施工进度较快时，为保证运输能力，可增设井架或龙门架。

5）卷扬机不应距起重机械近，以便司机视线能看到整个升降过程。一般要求距离大于建筑物高度。为便于脚手架搭设，卷扬机应距离外脚手架 3 m 以上。

（2）塔式起重机的位置　塔式起重机按使用方法不同，可分为固定附着式、轨道行走式和内爬式等几种类型。不同类型，布置方式有所不同。

1）固定附着式塔式起重机　主要用于占地面积较小的点式高层建筑。宜设置在建筑物靠近生产设施的一侧，并应满足式（16 – 11）

$$R \geqslant B + D \tag{16 – 11}$$

式中　R——塔吊最大回转半径，m；

　　　B—— 建筑物平面最远点上距塔吊中心线最大距离，m；

　　　D——塔式中心线与建筑物外墙边缘距离，m。

2）轨道式塔式起重机　主要用于占地面积较大的多层建筑。一般沿建筑物长向布置，在施工场地较宽阔的一侧。根据建筑物平面形状和尺寸、构件重量、起重机性能及四周施工场地的条件，通常轨道有单侧布置、双侧布置和环形布置。当建筑物宽度较小，构件自重不大时，可采用单侧布置；当建筑物宽度较大、构件重量较大，应采用双侧或环形布置。

轨道布置应绘制塔式起重机服务范围。服务范围是以轨道两端的轨道中点为圆心，以最大回转半径为半径划出两个半圆，连接两个半圆，即为塔式起重机的服务范围。

塔式起重机服务范围应符合两个要求：一是应将建筑物平面包括在起重机服务范围内，尽可能避免死角；二是材料及构件堆放场地、搅拌站和钢筋加工棚应在服务范围之内。这样起重机就能直接把材料运输到建筑物所有位置上。

3）内爬式塔式起重机　根据这种起重机的爬升特点，应将其设在点式高层建筑的电梯井或竖向通道内。要求其服务范围应覆盖建筑物平面和材料、构件堆放场地。

16.6.2.2　搅拌站、加工棚、仓库及材料堆场的布置

布置总体要求：既要尽量靠近垂直运输机械或布置在起重机服务范围内，又要便于运输、装卸。具体要求如下：

（1）搅拌站的布置

1）当采用固定式垂直运输机械时，搅拌站应尽可能布置在垂直运输机械附近，以减少混凝土或砂浆的水平运距。当采用塔式起重机时，搅拌站应设在其服务范围之内。

2）搅拌站应有后台上料场地，与砂石堆场、水泥库、石灰池靠近，而且要便于材料的运输和装卸。

3）搅拌站应设置在施工道路近旁，使小车、翻斗车地面水平运输方便。

4）混凝土搅拌站所需面积约 25 m^2，砂浆搅拌站约 15 m^2，冬期施工还需考虑混凝土、砂浆保温与供热设施所占面积。

5）如采用混凝土泵输送，混凝土泵应靠近混凝土搅拌站，或使混凝土搅拌运输车便于接近的位置。

（2）加工棚的布置　木材、钢筋、水电等加工棚宜放置在建筑物四周稍远处，应便于原材料及成品的运输，并有相应的材料及成品堆场。

（3）仓库及堆场的布置

1）仓库的布置　水泥库应靠近搅拌机械。各种易燃、易爆品仓库布置应符合防火、防爆安全距离要求。木材、钢筋及水电器材等仓库，应与加工棚结合布置，以便就近取材加工。

2）构件配件及材料堆场的布置　构件配件及材料堆场应靠近固定式垂直运输机械或置于塔式起重机的服务范围内。各种钢、木门窗及钢、木构件不宜露天堆放，可放在已建成的主体结构底层室内或另外搭棚存放。模板、脚手架等周转材料应存放于便于装卸及垂直运输的地点。砂石应尽可能布置在搅拌机械附近，便于装卸。

16.6.2.3　运输道路的布置

施工运输道路应按材料和构件运输要求，沿仓库、堆场和垂直运输机械布置，使运输畅通。汽车道路宽度，单、双行道分别不小于 3 m 和 6 m；平板拖车单、双行道分别不小于 4 m 和 8 m。

运输道路布置应满足材料、构件等运输要求，使道路通到各仓库、堆场及垂直运输机械附近；应满足消防要求，使道路靠近建筑物、材料堆场等易于发生火灾的地方，以便消防车能直接开到消防栓处，消防车道宽度不小于 3.5 m；为提高车辆通行速度和能力，应尽量将通道布置成环路；应尽量利用已有道路或永久性道路。对于永久性道路可先修筑路基，作为临时道路，工程结束后再修筑地面；施工道路应避开拟建工程和拟建地下管道等部位。

16.6.2.4　生活用临时设施的布置

生活用临时设施布置应考虑使用方便，不得妨碍施工，符合安全、防火要求，应尽量利用已有设施或已建工程。通常办公室布置应靠近施工现场，宜设在工地出入口处；工人休息室应设在工人作业区；宿舍应布置在安全的上风口；门卫室宜布置在工地入口；开水房、食堂与浴室、厕所应隔离设置。

16.6.2.5　临时供水、供电设施的布置

（1）临时供水管网的布置

1）单位工程临时供水管网一般采用枝状布置方式，应将供水管分别接至各用水点附近。在保证供水前提下，应使管线越短越好，管线可明铺或暗铺。高层建筑施工用水应设置蓄水池和加压泵，以满足高层用水需要。

2）为了排除地表水和地下水，应及时修通下水道。与城市永久性排水系统连接时，应重视沉淀和过滤，防止阻塞并符合环保要求。

（2）临时供电网的布置　单位工程的临时供电线路，一般也采用枝状布置。其要求如下：

1）尽量利用原有高压电网及已有变压器。如自行设置应符合下列要求：变压器应布置在现场边缘高压线接入处，离地面距离应大于 3 m，四周设高度大于 1.7 m 的铁网防护栏，并设有明显标志。变压器不可布置在交通路口。

2）线路应架设在道路一侧，距建筑物应大于 1.5 m，垂直距离应在 2 m 以上，电线杆间距一般为 25～40 m，分支线及引入线均应由杆上横担处连接。线路应布置在起重机械工作范围以外或采用埋地电缆代替架空线，以减少相互干扰。供电线路跨过材料、构件堆场时，应有足够的安全架空距离。

3）各种用电设备控制应做到"一机、一闸、一保护"。室外配电箱等，应有防雨、防潮措施，严防漏电短路及触电事故。

16.6.2.6　消防设施的布置

消防用水一般利用城市或建设单位的永久性消防设施。如自行设置应符合下列要求：消防水管直径不小于 100 mm，消防栓间距不大于 120 m，消火栓布置应靠近十字路口、路边或工地出入口附近布置，距路边不大于 2 m，距拟建建筑物外墙不应小于 5 m，也不应大于 25 m，且应设有明显的标志，周围 3 m 以内不准堆放建筑材料。

单位工程施工平面图所包含的内容很多，为了具体指导现场管理，绘制时应有足够的深度。绘制时，应把拟建单位工程放在图的中心位置。图幅一般采用 2～3 号图纸，比例为 1∶200～1∶500，常采用的是 1∶200。

16.7　安全文明施工的技术组织措施

安全文明施工技术组织措施制定主要根据《建筑施工安全技术统一规范》（GB 50870—2013）、《建筑工程绿色施工规范》（GB/T 50905—2014）、《建设工程施工现场环境与卫生标准》（JGJ 146—2013）、《建筑深基坑工程施工安全技术规范》（JGJ 311—2013）和《工程施工废弃物再生利用技术规范》（GB/T 50743—2012）等规范和地区要求，按以下几方面制定。

（1）安全管理组织　建立以项目负责人为首，由各职能门负责人组成的安全领导机构，协调和监督安全防范措施的实施。按照安全施工保证体系建立安全责任制。设置专职安全员，负责日常安全检查、安全巡视和安全教育。严格执行各分项工程的安全技术交底和建立进场工人安全教育制度。

（2）专职安全管理人员　指定足够数量的专职安全管理员，履行安全管理职责。安全职责应明确职责和管理方法。

（3）特殊作业人员　电工、电焊工、机械工、架子工等所有特殊作业人员必须持证上岗。

（4）安全设施或需配置的安全设施　根据工程需要配置和制定安全帽、安全网、安全带、安全警示牌及安全设施等管理措施。

（5）安全防护措施　制定易发生安全事故（如土方工程、桩基工程、施工用电、外脚手架、动火作业和"四口"防护等）的施工过程和施工部位所采取的安全保护措施和具体要求。

（6）大、中型施工机械管理　制定主要施工机械管理、操作、维修和用电保护等方面管理措施和具体要求。

（7）文明施工技术组织措施　根据相应规范和要求，制定文明施工技术组织措施的

原则,组织架构和工作流程,场容场貌管理,临时道路管理、施工人员管理、治安管理、材料管理、节能施工和人员生活管理等方面的制度和要求。

(8)安全、文明施工责任奖惩办法　对违反安全、文明施工要求的行为制定切实可行的具体处理办法,根据情节轻重可分为批评教育、罚款和停岗学习等处罚措施。

(9)危险源因素识别、评价及控制措施　主要包括危险因素识别、风险因素的评价和风险因素的控制措施。特别应根据重大风险因素及控制计划清单,并制定相应的、具体的控制措施。

(10)影响环境重大因素的确定与控制措施　影响环境重大因素主要包括扬尘、二次污染,水污染,噪声污染,固体废弃物污染。根据以上影响因素和根据相应规范及要求,制定相应的控制措施。

16.8　保证工程质量技术组织措施

首先根据合同要求或制定的目标,明确具体的工程质量目标,再从以下几个方面制定保证工程质量技术组织措施。对于大型的复杂、质量要求高的工程,则需要详细编制。对于较为简单工程,则可适当简化。

16.8.1　质量管理体系、制度及质量保证体系

(1)质量管理机构　坚决贯彻"百年大计、质量第一"的方针,牢固树立"预防为主"的思想。在施工过程中,通过各种形式加强对参建人员的教育,不断提高工作责任心和质量意识,对质量问题坚决执行"三不放过"和"一票否决制";精心组织、精心施工,建立明确、具体的质量管理机构,确保工程质量达到目标要求。

(2)工程质量管理体系和质量检验系统　在全面熟悉施工图,领会设计意图前提下,建立以公司总工程师为首的质量保证体系,全面控制施工项目的工程质量。工程质量管理体系和质量检验系统可用流程图表示。

(3)技术保证制度　制定施工过程的事前、事中、事后管理制度,施工难点、技术变更和技术问题的处理方法等。

(4)原材料质量保证制度　制定对各种原材料质量把关的方法或措施、检验和储存方法等制度。

(5)计量保证制度　主要包括对施工中各种主要计量过程制定具体的管理措施。

(6)施工保证制度　主要包括施工质量管理制度,主要施工过程间的工序管理,具体的管理方式和要求。

(7)质量回访维修制度　自工程竣工验收交付使用开始,严格地执行建筑工程的质量回访和保修、维修制度,树立"用户是上帝"的思想,具体制定具体措施。

16.8.2　关键部位质量控制措施

根据工程特点和现场具体条件制定关键部位质量控制措施,控制措施中应包括工期、施工顺序和施工方法。主要涉及主体和装饰质量控制措施两大方面。具体内容有基础工

程、模板工程、钢筋工程、混凝土工程、砌体工程、屋面工程、防水工程、外墙保温工程和装饰工程等。以上措施的制定应做到重点突出,切合实际。

16.8.3　工种岗位技术培训

制定对项目主要管理人员和现场操作人员技术培训方法和要求。

16.8.4　先进施工工艺

对新材料、新技术和新工艺施工应制定具体的管理措施,明确方法和要求。

16.8.5　送样检测,见证取样保证措施

制定送样员、见证员具体的工作流程及人员资格要求。如必须持证上岗,必须现场取样,现场制作,送样单必须经送样员、见证员签字盖章后,送检测站检测等。

16.8.6　分部分项分阶段验收步骤及方法

分项工程质量应在班组自检的基础上,由单位工程负责人组织有关人员进行评定,专职质量检查员核定。从保证项目、检验项目、实测项目、实测项目进行验收评定。分项隐蔽工程,在班组自检基础上经甲方、监理单位验收合格后,再进行下道工序施工。

地基验槽、结构验收由建设单位、设计单位、监理单位施工单位共同组织验收。分项、分部分阶段验收方法必须以图纸为准,以施工规范验评标准和强制性标准的规定,以验评标准的操作方法、检查方法进行验收。

16.8.7　完成质量目标奖惩办法

确定各班组质量施工目标及各分部工程的质量施工目标,本着谁施工谁负责的原则,对于不按要求施工的班组及个人,除按要求进行返工外,还要视情节轻重制定处罚措施。

16.9　绿色施工技术组织措施

随着国家对环境保护的重视,对施工现场环境与卫生要求不断提高,并提出了绿色施工的要求。因此,过去在安全文明施工中,所包含的环境保护和绿色施工技术组织措施,要求单独编制,并加以细化。制定时主要参照《建筑工程绿色施工规范》(GB/T 50905—2014)、《建筑工程绿色施工评价标准》(GB/T 50640—2010)、《建设工程施工现场环境与卫生标准》(JGJ 146—2013)和《工程施工废弃物再生利用技术规范》(GB/T 50743—2012)等相关规范和当地的具体要求进行制定。主要制定内容包括以下两个方面。

16.9.1　施工现场环境与卫生技术组织措施

施工现场环境与卫生技术组织措施、应制定保护环境、创建整洁文明的施工现场,保障施工人员的身体健康和生命安全,改善建设工程施工现场的工作环境与生活条件的具体措施。

环境保护措施主要解决现实的或潜在的环境问题,协调施工活动与环境的关系,保障

经济社会的健康持续发展。环境卫生包括施工现场生产、生活环境的卫生,包括食品卫生、饮水卫生、废污处理、卫生防疫等。根据规范和实际情况要求制定具体、可行、满足现场环境和卫生要求的措施、制度和实施方案。

16.9.2 绿色施工技术组织措施

在保证质量、安全等基本要求的前提下,通过科学管理和技术进步,最大限度地节约资源,减少对环境负面影响,实现节能、节材、节水、节地和环境保护("四节一环保")的建筑施工目标。针对工程实际情况,依据《建筑工程绿色施工评价标准》(GB/T 50640—2010),按照各分部分项工程特点逐项制定。

 复习思考题

1. 简述单位工程施工组织设计的内容。

2. 什么叫单位工程施工程序? 确定施工程序应遵守哪些原则? 土建与设备安装施工程序有哪几种?

3. 什么叫单位工程的施工起点和流向? 室内外装修各有哪些施工流向?

4. 确定施工顺序应遵守哪些基本原则? 试分别叙述砖混结构和现浇钢筋混凝土框架结构的施工顺序。

5. 各种技术组织措施的主要内容是什么?

6. 单位工程施工进度计划的作用和编制依据是什么?

7. 施工项目的划分有哪些要求?

8. 怎样确定某个施工项目的劳动量和机械台班量?

9. 怎样确定某一个施工项目的工作延续时间? 确定班组人数时,要考虑哪些因素?

10. 怎样检查和调整施工进度计划?

11. 单位工程施工平面图的设计内容、依据和原则是什么?

12. 试述单位工程施工平面图的一般设计步骤。

13. 试述起重机的布置要求。

14. 搅拌站、加工棚、仓库及材料堆场的布置要求是什么?

15. 试述施工道路的布置要求。

16. 现场临时设施有哪些内容? 临时供水、供电有哪些要求?

第 17 章　施工组织总设计

17.1　施工组织总设计的概念

17.1.1　施工组织总设计的作用

施工组织总设计(也称施工总体规划)是以一个建设项目或建筑群为编制对象,用以指导施工全过程各项活动的全局性、控制性的技术经济文件。一般由建设总承包单位负责编制。

施工组织总设计的基本作用是指导全工地施工准备、施工及竣工验收全过程的各项活动,是编制单位工程施工组织设计的依据。

17.1.2　施工组织总设计的原则

编制施工组织总设计应遵照以下基本原则:

(1)遵守工期定额和合同规定的工程开竣工期限。总工期较长的大型建设项目可分期分批建设,配套投产或交付使用,尽早地发挥建设投资的经济效益。在确定分期分批施工的项目时,必须使每期交工的项目独立地发挥效用,与项目有关的附属辅助项目同时完工。

(2)合理安排施工程序与顺序。按照建筑施工的程序组织施工,能够保证各项施工活动相互促进、紧密衔接,加快施工速度,缩短工期。

(3)应用科学和先进方法进行编制。因地制宜地促进技术进步和建筑工业化的发展。

(4)从实际出发,做好人力、物力的综合平衡,组织均衡施工。

(5)尽量利用正式工程、原有或就近的已有设施,以减少各种暂设工程;尽量利用当地资源,合理安排运输、装卸与储存作业,减少物资运输量,避免二次搬运;精心进行场地规划布置,节约施工用地,不占或少占农田,防止施工事故,做到文明施工。

(6)实施目标管理。编制施工组织总设计的过程,也就是提出施工项目目标,实现目标的规划过程。因此,必须遵循目标管理原则,使目标分解得当,决策科学,实施有法。

(7)与施工项目管理相结合。施工项目管理必须事先进行规划,使管理工作有序地进行。施工项目管理规划内容应在施工组织总设计的基础上进行扩展,使施工组织总设计不仅服务于施工和施工准备,而且服务于经营管理和施工管理。

17.1.3　施工组织总设计的编制依据

为了保证施工组织总设计编制水平和质量,使其更能结合实际、切实可行,并发挥其指导施工、控制进度的作用,应以如下资料作为编制依据。

（1）计划批准文件及有关合同的规定。建设地点所在地区主管部门有关批件；施工单位上级主管部门下达的施工任务计划；招投标文件及签订的工程承包合同中的有关施工要求的规定等。

（2）设计文件及有关规定。如批准的设计和计划任务书，以及有关建设文件等。

（3）建设地区的工程勘察资料和调查资料。勘察资料主要有地形、地貌、水文、地质、气象等自然条件；调查资料主要有建筑安装企业、预制加工、设备、技术与管理水平等情况，工程材料的来源与供应情况、交通运输情况，以及水电供应情况等建设地区的技术经济条件和当地政治、经济、文化、科技、宗教等社会调查资料。

（4）现行的规范、规程、定额和有关技术标准。主要有施工及验收规范、质量标准、工艺操作规程、概算指标、概预算定额、技术规定和技术经济指标等。

（5）其他参考资料。如类似或近似建设项目的施工组织总设计实例、施工经验的总结资料及有关的参考数据等。

17.1.4　施工组织总设计编制程序

施工组织总设计是整个工程项目或群体建筑全面性和全局性的指导施工准备的技术文件，通常应该遵循如图17－1所示的编制程序。

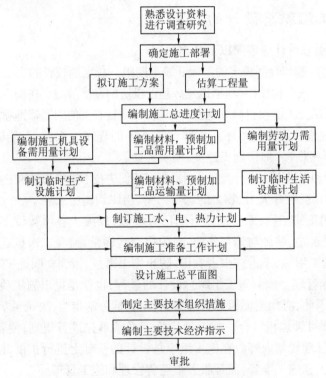

图17－1　施工组织总设计编制程序

17.1.5　施工组织总设计的内容

施工组织总设计的主要内容：工程概况；施工部署和施工方案；施工总进度计划；

工准备工作计划;各项资源需用量计划;全场性暂设工程;施工总平面图;技术经济指标。

工程概况和特点分析是对整个建设项目的工程结构特征、施工难易程度、工期、质量以及各单位工程之间的内在联系所作的简要分析,从而采取一些相应的、对全局有影响的施工部署或措施,使工程施工进度快、质量好、成本低,一般包括以下内容。

(1)建设项目概况　建设项目概况主要包括项目构成状况,建设项目的建设、设计、承包单位和建设监理单位,建设地区自然条件状况,建设地区技术经济状况,施工项目施工条件等内容。

(2)施工部署和主要工程项目施工方案　施工部署主要包括施工总目标、施工管理组织、施工总体安排等项内容。其中,施工管理组织又包括确定施工管理目标,管理工作内容,管理组织机构,制定管理程序、制度和考核标准。施工总体安排又包括调集施工力量,安排为全场性服务的施工设施,划分独立交工系统,确定单项工程开竣工时间和主要项目施工方案。因此,施工部署和主要工程项目施工方案是施工组织总设计的核心。为圆满完成建设任务提出了总体目标,提供了组织、人员、设备和技术等项保障。

(3)施工总进度计划　施工总进度计划属于控制性计划,要根据施工部署要求,合理确定每个独立交工系统,以及单项工程控制工期,并使它们最大限度搭接起来。

(4)施工准备工作计划　根据施工项目的施工部署、施工总进度计划、施工资源计划和施工总平面布置要求编制施工准备工作计划。具体内容:①按照建筑总平面图要求,做好现场控制网测量;②认真做好土地征用、居民迁移和现场障碍物的拆除工作;③组织对项目所采用的新结构、新材料、新技术试制和试验;④优先落实大型施工设施工程,同时做好现场"三通一平"工作;⑤落实建筑材料、构配件、加工品、施工机具和工艺设备加工或订货工作;⑥认真做好人员岗前技术培训和组织工作。

(5)施工资源需要量计划　施工资源需要量计划又称施工总资源计划,包括劳动力需要量计划、主要材料和预制品需要量计划和施工机具,以及设备需要量计划。

(6)施工总平面图　施工总平面图是反映整个施工现场的布置情况,具体布置方法见本章相关内容。

(7)主要技术组织措施　主要技术组织措施主要包括施工总质量计划、施工总成本计划、施工总安全计划、施工总环保计划、施工风险总防范等内容。

(8)主要技术经济指标　主要技术经济指标包括项目施工工期、质量、成本、消耗、安全和环保等其他施工指标。

17.2　施工部署和主要项目施工方案

施工部署对建设工程统筹规划、全面安排和解决施工重大方案,是编制施工总进度计划的前提,主要解决施工重大战略问题。施工部署的内容和侧重点根据建设项目的性质、规模和客观条件不同而有所不同。一般包括以下内容。

17.2.1　明确项目管理机构和任务分工

明确施工项目管理机构、体制,划分各施工单位的任务,明确各承包单位之间的关系,建立施工现场统一的组织领导机构及其职能部门,确定综合和专业的施工队伍,划分施工阶段,确定各单位分期分批的主攻项目和穿插项目。应绘制项目经理部组织结构图,表明相互之间信息传递和沟通方法,人员的配备数量和岗位职责要求。项目经理部各组成人员的资质要求,应符合国家有关规定。

17.2.2　确定工程开展程序

根据合同总工期要求合理安排工程开展的程序,即单位工程或分部工程之间的先后开工、平行或搭接关系,确定工程开展程序的原则:①在满足合同工期要求的前提下,分期分批施工;②统筹安排,保证重点,兼顾其他,确保工程项目按期投产;③所有工程项目均应按照先地下、后地上;先深后浅;先干线、后支线的原则进行安排;④要考虑季节对施工的影响,把不利于某季节施工的工程,提前到该季节来临之前或推迟到该季节终了之后施工,并应保证工程进度和质量。

17.2.3　主要项目施工方案的拟订

对主要工程项目和特殊分项工程施工方案拟订,目的是为指导技术和资源的准备工作,同时为施工顺利开展和现场合理布置。这些项目往往是建设项目中,工程量大、施工难度大、工期长、在整个建设项目中起关键作用的单位工程项目,以及影响全局的特殊分项工程。在拟订时,应注意以下方面:①施工方法要求兼顾技术的先进性和经济的合理性;②根据工程量对资源合理安排;③施工工艺流程要求兼顾各工种、各施工段的合理搭接;④选用施工机械设备,要使主导机械满足工程需要,又能发挥其效能。使各大型机械在各工程上进行综合流水作业,减少装、拆、运的次数,对辅助配套机械的性能,应与主导机械相适应。其中,施工方法和施工机械设备应重点组织安排。

17.2.4　编制施工准备工作计划

施工准备工作是顺利完成建设任务的重要阶段,必须从思想、组织、技术和物资供应等方面做好充分准备,所以应做好施工准备工作计划。其主要内容:①安排好场内外运输,施工用主干道,水、电来源及其引入方案;②安排好场地平整方案和全场性的排水、防洪;③安排好生产、生活基地,在充分掌握该地区情况和施工单位情况的基础上,规划混凝土构件预制,钢、木结构制品及其他构配件的加工、仓库及职工生活设施等;④安排好各种材料的库房、堆场用地和材料货源供应及运输;⑤安排好冬雨季施工的准备;⑥安排好场区内的宣传标志,为测量放线做准备。

17.3　施工总进度计划

施工总进度计划的编制步骤如下。

17.3.1　计算工程项目及全场性工程的工程量

施工总进度计划主要起控制总工期的作用,所以在项目划分时不宜过细。通常按分期分批投产顺序和工程开展顺序列出工程项目,并突出主要工程项目。一些附属项目及一些临时设施可以合并列出。

按工程开展程序和单位工程计算主要实物工程量。此时计算的目的:为了选择施工方案和主要的施工、运输机械;初步规划主要施工过程和流水施工;估算各项目完成时间;计算劳动力和物资的需要量。因此,工程量只需粗略地计算即可。

计算工程量,可按初步(或扩大初步)设计图纸,并根据各种定额手册进行计算。常用的定额资料:①万元、十万元投资工程量、劳动力及材料消耗扩大指标;②概算指标和扩大结构定额;③已建房屋、构筑物的资料。

除建设项目本身外,还必须计算主要的全工地性工程的工程量,例如铁路及道路长度、地下管线长度、场地平整面积。这些数据可以从建筑总平面图上求得。

按上述方法计算出的工程量可填入统一的工程量汇总表。

17.3.2　确定各单位工程的施工期限

应根据具体条件和影响因素综合考虑,确定各工程工期,也可参考有关工期定额来确定各单位工程的施工期限。

17.3.3　确定各单位工程的竣工时间和相互搭接关系

在确定施工期限、施工程序和各工程的控制期限后,应对每一个单位工程的开工、竣工时间做具体确定。各单位工程工期确定应考虑下列因素。

(1)保证重点,兼顾一般。在同一时期进行的项目不宜过多,以避免人力、物力分散。

(2)满足连续性、均衡性施工的要求。尽量使劳动力和物资消耗,在施工全程上均衡,以避免出现高峰或低谷;组织大流水作业,尽量保证各施工段能同时进行作业,达到施工的连续性,以避免施工段的闲置。为实现施工的连续性和均衡性,需留出一些后备项目,作为调节项目,穿插在主要项目的流水中。

(3)综合安排。土建施工、设备安装、试生产三者在时间上综合安排,做到合理,缩短建设周期,尽快发挥投资效益。

(4)分期分批建设,发挥最大效益。在第一期工程完成同时,安排好第二期以及后期工程施工,在有限条件下,保证第一期工程,促进后期工程的施工进度。

(5)认真考虑施工总平面图的空间关系。在满足规范的要求下,做到节省用地,布置紧凑,充分考虑施工总平面的空间关系,对相邻工程的开工时间和施工顺序进行调整,以免互相干扰。

(6)认真考虑各种条件限制。在考虑各单位工程开工、竣工时间和相互搭接关系时,还应考虑现场条件、施工力量、物资供应、机械化程度,以及设计单位提供图纸等资料的时间、投资等情况,同时还应考虑季节、环境的影响。总之,全面考虑各种因素,对各单位工程的开工时间和施工顺序进行合理调整。

17.3.4 施工总进度计划的安排

施工总进度计划只起控制作用,所以不必过细,过细不利于计划调整。施工总进度计划可以用横道图表达,也可以用网络图表达。

施工总进度计划完成后,把各项工程的工作量加在一起,即可确定某时间建设项目总工作量的大小。根据情况调整某些单位工程的施工速度或开工、竣工时间,以避免高峰时的资源紧张,也保证整个工程建设时期工作量达到均衡。

17.4　资源需要量计划

总进度计划编制后,即可根据工程进度、按日期分类编制各种资源需要量计划。

17.4.1　劳动力需要量计划

劳动力需要量计划是规划临时建筑和组织劳动力进场的依据。编制时根据工程量和预算定额或有关资料即可求出各单位工程重要工种的劳动力需要量。将各主要工种劳动力量按日期汇总,即可得出整个建筑工程项目劳动力需要量计划。填入劳动力需要量表。

17.4.2　各种物资需要量计划

根据工种工程量汇总表和总进度计划的要求,以及概算指标即可得出各单位工程所需的物资需要量,从而编制出物资需要量计划。

17.4.3　施工机具需要量计划

主要施工机械需要量是根据施工进度计划,施工方案和工程量,套用机械产量定额,即可得到主要机械需要量,辅助机械可根据安装工程概算指标求得,从而编制机械需要量计划。

17.4.4　暂设工程

17.4.4.1　工地加工厂组织

工地加工厂组织主要是确定其建筑面积和结构型式。根据建设项目对某种产品的加工量来确定加工厂的类型、规模。

(1)加工厂的类型和结构　工地加工厂类型主要有混凝土构件预制厂、木材车间、模板加工车间、钢筋加工厂、金属构件加工厂和机械修理厂等。对于公路、桥梁路面工程还需有沥青混凝土加工厂。

工地加工厂结构形式应根据使用情况和当地条件而定,一般使用期限较短者,可采用简易结构,使用期限长的,宜采用坚固耐久的结构形式或采用拆装式活动房屋。

(2)加工厂面积确定　加工厂面积可用下式确定

$$F = \frac{K \times Q}{T \times S \times \alpha} \qquad (17-1)$$

式中　F——所需建筑面积，m^2；

　　　Q——加工总量，m^3 或 kg；

　　　K——不均衡系数，取 1.3 ~ 1.5；

　　　T——加工总时间，月；

　　　S——每平方米场地月平均产量，m^3/m^2 或 kg/m^2；

　　　α——场地或建筑面积利用系数；取 0.6 ~ 0.7。

混凝土搅拌站面积确定

$$F = N \times A \tag{17-2}$$

式中　F——所需建筑面积，m^2；

　　　N——搅拌机台数，台；

　　　A——每台搅拌机所需面积，并由工艺确定，m^2。

搅拌机台数确定

$$N = \frac{Q \times K}{T \times R} \tag{17-3}$$

式中　Q——混凝土需要总量，m^3；

　　　K——不均衡系数，取 1.5；

　　　T——混凝土工程施工总工期，工日；

　　　R——混凝土搅拌机台班产量。

17.4.4.2　工地仓库组织

（1）仓库的类型和结构

1）建筑工程所用仓库按其用途分为以下几种类型：①转运仓库——设在火车站、码头附近用来转运货物；②中心仓库——用以储存整个工程项目工地、地域性施工企业所需的材料；③现场仓库（包括堆场）——专为某项工程服务的仓库，一般建在现场；④加工厂仓库——用以某加工厂储存原材料、已加的半成品、构件等。

2）工地仓库的结构一般有两种形式　①露天仓库用于堆放不因自然条件而受影响的材料，如砂、石、混凝土构件等；②库房用于堆放易受自然条件影响而发生性能、质量变化的物品，如金属材料、水泥、贵重建筑材料、五金材料、易燃、易碎品等。

（2）工地物资储备量的确定　工地材料储备一方面要保证施工的连续性，另一方面要避免材料的大量积压，而造成仓库面积过大，增加投资。储存量根据工程具体情况而定，场地小、运输方便的可少储存，对于运输不便、受季节影响的材料可多储存。

对经常或连续使用的材料，如砖、瓦、砂、石、水泥、钢材等可按储备期计算

$$P = T_c \frac{Q_i - K_j}{T} \tag{17-4}$$

式中　P——材料的储备量，m^3 或 kg；

　　　T_c——储备期定额，天；

　　　Q_i——材料、半成品等总需要量；

　　　T——有关项目施工总工作日；

　　　K_j——材料使用不均衡系数。

(3)确定仓库面积 仓库面积可用下式计算

$$F = \frac{P}{q \times K} \qquad (17-5)$$

式中 F——仓库总面积，m^2；

P——仓库材料储备量；

q——每平方米仓库面积能存放材料、半成品和成品的数量；

K——仓库面积利用系数(应考虑人行道和车道所占面积)。

在设计仓库时，除确定仓库总面积外，还要确定仓库的平面尺寸(长和宽)。仓库长度应满足装卸货物的需要，即必须保证一定长度的装卸前线。一般装卸前线可按下式计算

$$L = nl + \alpha(n+1) \qquad (17-6)$$

式中 L——装卸前线长度，m；

l——运输工具长度，m；

n——同时卸货的运输工具数；

α——相邻两个运输工具的间距的取值：火车运输时 $=1$ m；汽车运输时，端卸 $= 1.5$ mm，侧卸 $=2.5$ m。

17.4.4.3 工地运输组织

(1)工地运输组织方式及特点

1)运输方式 一般有铁路运输、公路运输、水路运输、特种运输等。根据运输量大小、运货距离、货物性质、现有运输条件、装卸费用等各方面的因素选择运输方式。

2)运输特点 ①铁路运输具有运量大、运距长、不受自然条件限制的优点，但投资大、筑路难度大，因此，只有在具有永久性铁路沿线才可考虑此种方式；②汽车运输机动性大、操作灵活、行使速度快，适合各类道路和各种货物，可直接运到使用地点，但汽车运量小，一般对于运量不大、货物分散、无铁路地区和地形复杂地区适于此种方式；③水路运输比较经济，但需要在码头上有转运仓库，一般在可能的条件下，尽量采用水运，可节约运输成本。

(2)确定运输量 工程项目所需材料、设备及其他物资均需要从工地以外运来，其运输总量应按工程的实际需要量确定，同时还应考虑工程项目每日对物资的需求，确定单日最大运量。

其日货运量按下式计算

$$q = \frac{\sum Q_i \times L_i}{T} \times K \qquad (17-7)$$

式中 q——日货运量，$t \cdot km/$天；

Q_i——各种货物的需要总量；

L_i——各种货物从发货地到储存地的距离，km；

T——工程项目施工总工日；

K——运输工作不均衡系数，铁路运输取 1.5，汽车运输取 1.2。

(3)确定运输方式 在选择运输方式时，应考虑各种影响因素，如运量大小、运距

长短、货物性质、路况及运输条件、自然条件等,另外,还应考虑经济条件,如装卸、运输费用。

一般情况下,在选择运输方式时,应尽量利用已有的永久性道路(水路、铁路、公路),通过经济分析、比较,确定一种或几种联合的运输方式。

(4)确定运输工具数量 运输方式确定后,就可以计算运输工具数量。每一工作班次所需运输工具数按下式计算

$$n = \frac{q}{c \times b} \times K_1 \qquad (17-8)$$

式中 q——日货运量,t·km/天;

n——每一个工作班所需运输工具数;

c——运输台班的生产率;

b——每日的工作班次;

K_1——运输工具使用不均衡系数,火车可取1.0,汽车取1.2~1.6,马车取2,拖拉机取1.55。

17.4.4.4 办公、生活福利设施组织

工程项目建设必须考虑施工人员的办公、生活福利用房及车库、仓库、加工、修理车间等设施的建设。

(1)办公及福利设施的类型

1)行政管理类,包括办公室、传达室、车库、仓库、加工车间、修理车间等。

2)生活福利类,包括宿舍、医务室、浴室、招待所、图书室、娱乐室等。

(2)工地人员的分类

1)直接参与施工生产的工人,包括建筑安装工人、装卸、运输工人等。

2)辅助施工生产的工人,包括机修工人、仓管人员、加工厂工人、动力设施管理工人等。

3)行政、技术管理人员。

4)生活服务人员,包括食堂、图书、商店、医务等。

5)家属。

(3)办公及福利设施的规划与实施 办公及福利设施应根据工程项目中的用人情况来确定。

1)确定人员数量

①一般情况下,直接生产工人(基本工人)数用下式计算

$$n = \frac{T}{t} \times K_2 \qquad (17-9)$$

式中 n——直接生产的基本工人数;

T——工程项目年(季)度所需总工作日;

t——年(季)度有效工作日;

K_2——年(季)度施工不均衡系数,取1.1~1.2。

②非生产人员按国家规定,比例计算,也可按各施工企业的情况确定。

③家属视工地情况而定,工期短、距离近的家属少安排些,工期长、距离远的家属多安排些。可根据具体情况而定。

2)确定办公及福利设施的建筑面积　工地人员确定后,可按实际人数确定建筑面积

$$S = N \times P \tag{17-10}$$

式中　S——建筑面积,m^2;

　　　N——人数;

　　　P——建筑面积指标。

17.4.4.5　工地供水组织

工地供水主要有生活用水、生产用水和消防用水三种类型。工地供水的主要内容有决定用水量、选择水源、设计配水管网。

(1)确定用水量

1)生产用水,包括工程施工用水、施工机械用水。

①施工工程用水量

$$q_1 = K_1 \frac{\sum Q_1 \times N_1 \times K_2}{T_1 \times b \times 8 \times 3\,600} \tag{17-11}$$

式中　q_1——施工工程用水量,L/s;

　　　K_1——未预见的施工用水系数,1.05~1.15;

　　　Q_1——年(季)度工程量(以实物计量单位表示);

　　　N_1——施工用水定额(查阅有关资料);

　　　T_1——年(季)度有效工作日,天;

　　　b——每天工作班数,次;

　　　K_2——用水不均衡系数,工程施工用水取1.5,生产企业用水取1.25。

②施工机械用水量

$$q_2 = K_1 \sum Q_2 \times N_2 \times \frac{K_3}{8 \times 3\,600} \tag{17-12}$$

式中　q_2——施工机械用水量,L/s;

　　　K_1——未预见施工用水系数,1.05~1.15;

　　　Q_2——同种机械台数,台;

　　　N_2——该种机械台班用水定额(查阅有关资料);

　　　K_3——施工机械用水不均衡系数,一般施工机械、运输机械用水取2.00;动力设备取水取1.05~1.10。

2)生活用水量包括现场生活用水、生活区生活用水。

①施工现场生活用水量

$$q_3 = \frac{p_1 \times N_3 \times K_4}{b \times 3 \times 3\,600} \tag{17-13}$$

式中　q_3——施工现场生活用水量,L/s;

　　　p_1——施工现场高峰人数,人;

N_3——施工现场生活用水定额,视当地气候、工种而定,工地全部生活用水取 100~120 L/人·日;

K_4——施工现场生活用水不均衡系数,取 1.30~1.50;

b——每天工作班数(次)。

②生活区生活用水量

$$q_4 = \frac{p_2 \times N_4 \times K_5}{24 \times 3\,600} \qquad (17-14)$$

式中　q_4——生活区生活用水量,L/s;

p_2——生活区人数,人;

N_4——生活区每人每天生活用水定额(查阅有关资料);

K_5——生活区每日用水不均衡系数,取 2.00~2.50。

3)消防用水量　消防用水量 q_5 包括生活区消防用水和施工现场消防用水,应根据工程项目大小及居住人数确定(查阅有关资料)。

4)总用水量　生产用水、生活用水和消防用水不会同时使用,在日常只有生产用水和生活用水,消防用水是在特殊情况下使用的,故总用水量不能简单地几项相加,而应考虑有效组合,既满足生产用水和生活用水,又有消防储备。一般可分为以下三种组合。

①当 $q_1 + q_2 + q_3 + q_4 \leqslant q_5$ 时,取 $Q = \frac{1}{2}(q_1 + q_2 + q_3 + q_4) + q_5$

②当 $q_1 + q_2 + q_3 + q_4 \geqslant q_5$ 时,取 $Q = q_1 + q_2 + q_3 + q_4$

③当工地面积小于5公顷,并且 $q_1 + q_2 + q_3 + q_4 < q_5$ 时,取 $Q = q_5$

(2)水源选择和确定供水系统

1)水源选择　工程项目临时供水水源有供水管道供水和天然水源供水两种方式。最好采用附近居民区现有的供水管道供水,只有当工地附近没有或无法使用,以及供水量难以满足施工要求时,才使用天然水源供水(如江、河、湖、井等)。

选择水源应考虑的因素:水量充足、可靠,能满足最大需求量要求。能满足生活饮用水、生产用水的水质要求。取水、输水、净水设施安全、可靠。施工、运转、管理和维护方便。

2)确定供水系统　供水系统由取水设施、净水设施、储水构筑物、输水管道、配水管道等组成。通常情况下,综合工程项目首建工程应是永久性供水系统,只有在工期紧迫时,才修建临时供水系统,如果已有供水系统,可以直接从供水源接输水管道。

①确定取水设施　取水设施一般由取水口、进水管和水泵组成。取水口距河底(或井底)一般不小于 0.25~0.9 m,在冰层下部边缘的距离不小于 0.25 m。所用水泵应具有足够的抽水能力和扬程。

②确定贮水构筑物　贮水构筑物一般有水池、水塔和水箱。临时供水不能连续供水,需设置贮水构筑物。其容量以每小时消防用水量决定,但不得少于 10~20 m³。

贮水构筑物高度应根据供水范围、供水对象位置及水塔本身位置来确定。

③确定供水管径

$$D = \sqrt{\frac{4Q \times 1\,000}{\pi \times V}} \qquad (17-15)$$

式中　D——配水管内径,mm;

　　　Q——用水量,L/s;

　　　V——管网中水流速度,m/s,一般取 1.5 ~ 2.0。

根据已确定的管径和水压的大小,可选择配水管,一般宜采用钢管。

17.4.4.6　工地临时供电组织

工地临时供电组织包括计算用电量、选择电源、确定变压器、布置配电线路和决定导线截面面积。

(1)工地总用电量计算　施工现场用电一般可分为动力用电和照明用电两类。在计算用电量时,应考虑以下因素:①全工地动力用电功率;②全工地照明用电功率;③施工高峰用电量。

总用电量按下式计算

$$P = (1.05 - 1.10)\left(K_1 \frac{\sum P_1}{\cos\varphi} + K_2 \sum P_2 + K_3 \sum P_3 + K_4 \sum P_4\right) \qquad (17-16)$$

式中　P——供电设备总需要容量,kVA;

　　　P_1——电动机额定功率,kW;

　　　P_2——电焊机额定功率,kVA;

　　　P_3——室内照明容量,kW;

　　　P_4——室外照明容量,kW;

　　　$\cos\varphi$——电动机的平均功率因数(在施工现场最高为 0.75 ~ 0.78,一般为 0.65 ~ 0.75);

　　　K_1——设备同时使用系数,当用电设备(电动机)在 10 台以下时,取 0.75;10 ~ 30 台时,取 0.7;30 台以上时,取 0.60;

　　　K_2——电焊机同时使用系数,当电焊机数量 10 台以下时,取 0.6;10 台以上时,取 0.5;

　　　K_3——室内照明设备同时使用系数,一般取 0.8;

　　　K_4——室外照明设备同时使用系数,一般取 1.0。

其他机械动力设备以及工具用电可参考有关定额。

由于照明用电量远小于动力用电量,故当单班施工时,其用电总量可以不考虑照明用电。

(2)选择电源　选择电源应考虑的几种方案:①完全由工地附近的电力系统供电;②工地附近的电力系统能供给一部分,工地需增设临时电站补充不足部分;③工地属于新开发地区,附近没有供电系统,电力则应由工地自备临时供电。

根据实际情况,确定供电方案。一般情况下是将工地附近的高压电网,引入工地的变压器进行调配。其变压器功率可由计算所得

$$P = \frac{K \sum P_{max}}{\cos\varphi} \qquad (17-17)$$

式中　P——变压器的功率,kVA;

　　K——功率损失系数,取 1.05;

　　$\sum P_{\max}$——各施工区的最大计算负荷,kW;

　　$\cos \varphi$——功率因数,一般取 0.75。

　　根据计算结果,从产品目录中选取略大于该计算结果的变压器。

　　(3)选择导线截面　导线的自身强度必须能防止受拉折断和机械性损伤,耐受因电流而产生的温升,还应使得电压损失在允许范围之内。只有这样导线才能正常传输电流,保证用电需要。

　　选择导线截面时,先根据电流强度选择,保证导线通过最大负荷电流而其温度不超过规定值,再根据允许电压损失选择,最后对导线的机械强度进行校核。选择导线应考虑以下几点。

　　1)按电流强度选择

　　①三相四线制线路上的电流可按下式计算

$$I = \frac{P}{\sqrt{3} \times V \times \cos \varphi} \tag{17-18}$$

　　②二相三线制线路可按下式计算

$$I = \frac{P}{V \times \cos \varphi} \tag{17-19}$$

式中　I——电流值,A;

　　　　P——功率,W;

　　　　V——电压,V;

　　　　$\cos \varphi$——功率因素,临时网络可取 0.7~0.75。

　　导线厂家根据导线的容许温升制定了各类导线在不同条件下的持续容许电流值,在选择导线时,导线中的电流不得超过此值。

　　2)按允许电压降选择　导线满足所需的允许电压,其本身引起的电压降必须限制在一定范围内,导线承受负荷电流长时间通过所引起的温升,其自身电阻越小越好,使电流通畅,温度则会降低。因此,导线的截面是关键因素,可由下式计算

$$S = \sum \frac{P \times L}{c \times \varepsilon} \tag{17-20}$$

式中　S——导线截面面积,mm^2;

　　　　P——负荷电功率或线路输送的电功率,kW;

　　　　L——输送电线路的距离,m;

　　　　c——系数,视导线材料,送电电压及配电方式而定。在三相四线制配电时,铜线为77,铝线为 46.3;在二相三线制配电时,铜线为 34,铝线为 20.5;

　　　　ε——容许的相对电压降(即线路的电压损失%),其中:照明电路中容许电压降不应超过 2.5%~5%;电动机电压降不应超过 ±5%,临时供电可到 ±8%。

　　3)按机械强度校核　导线在各种敷设方式下,应按其强度需要,保证必需的最小截面,以防拉、折而断。可根据有关资料进行选择。

　　以上三个条件选择的导线,取截面面积最大值作为现场使用的导线。

17.5　施工总平面图

17.5.1　施工总平面图设计的内容

(1)一切地上、地下的已有和拟建建筑物、构筑物及其他设施的位置和尺寸。

(2)一切为全工地施工服务的临时设施布置位置,主要内容:①施工用地范围、施工用道路;②加工厂及有关施工机械的位置;③各种材料仓库、堆场及取土弃土位置;④办公、宿舍、福利设施等建筑的位置;⑤水源、电源、变压器、临时给水排水管线、通信设施、供电线路及动力设施位置;⑥机械站、车库位置;⑦一切安全、消防设施位置。

(3)永久性测量放线标桩位置。

17.5.2　施工总平面图设计的原则

施工总平面图设计原则是平面紧凑合理,方便施工流程,运输方便通畅,降低临建费用,便于生产生活,保护生态环境,保证安全可靠。

(1)平面紧凑合理是指少占农田、减少施工用地,充分调配各方面的布置位置,使其合理有序。

(2)方便施工、流程是指施工区域的划分应尽量减少各工种之间的相互干扰,充分调配人力、物力和场地,保持施工均衡、连续、有序。

(3)运输方便畅通是指合理组织运输,减少运输费用,保证水平运输,垂直运输畅通无阻,保证不间断施工。

(4)降低临建费用是指充分利用现有建筑,作为办公、生活福利等用房,尽量少建临时性设施。

(5)便于生产生活是尽量为生产工人提供方便的生产生活条件。

(6)保护生态环境是指施工现场及周围环境需要注意保护,如能保留的树木应保护,对文物及有价值的物品应采取保护措施,对周围的水源不应造成污染,垃圾、废土、废料不随便乱堆乱放等,做到文明施工。

(7)保证安全可靠是指安全防火、安全施工。

17.5.3　施工总平面图设计依据

(1)设计资料包括建筑总平面图、地形地貌图、区域规划图、建设项目范围内有关的一切已有的和拟建的各种地上,地下设施及位置图。

(2)建设地区资料包括当地自然条件和经济技术条件,当地资源供应状况和运输条件等。

(3)建设概况包括施工方案、施工进度计划,以便了解各施工阶段情况,合理规划施工现场。

(4)物资需求资料包括建筑材料、构件、加工品、施工机械、运输工具等物资的需要量,以规划现场运输线路和材料堆场等位置。

(5)各构件加工厂、仓库、临时性建筑的位置和尺寸。

17.5.4　施工总平面图的设计步骤

17.5.4.1　场外交通的引入

(1)铁路运输　一般将铁路先引入到工地两侧,当整个工程进展到一定程度,才可以把铁路引到工地中心区。此时铁路对每个独立的施工区都不应有干扰。

(2)水路运输　大量物资由水路运输时,应充分利用原有码头的吞吐能力。当原有码头能力不足时,应考虑增设码头,其码头数量不应少于两个,且宽度应大于 2.5 m。一般码头距施工现场有一定距离,故应考虑码头建仓储库房,以及解决码头至工地的运输问题。

(3)公路运输　由于公路布置较灵活,一般将仓库、加工厂等生产性临时设施布置在最方便、最经济合理的地方,而后再布置通向场外的公路线。

17.5.4.2　仓库与材料堆场的布置

仓库和堆场布置应考虑下列因素:

(1)尽量利用永久性仓库,节约成本。

(2)仓库和堆场位置距使用地尽量接近,减少二次搬运。

(3)当有铁路时,尽量布置在铁路线旁边,并且留够装卸前线,而且应设在靠工地一侧,避免内部运输跨越铁路。

(4)根据材料用途设置仓库和堆场。砂、石、水泥等布置在搅拌站附近;钢筋、木材、金属结构等布置在加工厂附近;油库、氧气库等布置在僻静、安全处;砖和预制件等直接使用材料应布置在施工现场,并在起重设备吊装半径内。

17.5.4.3　加工厂布置

加工厂一般包括混凝土搅拌站、构件预制厂、钢筋加工厂、木材加工厂、金属结构加工厂等。布置这些加工厂时主要考虑来料加工和成品、半成品的总运输费用最小,且加工厂的生产和施工互不干扰。

(1)搅拌站布置。根据工程情况可采用集中,分散,或集中与分散相结合三种方式布置。现浇混凝土量大、运输条件好时,宜在工地设混凝土搅拌站;运输条件较差时,则宜采用分散搅拌。

(2)预制构件加工厂布置。一般建在空闲地带,既能安全生产,又不影响现场施工。

(3)钢筋加工厂。根据不同情况,采用集中或分散布置。对于冷加工、对焊、点焊的钢筋网等宜集中布置,设置中心加工厂,其位置应靠近构件加工厂;对于小型加工件,利用简单机具即可加工的钢筋,可在靠近使用地分散设置加工棚。

(4)木材加工厂。根据木材加工的性质、数量,采用集中或分散布置。一般加工量大的应集中布置;小型加工件可分散布置现场设临时加工棚。

(5)金属结构、焊接、机修等车间布置,应尽量集中布置,使相互间生产联系紧密。

17.5.4.4　内部运输道路布置

根据各加工厂、仓库及各施工对象的相对位置,对货物周转运行图反复研究,区分主要道路和次要道路,进行道路整体规划,以保证运输畅通,车辆行驶安全,造价低。在内部

运输道路布置时应考虑:

(1)尽量利用拟建的永久性道路。提前修建,或先修路基,铺设简易路面,项目完成后再铺路面。

(2)保证运输畅通。避免与铁路交叉,道路应有足够的宽度和转弯半径,道路应设两个以上的进出口,一般厂内主干道应设成环形,其主干道应为双车道,宽度不小于 6 m,次要道路为单车道,宽度不小于 3.5 m,路端部设回车场地。

(3)合理规划拟建道路与地下管网的施工顺序。在修建拟建永久性道路时,应考虑路下的地下管网,避免将来重复开挖,尽量做到一次性到位,节约投资。

17.5.4.5　临时性房屋布置

临时性房屋一般有办公室、汽车库、职工休息室、开水房、浴室、食堂、商店、俱乐部等。布置时应考虑:

(1)全工地性管理用房(办公室、门卫等)应设在工地入口处。

(2)工人生活福利设施(商店、俱乐部、浴室等)应设在工人较集中的地方。

(3)食堂可布置在工地内部或工地与生活区之间。

(4)职工住房应布置在工地以外的生活区,一般距工地 500～1 000 m 为宜。

17.5.4.6　临时水电管网的布置

临时性水电管网布置时,尽量利用可用的水源、电源。一般排水干管和输电线沿主干道布置;水池、水塔等储水设施应设在地势较高处;消防站应布置在工地出入口附近,消火栓沿道路布置;过冬管网要采取保温措施。

临时总变电站应设在高压线进入工地处;自备发电设备设置在现场中心或靠近主要用电区域。临时输电干线沿主干道路布置成环形线路,供电线路避免与其他管道布置在路同侧。

综上所述,外部交通、仓库、加工厂、内部道路、临时房屋、水电管网等布置应系统考虑,多种方案进行比较,确定后绘制在总平面图上。

17.5.5　施工总平面图的绘制

施工总平面图的绘制步骤、要求和方法与单位工程施工总平面图基本相同。图幅大小和绘制比例应根据场地大小及布置内容确定。比例一般采用 1∶1 000 或 1∶2 000。

17.5.6　施工总平面图的科学管理

施工总平面图设计完成后,应认真贯彻设计意图,发挥应有的作用,所以对总平面图的科学管理是非常重要的,否则难以保证施工顺利进行。

(1)建立统一的施工总平面图管理制度。划分总平面图的使用管理范围,做到责任到人,严格控制材料、构件、机具等物资占用的位置、时间和面积,不准乱堆乱放。

(2)对水源、电源、交通等公共项目实行统一管理。不得随意挖路断道,不得擅自拆迁建筑物和水电线路,当工程需要断水、断电、断路时要申请,经批准后方可着手进行。

(3)对施工总平面布置实行动态管理。特殊情况或事先未预到需要变更原方案时,应根据现场实际情况,统一协调,修正其不合理的地方。

(4)做好现场清理和维护工作,经常性检修各种临时性设施,明确负责部门和人员。

复习思考题

1.试述施工组织总设计编制的程序及依据。

2.施工部署包括哪些内容?

3.试述施工的作用、编制的原则和方法。

4.试分析施工总进度计划与基本建设投资经济效益的关系。

5.如何根据施工总进度计划编制各种资源供应计划?

6.暂设工程包括哪些内容? 如何进行组织?

7.设计施工总平面图时依据哪些资料? 考虑哪些因素?

8.试述施工总平面图设计的步骤和方法。

参考文献

[1]钱大行. 建筑施工技术[M].3 版. 大连:大连理工大学出版社,2016.

[2]钱大行. 建筑施工组织[M].3 版. 大连:大连理工大学出版社,2014.

[3]赵建. 土木工程施工[M]. 北京:中国电力出版社,2011.

[4]赵延辉. 建筑施工技术[M]. 上海:上海交通大学出版社,2014.

[5]沈蒲生. 混凝土结构设计原理[M].4 版. 北京:高等教育出版社,2012.

[6]张誉. 混凝土结构设计原理[M].2 版. 北京:中国建筑工业出版社,2012.

[7]毛鹤琴. 土木工程施工[M].3 版. 武汉:武汉理工大学出版社,2007.

[8]杨宗放,李金根. 现代预应力工程施工[M].2 版. 北京:中国建筑工业出版社,2007.

[9]应惠清,曾进伦,谈至明,等. 土木工程施工[M].2 版. 上海:同济大学出版社,2009.

[10]重庆大学,同济大学,哈尔滨工业大学. 土木工程施工[M].2 版. 北京:中国建筑工业出版社,2008.